Hochschultext

Peter Plaschko · Klaus Brod

Höhere mathematische Methoden für Ingenieure und Physiker

Mit 89 Abbildungen

Springer-Verlag Berlin Heidelberg NewYork
London Paris Tokyo 1989

Priv.-Doz. Dr.-Ing. Peter Plaschko

Hermann-Föttinger-Institut für
Thermo- und Fluiddynamik
Technische Universität Berlin
Müller-Breslau-Straße 11
1000 Berlin 12

Dr. rer. nat. Klaus Brod

Institut für Technische Akustik
Technische Universität Berlin
Einsteinufer 27
1000 Berlin 10

ISBN-13: 978-3-540-50388-0 e-ISBN-13: 978-3-642-83621-3
DOI: 10.1007/978-3-642-83621-3

CIP-Titelaufnahme der Deutschen Bibliothek
Plaschko, Peter:
Höhere mathematische Methoden für Ingenieure und Physiker / Peter Plaschko ; Klaus Brod.
Berlin ; Heidelberg ; NewYork ; London ; Paris ; Tokyo : Springer, 1989
(Hochschultext)

NE: Brod, Klaus:

Softcover reprint of the hardcover 1st edition 1989

2068/3020-543210 – Gedruckt auf säurefreiem Papier

Für Annedore Weiland,
deren Mitwirkung meinen Beitrag zu diesem Buch ermöglichte.

Peter Plaschko

Vorwort

Ziel dieses Buches ist es, mathematische Methoden zur Berechnung der Lösungen von Differentialgleichungen zu entwickeln. Von besonderem Interesse sind dabei Näherungsverfahren. Es wendet sich an Studenten der Ingenieurwissenschaften und der Physik im Hauptstudium und an in der Forschung arbeitende Wissenschaftler.

Erfahrungsgemäß bringen nur wenige Studenten aus dem Grundstudium die mathematischen Fähigkeiten mit, die zur Erarbeitung des Wissensstandes der modernen Naturwissenschaften (Kontinuumsmechanik, Strömungslehre, Thermodynamik, Festkörperphysik, Quantenmechanik usw.) benötigt werden. Auch ist es für Ingenieure und Physiker meistens nicht einfach, sich die mathematischen Methoden anzueignen, die zur Lösung der Probleme benötigt werden, die im Studium bzw. in der Forschungstätigkeit auftreten. Mathematische Bücher arbeiten oft mit einem sehr hohen Abstraktionsgrad und widmen häufig der strengen Beweisführung großen Raum. Hinzu kommt, daß diese Bücher nur selten auf physikalische Fragestellungen eingehen und auch die Methoden außer Acht lassen, die in der Praxis besonders wichtig sind. Andererseits legen Lehrbücher der Naturwissenschaften mehr Wert auf die Entwicklung der physikalischen Theorien als auf die Darlegung der mathematischen Methoden.

Im vorliegenden Buch wird versucht, diese Lücke zwischen mathematischer und physikalischer Literatur zu schließen. Es ist für theoretisch arbeitende Ingenieure und Physiker konzipiert, richtet sich aber auch an andere Naturwissenschaftler, die sich mit Problemen der Lösung komplizierter Differentialgleichungen beschäftigen.

Viele der hier vorgeführten Methoden sind asymptotische Verfahren, die zur Anwendung kommen, wenn in einem Problem ein Parameter bzw. eine Koordinate sehr kleine oder sehr große Werte annimmt. Man berechnet dann Näherungslösungen durch Störentwicklungen. Dabei stößt man häufig auf singuläre Störprobleme, bei denen die auf direktem oder "klassischem" Weg hergeleitete Approximationslösung nicht gleichmäßig gültig ist. In physikalischen Anwendungen stellen singuläre Störprobleme eher die Regel als die Ausnahme dar. Daher resultieren viele Fortschritte der mathematischen Physik aus Untersuchungen über die Ursache des Versagens klassischer Methoden und aus der Suche nach neuen Vorgehensweisen, die es gestatten, die bei den klassischen Verfahren auftretenden Probleme zu überwinden.

Numerische Methoden werden im Rahmen dieses Buches nicht behandelt, da sie heute in Forschung und Lehre den analytischen Methoden gleichgestellt sind und daher eigene Lehrbücher benötigen. Es soll aber darauf hingewiesen werden, daß es immer von Vorteil ist, wenn man die numerischen Lösungen für Extremfälle mit den Ergebnissen asymptotischer Verfahren vergleichen kann. Auch haben die analytischen Methoden in den letzten Jahren durch Computerprogramme für mathematische *Symbol*verarbeitung wie REDUCE oder MACSYMA wieder an Bedeutung gewonnen; diese werden zunehmend auch in Hybridform zusammen mit herkömmlichen *numerischen* Programmiersprachen wie z.B. FORTRAN oder PASCAL eingesetzt. Darüber hinaus dienen die Ergebnisse der Störtheorie in numerischen Rechnungen häufig als erste Approximationen.

Das Buch ist im wesentlichen in zwei Teile gegliedert. Im ersten Teil, in den Kapiteln 1 bis 7, werden vor allem klassische Methoden zur Lösung linearer, gewöhnlicher Differentialgleichungen vorgestellt. Neben der Erarbeitung dieser Methoden und deren Anwendung auf einige physikalische Beispiele ist es auch Ziel dieses ersten Abschnitts, dem Leser einen gewissen Grundbestand an Kenntnissen einiger in der Praxis wichtigen höheren transzendenten Funktionen zu vermitteln.

Der zweite Teil befaßt sich vor allem mit den Störmethoden zur Lösung von nichtlinearen, partiellen Differentialgleichungen. Diese Verfahren wurden von Ingenieuren bzw. Physikern für Ingenieure und Physiker entwickelt. Eine strenge, mathematische Fundierung dieser Methoden steht bis heute in den meisten Fällen noch aus. Deshalb wird hier auf die Wiedergabe komplizierter Beweise, die häufig nur Teilfragen klären bzw. nur unter stark einschränkenden Bedingungen gültig sind, verzichtet, und es wird gegebenenfalls mit Hypothesen gearbeitet. Diese Methoden werden an Hand von einfachen Modellbeispielen eingeführt, auf kompliziertere mathematische Problemstellungen angewandt, und schließlich zur Lösung physikalischer Probleme herangezogen. Es soll allerdings betont werden, daß keines dieser Verfahren ein "Allheilmittel" darstellt, und es wird durch die Beispiele gezeigt, unter welchen Bedingungen die entsprechenden Methoden versagen.

Schließlich wird im letzten Kapitel das aktuelle Thema des deterministischen Chaos behandelt, für das ebenfalls noch eine vollständige, mathematisch rigorose Fundierung aussteht und das immer noch eine offene Disziplin mit vielen "losen Enden" ist. Wert wird dabei gelegt auf die Darstellung der geometrischen und analytischen Methoden und deren Verknüpfung. Hier, bei der Behandlung hochgradig nichtlinearer Systeme, läßt sich dann auch die Benutzung numerischer Verfahren, die häufig in erster Linie der geometrischen Veranschaulichung unterschiedlichen Lösungsverhaltens dienen, nicht mehr vermeiden.

Das Buch ist in sich abgeschlossen. Nur in wenigen Ausnahmefällen wird bei langwierigen Herleitungen oder bei aufwendiger Beweisführung auf andere Bücher verwiesen. Es müssen auch nicht Tabellenwerke herangezogen werden; die zur Lösung der Probleme gegebenenfalls notwendigen höheren transzendenten Funktionen werden im ersten Teil besprochen. Auf die Herleitung der physikalischen Grundgleichungen wird allerdings nicht eingegangen; hier muß auf die entsprechende naturwissenschaftliche Literatur verwiesen werden.

Jedem Kapitel schließt sich eine Sammlung von Beispielen an, wobei zu schwierigen oder aufwendigeren Problemstellungen Lösungshinweise gegeben werden. Zu jedem Kapitel werden schließlich weiterführende Lehrbücher und die wichtigsten Artikel in Fachzeitschriften angeführt.

Der Text des Buches wurde vollständig auf einem Apple Macintosh Plus mit dem Textverarbeitungssystem MS Word 1.15 und dem Formel-Schreibprogramm MacΣqn 2.0 erstellt. Beratende Hinweise dazu lieferte uns Herr Th. Altmann. Herr Prof. Dr. A. Michalke hat wertvolle Anregungen zu einzelnen Kapiteln gegeben; Frau I. Gereke, Frau P. Pereira dos Ramos und Frau B. Töpfer haben die Reinzeichnungen der Bilder angefertigt. Ihnen gilt unser herzlicher Dank.

Dies Buch entstand in Zusammenhang mit Vorlesungen, die wir an der University of Houston/Texas und an der Technischen Universität Berlin gehalten haben. Je nach Auswahl des Stoffes und der Beispiele läßt es sich zum Aufbau von ein- oder zweisemestrigen Vorlesungen mit je vier Wochenstunden heranziehen.

Berlin, im November 1988

Klaus Brod
Peter Plaschko

Liste der verwendeten Abkürzungen

AAE	angepaßte asymptotische Entwicklung
AB	Anfangsbedingung
AE	asymptotische Entwicklung
AF	asymptotische Folge
DE	direkte Entwicklung
DGL	Differentialgleichung
GGE	gleichmäßig gültige Entwicklung
GS	Grenzschicht
GSD	Grenzschichtdicke
GSE	Grenzschicht-Entwicklung
ID	Integraldarstellung
KSAB	Kurve steilsten Abstiegs
KSAN	Kurve steilsten Anstiegs
LM	Laplace-Methode
MPI	Methode partieller Integrationen
MSP	Methode stationärer Phasen
PK	Parabolische Koordinaten
RB	Randbedingung
WL	Watsonsches Lemma

Inhaltsverzeichnis

1 Einführung

Zur Motivation der Verwendung der in den folgenden Kapiteln zu besprechenden Verfahren beginnen wir hier mit einigen relativ einfachen Beispielen aus der Akustik. Die Ausgangsgleichungen sind dann nichtlineare, partielle Differentialgleichungen (siehe z.B. Schlichting [1.1]). Diese Gleichungen sind nicht exakt lösbar und es muß auf Näherungsverfahren zurückgegriffen werden. Eine in den Anwendungen häufig benutzte Näherungsmethode ist die Linearisierung der Grundgleichungen. Man untersucht dabei kleine Störungen eines vorgegebenen Grundzustandes und berechnet in der Praxis meist nur die Störungsglieder niedrigster Ordnung. Dabei kann man die Linearisierung auf heuristischem Weg durch Vernachlässigung von Gliedern vornehmen, die in den Störgrößen nichtlinear sind. Eine systematischere Vorgehensweise ergibt sich jedoch bei Verwendung der Störtheorie. Hierbei entwickelt man die physikalischen Größen nach einem kleinen, dimensionslosen Parameter. Dieser Störparameter kann eine, in den dimensionslosen Grundgleichungen auftretende Kennzahl (z.B. Längen- bzw. Geschwindigkeitsverhältnisse) sein, oder man benutzt einen zunächst nicht näher festgelegten Formalparameter. Stellt dieser Störparameter ein Längenverhältnis bzw. den Quotienten zweier Zeitmaßstäbe dar, dann liegt i.a. ein singuläres Störproblem vor, bei dem Komplikationen mit singulären Lösungen bzw. bei der Erfüllung der Randbedingungen auftreten. Derartige singuläre Störprobleme werden in Teil II behandelt. In diesem Kapitel wird mit einem kleinen Formalparameter gearbeitet und die Störungsentwicklung führt zu einem regulären Störproblem.

Beschränkt man sich auf die Berechnung der Störgrößen niedrigster Ordnung, so sind hier lineare, partielle Differentialgleichungen zu lösen. Für zwei akustische Beispiele wird anschließend, unter Verwendung der Methode der Separation der Variablen, das Problem der Lösung partieller Differentialgleichungen auf die einfache Problematik der Lösung gewöhnlicher Differentialgleichungen zurückgeführt. Damit gelingt es, das Störproblem niedrigster Ordnung exakt zu lösen. Dabei treten allerdings i.a. höhere, transzendente Funktionen (z.B. die Bessel-Funktionen) auf, deren Eigenschaften meist nur durch explizite Lösung der entsprechenden Differentialgleichungen zu bestimmen sind. Ausgewählte Verfahren zur Lösung von linearen, gewöhnlichen Differentialgleichungen werden in den Kapiteln 3 und 4 besprochen.

1.1 Die linearisierte Wellengleichung

Wir betrachten Störungen, die in Strömungen idealer Gase auftreten. Die Einflüsse der Reibung und der Wärmeleitung werden vernachlässigt und es wird zusätzlich angenommen, daß die Grundgrößen der Strömung (die stationären Anteile der Dichte, des Druckes sowie der Geschwindigkeit) konstant sind. Weisen diese Grundgrößen kleine Schwankungen auf, so kann man mit einer Störtheorie arbeiten und Reihenentwicklungen der physikalischen Variablen nach einem kleinen Störparameter ε ($0<\varepsilon<<1$) ansetzen. Das Problem niedrigster Ordnung wird dann durch lineare Gleichungen bestimmt, die sich auf eine partielle Differentialgleichung (DGL) für eine einzige skalare Funktion zurückführen lassen. Diese DGL ist die linearisierte Wellengleichung, die die Grundlage der linearisierten Akustik (ruhendes Fluid), bzw. der linearisierten Aeroakustik (bewegtes Fluid) darstellt.

Schwingungen in kompressiblen Fluiden mit kleiner Amplitude nennt man Schallwellen. Die linearisierte Wellengleichung dient daher zur Berechnung der mit der Ausbreitung von Schallwellen verbundenen Phänomene (Emission, Reflexion, Brechung, Streuung, Doppler-Effekt usw.). Spezielle physikalische Probleme können durch Vorgabe von Randbedingungen (RBn) berechnet werden, wobei in den beiden folgenden Abschnitten Beispiele für Emission bzw. Streuung von Schallwellen behandelt werden.

Unter Vernachlässigung der Reibung und der Wärmeleitung lauten die Grundgleichungen der Fluiddynamik idealer Gase (siehe z.B.[1.1]) zur Bestimmung der Variablen ρ (Dichte), $\mathbf{u}$ (Geschwindigkeitsfeld) und p (Druck)

$$\begin{aligned} &\frac{\partial \rho}{\partial t} + \operatorname{div}(\rho\,\mathbf{u}) = 0, && \text{(Kontinuitätsgleichung)}, \\ &\rho \frac{D\mathbf{u}}{Dt} = -\nabla p \;;\; \frac{D}{Dt} = \frac{\partial}{\partial t} + \mathbf{u}\cdot\nabla, && \text{(Euler-Gleichung)}, \\ &\rho \frac{\kappa}{\kappa-1} \frac{D}{Dt}(p/\rho) = \frac{D}{Dt} p, && \text{(Energiegleichung)}. \end{aligned} \tag{1.1}$$

Dabei ist t die Zeit, $\mathbf{x} = (x,y,z)$ der Ortsvektor, D/Dt die substantielle Zeitableitung und κ das (konstante) Verhältnis der spezifischen Wärmen. Wir zerlegen jetzt die Variablen in konstante Grundgrößen (U_0, p_0 und ρ_0) und Schwankungsgrößen und bilden dazu die Störungsentwicklung

$$\begin{aligned} \mathbf{u}(\mathbf{x},t,\varepsilon) &= U_0\,\mathbf{e}_x + \varepsilon\,\mathbf{u}_1(\mathbf{x},t) + \varepsilon^2\mathbf{u}_2(\mathbf{x},t) + \dots \\ p(\mathbf{x},t,\varepsilon) &= p_0 + \varepsilon\,p_1(\mathbf{x},t) + \varepsilon^2 p_2(\mathbf{x},t) + \dots \\ \rho(\mathbf{x},t,\varepsilon) &= \rho_0 + \varepsilon\,\rho_1(\mathbf{x},t) + \varepsilon^2 \rho_2(\mathbf{x},t) + \dots \end{aligned} \tag{1.2}$$

In Gleichung (1.2) ist $\mathbf{e}_x$ der Einheitsvektor in der x-Richtung und die mit dem Index k ($k = 1,2,\dots$) gekennzeichneten Glieder nennt man Störgrößen (bzw. Schwankungsgrößen) k-ter Ordnung. Durch Pünktchen wird das Vorhandensein Glieder höherer Ordnung angedeutet. Der Störparameter ε wird hier als Formalparameter eingeführt. In akustischen Einzelproblemen kann ε z.B. als Mach-Zahl (Quotient einer charakteristischen Geschwindigkeit und der Schallgeschwindigkeit) oder als Längenverhältnis (z.B. Kugelradius dividiert durch Wellenlänge in Abschnitt 1.2) festgelegt werden.

Obwohl die Störentwicklung (1.2) plausibel zu sein scheint, stellt sie dennoch nicht die allgemeinste Form eines Störungsansatzes dar. So könnten z.B. unterschiedliche physikalische Größen unterschiedliche Störungsentwicklungen besitzen. Selbst bei gleichen Entwicklungen der einzelnen Variablen könnten Störgrößen auftreten, die Faktoren wie z.B. $\sqrt{\varepsilon}$ oder $\ln\varepsilon$ aufweisen. Verallgemeinerungen der Störentwicklung (1.2) werden im nächsten Kapitel besprochen. Im Rahmen der hier behandelten akustischen Einzelprobleme ist aber der Ansatz (1.2) hinreichend, da diese Störentwicklung eine "erfolgreiche" Strategie zur Lösung des Problems darstellt. Wie in vielen Gebieten der mathematischen Physik, rechtfertigt auch hier der Erfolg die (häufig unzureichenden) Mittel.

Setzt man nun die Störungsentwicklung (1.2) in die Grundgleichungen (1.1) ein, dann ergibt sich nach Koeffizientenvergleich für die Potenzen von ε ein unendliches System (bzw. eine Hierarchie) von DGLn. Da in der Ordnung ε^0 die vorgegebenen, konstanten Grundgrößen (U_0, p_0, ρ_0) auftreten, liegt das Problem niedrigster Ordnung für die Potenz ε^1 vor. Es wird durch lineare, homogene DGLn für die Störgrößen erster (bzw. niedrigster) Ordnung $\mathbf{u}_1$, p_1, ρ_1 bestimmt. Für höhere Potenzen von ε - und damit für höhere Ordnung der Approximation - erhält man lineare, inhomogene Probleme. Dabei weist das Störproblem n-ter Ordnung zur Berechnung von $\mathbf{u}_n$, p_n und ρ_n einen homogenen Anteil auf, der analog zu den DGLn des Problems niedrigster Ordnung gebaut ist, während die Inhomogenitäten durch Störglieder bis zur (n-1)-ten Ordnung gebildet werden.

Auf die Problematik der Berechnung von Gliedern höherer Ordnung, die bei der Linearisierung von nichtlinearen DGLn auftreten, wird erst im Teil II eingegangen. Hier wollen wir uns im Folgenden auf die linearisierte Theorie, und damit auf die Berechnung der Glieder niedrigster Ordnung beschränken.

Für die Potenz ε^1 folgt aus der Kontinuitätsgleichung

$$\frac{D_0}{D_0 t}\rho_1 + \rho_0 \operatorname{div} \mathbf{u}_1 = 0\,, \quad \text{(linearisierte Kontinuitätsgleichung)}\,,$$

wobei die linearisierte, substantielle Zeitableitung durch den Ausdruck $D_0/D_0t=\partial/\partial t+U_0\partial/\partial x$ gegeben ist. Ebenso erhält man aus der Euler-Gleichung

$$\rho_0 \frac{D_0}{D_0 t}\mathbf{u}_1 = -\nabla p_1\,, \quad \text{(linearisierte Euler-Gleichung)}\,,$$

und eine Störentwicklung der Energiegleichung führt in niedrigster Ordnung zu

$$\frac{D_0}{D_0 t} p_1 = a_0^2 \frac{D_0}{D_0 t}\rho_1\,, \quad \text{(linearisierte Energiegleichung)}\,.$$

In der letzten Gleichung tritt die, durch die Beziehung $a_0^2 = \kappa\, p_0/\rho_0$ definierte (und daher mit den Grundgrößen gebildete) Schallgeschwindigkeit a_0 auf. Führt man jetzt das durch

$$\mathbf{u}_1 = \text{grad}\, \phi \tag{1.3}$$

definierte Geschwindigkeitspotential $\phi(\mathbf{x},t)$ ein, dann folgt aus dem linearisierten Impulssatz

$$\rho_0\, D_0\phi / D_0 t + p_1 = [\, \rho_0\, D_0\phi / D_0 t + p_1]_{\mathbf{x}=\mathbf{x}_0} = F(t) \ , \tag{1.4}$$

wobei der Punkt $\mathbf{x}_0$ ebenso wie die Funktion F(t) zunächst beliebig ist und durch Vorgabe von RBn bestimmt werden müß. In vielen Fällen klingen die Störungen im Unendlichen (weit vom erzeugenden mechanischen System entfernt) ab. Dann gilt $F(t) \equiv 0$ und es folgt

$$p_1 = -\, \rho_0 \frac{D_0}{D_0 t}\, \phi \ . \tag{1.4.0}$$

Die Gültigkeit von (1.4.0) muß allerdings in jedem Anwendungsfall nachträglich überprüft werden.

Setzt man nun (1.4.0) und (1.3) in die linearisierten Versionen der Energie- und Kontinuitätsgleichung ein, dann entsteht die linearisierte Wellengleichung (der Laplace-Operator Δ ist durch $\Delta = \partial^2/\partial x^2 + \partial^2/\partial y^2 + \partial^2/\partial z^2$ definiert)

$$\left(\frac{\partial}{\partial t} + U_0 \frac{\partial}{\partial x}\right)^2 \phi = a_0^2 \Delta \phi \ . \tag{1.5}$$

Wegen des konvektiven Terms $U_0 \partial/\partial x$ wird diese DGL häufig auch (linearisierte) konvektierte Wellengleichung genannt. Für ruhende Fluide ($U_0 = 0$) geht (1.5) in die "klassische" Form der Wellengleichung über. Zur Lösung der linearisierten Wellengleichung sind noch RBn vorzugeben. Eine dieser Bedingungen muß zum Ausdruck bringen, daß im Rahmen der Potentialtheorie an der Oberfläche starrer Körper die Normalkomponente der Schwankungsgeschwindigkeit mit der Normalkomponente der Körpergeschwindigkeit übereinstimmt. In den RBn tritt i.a. auch der Störparameter ε auf. Dies bedeutet, daß auch diese Bedingungen, analog zu (1.2), einer Störentwicklung hinsichtlich des Parameters ε unterzogen werden müssen.

Ist schließlich die Berechnung des Geschwindigkeitspotentials abgeschlossen, so berechnet man den Schwankungsdruck (erster Ordnung) mit Hilfe von (1.4.0) und die Dichteschwankungen (erster Ordnung) gewinnt man durch Integration der linearisierten Energiegleichung.

In den folgenden Anwendungen werden wir periodische Schwingungen untersuchen. Das Geschwindigkeitspotential wird dann in eine Fourier-Reihe entwickelt. Schwingt aber das erzeugende System (z.B. die Kugel in Abschnitt 1.2) nur mit einer festen Frequenz ω , dann kann man bei *linearen* Problemen mit dem Ansatz

$$\phi(\mathbf{x},t) = \Re\{A(\mathbf{x})\} \tag{1.6}$$

arbeiten, wobei $\Re(F)$ der Realteil der komplexen Funktion F ist. Ist χ ein linearer

Operator, dann folgt aus $\chi\{F\}=0$ auch $\chi\{\Re(F)\}=0$. Es ist daher in vielen Fällen einfacher, zunächst mit komplexen Größen (hier z.B. mit dem komplexen Geschwindigkeitspotential $A(\mathbf{x})\exp(-i\omega t)$) zu arbeiten und erst nach Lösung der DGL und nach Erfüllung der RBn wieder zum physikalisch relevanten Realteil überzugehen. Wir werden diese Vorgehensweise im Folgenden benutzen.

1.2 Emission von Schallwellen durch eine oszillierende Kugel

Wir untersuchen hier den Prozeß der Schallemission durch eine starre Kugel (Radius R) im ruhenden Fluid ($U_0 = 0$). Die Kugel oszilliert mit der Frequenz ω längs der z-Achse, ihre Geschwindigkeit ist ($\mathbf{e}_z$ ist der Einheitsvektor in der z-Richtung)

$$\mathbf{V} = \varepsilon\, a_0\, \mathbf{e}_z\, \Re\{\exp(-i\omega t)\}\,. \tag{1.7}$$

Der Störparameter ε ist hier die Mach-Zahl, die als Verhältnis der Kugelgeschwindigkeit (zur Zeit t=0) zur Schallgeschwindigkeit a_0 definiert ist. Um die RBn einfach formulieren zu können, verwenden wir Kugelkoordinaten (r,φ,θ). Gemäß Bild 1.1 ist die Kugeloberfläche durch die Beziehung $r=r_K(\theta,t,\varepsilon)$ festgelegt, und es gilt

$$r_K^2 - 2\,z_m\,r_K\cos\theta + z_m^2 - R^2 = 0\,. \tag{1.8.1}$$

Die Lage des Kugelmittelpunktes z_m ist

$$z_m = \varepsilon\, a_0\, \Re\left\{\int_0^t \exp(-i\omega t')\,dt'\right\}\,. \tag{1.8.2}$$

Löst man (1.8.1) nach r_K auf, dann erhält man mit Hilfe der Reihen-Entwicklung

$$r_K = R + z_m\cos\theta + o(z_m^2) = R + O(\varepsilon)\,. \tag{1.9.1}$$

Der Normalenvektor $\mathbf{n}$ der Kugel (siehe Bild 1.1) läßt sich in der Form $\mathbf{n} = \cos\psi\,\mathbf{e}_r + \sin\psi\,\mathbf{e}_\theta$ anschreiben und es gilt

$$\cos\psi = (R^2 + r_K^2 - z_m^2)\,/\,(2\,R\,r_K)$$

und nach einer weiteren Reihenentwicklung folgt

$$\mathbf{n} = \mathbf{e}_r + O(\varepsilon)\,. \tag{1.9.2}$$

Da hier Potentialströmungen betrachtet werden, muß als RB an der Kugel die Stetigkeit der Normalkomponenten der Geschwindigkeit gefordert werden

$$(\mathbf{n}\cdot\mathbf{u})_{r_K} = (\mathbf{n}\cdot\mathbf{V})\,.$$

Dann ergibt sich aus dem Störansatz (1.2)

$$\{\varepsilon\,\mathbf{n}\cdot\mathbf{u}_1 + \varepsilon^2\,\mathbf{n}\cdot\mathbf{u}_2 + \dots\}_{r=r_K} = \varepsilon\, a_0\,(\mathbf{e}_z\cdot\mathbf{n})\cos\omega t\,.$$

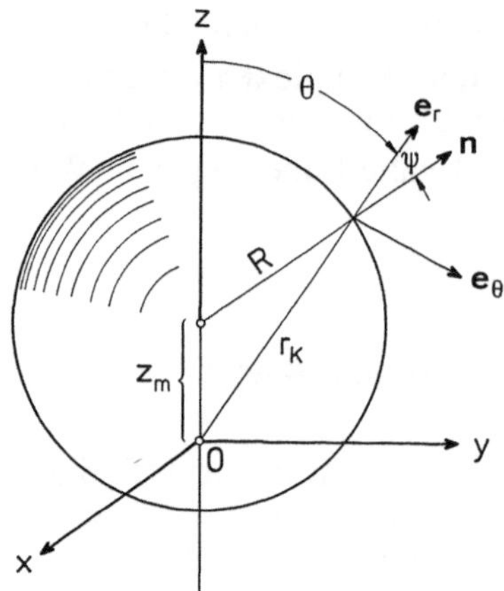

Bild 1.1 Geometrie auf der oszillierenden Kugel

Mit $\mathbf{u}_1=\nabla\phi$ und (1.9.1) und (1.9.2) folgt dann in niedrigster Ordnung (ε^1) die linearisierte RB

$$\frac{\partial\phi}{\partial r}\Big|_{r=R} = a_0 \cos\theta \cos\omega t \,. \tag{1.10}$$

Neben dieser RB an der Kugel benötigen wir noch weitere Bedingungen. Da wir annehmen, daß die oszillierende Kugel Schallwellen erzeugt (und nicht absorbiert), können wir erwarten, daß weit von der Kugel entfernt (im Fernfeld, für $r\to\infty$) nur auslaufende (und nicht zur Kugel hin einlaufende) Wellen auftreten. Im Unendlichen soll sich daher ϕ wie eine auslaufende Kugelwelle verhalten. Dieser Sachverhalt wird durch die "Sommerfeldsche Abstrahlungsbedingung"

$$\phi \underset{r\to\infty}{\longrightarrow} \Re\,\{\frac{1}{r}\, f(\theta) \exp[\,i\omega\,(\frac{r}{a_0} - t\,)]\} \tag{1.11}$$

beschrieben, wobei die Funktion $f(\theta)$ die Richtungsabhängigkeit der Emission berücksichtigt und die Phasengeschwindigkeit der Welle (1.11) durch die Schallgeschwindigkeit a_0 gegeben ist.

Da nun die beiden RBn (1.10) und (1.11) den Winkel φ nicht beinhalten, wollen wir achsensymmetrische (von φ unabhängige) Lösungen berechnen. Wir verwenden daher den komplexen Lösungsansatz

$$\phi = \Re\,\{\,A\,(r,\theta)\exp(-i\omega t\,)\,\}. \tag{1.12}$$

Trägt man (1.12) in (1.5) ein und setzt den Laplace-Operator in Kugelkoordinaten an (siehe z.B. Morse und Feshbach [1.2]), dann folgt

$$\left\{\frac{\partial^2}{\partial r^2} + \frac{2}{r}\frac{\partial}{\partial r} + \frac{1}{r^2\sin\theta}\,\frac{\partial}{\partial\theta}\sin\theta\,\frac{\partial}{\partial\theta} + k_0^2\right\} A = 0 \;, \tag{1.13}$$

wobei die akustische Wellenzahl k_0 durch $k_0=\omega/a_0$ gegeben ist. Die RBn für die Funktion A lauten jetzt

$$\frac{\partial A}{\partial r}\Big|_{r=R} = a_0\cos\theta \qquad (1.10')$$

und

$$A \underset{r\to\infty}{\longrightarrow} \frac{e^{ik_0 r}}{r} f(\theta) . \qquad (1.11')$$

Das linearisierte Problem der Schallabstrahlung durch eine oszillierende Kugel ist also durch die DGL (1.13) und die beiden RBn (1.10') und (1.11') formuliert. Nach Abschluß der Rechnungen wird natürlich wieder zum Realteil von A übergegangen. Zur Lösung der partiellen DGL (1.13) verwenden wir den Separationsansatz

$$A(r,\theta) = B(r)\,P(\theta) . \qquad (1.14)$$

Setzt man (1.14) in (1.13) ein, dann ergeben sich zwei gewöhnliche DGLn, in denen eine Separationskonstante λ auftritt

$$\left\{ \frac{d^2}{dr^2} + \frac{2}{r}\frac{d}{dr} + \left(k_0^2 - \frac{\lambda}{r^2}\right) \right\} B(\theta) = 0 , \qquad (1.13.1)$$

bzw.

$$\left\{ \frac{1}{\sin\theta}\frac{d}{d\theta}\sin\theta\frac{d}{d\theta} + \lambda \right\} P(\theta) = 0 . \qquad (1.13.2)$$

Wir wenden uns zunächst der DGL (1.13.2) zu und verwenden die Substitution

$$s = \cos\theta ; \quad \text{mit } -1 \le s \le 1 . \qquad (1.15)$$

Dann folgt aus (1.13.2) die *Legendre-DGL*

$$\left\{ \frac{d}{ds}(1 - s^2)\frac{d}{ds} + \lambda \right\} P(s) = 0 . \qquad (1.16)$$

Wir werden im dritten Kapitel feststellen, daß (1.16) an $s=\pm1$ Singularitäten besitzt, während $s=0$ ein regulärer Punkt ist. Wir versuchen nun als Lösungsansatz eine Potenzreihenentwicklung um den Punkt $s=0$

$$P(s) = \sum_{m=0}^{\infty} q_m s^m \qquad (1.17)$$

Setzt man die Reihe (1.17) in (1.16) ein, dann entsteht zunächst

$$\sum_{m=2}^{\infty} m(m-1)\, q_m s^{m-2} + \sum_{m=0}^{\infty} q_m [\lambda - m(m+1)]\, s^m = 0 .$$

Nach einer Umformung des ersten Terms in der letzten Zeile erhält man die Rekursionsgleichung für die Entwicklungskoeffizienten

$$q_{m+2} = \frac{m(m+1) - \lambda}{(m+1)(m+2)} q_m \ . \tag{1.18}$$

Beginnt man die Rekursion (1.18) mit einem beliebigen Wert von q_0, so kann man die geraden Koeffizienten q_{2k} berechnen und diese sind proportional zu q_0. Analog bestimmt man q_{2k+1} ausgehend von q_1. q_0 und q_1 sind daher die beiden Integrationskonstanten der Lösung einer linearen DGL zweiter Ordnung. Zur Berechnung des Konvergenzradius der Reihe (1.17) wenden wir das Quotientenkriterium an. Wegen (1.18) folgt dann, daß die Reihe nur für $|s|<1$ konvergiert. An den Stellen $s=\pm 1$ (Nord-bzw. Südpol der Kugel und gleichzeitig singuläre Punkte der DGL (1.16)) divergiert die Reihe. Dieses unphysikalische Ergebnis kann aber dadurch korrigiert werden, daß man der Separationskonstanten λ, dem Eigenwert des Problems, die Werte

$$\lambda = n(n+1) \ ; \text{ mit } n \in \mathbf{N}_+ \text{ und } \mathbf{N}_+ = \{0,1,2,\dots\} \tag{1.19.1}$$

zuweist. Mit (1.18) folgt dann $q_{n+2}=0$ und damit auch $q_{n+4}=q_{n+6}= \dots =0$. Dies bedeutet, daß die Reihe (1.17) bei $m=n$ abbricht und daß nur mehr ein Polynom n-ten Grades, das *Legendre-Polynom* $P_n(s)$, verbleibt. Zur expliziten Berechnung der Legendre-Polynome muß aber noch eine Fallunterscheidung vorgenommen werden. Ist n eine gerade (ungerade) Zahl, dann bestimmt man die Funktionen $P_n(s)$, indem man (1.18) unter Vorgabe von beliebigen Werten der Integrationskonstanten q_0 (q_1) beginnt. Die von q_1 (q_0) ausgehende Rekursion führt dann zu, an $s=\pm 1$ divergenten Lösungen, den *Legendre Funktionen zweiter Art*. Schließlich ist es üblich die Normierungskonvention $P_n(s=1)=1$ zur Bestimmung der Konstanten q_0 (q_1) zu verwenden. Die Legendre- Polynome niedrigster Ordnung sind dann durch

$$P_0(\theta) = 1 \ ; \ P_1(\theta) = \cos\theta \ ; \ P_2(\theta) = \frac{1}{2}(3\cos^2\theta - 1) \ ; \dots \tag{1.19.2}$$

gegeben, wobei wir mit (1.15) wieder zur Koordinate θ übergegangen sind.

Die beiden singulären Lösungen niedrigster Ordnung, $Q_0(s)$ und $Q_1(s)$, werden in Aufgabe 1.2 bestimmt. Da aber in physikalischen Problemen Singularitäten nicht auftreten dürfen, müssen singuläre Lösungen durch Nullsetzen der entsprechenden Integrationskonstanten (q_1 bei geradzahligen bzw. q_0 bei ungeradzahligen Werten von n) ausgeschlossen werden; und man benutzt ausschließlich Legendre- Polynome.

Damit ist das Problem der Lösung der DGL (1.13.2) abgeschlossen. Wir kommen allerdings in Abschnitt 4.2 nochmals auf diese DGL zurück und werden dort ein eleganteres Verfahren zur Berechnung ihrer Lösungen heranziehen.

Wir kommen jetzt zur Bestimmung der Lösungen der DGL (1.13.1). Setzt man den Eigenwert $\lambda=n(n+1)$ ein, dann entsteht die DGL der *sphärischen Bessel-Funktionen*. Die entsprechenden Fundamentallösungen sind entweder die sphärischen Bessel-Funktionen $j_n(z)$ bzw. $n_n(z)$, oder die sphärischen Hankel-Funktionen $h_n^{(1)}(z)$ bzw. $h_n^{(2)}(z)$, wobei die Variable z durch $z=k_0 r$ gegeben ist. Dabei gilt

$$h_n^{(1)}(z) = j_n(z) + i\, n_n(z) \quad \text{und} \quad h_n^{(2)}(z) = j_n(z) - i\, n_n(z) \ .$$

Durch Einsetzen in (1.13.1) verifiziert man leicht, daß die folgenden Funktionen Lösungen sind ($\lambda = n(n+1)$; siehe auch Aufgabe 1.6)

$$h_0^{(1)}(z) = -\frac{i}{z}e^{iz} ;\ h_1^{(1)}(z) = -\frac{1}{z^2}(z+i)\,e^{iz} ;\ h_0^{(2)}(z) = \frac{i}{z}e^{-iz} ;$$

$$h_1^{(2)}(z) = \frac{1}{z^2}(i-z)\,e^{-iz} ;\ \dots \tag{1.20}$$

Zurückkehrend zum Problem der Schallemission sehen wir, daß die Funktionen

$$h_n^{(1)}(k_0 r)\exp(-i\omega t) \quad \text{bzw.} \quad h_n^{(2)}(k_0 r)\exp(-i\omega t)$$

zu aus- bzw. einlaufenden Wellen korrespondieren. Wegen (1.11') gilt daher

$$A(r,\theta) = \sum_{n=0}^{\infty} C_n h_n^{(1)}(k_0 r)\, P_n(\cos\theta)\ . \tag{1.21}$$

Die Berechnung der Konstanten C_n erfolgt jetzt durch Anwendung der RB an der Kugeloberfläche (1.10') und es folgt (' = d/dz ; $z = k_0 r$)

$$k_0 \sum_{n=0}^{\infty} C_n P_n(\cos\theta)\, h_n^{(1)\,\prime}(z) = a_0 \cos\theta\ . \tag{1.10''}$$

Die Legendre-Polynome sind orthogonale Funktionen (siehe Aufgabe 1.3). Daher sind zwei unterschiedliche Funktionen P_n bzw. P_m linear unabhängig. Da aber auf der rechten Seite von (1.10") nur die Funktion $P_1 = \cos\theta$ auftritt, gilt

$$C_0 = C_2 = C_3 = \dots = 0 \ \text{ und } \ C_1 = \frac{a_0}{\{k_0 h_1^{(1)\,\prime}(k_0 R)\}}\ . \tag{1.22}$$

Setzt man (1.22) in (1.21) ein und berücksichtigt (1.12), dann entsteht

$$\phi(r,\theta,t) = \frac{a_0 R^3 \cos\theta}{r^2}\ \Re\left\{ \frac{(ik_0 r - 1)\exp[\,i(r-R)k_0 - \omega t\,]}{2 - 2ik_0 R - k_0^2 R^2} \right\}. \tag{1.23}$$

Die Lösung (1.23) repräsentiert im geometrischen Fernfeld der Kugel (r>>R) eine Schallwelle (Phasengeschwindigkeit gleich Schallgeschwindigkeit), wobei senkrecht zur Schwingungsrichtung der Kugel kein Schall abgestrahlt wird. Die Berechnung der Phasendifferenz zwischen der Kugelschwingung und der Schallwelle wird in Aufgabe 1.4 vorgenommen.

Es bleibt noch die nachträgliche Verifikation von (1.4.0) und damit die Berechnung der restlichen Variablen der niedrigsten Ordnung. Setzt man in Analogie zu (1.12)

$$p_1 = \Re\{G(r,\theta)\exp(-i\omega t)\} ;\ \rho_1 = \Re\{H(r,\theta\}\exp\{-i\omega t)\}$$

Dann folgt aus der linearisierten Energiegleichung $p_1 = a_0^2 \rho_1$, und die linearisierte Kontinuitätsgleichung und Wellengleichung (1.5) führen zu

$$\rho_1 = i\,\rho_0 k_0^2 \phi / \omega\ .$$

Wegen (1.23) klingen daher p_1, ρ_1 und ϕ im Unendlichen wie auslaufende Kugelwellen ab ; Gleichung (1.4.0) ist gültig.

1.3 Streuung von Schallwellen an Zylindern

Treffen Wellen auf Hindernisse, dann wird ein Teil der Wellen von ihrer ursprünglichen Ausbreitungsrichtung abgelenkt. Die Differenz zwischen der Gesamtheit der Wellen und der einfallenden Welle nennt man gestreute Welle. Die gestreute Welle interferiert mit der einfallenden Welle und dabei können Schattenzonen und Gebiete hoher Wellenintensität auftreten.

Hier soll das Problem der Streuung von ebenen, einfallenden Schallwellen an ruhenden, kreisförmigen, unendlich langen und starren Zylindern behandelt werden. Der Zylinder hat den Radius R (siehe Bild 1.2) und das Fluid sei in Ruhe (U_0=0). Das Potential der einfallenden Wellen kleiner Amplitude, die sich in positiver x-Richtung ausbreiten, ist durch den Ausdruck

$$\phi_{ein} = \varepsilon\, S_0\, \Re\,\{\, \exp[i(k_0 x - \omega t)]\,\}\ ;\ k_0=\omega/a_0\ ;\ S_0= a_0^2/\omega \tag{1.24}$$

gegeben und stellt eine Lösung der Wellengleichung (1.5) dar. Ähnlich wie in Abschnitt 1.2 ist ε wieder eine Mach-Zahl (Verhältnis der Geschwindigkeit der einfallenden Welle zur Schallgeschwindigkeit). Die gesamte Welle (mit dem Potential ϕ) läßt sich durch Überlagerung der einfallenden und der gestreuten Welle darstellen. Ist ϕ_{st} das Potential der gestreuten Welle, dann setzen wir

$$\phi = \phi_{st} + \frac{1}{\varepsilon}\,\phi_{ein} \tag{1.25}$$

Mit (1.2) und (1.3) folgt dann $\mathbf{u}= \varepsilon\, \nabla\, \phi + O(\varepsilon^2)$ und wegen (1.24) und (1.25) gilt

$$\varepsilon \nabla\, \phi = \nabla\, (\, \varepsilon\, \phi_{st} + \phi_{ein}\,) = O\,(\varepsilon)\ .$$

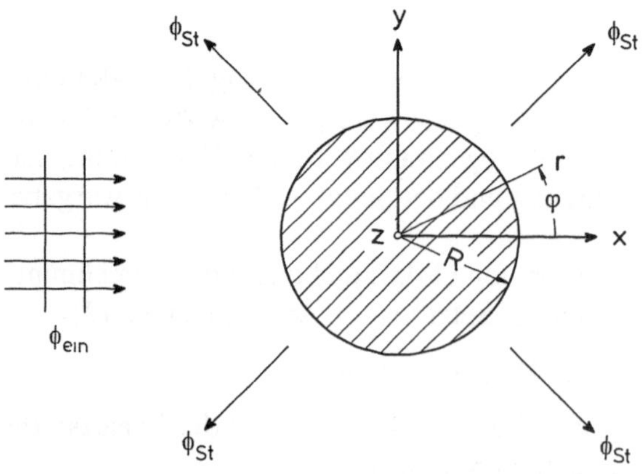

Bild 1.2 Streuung ebener Wellen an einem Zylinder

Wir verwenden nun den komplexen Ansatz

$$\phi_{st} = \Re\,\{\, A_{st}(x)\, \exp(-i\omega t)\,\}. \tag{1.26}$$

Trägt man (1.25) und (1.26) in (1.5) ein , dann folgt

$$(\Delta + k_0^2)\, A_{st} = 0\ . \tag{1.27}$$

Zur Formulierung der RBn gehen wir jetzt zu Zylinderkoordinaten (r,φ,z) über. Als Abstrahlungsbedingung verlangen wir, daß sich die gestreute Welle weit vom Zylinder entfernt wie eine ins Unendliche laufende Zylinderwelle verhält. Dies führt zu der RB

$$A_{st} \to r^{-1/2} f(\varphi)\, \exp(ik_0 r) \quad \text{für } r \to \infty\ . \tag{1.28.1}$$

Als RB am Körper verlangen wir wieder das Verschwinden der Normalkomponente der Geschwindigkeit am Körper. Dies bedeutet

$$u'_{1,r}\,\Big|_{r=R} = \frac{\partial}{\partial r}\Big(\phi_{st} + \frac{1}{\varepsilon}\phi_{ein}\Big)\Big|_{r=R} = 0$$

und es folgt

$$\frac{\partial A_{st}}{\partial r}\Big|_{r=R} = -\,ik_0 S_0 \cos\varphi\, \exp(ik_0 R\cos\varphi)\ . \tag{1.28.2}$$

Zur Erfüllung der RB (1.28.2) entwickeln wir die "ebenen Wellen" in Fourier-Reihen. In Aufgabe 4.11 wird die Beziehung ($J_m(z)$ ist die Bessel-Funktion)

$$\exp(iz\cos\varphi) = J_0(z) + 2\sum_{m=1}^{\infty} i^m \cos(m\varphi)\, J_m(z) \tag{1.29}$$

hergeleitet. Nehmen wir noch zusätzlich an, daß die gestreuten Wellen gerade Funktionen des Winkels sind, dann können wir die vereinfachte Fourier-Reihe

$$A_{st}(r,\varphi) = \sum_{m=0}^{\infty} A_m(r)\cos(m\varphi)\ , \tag{1.30}$$

ansetzen. Trägt man (1.30) in die DGL (1.27) ein, setzt den Laplace-Operator in Polarkoordinaten an (siehe z.B. [1.2]), dann erhalten wir nach Verwendung der Orthogonalitätsrelationen der Winkelfunktionen die *Bessel-DGL*

$$\Big\{ \frac{d^2}{dr^2} + \frac{1}{r}\frac{d}{dr} + \Big(k_0^2 - \frac{m^2}{r^2}\Big) \Big\}\, A_m(r) = 0\ . \tag{1.31}$$

Die in der Literatur meist angegebene Normalform der Bessel-DGL wird mit Hilfe der Substitution $z = k_0 r$ in Aufgabe 1.5 bestimmt.

Als Lösungen von (1.31) können entweder Linearkombinationen der Bessel-Funktionen J_m und der Neumann-Funktionen N_m

$$A_m = E_m H_m^{(1)}(k_0 r) + F_m N_m(k_0 r)\ , \tag{1.32}$$

oder Linearkombinationen der beiden Hankel-Funktionen $H_m^{(1,2)}$

$$A_m = C_m H_m^{(1)}(k_0 r) + D_m H_m^{(2)}(k_0 r) \tag{1.33}$$

herangezogen werden. Die Bessel-Funktionen werden in den Kapiteln 3 bis 5 besprochen. Hier sei nur vorweggenommen, daß die Funktionen $H_m^{(1)}(k_0 r)\, e^{-i\omega t}$ bzw. $H_m^{(2)}(k_0 r)\, e^{-i\omega t}$ aus- bzw. einlaufende Wellen darstellen. Wegen (1.28.2) können wir daher als Lösung der Bessel-DGL (1.31) den Ausdruck

$$A_m = C_m H_m^{(1)}(k_0 r) \tag{1.34}$$

ansetzen. Die Konstanten C_m bestimmt man jetzt durch Einsetzen in (1.28.2). Mit (1.29) und der Abkürzung $z = k_0 R$ erhalten wir

$$\sum_{m=0}^{\infty} C_m H_m^{(1)\,\prime}(z) \cos(m\varphi) = -iS_0 \Big\{ J_0(z) \cos\varphi + \sum_{m=1}^{\infty} i^m J_m(z) \cdot$$

$$\cdot \left[\cos(m+1)\varphi + \cos(m-1)\varphi \right] \Big\} .$$

Eine Umformung der rechten Seite ergibt

$$RS = -iS_0 \left[iJ_1 + (J_0 - J_1) \cos\varphi + i(J_1 - J_3) \cos 2\varphi + \ldots \right] ,$$

und damit haben die Integrationskonstanten die Werte

$$C_0 = S_0 J_1(z)\, T_0(z) \;;\; C_1 = -iS_0 (J_0(z) - J_2(z))\, T_1(z) \;;$$

$$C_2 = S_0 (J_1(z) - J_3(z))\, T_3(z) \;; .. ;\; T_n(z) = 1/H_n^{(1)\,\prime}(z) . \tag{1.35}$$

(1.26) und (1.30) mit (1.34) und (1.35) dienen zur Berechnung des Geschwindigkeitspotentials der gestreuten Welle. Die Bestimmung von Druck und Dichte und damit auch die Verifikation von (1.4.0) wird in Aufgabe 1.7 vorgenommen.

Die Hankel-Funktionen $H_m^{(1)}$ müssen i.a. numerisch berechnet werden. Kennt man jedoch das Verhalten dieser Funktionen für kleine bzw. große Werte des Arguments, bzw. für große Werte der Ordnung m , dann kann man die Ergebnisse in den Grenzfällen sehr langer ($k_0 R \to 0$) bzw. sehr kurzer Wellen ($k_0 R \to \infty$) weiter vereinfachen. Die entsprechenden Rechnungen bzw. Ergebnisse findet man z.B. in dem Buch von Morse und Ingard [1.3].

In den Kapiteln 3 und 4 werden Verfahren zur Lösung bestimmter Klassen von linearen, gewöhnlichen DGLn vorgeführt. Von großer Bedeutung ist dabei die Berechnung von Näherungslösungen für sehr kleine bzw. sehr große Werte der unabhängigen Variablen. Eine derartige Approximationslösung nimmt i.a. die Form einer Reihe an, die man Koordinaten-Entwicklung nennt.

Auf die mit diesen Entwicklungen verbundene Problematik wird in den folgenden Kapiteln eingegangen. Dabei werden wir Verallgemeinerungen von Störentwicklungen des Typs (1.2) einführen und werden sehen, daß bei Fragen der Eindeutigkeit, der Konvergenz bzw. Genauigkeit und bei der Gültigkeit dieser Störentwicklungen Probleme auftreten. Desgleichen führt auch schon die Anwendung der einfachsten mathematischen Operationen auf derartige Reihenentwicklungen zu erheblichen Schwierigkeiten.

Die in den Abschnitten 1.2 bzw. 1.3 behandelten akustischen Beispiele haben für dieses Buch Modellcharakter und wir kommen in Kapitel 9 bzw. 11 wieder auf diese Beispiele zurück.

Aufgaben

1.1 Man beweise (1.9.2).

1.2 Man verifiziere die explizite Form der an den Stellen $s=\pm 1$ singulären Lösungen der Legendre-DGL (1.16) mit (1.19.1) für $n=0,1,\ldots$

$$Q_0(s) = (1/2) \ln [(1+s)/(1-s)] \; ; \; Q_1(s) = s\, Q_0(s) - 1 \; ; \ldots \quad .$$

Hinweis: Für $|s| < 1$ gilt

$$\ln [(1+s)/(1-s)] = 2 \sum_{n=1}^{\infty} s^{2n+1} (2n+1)^{-1} \; .$$

1.3 Orthogonalität der Lösungen der Sturm-Liouville-DGL .

Die Sturm-Liouville-DGL hat die Form $(y_n = y_n(x))$

$$(p(x)\, y_n')' + [\, q(x) + a_n\, r(x)\,]\, y_n = 0 \; ; \; ' = d/dx \; ; \; x \in [x_0, x_1] \, , \qquad \text{(A.1.1)}$$

wobei an den Intervallendpunkten RBn vorgeschrieben sind. Des weiteren ist a_n ein Eigenwert und die Funktionen q und r sind stetig und p ist stetig differenzierbar.

a) Man beweise den folgenden Satz
Erfüllen die Funktionen y_n und y_m mit den zugehörigen Eigenwerten a_n bzw. a_m die DGL (A.1.1) und genügen an den Punkten x_0 und x_1 homogenen RBn (erster, zweiter oder dritter Art), und / oder es gilt $p(x_0) = p(x_1) = 0$, dann folgt

$$\int_{x_0}^{x_1} r(x)\, y_n(x)\, y_m(x)\, dx = N_n\, \delta_{n,m} \quad . \qquad \text{(A.1.2)}$$

In der Orthogonalitätsrelation (A.1.2) ist N_n eine nur von n abhängige Konstante, und es gilt $\delta_{n,n} = 1$ und $\delta_{n,m} = 0$ für $n \neq m$ ($\delta_{n,m}$ ist das Kronecker-Delta) .
Hinweis: Man bildet (A.1.1) für die Funktion y_m , multipliziert die resultierende Gleichung mit y_n und subtrahiert diesen Ausdruck von der mit y_m multiplizierten (A.1.1).
b) Man verifiziere (A.1.1) und (A.1.2) für den Fall der Legendre-DGL (1.16).

1.4 Ausgehend von (1.23) berechne man die Phasendifferenz zwischen der Kugelschwingung und der radialen Schwankungsgeschwindigkeit $u_{1,r} = \partial f/\partial r$.

1.5 Mit Hilfe der Transformation $z = k_0 r$ bestimme man die Normalform der Bessel- DGL (1.31).

1.6

a) Wie in 1.5 für die DGL der sphärischen Bessel-Funktionen (1.13.1) mit $\lambda=n(n+1)$.

b) Man beweise den Zusammenhang zwischen den Bessel-Funktionen $B_n(x)$, die die DGL (1.31) erfüllen und den sphärischen Bessel-Funktionen $S_n(x)$, den Lösungen der DGL (1.13.1) mit $\lambda=n(n+1)$

$$S_n(x) = x^{-1/2} B_{n+1/2}(x) \ .$$

1.7 Man verifiziere (1.4.0) für den Fall der Streuung ebener Wellen an Zylindern.

2 Formale Theorie asymptotischer Entwicklungen

Viele Probleme der mathematischen Physik weisen Lösungen auf, die auf höhere transzendente Funktionen (z.B.Bessel-Funktionen, parabolische Zylinderfunktionen, Fehlerfunktionen, Airy-Funktionen etc.) zurückgeführt werden können. Die Kenntnis der Eigenschaften solcher Funktionen und Verfahren zu ihrer näherungsweisen Berechnung sind daher von großem Nutzen. Reihenentwicklungen bzw. Integraldarstellungen höherer, transzendenter Funktionen werden in den beiden folgenden Kapiteln besprochen. Dabei spielen Entwicklungen für große Werte des Arguments, die asymptotischen Reihen, eine wichtige Rolle. Neben diesen Koordinaten-Entwicklungen wird in den Anwendungen auch häufig mit Parameter-Entwicklungen gearbeitet. Dabei wird nach einem dimensionslosen Parameter (z.B. Längen- bzw. Geschwindigkeitsverhältnisse; oder auch Formalparameter) entwickelt, der sehr kleine oder sehr große Werte annimmt. Derartige Entwicklungen können physikalische Probleme beträchtlich vereinfachen und führen unter Umständen (wie z.B. in Kapitel 1) zu linearisierten Gleichungen.

Bezeichnet man den dimensionslosen Parameter eines Problems, bzw. eine dimensionslose Koordinate mit ε, dann kommt den Grenzfällen $\varepsilon \to 0$ und $\varepsilon \to \infty$ besondere Bedeutung zu. Bildet man für große Werte des Parameters sein Inverses $\varepsilon^* = 1/\varepsilon$, dann können beide Grenzfälle gemeinsam behandelt werden. Ein derartiges physikalisches Problem nennt man Störproblem, und eine Reihen-Entwicklung zur Lösung diese Problems heißt asymptotische Entwicklung (bzw. Reihe). Zur Präzisierung der Begriffe beginnen wir zunächst mit einigen Definitionen und führen dabei die allgemeinste Form asymptotischer Entwicklungen ein.

Im Folgenden wird zunächst angenommen, daß ε nur reelle Werte annimmt. Der Grenzübergang $\varepsilon \to 0$ ist bei Bedarf durch die Grenzübergänge $\varepsilon \to 0_+$ (z.B. im Fall der Funktion $f(\varepsilon) = \ln \varepsilon$) bzw. durch $\varepsilon \to 0_-$ (z.B. im Fall der Funktion $f(\varepsilon) = \ln(-\varepsilon)$) zu ersetzen. Auf die Problematik komplexer Werte des Parameters wird abschließend in Abschnitt 2.7 eingegangen.

2.1 Definitionen

Definition 2.1

Es sei f (ε) eine Funktion von ε und - unter Umständen - von weiteren Variablen x,y,... . Diese zusätzlichen Variablen sollen zunächst nicht beachtet werden. Man nennt die Funktion g(ε) eine Vergleichsfunktion (oder auch Eichfunktion) der Funktion f(ε), wenn die Bedingung

$$\lim_{\varepsilon\to 0} \frac{f(\varepsilon)}{g(\varepsilon)} = K \quad \text{mit} \quad 0 < K < \infty \tag{2.1}$$

erfüllt ist. Dabei vergleicht man das Verhalten der meist unbekannten Funktion f(ε) mit dem Grenzwert einer bekannten - und i.a. sehr einfachen - Eichfunktion g(ε). Geht z.B. g(ε) für $\varepsilon\to 0$ gegen Unendlich und gilt. (2.1), dann muß f(ε) gleich stark gegen Unendlich gehen. Als Beispiele seien

$$\lim_{\varepsilon\to 0} \frac{\sin \varepsilon^2}{\varepsilon^2} = 1 \; ; \; \lim_{\varepsilon\to 0} \frac{\ln(1+\varepsilon)}{1 - e^{-\varepsilon}} = 1$$

angeführt. Die einfachsten und zugleich die wichtigsten Eichfunktionen sind durch die Potenzen des Parameters

$$\ldots, \varepsilon^{-n}, \ldots, \varepsilon^{-1}, 1, \varepsilon, \ldots, \varepsilon^{n}, \ldots$$

gegeben. In gewissen Fällen sind diese durch logarithmische Vergleichsfunktionen, wie etwa

$$(\ln \varepsilon)^n, \ldots, \ln \varepsilon, (\ln \varepsilon)^{-1}, \ldots, (\ln \varepsilon)^{-n}$$

zu ergänzen. Weitere Vergleichsfunktionen sind z.B.

$$\sin \varepsilon^n ; \cos \varepsilon^n ; \tan \varepsilon^n ; \sinh \varepsilon^n ; \cosh \varepsilon^n ; \tanh \varepsilon^n ; \ln(1+\varepsilon^n) ; \ldots$$

♥

Definition 2.2 (Landau-Ordnungssymbole)

Gilt (2.1), dann schreibt man

$$f(\varepsilon) = O(g(\varepsilon)) \tag{2.2.1}$$

und sagt " f(ε) ist in der Größenordnung von g(ε) ". Liegt jedoch der in (2.1) ausgeschlossene Fall

$$\lim_{\varepsilon\to 0} \frac{f(\varepsilon)}{g(\varepsilon)} = 0$$

vor, dann schreibt man

$$f(\varepsilon) = o(g(\varepsilon)) , \tag{2.2.2}$$

und man sagt " $f(\varepsilon)$ ist von höherer Ordnung als $g(\varepsilon)$ ". Die durch das Symbol "O" vermittelte Information ist daher präziser als die von "o" kommende Aussage. Man verwendet daher das Symbol "o" häufig dann, wenn das asymptotische Verhalten der entsprechenden Funktion unbekannt ist.

♥

Definition 2.3

Zwei Funktionen $\delta_1(\varepsilon)$ und $\delta_2(\varepsilon)$ sind von derselben Größenordnung, sofern

$$\delta_1(\varepsilon) = O(\delta_2(\varepsilon)) \quad \text{und} \quad \delta_2(\varepsilon) = O(\delta_1(\varepsilon))$$

gilt. Zur Illustration dieser Definition betrachten wir die Beispiele

$$\sin\varepsilon = O(\varepsilon) \; ; \; \sin\varepsilon = o(1) \; ; \; \tan\varepsilon^2 = o(\varepsilon) \; ; \; \ln\varepsilon^2 = O(\ln\varepsilon) .$$

♥

Definition 2.4

$\{f_n(\mathbf{x},\varepsilon)\}$ sei eine im Gebiet $\mathbf{x} = (x,y,\ldots) \in \mathbf{D}$ stetige Funktionenfolge. Gilt überall in **D** und für alle Werte von n

$$f_n(\mathbf{x},\varepsilon) = o(f_{n-1}(\mathbf{x},\varepsilon)) ,$$

dann wird $\{f_n(\mathbf{x},\varepsilon)\}$ *asymptotische Funktionenfolge* genannt. Desgleichen heißt $\{\delta_n(\varepsilon)\}$ *asymptotische Folge* (AF) ,wenn für alle Werte von n die Bedingung

$$\delta_n(\varepsilon) = o(\delta_{n-1}(\varepsilon))$$

erfüllt ist.

♥

Definition 2.5

Zwei asymptotische Funktionenfolgen

$$\{ f_n(\mathbf{x},\varepsilon) \} \quad \text{und} \quad \{ g_n(\mathbf{x},\varepsilon) \}$$

heißen äquivalent in **D**, wenn überall in **D** und für alle Werte von n die Relationen

$$f_n(\mathbf{x},\varepsilon) = O(g_n(\mathbf{x},\varepsilon)) \quad \text{und} \quad g_n(\mathbf{x},\varepsilon) = O(f_n(\mathbf{x},\varepsilon))$$

erfüllt sind.

♥

Definition 2.6

$\{ a_n \}$ sei eine Folge von Konstanten mit der Eigenschaft $a_n = O(1)$ und $\{f_n(\mathbf{x},\varepsilon)\}$ sei in **D** eine asymptotische Funktionenfolge. Dann ist

$$f(\mathbf{x},\varepsilon) \sim \sum_{n=0}^{\infty} a_n f_n(\mathbf{x},\varepsilon) \tag{2.3}$$

eine *asymptotische Entwicklung* (AE) bzw. *asymptotische Reihe* der Funktion $f(\mathbf{x},\varepsilon)$, wenn in **D** die Bedingung

$$f(\mathbf{x},\varepsilon) \sim \sum_{n=0}^{N} a_n f_n(\mathbf{x}) + O(f_{N+1}(\mathbf{x})) , \qquad (2.4)$$

für alle Werte von N erfüllt ist. In (2.3) bzw. (2.4) wurde anstelle des Gleichheitszeichens das Symbol "~" ("*asymptotisch gleich*") verwendet. Da asymptotische Entwicklungen i.a. divergent sind, dient dieses Zeichen nicht zuletzt als Warnsignal. Die entsprechenden Reihen müssen nach einer endlichen Zahl von Gliedern abgebrochen werden. AEn haben in den Anwendungen aber dennoch große Bedeutung, da gemäß (2.4) der Abbruchfehler von höherer Größenordnung ist, als die Ordnung des letzten berücksichtigten Reihengliedes. In Abschnitt 2.3 wird noch näher auf die Problematik der Konvergenz AEn eingegangen.

♥

Definition 2.7

In vielen Fällen reicht es aus, anstelle der allgemeinen asymptotischen Funktionenfolgen (siehe Definition 2.4), den faktorisierten Ausdruck

$$\{ f_n(\mathbf{x},\varepsilon) \} = \{ f_n(\mathbf{x}) \, \delta_n(\varepsilon) \} \qquad (2.5)$$

zu verwenden. Sind nun die Funktionen $f_n(\mathbf{x})$ stetig und ist $\delta_n(\varepsilon)$ eine AF, dann stellt (2.5) eine asymptotische Funktionenfolge dar. Benutzt man den speziellen Ansatz (2.5), dann folgt mit (2.3)

$$f(\mathbf{x},\varepsilon) \sim \sum_{n=0}^{\infty} f_n(\mathbf{x}) \, \delta_n(\varepsilon) , \qquad (2.6)$$

und diese spezielle asymptotische Reihe nennt man *Poincaré-Entwicklung* der Funktion $f(\mathbf{x},\varepsilon)$.

Für eine vorgegebene asymptotische Folge $\delta_n(\varepsilon)$ können wir nun die Entwicklungkoeffizienten $f_n(\mathbf{x})$ bestimmen. Zunächst gilt

$$\lim_{\varepsilon \to 0} \frac{f(\mathbf{x},\varepsilon) - \delta_0(\varepsilon) \, f_0(\mathbf{x})}{\delta_0(\varepsilon)} = 0 .$$

Daraus ergibt sich

$$f_0(\mathbf{x}) = \lim_{\varepsilon \to 0} \frac{f(\mathbf{x},\varepsilon)}{\delta_0(\varepsilon)} . \qquad (2.7.0)$$

Als Verallgemeinerung erhält man

$$f_n(\mathbf{x}) = \lim_{\varepsilon \to 0} \frac{f(\mathbf{x},\varepsilon) - \sum_{m=0}^{n-1} f_m(\mathbf{x}) \, \delta_m(\varepsilon)}{\delta_n(\varepsilon)} . \qquad (2.7.n)$$

♥

Definition 2.8

{ $\delta_n(\varepsilon)$} sei eine AFund die Funktion f ($\mathbf{x}$,ε) sei im Bereich $x \in \mathbf{D}$ und $0 < \varepsilon < \varepsilon_0$ stetig. Dann definiert man die *Entwicklungsoperatoren* n-ter Ordnung $\mathbf{E}_n$ durch

$$\mathbf{E}_0 f(\mathbf{x},\varepsilon) = \delta_0(\varepsilon) \lim_{\varepsilon \to 0} \frac{f(\mathbf{x},\varepsilon)}{\delta_0(\varepsilon)} \tag{2.8.0}$$

und

$$\mathbf{E}_n f(\mathbf{x},\varepsilon) = \mathbf{E}_{n-1} f(\mathbf{x},\varepsilon) + \delta_n(\varepsilon) \lim_{\varepsilon \to 0} \frac{f(\mathbf{x},\varepsilon) - \mathbf{E}_{n-1} f(\mathbf{x},\varepsilon)}{\delta_n(\varepsilon)} \ . \tag{2.8.n}$$

Verlangt man noch zusätzlich $\mathbf{E}_n f(\mathbf{x},\varepsilon) = 0$ für $n < 0$, dann läßt sich die Poincaré-Reihe (2.6) auch in der äquivalenten Form

$$f(\mathbf{x},\varepsilon) \sim \mathbf{E}_n f(\mathbf{x},\varepsilon) + O(\delta_{n+1}(\varepsilon)) \tag{2.9}$$

darstellen.

♥

Als **Anwendungsbeispiel** wollen wir jetzt versuchen eine Verallgemeinerung des Störansatzes (1.2) herzuleiten. Wir setzen für Geschwindigkeits-, Druck- und Dichteschwankungen unterschiedliche AEn an, und nehmen an, daß die Geschwindigkeitskomponenten mit Hilfe gleicher AEn bestimmt werden können. Dann gilt (U_0 , p_0 und ρ_0 sind wieder Konstante)

$$\begin{aligned} \mathbf{u}(\mathbf{x},t,\varepsilon) &\sim U_0 \mathbf{e}_x + \sum_{n=1}^{\infty} \delta_n(\varepsilon)\, \mathbf{u}_n(\mathbf{x},t) \\ p(\mathbf{x},t,\varepsilon) &\sim p_0 + \sum_{n=1}^{\infty} \Delta_n(\varepsilon)\, p_n(\mathbf{x},t) \\ \rho(\mathbf{x},t,\varepsilon) &\sim \rho_0 + \sum_{n=1}^{\infty} \sigma_n(\varepsilon)\, \rho_n(\mathbf{x},t) \ . \end{aligned} \tag{1.2'}$$

Dabei sind die Glieder der drei AFn $\{\delta_n(\varepsilon)\}$, $\{\Delta_n(\varepsilon)\}$ und $\{\sigma_n(\varepsilon)\}$ a priori nicht bekannt ; sie müssen durch Einsetzen in die Grundgleichungen bestimmt werden. Setzt man daher (1.2') in (1.1) ein, so folgt aus der Kontinuitätsgleichung

$$\sigma_1 \frac{\partial \rho_1}{\partial t} + O(\sigma_2) + \operatorname{div} \{ \rho_0 [\delta_1 \mathbf{u}_1 + O(\delta_2)] + \sigma_1 \rho_1 [U_0 \mathbf{e}_x + O(\delta_1)] + O(\sigma_2)\} = 0.$$

Dabei wird allerdings angenommen, daß man asymptotische Reihen gliedweise differenzieren darf (vgl. hierzu Abschnitt 2.5.4). Wir versuchen jetzt das Problem niedrigster Ordnung zu formulieren Dabei müssen aber gegebenenfalls auftretende trviale bzw. unphysikalische Gleichungen ausgeschlossen werden. in niedrigster

Ordnung können zunächst drei Fälle auftreten:

a) $\delta_1 = o(\sigma_1)$. Dann folgt $D_0\rho_1/D_0t = 0$. Dies bedeutet aber, daß die Schwankungen der Dichte von den anderen Schwankungsvariablen entkoppelt sind. Dies ist ein unphysikalisches Ergebnis und der Fall a) muß ausgeschlossen werden.

b) $\sigma_1 = o(\delta_1)$. Hier folgt div $\mathbf{u}_1 = 0$. Auch diese Ergebnis ist unphysikalisch, da in diesem Falle die Schwankungsgeschwindigkeit kompressibler Fluide entkoppelt wäre. Daher muß auch der Fall b) außer Acht gelassen werden.

c) $\delta_1 = O(\sigma_1)$. Nur in diesem Falle stehen die dominanten Terme in der Kontinuitätsgleichung im Gleichgewicht und es läßt sich eine nichttriviale Gleichung formulieren. Wir könnten zunächst verlangen, daß die beiden Vergleichsfunktionen einander proportional sind. Es ist jedoch hinreichend, $\delta_1 = \sigma_1$ anzusetzen, und damit erhalten wir wieder die linearisierte Kontinuitätsgleichung.

Eine analoge Vorgehensweise zur Berechnung der Glieder niedrigster Ordnung in Energiegleichung und Impulssatz führt zunächst zu dem Ergebnis $\Delta_1 = \delta_1$ und als Konsequenz davon zu den entsprechenden linearisierten Gleichungen. Damit verbleibt im Ansatz (1.2') in niedrigster Störungsordnung nur noch eine Vergleichsfunktion; diese wurde im Ansatz (1.2) aus Gründen der Einfachheit dem Störparameter ε gleichgesetzt. Die in diesem Beispiel angedeutete Methode des *Gleichgewichts dominanter Terme* stellt ein bei Störproblemen sehr vielseitig verwendbares Verfahren dar. Wir werden diese Methode bei anderen Fragestellungen noch mehrfach anwenden.

❑

Definition 2.9

Wegen. (2.7.0) gilt

$$\lim_{\varepsilon\to 0} \frac{f(\mathbf{x},\varepsilon)}{\delta_0(\varepsilon)\cdot f_0(\mathbf{x})} = 1$$

und man nennt das erste Glied der Poincaré-Reihe der Funktion $f(\mathbf{x},\varepsilon)$ asymptotische Darstellung nullter (bzw. niedrigster) Ordnung, oder auch AE der Funktion f bis zum ersten Glied. Analogerweise heißt $\mathbf{E}_n\, f(\mathbf{x},\varepsilon)$ asymptotische Darstellung n-ter Ordnung (bzw. AE bis zum n-ten Glied) der Funktion f.

♥

2.2 Eindeutigkeit asymptotischer Entwicklungen

Die Frage, ob zu einer Funktion $f(\mathbf{x},\varepsilon)$ nur eine einzige asymptotische Reihe korrespondiert, kann durch die Betrachtung eines einfachen Beispiels beantwortet werden. Die Funktion $\sinh\varepsilon$ wird für $\varepsilon\to 0$ durch eine Vielfalt asymptotischer Entwicklungen dargestellt:

$$\sinh \varepsilon \sim \varepsilon + \frac{\varepsilon^3}{3!} + O(\varepsilon^5) ;$$

$$\sim f_1 + \frac{1}{2} f_2 - \frac{1}{6} f_3 + \frac{1}{2} f_4 + O(f_5) ; \; f_n = \ln(1+\varepsilon^n) ;$$

$$\sim 2 g_1 + \frac{1}{2} g_2 + \frac{1}{12} g_3 + \frac{9}{32} g_4 + O(g_5) ; \; g_n = \sqrt{1+\varepsilon^n} - 1 . \qquad (2.10)$$

AEn sind also nur dann eindeutig, wenn der Entwicklungsparameter und die AF $\delta_n(\varepsilon)$ vorgegeben sind. Das Beispiel (2.10) zeigt auch, daß zu einer Funktion verschiedene AEn gehören können, deren Folgen nicht äquivalent sein müssen.

2.3 Konvergenz und Genauigkeit asymptotischer Entwicklungen

Seit Jeffreys bedeutender Arbeit über die Problematik des Konvergenzbegriffes in der Physik [2.4], wird die Konvergenzfrage in der Literatur häufig in neuem Licht gesehen. Die Konvergenz einer Reihe beruht auf dem Verhalten von Reihengliedern sehr hoher Ordnung. Im Gegensatz dazu muß man sich in vielen physikalischen Anwendungen mit der Berechnung der ersten Glieder einer Reihe zufrieden geben. Man hofft dann, daß diese, durch die ersten Terme gegebene Approximation rasch gegen die exakte Lösung strebt. Unter gewissen Umständen kann man dies aber mit divergenten Reihen besser erreichen, als mit konvergenten Entwicklungen. Dies soll durch eine Untersuchung der modifizierten Bessel-Funktion $I_0(x)$ demonstriert werden. Die Potenzreihe von $I_0(x)$ (siehe (3.16) des folgenden Kapitels)

$$I_0(\varepsilon) = \sum_{n=0}^{\infty} \left(\frac{\varepsilon}{2}\right)^{2n} \cdot (n!)^{-2} \qquad (2.11)$$

konvergiert zwar in der ganzen ε-Ebene, bei wachsenden Werten (des Absolutbetrags) von ε müssen aber immer mehr Reihenglieder berücksichtigt werden, um eine vorgegebene Genauigkeit erreichen zu können. Benutzt man aber an Stelle von (2.11) die für alle Werte von ε divergente AE (siehe Aufgabe 3.12 ; $\Gamma(z)$ ist die Gamma-Funktion; sie wird in Abschnitt 4.4 eingeführt)

$$I_0(\varepsilon) \sim e^{\varepsilon} (2\pi\varepsilon)^{-1/2} \sum_{n=0}^{\infty} \frac{\Gamma^2(n+1/2)\,(2\varepsilon)^{-n}}{\pi\, n!} , \qquad (2.12)$$

dann genügt für $\varepsilon \gg 1$ schon die Heranziehung einiger weniger Terme, um eine vorgegebene Genauigkeit zu erreichen. Erhöht man aber die Zahl der zu berücksichtigen Glieder, dann gelangt man zu einer Ordnung, von der an die zusätzlichen Terme den Fehler wieder vergrößern. Wenn daher beim Rechnen mit AEn überhaupt mehr Glieder als der erste Term berechnet werden kann, dann muß die Reihe (2.6) abgebrochen werden, sobald die Ordnung N erreicht ist, bei der erstmals für einen

Werte von $\mathbf{x} \in \mathbf{D}$ die Bedingung

$$f_N(\mathbf{x})\, \delta_N(\varepsilon) < f_{N+1}(\mathbf{x})\, \delta_{N+1}(\varepsilon) \tag{2.13}$$

erfüllt ist. (2.6) ist dann wegen (2.13) durch die AE bis zum N-ten Glied

$$f(x,\varepsilon) \sim \sum_{n=0}^{N} f_n(\mathbf{x})\, \delta_n(\varepsilon) \tag{2.14}$$

zu ersetzen. Bild 2.1 bringt eine qualitative Gegenüberstellung von langsam konvergenten Reihen und divergenten AEn. Im Abschnitt 3.4 werden wir sehen, daß man mit Hilfe der ersten Glieder divergenter Reihen rasch konvergente Folgen bilden kann. Den Grenzwert dieser Folgen kann man dann als den Wert der Reihe ansehen.

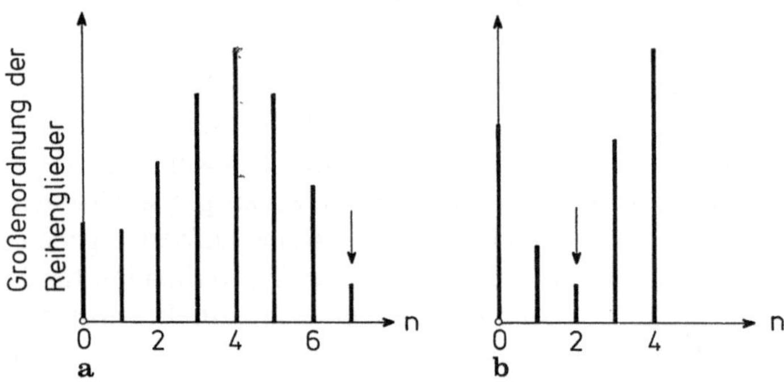

Bild 2.1 Schematische Darstellung der Größenordnung der Glieder von a) langsam konvergenten und b) divergenten asymptotischen Reihen. Bei den durch Pfeile gekennzeichneten Gliedern sollen die Reihen abgebrochen werden

2.4 Gleichmäßige Gültigkeit

Ausgangspunkt ist die Reihe (2.6). Diese Entwicklung nennt man gleichmäßig gültig im Bereich **D** , sofern die Beziehung

$$f(\mathbf{x},\varepsilon) \sim \sum_{n=0}^{N-1} f_n(\mathbf{x})\, \delta_n(\varepsilon) + R_N(\mathbf{x},\varepsilon)\,, \text{ mit } R_N(\mathbf{x},\varepsilon) = O(\delta_N(\varepsilon)), \tag{2.15}$$

für alle $\mathbf{x} \in \mathbf{D}$ erfüllt ist. In jedem anderen Fall ist die Reihe (2.6) in **D** nicht gleichmäßig gültig. Eine nicht gleichmäßig gültige Reihe wird oft auch *singuläre Entwicklung* genannt.

Als Beispiel für eine im Intervall $x \in (-\infty,\infty)$ gleichmäßig gültige Entwicklung (GGE) betrachten wir die Funktion $f(x,\varepsilon) = \sinh(x + \varepsilon)$. Dann gilt

$$\sinh(x+\varepsilon) \sim \left(1 + \frac{\varepsilon^2}{2} + \dots\right) \sinh x + \varepsilon \left(1 + \frac{\varepsilon^2}{6} + \dots\right) \cosh x\,.$$

Zur Illustration einer nicht-GGE untersuchen wir die Funktion $f(x,\varepsilon) = \ln(x+\varepsilon)$. Zunächst gilt $\ln(x+\varepsilon) = \ln x + \ln(1+\varepsilon/x)$. Damit entsteht eine AE der Form

$$\ln(x+\varepsilon) \sim \ln x + \frac{\varepsilon}{x} - \frac{1}{2}\left(\frac{\varepsilon}{x}\right)^2 + \dots \,. \tag{2.16}$$

Man erkennt nun, daß alle Entwicklungsglieder an der Stelle $x = 0$ singulär werden, wobei die Singularitäten mit wachsender Entwicklungsordnung ansteigen. Die Nichtgleichmäßigkeit dieser Entwicklung ist natürlich darauf zurückzuführen, daß die Taylor-Reihe der Funktion $\ln(1+\varepsilon/x)$ nur für $|\varepsilon/x| < 1$ konvergiert. Dies bedeutet, daß die Entwicklung (2.16) nur im Intervall $[\,O(\varepsilon), \infty)$ gleichmäßig gültig ist.

2.5 Mathematische Operationen mit asymptotischen Entwicklungen

Bei der Lösung eines gegebenen physikalischen Problems (DGL oder Integralgleichung mit kleinem Parameter) wird man i.a. zunächst eine geeignete AE auswählen. Diese wird anschließend in die entsprechende Gleichung eingesetzt. Dabei wird diese Entwicklung den Grundrechenoperationen unterzogen, sowie differenziert bzw. integriert. In diesem Abschnitt soll diskutiert werden, unter welchen Voraussetzungen die genannten Rechenoperationen zulässig sind.

2.5.1 Linearkombinationen

Es seien $\{\delta_n(\varepsilon)\}$ und $\{\eta_n(\varepsilon)\}$ zwei AFn, und die AEn bis zum N-ten Glied der Funktionen $f(x,\varepsilon)$ und $g(\mathbf{x},\varepsilon)$ haben die Form

$$f(x,\varepsilon) \sim \sum_{n=0}^{N} f_n(x)\,\delta_n(\varepsilon) \tag{2.17.1}$$

bzw.

$$g(x,\varepsilon) \sim \sum_{n=0}^{N} g_n(x)\,\eta_n(\varepsilon)\,. \tag{2.17.2}$$

Sind A und B zwei Konstanten und ist $\{\xi_n(\varepsilon)\}$ eine weitere AF, dann ist

$$Af + Bg \sim \sum_{m=0}^{\infty} \xi_m(\varepsilon) \sum_{n=0}^{N} \left\{ A\, f_n(x)\, a_{nm} + B\, g_n(x)\, b_{nm} \right\}, \tag{2.18.1}$$

eine AE der Linearkombination $Af + Bg$, wenn die Reihenentwicklungen

$$\delta_n(\varepsilon) = \sum_{m=0}^{\infty} a_{nm}\,\xi_m(\varepsilon) \quad \text{bzw.} \quad \eta_n(\varepsilon) = \sum_{m=0}^{\infty} b_{nm}\,\xi_m(\varepsilon) \tag{2.18.2}$$

konvergieren. Beachtet man die Definition 2.6 , dann ist der Beweis trivial.

Als **Beispiel** soll die Summe der beiden AEn ($\{\alpha_n\}$ und $\{\beta_n\}$ sind konstante Folgen)

$$f \sim \sum_{n=1}^{\infty} \alpha_n \tan \varepsilon^n \quad \text{und} \quad g \sim \sum_{n=1}^{\infty} \beta_n \{\ln(1+\varepsilon)\}^n$$

betrachtet werden. Wir wählen $\{\xi_n\} = \varepsilon^n$, die Reihen (2.18.2) sind dann die Potenzreihenentwicklungen der Funktionen $\tan \varepsilon^n$ und $\{\ln(1+\varepsilon)\}^n$. Damit folgt die asymptotische Darstellung zweiter Ordnung

$$f + g \sim (\alpha_1 + \beta_1)\,\varepsilon + (\alpha_2 + \beta_2 - \beta_1/2)\,\varepsilon^2 + O(\varepsilon^3) .$$

2.5.2 Integration

Es sei (2.17.1) eine AE, die für $\mathbf{x} \in \mathbf{D}$ gleichmäßig gültig ist. Ferner seien die Funktionen $f(\mathbf{x},\varepsilon)$, $f_n(\mathbf{x})$ und $h(\mathbf{x})$ integrierbar. Dann exisiert die Funktion

$$F(\varepsilon) = \int dx\, h(\mathbf{x})\, f(\mathbf{x},\varepsilon)$$

und es gilt

$$F(\varepsilon) \sim \sum_{n=0}^{N} \delta_n(\varepsilon) \int dx\, h(\mathbf{x})\, f_n(\mathbf{x}) .$$

Da hier nur Entwicklungen bis zum N-ten Glied betrachtet werden, ist der Beweis dieser Integrationsregel trivial. Die gliedweise Integration asymptotischer Reihen ist jedoch nur gestattet, wenn diese Reihen gleichmäßig konvergent sind.

2.5.3 Multiplikation

Die Multiplikation zweier AEn (z.B. (2.17.1) und (2.17.2), jeweils mit $N = \infty$) ist i.a. nicht erlaubt, da bei der formalen Produktbildung Glieder der Form $\delta_n(\varepsilon)\,\eta_m(\varepsilon)$ auftreten, die sich nicht notwendigerweise so anordnen lassen, daß sie wieder eine AF bilden. Mit anderen Worten, das Produkt zweier AEn ist eine Doppelreihe, die sich meist nicht auf eine einfache Reihe zurückführen läßt.

Als Beispiel dafür seien die beiden AFn

$$\delta_n(\varepsilon) = \varepsilon^n \quad \text{und} \quad \eta_m(\varepsilon) = \{1 + (\ln \varepsilon)^m\}^{-1}$$

angeführt. Es gibt jedoch wichtige Spezialfälle, bei denen das Produkt zweier asymptotischer Reihen durch eine einfache Reihe darstellbar ist. Die dabei zu treffenden Annahmen werden in dem folgenden Satz formuliert.

Satz : Es seien $\{\delta_n(\varepsilon)\}$, $\{\eta_n(\varepsilon)\}$ und $\{\chi_n(\varepsilon)\}$ drei AFn, wobei

$$\delta_0(\varepsilon)\ \eta_{N+1}(\varepsilon) = O(\chi_{K+1})\ ;\ \delta_{N+1}(\varepsilon)\ \eta_0(\varepsilon) = O(\chi_{K+1}) \tag{2.19}$$

und

$$\delta_n(\varepsilon)\ \eta_m(\varepsilon) = \sum_{k=0}^{K} c_{nmk}\, f_n(\mathbf{x})\, g_m(\mathbf{x}) + O(\chi_{K+1})\,, \tag{2.20}$$

gilt. Dann läßt sich das Produkt der beiden Entwicklungen (2.17.1) und (2.17.2) durch die AE

$$f(\mathbf{x},\varepsilon)\ g(\mathbf{x},\varepsilon) \sim \sum_{k=0}^{K} d_k(\mathbf{x})\ \chi_k(\varepsilon) + O(\chi_{K+1}) \tag{2.21}$$

darstellen. Im Falle asymptotischer Reihen ($N\to\infty$) muß noch zusätzlich die Konvergenz der Reihe

$$d_k(\mathbf{x}) = \sum_{n=0}^{N} \sum_{m=0}^{N} c_{nmk}\, f_n(\mathbf{x})\, g_m(\mathbf{x}) \quad \text{für} \quad N\to\infty \tag{2.22}$$

gefordert werden.

★

Beweis : Bildet man das Produkt $f(x,\varepsilon)\ g(x,\varepsilon)$, dann folgt zunächst

$$fg \sim \sum_{n=0}^{N} \sum_{m=0}^{N} f_n\, g_m\, \delta_n\, \eta_m + O(\delta_0\, \eta_{N+1}) + O(\eta_0\, \delta_{N+1})\,. \tag{2.23}$$

Verwendet man nun (2.19) und (2.20), so erhält man (2.21) und (2.22).

★

In vielen Anwendungsfällen kann man aber die Produktbildung vereinfachen, indem man versucht die asymptotischen Folgen in Potenzreihen zu entwickeln. Als **Beispiel** betrachten wir die beiden AEn (2.17.1) und (2.17.2) mit

$$\delta_n(\varepsilon) = \varepsilon^n \quad \text{und} \quad \eta_n(\varepsilon) = \ln(1+\varepsilon^n)\,.$$

Verwendet man die Potenzreihenentwicklung der Folge η_n, dann ergibt sich

$$fg \sim \varepsilon\,\{ f_0\, g_1 + \varepsilon\, [f_1\, g_1 + f_0\, (g_2 - g_1/2)] + O(\varepsilon^2) \}\,.$$

❑

Auf die Potenzierung soll hier nicht näher eingegangen werden. Diese Rechenoperation gestaltet sich jedoch besonders einfach, wenn die AFn die Bedingung

$$\delta_n(\varepsilon)\, \delta_m(\varepsilon) \sim \sum_{k} c_{nmk}\, \delta_k(\varepsilon) \tag{2.24}$$

erfüllen. Eine Folge, die (2.24) genügt, nennt man multiplikative Folge. Beispiele für multiplikative Folgen sind

$$\{\varepsilon^n\}\ ;\ \{e^{-n/\varepsilon}\}\,.$$

2.5.4 Differentiation

Im allgemeinen darf man AEn weder nach den Variablen **x** noch nach dem Parameter ε differenzieren. In der Literatur wird mit der Hypothese gearbeitet, daß die Poincaré-Reihe (2.6) gliedweise differenzierbar ist, wenn die Funktionen $f(\mathbf{x},\varepsilon)$, $f_n(\mathbf{x})$ und $\delta_n(\varepsilon)$ differenzierbar sind. Dies trifft im Falle AEn mit endlich vielen Gliedern sicherlich zu. Für asymptotische Reihen gibt es in der Literatur (siehe z.B. [2.5]) nur Teiluntersuchungen, die aber für die Anwendungen - z.B. die Verwendung asymptotischer Reihen bei DGLn - nicht genügend allgemein sind. Wir setzen daher im Folgenden voraus, daß die Differentiationshypothese richtig ist.

2.6 Koordinaten-Entwicklungen

Bis jetzt wurden AEn in Bezug auf einen Parameter ε untersucht, wobei angenommen wurde, daß die übrigen Variablen des Problems **x** in der Größenordnung O(1) liegen. Derartige Approximationsverfahren werden manchmal *Parameterentwicklungen* genannt.

In der Theorie der asymptotischen Lösungen linearer, gewöhnlicher DGLn (Kapitel 3 bis 5) interessiert man sich dagegen für das Verhalten von Lösungsfunktionen für große Werte des Arguments x. Dann ist $1/x$ bzw. $1/|x|$ der kleine Entwicklungsparameter, wobei komplexe Werte von x zugelassen werden können. Die entsprechende asymptotische Approximation nennt man *Koordinaten-Entwicklung*. Im einfachsten Falle treten dann *asymptotische Potenzreihen* der Form

$$f(x) \sim \sum_{n=0}^{\infty} a_n x^{-n} \quad \text{für } x \text{ (bzw. } |x|) \to \infty \tag{2.25}$$

auf. Man verifiziert leicht, daß Linearkombinationen und Produkte asymptotischer Potenzreihen wieder durch asymptotische Potenzreihen gegeben sind. Desgleichen führt die Differentiation, sowie die Integration (wobei u.U. ein logarithmisches Glied abgesondert werden muß) wieder zu asymptotischen Potenzreihen.

In den Anwendungen finden sich allerdings häufiger *verallgemeinerte asymptotische Potenzreihen* der Form

$$f(x) \sim x^a \exp(b\,x^c) \sum_{n=0}^{\infty} a_n x^{-nk}, \quad |x| \to \infty \tag{2.26}$$

(a,b,c>0 und k>0 sind Konstante). In den Gebieten der komplexen x-Ebene, in denen der Realteil der Funktion bx^c positiv bzw. negativ ist, ist die Funktion f (x) *exponentiell groß* (*dominant*) bzw. *exponentiell klein* (*subdominant* oder *rezessiv*). Die diese Gebiete voneinander trennenden Kurven

$$\Re(b\,x^c) = 0 \tag{2.27}$$

werden *Stokes-Kurven* genannt.

2.7 Stokessches Phänomen

Versucht man eine in der komplexen Ebene definierte Funktion f(x) in eine asymptotische Reihe zu entwickeln, so ergeben sich in unterschiedlichen Sektoren der komplexen Ebene differente AEn. Dieses Auftreten unterschiedlicher AEn wird *Stokessches Phänomen* genannt. Ein einfaches Beispiel soll dies deutlich machen. Wir wollen die Funktion $f(x) = \sinh x$ für $|x| \to \infty$ in eine asymptotische Reihe entwickeln. Dann folgt bei Vernachlässigung subdominanter Terme

$$\Re(x) > 0 \ : \ \sinh x \sim \frac{1}{2} e^{x} \quad , |x| \to \infty \tag{2.28.1}$$

und

$$\Re(x) < 0 \ : \ \sinh x \sim -\frac{1}{2} e^{-x} \quad , |x| \to \infty . \tag{2.28.2}$$

Die durch $\Re(x) = 0$ gegebene Stokes-Kurve ist hier die imaginäre Achse, auf ihr gilt keine der beiden Approximationen (2.28).

Ganz allgemein kann gesagt werden, daß das Stokessche Phänomen nicht eine inhärente Eigenschaft der entsprechenden Funktion ist. Das Auftreten des Stokesschen Phänomens stellt vielmehr den Nachteil dar, der aus dem Versuch, eine (höhere) transzendente Funktion durch elementare Funktionen zu approximieren, erwächst.

In Abschnitt 3.3 des folgenden Kapitels werden wir zur Approximation der Lösungen reeller DGLn an Stellen der Unbestimmtheit Ansätze vom Typ (2.26) heranziehen. Im vierten Kapitel werden in der komplexen Ebene Integraldarstellungen einiger wichtiger höherer transzendenter Funktionen hergeleitet. Im fünften Kapitel werden dann Methoden zur Auftellung AEn der durch Integraldarstellungen definierten Funktionen besprochen. Ist das Argument x der entsprechenden Funktion komplex, so werden wir bei diesen AEn für $|x| \to \infty$ wieder auf das Stokessche Phänomen stoßen.

Aufgaben

2.1 Es sei $\phi = O(\psi)$. Man zeige, das für alle Zahlen $a > 0$ die Bedingung

$$\phi^{a} = O(\psi^{a}) \quad \text{erfüllt ist.}$$

2.2 Es sei $\phi_j = O(\psi_j)$ für $j = 1, 2, \dots, N$. Man beweise

$$\prod_{j=1}^{N} \phi_j = O\left(\prod_{j=1}^{N} \psi_j\right)$$

2.3 Man bestimme das größte Intervall innerhalb dessen die AE der Funktion

$$f(x,\varepsilon) = (x+\varepsilon)^{1/2} \quad \text{gleichmäßig gültig ist.}$$

2.4 Man beweise die Relation

$$\mathbf{E}_j \mathbf{E}_n \; f(\mathbf{x},\varepsilon) = \mathbf{E}_j \; f(\mathbf{x},\varepsilon) \quad \text{für } j \leq n \,.$$

2.5 Man bestimme die Stokesschen Kurven der Funktion $f(x)=\cosh(x+x^2)$ und berechne die für $|x| \to \infty$ gültigen AEn dieser Funktion.

2.6 Man berechne die Koeffizienten a_n der Poincaré-Reihen

$$\cos\varepsilon \sim \sum_{n=0}^{\infty} a_n \ln(1+\varepsilon^n) \; ; \; \sin(2\varepsilon) \sim \sum_{n=0}^{\infty} a_n \{(1+\varepsilon^n)^{1/2} - 1\} \,.$$

2.7 Man zeige durch Beispiele, daß mit $g(\varepsilon)=O(f(\varepsilon))$ i.a. nicht $O(\exp(g(\varepsilon))=O(\exp(f(\varepsilon))$ folgt.

3 Reihenansätze zur Lösung von linearen gewöhnlichen Differentialgleichungen

Wir beginnen mit einer Klassifikation der Singularitäten einer linearen, gewöhnlichen, homogenen DGL n-ter Ordnung im komplexen Gebiet ($x,y \in \mathbf{C}$)

$$y^{(n)}(x) + P_{n-1}(x)\, y^{(n-1)}(x) + \ldots + P_1(x)\, y'(x) + P_0(x)\, y(x) = 0\,. \tag{3.1}$$

Vorläufig sei angenommen, daß der zu untersuchende Punkt x_0 die Bedingung $|x_0|<\infty$ erfüllt. Dann können drei Fälle auftreten:

a) x_0 ist eine *reguläre Stelle* der DGL (3.1), wenn in einer Umgebung von x_0 sämtliche Koeffizientenfunktionen $P_0, P_1, \ldots, P_{n-1}$ analytisch sind. In diesem Falle kann man *alle Lösungen* der DGL durch Taylor-Reihen der Form

$$y = \sum_{n=0}^{\infty} a_n\, (x - x_0)^n \tag{3.2}$$

darstellen. Diese Reihen konvergieren in einem Kreisgebiet um x_0, welches mindestens bis zur nächstgelegenen singulären Stelle von (3.1) reicht (der Konvergenzbeweis findet sich in [3.1]). So weist z.B. die Legendre-DGL (1.16) an s=0 einen regulären Punkt auf und der Ansatz (1.17) ist vom Typ (3.2). Weitere Beispiele für Potenzreihen-Entwicklungen an regulären Punkten sind in Aufgabe 3.1 (Airy-DGL) und 3.2 (DGL der parabolischen Zylinderfunktionen) angegeben.

b) x_0 ist eine *Stelle der Bestimmtheit* (regular singular point), wenn die Koeffizientenfunktionen $P_0, P_1, \ldots, P_{n-1}$ an x_0 Singularitäten aufweisen, aber die Funktionen $P_0(x)(x - x_0)^n, \ldots, P_{n-1}(x)(x - x_0)$ in einer Umgebung von x_0 analytisch sind. In diesem Falle erhält man *mindestens eine Lösung* der DGL (3.1) in der Form einer *Frobenius-Reihe*

$$y(x) = (x - x_0)^{\alpha} \sum_{n=0}^{\infty} a_n (x - x_0)^n \quad \text{mit} \quad a_0 \neq 0\,, \tag{3.3}$$

wobei der Parameter α i.a. komplexe Werte annimmt. Hinsichtlich der Konvergenz der Frobenius-Reihe (3.3) gelten die Aussagen von a) (siehe Bild 3.1).

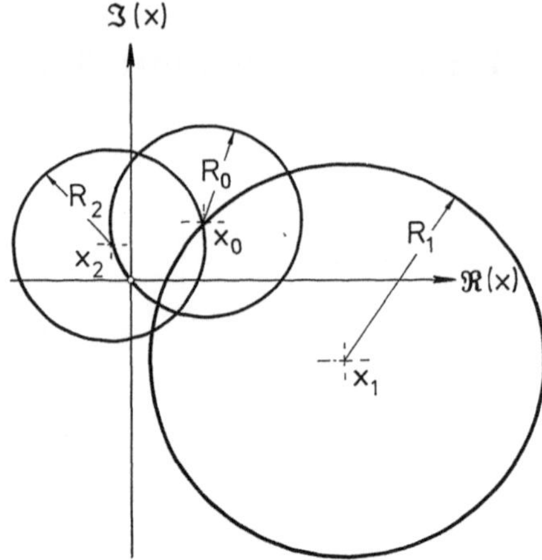

Bild 3.1 Pole der Koeffizientenfunktionen der DGL (3.1) und Konvergenzradien der Reihen für reguläre Stellen bzw. für Stellen der Bestimmtheit

c) x_0 ist eine *Stelle der Unbestimmtheit* (irregular singular point), wenn der Punkt x_0 weder ein regulärer Punkt ist, noch eine Stelle der Bestimmtheit darstellt. Bis zum heutigen Tage existiert keine allgemeine Theorie für DGLn mit Stellen der Unbestimmtheit. Man kann nur ganz allgemein sagen, daß an Stellen der Unbestimmtheit mindestens eine Lösung auftritt, die sich nicht in der Form (3.2) bzw. (3.3) darstellen läßt. In vielen Fällen besitzt dann eine Lösung von (3.1) an der Stelle x_0 eine wesentliche Singularität.

Zur Untersuchung des Punktes $x = \infty$ verwenden wir die Substitution $x = 1/t$. Dann gilt zunächst $d/dx = -t^2\, d/dt$; $d^2/dx^2 = t^4\, d^2/dt^2 + 2t^3\, d/dt$; ... . Setzt man diese Beziehungen in die DGL (3.1) ein, dann kann man den Punkt $t = 0$ entweder als regulären Punkt oder als Stelle der Bestimmtheit bzw. Unbestimmtheit klassifizieren.

3.1 Reihenentwicklungen an Stellen der Bestimmtheit

Wir untersuchen im Folgenden eine lineare, gewöhnliche, homogene DGL zweiter Ordnung, die an x_0 eine Stelle der Bestimmtheit aufweist. DGLn höherer Ordnung werden in Abschnitt 3.2 behandelt. Es sei daher die DGL

$$Ly = 0 \quad \text{mit} \quad L = D^2 + p(x)\,(x-x_0)^{-1}\,D + q(x)\,(x-x_0)^{-2}\,; \quad D = d/dx \tag{3.4}$$

vorgelegt. Voraussetzungsgemäß sind die Funktionen p(x) und q(x) in einer Umgebung von x_0 analytisch und können daher in Potenzreihen

$$p(x) = \sum_{n=0}^{\infty} p_n (x - x_0)^n \quad ; \quad q(x) = \sum_{n=0}^{\infty} q_n (x - x_0)^n \tag{3.5}$$

entwickelt werden, wobei beachtet werden muß, daß mindestens eine der beiden Koeffizientenfunktionen in (3.4) einen Pol haben muß. Wir versuchen jetzt die DGL (3.4) mit Hilfe des Frobenius-Reihenansatzes (3.3) zu lösen. Setzt man also (3.3) und (3.5) in (3.4) ein und verwendet die Multiplikationsregel der Potenzreihen

$$\sum_{m=0}^{\infty} b_m z^m \sum_{k=0}^{\infty} c_k z^k = \sum_{s=0}^{\infty} z^s \sum_{k=0}^{s} b_k c_{s-k} ,$$

so ergibt sich nach einer einfachen Umformung die Beziehung

$$L y = \sum_{n=0}^{\infty} (x-x_0)^{n+\alpha-2} \left\{ (n+\alpha)(n+\alpha-1)\, a_n + \sum_{k=0}^{n} a_k \left[(\alpha+k)\, p_{n-k} + q_{n-k} \right] \right\} = 0 . \tag{3.6}$$

In (3.6) erhält man für n=0 die niedrigste Potenz $(x - x_0)^{\alpha-2}$ und der Koeffizientenvergleich für n=0 führt zu der *determinierenden Gleichung*

$$P(\alpha)\, a_0 = [\, \alpha\,(\alpha-1) + p_0\, \alpha + q_0\,]\, a_0 = 0 . \tag{3.7.1}$$

Wegen $a_0 \neq 0$ (für $a_0=0$ müßte im Ansatz (3.3) lediglich α modifiziert werden) ist (3.7.1) eine quadratische Gleichung zur Bestimmung des Parameters α . Im Folgenden bezeichnen wir mit α_1 bzw. α_2 die Wurzeln von (3.7.1) mit größerem bzw. kleinerem Realteil

$$\alpha_1 = \alpha_{1r} + i\alpha_{1i} \ \text{ und } \ \alpha_2 = \alpha_{2r} + i\alpha_{2i} \quad \text{mit } \ \alpha_{1r} \geq \alpha_{2r} .$$

Der Koeffizientenvergleich für die Potenz $(x - x_0)^{n+\alpha-2}$ in (3.6) führt zu der Rekursionsformel zur Berechnung der Koeffizienten a_n

$$P(n+\alpha)\, a_n = - \sum_{k=0}^{n-1} a_k \{ (\alpha+k)\, p_{n-k} + q_{n-k} \} \ ; \ n \geq 1 . \tag{3.7.2}$$

Gilt nun für alle Werte von $n \geq 1$

$$P(n+\alpha_1) \neq 0 \quad \text{und} \quad P(n+\alpha_2) \neq 0 , \tag{3.7.3}$$

dann erhalten wir durch Einsetzen von α_1 und α_2 in die Rekursion (3.7.2) und anschließende Bestimmung der Koeffizientenfolgen $\{a_n\}$ die beiden Fundamentallösungen der DGL (3.4). Dabei werden der multiplikativen Konstanten a_0 für α_1 bzw. α_2 beliebige, aber unterschiedliche Werte zugewiesen; diese beiden multiplikativen Parameter sind die Integrationskonstanten der Lösungen von (3.4). Ist daher (3.7.3) erfüllt und gilt $\alpha_1 \neq \alpha_2$, dann sind beide Fundamentallösungen durch Frobenius-Reihen darstellbar. Im Falle zusammenfallender Lösungen der charakteristischen Gleichung kann man natürlich nur eine Lösung von (3.4) in Form einer Frobenius-Reihe bilden; die Konstruktion der zweiten Fundamentallösung für $\alpha_1=\alpha_2$ wird in Abschnitt 3.1.1 besprochen. Wir setzen daher $\alpha_1 \neq \alpha_2$ voraus und wenden uns der Frage zu, unter welchen Bedingungen (3.7.3) erfüllt ist. Mit (3.7.1) folgt zunächst ($1-p_0 = \alpha_1+\alpha_2$)

$$P(n + \alpha_{1,2}) = n\,(2\alpha_{1,2} + n - \alpha_1 - \alpha_2)\,,$$

und dies führt zu

$$P(n + \alpha_1) = n\,(\alpha_1 - \alpha_2 + n) \neq 0 \quad \text{und} \quad P(n + \alpha_2) = n\,(\alpha_2 - \alpha_1 + n)\,.$$

Dies bedeutet, daß wir durch Einsetzen von α_1 in (3.7.2) immer eine Fundamentallösung von (3.1) in Form von (3.3) berechnen können. Gilt jedoch $\alpha_1-\alpha_2 \notin \mathbf{N}_+$, so erhalten wir nach Eintragen von α_2 in (3.7.2) auch die zweite Fundamentallösung. Dagegen können Probleme bei der Bestimmung der zweiten Fundamentallösung auftreten, wenn α_2 durch die Beziehung $\alpha_2=\alpha_1-N$ mit $N\in \mathbf{N}$ gegeben ist . Für n=N und $\alpha=\alpha_2$ folgt nämlich aus (3.7.2)

$$0\cdot a_N = R_N \quad \text{mit} \quad R_N = -\sum_{k=0}^{N-1} a_k\{(\alpha_2 + k)p_{N-k} + q_{N-k}\}\,. \tag{3.7.4}$$

Gilt nun zufälligerweise $R_N=0$, so ist der Koeffizient a_N zunächst nicht festgelegt und die Rekursion (3.7.2) kann für α_2 und $n\geq N+1$ mit der multiplikativen Konstanten a_N fortgesetzt werden. Die Konstruktion der zweiten Fundamentallösung für den Fall $\alpha_2=\alpha_1-N$ und $R_N\neq 0$ erfolgt in Abschnitt 3.1.2.

Als **Anwendungsbeispiel** soll die *hypergeometrische DGL*

$$y'' + \frac{(1 + a + b)x - c}{x(x - 1)}\,y' + \frac{ab}{x(x - 1)}\,y = 0 \tag{3.8}$$

herangezogen werden, wobei a, b und c komplexe Parameter darstellen. Die DGL (3.8) besitzt drei singuläre Punkte ($x=0$; $x=1$; $x=\infty$), jeder dieser Punkte ist eine Stelle der Bestimmtheit (vgl. Aufgabe 3.3). DGLn, deren sämtlichen singulären Punkte (einschließlich $x=\infty$) Stellen der Bestimmtheit sind, nennt man *DGLn der Fuchsschen Klasse* . Wir wollen hier nicht näher auf die allgemeinen Eigenschaften der Lösungen von DGLn dieser Klasse eingehen (der interessierte Leser sei hierzu z.B. auf das Buch von Duschek, Bd. IV, [3.2] verwiesen), sondern untersuchen hier - und in Aufgabe 3.3 - nur die Struktur der Lösungen der speziellen DGL (3.8).

Wir beginnen mit der Reihenentwicklung an der Stelle $x_0=0$. Setzt man in (3.8) für den Faktor $(x-1)^{-1}$ eine geometrische Reihe an, dann ergibt ein Vergleich mit (3.5) $p_0=c$; $p_n=c-a-b-1$ für $n\geq 1$ und $q_0=0$; $q_n=-ab$ für $n\geq 1$. Damit erhält man aus (3.7.1) die determinierende Gleichung $\alpha^2+(c-1)\alpha=0$ mit den beiden Wurzeln $\alpha_1=0$ und $\alpha_2=1-c$. Wir wollen annehmen, daß c nicht eine ganze Zahl ist, dann erhält man durch Anwendung von (3.7.2) zwei linear unabhängige Lösungen. Setzt man die Koeffizienten p_n und q_n in (3.7.2) ein, dann erhält man für $\alpha_1=0$

$$\{n^2 + n(c - 1)\}\,a_n = \sum_{k=0}^{n-1} \{ab + (1 + a + b - c)\,k\}\,a_k\,.$$

Die Auswertung dieser Rekursion führt zu der ersten Fundamentallösung $y_1(x)$ ($a_0=1$)

$$y_1(x) = y(x,\alpha=0) = F(a,b,c,x) = 1 + \frac{ab}{c}x + \frac{ab(a+1)(b+1)}{2c(c+1)}x^2 + \ldots ,$$

und durch vollständige Induktion kann man die Reihendarstellung

$$F(a,b,c,x) = \frac{\Gamma(c)}{\Gamma(a)\,\Gamma(b)} \sum_{n=0}^{\infty} \frac{\Gamma(a+n)\,\Gamma(b+n)\,x^n}{\Gamma(c+n)\,n!} \tag{3.9}$$

beweisen. Dabei ist $\Gamma(z)$ die Gamma-Funktion. Sie besitzt die Eigenschaft $\Gamma(z+1)=z\Gamma(z)$ und stellt für komplexe Werte des Arguments z eine Verallgemeinerung der nur für $z\in N_+$ definierten Fakultätsfunktion z! dar.

Da sich an x=1 die nächstgelegene singuläre Stelle der DGL (3.8) befindet, hat die Reihe (3.9) den Konvergenzradius $\rho=1$, was man auch leicht mit Hilfe des Quotientenkriteriums bestätigen kann. Die durch (3.9) dargestellte Funktion F(a,b,c,x) heißt hypergeometrische Funktion, da sie im Spezialfall a=1 und b=c in die geometrische Reihe übergeht. Zur Berechnung der zweiten Fundamentallösung könnte man wieder mit $\alpha=1-c$ von (3.7.2) ausgehen. Es ist jedoch einfacher mit der Transformation $y_2=x^{1-c}s(x)$ zu arbeiten. Setzt man diesen Ausdruck in (3.8) ein, dann folgt

$$s'' + \frac{(3+a+b-2c)x-(2-c)}{x(x-1)}s' + \frac{(a+1-c)(b+1-c)}{x(x-1)}s = 0 . \tag{3.8'}$$

Bildet man daher neue Konstanten a_1,b_1,c_1, die durch $a_1=a+1-c$, $b_1=b+1-c$, $c_1=2-c$ definiert sind, dann sieht man, daß die Funktion s(x) die Beziehung $s(x)=F(a_1,b_1,c_1,x)$ erfüllt. Die zweite Fundamentallösung der Entwicklung an der Stelle x=0 hat daher die Form

$$y_2(x) = x^{1-c}\,F(a+1-c,b+1-c,2-c,x) . \tag{3.9'}$$

Reihenentwicklungen an den beiden anderen Stellen der Bestimmtheit werden im Rahmen der Aufgabe 3.3 behandelt.

3.1.1 Zusammenfallende Lösungen der determinierenden Gleichung ($\alpha_1=\alpha_2$)

In diesem Fall ergibt sich durch Anwendung der Rekursion (3.7.2) nur eine Fundamentallösung $y_1(x)=y(x,\alpha_1)$, wobei der Parameter α_1 Lösung der determinierenden Gleichung (3.7.1) ist. Zur Konstruktion der zweiten Fundamentallösung $y_2(x)$ nehmen wir an, daß α nicht Lösung der charakteristischen Gleichung ist: $P(\alpha)=(\alpha-\alpha_1)^2\neq0$. Die Koeffizienten a_n des Reihenansatzes (3.3) seien aber für $n\geq1$ wieder durch die Rekursion (3.7.2) bestimmt. Dann folgt aus (3.6)

$$L\,y(x,\alpha) = a_0\,(x-x_0)^{\alpha-2}\,P(\alpha) . \tag{3.10}$$

Differenziert man jedoch (3.10) nach dem Parameter α , so erhalten wir

$$L\{\frac{\partial y(x,\alpha)}{\partial \alpha}\} = a_0 \{\ln (x - x_0) P(\alpha) + P'(\alpha)\} (x - x_0)^{\alpha-2} , \tag{3.11}$$

und wir sehen, daß wegen $P(\alpha_1)=P'(\alpha_1)=0$ die Funktion $\partial y(x,\alpha)/\partial\alpha$ für $\alpha=\alpha_1$ Lösung von (3.4) sein muß. Differenziert man daher (3.3) nach α, so entsteht

$$y_2(x) = (x - x_0)^{\alpha_1} \sum_{n=0}^{\infty} (x - x_0)^n \{\ln (x - x_0)\, a_n(\alpha_1) + a_n'(\alpha_1)\} . \tag{3.12}$$

Da aber die mit $\alpha=\alpha_1$ gebildete Frobenius-Reihe (3.3) definitionsgemäß $y_1(x)$ darstellt, können wir (3.12) umformen und es entsteht

$$y_2(x) = y_1(x) \ln (x - x_0) + \sum_{n=0}^{\infty} a_n'(\alpha_1) (x - x_0)^{n+\alpha_1} . \tag{3.12'}$$

Die in (3.12') auftretende Reihe konvergiert wieder in einem Kreisgebiet um x_0, das mindestens bis zur nächsten singulären Stelle der DGL (3.1) reicht.

Als **Anwendungsbeispiel** leiten wir Reihendarstellungen der *modifizierten Bessel-Funktionen* $I_m(x)$ und $K_m(x)$ her. Diese Funktionen sind die beiden Fundamentallösungen der modifizierten Bessel-DGL (m ist ein komplexer Parameter)

$$y'' + (1/x)\, y' - (1 + m^2/x^2)\, y = 0 . \tag{3.13}$$

Die DGL (3.13) ist invariant gegenüber der Transformation $m \to -m$. Ist daher $y(x,m)$ eine Lösung dieser DGL, dann stellt $y(x,-m)$ eine weitere Lösung dar. Die DGL (3.13) weist zwei singuläre Punkte auf: an $x_0=0$ eine Stelle der Bestimmtheit und an $x_0=\infty$ eine Stelle der Unbestimmtheit. Wir wollen hier die Reihenentwicklungen für den Punkt $x_0=0$ herleiten. Ein Vergleich von (3.13) mit (3.5) führt zu $p_0=1$ und $p_n=0$ für $n>0$, sowie $q_0=-m^2$, $q_1=0$, $q_2=-1$ und $q_n=0$ für $n>2$. (3.7.1) nimmt hier die Form $P(\alpha)=\alpha^2-m^2=0$ an und sie hat die beiden Wurzeln $\alpha_1=m$ und $\alpha_2=-m$. Im Spezialfall $m=0$ fallen die beiden Wurzeln zusammen und für $m\in \mathbf{N}$ liegt der im nächsten Abschnitt behandelte Fall $\alpha_1-\alpha_2 =2m\in \mathbf{N}$ vor. Wir wollen zunächst die erste Fundamentallösung $y_1=I_m(x)$ für beliebige Werte von m berechnen und uns anschließend - unter Beschränkung auf den Fall $m=0$ - der Bestimmung der zweiten Fundamentalen $y_2=K_0(x)$ zuwenden. Gemäß (3.3) setzen wir an

$$I_m(x) = x^m \sum_{n=0}^{\infty} a_n x^n . \tag{3.14}$$

Die Rekursionsformel (3.7.2) vereinfacht sich dann zu

$$[(m + n)^2 - m^2]\, a_n = - \sum_{k=0}^{n-1} a_k q_{n-k} .$$

Setzt man n=1 ein, so folgt $a_1=0$ und für n>1 ergibt sich $n(n+2m)a_n=a_{n-2}$. Damit verschwinden wegen $a_1=0$ die ungeradzahligen Koeffizienten, $a_{2n+1}=0$, während wir für die geradzahligen Koeffizienten die Beziehung

$$4n\,(n+m)\,a_{2n} = a_{2n-2} \tag{3.15}$$

aufstellen können. Ist nun m nicht eine negative ganze Zahl, dann folgt mit (3.15)

$$a_{2n} = \frac{a_0}{2^{2n}\, n!\,(1+m)(2+m)\ldots(n+m)} = \frac{a_0\,\Gamma(m+1)}{2^{2n}\, n!\,\Gamma(n+m+1)}\,. \tag{3.15'}$$

Es ist nun üblich, der multiplikativen Konstanten a_0 den Wert $a_0=1/(2^m\Gamma(m+1))$ zuzuweisen. Dann erhalten wir mit (3.14) und (3.15') sowie mit $a_{2n+1}=0$

$$I_m(x) = y(x,\alpha=m) = (x/2)^m \sum_{n=0}^{\infty} (x/2)^{2n} \frac{1}{n!\,\Gamma(n+m+1)}\,. \tag{3.16}$$

Die Reihe (3.16) gilt für beliebige, komplexe Werte des Parameters m. Da die dem Punkt $x_0=0$ benachbarte singuläre Stelle der Punkt $x=\infty$ ist, konvergiert diese Reihe in der ganzen komplexen x-Ebene (für $|x|<\infty$); von dieser Tatsache kann man sich auch durch Anwendung des Quotientenkriteriums überzeugen.

Gl. (3.16) definiert nun die erste Fundamentallösung (3.13), wobei für komplexe Werte von m die Funktion $I_{-m}(x)$ die zweite Fundamentale darstellt. Diese Funktion berechnet man, indem in (3.16) der Parameter m durch -m ersetzt wird. Gilt hingegen $2m \in \mathbf{N}$, dann sind zwei Fälle zu unter-scheiden. Ist m halbzahlig ($m=\pm 1/2;\pm 3/2;\ldots$), dann nennt man die Lösungen von (3.13) modifizierte sphärische Bessel-Funktionen und diese Funktionen können - ähnlich wie die sphärischen Bessel-Funktionen (siehe (1.20)) - durch elementare Funktionen dargestellt werden. Auf diesen Spezialfall soll hier nicht näher eingegangen werden. Ist jedoch m eine natürliche Zahl, $m \in \mathbf{N}$, dann ist (3.16) als die zu $\alpha_1=m$ gehörige Frobenius-Reihenlösung zu verstehen. Eine weitere Lösung erhält man für $\alpha_2=-m$. Sie hat wegen (3.16) die Form

$$I_{-m}(x) = (x/2)^{-m} \sum_{n=0}^{\infty} (x/2)^{2n} \frac{1}{n!\,\Gamma(n-m+1)}\,.$$

In Abschnitt 4.4 werden wir zeigen, daß die Polstellen der Gamma-Funktion $\Gamma(z)$ an den Punkten z=0, -1, -2, -... liegen. Dies bedeutet aber

$$\Gamma(n-m+1) = \infty \text{ für } n=0,1,\ldots,m-1 \text{ und } m \in \mathbf{N}\,.$$

Setzt man dies in die Reihe für $I_{-m}(x)$ ein, so entsteht zunächst

$$I_{-m}(x) = (x/2)^{-m} \sum_{n=m}^{\infty} \frac{(x/2)^{2n}}{n!\,(n-m)!}\,.$$

Substituiert man noch n=m+s, so folgt nach einem Vergleich mit (3.16)

$$I_{-m}(x) = I_m(x) \quad \text{für} \quad m \in \mathbf{N}_+\,, \tag{3.17}$$

und man sieht, daß die beiden Funktionen $I_m(x)$ und $I_{-m}(x)$ linear abhängig sind. Dies bedeutet, daß mit $\alpha_2=-m=\alpha_1-2m$ nicht eine Frobenius-Reihenlösung von (3.13) berechnet werden kann ($R_{2m}=0$ in (3.7.4)). Wir kommen jetzt zur Berechnung der zweiten Fundamentallösung für den Fall m=0 und bezeichnen diese Lösung mit $K_0(x)$. Für m=0 liegt eine doppelte Nullstelle von (3.7.1) vor und wir können den Ansatz (3.12') zur Berechnung von $K_0(x)$ heranziehen. Setzt man in (3.16) auf der rechten Seite $m=\alpha$ ein und differenziert nach α, so erhält man zunächst

$$\frac{\partial y(x,\alpha)}{\partial \alpha}\Big|_{\alpha=0} = I_0(x)\ln\frac{x}{2} - \sum_{n=0}^{\infty}(x/2)^{2n}\frac{\psi(n+1)}{n!\,\Gamma(n+1)}\,, \tag{3.18}$$

wobei wir die durch

$$\psi(x) = \Gamma'(x)/\Gamma(x)\,, \tag{3.19}$$

definierte *Digamma-Funktion* (bzw. *Psi-Funktion*) eingeführt haben. Die Eigenschaften dieser Funktion werden ebenso wie die der Gamma-Funktion in Abschnitt 4.4 untersucht. Dort werden u.a. die Beziehungen

$$\psi(1) = -\gamma \quad \text{und} \quad \psi(N) = -\gamma + \sum_{k=1}^{N-1}\frac{1}{k} \quad \text{für} \quad N \in \mathbf{N} \text{ und } N \geq 2 \tag{3.19'}$$

(γ=0,5772... ist die Euler-Konstante) bewiesen. Setzt man nun die Beziehungen (3.19') in (3.18) ein und verwendet noch $\Gamma(n+1)=n!$, dann folgt dieReihendarstellung der modifizierten Bessel-Funktion $K_0(x)$ ($K_0(x)=-y_2(x)$)

$$K_0(x) = -(\gamma + \ln\frac{x}{2})\,I_0(x) + \sum_{n=1}^{\infty}(x/2)^{2n}\frac{1}{n!^2}(1 + 1/2 + \ldots + 1/n)\,. \tag{3.18'}$$

3.1.2 Der Fall $\alpha_2 = \alpha_1 - N$

Wir gehen hier ähnlich wie in Abschnitt 3.1.1 vor. $y_1(x)=y(x,\alpha_1)$ ist wieder die erste Fundamentallösung der DGL (3.4). Zur Berechnung der zweiten Lösung setzen wir in (3.11) $\alpha=\alpha_1$. Wegen $P'(\alpha_1)=N$ folgt dann

$$L\left\{\frac{\partial y(x,\alpha)}{\partial \alpha}\right\}_{\alpha=\alpha_1} = a_0\,N\,(x-x_0)^{\alpha_2+N-2}\,. \tag{3.20}$$

Die Funktion $\partial y(x,\alpha)/\partial\alpha$ ist daher für $\alpha_1=\alpha$ eine partikuläre Lösung des inhomogenen Problems (3.20). Wir interessieren uns aber für eine Lösung des homogenen Anteils von (3.20). Zu diesem Zweck konstruieren wir eine weitere partikuläre Lösung dieser DGL und subtrahieren sie von $\partial y(x,\alpha_1)/\partial\alpha$. Die derartig gebildete

Differenzfunktion ist dann eine Lösung des homogenen Anteils von (3.20) und genügt daher der DGL (3.4). Zur Berechnung dieser zweiten partikulären Lösung Y(x) verwenden wir wieder einen Frobenius-Ansatz

$$Y(x) = (x - x_0)^{\alpha_2} \sum_{n=0}^{\infty} c_n (x - x_0)^n . \tag{3.21}$$

Trägt man nun (3.21) in (3.20) ein, so erhält man in Analogie zu den Beziehungen (3.7.1)

$$(x - x_0)^{\alpha_2 - 2} \quad : P(\alpha_2)\, c_0 = 0 , \tag{3.22.1}$$

$$(x - x_0)^{\alpha_2 + n - 2} \quad : P(\alpha_2 + n)\, c_n + \sum_{k=0}^{n-1} \{(\alpha_2 + k) p_{n-k} + q_{n-k}\}\, c_k = 0$$

$$\text{für } n \geq 1 \text{ und } n \neq N \tag{3.22.2}$$

$$(x - x_0)^{\alpha_2 + N - 2} : P(\alpha_2 + N)\, c_N + \sum_{k=0}^{N-1} \{(\alpha_2 + k) p_{N-k} + q_{N-k}\}\, c_k = N\, a_0 . \tag{3.22.3}$$

Wegen $P(\alpha_2)=P(\alpha_2+N)=0$ sind die Konstanten c_0 und c_N unbestimmt, wobei (3.22.3) eine Bedingung zur Bestimmung des Parameters a_0 darstellt. Berechnet man die restlichen Koeffizienten $c_1,\ldots,c_{N-1},c_{N+1},\ldots$ durch Lösung von (3.22.2), dann erhält man die Reihendarstellung der zweiten Fundamentallösung, die die Differenz zweier partikulärer Lösungen der inhomogenen DGL (3.20) ist, in der Form

$$y_2(x) = \sum_{n=0}^{\infty} c_n (x - x_0)^{n+\alpha_2} - \left.\frac{\partial(x,\alpha)}{\partial\alpha}\right|_{\alpha=\alpha_1} . \tag{3.23}$$

Man kann nun zeigen, daß die Konvergenzradien der Reihendarstellungen von $y_1(x)$ und $y_2(x)$ übereinstimmen. Des Weiteren kann gezeigt werden, daß sich zwei Lösungen $y_2(x)$, die gemäß (3.23) mit unterschiedlichen Werten des Parameters c_N gebildet werden, um konstante Vielfache von $y_1(x)$ unterscheiden

$$y_2(x,c_N) = y_2(x,\hat{c}_N) + \text{const}\; y_1(x) . \tag{3.23'}$$

Da aber $y_1(x)$ Lösung der DGL (3.4) ist, folgt

$$L\, y_2(x,c_N) = L\, y_2(x,\hat{c}_N) = 0$$

und wir können deshalb den Parameter c_N beliebig wählen. In den Anwendungen setzt man der Einfachheit wegen meist $c_N=0$.

Der relativ aufwendige Beweis der Beziehung (3.23') (siehe z.B.[3.1]) soll hier nicht erbracht werden. Wir werden jedoch (3.23') in Abschnitt 3.1.4 anläßlich der Berechnung des Fundamentalsystems der Rayleigh-Gleichung verifizieren.

Die Beziehungen (3.22) und (3.23) könnten nun u.a. zur Berechnung der modifizierten Bessel-Funktionen $K_n(x)$ mit $n \in \mathbf{N}$ herangezogen werden. In Aufgabe 3.6 wird die Funktion $K_1(x)$ auf diese Weise berechnet. Wir wollen aber hier auf die relativ mühsamen Rechnungen nicht eingehen. Im Gegensatz dazu berechnen wir die Funktion $K_1(x)$ mit wesentlich geringerem Rechenaufwand, wenn wir von der Definition

$$K_n(x) = \frac{\pi}{2} \lim_{m \to n} \frac{I_{-m}(x) - I_m(x)}{\sin(m\pi)} \; ; \; n \in \mathbf{N}_+ \tag{3.24}$$

ausgehen. In Aufgabe 3.7 wird gezeigt, daß die durch (3.24) definierten Funktionen Lösungen von (3.13) sind. Da der Grenzwert auf der rechten Seite von (3.24) eine unbestimmte Form des Typs "0/0" darstellt, müssen die Funktionen I_m bzw. I_{-m} nach dem Parameter m differenziert werden. Dann folgt wegen (3.16) und (3.17)

$$\frac{\partial I_{-m}}{\partial m}\Big|_{m=n} = -(\ln \frac{x}{2}) I_n(x) + (2/x)^n \sum_{k=0}^{\infty} (x/2)^{2k} \frac{\psi(k+1-n)}{k!\,\Gamma(k+1-n)} \tag{3.25.1}$$

und

$$\frac{\partial I_m}{\partial m}\Big|_{m=n} = (\ln \frac{x}{2}) I_n(x) - (x/2)^n \sum_{k=0}^{\infty} (x/2)^{2k} \frac{\psi(k+1+n)}{k!\,\Gamma(k+1+n)} \quad . \tag{3.25.2}$$

Setzt man in (3.25.1) und (3.25.2) speziell m=n=0 und berücksichtigt (3.19'), so erhält man $K_0(x)$ wegen (3.24) in der durch (3.18') gegebenen Reihendarstellung. Wir wollen jetzt die Funktion $K_1(x)$ berechnen. Zunächst folgt für n=1 aus (3.24)

$$K_1(x) = \frac{1}{2} \left(\frac{\partial I_m}{\partial m} - \frac{\partial I_{-m}}{\partial m} \right)_{m=1} . \tag{3.26}$$

Spaltet man in der Reihe von (3.25.1) das erste Glied ab,berücksichtigt $\Gamma(k)=(k-1)!$ und formt um, dann ergibt sich nach Einsetzen von (3.25.1) und (3.25.2) in (3.26)

$$K_1(x) = \frac{1}{x} + (\ln \frac{x}{2}) I_1(x) - \frac{x}{4} \sum_{k=0}^{\infty} (x/2)^{2k} \frac{\psi(k+1) + \psi(k+2)}{k!\,(k+1)!} \quad . \tag{3.27}$$

Dabei haben wir die in Abschnitt 4.4 bewiesene Beziehung

$$\psi(0) \,/\, \Gamma(0) = -1 \tag{3.28}$$

benutzt. Zur Auswertung von (3.27) benötigt man aber neben (3.19') noch die Relation

$$\psi(1) + \psi(2) = 1 - 2\gamma \; . \tag{3.29}$$

Bis jetzt wurden homogene DGLn behandelt. Im folgenden Abschnitt wird gezeigt, daß auch partikuläre Lösungen inhomogener DGLn in Umgebungen von Stellen der Bestimmtheit durch Reihenansätze berechnet werden können.

3.1.3 Inhomogene Differentialgleichungen

Vorgelegt sei die inhomogene DGL zweiter Ordnung

$$L\,y(x) = f(x) \, , \tag{3.30}$$

wobei der Differentialoperator L wieder durch (3.4) mit (3.5) gegeben ist. Das zugehörige homogene Problem weist daher am Punkt x_0 eine Stelle der Bestimmtheit auf. Die partikuläre Lösung des inhomogenen Problems kann man mit Hilfe des Verfahrens der Variation der Konstanten (siehe z.B. Duschek [3.2], Band III) bestimmen. Besitzt aber die Inhomogenität $f(x)$ ebenfalls eine in einer Umgebung des Punktes x_0 konvergente Reihenentwicklung der Form

$$f(x) = (x - x_0)^s \sum_{n=0}^{\infty} b_n (x - x_0)^n \quad \text{mit } b_0 \neq 0 , \tag{3.31}$$

dann kann man versuchen, die partikuläre Lösung $y_p(x)$ mit Hilfe des Ansatzes

$$y_p(x) = (x - x_0)^\lambda \sum_{n=0}^{\infty} c_n (x - x_0)^n \tag{3.32}$$

zu berechnen. Setzt man (3.31) und (3.32) in die DGL (3.30) ein, dann erhält man

$$L y_p(x) = (x - x_0)^s \sum_{n=0}^{\infty} b_n (x - x_0)^n . \tag{3.33}$$

Die linke Seite von (3.33) ist wieder durch (3.6) gegeben, wenn dort $\alpha:=\lambda$ und $a_n:=c_n$ gesetzt werden. Gilt nun $P(\lambda)\neq 0$ (λ ist nicht Lösung der determinierenden Gleichung des zugehörigen homogenen Problems (3.7.1)), so folgt durch Gleichsetzung der niedrigsten Potenzen in (3.33)

$$P(\lambda)\, c_0 = b_0 \quad \text{und} \quad \lambda = 2 + s . \tag{3.34}$$

Die Koeffizienten c_n können dann für $n \geq 1$ durch Anwendung der Rekursion

$$P(\lambda+n)\, c_n = b_n - \sum_{k=0}^{n-1} c_k \left\{ (\lambda+k)\, p_{n-k} + q_{n-k} \right\} , \tag{3.35}$$

bestimmt werden. Gilt $P(2+s+n)\neq 0$ für alle $n \in \mathbf{N}_+$, dann sind (3.34) und (3.35) lösbar und wir können die partikuläre Lösung y_p durch den Reihenansatz (3.32) mit $\lambda=2+s$ berechnen.

Als **Anwendungsbeispiel** soll die partikuläre Lösung einer inhomogenen Bessel-DGL des Typs (m ist ein komplexer Parameter)

$$y'' + \frac{1}{x} y' + \left(1 - \frac{m^2}{x^2}\right) y = b_0\, x^{m-1} \; ; \; b_0 = \frac{2^{1-m}}{\sqrt{\pi}\, \Gamma(m+ 1/2)} , \tag{3.36}$$

berechnet werden. Die allgemeine Lösung lautet ($C_{1,2}$ sind Integrationskonstanten)

$$y = C_1 J_m(x) + C_2 N_m(x) + S_m(x) . \tag{3.37}$$

Dabei ist die homogene Lösung durch die Bessel-Funktion $J_m(x)$ und die Neumann-Funktion $N_m(x)$ gegeben und die Reihenentwicklungen dieser Funktionen werden in Aufgabe 3.5 hergeleitet. Die partikuläre Lösung der DGL (3.36) ist die *Struve-Funktion* $S_m(x)$; ihre Entwicklung soll hier bestimmt werden.

Zunächst folgt mit (3.34) $\lambda=m+1$ und $P(\lambda)=\lambda^2-m^2=2m+1\neq0$ für $m\neq-1/2$. Wegen $c_0=b_0/(2m+1)$ erhalten wir $c_0=2^{-m}/[(\sqrt{\pi}\,\Gamma(m+3/2)]$. Des Weiteren gilt $b_n=p_n=0$ für $n\geq1$ und (3.35) vereinfacht sich zu

$$P(\lambda+n)\,c_n = -\sum_{k=0}^{n-1} c_k\, q_{n-k} \quad \text{mit } q_1=0,\ q_2=1,\ q_n=0 \ \text{ für } n\geq 3\,, \tag{3.38}$$

und $P(\lambda+n)=(n+1)(n+1+2m)\neq0$ für $m\neq-(n+1)/2$. Setzt man in (3.38) $n=1$, so folgt $c_1=0$ und für $n\geq2$ folgt aus dieser Gleichung

$$P(\lambda+n)\,c_n = -\,c_{n-2}\,, \tag{3.39}$$

und wegen $c_1=0$ verschwinden die ungeradzahligen Koeffizienten $c_{2n+1}=0$. Ersetzt man daher in (3.39) n durch 2n, so folgt

$$P(\lambda+2n)\,c_{2n} = -\,c_{2n-2} \quad \text{und} \quad c_{2n+1}=0 \ \text{ für } n\geq 1\,. \tag{3.40}$$

Durch vollständige Induktion kann nun die Beziehung

$$c_{2n} = \frac{(-1)^n\, 2^{-(m+1)}}{2^{2n}\,\Gamma(n+3/2)\,\Gamma(n+m+3/2)} \tag{3.41}$$

hergeleitet werden. Damit hat die für $|x|<\infty$ konvergente Reihenlösung der Struve-Funktion die Form

$$S_m(x) = \left(\frac{x}{2}\right)^{m+1} \sum_{n=0}^{\infty} \left(\frac{x}{2}\right)^{2n} \frac{(-1)^n}{\Gamma(n+3/2)\,\Gamma(n+m+3/2)}\,. \tag{3.42}$$

3.1.4 Die Rayleigh-Gleichung

Als physikalisches Anwendungsbeispiel für die Verwendung von Reihenentwicklungen an Stellen der Bestimmtheit wollen wir ein Teilproblem der linearisierten hydrodynamischen Stabilitätstheorie untersuchen. Die Linearisierung der Navier-Stokes-Gleichungen inkompressibler Fluide führt zur Orr-Sommerfeld-Gleichung (siehe z.B. Drazin und Reid [3.3]). Setzt man für sehr große Werte der *Reynolds-Zahl* eine direkte Entwicklung nach diesem Parameter an (vergleiche Abschnitt 9.4), so erhält man in niedrigster Näherung die Rayleigh-Gleichung

$$y'' - [k^2 + U''/(U-c)]\,y = 0\,. \tag{3.43}$$

Dabei ist $y=y(x)$ eine Amplitude der Stromfunktion der Geschwindigkeitsschwankungen, die im Sinne der Ansätze des Kapitels 1 (siehe z.B. (1.2)) als Störgröße erster Ordnung zu verstehen sind. k ist die Wellenzahl der Störungen und es gilt $c=\omega/k$, wobei ω die Kreisfrequenz der Sörungen ist. Für räumlich angefachte (bzw. gedämpfte) Störungen ist der Parameter k komplex und damit nimmt auch die Konstante c komplexe Werte an. Die Funktion U(x) in (3.43) ist das Geschwindigkeitsprofil der ungestörten Parallelströmung.

Wir werden uns im Abschnitt 10.4 mit der Lösung der Orr-Sommerfeld-Gleichung für nahezu neutrale Störungen ($\Im(k)\approx 0$) beschäftigen. Dabei bilden die Lösungen von (3.43) einen Teil der sogenannten äußeren Lösung und jedes Reihenglied der Rayleigh-Lösungen entspricht einer Ordnung der AE des Problems. Deshalb ist es hinreichend, sich hier nur auf die Berechnung der ersten Reihenglieder der Lösung von (3.43) zu beschränken. (3.43) weist an den durch die Bedingung

$$U(x_0) = c \tag{3.44}$$

bestimmten Stellen x_0 Singularitäten auf und wegen $c \in \mathbf{C}$ gilt i.a. auch $x_0 \in \mathbf{C}$. Im Folgenden setzen wir $U'(x_0) \neq 0$ voraus. Der Punkt x_0 ist dann eine Stelle der Bestimmtheit und die entsprechende Frobenius-Reihe konvergiert in einem Kreisgebiet um x_0, das mindestens bis zur nächstgelegenen Lösung von (3.44) reicht. Taylor-Entwicklung der Funktionen U(x) bzw. U''(x) haben dann die Form

$$k^2 + U''/(U-c) = [\, U_0'' + \xi(k^2 U_0' + U_0''' - (1/2)\, U_0''^{\,2}/U_0' + O(\xi^2)\,]/(U_0'\xi)\,,$$

wobei die Abkürzungen

$$\xi = x - x_0\,;\quad d^n/dx^n = d^n/d\xi^n \quad \text{und} \quad U_0^{(n)} = U^{(n)}(x_0) \quad \text{für } n \in \mathbf{N}$$

eingeführt wurden. Ein Vergleich mit (3.4) bzw. (3.5) ergibt neben $p(x)=0$

$$q_0 = 0\,;\; q_1 = -\,U_0''/U_0'\,;\; q_2 = -\,[k^2 + U_0'''/U_0' - (1/2)(U_0''/U_0')^2]\,;\ldots \tag{3.45}$$

Damit reduziert sich die determinierende Gleichung (3.7.1) zu

$$P(\alpha) = \alpha\,(\alpha - 1) = 0\,. \tag{3.46}$$

Sie hat die beiden Wurzeln $\alpha_1=1$ bzw. $\alpha_2=0$ und (3.7.2) vereinfacht sich hier zu

$$(\alpha+n)\,(\alpha+n-1)\,a_n = -\sum_{k=0}^{n-1} a_k\, q_{n-k}\,.$$

Die Berechnung der ersten Koeffizienten ergibt (der Parameter α wird zunächst nicht spezifiziert)

$$\begin{aligned}\alpha\,(\alpha+1)\,a_1 &= -\,a_0\, q_1 = a_0\, U_0''/U_0' \quad ,\\ (\alpha+1)\,(\alpha+2)\,a_2 &= -\,(a_0\, q_2 + a_1\, q_1) \quad .\end{aligned} \tag{3.47}$$

Zur Bestimmung der ersten Fundamentallösung setzen wir in (3.47) für α den Wert $\alpha_1=1$ ein und erhalten mit (3.3)

$$y_1(\xi) = y(\xi,\alpha=1) = a_0\xi\,\left\{1 + \frac{U_0''\,\xi}{2U_0'} + \frac{1}{6}\,\frac{\xi^2(k^2U_0' + U_0''')}{U_0'} + O(\xi^3)\right\}. \tag{3.48}$$

Jetzt soll die zweite Fundamentallösung mit Hilfe der Überlegungen des Abschnitts 3.1.2 berechnet werden. Wegen N=1 folgt zunächst mit (3.20) $L\partial y/\partial\alpha = a_0\xi^{-1}$ für $\alpha=\alpha_1$, wobei L durch (3.43) bestimmt ist. Bildet man gemäß (3.21) eine partikuläre

Lösung in der Form

$$Y = \sum_{n=0}^{\infty} c_n \xi^n ,$$

so ist (3.22.1) automatisch erfüllt und c_0 ist zunächst beliebig. Für die höheren Potenzen in (3.22) folgt jedoch

$$\xi^{-1} \quad : \quad q_1 c_0 = a_0 \;;\; c_1 \text{ ist ein beliebiger Parameter} \quad ,$$

$$\xi^{n-2} \quad : n(n-1)\, c_n = - \sum_{k=0}^{n-1} c_k\, q_{n-k} \,, \text{ für } n \geq 2 \,.$$

Wählt man nun die Parameter a_0 und c_1 als Integrationskonstanten, dann lauten die ersten Glieder der Reihendarstellung der Funktion $Y(\xi)$

$$Y = \frac{a_0}{q_1} f_1(\xi) + c_1\, f_2(\xi) \tag{3.49.1}$$

mit

$$f_1(\xi) = 1 - \frac{1}{2} q_2\, \xi^2 - \frac{1}{6} (q_3 - \frac{q_2\, q_1}{2})\, \xi^3 + O(\xi^4) \,, \tag{3.49.2}$$

sowie

$$f_2(\xi) = \xi \left\{ 1 - \frac{1}{2} q_1\, \xi - \frac{1}{6} (q_2 - \frac{q_1^2}{2})\, \xi^2 + O(\xi^3) \right\}. \tag{3.49.3}$$

Setzt man jedoch gemäß (3.46.1) die Koeffizienten q_n in (3.49.3) ein, dann erhält man durch den Vergleich mit (3.48)

$$f_2(\xi) = y_1(\xi) \,/\, a_0 \,. \tag{3.49.4}$$

Differenziert man (3.47) nach α, so entsteht $a_1'(1)=-3a_0U_0''/(4U_0')$; … .Ersetzt man noch in (3.48) den Vorfaktor $a_0\xi$ durch $a_0\xi^\alpha$, dann folgt nach Differentiation

$$\frac{\partial y}{\partial \alpha}\Big|_{\alpha=1} = a_0\, \xi \ln \xi \left\{ 1 + \frac{U_0''\, \xi}{2U_0'} + \frac{1}{6} \xi^2 \frac{k^2\, U_0' + U_0'''}{U_0'} + O(\xi^3) \right\} - \\ - \frac{3a_0 U_0'' \xi^2}{4U_0'} + O(\xi^3) \,. \tag{3.50}$$

Die zweite Fundamentallösung erhält man nun durch Einsetzen von (3.49) und (3.50) in (3.23). Dann folgt

$$y_2(\xi) = F_2(\xi) + \frac{c_1}{a_0} y_1(\xi) \;;\; F_2(\xi) = \frac{a_0}{q_1} f_1(\xi) - \frac{\partial y}{\partial \alpha}\Big|_{\alpha=1} . \tag{3.51}$$

(3.51) ist jedoch eine Verifikation der durch (3.23') allgemein ausgedrückten Tatsache, daß sich die im Falle α_1-$\alpha_2 \in \mathbf{N}$ mit unterschiedlichen Werten der Konstanten

c_N (hier c_1) gebildeten Lösungen y_2 um Vielfache von y_1 unterscheiden. In der hydrodynamischen Stabilitätstheorie ist es nun üblich, den in (3.51) auftretenden Konstanten a_0 und c_1 die Werte $a_0=q_1=-U_0''/U_0'$ und $c_1=0$ zuzuweisen, wobei noch zusätzlich angenommen werden muß, daß $U_0''\neq 0$ gilt. Wegen (3.49.1) bis (3.51) haben die ersten Glieder der zweiten Fundamentallösung die Form

$$y_2(\xi) = \frac{U_0''}{U_0'}\, y_1(\xi) \ln \xi + \left\{ 1 + \frac{1}{2}\xi^2 [k^2 + U_0'''/U_0' - 2(U_0''/U_0')^2] + O(\xi^3) \right\}, \tag{3.52}$$

wobei y_1 mit $a_0=1$ einzusetzen ist. Das Fundamentalsystem (3.48) und (3.52) wurde erstmals von Tollmien [3.4] im Jahre 1929 angegeben.

3.2 Differentialgleichungen höherer Ordnung

Wir betrachten jetzt lineare, homogene DGL n-ter Ordnung ($n>2$). Es sei $x_0\neq\infty$ eine Stelle der Bestimmtheit dieser DGL, dann gilt

$$\{D^n + q_{n-1}(x)(x-x_0)^{-1}D^{n-1} + \ldots + q_1(x)(x-x_0)^{1-n}D + q_0(x)(x-x_0)^{-n}\}\, y = 0\,;\ D=d/dx\,. \tag{3.53}$$

Die Funktionen q_k ($k=0,1,\ldots,n-1$) sind dabei voraussetzungsgemäß in einer Umgebung des Punktes x_0 analytisch und mindestens eine der Koeffizientenfunktionen p_k der DGL (3.1) besitzt an x_0 einen Pol. Unter diesen Voraussetzungen kann man mit Hilfe der Frobenius-Reihe (3.3) wieder mindestens eine Lösung von (3.53) gewinnen. Trägt man (3.3) in (3.53) ein, dann ergibt sich nach Differentiation und Koeffizientenvergleich für die niedrigste Potenz die determinierende Gleichung

$$(x-x_0)^{\alpha-n} : \alpha(\alpha-1)\ldots(\alpha-n+1) + q_{n-1}(x_0)\alpha(\alpha-1)\ldots(\alpha-n+2) + \\ + \ldots + \alpha\, q_1(x_0) + q_0(x_0) = 0\,. \tag{3.54}$$

Die determinierende Gleichung (3.54) ist daher eine algebraische Gleichung n-ter Ordnung. Unterscheiden sich die Wurzeln $\alpha_1,\ldots,\alpha_n$ nicht um ganze Zahlen, dann können alle n Fundamentallösungen von (3.53) durch eine Verallgemeinerung der Rekursion (3.7.2) berechnet werden . In allen anderen Fällen müssen zusätzliche Lösungen durch Verallgemeinerungen der Überlegungen der Abschnitte 3.1.1 bzw. 3.1.2 konstruiert werden.

Die Lösung spezieller DGLn der Form (3.53) soll hier nicht vorgenommen werden. Anwendungen finden sich in den Aufgaben am Ende dieses Kapitels.

Ergänzungen

In den Abschnitten 3.1.1,2 wurde besprochen, wie die Konstruktion eines Fundamentalsystems der Lösungen von DGLn an Stellen der Bestimmtheit erfolgt. Wir haben allerdings gesehen, daß bereits bei DGLn zweiter Ordnung im Falle $\alpha_1-\alpha_2 \in N_+$ die Bestimmung der zweiten Fundamentallösung relativ mühsame Rechenschritte erfordert. Dies gilt natürlich erst recht für DGLn höherer Ordnung. Alternativ zu den in den Abschnitten 3.1.1 bzw. 3.1.2 aufgezeigten Lösungsstrategien kann jedoch auch von einem Reduktionsansatz der Form

$$y_2(x) = y_1(x) \int u(x)\, dx \tag{3.55}$$

ausgegangen werden. Dabei ist $y_1(x)$ eine bereits bekannte Lösung der betrachteten DGL n-ter Ordnung und der Ansatz (3.55) reduziert diese zu einer DGL (n-1)-ter Ordnung für die Funktion u(x). Die Verwendung von Reduktionsansätzen führt daher in vielen Anwendungen zu einer Verminderung des Rechenaufwandes bei der Bestimmung von zusätzlichen Fundamentallösungen.

3.3 Lösungen in Umgebungen von Stellen der Unbestimmtheit

Bislang wurde die Theorie der Lösung linearer, gewöhnlicher DGLn in Umgebungen von Stellen der Bestimmtheit entwickelt. Wir haben dabei gesehen, daß es feste Regeln zur Konstruktion der Fundamentallösungen gibt; die Konvergenz der entsprechenden Reihenlösungen ist in vorgegebenen Umgebungen der Stellen der Bestimmtheit gesichert. In der Praxis bereitet die Anwendung dieser starren Regeln allerdings erhebliche Mühe und führt zu einfachen zu einfachen, aber aufwendigen Rechnungen.

Im Gegensatz dazu existiert keine geschlossene Theorie der Lösungen von DGLn in Umgebungen von Stellen der Unbestimmtheit. Hier können nicht, wie im Falle von Stellen der Bestimmtheit, exakte Lösungen hergeleitet werden. Wir werden daher auf Approximationsmethoden zurückgreifen müssen. Diese Näherungsverfahren basieren in vielen Fällen auf Verallgemeinerungen von Frobenius-Reihen. Diese verallgemeinerten Reihen haben jedoch häufig die unangenehme Eigenschaft divergent zu sein. Die Berechnung der optimalen Approximation der Lösungen erfolgt dann entweder durch Abbruch der Reihe (vgl. Abschnitt 2.3) oder durch Umordnung der Reihenglieder (siehe Abschnitt 3.4).

Bevor wir auf Näherungsverfahren eingehen, wollen wir durch ein Beispiel zeigen, daß Taylor-bzw. Frobenius-Reihenansätze in Umgebungen von Stellen der Unbestimmtheit versagen. Wir ziehen dazu wieder die DGL der modifizierten Bessel-Funktionen (3.13) heran. Mit Hilfe der Substitution x=1/t erhalten wir die transformierte DGL

$$\{\ddot{y} + (1/t)\,\dot{y} - (t^{-4} + m^2 t^{-2})\}\; y(t) = 0\,;\quad \dot{} = d/dt \tag{3.13'}$$

und wir sehen, daß der Punkt $x_0=\infty(t=0)$ eine Stelle der Unbestimmtheit ist. Jetzt versuchen wir den Ansatz

$$y(t) = \sum_{n=0}^{\infty} a_n t^{n+\alpha} \quad \text{für } t \to 0\,.$$

Für $\alpha=0$ ist dies eine Taylor-Reihe; für $\alpha\neq0$ liegt eine Frobenius-Reihe vor, wobei wir zusätzlich $a_0\neq0$ fordern müssen. Setzt man diese Reihe in (3.13') ein, so ergibt sich zunächst

$$\sum_{n=0}^{\infty}\{(n+\alpha)^2-m^2\}\,a_n\,t^{n+\alpha-2}=\sum_{n=0}^{\infty}a_n\,t^{n+\alpha-4}. \tag{3.13''}$$

Im Falle der Frobenius-Reihe ($\alpha\neq0$) ist die niedrigste Potenz $t^{\alpha-4}$ und an Stelle einer determinierenden Gleichung erhalten wir den Widerspruch $a_0=0$. Für den Fall von Taylor-Reihen setzen wir $\alpha=0$ und mit (3.13") folgt für die beiden niedrigsten Potenzen t^{-4} und t^{-3} $a_0=0$ bzw. $a_1=0$. Für die höheren Potenzen erhalten wir aus dieser Gleichung die Rekursionsformel $a_{n+2}=(n^2-m^2)a_n$ für $n\geq0$. Wegen $a_0=a_1=0$ folgt dann aber $a_n=0$ für alle $n\in \mathbf{N}_+$ und die Taylor-Reihe ist die triviale Lösung. Diese Ergebnisse zeigen, daß sowohl Taylor- als auch Frobenius-Reihen an Stellen der Unbestimmtheit versagen. Wir müssen daher neue Lösungswege suchen. Wir werden dabei sehen, daß wir lediglich Näherungslösungen berechnen können. Zur Präzisierung des Begriffs der Näherungslösung einer DGL an einer Stelle der Unbestimmtheit führen wir die folgende Definition ein.

Definition 3.1

Wir betrachten dieDGL

$$L\,y(x)=0\,, \tag{3.56}$$

wobei L ein beliebiger (linearer oder nichtlinearer) Differentialoperator ist. Ist $\{\delta_n(x)\}$ für $x\to x_0$ eine asymptotische Folge, dann nennt man den Ausdruck

$$y(x)\sim\sum_{n=0}^{N}\delta_n(x)\quad\text{für }x\to x_0 \tag{3.57}$$

asymptotische Entwicklung bis zum N-ten Glied einer Lösung der DGL (3.56) für $x\to x_0$, sofern

$$L\,y(x)=O(\delta_{N+1}(x))\quad\text{für }x\to x_0 \tag{3.58}$$

erfüllt ist. Gemäß (3.58) muß daher der Fehler, den man durch Einsetzen der AE (3.57) in (3.56) begeht, von der Größenordnung des ersten nicht berücksichtigten Gliedes in der Entwicklung (3.57) sein.

♥

Dieser Fehler kann aber u.U. absolut gesehen sehr groß sein. So gilt z.B. im Falle der modifizierten Bessel-Funktion $I_0(x)$ (siehe Gl.(2.12) bzw. Aufgabe 3.12)

$$\delta_n(x)=(2\pi x)^{-1/2}\,e^x\,\Gamma^2(n+1/2)\,(2x)^{-n}/(\pi n!)\quad\text{für }x\to\infty \tag{3.59}$$

und der durch (3.58) gegebene Fehler wächst für $x\to\infty$ wegen des Faktors e^x in (3.59) sehr stark an. In vielen Anwendungen ist der Punkt $x_0=\infty$ eine Stelle der Unbestimmtheit. Gemäß der Ausführungen in den Abschnitten 2.6 und 2.7 können wir erwarten, daß man die Lösungen der DGLn mit Hilfe von Ansätzen des Typs (2.26) approximieren kann. Allerdings müssen wir für komplexe Werte des Arguments x mit dem Auftreten des Stokesschen Phänomens rechnen. Da man aber die Gründe für das Auftreten dieses Phänomens besser im Zusammenhang mit der Anwendung der integralen Methoden des fünften Kapitels verstehen kann, beschränken wir uns hier - für den verbleibenden Teil des Kapitels - auf die Untersuchung reeller DGLn.

Vorgelegt sei nun die lineare, homogene DGL zweiter Ordnung

$$y'' + p(x)\, y' + q(x)\, y = 0 \quad \text{mit} \quad x \in \mathbf{R}\,. \tag{3.60}$$

Der Punkt x_0 sei eine Stelle der Unbestimmtheit, an der wir das Auftreten von Lösungen mit wesentlichen Singularitäten erwarten. Die im folgenden beschriebene Approximationsmethode basiert auf dem schon von Carlini (1817), Liouville (1837) und Green (1837) angegebenen *Exponentialansatz*

$$y(x) = \exp\{\, S(x)\,\}\,. \tag{3.61}$$

Es ist zwar nicht auf den ersten Blick einleuchtend, warum (3.61) die Rechnungen vereinfachen könnte. Dennoch gewährleistet dieser Ansatz eine bemerkswerte Vereinfachung: In niedrigster Ordnung der Approximation geht die Ausgangs-DGL in eine DGL erster Ordnung für die Funktion S(x) über! Für spezielle, aber in den Anwendungen wichtige, Klassen von Funktionen S(x) reproduziert (3.61) die verallgemeinerten asymptotischen Potenzreihen vom Typ (2.26). Gilt z.B.

$$S(x) \sim S_0(x) + S_1(x) \quad \text{mit} \quad S_0(x) = bx^c >> S_1(x) = \ln(x^a) \quad \text{für} \quad x \to \infty\,,$$

dann entsteht nach Einsetzen in (3.61) gerade das erste Glied der AE (2.26) und mit (b,c)>0 tritt, wie erwartet, eine wesentliche Singularität auf. Bevor wir zeigen, wie man mit dem Ansatz (3.61) arbeitet, soll noch erwähnt werden, daß sich (3.61) nicht nur zur Berechnung von AEn an Stellen der Unbestimmtheit eignet. Der Exponentialansatz bildet auch die Grundlage für die Parameter-Entwicklungen der WKB-Methode, die im neunten Kapitel beschrieben wird. Dort werden wir diesen Ansatz für Schwingungs- und Grenzschichtprobleme physikalisch motivieren.

Trägt man nun (3.61) in die DGL (3.60) ein, dann folgt

$$S'' + S'^2 + p(x)\, S' + q(x) = 0\,. \tag{3.62}$$

Liegt nun an x_0 eine exponentielle (und damit wesentliche) Singularität vor, so gilt im einfachsten Fall

$$S(x) = (x - x_0)^{-b}\,, \quad b > 0\,, \tag{3.63}$$

und damit folgt

$$S''/S'^2 = (b+1)(x-x_0)^b/b << 1\,. \tag{3.63'}$$

In einer hinreichend kleinen Umgebung des Punktes x_0 kann man daher die DGL (3.62) durch die einfachere DGL

$$S'^2 \sim -p(x)\, S' - q(x)\,, \quad x \to x_0 \tag{3.64}$$

approximieren. Löst man nun in (3.64) nach der Funktion S ' auf, so ergeben sich i.a. nicht elementar integrierbare Ausdrücke. Deshalb wollen wir (3.64) weiter vereinfachen und entwickeln p(x) und q(x) in asymptotische Darstellungen

$$p(x) \sim p_0(x) + o\,(p_0(x))\,;\; q(x) \sim q_0(x) + o(q_0(x)) \quad \text{für } x \to x_0 \,. \tag{3.65}$$

Setzt man diese Entwicklungen in (3.64) ein und berücksichtigt in dieser quadratischen Gleichung nur die dominanten Terme, dann läßt sich die Berechnung der beiden Lösungen in vielen Fällen durch elementare Integrationen bewerkstelligen. Dies führt dann zu zwei AEn bFunktion S(x). Wir bezeichnen diese beiden Funktionen mit $S_{01}(x)$ und $S_{02}(x)$; nach Einsetzen in (3.61) erhalten wir die beiden *Kontrollfaktoren* $\exp\{S_{01}(x)\}$ und $\exp\{S_{02}(x)\}$. Diese Kontrollfaktoren sind aber noch nicht die beiden ersten Glieder der AE des Fundamentalsystems von (3.60). Zur Bestimmung dieser ersten Glieder der Lösungen bilden wir

$$S_1(x) \sim S_{01}(x) + F_1(x) \;\text{ und }\; S_2(x) \sim S_{02}(x) + F_2(x) \;, \tag{3.66}$$

mit

$$|\,F_1\,| << |\,S_{01}\,| \;\text{ und }\; |\,F_2\,| << |\,S_{02}\,| \;\text{ für } x \to x_0 \,, \tag{3.67}$$

wobei die Funktionen $S_{01,2}(x)$ die beiden Lösungen von (3.64) mit (3.65) sind. Die Korrekturglieder $F_{1,2}(x)$ werden nun dadurch berechnet, daß man (3.66) mit den bereits bestimmten Funktionen $S_{01,2}$ in (3.62) einsetzt und die dabei entstehenden Gleichungen mit Hilfe der Methode des Gleichgewichts dominanter Terme approximiert. In viele praktisch wichtigen Fällen erhält man bei dieser Vorgehensweise Beziehungen der Form ($x_0=\infty$ ist Stelle der Unbestimmtheit)

$$S_{01,2} \sim b\,x^c \;\text{ und }\; F_{1,2} \sim a \ln x \quad \text{für } x \to \infty \,. \tag{3.68}$$

Damit hat das erste Glied der AE der Fundamentallösungen von (3.60) die Form

$$y_{1,2} \sim x^a \exp(\,b\,x^c) \quad \text{für } x \to \infty \,, \tag{3.69}$$

wobei die beiden Konstanten a,b und c für die beiden Funktionen $y_{1,2}(x)$ i.a.unterschiedliche Werte aufweisen. Die vollständige AE der beiden Lösungen erhält man dann durch Ansetzen verallgemeinerter asymptotischer Potenzreihen vom Typ (2.26).

Es soll hier betont werden, daß wir auf die Angabe starrer Regeln zur Berechnung asymptotischer Lösungen von DGLn in Umgebungen von Stellen der Unbestimmtheit verzichten bzw. verzichten müssen. Nur für die spezielle Klasse von DGLn mit Stellen der Unbestimmtheit im Unendlichen mit

$$p(x) \sim \sum_{n=0}^{\infty} p_n\, x^{-n} \;\text{und}\; q(x) \sim \sum_{n=0}^{\infty} q_n\, x^{-n} \quad \text{für } x \to \infty \tag{3.70}$$

gibt es ein fixes Schema zur Konstruktion der AEn der Lösungen (siehe z.B. Duschek, Bd IV, [3.2]). Diese Lösungen haben dann die Form der verallgemeinerten asymptotischen Potenzreihen (2.26) (mit k=1) und diese i.a. divergenten Entwicklungen werden *Thome-Normalreihen* genannt. Zur Klasse der DGLn (3.60), die im Unendlichen eine Stelle der Unbestimmtheit aufweisen und deren Koeffizientenfunktionen AEn der Klasse (3.70) besitzen gehören zwar einige, in der mathematischen Physik wichtige, Einzel-DGLn (wie z.B. die DGL der Bessel-Funktionen (1.31) oder die DGL der modifizierten Bessel-Funktionen (3.13)), die Voraussetzung (3.70) stellt jedoch eine wesentliche Einschränkung der Allgemeinheit dar. Anstelle von starren Regeln zur Berechnung der Lösungen aufzustellen, arbeiten wir hier mit den Konzepten der *intuitiven Mathematik*. Dies bedeutet, daß wir uns, ausgestattet mit dem Rüstzeug der Ideen, die von (3.60) ausgehend bis zu (3.67) führten, jedesmal auf Neue in das "Abenteuer" der asymptotischen Lösung einer Einzel-DGL stürzen.

Im Folgenden sollen Lösungen von vier Einzel-DGLn in Umgebungen von Stellen der Unbestimmtheit berechnet werden. Wir werden durch diese Beispiele einen Überblick über die Probleme gewinnen, die bei der asymptotischen Lösung von DGLn an Stellen der Unbestimmtheit auftreten können. Wir beginnen zunächst mit einem untypischen Fall.

Beispiel a

Vorgelegt sei die DGL

$$y'' = x^{-4}\, y\,. \tag{3.71}$$

Sie besitzt an $x_0=0$ eine Stelle der Unbestimmtheit. Mit (3.61) folgt zunächst

$$S'' + S'^2 = x^{-4}\,. \tag{3.71'}$$

Unter der Annahme $|S''| \ll |S'^2|$ läßt sich diese DGL durch die vereinfachte DGL

$$S_0'^{\,2} \sim x^{-4} \quad \text{für} \quad x \to 0$$

approximieren und wir erhalten die beiden Lösungen

$$S_{01,2} \sim a/x \;\text{ mit }\; a = \pm 1\,.$$

Dabei gilt bei der unbestimmten Integration von AEn die folgende

Regel

Vorgelegt sei die AE der Funktion $y(x)$ und ihre Stammfunktion $F(x)$

$$y \sim (x-x_0)^{-b} \text{ für } x \to x_0\,,$$

dann gilt

$$F(x) \sim \text{const für } b<1\,;\; F(x) \sim \ln(x-x_0) \text{ für } b=1;\; F(x) \sim \frac{(x-x_0)^{1-b}}{1-b} \text{ für } b>1\,.$$

★

Die beiden Kontrollfaktoren sind also durch exp(1/x) bzw. exp(-1/x) gegeben. Zur Berechnung des ersten Gliedes der AE der Lösungen von (3.71) setzen wir daher an

$S_{1,2}=a/x + F_{1,2}$, wobei (3.67) erfüllt sein muß. Setzt man dies in (3.71') ein, so folgt

$$2ax^{-3} + F''_{1,2} - 2ax^{-2}F'_{1,2} + F'^{2}_{1,2} = 0 . \tag{3.72}$$

Wir versuchen den Ansatz ($c_{1,2}$ sind Konstanten)

$$F_{1,2} = c_{1,2} \ln x . \tag{3.73}$$

Dann sind der erste und der dritte Term in (3.72) von der Größenordnung $O(x^{-3})$ und das zweite bzw. vierte Glied besitzen die Größenordnung $O(x^{-2})$. Zur Berechnung der Funktionen $F_{1,2}$ verwenden wir jetzt die *Methode des Gleichgewichts dominanter Terme*. Dabei vernachlässigt man alle Glieder die klein erscheinen - hier die Terme der Größenordnung $O(x^{-2})$ - und ersetzt das Gleichheitszeichen wieder durch das Symbol "~" . Anschließend löst man die dermaßen approximierte Gleichung und untersucht danach, ob die vernachlässigten Glieder tatsächlich Korrekturterme höherer Ordnung sind. Wir vernachlässigen also hier die Glieder der Ordnung $O(x^{-2})$ und aus (3.72) ergibt sich dann die approximierte DGL

$$2ax^{-3} - 2ax^{-2}F'_{1,2} \sim 0 ,$$

und in Übereinstimmung mit unserem Ansatz (3.73)

$$F_{1,2} \sim \ln x \quad \text{für} \quad x \to 0 . \tag{3.74}$$

Setzt man nun das Ergebnis (3.74) in (3.71') ein, dann folgt mit (3.61) die AE der Lösungen von (3.71) (bis zum ersten Glied)

$$y_{1,2} \sim x \exp(\pm 1/x) \quad \text{für} \quad x \to 0 . \tag{3.75}$$

(3.75) ist aber nicht nur das erste Glied der AE der beiden Fundamentallösungen; man kann sich durch Einsetzen in (3.71) davon überzeugen, daß (3.75) die exakten Lösungen von (3.71) darstellt. Dies liegt daran, daß die Funktion ln(x) zufälligerweise exakte Lösung der DGL (3.72) ist. Die Ansätze zur Lösung von DGLn in Umgebungen von Stellen der Unbestimmtheit können daher in einigen (allerdings in der Praxis leider nur selten auftretenden) Fällen zur Berechnung von exakten Lösungen dienen. Ein weiteres derartiges Beispiel ist in der Aufgabensammlung zu finden. Bei den drei folgenden Beispielen werden wir aber nicht mehr auf solche "Glücksfälle" stoßen.

Beispiel b

Wir betrachten die DGL

$$x^4 y'' - x^2 y' + (1/4) y = 0 , \tag{3.76}$$

die an $x_0=0$ eine Stelle der Unbestimmtheit aufweist. Mit (3.61) folgt zunächst

$$x^4 (S'' + S'^2) - x^2 S' + 1/4 = 0.$$

Wir interessieren uns wieder für die Lösungen in einer Umgebung der Stelle $x_0=0$ und nehmen an, daß $|S''|<<|S'^2|$ gilt. Dann lautet die approximierte DGL

$$x^4\, S_0'^{\,2} - x^2\, S_0' + 1/4 = 0.$$

Die Lösungen dieser quadratischen Gleichungen fallen zusammen und nach der Integration folgt $S_{01,2}=-1/(2x)$. Daher sieht es zunächst so aus, als wären die beiden Kontrollfaktoren identisch und durch die Funktion exp[-1/(2x)] gegeben. Damit erhebt sich aber die Frage, ob der Exponentialansatz (3.61) im Fall der DGL (3.76) nur die Berechnung der Asymptotik einer Fundamentallösung gestattet. Zur Beantwortung dieser Frage bilden wir gemäß (3.66) den Ansatz

$$S_{1,2} = -\,1/(2x) + F_{1,2} \tag{3.77}$$

und nach Einsetzen in (3.76) folgt, ohne Vernachlässigungen vorzunehmen

$$F_{1,2}'' + F_{1,2}'^{\,2} = x^{-3}. \tag{3.77'}$$

Jetzt soll eine AE der Lösungen von (3.77') für $x \to 0_+$ berechnet werden. Dazu machen wir einen Ansatz mit drei, zunächst unbekannten Konstanten a, b und c

$$F_{1,2} \sim a\,x^{b} + c \ln x \quad \text{mit} \quad b<0 \quad \text{für} \quad x \to 0_+ . \tag{3.78}$$

Die Voraussetzung b<0 bedeutet, daß die Terme ax^b bzw. c ln x als erstes bzw. zweites Glied der AE der Lösung der DGL (3.77') aufzufassen sind. Trägt man nun den Ansatz (3.78) in (3.77') ein, so folgt

$$(a\,b)^2\, x^{2b-2} + a\,b\,(b-1+2c)\, x^{b-2} + c\,(c-1)\, x^{-2} \sim x^{-3}. \tag{3.78'}$$

Einer der drei Terme auf der linken Seite muß nun den Term auf der rechten Seite von (3.78') kompensieren. Man sieht unmittelbar, daß der dritte Term dies nicht leisten kann. Die beiden anderen Terme werden jetzt durch eine Fallunterscheidung untersucht.

Fall a) b -2= -3 oder b = -1

Dann gilt aber 2b -2= - 4 und der erste Term auf der linken Seite ist dominant, wobei kein Term dieser Größenordnung auf der rechten Seite vorkommt. Dieser Fall ist also auszuschließen.

Fall b) 2b -2 = -3 oder b = -1/2

Dann folgt b -2= - 5/2 und der erste, zweite bzw. dritte Term der linken Seite haben daher die Größenordnung $O(x^{-3})$, $O(x^{-5/2})$ bzw. $O(x^{-2})$; wobei das erste Glied für $(ab)^2=a^2/4=1$ den Term auf der rechten Seite kompensiert. Damit folgt

$$b = -\,1/2 \quad \text{und} \quad a = \pm\, 2\,. \tag{3.78''}$$

Berücksichtigt man noch das zweite Glied in (3.78'), dann folgt wegen b-1+2c=0 c=3/4, wobei das nachfolgende Glied nicht mehr berücksichtigt werden kann.Würde nämlich auch die Potenz x^{-2} in (3.78') beachtet, so ergäbe sich der Widerspruch c=1 bzw. c=0. Diese Potenz wird daher zunächst ignoriert.Bei der Berechnung der vollständigen AE der Lösungen von (3.76) wird dieses Glied jedoch durch Korrekturterme höherer Ordnung berücksichtigt. Setzt man nun die Konstanten a, b und c in (3.78) ein und geht damit in (3.77) , dann hat das erste Glied der AE der Fundamentallösungen der DGL (3.76) die Form

$$y_{1,2} \sim x^{3/4} \exp\left(-\frac{1}{2x} \pm \frac{2}{\sqrt{x}}\right) \quad \text{für } x \to 0_+ . \tag{3.79}$$

Bemerkenswert an (3.79) ist, daß im Exponenten (der unterschiedlichen) Kontrollfaktoren ein zweigliedriger Ausdruck berücksichtigt werden muß. Dies liegt daran, daß die beiden Lösungen $S_{01,2}$ zusammenfallende Wurzeln einer quadratischen Gleichung sind. Zur Berechnung der vollständigen AE setzen wir die Transformation

$$y = \exp\{S(x)\}\, g(x) \quad \text{mit } S = -\frac{1}{2x} + 2d\, x^{-1/2} + \frac{3}{4} \ln x \quad \text{und } d = \pm 1 , \tag{3.80}$$

an. Trägt man dies in die Ausgangs-DGL ein, so ergibt sich

$$x^4 g'' + (-2d\, x^{5/2} + \frac{3}{2} x^3)\, g' - \frac{3x^2}{16} g = 0 . \tag{3.81}$$

Wegen der halbzahligen Potenzen in dieser DGL setzen wir die asymptotische Reihe

$$g(x) \sim \sum_{n=0}^{\infty} a_n x^{n/2} \quad \text{für } x \to 0_+ \quad \text{mit } a_0 = 1 , \tag{3.82}$$

an. Setzt man nun (3.82) in (3.81) ein, so folgt nach einer Umformung die Rekursion

$$a_{n+1} = a_n \frac{n^2 + n - 3/4}{4d\,(n+1)} \quad \text{für } n \geq 0 . \tag{3.82'}$$

Die ersten Koeffizienten sind durch $a_1 = -3/(16d)$, $a_2 = -15/(2\ 16^2)$, ...gegeben. Die Anwendung des Quotientenkriteriums auf (3.82') zeigt, daß die AE (3.82) für alle Werte von x divergiert.

Beispiel c

Hier untersuchen wir die Asymptotik der Lösungen der *DGL der parabolischen Zylinderfunktionen* (k ist ein i.a. komplexer Parameter)

$$y'' + (k + 1/2 - x^2/4)\, y = 0 . \tag{3.83}$$

In Aufgabe 3.2 werden Reihenentwicklungen der Fundamentallösungen in Umgebungen des Punktes $x_0=0$ aufgestellt. Der einzige singuläre Punkt der DGL (3.83) liegt im Unendlichen und ist eine Stelle der Unbestimmtheit. Daher sollen hier im Folgenden AEn der Lösungen von (3.83) für $x \to \infty$ berechnet werden. Die Invarianzeigenschaften dieser DGL können mit Hilfe von Transformationen in der komplexen Ebene untersucht werden; dies geschieht im vierten Kapitel. Hier genügt es vorwegzunehmen, daß wir mit Hilfe einer Lösung von (3.83) immer eine weitere linear unabhängige Lösung konstruieren können.

Wir verwenden den Exponentialansatz (3.61). Dann folgt aus (3.62)

$$S'' + S' + (k + 1/2 - x^2/4) = 0 . \tag{3.83'}$$

Nun nehmen wir an, daß für $x \to \infty$ die Ungleichungen $|S''| \ll |S'|^2$ und $|k+1/2| \ll x^2/4$ erfüllt sind. Dann lautet die approximierte DGL $S_0'^2 \sim x^2/4$ und es folgt

$$S_{01,2} \sim a x^2/4 \quad \text{mit } a = \pm 1 . \tag{3.84}$$

Mit (3.66) und (3.84) entsteht nach Eintragen in (3.83')

$$\frac{a}{2} + F_{1,2}'' + F_{1,2}'^2 + a x F_{1,2}' + k + \frac{1}{2} = 0 . \tag{3.85}$$

Wir versuchen jetzt den (3.67) erfüllenden Ansatz

$$F_{1,2} \sim c_{1,2} \ln x \qquad \text{für} \quad x \to \infty . \tag{3.86}$$

Setzt man diesen Ausdruck in (3.85) ein, dann sieht man, daß die Terme $F_{1,2}''$ bzw. $F_{1,2}'^2$ die Größenordnung $O(x^{-2})$ besitzen, während die restlichen Glieder von der Größenordnung O(1) sind. Um die dominanten Terme in dieser Gleichung im Gleichgewicht zu halten, verlangen wir nun

$$a x F_{1,2}' \sim -(k + 1/2) - a/2 \quad \text{für } x \to \infty . \tag{3.87}$$

Integriert man nun (3.87), so erhält man die mit (3.86) konsistente Beziehung

$$F_{1,2} \sim -(1/2)\,[\,1 + (1 + 2k)/a\,] \ln x . \tag{3.88}$$

Setzt man dieses Ergebnis in (3.66) ein, berücksichtigt (3.84) und den Exponentialansatz (3.61), so erhält man die ersten Glieder der AEn der Fundamentallösungen

$$a = 1: \ y_1 \sim x^{-(k+1)} \exp(x^2/4) ; \quad a = -1: \ y_2 \sim x^k \exp(-x^2/4) . \tag{3.89}$$

In der Literatur ist es nun üblich die Lösung von (3.83), die die RB $y(\infty)=0$ erfüllt, mit dem Symbol $D_k(x)$ zu bezeichnen. Daher gilt

$$D_k(x) \sim x^k \exp(-x^2/4) \qquad \text{für} \quad x \to \infty . \tag{3.89'}$$

Zur Berechnung der vollständigen AE der Funktion $D_k(x)$ setzen wir an

$$D_k(x) = x^k \exp(-x^2/4)\, g(x) . \tag{3.90}$$

Trägt man dies in die Ausgangs-DGL (3.83) ein, dann entsteht die transformierte DGL

$$x^2 g'' + (2k x - x^3)\, g' + k(k - 1)\, g = 0 . \tag{3.91}$$

Diese DGL hat im Unendlichen wieder eine Stelle der Unbestimmtheit. Da aber im Ansatz (3.90) das erste Glied der AE bereits eingearbeitet worden ist, können wir für die Asymptotik der Funktion g(x) eine asymptotische Potenzreihe ansetzen

$$g(x) \sim \sum_{n=0}^{\infty} a_n x^{-n} \qquad \text{mit} \quad a_0 = 1 . \tag{3.92}$$

Trägt man (3.92) in die DGL (3.91) ein, folgt zunächst

$$x^2 g'' + 2k\,x\,g' + k\,(k-1)\,g = \sum_{n=0}^{\infty} (n-k)\,(n-k+1)\,a_n\,x^{-n}$$

und

$$-x^3 g' = \sum_{n=0}^{\infty} n\,a_n\,x^{2-n} = a_1\,x + \sum_{n=0}^{\infty} (n+2)\,a_{n+2}\,x^{-n} .$$

Damit folgt in niedrigster Potenz

$$x^1 : \quad a_1 = 0 , \tag{3.93.0}$$

und der Koeffizientenvergleich für die höheren Potenzen führt zu der Rekursion

$$a_{n+2} = -\frac{(n-k)\,(n-k+1)}{n+2}\,a_n \quad \text{für } n \geq 0 . \tag{3.93.n}$$

Daher gilt $a_{2n+1}=0$ und durch vollständige Induktion kann man

$$a_{2n} = (-1)^n \frac{k\,(k-1)\,\ldots\,(k-2n+1)}{2^n\,n!} \quad \text{für } n \geq 1 ,\ a_0=1 \tag{3.94}$$

beweisen. Damit lautet die AE der parabolischen Zylinderfunktion $D_k(x)$ für $x \to \infty$

$$D_k(x) \sim x^k \exp(-x^2/4) \sum_{n=0}^{\infty} a_{2n}\,x^{-2n} . \tag{3.95}$$

Benutzt man das Quotientenkriterium und geht von (3.93.n) aus, dann kann man leicht zeigen, daß die Reihe in (3.95) divergiert.

Beispiel d

Vorgelegt sei die *DGL der Bessel-Funktionen* (siehe auch Aufgabe 1.5)

$$x^2 y'' + x\,y' + (x^2 - m^2)\,y = 0 , \tag{3.96}$$

in der der Parameter m i.a. komplexe Werte annimmt. Diese DGL hat an $x_0=0$ eine Stelle der Bestimmtheit. Die in einer Umgebung dieses Punktes konvergenten Reihendarstellungen der Lösungen werden in der Aufgabe 3.5 berechnet. Die einzige singuläre Stelle von (3.96) liegt im Unendlichen und sie ist eine Stelle der Unbestimmtheit. Wir wollen daher hier die AE der Lösungen für $x \to \infty$ berechnen. Wir verwenden den Exponentialansatz (3.61), dann nimmt (3.96) die Form

$$x^2 (S'' + S'^2) + x\,S' + (x^2 - m^2) = 0$$

an. Unter den Voraussetzungen $|S''| \ll |S'^2|$ und $|m^2| \ll x^2$ erhalten wir die approximierte DGL

$$x^2 S_0'^2 + x\,S_0' + x^2 = 0$$

und als Lösungen dieser quadratischen Gleichung erhalten wir nach einer Integration

$$S_{01,2} \sim \pm i x - (1/2) \ln x + O(1/x) \ . \tag{3.97}$$

Wir haben aber hier durch (3.97) zufälligerweise nicht nur die beiden Kontrollfaktoren, sondern auch schon das erste Glied der AE berechnet. Vergleicht man nämlich (3.97) mit den Ansätzen (3.66) mit (3.67), so sieht man, daß der Term $-(1/2)\ln(x)$ in (3.97) bereits die Funktionen $F_{1,2}$ darstellt, wobei $F_1=F_2$ gilt. Die rechte Seite von (3.97) definiert also bereits die Funktionen $S_{1,2}$ in (3.66). Damit lauten die ersten Glieder der AE der Fundamentallösungen der Bessel-DGL

$$y_{1,2} \sim x^{-1/2} (C_1 e^{ix} + C_2 e^{-ix}) \quad \text{für} \quad x \to \infty \ . \tag{3.98}$$

Mit der speziellen Wahl der Integrationskonstanten (a* ist das komplexe Konjugium von a)

$$C_1 = \left(\frac{2}{\pi}\right)^{1/2} \exp\left[-i\left(\frac{\pi}{4} + \frac{m\pi}{2}\right)\right] \ \text{und} \ C_2 = C_1^* , \tag{3.99}$$

ist (3.98) die asymptotische Darstellung der Hankel-Funktionen $H_m^{(1,2)}$ und es gilt

$$H_m^{(1)}(x) \sim \left(\frac{2}{\pi x}\right)^{1/2} \exp\left[i\left(x - \frac{\pi}{4} - \frac{m\pi}{2}\right)\right] ; H_m^{(2)}(x) = H_m^{(1)}(x)^* \ . \tag{3.100}$$

Da aber der zweite Teil von (3.100) nicht nur asymptotisch für $x \to \infty$, sondern für beliebige reelle Argumente gilt, können wir uns im Folgenden auf die Bestimmung der vollständigen AE der Funktion $H_m^{(1)}(x)$ beschränken. Dazu setzen wir zunächst

$$H_m^{(1)}(x) = C_1 x^{-1/2} e^{ix} g(x) \tag{3.101}$$

an. Trägt man dies in die Bessel-DGL (3.96) ein, so folgt

$$g'' + 2i g' + (1/4 - m^2) x^{-2} g = 0 \ . \tag{3.102}$$

Jetzt setzen wir für die Funktion g(x) wieder die asymptotische Potenzreihe (3.92) an. Einsetzen in (3.102) und Koeffizientenvergleich führt dann zu der Rekursion

$$a_{n+1} = \frac{n(n+1) + 1/4 - m^2}{2i(n+1)} a_n \qquad \text{für} \ n \geq 0 \ . \tag{3.103}$$

Damit gilt $a_1=(1-4m^2)/(8i)$ und durch vollständige Induktion kann man leicht

$$a_n = \frac{(1-4m^2)(3^2-4m^2)\ldots[(2n-1)^2-4m^2]}{n!\, 8^n} \exp(-in\pi/2) \ , \ n \geq 1 \tag{3.104}$$

herleiten. Damit erhalten wir die asymptotische Reihe der Hankel-Funktion

$$H_m^{(1)} \sim \left(\frac{2}{\pi x}\right)^{1/2} \exp\left[i\left(x - \frac{\pi}{4} - \frac{m\pi}{2}\right)\right] \sum_{n=0}^{\infty} a_n x^{-n} , \ x \to \infty \ . \tag{3.105}$$

Durch Anwendung des Koeffizientenkriteriums kann man sich leicht davon überzeugen, daß die Reihe in (3.105) für alle Werte von x divergiert. Abschließend sollen noch die AEn von $J_m(x)$ bzw. $N_m(x)$ berechnet werden. Dazu benutzen wir die Definition

$$J_m(x) = \Re \left\{ H_m^{(1)}(x) \right\} \quad \text{bzw.} \quad N_m(x) = \Im \left\{ H_m^{(1)}(x) \right\} . \tag{3.106}$$

Ziehen wir zur Berechnung der AEn nun (3.105) heran, dann müssen wir bei der Real- bzw. Imaginärteilbildung in gerade und ungerade Reihenglieder aufspalten und es folgt

$$J_m(x) \sim \left(\frac{2}{\pi x}\right)^{1/2} \{ \cos(z)\, g_1(x) + \sin(z)\, g_2(x) \} \tag{3.107.1}$$

$$N_m(x) \sim \left(\frac{2}{\pi x}\right)^{1/2} \{ \sin(z)\, g_1(x) - \cos(z)\, g_2(x) \} , \; z=x-m\pi/2-\pi/4 \tag{3.107.2}$$

mit

$$g_1(x) \sim \sum_{n=0}^{\infty} (-1)^n \tilde{a}_{2n}\, x^{-2n} ; \; g_2(x) \sim \sum_{n=0}^{\infty} (-1)^n \tilde{a}_{2n+1}\, x^{-(2n+1)} \tag{3.108.1}$$

mit den Koeffizienten

$$\tilde{a}_0 = 1 \;\text{ und }\; \tilde{a}_n = (1-4m^2)(3^2-4m^2)\ldots[(2n-1)^2-4m^2]/(n!\, 8^n) . \tag{3.108.2}$$

❑

Wir haben durch diese vier Beispiele gezeigt, daß der Exponentialansatz (3.61) eine brauchbare Strategie zur Bestimmung der Lösungen von DGLn an Stellen der Unbestimmtheit liefert. Diese vier Beispiele betreffen allerdings relativ einfache DGLn, deren Koeffizientenfunktionen Polynome sind. Kompliziertere Fälle finden sich in der Aufgabensammlung. Der Exponentialansatz stellt jedoch kein Allheilmittel dar und wir dürfen nicht erwarten, daß dieses Verfahren in allen Fällen zum Ziel führt.

Wir wollen jetzt ein Beispiel anführen, wo der Exponentialansatz versagt. Dazu betrachten wir die *Mathieu-DGL* (a, h sind reelle Parameter)

$$y'' + (a - h^2 \cos^2 x)\, y = 0 . \tag{3.109}$$

Man gelangt zu dieser DGL, wenn man z.B. die Wellengleichung für ruhende Fluide in elliptischen Koordinaten separiert. Man kann nun zeigen, daß die Lösungen der DGL (3.109) in gewissen Teilbereichen der (a,h)-Ebene periodische Funktionen sind, während sie in anderen Teilbereichen mit wachsenden Werten von x exponentiell anwachsen (vgl. z.B. [1.2]). Die Perioden der periodischen Lösungen sind dabei entweder π oder 2π und man kann diese Lösungen durch Fourier-Reihen berechnen. So ist z.B. eine Lösung von (3.109), die mit π periodisch ist, durch die Fourier-Reihe

$$y_1(x,a,h) = \sum_{n=0}^{\infty} A_{2n} \cos(2nx) , \tag{3.110}$$

gegeben. Die Koeffizienten A_{2n} berechnet man mit Hilfe einer Rekursionsformel, die sich durch Einsetzen von (3.110) in (3.109) ergibt. Es soll noch erwähnt werden, daß zu einer Periode immer gerade bzw. ungerade Funktionen auftreten (die Lösung (3.110) ist z.B. eine gerade Funktion; die entsprechende ungerade Lösung muß nach der Funktionenfolge sin (2nx) entwickelt werden).

Die DGL (3.109) hat im Unendlichen eine Stelle der Unbestimmtheit. Zur Vereinfachung der Algebra untersuchen wir nur den Spezialfall a=0; die Rechnungen für a≠0 sind aufwendiger, verlaufen jedoch völlig analog. Setzt man (3.61) in (3.109) ein, dann folgt zunächst

$$S'' + S'^2 - h^2 \cos^2 x = 0 .$$

Unter der Voraussetzung (3.61') folgt $S' \sim \pm h \cos x$. Damit erhält man aber für $x \to \infty$ den Widerspruch $O(|S''|)=O(|S'|^2)$ und (3.61) gestattet nicht die Berechnung der AEn der Lösungen. Wir können die Mathieu-DGL (3.109) als Bewegungsgleichung eines schwingenden Systems mit variabler Frequenz auffassen. Mit wachsenden Werten von x ergeben sich zunehmende Oszillationen der Frequenz. Als Verallgemeinerung diese Ergebnisses können wir vermuten, daß der Exponentialansatz bei DGLn mit rasch oszillierenden Koeffizientenfunktionen versagt.

❑

Selbst in den Fällen, in dene es uns gelungen ist Reihenentwicklungen von Lösungen an Stellen der Unbestimmtheit herzuleiten, bleibt die unbefriedigende Tatsache, daß dies Reihen i.a. divergieren. Wir werden jedoch im nächsten Abschnitt sehen, daß es u.U. möglich ist, mit Hilfe der Koeffizienten divergenter Reihen neue, konvergente Folgen zu bilden. Ein derartiges Verfahren gestattet dann den ursprünglich divergenten Reihen einen endlichen Wert zuzuweisen.

3.4 Summation divergenter Reihen

Hier soll nur kurz auf das Problem der Umordnung einer ursprünglich divergenten Reihe zu einer konvergenten Reihe eingegangen werden. Eine umfangreichere Darstellung der, hier nur angedeuteten, Problematik ist in den Büchern von Bender und Orszag [3.5] bzw. Baker und Graves-Morris [3.6] zu finden.

Die Divergenz einer (asymptotischen) Potenzreihe weist auf die Anwesenheit von Singularitäten hin. Die Divergenz der entsprechenden Reihe bedeutet, daß Polynome nicht in der Lage sind, die gesuchte Funktion (z.B. die Lösung einer DGL) adäquat zu beschreiben. Man kann versuchen, divergente Reihen als Grenzwert neuer konvergenter Reihen ("Euler-Summation") bzw. als Grenzwert konvergenter Integrale ("Borel-Summation") darzustellen. Bei diesen beiden Verfahren tritt aber das Problem auf, daß alle Glieder der divergenten Reihe bekannt sein müssen, ehe man den endlichen Wert der (Euler- bzw. Borel-) Summe berechnen kann. Bei vielen praktischen Problemen kann man jedoch nur die ersten Glieder der AE der Lösungen bestimmen. Wir benötigen daher eine Methode, die es gestattet, mit Hilfe der ersten Glieder einer divergenten Reihe eine neue, rasch konvergente, Darstellung der Lösung des Problems zu finden. Das wichtigste und vielseitigste Verfahren dieser Art nennt man *Padé-Approximation.*

Der Grundgedanke der Padé-Approximation besteht darin, eine (divergente) Potenzreihe

$$\sum_{n=0}^{\infty} a_n x^n , \tag{3.111}$$

durch eine Folge rationaler Funktionen der Form

$$P_M^N(x) = \sum_{n=0}^{N} A_n x^n \Big/ \sum_{n=0}^{M} B_n x^n \quad \text{mit } B_0 = 1 \tag{3.112}$$

zu ersetzen. Dabei kann man ohne Einschränkung der Allgemeinheit $B_0=1$ setzen. Wir bestimmen dann die verbleibenden (M+N+1) Koeffizienten $A_0, A_1, \ldots, A_N, B_1, \ldots, B_M$, indem wir die rationale Funktion $P_M{}^N(x)$ in eine Taylor-Reihe (mit dem Entwicklungsmittelpunkt x=0) entwickeln und die Übereinstimmung der ersten (N+M+1) Glieder dieser Reihe mit den ersten (N+M+1) Gliedern der Reihe (3.111) verlangen. In praktischen Anwendungen berechnet man die Folgen rationaler Funktionen

$$\{P_N^N(x)\}, \{P_N^{N+1}(x)\}, \ldots \{P_N^{N+K}(x)\}, \ldots \tag{3.113}$$

Dabei wir die spezielle Folge $\{P_N{}^N(x)\}$ diagonale Folge genannt. Bildet man nun bei festgehaltenen Werten von K den Grenzwert $N \to \infty$, dann zeigt es sich, daß die Folgen (3.113) in vielen Anwendungen rasch gegen eine einzige Grenzfunktion f(x) konvergieren. Auf die Theorie der Konvergenz bzw. Eindeutigkeit der Padé-Approximation soll hier nicht eingegangen werden. Diese Problematik, wie auch das weite Spektrum der Anwendungen der Padé-Approximation (insbesondere bei der numerischen Integration von DGLn) wird in [3.6] ausführlich besprochen.

Multipliziert man in (3.112) mit dem Nenner des Bruches, dann lautet der Algorithmus zur Berechnung der Konstanten

$$\sum_{k=0}^{M+N} a_k x^k \sum_{l=0}^{M} B_l x^l - \sum_{r=0}^{N} A_r x^r = O(x^{N+M+1}), \text{ für } x \to 0, \tag{3.114}$$

wobei a_k die Koeffizienten der vorgegebenen Reihe (3.111) sind. Führt man nun in (3.114) einen Koeffizientenvergleich für die Potenzen $x^0, x^1, \ldots, x^{N+M}$ durch, dann ergeben sich (N+M+1) lineare, inhomogene Gleichungen zur Bestimmung der (N+M+1) Koeffizienten in (3.112). Es ist daher klar, daß bereits für mittelgroße Werte von M bzw. N (z.B. M=N=10) Gleichungssysteme hoher Dimension entstehen, die man zweckmäßigerweise numerisch löst. Daher soll in den folgenden Beispielen nur Padé-Approximationen niedriger Ordnung berechnet werden.

Beispiel a

$$f(x) = (1 + x)^{-1/2} . \tag{3.115}$$

An der Stelle x= -1 liegt ein Verzweigungspunkt vor und wir legen den entsprechenden Schnitt in die negative reelle Achse. Die Funktion f(x) besitzt die Taylor-Reihe

$$(1+x)^{-1/2} = 1 - \frac{x}{2} + \frac{3}{8}x^2 - \frac{15}{48}x^3 + \frac{3\cdot 5\cdot 7}{2\cdot 4\cdot 6\cdot 8}x^4 - \dots , \tag{3.116}$$

die innerhalb des Kreisgebiets $|x| < 1$ konvergiert und außerhalb divergiert. Gemäß (3.114) sind dann die ersten drei Padé-Approximationen durch die Beziehungen

$$P_1^1(x) = \frac{A_0 + A_1 x}{1 + B_1 x} = 1 - \frac{x}{2} + \frac{3}{8}x^2 ,$$

$$P_1^2(x) = \frac{A_0 + A_1 x + A_2 x^2}{1 + B_1 x} = 1 - \frac{x}{2} + \frac{3}{8}x^2 - \frac{15}{48}x^3 ,$$

und

$$P_2^2(x) = \frac{A_0 + A_1 x + A_2 x^2}{1 + B_1 x + B_2 x^2} = 1 - \frac{x}{2} + \frac{3}{8}x^2 - \frac{15}{48}x^3 + \frac{105}{384}x^4$$

gegeben, wobei die Koeffizienten $A_0, A_1, \dots, B_1, \dots$ bei differenten Padé-Approximationen natürlich verschiedene Werte annehmen. Multipliziert man nun mit dem jeweiligen Nenner und vergleicht die Koeffizienten der Potenzen von x, dann ergeben sich (N+M+1) lineare, inhomogene Gleichungen zur Bestimmung der Koeffizienten der Padé-Approximation. Nach Lösung dieser Gleichungen erhalten wir

$$P_1^1(x) = \frac{1 + x/4}{1 + 3x/4} \; ; \; P_1^2(x) = \frac{1 + x/3 - x^2/24}{1 + 5x/6} \tag{3.117.1}$$

und

$$P_2^2(x) = \frac{1 + 3x/4 + x^2/16}{1 + 5x/4 + 5x^2/16} . \tag{3.117.3}$$

Tabelle 3.1 Vergleich der Padé-Approximationen der Funktion $(1+x)^{-1/2}$ mit den exakten Funktionswerten.

	x=0,5	x=1	x=2	x=4	x=8
f(x)	0,8164966	0,7071068	0,5773503	0,4472136	0,3333333
$P_1^1(x)$	0,8181818	0,7142857	0,6	0,5	0,4285714
$P_1^2(x)$	0,8161765	0,7045455	0,5625	0,3846154	0,1304348
$P_2^2(x)$	0,8165138	0,7073171	0,5789474	0,4545455	0,3548387

Zunächst sieht man, daß die Padé-Approximation für $x<-1$ auf der negativen reellen Achse Polstellen aufweist. Geht man zu Approximationen höherer Ordnung über, dann findet man, daß diese Pole dichter werden und daher den Verzweigungsschnitt der Funktion $(1+x)^{-1/2}$ simulieren. In der folgenden Tabelle 3.1 sollen die Ergebnisse der Padé-Approximation mit den exakten Funktionswerten verglichen werden. Obwohl wir die im Bereich $|x| > 1$ divergente Reihe (3.116) zur Bestimmung der Padé-Koeffizienten herangezogen haben, sehen wir, daß die Padé-Approximation und insbesondere die diagonale Folge $\{P_N^N(x)\}$ auch für $|x| > 1$ rasch gegen die exakten Funktionswerte konvergieren.

Beispiel b

Die modifizierte Bessel-Funktion $I_0(x)$ besitzt für $x \to \infty$ die AE (siehe Aufgabe 3.12)

$$I_0(x) \sim (2\pi x)^{-1/2} e^x g(x) \quad \text{für } x \to \infty , \tag{3.118}$$

wobei die Funktion $g(x)$ durch eine für alle Werte von x divergente Reihe

$$g(x) = 1 + \frac{1}{8x} + \frac{3^2}{2!\,(8x)^2} + \frac{3^2 \cdot 5^2}{3!\,(8x)^3} + \frac{3^2 \cdot 5^2 \cdot 7^2}{4!\,(8x)^4} + O(x^{-6}) \tag{3.119}$$

gegeben ist. Zunächst setzen wir $t=1/x$. Dann erhalten wir die beiden ersten Glieder der diagonalen Folge $P_1^1(t)$ bzw. $P_2^2(t)$, indem wir den Algorithmus (3.114) mit den ersten drei bzw. fünf Termen der rechten Seite von (3.119) (mit $x=1/t$) ansetzen. Löst man die entsprechenden linearen Gleichungssysteme, so folgt

$$P_1^1(x) = \frac{1 - 7/(16x)}{1 - 9/(16x)} \; ; \; P_2^2(x) = \frac{1 - 1.9809783/x + 0.4057405/x^2}{1 - 2.1059780/x + 0.5986753/x^2} \; . \tag{3.120}$$

Setzt man nun die durch (3.120) gegebenen Padé-Approximationen der Funktion $g(x)$ in (3.118) ein und bildet die Funktionswerte an den Stellen $x=8;10;12$, dann erhält man die in der Tabelle 3.2 wiedergegebenen Werte. Wir können dieser Tabelle entnehmen, daß die diagonalen Padé-Folgen sehr rasch konvergieren. Die mit Hilfe der

Tabelle 3.2 Padé-Approximationen der AE der modifizierten Bessel-Funktion $I_0(x)$. Die Funktionswerte wurden den Tabellen von Abramowitz und Stegun [3.7] entnommen.

	x=8	x=10	x=12
$I_0(x)\, e^{-x}$	0,1434318	0,1278333	0,1164262
$P_1^1(x)\, e^{-x}$	0,1434581	0,1278275	0,1164233
$P_2^2(x)\, e^{-x}$	0,1434314	0,1278332	0,1164262

Padé-Approximation $P_2^2(x)$ gebildete Funktion reproduziert bereits die ersten sechs Stellen der exakten Funktionswerte!

Schlußbemerkung

Die hier und in den folgenden Kapiteln besprochenen Reihen-Entwicklungen führen mit wachsenden Potenzen bzw. Ordnungen häufig zu monströsen Formeln, die sich über Seiten erstrecken können. Dieser Nachteil analytischer Lösungsstrategien wird allerdings durch die neueren Entwicklungen auf dem Gebiete der elektronischen symbolischen Formelmanipulation zumindest teilweise wieder wettgemacht. Nach Kenntnis der Autoren sind zur Zeit für Mainframe-Rechner vor allem die Systeme MACSYMA und REDUCE (siehe z.B. Rayna [3.8]) und für Micro-Computer die Systeme µ-Math für IBM und IBM-kompatible PCs sowie PowerMath für den Apple Macintosh verfügbar.

Entsprechend unseren eigenen Erfahrungen sind die Mainframe-Systeme dem menschlichen Bearbeiter an Rechengeschwindigkeit bei weitem überlegen, während die entsprechenden Programme für Personal Computer dem Analytiker wegen des doch großen Rechenzeitbedarfs erst in höheren Ordnungen dienlich sein können.

Aufgaben

3.1 Vorgelegt sei die DGL der Airy-Funktionen $y'' - x\,y = 0$. Man berechne die in einer Umgebung des Punktes $x_0=0$ gültigen Reihendarstellungen der Fundamentallösung und bestimme deren Konvergenzradius.

Hinweis: In der Literatur ist es üblich, die beiden Fundamentallösungen dieser DGL mit den Symbolen Ai(x) bzw. Bi(x) zu bezeichnen. Bei einer speziellen Wahl der Integrationskonstanten lauten Reihendarstellungen dieser Funktionen

$$\mathrm{Ai}(x) = 3^{-2/3}\,y_1(x) - 3^{-4/3}\,y_2(x)\,;\quad \mathrm{Bi}(x) = 3^{-1/6}\,y_1(x) + 3^{-5/6}\,y_2(x)$$

mit

$$y_1(x) = \sum_{n=0}^{\infty} \frac{x^{3n}}{9^n\, n!\, \Gamma(n+2/3)} \quad \text{und} \quad y_2(x) = \sum_{n=0}^{\infty} \frac{x^{3n+1}}{9^n\, n!\, \Gamma(n+4/3)}\,.$$

3.2 Wir betrachten die Potentialgleichung $\Delta\phi=0$ in parabolischen Koordinaten $\{\xi_1,\xi_2,\xi_3\}$, die durch $x = (\xi_1^2 - \xi_2^2)/2$, $y = \xi_1\,\xi_2$ und $z = \xi_3$ definiert sind. Der Laplace-Operator ist in krummlinigen, orthogonalen Koordinaten durch

$$\Delta = \frac{1}{h_1h_2h_3}\left\{\frac{\partial}{\partial\xi_1}\frac{h_2h_3}{h_1}\frac{\partial}{\partial\xi_1} + \frac{\partial}{\partial\xi_2}\frac{h_1h_3}{h_2}\frac{\partial}{\partial\xi_2} + \frac{\partial}{\partial\xi_3}\frac{h_1h_2}{h_3}\frac{\partial}{\partial\xi_3}\right\} \quad \text{mit}$$

$$h_n = \left[(\partial x/\partial\xi_n)^2 + (\partial y/\partial\xi_n)^2 + (\partial z/\partial\xi_n)^2\right]^{1/2}\,,\quad n = 1,2,3$$

gegeben (siehe z.B. [1.2]). Man verwende den Separationsansatz (k = const.)

$$\phi = e^{ikz}\, A(\xi_1)\, B(\xi_2) \ ,$$

und zeige, daß die Potentialgleichung auf die beiden DGLn

$$A'' + (a^2 - k^2\xi_1^2)\, A = 0 \quad \text{bzw.} \quad B'' - (a^2 + k^2\xi_2^2)\, B = 0$$

zurückgeführt werden kann (a ist eine weitere Separationskonstante). Durch spezielle Wahl der Konstanten erhalten wir die DGL der parabolischen Zylinderfunktionen (3.83). Man berechne die Reihendarstellung des Fundamentalsystems der DGL in Umgebungen des Punktes $x_0=0$ und bestimme deren Konvergenzradius.

3.3 Man zeige, daß die Punkte x=1 bzw. x=∞ Stellen der Bestimmtheit der hypergeometrischen DGL (3.8) sind. Anschließend berechne man unter Verwendung der Transformation z = 1 - x bzw. t = 1/x die Frobenius-Reihenlösung und beweise die Beziehungen für die Fundamentallösungen y_1 und y_2

x=1 :

$$y_1 = F(a,b,1+a+b-c,1-x) \quad \text{und}$$

$$y_2 = (1-x)^{c-a-b}\, F(c-b,c-a,1+c-a-b,1-x) \ , \ (\text{c-a-b ist nicht ganzzahlig}) \ ,$$

und x=∞ :

$$y_1 = (1/x)^a\, F(a,1+a-c,1+a-b,1/x) \quad \text{und}$$

$$y_2 = (1/x)^b\, F(b,1+b-c,1+b-a.1/x) \ , \ (\text{a-b ist nicht ganzzahlig}) \ ,$$

3.4 a) Ausgehend von (3.9) verifiziere man die folgenden Spezialfälle

$$F(a,b,b,x) = (1-x)^{-a} ; \ \ x\,F(1,1,2,-x) = \ln(1+x) \ ; \ \ x\,F(\tfrac{1}{2},1,\tfrac{3}{2},-x^2) = \arctan x \ .$$

b) Ausgehend von der DGL (3.8) zeige man, daß die Legendre-Polynome $P_n(x)$ (vgl. Gl. (1.19.2) durch die Beziehung $P_n(x) = F(-n,n+1,1,(1-x)/2)$ gegeben sind. *Hinweis:* Man verwende die Transformation z = (1-x)/2.

3.5 Man berechne die Reihendarstellungen der Lösungen der Bessel-DGL (3.96) - wobei der Parameter m zunächst nicht ganzzahlig sei - in Umgebungen des Punktes $x_0=0$ und bestimme deren Konvergenzradius.
Hinweis: Eine Fundamentallösung, die Bessel-Funktion $J_m(x)$, besitzt die Reihendarstellung

$$J_m(x) = (\frac{x}{2})^m \sum_{n=0}^{\infty} \frac{(-1)^n\,(x/2)^{2n}}{n!\;\Gamma(n+m+1)} \ ,$$

und wenn der Parameter m nicht eine ganze Zahl ist, stellt die Funktion $J_{-m}(x)$ die zweite Fundamentallösung dar.
Man zeige, daß die Funktionen $J_m(x)$ und $J_{-m}(x)$ für $m \in \mathbf{N}_+$ linear abhängig sind.

3.6 Ausgehend von der DGL der modifizierten Bessel-Funktionen (3.13) berechne man für den Fall m=1 die Fundamentallösung $K_1(x)$ unter Verwendung der Ansätze (3.21) bis (3.23).

3.7 Man zeige, daß die durch (3.24) definierten Funktionen $K_n(x)$ Lösungen der DGL (3.13) sind.

3.8 Vorgelegt sei die DGL $x^2 y'' + (1+3x) y' + y = 0$.
a) Man zeige, daß eine Frobenius-Lösung vom Typ (3.3) für den Entwicklungsmittelpunkt $x_0=0$ den Konvergenzradius Null aufweist.
b) Mit Hilfe der Ansätze (3.61) bis (3.67) zeige man, daß die Funktion

$$y_1 = 1/x \exp(1/x) ,$$

nicht nur das erste Glied einer AE einer Lösung dieser DGL für den Punkt $x_0=0$ ist, sondern auch eine exakte Lösung darstellt.
c) Man verwende die Transformation $t = 1/x$ und zeige, daß der Punkt $x=\infty$ eine Stelle der Bestimmtheit ist. Anschließend zeige man, daß die Frobenius-Reihenlösung mit dem Entwicklungsmittelpunkt $t_0=0$ die Form $t \exp t$ annimmt.

3.9 Man zeige, daß die beiden Fundamentallösungen der DGL $y'' + \exp(x)y = 0$ für $x\to\infty$ beschränkt sind.

3.10 Man berechne das erste Glied der AE der Fundamentallösungen der DGLn

a) $y'' - \dfrac{1}{x^3} y' + y = 0 \qquad$ für $x\to 0_+$;

b) $x^6 y'' = e^x y$ bzw. $x^6 y'' = y \qquad$ für $x\to 0_+$;

c) $y'' = (\ln x)^2 y$ bzw. $y'' = x^{1/2} y$ für $x\to\infty$.

3.11 Man berechne die vollständige AE der Lösungen der Airy-DGL (siehe Aufgabe 3.1) für $x\to\pm\infty$.
Hinweis: Im Falle $x\to -\infty$ setzt man $x=-r$ mit $r\to\infty$. Die ersten Glieder der AEn der Fundamentallösungen Ai(x) und Bi(x) haben dann die Form

$$\mathrm{Ai}(x) \sim \frac{1}{\sqrt{\pi}} (-x)^{-1/4} \sin\left\{\frac{2}{3}(-x)^{3/2} + \frac{\pi}{4}\right\} \quad \text{und}$$

$$\mathrm{Bi}(x) \sim \frac{1}{\sqrt{\pi}} (-x)^{-1/4} \cos\left\{\frac{2}{3}(-x)^{3/2} + \frac{\pi}{4}\right\} .$$

3.12 Man berechne die vollständige AE der Lösungen der DGL der modifizierten Bessel-Funktionen (3.13) für $x\to\infty$.
Hinweis: Die AE der Funktion $I_0(x)$ für $x\to\infty$ ist durch (2.12) mit $\varepsilon=x$ gegeben.

3.13 Vorgelegt sei die DGL $y'' = \sqrt{x}\, y$.
a) Ist die Stelle $x_0=0$ stelle der Bestimmtheit ?

b) Man berechne die Reihendarstellung der Lösungen dieser DGL in Umgebungen des Punktes $x_0=0$ und bestimme deren Konvergenzradius.
Hinweis: Man benutzt die Transformation $u = \sqrt{x}$.

3.14 Vorgelegt sei die DGL

$$2\,x^3\,y''' + x^2\,y'' + x\,y' - (1+x^2)\,y = 0\;.$$

Man berechne die drei in Umgebungen des Punktes $x_0=0$ konvergenten Reihendarstellungen der Fundamentallösungen.

3.15 Als Modell des Geschwindigkeitsprofils einer Scherschichtströmung wird in der Parallelströmungsapproximation häufig die Funktion $U(x)=1/2(1+\tanh x)$ herangezogen. Man berechne die Lage der Singularitäten der Rayleigh-Gleichung (3.43) für räumlich angefachte ($\Im(k)<0$) bzw. räumlich gedämpfte Störungen ($\Im(k)>0$).

3.16 Man berechne die Padé-Approximationen $P_1{}^1(x)$; $P_2{}^1(x)$ und $P_2{}^2(x)$ der Funktion

$$f(x) = (1/x)\ln(1+x)\;.$$

Man vergleiche die Padé-Approximationen an den Punkten $x = 1$, 2 und 4 mit den exakten Funktionswerten der Funktion $f(x)$.

4 Integraltransformationen zur Lösung linearer gewöhnlicher Differentialgleichungen

Stokes wird der Ausspruch " Frobenius-Reihen zur Lösung von Differentialgleichungen sind zwar allgemein anwendbar, entbehren jedoch jeglicher Eleganz" zugeschrieben.

An Stelle der Heranziehung von Reihen wollen wir hier versuchen, Lösungen von DGLn durch eine endliche Zahl von elementaren Funktionen auszudrücken. Für einige Klassen von DGLn kann dies mit Hilfe von Integraldarstellungen (ID) erreicht werden. Eine derartige Darstellung konvergiert i.a. in großen Bereichen der komplexen Ebene und nicht nur in einer Umgebung eines regulären (bzw. singulären) Punktes der betrachteten DGL.

Wir gehen von einer DGL zweiter Ordnung (DGLn höherer Ordnung werden im Rahmen von Beispielen behandelt)

$$L_x\, y = 0 \quad \text{mit} \quad L_x = f(x)\, D^2 + g(x)\, D + h(x) \quad \text{und} \quad D = d/dx \tag{4.1}$$

im komplexen Gebiet (x=u+iv) aus und versuchen Lösungen von (4.1) mit Hilfe der allgemeinen Integraltransformation

$$y(x) = \int_C K(x,t)\; v(t)\, dt \tag{4.2}$$

herzuleiten. Wie in Bild 4.1 skizziert, ist C der Integrationsweg in der komplexen t-Ebene. In vielen Fällen kann man die Wegunabhängigkeit der Integrale analytischer Funktionen benutzen und Anfangs- bzw. Endpunkt (A bzw. B) durch beliebige Kurven verbinden. Die der Transformation (4.2) zugrundeliegende Idee ist es, durch Vorgabe spezieller Klassen von Kernen K(x,t) für die Funktion v(t) eine DGL aufzustellen, die einfacher zu lösen ist als (4.1). Zur Auswahl des Kernes bzw. des Integrationsweges C gibt es keine festen Regeln, der Intuition sind hier keine Grenzen gesetzt.

Wir wollen uns hier auf vier wichtige Klassen von Kernen beschränken:

a) $K(x,t) = \exp(axt)$ Laplace- bzw. Fourier-Kern
b) $K(x,t) = (x-t)^a$ Euler-Kern
c) $K(x,t) = \exp(ax \sin t)$ Sommerfeld-Kern
d) $K(x,t) = t^{ax}$ Mellin-Kern,

wobei a ein i.a. komplexer Parameter ist.

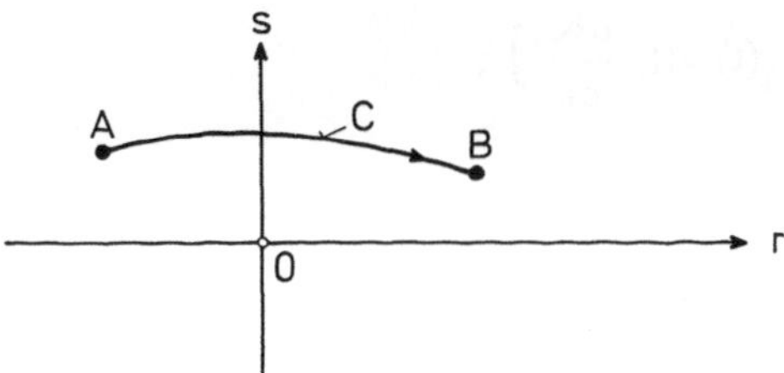

Bild 4.1 Integrationsweg in der komplexen t-Ebene (t=r+is).

4.1 Verallgemeinerte Laplace- bzw. Fourier-Transformationen

Wir verwenden hier den Kern

$$K(x,t) = \exp(axt) . \tag{4.3}$$

In den Spezialfällen $a = -1$ bzw. $a = \pm i$ reduziert sich (4.2) mit (4.3) zu einer verallgemeinerten Laplace- bzw. Fourier-Transformation. Differentiationen ergeben

$$\frac{\partial^n K}{\partial x^n} = (at)^n K \qquad \text{und} \qquad \frac{\partial^n K}{\partial t^n} = (ax)^n K .$$

Damit folgt

$$T_{n,m} \equiv x^n \frac{d^m}{dx^m} y = a^{m-n} \int_C t^m v(t) \frac{\partial^n K}{\partial t^n} dt \qquad \text{für } n,m \in \mathbf{N}_+$$

und nach einer partiellen Integration entsteht ($\dot{}$ = d/dt, $D_n = \partial^n/\partial t^n$)

$$T_{n,m} = a^{m-n} \left\{ \left[t^m v(t) D_{n-1} K \right]_{t=A}^{t=B} - \int_C \left[t^m v(t) \right]^{\cdot} D_{n-1} K \, dt \right\} .$$

Sind nun die Koeffizientenfunktionen in (4.1) *Polynome* n-ten Grades, dann läßt sich diese DGL durch n-fache partielle Integration in Endpunktsbedingungen (an t=A bzw. t = B) und eine DGL n-ter Ordnung für die Funktion v(t) überführen. Dieses Verfahren ist natürlich nur dann sinnvoll, wenn die sich für v(t) ergebende DGL einfacher zu lösen ist als (4.1). Im allgemeinen bedeutet dies, daß wir versuchen müssen die Ordnung der DGL zu erniedrigen.

Sind daher die *Koeffizientenfunktionen in der DGL (4.1) Polynome ersten Grades*; i.e. (a_0, a_1, b_0 usw. sind komplexe Parameter)

$$f(x) = a_0 + a_1 x \ ; \ g(x) = b_0 + b_1 x \ ; \ h(x) = c_0 + c_1 x \ , \tag{4.4}$$

so wird v(t) durch eine DGL erster Ordnung bestimmt. DGLn dieser Klasse haben i.a. an $x_0 = -a_0/a_1$ eine Stelle der Bestimmtheit und im Unendlichen eine Stelle der Unbestimmtheit. Eine wichtige Einzel-DGL dieses Typs ist die konfluente, hypergeometrische DGL (vgl. Aufgabe 4.1). Mit (4.1) bis (4.4) folgt zunächst

$$L_x\, y\,(x) = \int_C dt\, \{\, F_0(t)\, v(t)\, K(x,t) + \frac{1}{a} F_1(t)\, v(t)\, \frac{\partial K}{\partial t}\, \}\, ;$$

$$\text{mit}\quad F_j(t) = a_j\, a^2 t^2 + b_j\, a\, t + c_j\, ;\, j = 0,1\ , \tag{4.5}$$

und eine partielle Integration des zweiten Terms führt zu

$$L_x\, y\,(x) = \frac{1}{a}\, [\, F_1 v K\,]_{t=A}^{t=B} + \int_C dt\, \{ K\, [\, F_0 v - \frac{1}{a}\frac{d}{dt} F_1\, v\,]\}\ .$$

Die Lösungen von (4.1) mit (4.4) haben dann IDn der Form

$$y\,(x) = \int_C e^{axt}\, v\,(t)\, dt\ , \tag{4.6}$$

sofern die hinreichenden Bedingungen (die Funktionen F_j sind durch (4.5) definiert)

$$\frac{d}{dt}[\, v(t)\, F_1(t)\,] - a\, v(t)\, F_0(t) = 0 \tag{4.7}$$

und

$$[\, v(t)\, F_1(t)\, e^{axt}\,]_{t=A}^{t=B} = 0 \tag{4.8}$$

erfüllt sind. (4.7) ist nun eine DGL erster Ordnung, die durch elementare Integrationen (Partialbruchzerlegungen) gelöst werden kann. (4.8) - manchmal das Verschwinden der bilinearen Kontaminanten genannt - muß durch Vorgabe geeigneter Endpunkte erfüllt werden. Für geschlossene Kurven (A = B) ist jedoch (4.8) automatisch erfüllt. Gelingt es, zwei Sätze von Endpunkten (A_1 , B_1) bzw. (A_2 , B_2) zu finden, für die (4.8) gilt, so erhält man zwei linear unabhängige Lösungen der DGL (4.1) in der Form

$$y_1(x) = \int_{C_1} e^{axt}\, v\,(t)\, dt \quad \text{und} \quad y_2(x) = \int_{C_2} e^{axt}\, v\,(t)\, dt\ . \tag{4.6'}$$

Dabei ist zu beachten, daß die Integrationswege C_1 bzw. C_2 von den Anfangspunkten A_1 bzw. A_2 zu den Endpunkten B_1 bzw. B_2 verlaufen.

In vielen Anwendungsfällen genügt es jedoch, die ID einer Lösung herzuleiten. Weitere Lösungen bestimmt man dann entweder mit Hilfe der Invarianzeigenschaften der betreffenden DGL, oder durch Anwendung des Reduktionsansatzes (3.55).

Als Anwendungen sollen jetzt IDn der Lösungen einiger wichtiger DGLn in der mathematischen Physik berechnet werden.

4.1.1 Die verallgemeinerten Fehlerfunktionen

Vorgelegt sei die DGL (λ ist ein reeller Parameter)

$$L_x\, y\ =\ y'' - 2x\, y' + 2\lambda\, y\ =\ 0\ . \tag{4.9}$$

Zur Untersuchung der Invarianzeigenschaften der DGL (4.9) führen wir die neue Variable $z = \alpha x$ ein, wobei α ein beliebiger komplexer Parameter ist. Ist die Beziehung $\alpha^2 = 1$ erfüllt, dann ist die DGL (4.9) invariant gegenüber der Transformation $z = \alpha x$. Ist demnach $y(x,\lambda)$ eine Lösung der DGL (4.9), so stellt $y(-x,\lambda)$ eine weitere Lösung dar. In analoger Weise verifiziert man leicht, daß die durch

$$\operatorname{erf}(z) = \frac{2}{\sqrt{\pi}} \int_0^z \exp(-t^2)\, dt$$

definierte Fehlerfunktion (error function) im Spezialfall $\lambda = 0$ und $z = ix$ eine Fundamentallösung der DGL (4.9) ist. Wir setzen jetzt die Integraltransformation

$$y(x) = \int_C \exp(2xt)\, v(t)\, dt \tag{4.10}$$

an. Dann folgt mit (4.7) (A_0 ist eine Integrationskonstante)

$$\frac{\dot{v}}{v} = -\frac{2t^2 + \lambda + 1}{t}, \quad \text{oder} \quad v(t) = A_0\, t^{-(\lambda+1)} \exp(-t^2)\,.$$

Dann vereinfacht sich (4.8) zu

$$\left[\exp(2xt - t^2)\, t^{-\lambda}\right]_{t=A}^{t=B} = 0\,.$$

Zunächst soll der Spezialfall $\lambda \in \mathbf{N}_+$ betrachtet werden. Ist C eine geschlossene Kurve um den Ursprung, so folgt

$$y(x,n) = A_0 \oint_C \exp(2xt - t^2)\, t^{-(n+1)}\, dt\,, \quad n \in \mathbf{N}_+\,. \tag{4.10'}$$

Der Punkt $t = 0$ ist ein Pol (n+1)-ter Ordnung und zur Berechnung dieses Integrals verwenden wir die *Cauchysche Integralformel*

$$F^{(n)}(\alpha) = \frac{n!}{2\pi i} \oint_C \frac{F(z)\, dz}{(z-\alpha)^{n+1}}\,. \tag{4.11}$$

Damit folgt

$$y(x,n) = \left[\frac{\partial^n}{\partial t^n} \exp(2xt - t^2)\right]_{t=0}, \tag{4.12}$$

wobei $A_0 = n!/(2\pi i)$ gesetzt wurde. Gl. (4.12) definiert Polynome n-ten Grades, die *Hermite-Polynome* $H_n(x) = y(x,n)$. Durch Auswertung von (4.12) erhalten wir

$$H_0 = 1\ ;\ H_1 = 2x\ ;\ H_2 = 4x^2 - 2\ ;\ \ldots\,. \tag{4.12'}$$

Ausgehend von dem Integral (4.10') kann man leicht die Beziehungen

$$H_{2n}(-x) = H_{2n}(x) \quad \text{und} \quad H_{2n+1}(-x) = -H_{2n+1}(x)$$

verifizieren. Die Funktionen H_n (x) bzw. H_n (-x) sind daher linear abhängig und man muß zur Berechnung eines zweiten Satzes von Fundamentallösungen entweder das Reduktionsverfahren (3.55) benutzen oder andere Integrationswege verwenden.

Im folgenden soll angenommen werden, daß λ keine natürliche Zahl ist. An t = 0 liegt dann ein Verzweigungspunkt vor. Gemäß Bild 4.2 wollen wir den Verzweigungsschnitt in die positive reelle t-Achse legen. Als Integrationsweg wählen wir zwei nahe am Verzweigungsschnitt liegende parallele Gerade und wir umgehen den Verzweigungspunkt mit Hilfe eines Kreises mit dem Radius ρ . Bildet man den Grenzwert $\rho \to 0$, so sieht man, daß das Integral über den Kreis K für positive Werte von λ divergiert. Wir beschränken uns daher im folgenden auf negative Werte von λ. Längs der Geraden am positiven Ufer des Verzweigungsschnittes C_1 gilt $t=k \exp(i\ \varphi_+)$ mit $\varphi_+ = 0$ und $k \in \mathbf{R}$. Längs der Geraden am negativen Ufer C_2 läßt sich die Beziehung $t = k \exp(i\varphi_-)$ mit $\varphi_- = 2\pi$ aufstellen. Läßt man C_1 und C_2 ins Unendliche laufen, so ist die Endpunktsbeziehung (4.8) erfüllt. Da das Integral über den Kreis K verschwindet, folgt

$$y = -2iA_0 e^{-i\pi\lambda} \sin(\pi\lambda) \int_0^\infty dk\, k^{-(\lambda+1)}\, e^{2xk-k^2} . \tag{4.13}$$

Ist nun λ eine negative ganze Zahl, so verschwindet y .

Für kleine Werte von $|x|$ kann man den Faktor e^{2xk} in eine Reihe entwickeln und Gl. (4.13) vereinfacht sich zu

$$y = B_0 \sum_{n=0}^{\infty} (2x)^n \frac{A_n}{n!} \quad \text{mit } A_n = \int_0^\infty e^{-k^2}\, k^{n-1-\lambda}\, dk \ , \tag{4.13'}$$

wobei sämtliche multiplikativen Konstanten zu einer Konstanten B_0 zusammengezogen wurden. Die von x unabhängigen Koeffizienten A_n können mit Hilfe von (4.65') des Abschnitts 4.4 auf die Gamma-Funktion zurückgeführt werden und es gilt $A_n=(1/2)\Gamma((n-\lambda)/2)$.

Für große Werte des Argumentes ($|x|\to\infty$) kann die Lösung (4.13) ebenfalls vereinfacht werden, das in Abschnitt 5.2 zu besprechende Watsonsche Lemma ist dann die geeignete Methode zur Berechnung der AE der Funktion y für $|x| \to \infty$. Wegen des Faktors e^{2xk} in (4.13) können wir jedoch ohne explizite Ermittlung der AE feststellen,

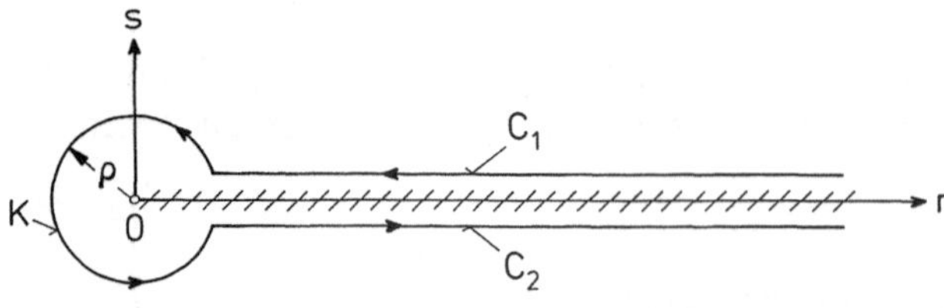

Bild 4.2 Integrationsweg zur Lösung der DGL (4.9) für $\lambda \notin N_+$; $C=C_1+K+C_2$

daß die Funktion y für $\Re(x) > 0$ (in der rechten Halbebene) und $|x| \to \infty$ exponentiell divergiert.

Zur Berechnung der zweiten Fundamentallösung der DGL (4.9) könnten wir nun eine andere Integrationskurve heranziehen. In Aufgabe 4.2 wird der Verzweigungsschnitt der Funktion $t^{-(\lambda+1)}$ in die negative reelle Achse gelegt. Die neue Integrationskurve entsteht dann durch Spiegelung der Kurve C des Bildes 4.2 an der s-Achse. Dann sind alle Rechenschritte analog zu denen, die zur Herleitung von (4.13) führten. Damit nimmt die zweite Fundamentallösung Y die Form $Y(x,\lambda)=y(-x,\lambda)$ an. Dieses Ergebnis reflektiert jedoch nur die bereits besprochenen Invarianzeigenschaften der DGL (4.9). Wir halten hier nur fest, daß die Funktion Y für $\Re(x) < 0$ und $|x| \to \infty$ divergiert.

Als physikalische Anwendung soll der *harmonische Oszillator in der Quantenmechanik* untersucht werden. Die klassische Bewegungsgleichung des linearen Oszillators

$$m\ddot{x} = -\,dV/dx = -\,m\beta_0^2 x$$

zeigt, daß das Potential V (x) einer rücktreibenden Kraft $V = 1/2\; m\, \beta_0^2\, x^2$ entspricht. Die zeitunabhängige *Schrödinger-Gleichung* zur Bestimmung der Wellenfunktion $\psi(x)$ ist durch

$$\frac{d^2\psi}{dx^2} + \frac{2m}{h^2}\,[E - V(x)]\,\psi = 0 \tag{4.14}$$

gegeben, wobei h das reduzierte Plancksche Wirkungsquantum ist und E die gesamte Energie darstellt. Des Weiteren ist die Wahrscheinlichkeit, das Teilchen (die Welle) im Intervall [x-dx,x+dx] zu finden, durch den Ausdruck $|\psi(x)|^2 dx$ gegeben. Da die Rückstellkraft mit der Auslenkung x linear anwächst, sind die Randbedingungen $\psi(\pm\infty) = 0$ anzusetzen. Verwendet man die Substitution

$$\lambda = E/(h\beta_0) - 1/2\,;\; s = \sigma x \;\text{ mit }\; \sigma = (m\beta_0/h)^{1/2}\,,$$

so entsteht

$$[\,d^2/ds^2 + (1+2\lambda+s^2)\,]\,\psi(s) = 0\;.$$

Setzt man schließlich noch $\psi(s) = \exp(-\,s^2/2)\,A(s)$ so gelangt man zu Gl. (4.9) in der Form

$$A'' - 2\,s\,A' + 2\,\lambda\,A = 0\,;\; ' = d/ds\;. \tag{4.9'}$$

Wir haben bereits festgestellt, daß die beiden Fundamentalen von (4.9) für negative Werte von λ entweder im Falle $x \to \infty$ oder für $x \to -\infty$ divergieren. Im Falle $\lambda < 0$ können daher die RBn des Problems nicht erfüllt werden. Desgleichen hat es sich gezeigt, daß für positive Werte von λ nur im Falle $\lambda = n \in \mathbf{N}_+$ reguläre Lösungen auftreten. Eine der beiden Fundamentallösungen von (4.9), die eine Erfüllung der RBn gestattet, ist daher durch die Hermite-Polynome H_n gegeben. Verwendet man noch (3.55), dann sieht man, daß die zu H_n korrespondierende zweite Fundamentale nicht zur Konstruktion einer, die RBn erfüllenden, Wellenfunktion verwendet werden kann. Die Eigenlösungen der Schrödinger-Gleichung lauten daher

$$\psi_n(x) = C_n \exp(-\sigma^2 x^2/2)\, H_n(\sigma x) \quad \text{mit} \quad C_n = \text{const}$$

und die Quantenniveaus der Energie haben die Form

$$E = h\,\beta_0\,(n + 1/2)\,.$$

4.1.2 Die Airy-Funktionen

Die Differentialgleichung der Airy-Funktion lautet

$$y'' - x\,y = 0\,. \tag{4.15}$$

An der Stelle $x_0 = 0$ liegt ein regulärer Punkt vor und die beiden Fundamentallösungen von (4.15) können durch Taylor-Entwicklungen mit dem Entwicklungsmittelpunkt $x_0=0$ hergeleitet werden (siehe Aufgabe 3.1). Im Gegensatz dazu wollen wir hier IDn der Airy-Funktionen herleiten. Verwendet man den Kern $K(x,t) = \exp(xt)$, dann folgt aus (4.7) und (4.8)

$$y(x) = \text{const} \int_C \exp\left(xt - \frac{t^3}{3}\right) dt\,. \tag{4.16}$$

Die beiden Fundamentallösungen erhält man, indem man für die Kurve C zwei der drei in Bild 4.3 dargestellten Kurven C_1, C_2 und C_3 wählt. Die Kurven C_j sind dabei beliebige Kurven, die zur Gänze im Sektor T_j verlaufen und asymptotisch in die die Sektoren begrenzenden Geraden übergehen. Setzt man $C_0=C_1+C_2+C_3$, dann gilt

$$\oint_{C_0} \exp\left(xt - \frac{t^3}{3}\right) dt = 0\,,$$

und die Integration längs einer dritten Kurve führt zu einer linear abhängigen Funktion. In der Literatur haben sich die Symbole Ai (x) bzw. Bi (x) zur Bezeichnung der beiden Fundamentallösungen eingebürgert. Diese beiden Funktionen sind durch

$$\mathrm{Ai}(x) = -\frac{1}{2i\pi} \int_{C_1} \exp\left(xt - \frac{t^3}{3}\right) dt \tag{4.17}$$

und

$$\mathrm{Bi}(x) = \frac{1}{2\pi} \left(\int_{C_2} - \int_{C_3}\right) \exp\left(xt - \frac{t^3}{3}\right) dt\,, \tag{4.18}$$

definiert. Verwendet man als Abkürzung die kubische Einheitswurzel $\beta = \exp(2i\pi/3)$, dann kann man leicht verifizieren, daß neben Ai(x) und Bi(x) auch die Funktionen $\mathrm{Ai}(\beta x)$ und $\mathrm{Ai}(\beta^2 x)$ Lösungen der Airy-DGL (4.15) sind. Da nur zwei dieser vier

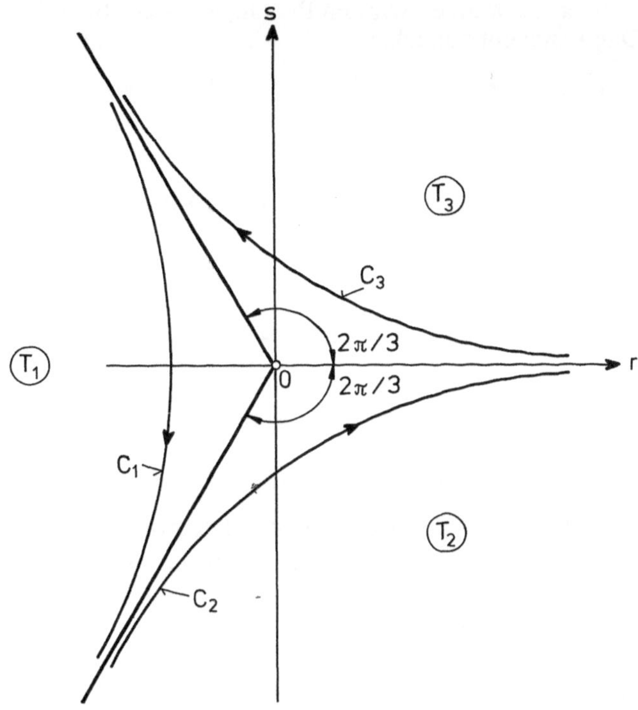

Bild 4.3 Integrationswege zur Berechnung der Airy-Funktionen. Die Sektoren T_j sind für j=1,2,3 durch $2\pi j/3 \leq \arg(t) \leq 2\pi(j+1)/3$ gegeben

Funktionen linear unabhängig sein können, müssen Funktionalgleichungen der Form

$$\mathrm{Ai}\,(x) = D_1\,\mathrm{Ai}\,(\beta x) + D_2\,\mathrm{Ai}\,(\beta^2 x) \quad ,$$

$$\mathrm{Bi}\,(x) = D_3\,\mathrm{Ai}\,(\beta x) + D_4\,\mathrm{Ai}\,(\beta^2 x) \quad ,$$

existieren, wobei D_1 bis D_4 Konstante sind. Ersetzt man in (4.17) die Variable x durch βx bzw. $\beta^2 x$, dann folgt nach einer einfachen Umformung

$$\mathrm{Ai}\,(\beta x) = -\frac{1}{2i\pi\beta}\int_{C_3} \exp\,(xt - \frac{t^3}{3})\,dt \tag{4.17'}$$

und

$$\mathrm{Ai}\,(\beta^2 x) = -\frac{1}{2i\pi\beta^2}\int_{C_2} \exp\,(xt - \frac{t^3}{3})\,dt \;. \tag{4.17''}$$

Mit (4.18) ergibt sich aus den beiden letzten Gleichungen die Drehungsformel

$$\mathrm{Bi}\,(x) = i\,\{\beta\,\mathrm{Ai}\,(\beta x) - \beta^2\,\mathrm{Ai}\,(\beta^2 x)\,\}\;. \tag{4.18.a}$$

Zur Erstellung der zweiten Drehungsformel wenden wir den Residuensatz zur Berechnung des Integrals in (4.17') an. Dann entsteht zunächst

$$\mathrm{Ai}\,(x) = \frac{1}{2\pi i}\left\{ \int_{C_2} \exp\left(xt - \frac{t^3}{3}\right) dt + \int_{C_3} \exp\left(xt - \frac{t^3}{3}\right) dt \right\}.$$

Setzt man in diese Zeile die Beziehungen (4.17') und (4.17") ein, so folgt die zweite Drehungsformel

$$\mathrm{Ai}\,(x) = -\beta\,\mathrm{Ai}\,(\beta x) - \beta^2\,\mathrm{Ai}\,(\beta^2 x)\,. \tag{4.18.b}$$

In Bezug auf die Argumente der Funktionen in (4.18.a) und (4.18.b) kann man die folgende Regel aufstellen

$$\arg(\beta x)\,,\ \arg(\beta^2 x) \in [2\pi/3, 4\pi/3] \Rightarrow \arg x \in [-2\pi/3, 2\pi/3]$$

$$\arg x \in [2\pi/3, 4\pi/3] \Rightarrow \arg(\beta x),\ \arg(\beta^2 x) \in [-2\pi/3, 2\pi/3]\ . \tag{4.19}$$

Kennt man daher Ai(x) im Sektor $|\arg(x)| \le 2\pi/3$, dann kann man mit dem zweiten Teil von (4.19) und mit (4.18.b) die Funktion Ai(x) im restlichen Teil der komplexen Ebene berechnen. Die Berechnung der Funktion Bi(x) erfolgt dann mit Hilfe von (4.18.a). Es genügt daher, die Funktion Ai(x) im Sektor $T_3 \cup T_2$ zu kennen.

Unter Beschränkung auf reelle Argumente kann man die Integration in (4.17) besonders einfach gestalten, wenn man längs der (die Sektoren trennenden) asymptotischen Geraden integriert. Dann folgt (siehe Aufgabe 4.3)

$$\mathrm{Ai}\,(x) = \frac{1}{\pi}\int_0^\infty \cos\left(xt + \frac{t^3}{3}\right) dt\ ,\quad x \in \mathbf{R}\ . \tag{4.20}$$

Eine entsprechende ID der Funktion Bi(x) für reelle Werte des Arguments wird in Augabe 4.4 hergeleitet. Ebenso können wir, ausgehend von den IDn (4.17) und (4.18), die - bereits in Aufgabe 3.1 aufgestellten - Taylor-Reihen der Funktionen Ai (x) bzw. Bi (x) reproduzieren. Dabei werden für kleine Werte von $|x|$ die Faktoren e^{xt} in Potenzreihen entwickelt und anschließend wird längs der asymptotischen Geraden integriert. Für den Fall der Funktion Ai(x) sollen die entsprechenden Rechnungen im Rahmen der Aufgabe 4.5 vorgenommen werden.

Die Auswertung der IDn der Airy-Funktionen für $|x| \to \infty$ erfolgt mit Hilfe der in Kapitel 5 behandelten Verfahren (Methode stationärer Phasen bzw. Sattelpunktsverfahren). Als Vorwegnahme dieser Ergebnisse wird in Aufgabe 4.6 die Drehungsformel (4.18.b) benutzt, um die AE der Funktion Ai(x) für $x \to \infty$ zu berechnen.

4.1.3 Verallgemeinerte Airy-Funktionen

In der hydrodynamischen Stabilitätstheorie (siehe Abschnitt 10.4) spielt die DGL

$$y^{iv} - x\,y'' = 0 \tag{4.21}$$

eine wichtige Rolle. Zwei ihrer Fundamentallösungen sind durch $y_1=1$ bzw. $y_2=x$ gegeben. Setzt man $y''=w$, dann muß die Funktion w der Airy-DGL (4.15) genügen. Man kann daher die allgemeine Lösung von (4.21) in der Form

$$y = A_1 + A_2 x + A_3 \int_0^x dx' \int_0^{x'} Ai\,(x'')\,dx'' + A_4 \int_0^x dx' \int_0^{x'} Bi\,(x'')\,dx''; \quad A_j = \text{const}$$

darstellen. Zur Vermeidung der umständlichen zweifachen Integration wurde von Grohne (1954) vorgeschlagen, mit verallgemeinerten Airy-Funktionen zu arbeiten. Unter Verwendung der Abkürzung

$$F\,(x,t,n) = t^{-n} \exp\,(xt - \frac{t^3}{3}) \ ; \quad n \in \mathbf{N}_+ \ , \tag{4.22}$$

sind diese Funktionen, in Analogie zu den Airy-Funktionen Ai(x) und Bi(x), durch (die Kurven C_j sind wieder die in Bild 4.3 skizzierten Integrationswege)

$$A(x,n) = -\frac{1}{2\pi i} \int_{C_1} F\,(x,t,n)\,dt \tag{4.23.1}$$

und

$$B(x,n) = \frac{1}{2\pi} \left\{ \int_{C_2} - \int_{C_3} \right\} F(x,t,n)\,dt \tag{4.23.2}$$

definiert. Bildet man die n-te Ableitung nach der Variablen x , so entsteht

$$A^{(n)}\,(x,n) = Ai\,(x) \quad \text{und} \quad B^{(n)}\,(x,n) = Bi\,(x)\,.$$

Daher sind die verallgemeinerten Airy-Funktionen A(x,n) bzw. B(x,n) die beiden Fundamentallösungen der DGL

$$y^{(n+2)} - x\,y^{(n)} = 0 \ , \tag{4.24}$$

die im Spezialfall n = 2 in die DGL (4.21) übergeht. Des Weiteren gilt

$$A(x,0) = Ai(x) \quad \text{und} \quad B(x,0) = Bi(x)\,.$$

Ähnlich wie bei den Airy-Funktionen können wir wieder, durch Drehung der Integrationskurven in der komplexen Ebene, Funktionalgleichungen in Form von Drehungsformeln aufstellen. Alle diese Beziehungen enthalten im Spezialfall n = 0 wieder die entsprechenden Beziehungen für die Airy-Funktionen. Zunächst gilt

$$A\,(\beta x,n) = -\frac{\beta^{(n-1)}}{2\pi i} \int_{C_3} F\,(x,t,n)\,dt \tag{4.17'.n}$$

und

$$A\,(\beta^2 x,n) = -\frac{\beta^{2(n-1)}}{2\pi i} \int_{C_2} F\,(x,t,n)\,dt \tag{4.17''.n}$$

und damit folgt aus Gl. (4.23.2) die erste Drehungsformel

$$B(x,n) = i\{\beta^{1-n} A(\beta x,n) - \beta^{2(1-n)} A(\beta^2 x,n)\} . \tag{4.18.a.n}$$

Um eine weitere Funktionalgleichung herzuleiten, verwenden wir den Residuensatz. Ist die geschlossene Kurve C_0 wieder durch $C_0=C_1+C_2+C_3$ gegeben, dann folgt

$$\frac{1}{2\pi i} \oint_{C_0} F(x,t,n)\, dt = E_n(x) . \tag{4.25}$$

Die Funktionen $E_n(x)$ sind Polynome (n-1)-ten Grades und es gilt

$$E_0(x) = 0 \; ; \; E_1(x) = 1 \; ; \; E_2(x) = x \; ; \; E_3(x) = \frac{1}{2} x^2 \; ; \; E_4(x) = \frac{1/2x^3 - 1}{3} \; ; \ldots \tag{4.26}$$

Unter Berücksichtigung der Definitionsgleichung (4.23.1) ergibt sich dann aus (4.17'.n) und (4.17".n), sowie (4.26) die zweite Drehungsformel

$$A(x,n) = -\beta^{1-n} A(\beta x,n) - \beta^{2(1-n)} A(\beta^2 x,n) - E_n(x) . \tag{4.27}$$

Analog zu den Verhältnissen bei den Airy-Funktionen genügt auch hier die Kenntnis der Funktion A (x,n) im Sektor $T_3 \cup T_2$. Mit Hilfe der, auch für die verallgemeinerten Airy-Funktionen gültigen, Argumentenbeziehung (4.19) und unter Verwendung der beiden Drehungsformeln kann man dann die beiden Funktionen A(x,n) bzw. B(x,n) in der ganzen komplexen Ebene berechnen.

Im fünften Kapitel wird dann die Sattelpunktsmethode zur Berechnung der asymptotischen Entwicklung der verallgemeinerten Airy-Funktionen für $|x|\to\infty$ herangezogen.

4.1.4 Parabolische Zylinderfunktionen

In Aufgabe 3.2 wurde gezeigt, daß die Separation der Potentialgleichung in parabolischen Koordinaten zu der DGL (k ist ein komplexer Parameter)

$$y'' + \left(k + \frac{1}{2} - \frac{x^2}{4}\right) y = 0 \tag{4.28}$$

führt. Die linear unabhängigen Lösungen y(x,k) dieser DGL nennt man daher parabolische Zylinderfunktionen. Reihenentwicklungen der Lösungen von (4.28) an der Stelle $x_0 = 0$ wurden ebenfalls bereits in Aufgabe 3.2 hergeleitet. Wir beginnen hier mit einer Untersuchung der Invarianzeigenschaften. Geht man wie in Abschnitt 4.1.1 vor, dann findet man, daß mit y(x,k) auch die Funktionen y(-x,k) und y(±ix,-k-1) Lösungen der DGL (4.28) sind, wobei natürlich nur zwei dieser Lösungen linear unabhängig sein können.

Zunächst wollen wir zeigen, daß die Lösungen von (4.28) durch verallgemeinerte Fehlerfunktionen dargestellt werden können. Setzt man

$$y(x,k) = \exp(-x^2/4)\, w(x,k) , \tag{4.29}$$

so folgt nach Eintragen in (4.28)

$$w'' - x w' + k w = 0 . \tag{4.30}$$

Verwendet man noch die Substitution $z=x/\sqrt{2}$, so wird für $k=\lambda$ die DGL (4.30) in die DGL der verallgemeinerten Fehlerfunktionen (4.9) übergeführt und es gilt

$$y(x,k) = \exp(-x^2/4)\, \psi(x/\sqrt{2},k) , \tag{4.31}$$

wobei die Funktion ψ Lösung der DGL (4.9) ist. Damit gilt insbesondere, daß für $k \in N_+$ eine Fundamentallösung der DGL (4.28) die Form

$$y(x,n) = \exp(-x^2/4)\, H_n(x/\sqrt{2}) \;, \quad n \in N_+ \tag{4.32}$$

annimmt, wobei die Funktionen $H_n(z)$ die durch (4.11) definierten Hermite-Polynome sind. (4.30) zeigt auch, daß die DGL der parabolischen Zylinderfunktionen (4.28) die Normalform der DGL der verallgemeinerten Fehlerfunktionen ist.

Zur Berechnung von IDn der parabolischen Zylinderfunktionen kann kann man nun bereits von (4.30) ausgehen. Dieser Weg wird in Aufgabe 4.7 beschritten und man erhält dabei eine ID der Funktion $y(ix,-k-1)$. Um jedoch die in der Literatur übliche ID zu berechnen, wollen wir (4.28) neuerlich transformieren. Dazu bilden wir

$$y(x,k) = \exp(x^2/4)\, S(x,k) \tag{4.33}$$

und nach Einsetzen in (4.28) ergibt sich eine neue DGL der Form

$$S'' + x S' + (k+1) S = 0 . \tag{4.34}$$

Mit Hilfe des Ansatzes

$$S(x,k) = \int_C e^{-xt}\, v(t)\, dt \tag{4.35}$$

erhält man mit (4.7) und (4.8) nach einer einfachen Zwischenrechnung die ID

$$y(x,k) = A_0\, e^{x^2/4} \int_C \exp(t^2/2 - xt)\, t^k\, dt \;;\; A_0 = \text{const} . \tag{4.36}$$

Wie in Bild 4.4 skizziert, wird dabei der Verzweigungsschnitt der Funktion t^k in die negative reelle Achse gelegt. Der Integrationsweg C in (4.36) ist dann eine zur Gänze in der rechten Halbebene verlaufende, glatte Kurve, die asymptotisch in die imaginäre Achse übergeht. Gilt noch $\Re(k)>-1$, dann kann man die imaginäre Achse als Integrationsweg benutzen. Der Ursprung wird dann durch einen kleinen Halbkreis umgangen. Läßt man den Radius diese Halbkreise gegen Null gehen, so verschwindet der Beitrag des Verzweigungspunktes $t=0$ zum Integral (4.36) und mit Hilfe der Substitution $t=iu$ folgt

$$y(x,k) = A_0\, i^{k+1}\, e^{x^2/4} \int_{-\infty}^{\infty} \exp(-t^2/2 - ixt)\; t^k\, dt \;;\; \Re(k) > -1 , \tag{4.36'}$$

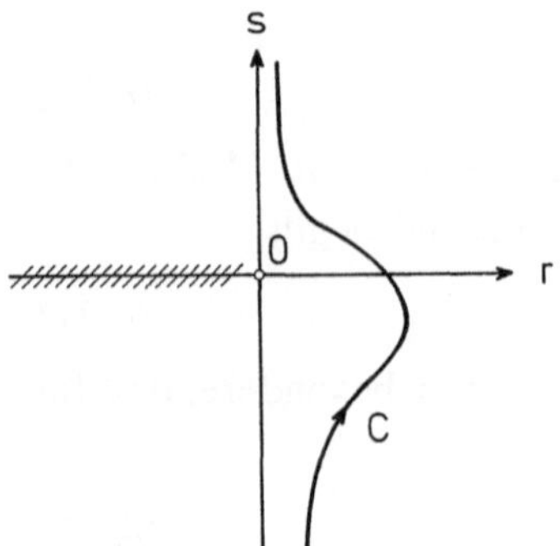

Bild 4.4 Integrationswege zur Auswertung der ID der parabolischen Zylinderfunktionen (4.36)

wobei die Integration in (4.36') längs der reellen Achse erfolgt. Zur Festlegung des Wertes der Konstanten A_0 bilden wir den Ausdruck y(x,0). Dann folgt mit (4.36')

$$y\,(x,0) = 2iA_0\, e^{x^2/4} \int_0^\infty e^{-t^2/2} \cos\,(xt)\, dt = i\sqrt{2\pi}\; A_0\, e^{-x^2/4} .$$

Vergleicht man die letzte Zeile mit (4.32) und beachtet $H_0(z)=1$, dann folgt

$$A_0 = -\, i\, (2\pi)^{-1/2} . \tag{4.36''}$$

(4.36') zusammen mit (4.36") ist nun die ID einer Lösung von (4.28). Die dadurch definierte Funktion wird in der Literatur häufig mit dem Symbol $D_k(x)$ bezeichnet (vgl. (3.89')) und zusammenfassend gilt

$$D_k(x) = \frac{i^k}{\sqrt{2\pi}}\, e^{x^2/4} \int_{-\infty}^{\infty} \exp\,(-\, t^2/2 - ixt\,)\, t^k\, dt \;\; ; \;\; \Re(k) > -1 . \tag{4.36'''}$$

Zerlegt man schließlich noch das Integral in (4.36''') in zwei Teilintegrale (mit $t \le 0$ bzw. $t \ge 0$), dann erhalten wir nach einer einfachen Umformung, die - für reelle Werte des Arguments besonders nützliche - Integraldarstellung

$$D_k(x) = \sqrt{\frac{2}{\pi}}\; e^{x^2/4} \int_0^\infty e^{-t^2/2}\; t^k\, \cos(\,xt - k\pi/2\,)\, dt \;\; ; \;\; \Re(k) > -1 . \tag{4.36''''}$$

Entwickelt man den Faktor e^{-ixt} in Gl. (4.36''') bzw. den Ausdruck $\cos(xt - k\pi/2)$ in (4.36'''') in Taylor-Reihen, dann kann man die verbleibenden Integrale durch Gamma-Funktionen ausdrücken. Wird schließlich auch noch der Faktor $\exp(x^2/4)$ in eine Taylor-Reihe entwickelt, so kann man die Potenzreihenlösungen der parabolischen Zylinderfunktionen der Aufgabe 3.2 reproduzieren. Die AE der parabolischen

Zylinderfunktion $D_k(x)$ für den Spezialfall $x \to \infty$ ist durch (3.95) gegeben. Sie wird in Abschnitt 5.5.3 mit Hilfe der Sattelpunktsmethode zu einer AE in der komplexen Ebene ergänzt. Des Weiteren wird im folgenden Abschnitt eine auf der Euler-Transformation basierende ID der parabolischen Zylinderfunktionen hergeleitet.

4.2 Eulersche Integraltransformationen

Zur Lösung der DGL (4.1) benutzen wir jetzt den Euler-Kern

$$K(x,t) = (x-t)^a . \tag{4.37}$$

Die Transformation (4.2) mit (4.37) führt zu besonders einfachen Ergebnissen, wenn die Koeffizientenfunktionen $f(x)$, $g(x)$ und $h(x)$ Polynome sind, deren Grad die Werte 2, 1 und 0 nicht übersteigt. Zu dieser Klasse von DGLn gehören u.a. die hypergeometrische DGL (3.8) und die transformierten DGLn der parabolischen Zylinderfunktionen (4.30) bzw. (4.34). Unter dieser Voraussetzung gilt zunächst

$$\begin{aligned} f(x) &= f(t) + (x-t)\, f'(t) + \frac{1}{2}(x-t)^2 f''(t) \ ; \\ g(x) &= g(t) + (x-t)\, g'(t) \quad \text{und} \quad h(x) = h_0 = \text{const} , \end{aligned} \tag{4.38}$$

wobei f'' und g' Konstante sind. Wendet man den Differentialoperator L_x der DGL (4.1) auf den Kern (4.37) an, so folgt

$$\begin{aligned} L_x (x-t)^a = {} & a(a-1)\, f(t)\,(x-t)^{a-2} + a\,(x-t)^{a-1}\,[(a-1)\, f'(t) + g(t)] + \\ & + (x-t)^a \left[\frac{1}{2} a(a-1) f'' + a g' + h_0\right] . \end{aligned} \tag{4.39}$$

Zur Bestimmung des Parameters a verlangen wir

$$\frac{1}{2} a(a-1) f'' + a g' + h_0 = 0 . \tag{4.40}$$

Gilt nun $f'' \neq 0$, dann ist (4.40) eine quadratische Gleichung; Ihre beiden Lösungen seien a_1 bzw. a_2. Arbeitet man mit einer einzigen Integrationskurve C, so erhält man für $a_1 \neq a_2$ die beiden Fundamentallösungen, indem man den Kern (4.37) mit diesen beiden Parametern bildet. In manchen Fällen ist es jedoch einfacher, nur eine Lösung von (4.40) zu benutzen und zwei unterschiedliche Integrationswege C_1 bzw. C_2 zu verwenden.

Setzt man nun (4.39) in (4.1) mit (4.2) ein und berücksichtigt (4.40), dann folgt nach einer partiellen Integration ($'$ = d/dt)

$$L_x y = \left[-a\, v(t)\, f(t)\,(x-t)^{a-1}\right]_{t=A}^{t=B} + a \int_C dt\,(x-t)^{a-1} \{(fv)' + [(a-1) f' + g]\, v\} = 0 .$$

Um diesen Ausdruck zum Verschwinden zu bringen, müssen die beiden hinreichenden Bedingungen

$$\left[v(t)\, f(t)\, (x-t)^{a-1}\right]_{t=A}^{t=B} = 0, \quad \text{und} \quad (vf)' + [\,(a-1)\, f' + g\,]\, v = 0 \tag{4.41}$$

erfüllt sein. Nach Integration der DGL in (4.41) folgt

$$v = \text{const}\; f^{-a} \exp\left[-\int (g/f)\, dt\right]. \tag{4.42}$$

Damit sieht man, daß die Euler-Transformation das Problem der Lösung einer DGL zweiter Ordnung, deren Koeffizientenfunktionen die Bedingungen (4.38) erfüllen, auf zwei Quadraturen zurückführt.

Als **Anwendungsbeispiel** wollen wir IDn der Lösungen der *Legendre-DGL* herleiten. Setzt man in (1.16) s=x und beachtet (1.19.1), so ergibt sich mit y(x)=P(x)

$$(1-x^2)\, y'' - 2x\, y' + n\,(n+1)\, y = 0, \quad n \in \mathbf{N}_+ . \tag{4.43}$$

(4.40) reduziert sich zu $a^2 + a - n\,(n+1) = 0$ mit den beiden Lösungen $a_1 = n$ und $a_2 = -(n+1)$. Führt man die Integration in (4.42) durch, so entsteht

$$v(t) = \text{const}\,(1-t^2)^{-(a+1)} .$$

Damit erhalten wir die beiden Lösungen bzw. die zugehörigen Endpunktsbedingungen (A_n und D_n sind Integrationskonstante) für a = n

$$y_1 = A_n \int_{H_1} (1-t^2)^{-(n+1)}\, (x-t)^n\, dt \qquad \text{mit} \qquad \left[\frac{(x-t)^{n-1}}{(1-t^2)^n}\right]_{t=A}^{t=B} = 0 \tag{4.44}$$

bzw. für a = - (n + 1)

$$y_2 = D_n \int_{H_2} \frac{(1-t^2)^n}{(x-t)^{(n+1)}}\, dt \qquad \text{mit} \qquad \left[\frac{(1-t^2)^{(n+1)}}{(x-t)^{(n+2)}}\right]_{t=A}^{t=B} = 0 . \tag{4.45}$$

Zur Berechnung der Legendre-Polynome geht man nun von (4.45) aus und verwendet als Integrationsweg eine geschlossene Kurve um den Punkt t=x .Dann folgt mit der Cauchy-Formel (4.11)

$$y_2 = E_n \frac{d^n}{dx^n} (x^2 - 1)^n , \tag{4.46}$$

wobei sämtliche Integrationskonstanten in E_n absorbiert sind. Verwendet man noch die Normierungsbedingung $y_2(1)=1$, so ergibt die Berechnung der Ableitungen in (4.45) die bereits durch die Beziehung (1.19.2) gegebenen Legendre-Polynome.

Zur Berechnung der zweiten Fundamentallösung gehen wir wieder von (4.45) aus. Diesmal integrieren wir jedoch vom Anfangspunkt A=-1 längs der reellen Achse zum

Endpunkt B=1. Mit einer Wahl der Integrationskonstanten führt dies zu der Integraldarstellung der Legendre-Funktionen zweiter Art Q_n (x)

$$Q_n(x) = 2^{-(n+1)} \int_{-1}^{1} \frac{(1-t^2)^n}{(x-t)^{n+1}} \, dt \,. \tag{4.47}$$

Arbeitet man mit der Substtution $u = x - t$, so lassen sich diese Integrale leicht berechnen und man erhält die an den Stellen $x = \pm 1$ singulären Funktionen

$$Q_0(x) = (1/2)\ln(z) \,;\; Q_1(x) = (x/2)\ln(z) - 1 \,;\; \dots \,;\; z=(x+1)/(x-1) \,. \tag{4.48}$$

Die durch (4.48) gegebenen Legendre-Funktionen zweiter Art stimmen jedoch nicht mit den im Rahmen des Beispiels 1.2 berechneten Funktionen überein. Dies liegt daan, daß die Variable x im Integral (4.47) nicht reelle Werte zwischen -1 und 1 annehmen darf, während die Variable s des Beispiels 1.2 der Ungleichung $|s|<1$ genügt.

❑

Als letztes **Anwendungsbeispiel** der Euler-Transformation soll hier eine ID der *parabolischen Zylinderfunktionen* hergeleitet werden. Wir gehen von (4.29) bzw. (4.30) aus und setzen an

$$w(x,k) = \int_C (x-t)^a \, v(t) \, dt \,. \tag{4.49}$$

(4.40) besitzt hier nur eine Lösung : $a = k$. Dann erhalten wir mit (4.42) $v(t) \propto \exp(t^2/2)$ und (4.41) führt zu

$$\left[e^{t^2/2} (x-t)^{k-1} \right]_{t=A}^{t=B} = 0 \,. \tag{4.50}$$

Wir nehmen nun an, daß der Parameter k nicht eine ganze Zahl ist und legen den Verzweigungsschnitt der Funktion $(x - t)^k$ parallel zur imaginären Achse in die untere Halbebene. Die Bedingung (4.50) ist dann erfüllt, wenn wir - wie in Bild 4.5 darge-

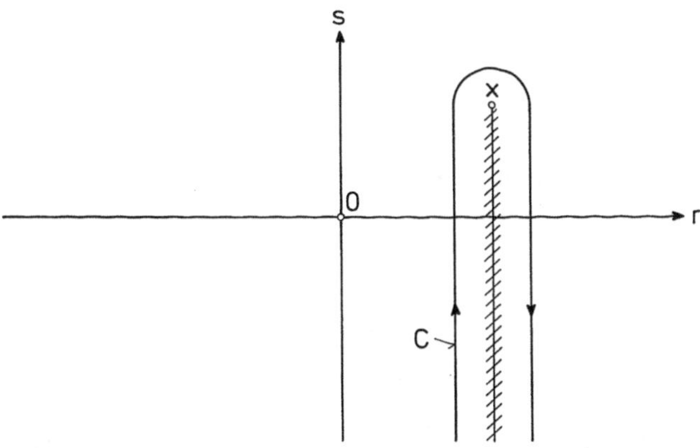

Bild 4.5 Integrationsweg zur Auswertung der Euler-ID der parabolischen Zylinderfunktionen

stellt- den Verzweigungsschnitt durch eine beliebige, glatte Kurve C mit den Endpunkten $A = -i\infty + a$ bzw. $B = -i\infty + b$, $a < \Re(x) < b$, umgehen. Dann folgt mit (4.29)

$$y(x,k) = \text{const}\, e^{-x^2/4} \int_C (x-t)^k e^{t^2/2}\, dt \,. \qquad (4.51)$$

In Aufgabe 4.8 wird gezeigt, wie man, ausgehend von (4.51), die ID der parabolischen Zylinderfunktionen $D_k(x)$ (4.36'''') reproduzieren kann.

4.3 Sommerfeldsche Integraldarstellungen der Bessel-Funktionen

Ausgangspunkt ist die Bessel-DGL (3.96). Wir setzen eine Integraltransformation der Klasse (4.2) an und verwenden den Kern

$$K(x,t) = \exp(-ix \sin t)\,. \qquad (4.52)$$

Trägt man (4.2) mit Kern (4.52) in die DGL (3.96) ein, dann folgt zunächst

$$\int_C dt \exp(-ix \sin t)\, v(t)\, \{x^2 \cos^2 t - ix \sin t - m^2\} = 0\,. \qquad (4.53)$$

Andererseits gilt jedoch

$$\frac{\partial^2 K}{\partial t^2} = (ix \sin t - x^2 \cos^2 t)\, K\,.$$

Damit läßt sich dann (4.53) durch den Ausdruck

$$\int_C \left(\frac{\partial^2 K}{\partial t^2} + m^2 K\right) v(t)\, dt = 0 \qquad (4.54)$$

vereinfachen. Zweimalige partielle Integration des ersten Gliedes von (4.54) führt zu

$$\int_C K\left(\frac{d^2 v}{dt^2} + m^2 v\right) dt + \left[v \frac{\partial K}{\partial t} - \frac{dv}{dt} K\right]_{t=A}^{t=B} = 0\,. \qquad (4.55)$$

Wir verlangen weiter, daß die bilineare Kontaminante - hier der Ausdruck in den eckigen Klammern in (4.55) - verschwindet. Zusätzlich wählen wir die Funktion v(t) so, daß auch das Integral in (4.55) den Wert Null annimmt. Wir setzen also an

$$v(t) = C_0 e^{imt}, \quad C_0 = \text{const}\,. \qquad (4.56)$$

Mit (4.52) und (4.2) erhalten wir dann

$$y(x) = C_0 \int_C \exp\{i(mt - x \sin t)\}\, dt\,, \qquad (4.57)$$

wobei die Forderung des Verschwindens der bilinearen Kontaminanten in (4.55) zu der Bedingung

$$\Big[(m + x \cos t)\exp\{ i(mt - x \sin t)\}\Big]_{t=A}^{t=B} = 0 \tag{4.58}$$

führt; sie wird jetzt dazu benutzt, eine geeignete Integrationskurve C auszuwählen. Setzt man $t = a + i R$ (a,R sind reelle Parameter), dann gilt

$$-ix \sin t = x(\cos a \sinh R - i \sin a \cosh R)\,,$$

und die bilineare Kontaminante (4.58) verschwindet, wenn wir für $\Re(x) > 0$ als Anfangs- bzw. Endpunkte die Werte

$$t_1 = -i\infty \;;\; t_{2,3} = \pm\pi + i\infty \tag{4.59}$$

wählen. Der Integrand in (4.57) ist regulär. Daher erhalten wir die beiden Fundamentallösungen, wenn wir, ausgehend vom Punkt t_1, entlang beliebiger Kurven zu den Endpunkten t_2 bzw. t_3 integrieren. Diese Integrationen gestalten sich allerdings besonders einfach, wenn man die in Bild 4.6 skizzierten Geradenstücke als Integrationswege heranzieht.

Mit einer speziellen Wahl der Integrationskonstanten erhalten wir dann die Integraldarstellungen der Hankel-Funktionen

$$H_m^{(1,2)}(x) = -\frac{1}{\pi}\int_{C_{1,2}} e^{i(mt - x\sin t)}\,dt \;;\; \Re(x) > 0\,. \tag{4.60}$$

Addiert man die beiden in (4.60) auftretenden Integrale, so kompensieren sich die Beiträge der Integrationen längs der negativen, imaginären Achse. Verwendet man noch (3.107), dann erhält man eine ID der Bessel-Funktionen der Form

$$J_m(x) = \frac{1}{2\pi}\int_{\downarrow\rightarrow\uparrow} e^{i(mt - x\sin t)}\,dt \;;\; \Re(x) > 0\,, \tag{4.61}$$

wobei der Integrationsweg durch die Kurve $C_3 = -C_1 - C_2$ gegeben ist. Schreibt man (4.61) explizit an, so gilt

$$J_m(x) = \frac{1}{2\pi}\Big\{ B_m(x) + \int_{-\pi}^{\pi} e^{i(mt - x\sin t)}\,dt \Big\}\,,\text{ mit} \tag{4.62}$$

$$B_m(x) = \Big\{ \int_{-\pi+i\infty}^{-\pi} + \int_{\pi}^{\pi+i\infty} \Big\} e^{i(mt - x\sin t)}\,dt\,. \tag{4.63}$$

Benutzt man zur Vereinfachung der beiden Integrale in (4.63) die Substitutionen $t = iu \pm \pi$, dann folgt

$$B_m(x) = -2\sin(m\pi)\int_0^{\infty} e^{-(mu + x\sinh u)}\,du\,. \tag{4.63'}$$

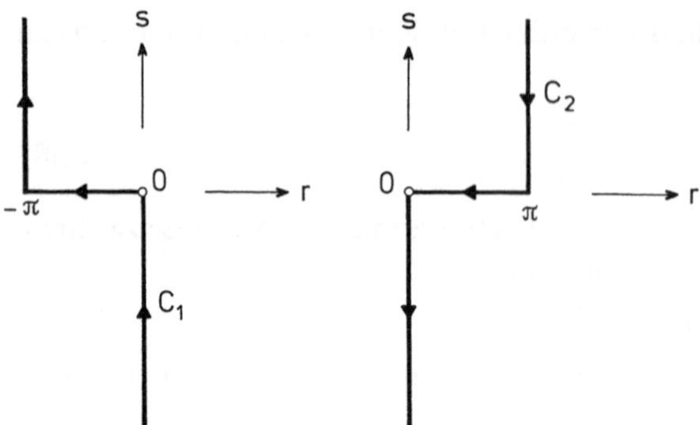

Bild 4.6 Integrationswege zur Berechnung der Hankel-Funktionen

Ist aber der Parameter m eine ganze Zahl, dann gilt $B_m(x) \equiv 0$ und wir erhalten die Integraldarstellung der Bessel-Funktion in der Form

$$J_m(x) = \frac{1}{2\pi} \int_{-\pi}^{\pi} e^{i\,(mt - x \sin t)}\, dt\,; \quad m \text{ ganzzahlig}. \tag{4.64}$$

Setzt man für ganzzahliges m in (4.58) $A = -\pi$ bzw. $B = \pi$, so sieht man, daß die bilineare Kontaminante für beliebige Werte von x verschwindet. Die ID (4.64) gilt daher in der ganzen komplexen x-Ebene. Wegen der Symmetrie des Integranden läßt sich (4.64) umformen und es entsteht die äquivalente Integraldarstellung

$$J_m(x) = \frac{1}{\pi} \int_0^{\pi} \cos(mt - x \sin t)\, dt\,; \quad m \text{ ganzzahlig}. \tag{4.64'}$$

Ausgehend von der ID (4.64) wird in Aufgabe 4.11 die durch (1.29) gegebene Fourier-Reihenentwicklung ebener Wellen bewiesen. In Aufgabe 4.12 wird eine, auf einer modifizierten Laplace-Transformation basierende, ID der Bessel-Funktion hergeleitet. Aufgabe 4.13 befaßt sich mit der Herleitung der ID der Neumann-Funktion $N_m(x)$ aus der ID der Hankel-Funktionen (4.60). Schließlich werden in Aufgabe 4.14 modifizierte Sommerfeld-Kerne zur Berechnung der ID der modiizierten Bessel- Funktionen $I_n(x)$ und $K_n(x)$ angesetzt.

In Kapitel 3 haben wir gesehen, daß die Funktionen $I_n(x)$ bzw. $J_n(x)$ für $n \in \mathbf{N}_+$ in Umgebungen des Punktes x=0 regulär sind (vgl.(3.16) bzw. Aufgabe 3.5). Entwickelt man nun die in den entsprechenden IDn auftretenden Faktoren, die die Variable x beinhalten (z.B. die Funktion exp(-ix sin t) in (4.64)) in Taylor-Reihen und integriert anschließend, dann kann man die entsprechenden Frobenius-Reihen des dritten Kapitels reproduzieren. Eine Rechnung dieser Art wird für den Fall der Funktion $J_0(x)$ im Rahmen der Aufgabe 4.15 durchgeführt.

Eine analoge Vorgangsweise, mit Reihenentwicklungen der Integranden für $|x| \to 0$, führt aber im Falle der Funktionen $N_m(x)$ bzw. $K_m(x)$ (siehe Aufgabe 4.13 bzw.

4.14) zu divergenten Integralen. Dieses Ergebnis reflektiert aber nur die Tatsache, daß diese Funktionen an der Stelle x = 0 Singularitäten aufweisen (siehe z.B. (3.18") oder (3.27)). AEn der Funktionen $J_m(x)$ und $N_m(x)$ wurden für den Spezialfall $x \to \infty$ bereits im Abschnitt 3.3 berechnet; siehe (3.108.1) bis (3.108.5). Im folgenden Kapitel werden wir diese Entwicklungen, ausgehend von den IDn der Bessel-Funktionen, verallgemeinern und werden auch AEn für den Fall großer Ordnung ($m \to \infty$) berechnen.

4.4 Die Gamma-Funktion und verwandte Funktionen

Wir wollen die Gamma-Funktion $\Gamma(x)$ für $\Re(x) > 0$ zunächst durch die Beziehung

$$\Gamma(x) = \int_0^\infty e^{-t} t^{x-1} dt ; \quad \Re(x) > 0 , \tag{4.65}$$

definieren. Formal gesehen bedeutet (4.65), daß die Gamma-Funktion die Mellin-Transformation von exp(-t) ist. Wir wollen jedoch nicht näher auf diese Transformation eingehen und verweisen den interessierten Leser auf die Ausführungen.in [1.2]

Bildet man gemäß (4.65) die Funktion $\Gamma(x+1)$, dann folgt nach einer partiellen Integration

$$\Gamma(x+1) = - t^x e^{-t} \Big|_{t=0}^{t=\infty} + x \int_0^\infty e^{-t} t^{x-1} dt .$$

Für $\Re(x) > 0$ erhalten wir dann die bereits mehrfach verwendete Beziehung

$$\Gamma(x+1) = x \, \Gamma(x) . \tag{4.66}$$

Dies bedeutet, daß die Gamma-Funktion eine Verallgemeinerung der, nur für natürliche Zahlen definierten, Fakultätsfunktion x! darstellt. Durch n-fache partielle Integration überzeugt man sich leicht davon, daß die Beziehung $\Gamma(n+1)=n!$ für $n \in \mathbf{N}_+$ gilt. Später wird die Funktionalgleichung (4.66) zur Definition von $\Gamma(x)$ in der ganzen Ebene herangezogen.

Neben der Definition (4.65) sind für Anwendungen auch die äquivalenten Darstellungen der Gamma-Funktion

$$\Gamma(x) = 2 \int_0^\infty e^{-u^2} u^{2x-1} du , \tag{4.65'}$$

bzw.

$$\Gamma(x) = \int_0^1 [\ln(1/u)]^{x-1} du \tag{4.65''}$$

von Bedeutung, wobei man (4.65') bzw. (4.65") durch die Substitutionen $t = u^2$ bzw. $t = -\ln u$ in (4.65) herleiten kann. Für spätere Zwecke ist es auch sinnvoll,

Integrale zu betrachten, die abweichend von (4.65) komplexe Exponenten haben. In Aufgabe 4.16 wird durch Drehung des Integrationsweges in die komplexe Ebene die Beziehung

$$\int_0^\infty e^{-xt}\, t^a\, dt = x^{-(a+1)}\,\Gamma(a+1) \quad \text{für } \Re(x) > 0 \text{ und } \Re(a) > -1 \tag{4.67}$$

hergeleitet. Zur Untersuchung der Regularität bilden wir die Ableitung

$$\Gamma'(x) = \int_0^\infty e^{-t}\,(\ln t)\, t^{x-1}\, dt\,. \tag{4.68}$$

Da das Integral in (4.68) für $|x| < \infty$ und $\Re(x) > 0$ existiert, können wir folgern, daß die Gamma-Funktion in der rechten Halbebene für $|x| < \infty$ analytisch ist. Sollte daher $\Gamma(x)$ im Endlichen Singularitäten besitzen, dann müssen diese in der linken Halbebene liegen. Wir wollen jetzt zeigen, daß nur einfache, auf der negativen reellen Achse liegende Pole auftreten. Dazu bilden wir $\Gamma(x+2)$. Nach partieller Integration folgt in Analogie zu (4.66)

$$\Gamma(x+2) = -\,e^{-t}\,t^{x+1}\Big|_{t=0}^{t=\infty} - (x+1)\int_0^\infty e^{-t}\,t^x\,dt = (x+1)\,\Gamma(x+1) \quad \text{für } \Re(x) > -1. \tag{4.69.1}$$

Analoge Überlegungen führen zu der Beziehung

$$\Gamma(x+n+1) = (x+n)\,\Gamma(x+n) \quad \text{für } \Re(x) > -n\,. \tag{4.69.n}$$

Verwendet man das System von (4.69), dann folgt

$$\Gamma(x) = \frac{\Gamma(x+1)}{x} = \frac{\Gamma(x+2)}{x\,(x+1)} = \ldots = \frac{\Gamma(x+n+1)}{x\,(x+1)\ldots(x+n-1)(x+n)}\,, \tag{4.70}$$

wobei $\Gamma(x+n+1)$ für $\Re(x) > -n$ existiert und regulär ist. (4.70) können wir aber entnehmen, daß $\Gamma(x)$ an den Stellen $x_0 = 0$; $x_1 = -1$; $x_2 = -2$; ... ; $x_{n-1} = -(n-1)$; ... einfache Polstellen aufweist. Ausgehend von (4.70) kann man nun leicht zeigen, daß das Residuum der Polstelle $x = -n$ durch

$$\operatorname{Res}\Gamma(x)\Big|_{x=-n} = \frac{(-1)^n}{n!} \tag{4.71}$$

gegeben ist. Die Produktfunktion $\Gamma(x)\,\Gamma(1-x)$ hat dann an den Stellen $x = \pm n$, $n \in \mathbf{N}_+$, eine einfache Polstelle. Da aber die Funktion $\sin(\pi x)$ an diesen Punkten einfache Nullstellen hat, kann die Funktion

$$F(x) = \Gamma(x)\,\Gamma(1-x)\,\sin(\pi x) \tag{4.72}$$

in der ganzen endlichen komplexen Ebene ($|x| < \infty$) keine Singularitäten besitzen. Eine derartige Funktion nennt man *ganze Funktion*. In Aufgabe 4.17 wird gezeigt, daß für

$0< x< 1$ $F=\pi$ gilt. Durch analytische Fortsetzung kann man jedoch zeigen, daß diese Beziehung in der ganzen komplexen Ebene gültig ist (siehe z.B. [1.2]). Dann folgt

$$\Gamma(x)\,\Gamma(1-x) = \pi / \sin(\pi x) \quad \text{für alle } x \in \mathbb{C} \; . \tag{4.73}$$

Im Spezialfall $x = 1/2$ folgt mit (4.73) $\Gamma(1/2) = \sqrt{\pi}$.

Jetzt sollen IDn der Gamma-Funktion hergeleitet werden, die, als Verallgemeinerung von (4.65), in der ganzen komplexen Ebene gültig sind. Wir verwenden jetzt (4.66) als Definition der Gamma-Funktion und verlangen, daß diese Beziehung in der ganzen komplexen Ebene (und nicht nur wie ursprünglich für $\Re(x)>0$) erfüllt ist. Zur Herleitung der IDn gehen wir aber nicht von (4.2) aus, sondern wir arbeiten, in Analogie zu (4.65), mit einer verallgemeinerten Mellin-Transformation

$$\Gamma(x) = \int_C v(t,x)\, t^{x-1}\, dt \, . \tag{4.74}$$

Nun bilden wir den Ausdruck $\Gamma(x+1)-x\Gamma(x)$, der gemäß der neuen Definition der Gamma-Funktion für alle Werte von x verschwinden muß. Dann folgt mit (4.74)

$$0 = \int_C dt \,\{ v(t,x+1)\, t^x - v(t,x) \frac{\partial t^x}{\partial t} \} \, , \tag{4.75}$$

und nach einer partiellen Integration des zweiten Terms erhalten wir

$$0 = - v(t,x)\, t^x \Big|_{t=A}^{t=B} + \int_C dt \, \{ \frac{\partial v(t,x)}{\partial t} + v(t,x+1) \}\, t^x \, . \tag{4.76}$$

Um (4.75) erfüllen zu können, setzen wir wieder die beiden hinreichenden Bedingungen

$$v(t,x)\, t^x \Big|_{t=A}^{t=B} = 0 \, ; \; \text{und} \; \frac{\partial v(t,x)}{\partial t} + v(t,x+1) = 0 \tag{4.77}$$

an. Dabei drückt der erste Teil von (4.76) aus, daß die bilineare Kontaminante verschwinden muß und wir werden diese Beziehung zur Auswahl der Endpunkte der Integration heranziehen. Als einfachste Lösung der partiellen DGL in (4.77) verwenden wir den Ausdruck

$$v(t,x) = C_0(x)\, e^{-t} \quad \text{mit} \; C_0(x+1) = C_0(x) \, , \tag{4.78}$$

wobei die Funktion $C_0(x)$ zunächst noch unbestimmt bleibt. Legt man nun den Verzweigungsschnitt der Funktion t^x in die positive reelle Achse, dann ist (4.76) erfüllt, wenn wir als Integrationsweg die in Bild 4.2 dargestellte Kurve C heranziehen. Dann gilt wegen (4.74) und (4.78)

$$\Gamma(x) = C_0(x) \int_C e^{-t}\, t^{x-1}\, dt \, . \tag{4.79}$$

Wir bestimmen jetzt die Funktion $C_0(x)$ durch einen Vergleich der, für alle Werte von x gültigen, Beziehung (4.79) mit der - nur für $\Re(x)>0$ verwendbaren - ID (4.65).

Zieht man den Radius des Kreises K (siehe Bild 4.2) zu Null zusammen, dann verschwindet der Beitrag diese Kreise zum Integral (4.79) und wir erhalten

$$\Gamma(x) = C_0(x)\,(e^{2i\pi x} - 1) \int_0^\infty e^{-t}\, t^{x-1}\, dt \quad \text{für } \Re(x) > 0\,. \tag{4.79'}$$

Jetzt vergleichen wir (4.79') mit (4.65) und wir sehen, daß die Funktion $C_0(x)$ durch

$$C_0(x) = (e^{2i\pi x} - 1)^{-1} = \frac{(-1)^x}{2i\sin(\pi x)} \tag{4.80}$$

gegeben sein muß. Zunächst können wir verifizieren, daß die Lösung (4.80) auch den zweiten Teil von (4.78) erfüllt. Wegen des Vergleichs mit (4.65) gilt (4.80) vorerst nur für $\Re(x)>0$. Legen wir jedoch den Verzweigungsschnitt der Funktion $(-1)^x$ in die positive reelle Achse, dann läßt sich (4.80) in die linke Halbebene analytisch fortsetzen und sie gilt daher in der ganzen Ebene. Wir setzen jetzt (4.80) in die Beziehung (4.79) ein und erhalten eine, in der ganzen Ebene gültige, Integraldarstellung der Gamma-Funktion (C ist der Integrationsweg des Bildes 4.2)

$$\Gamma(x) = \frac{-1}{2i\sin(\pi x)} \int_C e^{-t}\,(-t)^{x-1}\, dt\,. \tag{4.81}$$

Um zu überprüfen, ob die Funktionalgleichung (4.66) tatsächlich für alle Werte von x erfüllt ist, bilden wir $\Gamma(x+1)$ gemäß (4.81) und integrieren partiell. Dann verschwinden die Beiträge der Endpunkte ($\infty \pm i\,\varepsilon$; $\varepsilon>0$) und wir sehen, daß (4.66) in der ganzen Ebene erfüllt ist. Des Weiteren sieht man, daß das Integral in (4.81) für $|x| < \infty$ existiert und für $x \in \mathbf{N}$ verschwindet (siehe Beispiel 4.18). Damit ergibt sich -in Übereinstimmung mit den aus (4.70) abgeleiteten Konsequenzen - daß $\Gamma(x)$ nur Singularitäten in Form von einfachen Polen an den Stellen $x= -n$, mit $n \in \mathbf{N}_+$, haben kann.

Eine weitere und besonders einfache ID der Gamma-Funktion erhält man, wenn man in (4.81) die Variable x durch 1-x ersetzt und (4.73) benutzt. Dann folgt

$$\frac{1}{\Gamma(x)} = \frac{i}{2\pi} \int_C e^{-t}\,(-t)^{-x}\, dt\,, \tag{4.82}$$

wobei C wieder die Kurve des Bildes 4.2 ist. In manchen Lehrbüchern wird (4.82) direkt als Definition der Gamma-Funktion angegeben. Wir geben aber hier dem Weg der Herleitung dieser Integraldarstellung den Vorrang gegenüber einer definitorischen Vorgehensweise. Das Integral in (4.82) existiert für $|x| < \infty$. Dies bedeutet, daß $1/\Gamma(x)$ eine ganze Funktion ist; damit folgt aber auch, daß die Gamma-Funktion in der ganzen endlichen Ebene keine Nullstellen haben kann. Man kann nun (4.82) u.a. dazu verwenden, um (3.28) zu beweisen (siehe Aufgabe 4.19).

Durch partielle Integration läßt sich nun, ausgehend von (4.82), wieder leicht verifizieren, daß die Funktionalgleichung (4.66) in der ganzen endlichen Ebene erfüllt ist. Setzt man des Weiteren in (4.82) $x = -n$ mit $n \in \mathbf{N}_+$, dann ist der Integrand in der ganzen endlichen Ebene regulär. Ergänzt man dann, ähnlich wie in Aufgabe 4.18, den Integrationsweg zu einer geschlossenen Kurve, so sieht man, daß die Nullstellen der Funktion $1/\Gamma(x)$ an den Punkten $x = 0; -1; -2; \dots$ liegen. Damit ergeben sich wieder die Aussagen hinsichtlich der Lage der Polstellen der Gamma-Funktion. Die wichtigste Konsequenz von (4.82) ist jedoch, daß $1/\Gamma(x)$ eine ganze Funktion ist. Wir benutzen jetzt diese Ergebnis zur Berechnung einer Darstellung der, durch (3.19) definierten, Digamma-Funktion. Dazu benutzen wir eine vereinfachte Version des*Weierstraßschen Produktsatzes* der Funktionentheorie.

Es sei G(x) eine ganze Funktion mit abzählbar vielen, einfachen Nullstellen x_n. Der Punkt $x = 0$ sei keine Nullstelle der Funktion G(x). Dann gilt

$$G(x) = G(0) \exp\{\frac{G'(0)}{G(0)} x\} \prod_{n=1}^{\infty} (1 - \frac{x}{x_n}) \exp(\frac{x}{x_n}) . \tag{4.83}$$

Wir wollen hier auf den Beweis diese Satzes verzichten. Der interessierte Leser findet diesen Beweis in dem Buch von Morse und Feshbach [1.2].

♥

Zur Berechnung der Digamma-Funktion $\psi(x)$ bilden wir die Funktion $1/\Gamma(x+1) = 1/\{x\Gamma(x)\}$. Diese Funktion erfüllt mit $x_n = -n;\ n \in \mathbf{N}$ die Voraussetzungen des obigen Satzes. Daher folgt aus (4.83)

$$\frac{1}{\Gamma(x)} = x\, e^{\gamma x} \prod_{n=1}^{\infty} (1 + \frac{x}{n})\, e^{-x/n} \quad \text{mit } \gamma = -\Gamma'(1) . \tag{4.84}$$

Setzt man in (4.84) $x=1$ und logarithmiert anschließend, dann erhält man eine Reihendarstellung der Euler-Konstanten γ

$$\gamma = \sum_{n=1}^{\infty} \{ \frac{1}{n} - \ln(1 + \frac{1}{n}) \} . \tag{4.85}$$

In analoger Weise läßt sich nun aus (4.84) eine Reihendarstellung der Digamma-Funktion herleiten. Bilden wir den Logarithmus von (4.84) und differenzieren diesen Ausdruck nach der Variablen x, dann folgt wegen (3.19)

$$\psi(x) = -\frac{1}{x} - \gamma + \sum_{n=1}^{\infty} \{ \frac{1}{n} - \frac{1}{n+x} \} . \tag{4.86}$$

Nun soll (3.19') bewiesen werden. Dazu benötigen wir eine ID der Digamma-Funktion. Wir gehen von der geometrischen Reihe

$$(1 - e^{-z})^{-1} = \sum_{m=0}^{\infty} e^{-mz}$$

aus und halten fest, daß diese Reihe für $\Re(z)>0$ konvergiert. Nun bilden wir die Funktion

$$I(x) = \int_0^{\infty} \{ \frac{e^{-z}}{1 - e^{-z}} - \frac{e^{-xz}}{1 - e^{-z}} \} dz . \tag{4.87}$$

Da der Integrand in (4.87) an der Stelle z=0 regulär ist, konvergiert dieses Integral für $\Re(x)>0$. Jetzt setzen wir die Reihenentwicklung der Funktion $(1 - e^{-z})^{-1}$ in (4.87) ein und vertauschen Summation und Integration. Dann folgt

$$I(x) = \sum_{m=0}^{\infty} \{\frac{1}{m+1} - \frac{1}{m+x}\} = -\frac{1}{x} + \sum_{n=1}^{\infty} \{\frac{1}{n} - \frac{1}{n+x}\} . \tag{4.88}$$

Vergleicht man nun (4.88) mit (4.86) und beachtet (4.87), dann erhält man die ID

$$\psi(x) = -\gamma + \int_0^{\infty} \frac{e^{-z} - e^{-xz}}{1 - e^{-z}} dz \quad \text{für } \Re(x) > 0 . \tag{4.89}$$

Setzt man jetzt in (4.89) x = 1, dann folgt $\psi(1)=-\gamma$ und damit ist der erste Teil von (3.19') bewiesen. Um den zweiten Teil dieser Gleichung herzuleiten, substituieren wir in (4.89) $u = e^{-z}$. Dann entsteht

$$\psi(x) = -\gamma + \int_0^{1} \frac{1 - u^{x-1}}{1 - u} du \quad \text{für } \Re(x) > 0 , \tag{4.89'}$$

wobei (4.89') eine zu (4.89) äquivalente Integraldarstellung von $\psi(x)$ ist. Setzt man nun in (4.89') $x = N \in \mathbf{N}$, dann folgt wegen

$$\frac{1 - u^{N-1}}{1 - u} = \sum_{k=0}^{N-2} u^k \quad \text{für } N \geq 2 \text{ und } N \in \mathbf{N} ,$$

nach Integration in (4.89') die Beziehung

$$\psi(N) = -\gamma + \sum_{k=0}^{N-2} \frac{1}{k+1} \quad \text{für } N \geq 2 \text{ und } N \in \mathbf{N} . \tag{4.90}$$

Setzt man noch in (4.90) n=k+1, dann ist auch der zweite Teil von (3.19') bewiesen.

Zum Abschluß sollen noch einige Definitionen von Funktionen, die mit der Gamma-Funktion zusammenhängen, nachgetragen werden. Die Gamma-Funktion wird manchmal auch Euler-Integral zweiter Art genannt. Die Digamma-Funktion und ihre Ableitungen

$$\psi_2(x) = \frac{d\psi}{dx} = \sum_{n=0}^{\infty} (n + x)^{-2} , \tag{4.91}$$

sowie

$$\psi_k(x) = \frac{d\psi_{k-1}}{dx} = (-1)^k (k-1)! \sum_{n=0}^{\infty} (x + n)^{-k} \quad \text{für } k \geq 3 \tag{4.92}$$

(bei der Herleitung von (4.91) wurde (4.86) differenziert) werden Polygamma-Funktionen genannt. Schließlich bezeichnet man als Euler-Integral erster Art die durch

$$B(x,y) = \int_0^1 t^{x-1} (1 - t)^{y-1} dt \qquad \Re(x), \Re(y) > 0 \tag{4.93}$$

definierte Funktion B(x,y), die manchmal Beta-Funktion genannt wird. Im Rahmen der Aufgabe 4.20 wird gezeigt, daß man die Beta-Funktion mit Hilfe der Relation

$$B(x,y) = \Gamma(x)\,\Gamma(y)\,/\,\Gamma(x+y) \tag{4.94}$$

auf die Gamma-Funktion zurückführen kann.

Aufgaben

4.1 Vorgelegt sei die konfluente hypergeometrische DGL

$$x\,y'' + (b - x)\,y' - a\,y = 0,$$

wobei a und b komplexe Konstanten mit $\Re(b)>\Re(a)>0$ sind. Man verifiziere die ID einer Fundamentallösung

$$y(x) = \text{const}\int_0^1 e^{xt}\,(1-t)^{b-a-1}\,t^{a-1}\,dt\,.$$

4.2 Ausgehend von (4.10) und (4.10') berechne man die Lösung von (4.9) für den Fall $\lambda<0$, wobei der Integrationsweg durch Spiegelung der Kurve des Bildes 4.2 gebildet wird.Man zeige, daß die auf diesem Weg berechnete Lösung mit der durch (4.13) bestimmten Funktion y(x) übereinstimmt, wenn man dort x durch -x ersetzt.

4.3 Man beweise (4.20)
Hinweis: Man integriert längs der asymptotischen Geraden D_1 und D_2 und ergänzt diese Kurven gemäß der Skizze durch, zur reellen Achse parallele Geraden zu geschlossenen Kurven. Es gilt

$$Ai(x) = \frac{1}{2i\pi}\Big(\int_{D_1} + \int_{D_2}\Big)\exp\Big(xt - \frac{t^3}{3}\Big)\,dt\,.$$

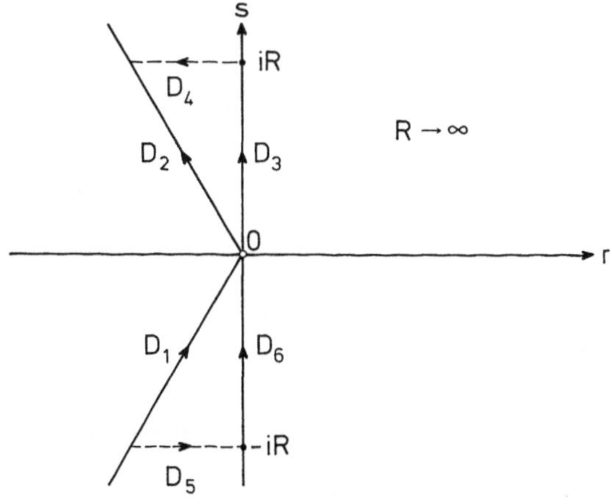

4.4 Ausgehend von (4.18) beweise man die für reelle Argumente gültige Beziehung

$$\mathrm{Bi}(x) = \frac{1}{\pi} \int_0^\infty dt \, \{\exp(xt - t^3/3) + \sin(xt + t^3/3)\} \, , \quad x \in \mathbf{R} \, .$$

Hinweis: Integriert man längs der asymptotischen Geraden, so folgt mit (4.18) (vgl. Skizze in Aufgabe 4.3)

$$\mathrm{Bi}(x) = \frac{1}{2\pi} \Big(\int_{D_1} - \int_{D_2} + 2 \int_0^\infty \Big) \exp\Big(xt - \frac{t^3}{3} \Big) \, dt \, .$$

4.5 Ausgehend von (4.17) reproduziere man die Taylor-Entwicklung der Funktion Ai(x) der Aufgabe 3.1.

4.6 Gemäß (5.105) hat das erste Glied der AE der Funktion Ai(x) die Form

$$\mathrm{Ai}(x) \sim \frac{x^{-1/4}}{2\sqrt{\pi}} \exp\Big(-\frac{2}{3} x^{3/2} \Big) \quad \text{für } |x| \to \infty \text{ und } x \in \Big[-\frac{2\pi}{3}, \frac{2\pi}{3} \Big] \, .$$

Man verwende (4.18.b) zur Berechnung des ersten Gliedes der AE von Ai(x) für $x \to -\infty$.

4.7 Ausgehend von (4.30) bestimme man eine ID der parabolischen Zylinderfunktionen mit dem Kern K(x,t)=exp(-ixt). Man zeige, daß die dabei hergeleitete ID mit (4.36) übereinstimmt, wenn dort x bzw. k durch ix bzw. -(k+1) ersetzt werden.

4.8 Man vereinfache (4.51), indem man den Integrationsweg C in zwei Gerade (C_1 und C_2), die parallel zum Verzweigungsschnitt verlaufen, und in eine kleinen Kreis um den Verzweigungspunkt zerlegt (siehe Bild 4.5). Man beweise

$$y(x,k) = \text{const } e^{x^2/4} \int_0^\infty u^k \exp(-iux - u^2/2) \, du \quad \text{für } \Re(k) > -1 \, .$$

Man zeige, daß eine, gemäß dieser Formel gebildete, Linearkombination der Funktionen y(x,k) und y(-x,k) die Integraldarstellung (4.36'''') reproduziert.

4.9 Man verifiziere die ID einer Lösung der hypergeometrischen DGL (3.8)

$$F(a,b,c,x) = \frac{\Gamma(c)}{\Gamma(b)\,\Gamma(c-b)} \int_1^\infty dt \, (t-x)^{-a} \, t^{a-c} \, (t-1)^{c-b-1} \quad \text{für } \Re(c) > \Re(b) > 0 \, .$$

4.10 Mit Hilfe einer Euler-Transformation zeige man, daß $(1/x)\, e^{1/x}$ exakte Lösung der DGL der Aufgabe 3.8 ist.

4.11 Man beweise (1.29).
Hinweis: Man setzt in (1.29) $\varphi = t + \pi/2$ und verwendet (4.64).

4.12 Alternativ zu (4.64) bestimme man eine ID von $J_m(x)$, indem man

$$J_m(x) = x^m \int_C e^{xt}\, v(t)\, dt$$

ansetzt. Man beweise die Gültigkeit der Beziehung

$$J_m(x) = \frac{(x/2)^m}{\sqrt{\pi}\,\Gamma(m+1/2)} \int_0^\pi e^{ix\cos t} \sin^{2m} t\, dt \quad \text{für } \Re(m) > -1/2 .$$

4.13 Mit (3.107) und (4.60) berstimme man eine ID der Neumann-Funktion $N_m(x)$.

4.14 Man berechne IDn der modifizierten Bessel-Funktionen $I_n(x)$ und $K_n(x)$. In Analogie zu (4.52) verwende man die Kerne

$$I_n(x):\ K(x,t) = \exp(x \cos t) \text{ bzw. } K_n(x):\ K(x,t) = \exp(-x \cosh t)$$

und löse die DGL (3.13) durch die Transformation (4.2). Man beweise die IDn

$$I_n(x) = \frac{1}{\pi} \int_0^\pi e^{x\cos t} \cos(nt)\, dt ; \quad \text{für } n \in \mathbf{N}_+ ,$$

bzw.

$$K_m(x) = \int_0^\infty e^{-x\cosh t} \cosh(mt)\, dt ; \quad \text{für } \Re(x) > 0 .$$

4.15 Man reproduziere die Frobenius-Reihe der Funktion $J_0(x)$ (siehe Aufgabe 3.5).
Hinweis: Man benutzt (4.64) und verwendet die Beziehung

$$\int_0^\pi \sin^{2k} t\, dt = 2^{-2k} \frac{\pi\,(2k)!}{k!^2} \quad \text{für } k \in \mathbf{N}_+ .$$

4.16 Man beweise (4.67).
Hinweis: Man dreht die Integration in die komplexe Ebene und legt den Verzweigungsschnitt von t^a in die negative reelle Achse (siehe Skizze). Der Verzweigungspunkt liefert keinen Beitrag zum Integral (warum?). Man setzt $t = |t|\, e^{is}$ und $|x|\, e^{i\phi}$ und wählt für die Gerade C die Kurve "steilsten Anstiegs" mit $s = -\phi$.

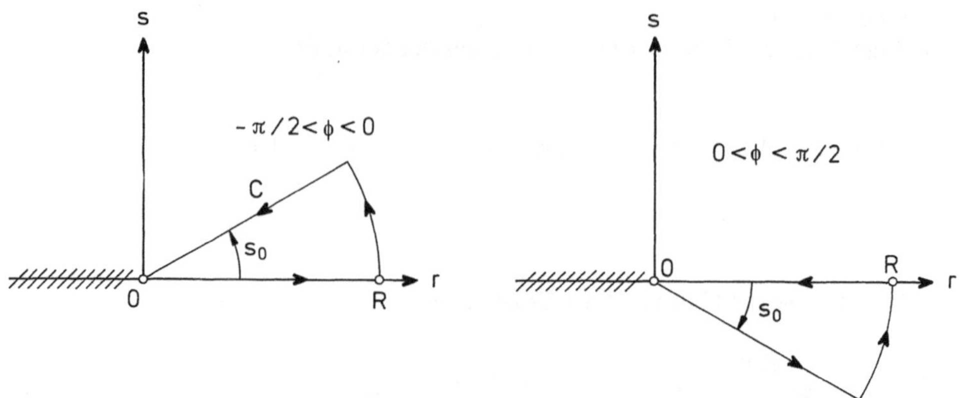

4.17 Man beweise (4.73) für das Intervall $0 < x < 1$.
Hinweis: Man formt (4.73) mit Hilfe von (4.65') um. Das resultierende Integral kann durch Einführung von Polarkoordinaten vereinfacht werden.

4.18 Man zeige, daß das Integral in (4.81) im Spezialfall $x \in \mathbf{N}$ verschwindet.
Hinweis: Man ergänzt die Kurve C zu einer geschlossenen Kurve und verwendet den Residuensatz.

4.19 Man beweise (3.28).
Hinweis: Man verwendet (4.82) und integriert längs der Kurve des Bildes 4.2.

4.20 Man beweise (4.94).
Hinweis: Man bildet die Funktionen $\Gamma(x)$ bzw. $\Gamma(y)$ gemäß (4.65') und vereinfacht das resultierende Doppelintegral durch Einführung von Polarkoordinaten.

4.21 Man stelle die Funktion $f(x) = \sin(\pi x)$ durch ein unendliches Produkt dar.

4.22 Man verwende den Kern $K(x,t)=\exp(-x/\sqrt{t})$ zur Bestimmung der ID einer Lösung von

$$x\,y''' + 2\,y = 0 \;;\; \Re(x) > 0 \,.$$

4.23 a) Man verifiziere die, zu (4.64) äquivalente, ID von $J_m(x)$ durch

$$J_m(x) = \frac{1}{\pi} e^{-im\pi/2} \int_0^{\pi} e^{ix\cos z} \cos(mz)\, dz \;;\; m \text{ ganzzahlig} .$$

Hinweis: Man ersetzt die Grenzen durch $-\pi$ bzw. π und vergleicht mit (4.64).
b) Man beweise die Rekursionsformel

$$J_0'(x) = -J_1(x) \quad \text{und} \quad J_m'(x) = (1/2)\,[\,J_{m-1}(x) - J_{m+1}(x)\,] .$$

4.24 a) Man transformiere die Mathieu-DGL (3.109) mit Hilfe der Substitution $z = \cos x$ und zeige, daß dann die DGL

$$(1 - z^2)\, y'' - z\, y' + (a - h^2 z^2)\, y = 0\,; \quad ' = d/dz \tag{A.4.1}$$

entsteht, deren Koeffizientenfunktionen Polynome zweiter Ordnung sind. Hier bringen weder Laplace-noch Euler-Transformationen eine Erniedrigung der Ordnung. Dennoch führt eine spezielle Transformation zu einem bemerkenswerten Ergebnis.

b) Man verifiziere, daß eine Lösung der DGL (A.4.1) eine ID der Form

$$y(z) = \text{const} \int_0^{2\pi} e^{ihz \cos t}\, \psi(t)\, dt \tag{A.4.2}$$

besitzt, sofern $\psi(y)$ Lösung der Mathieu-DGL ist. (A.4.2) ist also eine Integralgleichung für die Mathieu-Funktion!

c) Man benutze (3.110) und die Ergebnisse von Aufgabe 4.23, um eine Entwicklung der Mathieu-Funktion y nach Bessel-Funktionen herzuleiten.

4.25 a) Ausgehend von der ID (4.36''') beweise man die Beziehungen

$$D_k(0) = \frac{\sqrt{\pi}\, 2^{k/2}}{\Gamma(\frac{1-k}{2})}\,; \quad D_k'(0) = \frac{-\sqrt{\pi}\, 2^{(k+1)/2}}{\Gamma(-\frac{k}{2})}\,.$$

b) Ausgehend von den obigen Formeln beweise man den funktionalen Zusammenhang zwischen den parabolischen Zylinderfunktionen $D_k(x)$, $D_k(-x)$ und $D_{-k-1}(-ix)$

$$D_k(x) = e^{ik\pi} D_k(-x) + \frac{\sqrt{2\pi}}{\Gamma(-k)}\, e^{i(1+k)\pi/2} D_{-k-1}(-ix)\,.$$

Hinweis: Man verwendet neben (4.65') und (4.73) die Beziehung

$$\Gamma(-k) = \frac{1}{2\sqrt{\pi}}\, 2^{-k}\, \Gamma(-\frac{k}{2})\, \Gamma(\frac{1-k}{2})\,.$$

5 Asymptotische Entwicklung von Integralen

Wir haben im vorigen Kapitel gesehen, daß Integraldarstellungen der Lösungen von linearen gewöhnlichen DGLn zumindest in gewissen Sektoren der komplexen Ebene gültig sind. Dagegen stellen Frobenius-Reihen (siehe drittes Kapitel) die Lösungen der entsprechenden DGLn in einem Kreisgebiet um die Stelle der Bestimmtheit dar, wobei der Radius dieses Kreises mindestens so groß ist wie der Abstand zweier benachbarter Singularitäten. Deswegen ist es üblich, Integraldarstellungen globale und Frobenius-Reihen lokale Verfahren zu nennen. Weitere globale Verfahren werden in den folgenden Kapiteln besprochen.

Integraldarstellungen eignen sich besonders gut zur numerischen Berechnung der entsprechenden Funktion. Da jedoch numerische Verfahren im Rahmen dieses Kapitels nicht behandelt werden und die auftretenden Integrale i.a. nicht elementar integrierbar sind, müssen Approximationsverfahren herangezogen werden. Diese Verfahren liefern aber Ergebnisse, die i.a. nur in Gebieten endlichen Maßes gültig sind; wir greifen also wieder auf lokale Methoden zurück.

Für kleine Werte des Arguments x lassen sich diese Integrale in vielen Fällen durch Taylor-Entwicklungen der Integranden vereinfachen. Dies ermöglicht einen Vergleich mit den entsprechenden Frobenius-Reihen. Im Gegensatz dazu sollen jetzt einige Methoden zur asymptotischen Entwicklung von Integralen, die einen sehr große Werte annehmenden Parameter x beinhalten, besprochen werden. Dieser Parameter kann in den Integrationsgrenzen und/oder im Integranden auftreten. Manche dieser Verfahren sind auch auf Integrationen in der komplexen Ebene anwendbar. Ist jedoch der Parameter x komplex und strebt sein Absolutwert gegen Unendlich, so muß mit dem Auftreten des Stokesschen Phänomens gerechnet werden. Als Anwendungsbeispiele zur Illustration dieser Methoden werden die AEn einer Reihe von im Kapitel 4 hergeleiteten Integraldarstellungen von höheren transzendenten Funktionen berechnet. Wir beginnen jetzt mit einer Methode, die auf elementaren Integrationsverfahren beruht.

5.1 Die Methode partieller Integrationen (MPI)

Um dieses Verfahren einzuführen, sollen zunächst AEn einer Klasse von verallgemeinerten Laplace-Integralen

$$I(x) = \int_a^b f(t) \exp\,[x\, g(t)]\, dt \;\; ; \;\; x = u + iv \;\; ; \;\; |x| \to \infty \tag{5.1}$$

berechnet werden. Die Integration verläuft auf der reellen Achse und es gilt $a<b$. Es wird vorausgesetzt, daß g(t) eine im Intervall [a,b] streng monoton steigende bzw. fallende Funktion mit $g'(a)\neq 0$ und $g'(b)\neq 0$ ist. Die Funktion f(t) sei integrierbar und in Umgebungen der Endpunkte der Integration a und b analytisch. Die Funktionswerte f(a) und f(b) seien von Null verschieden. Zunächst führt eine Umformung von (5.1) zu

$$I(x) = \frac{1}{x} \int_a^b \frac{f(t)}{g'(t)} \frac{\partial}{\partial t} \exp[xg(t)]\, dt \;\; ; \;\; ' = d/dt \; . \tag{5.2}$$

Eine partielle Integration unter neuerlicher Anwendung der Umformung (5.2) ergibt dann den Ausdruck

$$I(x) = \frac{1}{x} \left\{ \frac{f(t)}{g'(t)} e^{xg(t)} \Big|_a^b - \frac{1}{x} \int_a^b \frac{1}{g'} \left(\frac{f}{g'}\right)' \frac{\partial}{\partial t} e^{xg}\, dt \right\} . \tag{5.3}$$

Eine weitere partielle Integration zeigt, daß das Integral in (5.3) von der Größenordnung

$$O(\, \exp (x\, g(t)) \big|_a^b \,)$$

ist. Daher beinhaltet der erste Summand in (5.3) das erste Glied der AE des Integrals (5.1), während der zweite Term in (5.3) das erste Korrekturglied dieser Entwicklung darstellt. Korrekturglieder höherer Ordnung können nun durch neuerliche partielle Integration berechnet werden. Um nun das erste Glied der AE bestimmen zu können, muß jetzt noch eine Fallunterscheidung vorgenommen werden.

a) Die Funktion g(t) ist streng monoton wachsend. Dann gilt

$$I(x) \sim \frac{f(b)}{xg'(b)} e^{xg(b)} \left[1 + O(\tfrac{1}{x})\right] ; \;\; \Re(x) > 0 \; ; \;\; f(b) \neq 0 \; , \tag{5.4.1}$$

bzw.

$$I(x) \sim -\frac{f(a)}{xg'(a)} e^{xg(a)} \left[1 + O(\tfrac{1}{x})\right] ; \; \Re(x) < 0 \, ; \; f(a) \neq 0 \; . \tag{5.4.2}$$

b) Die Funktion g(t) ist streng monoton fallend. Dann folgt

$$I(x) \sim -\frac{f(a)}{xg'(a)} e^{xg(a)} \left[1 + O(\tfrac{1}{x})\right] \;\; ; \Re(x) > 0 \; ; \;\; f(a) \neq 0 \; , \tag{5.5.1}$$

bzw.

$$I(x) \sim \frac{f(b)}{xg'(b)} e^{xg(b)} \left[1 + O(\tfrac{1}{x})\right] \;\; ; \;\; \Re(x) < 0 \; ; \;\; f(b) \neq 0 \; . \tag{5.5.2}$$

Ergänzend ist zu bemerken, daß in (5.4.1) bis (5.5.2) exponentiell kleine Glieder vernachlässigt wurden. Wir sehen, daß die imaginäre Achse Stokessche Linie ist, auf ihr sind die asymptotischen Darstellungen (5.4.1) bis (5.5.2) nicht gültig. Die wichtigsten Beiträge zu dem Laplace-Integral (5.1) kommen, bedingt durch die Monotonie der Funktion g(t), von den Endpunkten der Integration und die Endpunkte vertauschen beim Überschreiten der Stokesschen Linien die Rollen. So ist z.B. im Fall a) der Beitrag des Endpunktes t=b für $\Re(x)>0$ bzw. $\Re(x)<0$ dominant bzw. subdominant. Ebenso ist der Beitrag des Endpunktes t=a für $\Re(x)>0$ bzw. $\Re(x)<0$ rezessiv bzw. exponentiell groß.

Geht man von (5.3) aus und führt weitere partielle Integrationen durch, dann läßt sich die asymptotische Reihe des Integrals (5.1) herleiten. So ergibt sich z.B. als Verallgemeinerung von (5.4.1)

$$I(x) \sim e^{xg(b)} \sum_{n=1}^{\infty} A_n x^{-n} \quad ; \ \Re(x) > 0 \ . \tag{5.4.1'}$$

Diese AE gehört zur Klasse der verallgemeinerten asymptotischen Potenzreihen (2.26), wobei dort den Parametern die Werte a=-1 und c=k=1 zugewiesen werden müssen. Man sieht, daß die MPI zu AEn führt, die ausschließlich mit negativen ganzen Potenzen von x fortschreiten. Diese Eigenschaft ist eine Konsequenz der Monotonie der Funktion g(t). Besitzt jedoch g(t) innerhalb des Integrationsintervall Maxima, dann versagt die MPI und die Laplace-Methode (siehe Abschnitt 5.3) kann verwendet werden; die entsprechenden AEn beinhalten dann rationale Potenzen von 1/x. Schließlich versagt die MPI, wenn die Funktion f(t) und ihre Ableitungen an einem der beiden Endpunkte Singularitäten aufweisen. Hätte z.B. f '(t) an t=a und/oder t=b eine Polstelle, dann ließe sich mit Hilfe von (5.3) nicht mehr eine sinnvolle AE konstruieren. Deswegen wurde vorausgesetzt, daß die Funktion f(t) in Umgebungen der Endpunkte analytisch ist. AEn einer Unterklasse von (5.1) mit nicht analytischen Funktionen f(t) können jedoch mit Hilfe des im nächsten Abschnitts eingeführten Watsonschen Lemmas hergeleitet werden.

Als erstes **Anwendungsbeispiel** berechnen wir die AE des Integrals

$$I(x) = \int_0^1 \exp(x \sinh t)\, dt \ ; \quad |x| \to \infty \ . \tag{5.6}$$

Da die Funktion sinh(t) im Intervall [0,1] streng monoton steigend ist, können wir die Umformung (5.2) heranziehen. Nach zweimaliger partieller Integration folgt dann zunächst

$$I(x) \sim \frac{1}{x} \left\{ \frac{\exp[x \sinh(1)]}{\cosh(1)} - 1 + \frac{1}{x} \frac{\sinh(1)}{\cosh^3(1)} \exp[x \sinh(1)] + O(x^{-2}) \right\} . \tag{5.7}$$

Führt man nun eine Fallunterscheidung hinsichtlich des Vorzeichens von $\Re(x)$ durch, so ergeben sich bei Vernachlässigung von subdominanten Gliedern die beiden AEn

$$I(x) \sim \frac{\exp[x \sinh(1)]}{x \cosh(1)} \left\{ 1 + \frac{\sinh(1)}{x \cosh^2(1)} + O(x^{-2}) \right\} ; \ \text{für } \Re(x) > 0 \ , \tag{5.7.1}$$

bzw.

$$I(x) \sim -1/x + O(x^{-3}) ; \ \text{für } \Re(x) < 0 \ . \tag{5.7.2}$$

❑

Um zu zeigen, daß die MPI nicht nur im Falle von Integralen der Klasse (5.1) anwendbar ist, wollen wir uns jetzt mit der Aufstellung einer AE der *Fehlerfunktion* befassen. Hier tritt der große Werte annehmende Parameter x nicht im Integranden, sondern als Integrationsgrenze auf. Wir sind der Fehlerfunktion bereits im Abschnitt 4.1.1 begegnet und haben sie dort durch die Integraldarstellung

$$\mathrm{erf}(x) = \frac{2}{\sqrt{\pi}} \int_0^x \exp(-t^2)\, dt \tag{5.8}$$

definiert. Ersetzt man in (5.8) die Variable x durch -x, dann ergibt eine einfache Umformung die für alle Werte von x gültige Beziehung

$$\mathrm{erf}(-x) = -\mathrm{erf}(x) \tag{5.9}$$

und wir sehen, daß die Fehlerfunktion eine ungerade Funktion ist. Zur Erstellung asymptotischer Reihen formen wir (5.8) um und es folgt zunächst

$$\mathrm{erf}(x) = 1 + \frac{1}{\sqrt{\pi}} \int_x^\infty \frac{1}{t} \frac{d}{dt} \exp(-t^2)\, dt\,, \tag{5.10}$$

wobei wir von der Beziehung $\mathrm{erf}(\infty)=1$ Gebrauch gemacht haben. Gilt nun $x>0$, dann ist die Funktion $-t^2$ im Integrationsintervall des Integrals in (5.10) streng monoton fallend und wir können das Konzept der MPI benutzen. Ist x jedoch komplex, dann erfolgt die Integration längs einer beliebigen Kurve in der komplexen Ebene und man kann nicht mehr von einer strengen Monotonie der Funktion $-t^2$ sprechen. Wir werden dennoch sehen, daß das Integral in (5.10) in einem die positive reelle Achse einschließenden Sektor einen subdominanten Korrekturterm darstellt. Innerhalb dieses Sektors liefert daher die MPI eine AE der Fehlerfunktion für komplexe Argumente. Nach zweimaliger partieller Integration folgt mit (5.10)

$$\mathrm{erf}(x) \sim 1 - \frac{\exp(-x^2)}{x\sqrt{\pi}} \left\{1 - \frac{1}{2x^2} + O(x^{-4})\right\}.$$

Durch vollständige Induktion kann man nun die vollständige AE der Fehlerfunktion

$$\mathrm{erf}(x) \sim 1 - \frac{\exp(-x^2)}{\pi x} \sum_{k=0}^{\infty} (-1)^k x^{-2k}\, \Gamma(k+1/2) \tag{5.11}$$

herleiten, wobei die Anwendung des Quotientenkriteriums zeigt, daß die Reihe in (5.11) divergiert.

Wir wollen uns jetzt der Frage zuwenden, in welchem Bereich der komplexen Ebene (5.11) für $|x| \to \infty$ eine brauchbare AE ist. Zunächst könnte man vermuten, daß bedingt durch den exponentiellen Vorfaktor $\exp(-x^2)$ Gl. (5.11) in den durch $\Re(x^2)>0$ bestimmten Sektoren eine gute Näherung darstellt. Wir werden jedoch im Folgenden sehen, daß dieser Annahme nur beschränkte Gültigkeit zukommt. Setzt man $x=Re^{i\phi}$, dann treten Stokes-Linien (vgl. Abschnitt 2.7) für $\cos(2\phi)=0$ auf. Im Sektor $|\phi|<\pi/4$

gilt für $R \to \infty$ $erf(x) \sim 1$+subdominante Glieder; das Integral auf der rechten Seite von (5.10) ist daher in diesem Sektor ein rezessives Korrekturglied. In den beiden benachbarten Sektoren $-3\pi/4 < \phi < -\pi/4$ bzw. $\pi/4 < \phi < 3\pi/4$ ist der Faktor $\exp(-x^2)$ exponentiell groß und die Konstante 1 in (5.11) ist vernachlässigbar klein. In diesen Sektoren wächst daher die Fehlerfunktion exponentiell an und das Integral in (5.10) ist dominant. In dem die negative reelle Achse einschließenden Sektor $3\pi/4 < \phi < 5\pi/4$ ist schließlich der Faktor $\exp(-x^2)$ rezessiv und aus (5.11) würde sich die AE $erf(x) \sim 1$+ subdominante Glieder ergeben. Dieses Ergebnis steht aber im Widerspruch zu der aus (5.9) herzuleitenden Aussage $erf(-\infty)=-1$; (5.11) gilt daher nicht auf der negativen reellen Achse. Wir verwenden daher alternativ zu (5.10) die auf der negativen reellen Achse optimale Zerlegung

$$erf(x) = -1 + \frac{1}{\sqrt{\pi}} \int_x^{-\infty} \frac{1}{t} \frac{d}{dt} \exp(-t^2)\, dt \ . \qquad (5.10')$$

Nun läßt sich aber durch wiederholte partielle Integration leicht die Beziehung

$$\int_x^{-\infty} \exp(-t^2)\, dt \sim \int_x^{\infty} \exp(-t^2)\, dt$$

beweisen und dies bedeutet, daß wir das Integral in (5.10') nicht neuerlich berechnen müssen. Ein Vergleich mit (5.10) und (5.11) führt nach Einsetzen in (5.10') zu dem Ergebnis

$$erf(x) \sim -1 - \frac{\exp(-x^2)}{\pi x} \sum_{k=0}^{\infty} (-1)^k x^{-2k} \Gamma(k + \tfrac{1}{2}) \ . \qquad (5.11')$$

Mit (5.11') folgt nun im Sektor $3\pi/4<\phi<5\pi/4$ $erf(x) \sim -1$+ subdominante Terme und die Aussage steht mit $erf(-\infty)= -1$ im Einklang. Sieht man von den rezessiven Gliedern ab, dann stimmen die beiden AEn (5.11) bzw. (5.11') in den Sektoren $-3\pi/4<\phi<-\pi/4$ und $\pi/4<\phi<3\pi/4$ überein. Dagegen gilt (5.11') wegen $erf(\infty)=1$ sicher nicht auf der positiven reellen Achse. Insgesamt können wir daher annehmen, daß die AE (5.11) im Sektor $|\phi|<3\pi/4$ und die asymptotische Reihe (5.11') im Sektor $\pi/4<\phi<5\pi/4$ gültig sind. Wir werden diese Annahme im nächsten Abschnitt mit Hilfe des Watsonschen Lemmas beweisen.

Allgemein kann gesagt werden, daß eine AE, die auf der positven reellen Achse rezessiv ist (wie z.B. die Reihe in (5.11)) nicht nur in dem Sektor, der durch die der positiven reellen nächstgelegenen Stokes-Kurven C_1 bzw. C_2 (hier die beiden Geraden $\phi=\pm\pi/4$) begrenzt ist, Gültigkeit besitzt. Eine derartige Entwicklung gilt auch innerhalb eines Sektors, der durch die, den Kurven C_1 und C_2 benachbarten Stokes-Kurven (hier die Geraden $\phi=\pm 3\pi/4$) eingeschlossen wird. Der Beweis dieser Aussage findet sich in dem Buch von Heading [5.1].

5.2 Das Watsonsche Lemma (WL)

Vorgelegt sei die Klasse von Integralen

$$I(x) = \int_0^b f(t)\, e^{-xt}\, dt \quad \text{mit } b > 0 \text{ und } \Re(x) > 0 \text{, für } |x| \to \infty \text{ ,} \tag{5.12}$$

wobei angenommen wird, daß die Funktion f(t) im Intervall $(0,\varepsilon]$ ($\varepsilon<b$) analytisch ist, während sie im Intervall $(\varepsilon,b]$ und an der Stelle t=0 integrierbare Singularitäten aufweisen kann. Die der asymptotischen Berechnung von derartigen Integralen zugrunde liegende Idee ist, daß wir vermuten können, daß für $\Re(x)>0$ und $|x|\to\infty$ die wichtigsten Beiträge zu dem Integral aus einer kleinen Umgebung des Punktes t=0 kommen müssen. Beiträge von Integrationsintervallen mit größeren Werten von t werden jedenfalls durch den Faktor exp(-xt) stark gedämpft. Ist (5.12) ein uneigentliches Integral ($b=\infty$), dann müssen wir noch zusätzlich annehmen, daß die Funktion f(t) für $t\to\infty$ maximal wie e^{ct} mit c=const divergiert. Ist nun f(t) in einer Umgebung des Ursprungs analytisch, dann können wir (5.12) mit Hilfe der MPI berechnen (Warum?). Wir nehmen daher an, daß die Funktion f(t) an t=0 nicht regulär ist. Besitzt nun f(t) die AE

$$f(t) \sim t^{\alpha} \sum_{n=0}^{\infty} a_n t^{n\beta} \quad \text{mit } \alpha > -1;\ \beta > 0 \quad \text{für } t \to 0_+ \text{ ,} \tag{5.13}$$

(die Einschränkungen $\alpha > -1$ und $\beta > 0$ garantieren die Existenz des Integrals (5.12)), dann besagt das Watsonsche Lemma, daß die AE von (5.12) die Form

$$I(x) \sim \sum_{n=0}^{\infty} a_n \frac{\Gamma(1+\alpha+n\beta)}{x^{1+\alpha+n\beta}} \quad \text{für } |x| \to \infty \tag{5.14}$$

annimmt, wobei auf der rechten Seite von (5.14) exponentiell kleine Terme nicht angeschrieben wurden.

Zum Beweis des WL zerlegen wir das Integrationsintervall in (5.12) in zwei Teilintervalle. Dann folgt

$$\begin{aligned} I(x) &= \int_0^{\varepsilon} f(t)\, e^{-xt}\, dt + I_1(x;\varepsilon) \qquad \text{mit } 0 < \varepsilon \ll b \text{ ,} \\ \text{und} & \\ I_1(x;\varepsilon) &= \int_{\varepsilon}^{b} f(t)\, e^{-xt}\, dt \text{ ,} \end{aligned} \tag{5.12'}$$

wobei wir den Parameter ε so klein wählen, daß die asymptotische Reihe der Funktion f(t) in das Integral in der ersten Zeile von (5.12') eingesetzt werden darf. Das Integral $I_1(x;\varepsilon)$ läßt sich nun unter Verwendung der MPI leicht in eine asymptotische Reihe entwickeln und es gilt

$$I_1(x;\varepsilon) \sim \frac{1}{x} e^{-x\varepsilon} \{ f(\varepsilon) + O(x^{-1}) \} \text{ .} \tag{5.15}$$

Setzen wir nun (5.13) in den ersten Teil von (5.12') und berücksichtigen (5.15), dann folgt zunächst

$$I(x) \sim \sum_{n=0}^{\infty} a_n \int_0^{\varepsilon} t^{\alpha+n\beta} e^{-xt} dt + O\left(\frac{e^{-x\varepsilon}}{x}\right) . \tag{5.16}$$

Der zweite Term in (5.16) ist für kleine, aber endliche Werte von ε exponentiell klein und wird nicht mehr berücksichtigt. Um die Reihenentwicklung (5.13) einsetzen zu können, haben wir bisher das Integrationsintervall in (5.12) zusammenschrumpfen lassen und dabei subdominante Fehler begangen. Jetzt blähen wir das Integrationsintervall in (5.16) wieder auf und produzieren dabei wieder nur einen subdominanten Fehler. Eine Umformung von (5.16) führt dann zu

$$I(x) \sim \sum_{n=0}^{\infty} a_n \left\{ \int_0^{\infty} - \int_{\varepsilon}^{\infty} \right\} F(x,t)\, dt \, ; \;\; F(x,t) = t^{\alpha+n\beta} e^{-xt} \; . \tag{5.16'}$$

Das zweite Integral in (5.16') kann jetzt wieder mit der MPI berechnet werden und es ist ähnlich wie $I_1(x;\varepsilon)$ (vgl. (5.15)) exponentiell klein. Benutzt man schließlich noch (4.67) (mit $a=\alpha+n\beta$) und vernachlässigt das zweite Integral in (5.16'), dann gelangt man zu (5.14); womit das WL bewiesen ist.

Hier sollen zwei Anwendungen des WL vorgeführt werden. Wir beginnen mit der Herleitung einer AE der *modifizierten Bessel-Funktion $K_0(x)$.* Ausgangspunkt ist die in Aufgabe 4.14 angegebene Integraldarstellung

$$K_0(x) = \int_0^{\infty} \exp(-x \cosh t)\, dt \quad \text{für} \quad \Re(x) > 0 \, . \tag{5.17}$$

Wir wollen die Asymptotik dieser Funktion für $|x| \to \infty$ und $\Re(x)>0$ bestimmen. Hier versagt die MPI (Warum?). Wir verwenden das WL und benutzen die Substitution $\cosh t = u + 1$. Dann folgt mit (5.17)

$$K_0(x) = \frac{e^{-x}}{\sqrt{2}} \int_0^{\infty} e^{-xu} u^{-1/2} \left(1+ \frac{u}{2}\right)^{-1/2} du \; . \tag{5.17'}$$

Die Voraussetzungen des WL sind erfüllt, wobei f(u) die Reihenentwicklung

$$f(u) = u^{-1/2} \left(1+ \frac{u}{2}\right)^{-1/2} = u^{-1/2} \left\{ 1 - \frac{u}{4} + \frac{3u^2}{32} - \frac{15\, u^3}{2\cdot 4\cdot 6\cdot 8} + \dots \right\} \tag{5.18}$$

besitzt, die für $|u|<2$ konvergiert. Ein Vergleich mit (5.13) ergibt die Werte $\alpha=-1/2$ und $\beta=1$. Daher folgt mit (5.14)

$$K_0(x) \sim \frac{e^{-x}}{\sqrt{2}} \sum_{n=0}^{\infty} a_n \Gamma\left(n + \frac{1}{2}\right) x^{-(n+1/2)} \, ; \; \Re(x)>0; \;\; |x| \to \infty \, , \tag{5.19}$$

wobei a_n die Koeffizienten die der Reihe (5.18) sind. Explizit lautet die AE bis zum dritten Glied der Funktion $K_0(x)$

$$K_0(x) \sim \sqrt{\frac{\pi}{2x}}\, e^{-x} \left\{1 - \frac{1}{8x} + \frac{9}{2\,(8x)^2} + O(x^{-3})\right\} . \tag{5.19'}$$

❏

Im Rahmen des zweiten Beispiels kommen wir jetzt wieder zur Berechnung der Asymptotik der *Fehlerfunktion erf(x)* zurück. Ausgangspunkt ist die Definition (5.8) und wir benutzen die Substitution $t = x\,\sqrt{u}$. Dann folgt

$$\mathrm{erf}(x) = \pi^{-1/2}\, x \int_0^1 \exp(-x^2 u)\, u^{-1/2}\, du \tag{5.20}$$

und die Integration in (5.20) erfolgt längs der reellen Achse. Nun müssen wir eine Fallunterscheidung hinsichtlich des Vorzeichens von $\Re(x^2)$ vornehmen.

a) $\Re(x^2) > 0$

Hier können wir die obere Grenze des Integrals in (5.20) durch Unendlich ersetzen und begehen dabei nur subdominante Fehler. Verwenden wir schließlich das WL bzw (4.67), so entsteht zunächst

$$\mathrm{erf}(x) \sim x/\sqrt{x^2} \quad \text{für } |x| \to \infty \tag{5.21}$$

und wegen $\Re(x^2) > 0$ folgt mit (5.21) ($x=R\exp(i\phi)$)

$$3\pi/4 < \phi < 5\pi/4 \;:\; \mathrm{erf}(x) \sim -1\,; \quad -\pi/4 < \phi < \pi/4 \;:\; \mathrm{erf}(x) \sim x\ , \tag{5.22}$$

b) $\Re(x^2) < 0$

Wir knüpfen wieder an (5.20) an und subsituieren $u=1-z$, dann folgt zunächst

$$\mathrm{erf}(x) = \frac{x\exp(-x^2)}{\sqrt{\pi}} \int_0^1 \exp(x^2 z)\, \frac{dz}{\sqrt{1-z}} . \tag{5.23}$$

Das Integral auf der rechten Seite von (5.23) ist nun in eine Form gebracht worden, die die Heranziehung des WL erlaubt. Ein Vergleich mit (5.12) führt zu $f(z)=(1-z)^{-1/2}$ und die Reihe (5.13) ist hier eine Potenzreihe mit $\alpha=0$ und $\beta=1$, sowie $a_0=1$, $a_1=1/2$, $a_2=3/8$, $a_3=15/48$, ..., schließlich ist noch in (5.14) x durch $-x^2$ zu ersetzen. Damit erhalten wir die asymptotische Reihe

$$\mathrm{erf}(x) \sim -\frac{\exp(-x^2)}{x\sqrt{\pi}} \sum_{n=0}^{\infty} (-1)^n a_n\, n!\, x^{-2n} \quad ; \text{ für } |x| \to \infty . \tag{5.24}$$

Schreibt man die Reihen in (5.11) bzw. (5.24) gliedweise an, dann sieht man, daß die entsprechenden Reihen übereinstimmen. Die AEn der Fehlerfunktion (5.21) und (5.24) reproduzieren daher die im vorangegangenen Abschnitt hergeleiteten Ergebnisse (die Konstanten 1 bzw. -1 in (5.11) bzw. (5.11') sind für $\Re(x^2)<0$ subdominante Größen).

❑

Wir wollen jetzt eine *Verallgemeinerung des WL* besprechen. Vorgelegt sei die Laplace-Transformation (i.e. die Klasse von Integralen (5.12) mit $b=\infty$)

$$\tilde{I}(x) = \int_0^\infty f(t)\exp(-xt)\,dt \quad \text{für } |x|\to\infty \ . \tag{5.25}$$

Wir nehmen an, daß die Funktion f(t) für $t\neq 0$ in einem Sektor, der die positive reelle Achse beinhaltet, regulär ist. Dann können wir den Gültigkeitsbereich des WL u.U. erheblich vergrößern.

Wir treffen die folgenden Annahmen:

a) f(t) sei, mit Ausnahme des Ursprungs, analytisch im Sektor $S_{a,b}$ ($-a<\arg t<b$; $a,b>0$). Im Ursprung kann f(t) einen Verzweigungspunkt aufweisen, dessen Schnitt wir außerhalb von $S_{a,b}$ legen.

b) Für $t\to\infty$ in $S_{a,b}$ divergiert f(t) maximal wie e^{ct} mit c=const.

c) Es gilt

$$f(t) \sim \sum_{n=0}^{\infty} a_n t^{\beta_n} \qquad \text{für } t\to 0$$

im Sektor $S_{a,b}$, wobei abweichend von (5.13) komplexe Exponenten der Form $\beta_n=k_n+il_n$ mit $-1<k_0<k_1<k_2<\ldots$ auftreten können.

Wir können nun ähnlich wie in Aufgabe 4.16 den Integrationsweg in die komplexe Ebene drehen. Wegen der Regularität des Integranden verschwindet das Integral über die geschlossene Kurve (siehe Skizze in Aufgabe 4.16). Desgleichen verschwindet das Integral über den Kreisbogen, wenn die Ungleichung

$$-\pi/2 - b < \arg(x) < \pi/2 + a \tag{5.26}$$

erfüllt ist. Die Anwendung des Residuensatzes führt dann zu

$$\int_0^\infty f(t)\,e^{-xt}\,dt \sim \sum_{n=0}^{\infty} a_n \frac{\Gamma(1+\beta_n)}{x^{1+\beta_n}} \quad \text{für } |x|\to\infty \ , \tag{5.27}$$

wobei (5.27) in dem durch (5.26) definierten Sektor gilt. Der einfache Beweis der Beziehungen (5.27) in Verbindung mit (5.26) wird im Rahmen der Aufgabe 5.6 erbracht. Diese Verallgemeinerung des WL bringt die in den Anwendungen häufig auftretende Tatsache zum Ausdruck, daß die Singularitäten des Integranden dem Gültigkeitsbereich der AE des Integrals Grenzen setzen.

★

Als **Beispiel** betrachten wir das Integral

$$\tilde{I}(x) = \int_0^\infty e^{-xt}\,(t^2 - 2t + 2)^{-1/2}\,dt \ . \tag{5.28}$$

Hier gilt $f(t) = (t^2 - 2t + 2)^{-1/2}$ und diese Funktion hat an den Stellen $t = 1 \pm i$ Verzweigungspunkte. Bei einer geeigneten Wahl der entsprechenden Schnitte ist f(t) im Sektor $-\pi/4 < \arg(t) < \pi/4$ regulär. Ihre AE für $t \to 0$ ist durch die Potenzreihe $f(t) = (1 + t/2 + t^2/8 + O(t^3))/\sqrt{2}$ gegeben. Daher gilt $\beta_n = n$ und mit (5.26) und (5.27) folgt, daß das durch (5.28) definierte Integral die AE ($a_0 = 1; a_1 = 1/2; a_2 = 1/8; \ldots$)

$$\tilde{I}(x) \sim \frac{1}{x\sqrt{2}} \sum_{n=0}^{\infty} a_n \, n! \, x^{-n} \quad \text{für } |\arg(x)| < 3\pi/4 \tag{5.29}$$

besitzt. Die Anwendung des "gewöhnlichen" WL würde zu (5.29) im Sektor $\Re(x) > 0$ führen. Dies bedeutet, daß die Verallgemeinerung des WL eine fünfzigprozentige Vergrößerung des Gültigkeitsbereich der Asymptote erbringt.

❑

Zum Abschluß dieses Abschnitts soll noch eine Ergänzung nachgetragen werden. Bis jetzt wurde angenommen, daß die Funktionen f(t) für $t \to 0$ Reihenentwicklungen besitzen, die mit Potenzen von t fortschreiten. In den Anwendungen finden sich jedoch Fälle, wo diese *Entwicklungen mit Logarithmen* behaftet sind. Für eine spezielle Klasse von Funktionen gilt dann der folgende Satz.

Satz: Vorgelegt sei das Laplace-Integral (5.25). Die Funktion f(t) sei mit Ausnahme des Ursprungs im Endlichen analytisch. Für $t \to \infty$ divergiert f(t) maximal wie $O(e^{ct})$ mit c=const. Die AE dieser Funktion für kleine Werte von t sei

$$f(t) \sim \ln t \sum_{n=0}^{\infty} a_n t^{\beta_n} \; ; \; -1 < \Re(\beta_0) < \Re(\beta_1) < \ldots \; ; \; \text{für } t \to 0_+ . \tag{5.30}$$

Dann gilt für große, reelle Werte des Parameters x die AE

$$\int_0^{\infty} f(t)\, e^{-xt} dt \sim \sum_{n=0}^{\infty} a_n \frac{\Gamma(1+\beta_n)}{x^{1+\beta_n}} \left\{ \psi(1+\beta_n) - \ln x \right\} \text{ für } x \to \infty . \tag{5.31}$$

★

Dabei ist $\psi(x)$ die durch (3.19) definierte Digamma-Funktion. Der Beweis von (5.31) wird in Aufgabe 5.7 nachgetragen. Die dabei angestellten Überlegungen sind völlig analog zu den Rechenschritten, die zum Beweis des WL vorgenommen wurden.

Zur Illustration wählen wir die *Laplace-Transformation der modifizierten Bessel-Funktion* $K_0(x)$; i.e.

$$\tilde{I}(x) = \int_0^{\infty} K_0(t)\, e^{-xt}\, dt \quad \text{für } x \to \infty . \tag{5.32}$$

Mit (3.18') und (3.16) folgt zunächst

$$K_0(t) \sim -\ln t - (\gamma + \ln 2) + O(t^2 \ln t) ; \quad t \to 0_+ . \tag{5.33}$$

Des Weiteren ist $K_0(t)$ für $t\neq 0$ analytisch und klingt für $t\to\infty$ exponentiell ab (vgl. (5.19)). Der erste Term in (5.33) ist von der Klasse (5.30) und der zweite Term läßt sich mit Hilfe des WL bearbeiten. Damit lautet die AE von (5.32)

$$\tilde{I}(x) \sim -\{\psi(1) - \ln x\}\frac{1}{x} - (\gamma + \ln 2)\frac{1}{x} + O(\frac{\ln x}{x^3}) .$$

Wegen $\psi(1) = -\gamma$ folgt schließlich

$$\tilde{I}(x) \sim \frac{\ln(x/2)}{x} + O(\frac{\ln x}{x^3}) \quad \text{für } x\to\infty . \tag{5.34}$$

❑

Die Umkehrung des Watson-Lemmas dient u.a. bei gewissen Überlegungen der Wiener-Hopf-Technik (siehe Kapitel 6, bzw. Aufgabe 5.5) zur Bestimmung AEn von Fourier-Halbachsen-Integralen.

5.3 Die Laplace-Methode (LM)

Wir wenden uns wieder der Berechnung AEn von Integralen der Klasse (5.1) zu. Im Rahmen der ML muß der Parameter x allerdings (große) *reelle* Werte annehmen, dagegen kann die Annahme, daß die Funktion g(t) streng monoton ist, fallen gelassen werden. Man könnte nun versuchen - ähnlich wie im Fall der Integraldarstellung der modifizierten Bessel-Funktion $K_0(x)$ (5.17) - mit der Substitution $u=-g(t)$ zu arbeiten. Unter Umständen bereitet diese Substitution jedoch Schwierigkeiten, da die Umkehrfunktion von -g(t) eine komplizierte bzw. vieldeutige Funktion sein kann. In solchen Fällen empfiehlt sich die Anwendung einer direkteren Strategie zur Aufstellung der AEn der Integrale der Klasse (5.1).

Besitzt z.B. die Funktion g(t) an der Stelle $t=c\in[a,b]$ ein Maximum, dann können wir in Anlehnung an die bei der Herleitung des WL angestellten Untersuchungen annehmen, daß die wichtigsten Beiträge zu (5.1) aus einer kleinen Umgebung $|t-c| <\varepsilon$ des Punktes t=c kommen. Wir nehmen an, daß die Funktionen f(t) und g(t) in Umgebungen dieser Stelle regulär sind und ersetzen diese Funktionen durch die ersten Glieder der entsprechenden Taylor-Reihen (Entwicklungsmittelpunkt : t=c). Für die weiteren Überlegungen muß nun eine Fallunterscheidung vorgenommen werden.

a) An der Stelle t=c liegt das einzige Maximum der Funktion g(t) innerhalb des Integrationsintervalls vor und c ist ein innerer Punkt ($c\in(a,b)$). Dann gilt zunächst

$$g(t) = g(c) + \beta(t-c)^{2k} + \ldots \quad \text{mit} \quad \beta = \frac{g^{(2k)}(c)}{(2k)!} < 0 \ ; \ k\in\mathbf{N} \tag{5.35}$$

und unter der Voraussetzung $f(c)\neq 0$ folgt

$$I(x) \sim f(c)\, e^{xg(c)}\, I_1(x,\varepsilon) + I_+(x,\varepsilon) + I_-(x,\varepsilon) ; \tag{5.36}$$

mit

$$I_1(x,\varepsilon) = \int_{c-\varepsilon}^{c+\varepsilon} \exp\,[x\beta(t-c)^{2k}]\,dt\ , \tag{5.37.1}$$

und

$$I_+(x,\varepsilon) = \int_{c+\varepsilon}^{b} f(t)\,e^{xg(t)}\,dt\ ;\ I_-(x,\varepsilon) = \int_{a}^{c-\varepsilon} f(t)\,e^{xg(t)}\,dt\ . \tag{5.37.2}$$

Nehmen wir noch zusätzlich an, daß t=c das einzige Extremum der Funktion g(t) im Intervall [a,b] ist, dann ist g(t) im Intervall [a,c-ε] streng monoton steigend und im Intervall [c+ε,b] streng monoton fallend. Die AEn der Integrale $I_\pm(x,\varepsilon)$ können daher mit Hilfe der MPI bestimmt werden und es gilt

$$I_\pm(x,\varepsilon) \sim \frac{\exp\,[x\,g(c\pm\varepsilon)]}{x}\left\{\frac{f(c\pm\varepsilon)}{g'(c\pm\varepsilon)} + O(x^{-1})\right\}. \tag{5.38}$$

Es bleibt noch die Berechnung der AE von I_1. Wir verwenden die Substitution

$$t-c = p\,u \quad \text{mit}\ p = (-x\beta)^{-1/(2k)} > 0\ . \tag{5.39}$$

Dann reduziert sich

$$I_1(x,\varepsilon) = p\int_{-\varepsilon/p}^{\varepsilon/p} \exp\,(-u^{2k})\,du\ . \tag{5.40}$$

Wegen (5.39) gilt aber $\varepsilon/p = \varepsilon(-x\beta)^{1/2k}$ und bei Verwendung der MPI kann man zeigen, daß sich nur exponentiell kleine Fehler ergeben, wenn wir in (5.40) für $x\to\infty$ die Integrationsgrenzen durch $\pm\infty$ ersetzen. Benutzt man noch (4.65'), so folgt

$$I_1(x,\varepsilon) \sim I_1(x) \sim (-x\beta)^{-1/2k}\,\frac{1}{k}\,\Gamma\!\left(\frac{1}{2k}\right), \tag{5.40'}$$

(vgl. Aufgabe 5.8). Da die Funktion g(t) voraussetzungsgemäß regulär ist, gilt für hinreichend kleine Werte von ε $O(g(c\pm\varepsilon)) = O(g(c))$. Setzt man nun (5.38) und (5.40') in (5.36) ein, dann sieht man, daß der wichtigste Beitrag vom ersten Summanden dieser Gleichung kommt. Das erste Glied der AE des Integrals (5.1) hat daher die Form

$$I(x) \sim \frac{f(c)\,\Gamma(1/2k)}{\sqrt[2k]{-x\,g^{(2k)}(c)\,/\,(2k)!}}\ \frac{e^{xg(c)}}{k} \quad \text{für}\ x\to\infty\ . \tag{5.41}$$

Die Berechnung der höheren Korrekturglieder erfordert relativ aufwendige Rechenschritte. So sind im Falle k=1 die Glieder der Taylor-Reihen der Funktion g(t) bzw. f(t) bis zur vierten bzw. bis zur zweiten Ordnung zu berücksichtigen. Wir wollen uns daher hier mit dem durch (5.41) gegebenen ersten Glied der AE begnügen; der interessierte Leser sei auf die Berechnung der Korrekturglieder in der Monographie von Bender und Orszag [3.5] verwiesen.

b) Im Intervall (a,b) treten mehrere Maxima $c_1, c_2, \dots, c_N$ auf. Die Zahl c_{max} sei durch die Bedingung $g(c_{max})=\mathrm{Max}[g(c_n)]$; $n \in \mathbf{N}$ definiert. Dann kann man die Überlegungen von Punkt a) auf Umgebungen der einzelnen Maxima übertragen und deren Beiträge summieren. Es ist daher klar, daß das erste Glied der AE des Integrals (5.1) für $x \to \infty$ durch (5.41) mit $c = c_{max}$ gegeben ist.

c) Das Maximum der Funktion g(t) tritt am Intervallrand auf: c=a bzw. c=b. Handelt es sich dabei um ein absolutes Maximum, so gilt $g'(c) \neq 0$ und die MPI kann zur Berechnung der AE herangezogen werden. Liegt jedoch am Intervallrand ein relatives Maximum vor, dann kann analog zu Punkt a) vorgegangen werden. Die Integrationsgrenzen in (5.37.1) nehmen dann die Werte a und $a+\varepsilon$ bzw. $b-\varepsilon$ und b an. Dies bedeutet, daß in der Folge beim Übergang von (5.40) zu (5.40') Integrale über die Intervalle $[0,\infty]$ bzw. $[-\infty,0]$ auftreten. Schließlich erhält man das erste Glied der AE, indem man die rechte Seite von (5.41) (mit c=a bzw. c=b) mit dem Faktor 1/2 multipliziert.

★

Zur Illustration der LM soll die Asymptotik zweier Integrale bestimmt werden. Wir beginnen mit der *Gamma-Funktion* , die gemäß durch die Beziehung (4.65) definiert ist. Um dieses Integral in eine der Klassen (5.1) umzuformen, verwenden wir die Subsitution t=sx. Dann folgt zunächst für x>0

$$\Gamma(x) = x^x \int_0^\infty \exp\,[x\,(\ln s - s)]\,\frac{ds}{s} \; .$$

Vergleicht man dieses Integral mit (5.1), dann ergibt sich $g(s) = \ln s - s$. Das einzige Extremum dieser Funktion ist ein relatives Maximum an der Stelle s=1. Es gilt k=1, $g''(1)=-1$ und $f(1)=1$. Mit (5.41) hat dann das erste Glied der AE der Gamma-Funktion die Form

$$\Gamma(x) \sim \sqrt{(2\pi/x)}\; x^x e^{-x} \quad \text{für} \quad x \to \infty \; . \tag{5.42}$$

(5.42) wird *Stirling-Formel* genannt. Unter Verwendung ähnlicher Überlegungen wird in Aufgabe 5.9 eine AE der Digamma-Funktion berechnet.

❑

Abschließend soll das erste Glied der AE der *Bessel-Funktion* $J_m(x)$ für große Werte der Ordnung $(m \to \infty)$ bestimmt werden. Eine einfache Umformung der in Aufgabe 4.12 angegebenen Integraldarstellung führt zunächst zu

$$J_m(x) = \frac{(x/2)^m}{\sqrt{\pi}\,\Gamma(m+1/2)}\, I(x,m) \; , \quad \text{mit}$$

$$I(x,m) = \int_0^\pi \cos\,(x \cos t)\, \exp\,(2m \ln \sin t)\, dt \; ,$$

wobei dieses Integral mit f(t) = cos (x cos t) und g(t) = 2 ln sin t zur Klasse (5.1) gehört. Hier ist allerdings x ein konstanter Parameter und wir berechnen die Asymptotik der Funktion $J_m(x)$ für $m \to \infty$. In (5.41) ist daher x sinngemäß durch m zu ersetzen. An der Stelle $c=\pi/2$ liegt das einzige, relative Extremum vor. Dann folgt zunächst

$$J_m(x) \sim \frac{(x/2)^m}{\sqrt{m}\,\Gamma(m+1/2)} \quad \text{für} \quad m \to \infty . \tag{5.43}$$

Bilden wir nun die Funktion $\Gamma(m+1/2)$ gemäß (5.42), dann entsteht

$$\Gamma(m+1/2) \sim \sqrt{2\pi}\, \exp[-(m+1/2)]\, m^m \left(1+\frac{1}{2m}\right)^m , \quad \text{für } m \to \infty .$$

Macht man jedoch von der Definition

$$e = \lim_{m \to \infty} \left(1+\frac{1}{2m}\right)^{2m}$$

Gebrauch, so gelangt man zu dem Ausdruck

$$\Gamma(m+1/2) \sim \sqrt{2\pi}\, m^m\, e^{-m} , \quad \text{für} \quad m \to \infty .$$

Einsetzen in (5.43) führt schließlich zu der asymptotischen Darstellung

$$J_m(x) \sim (2\pi m)^{-1/2} \left(\frac{e\,x}{2m}\right)^m \quad \text{für} \quad m \to \infty . \tag{5.44}$$

Ergänzung:

Bis jetzt wurde die LM zur Bestimmung der AE von Integralen der Klasse (5.1) für den Fall $x \to \infty$ herangezogen. Wir haben dabei gesehen, daß die wichtigsten Beiträge aus einer kleinen Umgebung des Maximums der Funktion g(t) kommen. Betrachtet man jedoch Integrale der Klasse (5.1) für $x \to -\infty$, dann ist in (5.1) und in den folgenden Überlegungen der Parameter x durch $|x|$ und die Funktion g(t) durch -g(t) zu ersetzen. Die wesentlichsten Beiträge zur AE dieser Integrale stammen aus kleinen Umgebungen der Minima der Funktionen g(t).

5.4 Die Methode stationärer Phasen (MSP)

Bei diesem auf Kelvin zurückgehenden Verfahren steht die Berechnung AEn von verallgemeinerten Fourier-Integralen im Mittelpunkt. Wir setzen in (5.1) $g(t)=i\psi(t)$. Dabei wird vorausgesetzt, daß ψ reell ist und wir nennen diese Funktion die Phase des Integrals

$$I(x) = \int_a^b f(t) \exp[i\,x\,\psi(t)]\, dt , \quad x \to \infty . \tag{5.45}$$

Im Folgenden wollen wir noch zusätzlich annehmen, daß die Funktion f(t) und auch die Integrationsgrenzen a und b reell sind. Verallgemeinerungen hinsichtlich komplexer Werte dieser Größen werden im nächsten Abschnitt vorgenommen.

Eine qualitative Aussage über das asymptotische Verhalten von Integralen der Klasse (5.45) liefert das

Lemma von Riemann-Lebesgue:
Vorgelegt sei das Integral

$$\tilde{I}(x) = \int_a^b f(t)\, e^{ixt}\, dt \;, \quad \text{für } x \to \infty \quad \text{mit} \int_a^b |f(t)|\, dt < \infty \,. \tag{5.45'}$$

Dann gilt

$$\tilde{I}(x) \to 0 \;, \quad \text{für} \quad x \to \infty \,. \tag{5.46}$$

★

Beweis: Wir verwenden die Substitution $t = u+\pi/x$, dann folgt mit (5.45')

$$\tilde{I}(x) = -\int_{a-\pi/x}^{b-\pi/x} f(u+\pi/x)\, e^{iux}\, du \,. \tag{5.47}$$

Zerlegt man nun die Integration in (5.47) in die drei Teilintervalle $[a-\pi/x,a]$, $[a,b]$ und $[b-\pi/x,b]$, dann ist das Maß des ersten bzw. des dritten Teilintervalls sehr klein und es folgt für $x \to \infty$

$$\tilde{I}(x) = -\int_a^b f(u+\pi/x)\, e^{iux}\, du + O(x^{-1}) \,. \tag{5.47'}$$

Nun addieren wir (5.45') und (5.47') und gehen zum Absolutbetrag über. Dann ensteht

$$\left|\tilde{I}(x)\right| \leq \frac{1}{2} \int_a^b \left| f(t) - f(t+\pi/x) \right| dt + O(x^{-1}) \,,$$

und die rechte Seite der letzten Gleichung verschwindet für $x \to \infty$; q.e.d.

★

Wir haben hier das Riemann-Lebesgue-Lemma für den Fall des speziellen Integrals (5.45') bewiesen. Dieser Satz läßt sich jedoch auch auf Integrale der Klasse (5.45) anwenden, sofern die Phase $\psi(t)$ in keinem Teilintervall von $a \leq t \leq b$ konstant ist. Die dazu notwendige Beweisführung ist relativ aufwendig und der interessierte Leser findet sie in [4.4]. Es ist jedoch anschaulich klar, daß der Integrand $f(t)\, \exp[ix\psi(t)]$ für $x \to \infty$ stark oszilliert und daß sich daher Beiträge benachbarter Integrationsintervalle kompensieren. Man könnte nun versuchen, zur quantitativen Analyse des Problems

(5.45) AEn mit Hilfe der MPI herzuleiten. Diese Vorgangsweise führt zu

$$I(x) \sim \left. \frac{f(t) \exp[ix\psi(t)]}{i\,\psi'(t)\,x} \right|_{t=a}^{t=b} - \frac{1}{ix} \int_a^b \left(\frac{f}{\psi'} \right)' \exp[ix\psi(t)]\, dt . \tag{5.48}$$

Allerdings ist (5.48) nur dann eine gültige Approximation, wenn u.a. $\psi' \neq 0$ für $t \in [a,b]$ erfüllt ist. Tritt also innerhalb des Integrationsintervalls oder an seinen Rändern ein stationärer Punkt t_0 mit $\psi'(t_0)=0$ auf, dann versagt die MPI. In solchen Fällen können wir aber das Integrationsintervall in Teilintervalle, die stationäre Punkte beinhalten bzw. keine stationären Punkte aufweisen, unterteilen. Gleichung (5.48) besagt dann, daß die Beiträge von Teilintervallen, in denen keine stationären Punkte liegen, von der Größenordnung $O(x^{-1})$ sind.

Wir nehmen im Folgenden zunächst an, daß nur ein einziger, im Inneren des Integrationsintervalls liegender stationärer Punkt - $\psi'(c)=0$ mit $c \in (a,b)$ - auftritt und es sei außerdem die Bedingung $\psi''(c) \neq 0$ erfüllt (der Fall $\psi''(c)=0$ und $\psi'''(c) \neq 0$ wird in Aufgabe 5.11 behandelt). Schließlich sei die Funktion f(t) in [a,b] analytisch und es soll $f(c) \neq 0$ gelten (Im Falle $f(c)=0$ sind die entsprechenden Überlegungen etwas aufwendiger. Der interessierte Leser findet Hinweise zur Behandlung dieses Falles in [3.5]. Wir verzichten hier auf die Wiedergabe dieser Gedankengänge und behandeln nur in Aufgabe 5.12 ein spezielles Integral dieser Klasse). Dann folgt in Anlehnung an die Überlegungen des vorigen Abschnitts

$$I(x) \sim f(c) \exp[ix\,\psi(c)] \int_{c-\varepsilon}^{c+\varepsilon} \exp\left[ix\,\psi''(c)\, \frac{(t-c)^2}{2}\right] dt + O(x^{-1}) ,$$

dabei wird ε so klein gewählt, daß das Taylor-Polynom $\psi(c)+\psi''(c)(t-c)^2/2$ die Funktion $\psi(t)$ hinreichend genau approximiert.Setzen wir nun $t-c=(2/x)^{1/2}\,u$, dann entsteht

$$I(x) \sim 2\, f(c) \sqrt{\frac{2}{x}} \exp[ix\,\psi(c)] \int_0^{\varepsilon\sqrt{x/2}} \exp[i\,\psi''(c)\, u^2]\, du + O(x^{-1}) . \tag{5.49}$$

Bei der Bestimmung des ersten Gliedes der AE des Integrals in (5.49) können wir wieder die obere Grenze durch ∞ ersetzen und begehen dabei Fehler der Größenordnung $O(x^{-1/2})$. Es verbleibt noch die Berechnung des Integrals

$$I_1 = \int_0^\infty \exp(i\,k\,u^2)\, du \;, \quad \text{mit} \quad k = \psi''(c) . \tag{5.50}$$

Wir benutzen das schon mehrfach verwendete Konzept der Drehung des Integrationsweges in der komplexen Ebene (vgl. Aufgabe 4.16 bzw. 5.6) und verwenden den Residuensatz. Hinsichtlich des Parameters k muß jedoch eine Fallunterscheidung vorgenommen werden. Für $k > 0$ bzw. $k < 0$ ergänzen wir den Integrationsweg in (5.50) durch Kreisbögen und Gerade in der oberen bzw. unteren Halbebene (siehe Bild 5.1). Strebt der Radius der Kreisbögen gegen Unendlich, so verschwindet der Beitrag dieser Kreisbögen zu dem entsprechenden Ringintegral. Des Weiteren entspricht die Gerade C_3 dem Integrationsweg des steilsten Abstiegs (vgl. Sattelpunktsmethode in Abschnitt 5.5). Die Anwendung des Residuensatzes führt dann zu

$$k>0: \; I_1 = -\int_{C_3} \exp(i\,k\,u^2)\,du = e^{i\pi/4}\int_0^\infty \exp(-k\,s^2)\,ds = \frac{e^{i\pi/4}}{2}(\pi/k)^{1/2} \;;$$

bzw.

$$k<0: \; I_1 = \int_{C_3} \exp(i\,k\,u^2)\,du = e^{-i\pi/4}\int_0^\infty \exp(-|k|\,s^2)\,ds = \frac{e^{-i\pi/4}}{2}(\pi/\,|k|)^{1/2} \,.$$

Faßt man diese Ergebnisse zusammen und setzt sie in (5.50) ein, dann nimmt das erste Glied der AE des Integrals (5.45) die Form

$$I(x) \sim f(c)\sqrt{\frac{2\,\pi}{x\,|\psi''(c)|}}\,\exp\left\{i\,[x\,\psi(c) + \frac{\pi}{4}\,\text{sign}\,\psi''(c)]\right\} + O(x^{-1})\,, \quad \text{für } x\to\infty\,, \tag{5.51}$$

an. Wie bereits erwähnt, liefern die Teilintervalle, die keinen stationären Punkt beinhalten, Beiträge der Ordnung $O(x^{-1})$. Dies sind daher Korrekturglieder höherer Ordnung. Die Berechnung dieser Glieder kann mit Hilfe der im nächsten Abschnitt besprochenen Sattelpunktsmethode vorgenommen werden. Dabei müssen - ähnlich wie bei der Laplace-Methode - Taylor-Entwicklungen der Funktionen f(t) bzw. $\psi(t)$ bis zur zweiten bzw. bis zur vierten Ordnung angesetzt werden. Die entsprechenden Rechnungen finden sich z.B. in dem Buch von Whitham [5.2].

Ehe wir zur Behandlung von Beispielen übergehen, sollen noch einige Modifikationen der MSP kurz besprochen werden. Ist der stationäre Punkt Endpunkt des Integrationsintervalls (t=a bzw. t=b), dann sind folgende Änderungen vorzunehmen: Für c=a kommen die wesentlichsten Beiträge zu dem Integral (5.45) aus dem kleinen Intervall [a,a-ε]. (5.51) ist dann weiterhin gültig, wenn man die rechte Seite mit dem

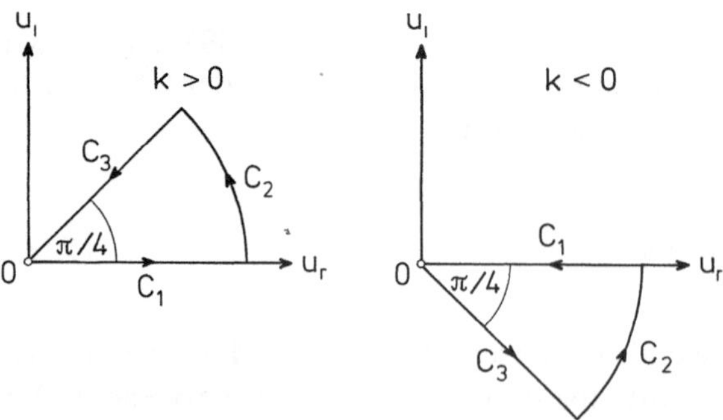

Bild 5.1 Integrationsweg zur Berechnung des Integrals (5.50) ($u=u_r+iu_i$)

Faktor 1/2 multipliziert (Warum ?). Im Fall c=b ist dagegen die rechte Seite von (5.51) mit dem Faktor -1/2 zu multiplizieren. Schließlich sind im Fall mehrerer stationärer Punkte die Beiträge der individuellen stationären Punkte zu summieren.

Zum Abschluß dieses Abschnitts sollen zwei **Beispiele** durchgerechnet werden. Wir beginnen mit der Bestimmung des ersten Gliedes der *AE der Bessel-Funktion* $J_m(x)$, für $x \to \pm\infty$. Ausgangspunkt ist die ID (4.64'), die wir für $x \in \mathbf{R}$ in der Form

$$J_m(x) = \frac{1}{\pi} \Re\{I(x)\}\ , \text{ mit } I(x) = \int_0^{\pi} e^{imt}\, e^{-ix \sin t}\, dt\ ; \text{ m ganzzahlig} \qquad (4.64")$$

anschreiben können. Ersetzt man in (4.64") für negative Werte von x diesen Parameter durch -|x| , dann lautet die Phasenfunktion ψ= -sin(t) sign(x). Der einzige stationäre Punkt innerhalb des Integrationsintervalls liegt an der Stelle $c=\pi/2$. Benutzt man (5.51), so folgt nach einer einfachen Zwischenrechnung

$$J_m(x) \sim \sqrt{2/(\pi|x|)} \cos\,[|x| - \pi/4 - \text{sign}(x)m\pi/2]\ , \text{ für } x \to \pm\infty\ . \qquad (5.52)$$

Man verifiziert leicht, daß (5.52) für x>0 mit dem ersten Glied der AE (3.108) übereinstimmt.

❑

Als zweites Beispiel soll das erste Glied der AE der *Airy-Funktion Ai(x) für x→−∞* berechnet werden. Wir knüpfen an die ID (4.20) an und es gilt für x<0

$$Ai(x) = \frac{1}{\pi} \Re\{I(x)\}\ , \text{ mit } I(x) = \int_0^{\infty} \exp\,[i\,(-|x|\,t + \frac{t^3}{3})]\, dt\ .$$

Wir verwenden jetzt die Substitution $t = |x|^{1/2} u$, dann folgt zunächst

$$I(x) = \sqrt{|x|} \int_0^{\infty} \exp\left[i\,|x|^{3/2}\,(\frac{u^3}{3} - u)\right] du\ .$$

Sieht man von dem multiplikativen Faktor $|x|^{1/2}$ ab, dann gehört mit $x := |x|^{3/2}$ und $\psi(u) = u^3/3 - u$ sowie f(u)=1 dieses Integral zur Klasse (5.45). An der Stelle u=1 liegt der einzige stationäre Punkt innerhalb des Integrationsintervalls und die Anwendung der MSP-Beziehung (5.51) führt zu (vgl. Aufgabe 3.11 bzw. 4.6).

$$Ai(x) \sim \frac{|x|^{-1/4}}{\sqrt{\pi}} \sin\left(\frac{2}{3}|x|^{3/2} + \frac{\pi}{4}\right) \text{ für } x \to -\infty\ . \qquad (5.53)$$

❑

Die MSP gestattet jedoch nicht die Berechnung der AE der Airy-Funktion Ai(x) für $x \to \infty$. Hier würde die Substitution $t = x^{1/2} u$ zu einer Phasenfunktion führen, deren stationäre Punkte nicht auf der reellen Achse liegen. Die entsprechende AE kann aber mit Hilfe der Sattelpunktsmethode bestimmt werden. Dabei zeigt es sich, daß stationäre Punkte der Phasenfunktion Sattelpunkten entsprechen und daß die durch Sattelpunkte führenden Kurven konstanter Phasen Kurven steilsten Anstiegs bzw. steilsten Abstiegs sind.

5.5 Die Sattelpunktsmethode

Wir haben im vorangegangenen Abschnitt gesehen, daß die stationären Punkte der Phasenfunktion u.U. in der komplexen Ebene liegen können. Es ist daher naheliegend zu versuchen, AEn von Integralen herzuleiten, die - als Verallgemeinerung von (5.1) - Kurvenintegrale in der komplexen Ebene sind. An Stelle von (5.1) untersuchen wir daher die Klasse von Integralen

$$I(x) = \int_C f(t) \exp[x\, g(t)]\, dt \;, \quad \text{mit } f \text{ und } g \in \mathbf{C}\,; \text{ für } x \to \infty\,. \tag{5.54}$$

Dabei wird angenommen, daß die Funktionen f(t) und g(t) komplexe Funktionen sind, die innerhalb eines Bereiches G der komplexen Ebene regulär sind. Die Kurve C verläuft zur Gänze innerhalb von G, wobei ihre Endpunkte - wie in Bild 4.1 - durch t=A bzw. t=B bezeichnet werden sollen. Verläuft C auf der reellen Achse und gilt $\Re[g(t)]=0$ bzw. $\Im[g(t)]=0$, dann liegen die in den Abschnitten 5.1 bis 5.3 respektive in 5.4 behandelten Spezialfälle vor. Wir setzen zunächst voraus, daß der Parameter x reell ist; diese Einschränkung wird jedoch später wieder aufgehoben.

Nimmt nun x sehr große Werte an, so ergeben sich für $\Im\{g(t)\}\neq 0$ starke Oszillationen des Integranden von (5.54). Dies kann dazu führen, daß Integrale des Typs (5.54) auch numerisch nur sehr schwierig zu berechnen sind. Derartige Komplikationen lassen sich aber umgehen, wenn es gelingt, unter Benutzung der Analytizität des Integranden die Integrationskurve C zu deformieren und einen neuen Integrationsweg C' zu finden, wobei die wesentlichen Beiträge zu (5.54) von Teilen von C' stammen, längs derer $\Im[g(t)]=\text{const}$ gilt. In Anlehnung an die Überlegungen des vorigen Abschnitts nennen wir $\Im\{g(t)\}$ wieder die Phasenfunktion (oder kurz: die Phase) des Integranden von (5.54). Ist nun C_1' eine derartige Teilkurve des neuen Integrationsweges C', dann gilt $C_1' : \Im[g(t)]=\Im[g(t_0)]$, wobei t_0 ein auf C_1' gelegener Punkt ist. Man nennt dann C_1' eine Kurve konstanter Phasen.

Setzen wir t =r+is und g(t)=A(r,s)+i B(r,s), dann gelten innerhalb des Regularitätsbereichs G der Funktion g(t) die Cauchy-Riemann-DGLn

$$A_r = B_s \text{ und } A_s = -B_r \,. \tag{5.55}$$

Aus diesen DGLn folgt unmittelbar, daß die Funktionen A und B Potentialgleichungen

$$\Delta A = 0 \text{ und } \Delta B = 0 \;;\; \Delta = \partial^2/\partial r^2 + \partial^2/\partial s^2 \tag{5.56}$$

erfüllen müssen. Nach einer Umformung von (5.55) erhält man die Beziehung

$$\text{grad}\, A \cdot \text{grad}\, B = 0\,. \tag{5.57}$$

(5.57) bedeutet aber, daß die Phase B(r,s) auf Kurven, deren Tangenten parallel (bzw. antiparallel) zu grad A verlaufen, konstant ist. Richtungen parallel bzw. antiparallel zu grad A entsprechen aber immer den Richtungen der maximalen lokalen Änderung der Funktion A(r,s) = $\Re[g(t)]$. Wir kommen daher zu dem bemerkenswerten Ergebnis, daß die Kurven konstanter Phasen Kurven steilsten Anstiegs (KSAN) bzw. steilsten Abstiegs (KSAB) des Realteils A(r,s) darstellen.

Jetzt wollen wir untersuchen, welche Arten von stationären Punkten die Funktionen A bzw. B (Real- bzw. Imaginärteil der analytischen Funktionen g(t)) innerhalb des Regularitätsgebietes G annehmen können. Die notwendigen Bedingungen zur Bestimmung der Extrema des Realteils lauten

$$\text{grad}\, A = \mathbf{0} \tag{5.58.1}$$

und wegen (5.55) folgt dann auch

$$\text{grad}\, B = \mathbf{0}\ . \tag{5.58.2}$$

Ist nun $t = t_0$ eine Lösung der Gleichung

$$g'(t_0) = 0\ , \tag{5.59}$$

dann sind (5.58.1) und (5.58.2) für $t = t_0$ erfüllt. Als hinreichende Bedingung für die Existenz von Extrema ist zusätzlich zu (5.58.1) bzw. (5.58.2) das Diskriminantenkriterium heranzuziehen. Die Funktion A(r,s) besitzt an der Stelle t_0 ein Extremum, wenn neben (5.58.1) noch zusätzlich die Bedingung

$$\delta = A_{rr}\, A_{ss} - A_{rs}^2 > 0 \quad \text{an}\ t = t_0 \tag{5.60}$$

erfüllt ist. Für die Funktion B ist eine analoge Bedingung anzusetzen. Da aber A bzw. B die Potentialgleichung (5.56) erfüllt, kann man (5.60) zu

$$\delta = -\,[\, A_{rr}^2 + A_{rs}^2\,] \le 0 \tag{5.61}$$

vereinfachen. (5.61) besagt, daß die innerhalb des Regularitätsgebietes G liegenden stationären Punkte des Real- bzw. Imaginärteils analytischer Funktionen lediglich *Sattelpunkte* sein können.

Wir wollen untersuchen, aus welchen Unterbereichen von G die wichtigsten Beiträge zu dem Integral (5.54) kommen. Der Einfachheit wegen soll zunächst angenommen werden, daß innerhalb von G nur ein einziger Sattelpunkt t_0 existiert und daß

$$|g''(t_0)| \neq 0\ ,\ \text{(Sattelpunkt zweiter Ordnung)} \tag{5.62}$$

erfüllt ist. Diese Einschränkung wird später wieder aufgehoben. Die Transformation

$$g(t)\ -\ g(t_0)\ =\ (c/2)\, z^2 \quad \text{mit} \quad c = g''(t_0) \tag{5.63}$$

verlegt den Sattelpunkt in der komplexen Ebene (z=u+iv) an die Stelle z=0 und sie gestattet eine Vereinfachung der weiteren Diskussion. Zur Festlegung des Astes der Funktion z(t) verlangen wir

$$\left.\frac{dz}{dt}\right|_{t=t_0} = 1\ . \tag{5.64}$$

Dann folgt nach Einsetzen von (5.63) in das Integral (5.54)

$$I(x) = \exp\,[x\, g(t_0)] \int_{\alpha(D)}^{\beta} \exp\,(\tfrac{cx}{2} z^2)\, s(z)\, dz\ ;\ s(z) = f(t(z))\, \frac{dt}{dz} \tag{5.65.1}$$

und die neuen Integrationsgrenzen lauten

$$\alpha = z\,(t{=}A) \quad \text{und} \quad \beta = z\,(t{=}B)\ , \tag{5.65.2}$$

wobei die Integration in der z-Ebene längs der Kurve D verläuft. Wir zerlegen jetzt den Exponenten des Integranden von (5.65.1) in Real- und Imaginärteil und setzen

$$F = (c/2)\, z^2 = \phi + i\,\psi\,. \tag{5.66}$$

Führen wir noch zusätzlich die Bezeichnungen

$$p = \arg z \quad \text{und} \quad p_0 = -\,(1/2)\arg c \tag{5.67}$$

ein, dann folgt mit (5.66)

$$\phi = 0 \;\text{ für }\; p - p_0 = \frac{\pi}{4}\,;\frac{3\pi}{4}\,;\dots \quad \text{und} \;\; \psi = 0 \;\text{ für }\; p - p_0 = 0\,;\frac{\pi}{2}\,;\dots\,. \tag{5.68}$$

Die durch (5.68) definierten Kurven sind Gerade durch den Sattelpunkt z=0. Insbesondere stellen die Geraden $\psi=0$ für $p=p_0$ bzw. $p=p_0+\pi/2$ Kurven steilsten Anstiegs (KSAN) bzw. Kurven steilsten Abstiegs (KSAB) dar.

Es ist nun klar, daß die wichtigsten Beiträge zu dem Integral (5.65.1) aus Gebieten mit maximalen Realteilen $\phi=\Re(F)$ kommen. Zur Unterscheidung der Regionen der komplexen Ebene haben sich die Begriffe "Berg" ($\phi>0$) und "Tal" ($\phi<0$) der Funktion ϕ eingebürgert. Berge und Täler werden dann durch die Geraden $\phi=0$ getrennt. Hinsichtlich der Lage der Endpunkte der Integration (α und β, siehe Bild 5.2) können nun die folgenden fünf Fälle auftreten:

(1) Beide Endpunkte liegen auf demselben Berg.
(2) Beide Endpunkte befinden sich in demselben Tal.
(3) Die Endpunkte befinden sich auf verschiedenen Bergen.
(4) Ein Endpunkt liegt in einem Tal, der andere auf einem Berg.
Und schließlich die für die Anwendungen besonders wichtige Möglichkeit
(5) Die beiden Endpunkte liegen in differenten Tälern.

Wie in Bild 5.2 dargestellt, setzen wir in allen fünf Fällen den Integrationsweg D durch Kurven ϕ=const und ψ=const zusammen. Sieht man von dem Spezialfall $\phi(\alpha)=\phi(\beta)$ ab, so dominieren für die Endpunktslagen (1) bis (4) die Beiträge der Endpunkte zum Integral (5.65.1). Dagegen schneidet sich im Sattelpunkt z=0 die Kurve steilsten Anstiegs (KSAN $\psi=0$ mit $p=p_0$) mit der Kurve steilsten Abstiegs (KSAB $\psi=0$ mit $p=p_0+\pi/2$). Im Fall der Endpunktslagen (5) kommen daher die wichtigsten Beiträge zu (5.65.1) aus einer kleinen Umgebung des Sattelpunktes, wobei der Integrationsweg in die KSAB gelegt wird.

Wir beginnen jetzt mit der Diskussion der verschiedenen Fälle.

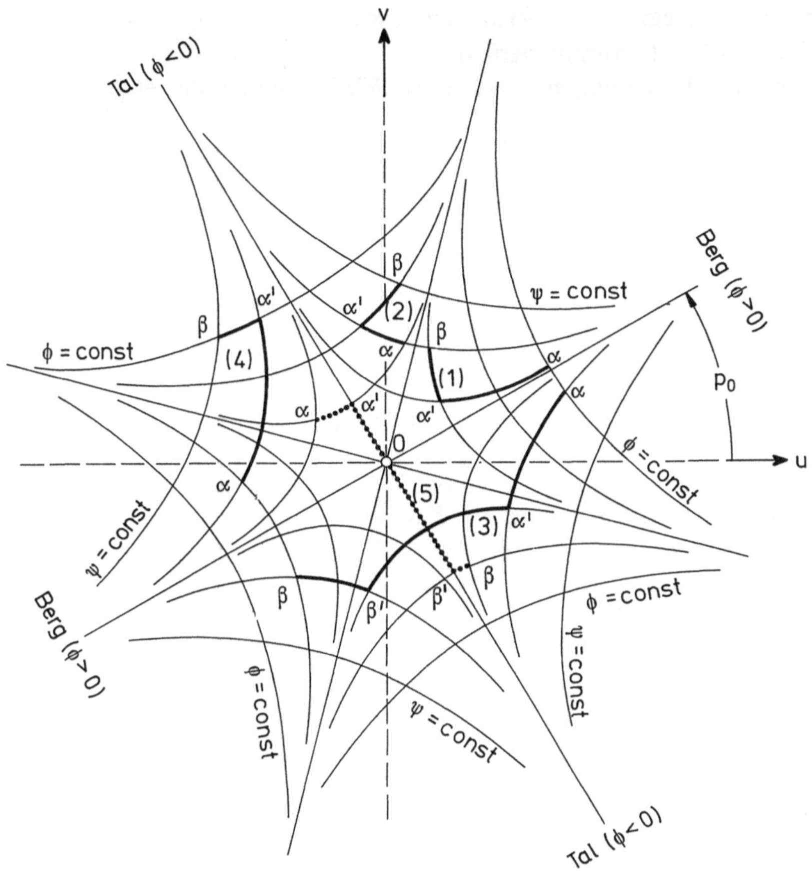

Bild 5.2 Berge und Täler in der Umgebung eines Sattelpunktes zweiter Ordnung

(1) bis (4) mit $\phi(\alpha) \neq \phi(\beta)$:

Hier dominiert der Beitrag eines der beiden Endpunkte. Wir nehmen an, daß die Beziehung $\phi(\alpha) > \phi(\beta)$ erfüllt ist (im umgekehrten Fall sind völlig analoge Überlegungen anzustellen). Dann folgt mit (5.65.1) (siehe Bild 5.2) zunächst

$$I(x) = \exp\{x\,[g(t_0) + F(\alpha)]\} \int_D \exp\{x\,[F(z) - F(\alpha)]\}\, s(z)\, dz\,. \qquad (5.65.1')$$

Die Funktion $\phi(u,v)$ weist voraussetzungsgemäß an der Stelle $z=\alpha$ das absolute Maximum auf. Bei Vernachlässigung rezessiver Fehler können wir daher den Integrationsweg D durch den Teilweg D_1 von α zu α' ersetzen. Da jedoch D_1 eine Kurve konstanter Phasen ($\psi(z)=\psi(\alpha)$) ist, können wir (5.65.1') vereinfachen und es entsteht

$$I(x) \sim \exp\{x\,[g(t_0) + F(\alpha)]\} \int_\alpha^{\alpha'} \exp\{x\,[\phi(z) - \phi(\alpha)]\} s(z)\, dz\,;\ x \to \infty\,. \qquad (5.69)$$

Das erste Glied der AE des Integral in (5.69) kann nun wegen $\phi(z)<\phi(\alpha)$ entweder mit der MPI oder mit Hilfe des WL bestimmt werden.

Ein **Beispiel** soll diese Überlegungen illustrieren. Wir berechnen das erste Glied der AE des Integrals

$$I(x) = \int_{1+i/2}^{1} \exp(x z^2)\, dz \quad \text{für} \quad x \to \infty \; . \tag{5.70}$$

Hier ist die Transformation (5.64) trivial (t=z). Es gilt $\phi(z)+i\psi(z)=z^2$ und $\phi=u^2-v^2$ und $\psi=2uv$. Setzt man noch $z=|z|e^{ip}$, dann findet man, daß die Berge in den beiden Sektoren $-\pi/4<p<\pi/4$ bzw. $3\pi/4<p<5\pi/4$ liegen (siehe Bild 5.3). Die Endpunkte der Integration befinden sich daher auf demselben Berg. Des Weiteren gilt

$$\phi(1,\tfrac{1}{2}) = \tfrac{3}{4} \; ; \; \psi(1,\tfrac{1}{2}) = 1 \; ; \; \phi(1,0) = 1 \quad \text{und} \quad \psi(1,0) = 0 \; .$$

Der Integrationsweg zur Berechnung der AE von (5.70) ist in Bild 5.3 skizziert. Wir integrieren ausgehend vom Punkt 1+i/2 längs der Kurve $\phi=3/4$ bis zur reellen Achse. Der Schnittpunkt dieser beiden Kurven ist durch $z=\sqrt{3}/2$ gegeben. Anschließend integrieren wir längs der reellen Achse (Kurve konstanter Phase mit $\psi=0$) bis zum Punkt z=1. Dann folgt

$$I(x) = e^{3x/4} \int_{1+i/2}^{\sqrt{3}/2} \exp(2iuvx)\, dz + \int_{\sqrt{3}/2}^{1} \exp(xu^2)\, du = e^{3x/4}\, I_1(x) + I_2(x) \; , \tag{5.71}$$

wobei das Integral $I_1(x)$ längs der Kurve $\phi=3/4$ zu bilden ist. Dieses Integral wird in Aufgabe 5.15 berechnet. Es ist jedoch klar, daß die wichtigsten Beiträge vom Endpunkt z=1 kommen. Berechnet man die AE des Integrals $I_2(x)$ mit Hilfe der MPI,

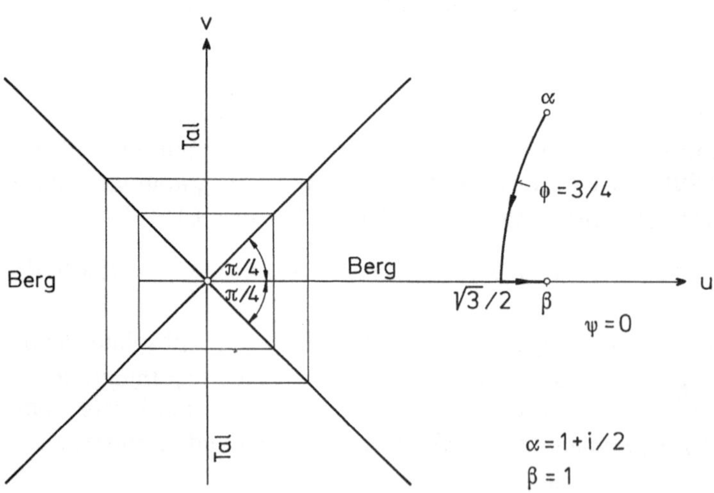

Bild 5.3 Berge, Täler und Integrationswege bei der Berechnung des Integrals (5.70)

dann entsteht

$$I(x) \sim \frac{e^x}{2x}\{1+O(x^{-1})\} + O(e^{3x/4}) \quad \text{für } x\to\infty . \tag{5.72}$$

❑

Im Fall der *Endpunktslagen (5)* kommen die wichtigsten Beiträge zum Integral (5.54) aus einer kleinen Umgebung des Sattelpunktes. Verwendet man die Transformation (5.63), dann integriert man längs der KSAB (die Kurve arg z = $p_0+\pi/2$ in Bild 5.2) vom Punkt $z=\alpha'$ bis zum Punkt $z=\beta'$. Der Beitrag der beiden anderen Teilkurven (der Kurven ϕ=const von $z=\alpha$ bis $z=\alpha'$ bzw. von $z=\beta'$ bis $z=\beta$) ist hier exponentiell klein. In den Unterabschnitten 5.5.1 bis 5.5.3 werden AEn einiger höherer transzen-denter Funktionen berechnet, bei denen diese Endpunktslagen auftreten.

An dieser Stelle soll nur noch ein für die Anwendungen wichtiger Spezialfall genauer behandelt werden. Setzt man in (5.54) $f(t)\equiv 1$, dann erhält man die etwas einfachere (bzw. speziellere) Klasse von Integralen

$$\tilde{I}(x) = \int_C \exp[x\, g(t)]\, dt \quad \text{für } x\to\infty . \tag{5.73}$$

Der Punkt t_0 sei Sattelpunkt zweiter Ordnung ($g'(t_0)=0$ und $g''(t_0)\neq 0$) und die beiden Endpunkte der Integration in (5.73) liegen in verschiedenen Tälern. Als Integrationsweg wählen wir die von α' nach β' verlaufende KSAB, die durch

$$\Im[g(t)] = \Im[g(t_0)] \;\; ; \;\; \Re[g(t)] \le \Re[g(t_0)] \tag{5.74}$$

definiert ist. An Stelle der Transformation (5.63) arbeiten wir jetzt mit der Substitution

$$z^2 = g(t_0) - g(t) . \tag{5.63'}$$

Wegen (5.74) sieht man sofort, daß die durch (5.63') definierte Variable z nur reelle Werte annehmen kann. Schließlich soll noch angenommen werden, daß z in den beiden Tälern unterschiedliche Vorzeichen annimmt. Unter Vernachlässigung der subdominanten Beiträge der Kurven ϕ=const folgt daher mit (5.73) und (5.63')

$$\tilde{I}(x) \sim \exp[x\, g(t_0)] \int_{-L_1}^{L_2} \exp(-x z^2) \frac{dt}{dz}\, dz \quad \text{für } x\to\infty . \tag{5.75}$$

Dabei sind die beiden positiven Parameter L_1 bzw. L_2 durch $-L_1=z(t=\alpha')$ bzw. $L_2=z(t=\beta')$ definiert (siehe Bild 5.2). Ersetzt man nun die Grenzen in (5.75) durch $\pm\infty$, dann begeht man dabei nur exponentiell kleine Fehler. Zur weiteren Rechnung muß die Umkehrfunktion $t=t(z)$ und ihre Ableitung dt/dz bestimmt werden. Dies kann in Form einer Potenzreihenentwicklung

$$\frac{dt}{dz} = \sum_{n=0}^{\infty} a_n z^n \tag{5.76}$$

geschehen. Setzt man die Reihe (5.76) in das Integral (5.75) ein, ersetzt dort die

Grenzen durch ±∞ und beachtet (4.65'), dann erhält man die AE des Integrals (5.73)

$$\tilde{I}(x) \sim x^{-1/2} \exp[x\, g(t_0)] \sum_{n=0}^{\infty} a_{2n}\, \Gamma(n+\tfrac{1}{2})\, x^{-n} \quad \text{für } x \to \infty . \tag{5.77}$$

Wir müssen jedoch noch die Koeffizienten a_n in (5.76) bzw. (5.77) berechnen. Diese Aufgabenstellung ist mit dem Problem der Inversion einer Potenzreihe verknüpft. Im Buch von Morse und Feshbach [1.2] wird das im Folgenden angegebene Schema bewiesen.

Für eine vorgegebene Funktion g(t) bestimmt man zunächst die Koeffizienten b_n der Potenzreihe

$$g(t_0) - g(t) = \sum_{n=0}^{\infty} b_n (t-t_0)^{n+2} \quad \text{mit } b_0 \neq 0 . \tag{5.78}$$

Man verifiziert leicht, daß der Ansatz (5.78) die Bedingungen $g'(t_0)=0$ bzw. $g''(t_0)\neq 0$ erfüllt. Die Koeffizienten a_n der Reihe in (5.76) erhält man nun durch Anwendung der Relation

$$a_n = \frac{1}{n!} \left\{ \frac{d^n}{du^n} \left[\sum_{p=0}^{\infty} b_p u^p \right]^{-(n+1)/2} \right\}_{u=0} . \tag{5.79}$$

Die Berechnung der beiden ersten relevanten Koeffizienten (a_1 tritt in (5.77) nicht auf) ergibt

$$a_0 = \frac{1}{\sqrt{b_0}} \quad \text{und} \quad a_2 = a_0 \left(\frac{15}{8} b_1^2 b_0^{-3} - \frac{3}{2} b_2 b_0^{-2} \right) . \tag{5.79'}$$

Wir werden dieses Verfahren in 5.5.1 zur Berechnung der AE der Gamma-Funktion heranziehen.

★

Bis jetzt wurde angenommen, daß an der Stelle t_0 ein Sattelpunkt zweiter Ordnung ($g'(t_0)=0$ und $g''(t_0)\neq 0$) vorliegt. Gilt jedoch

$$g'(t_0) = g''(t_0) = \ldots = g^{(n-1)}(t_0) = 0 \quad \text{und} \quad g^{(n)}(t_0) \neq 0 ,$$

dann nennt man t_0 einen Sattelpunkt n-ter Ordnung. (5.63) bzw. (5.63') sind in diesem Fall durch die Transformation

$$g(t) = g(t_0) + z^n \tag{5.80}$$

zu ersetzen, wobei der Sattelpunkt in der z-Ebene wieder im Ursprung z=0 liegt. Zusätzlich zu (5.80) muß ein Konvention zur Festlegung des Verzweigungsschnittes vorgegeben werden.

Als Beispiel sei ein Sattelpunkt dritter Ordnung vorgelegt. Nach Einsetzen der Transformation (5.80) für n=3 in das Integral (5.54) folgt zunächst

$$I(x) = \exp[x\, g(t_0)] \int_{\alpha(D)}^{\beta} \exp(x z^3)\, s(z)\, dz , \tag{5.81}$$

wobei die Funktion s(z) wieder durch (5.62.2) gegeben ist und α bzw. β die Integrationsgrenzen in der z-Ebene darstellen. Setzt man wieder z=u+iv, dann tritt im Exponenten des Integranden in (5.81) die Funktion

$$F(z) = z^3 = \phi + i\psi\,,\ \text{mit}\ \phi = u^3 - 3uv^2\ \text{und}\ \psi = 3u^2v - v^3$$

auf. Dies bedeutet, daß die drei Berge ($\phi>0$) und die drei Täler ($\phi<0$) die in Bild 5.4 skizzierte Lage aufweisen. Durch den Sattelpunkt gehen die Kurven konstanter Phasen $\psi=0$. Dies sind die Geraden v=0 (KSAB bzw. KSAN für $u\leq0$ bzw. $u\geq0$) und $v=\pm3^{1/2}u$ (KSAB bzw. KSAN für $u\geq0$ bzw. $u\leq0$). Damit ist es klar, daß im Fall von Sattel-punkten n-ter Ordnung n Täler bzw. Berge auftreten und daß n Kurven konstanter Phasen sich im Sattelpunkt schneiden. Hinsichtlich der Lage der Endpunkte der Integration bringt daher die Untersuchung der Fälle $n\geq2$ nichts Neues. Es ergeben sich wieder die für n=2 diskutierten fünf Möglichkeiten und die daraus resultierenden Konsequenzen (Dominanz eines Endpunktes bzw. des Sattelpunktes) sind auch für $n\geq2$ zu ziehen. Die Bedeutung der Transformation (5.63) bzw. (5.63') sowie (5.80) ist nun darin zu sehen, daß bei Verwendung der neuen Variablen z die Berge und Täler trennenden Kurven $\phi=0$ Geraden sind. Würde man zur Identifikation von Bergen und Tälern mit der ursprünglichen Variablen t arbeiten, so wären die entsprechenden Kurven durch $\Re[g(t)]=\Re[g(t_0)]$ definiert, wobei diese Kurven nur in kleinen Umgebungen der Sattelpunkte t_0 in Gerade übergehen. Die genannten Transformationen sind daher einfache Routinen zur Auffindung der Lage von Bergen bzw. Tälern und damit Identifikation der Endpunkte der Integration. Ist dieser Teil des Problems gelöst, dann muß zur weiteren Berechnung des Integrals (5.54) auf eines der in den Abschnitten 5.1 bis 5.4 beschriebenen Verfahren zurückgegriffen werden.

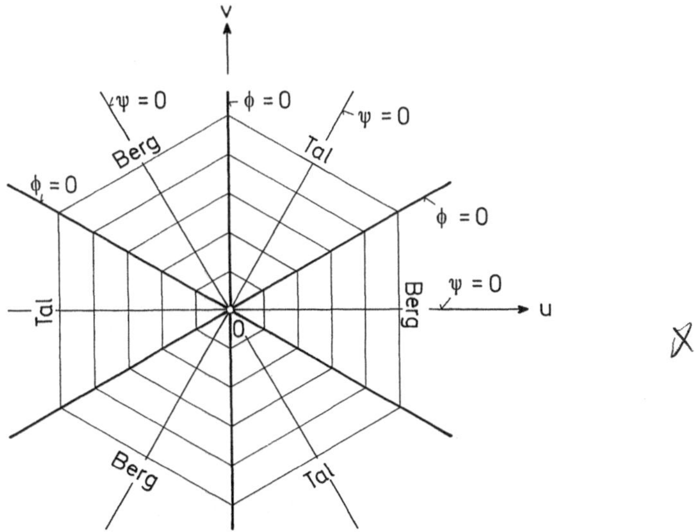

Bild 5.4 Berge und Täler in der Umgebung von Sattelpunkten dritter Ordnung

Im Spezialfall von Integralen der Klasse (5.73) mit Endpunkten in differenten Tälern verwendet man allerdings zweckmäßigerweise die durch (5.77) bis (5.79) beschriebene Integrationsmethode.

Bevor wir zur Behandlung von Beispielen übergehen, muß noch eine wichtige Verallgemeinerung vorgenommen werden. Bis jetzt wurde angenommen, daß der Parameter x im Integral (5.54) reell ist. Diese Einschränkung soll jetzt aufgehoben werden. Für *komplexe Werte von x* setzen wir

$$x = |x|\, e^{ik} \quad \text{und} \quad G(t) = e^{ik}\, g(t)\,, \tag{5.82}$$

wobei das Integral (5.54) jetzt für den Grenzfall $|x| \to \infty$ in eine asymptotische Reihe entwickelt werden soll. Da mit $g'(t_0)=0$ auch $G'(t_0)=0$ folgt, ist die Lage des Sattelpunktes t_0 unabhängig von der Phase k des Parameters x. Die Transformation (5.82) stellt jedoch eine Drehung um den Winkel k dar. Eine Variation der Phase k bedingt daher eine Änderung der Lage von Bergen und Tälern. Dabei kann es vorkommen, daß ein Integrationsendpunkt der innerhalb eines Sektors $k_0<k<k_1$ auf einem Berg (in einem Tal) liegt, in anderen Sektoren in einem Tal (auf einem Berg) zu finden ist. Wir können daher erwarten, daß das Stokessche Phänomen auftritt, wobei die AEn des Integrals (5.54) in unterschiedlichen Sektoren der komplexen x-Ebene durch differente Ausdrücke gegeben sind.

Im Folgenden wird die Sattelpunktsmethode zur Berechnung der AEn einiger, in der Praxis wichtiger, höherer transzendenter Funktionen herangezogen.

5.5.1 Asymptotische Entwicklung der Gamma-Funktion für $x \to \infty$

Wir knüpfen an die Integraldarstellung (4.82) an. Der Integrationsweg C ist in Bild 4.2 skizziert und er umläuft die positive reelle Achse, in der der Verzweigungsschnitt des Integranden liegt. Die Substitution $t=-ux$ $(x>0)$ führt (4.82) in das zur Klasse (5.54) gehörige Integral

$$\frac{1}{\Gamma(x)} = \frac{x^{1-x}}{2i\pi} \int_{C} \exp\,[x\,(u - \ln u\,)]\, du \tag{4.82'}$$

über. Dabei wird der Verzweigungsschnitt des Logarithmus in die negative reelle Achse gelegt. Der Anfangspunkt der Integration A ist $u= -\infty - i\varepsilon^2$, der Endpunkt B ist $u= -\infty + i\,\varepsilon^2$ mit beliebigen reellen Werten von ε und die Kurve C' in (4.82') umläuft die negative reelle Achse. Es gilt $g(u)=u - \ln u$ und an der Stelle $u_0=1$ liegt ein Sattelpunkt zweiter Ordnung vor. Mit $u=r+is$ und $g= \phi+ i\psi$ folgt unter Beschränkung auf den Hauptwert des Logarithmus

$$\phi = r - (1/2)\ln(r^2 + s^2) \quad \text{und} \quad \psi = s - \arctan(s/r) \quad . \tag{5.83}$$

Die durch den Sattelpunkt führenden Kurven konstanter Phasen sind die beiden Lösungen der Gleichung $\psi(r,s) = \psi(1,0) = 0$;

$$1)\ s = 0 \quad \text{und} \quad 2)\ r = s \cot s \ . \tag{5.84}$$

Zur Identifikation der KSAB bzw. KSAN setzen wir die beiden Lösungen (5.84) in den ersten Teil von (5.83) und es folgt

$$1)\ \phi = r - \ln r \quad \text{und} \quad 2)\ \phi = s \cot s - \ln(s / \sin s)\,. \tag{5.85}$$

Wir untersuchen jetzt diese beiden Funktionen in kleinen Umgebungen des Sattelpunktes. Dann gilt für $\varepsilon \to 0$ bzw $s \to 0$

$$1)\ r=1+\varepsilon\,;\ \phi=1+\varepsilon^2/2 + O(\varepsilon^3) \quad 2)\ \phi=1-s^2/2 - s^4/36 + O(s^6)\,. \tag{5.86}$$

Daher entspricht der Fall 1) (reelle Achse) der KSAN, während die Kurve 2) in (5.84) die KSAB darstellt. Auf der KSAB gilt $r(-s)=r(s)$, sowie $r(\pi/2)=0$ und $r(\pi_-)=-\infty$. Durchläuft daher die Variable s ausgehend von $s=-\pi$ alle Werte des Intervalls $[-\pi,\pi]$, so ist die KSAB $r=s\cot(s)$ ein zulässiger Integrationsweg der Klasse C'. Auf der KSAB ist die Funktion $\phi(s)$ durch den zweiten Teil von (5.85) gegeben und hier gilt $\phi(-s)=\phi(s)$, sowie $\phi(s=\pi_-)=-\infty$. Dies zeigt, daß die Endpunkte der Integration in Tälern liegen. Zur Beantwortung der Frage, ob die Endpunkte in verschiedenen Tälern liegen, berechnen wir die Kurven $\phi(r,s)=\phi(1,0)$, die Berge und Täler trennen. Dann folgt mit (5.83)

$$s = \pm \sqrt{e^{2(r-1)} - r^2}\,. \tag{5.87}$$

Der Verlauf dieser Kurve, sowie die KSAB bzw. KSAN sind im Bild 5.5 wiedergegeben. Da der Punkt u=0 eine Singularität der Funktion ϕ darstellt, umschließt die

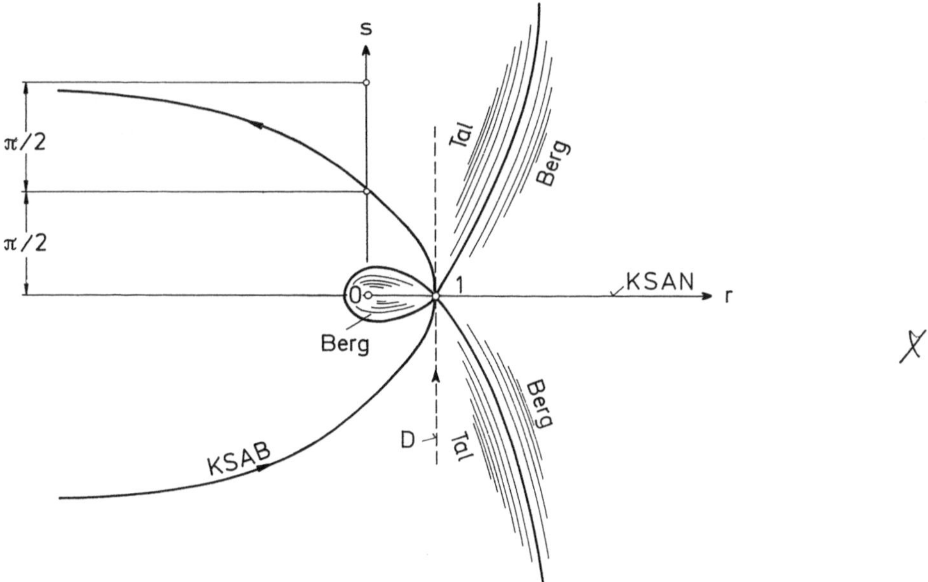

Bild 5.5 Berge und Täler der Funktion $\Phi(r,s)$, sowie KSAB und KSAN bei der Berechnung der AE der Gamma-Funktion. Die Gerade D dient der Bestimmung des ersten Glieds dieser Entwicklung

Kurve (5.87) die "Bergspitze" u=0. Die beiden Endpunkte der Integration liegen daher in differenten Tälern. Längs der KSAB gilt nun $\phi=\phi_2(s)= s\cot(s) - \ln(s/\sin s)$, $\psi=0$ und $du=ds(i+dr/ds)$. Da $\phi_2(s)$ bzw. dr/ds gerade bzw. ungerade Funktionen sind, können wir (4.82') vereinfachen und es folgt

$$\frac{1}{\Gamma(x)} = \frac{x^{1-x}}{2\pi} \int_{-\pi}^{\pi} \exp[x\, \phi_2(s)]\, ds\,. \tag{5.88}$$

Das Integral in (5.88) gehört zur Klasse (5.73) und wir verwenden gemäß (5.63') die Substitution $z^2=1 - \phi_2(s)$. Dabei wählen wir das Vorzeichen der Variablen z dermaßen, daß zu positiven (negativen) Werten von s positive (negative) Werte von z korrespondieren. Dann folgt mit (5.77)

$$\frac{1}{\Gamma(x)} \sim \frac{x^{1/2-x}\, e^{x}}{2\pi} \sum_{n=0}^{\infty} a_{2n}\, \Gamma(n+\tfrac{1}{2})\, x^{-n}\quad, \text{für } x\to\infty\,. \tag{5.89}$$

Die Koeffizienten a_{2n} bestimmen wir jetzt durch sinngemäße Anwendung von (5.78) und (5.79) ($t:=s$; $t_0:=0$ und $g:=\phi_2$), wobei die ersten Glieder der Potenzreihe (5.78) bereits durch (5.86) festgelegt sind. Dabei erhalten wir $a_0=\sqrt{2}$ und $a_2=-\sqrt{2}/6$. Damit lautet die AE bis zum zweiten Glied der Gamma-Funktion (die zweigliedrige Stirling-Formel)

$$\frac{1}{\Gamma(x)} \sim \frac{x^{1/2-x}\, e^{x}}{\sqrt{2\pi}} \left\{1 - \frac{1}{12x} + O(x^{-2})\right\}\,, \text{ für } x\to\infty\,. \tag{5.90}$$

Das erste Glied der AE (5.90) stimmt mit der unter Verwendung der Laplace-Methode gewonnenen asymptotischen Darstellung (5.42) überein. Im Rahmen der Aufgabe 5.16 reproduzieren wir das erste Glied dieser AE durch eine näherungsweise Anwendung der Sattelpunktsmethode. Dabei integrieren wir nicht längs der KSAB, sondern ziehen die durch den Sattelpunkt gehende Gerade D als Integrationsweg heran. Diese Approximation ist dadurch gerechtfertigt, daß die wichtigsten Beiträge zu dem Integral (4.82') aus kleinen Umgebungen des Sattelpunktes kommen. Deshalb kann man näherungsweise jede Kurve, die aus dem Tal des Anfangspunktes kommend über den Sattelpunkt, in das Tal des Endpunktes führt, als Integrationsweg benutzen.

5.5.2 Asymptotische Entwicklung der verallgemeinerten Airy-Funktionen für $|x| \to\infty$

Wir knüpfen an die IDn (4.23.1) und (4.23.2) der verallgemeinerten Airy-Funktionen an. Als Voruntersuchung beginnen wir mit dem Fall reeller Argumente und betrachten den Grenzfall $x\to\infty$ und verwenden die Substitution (vgl. Abschnitt 5.4)

$$t = \sqrt{x}\, u\quad. \tag{5.91}$$

Dann folgt mit den Beziehungen (4.22) bis (4.23.2)

$$A(x,n) = -\frac{x^{(1-n)/2}}{2i\pi}\int_{C_1} u^{-n}\exp[x^{3/2}g(u)]\,du\ ;\ g(u) = u - u^3/3 \qquad (5.92)$$

bzw.

$$B(x,n) = \frac{x^{(1-n)/2}}{2\pi}\left(\int_{C_2} - \int_{C_3}\right) u^{-n}\exp[x^{3/2}g(u)]\,du\ , \qquad (5.93)$$

wobei die Integrationswege C_j (j=1,2,3) wieder den in Bild 4.3 dargestellten Verlauf haben. Bildet man g'(u), so findet man an den Stellen u_1=1 bzw. u_2=-1 Sattelpunkte zweiter Ordnung. Jetzt setzen wir $g=\phi+i\psi$ und $u=r+is$ und es folgt

$$\phi = r\left(1 - \frac{r^2}{3} + s^2\right) \quad \text{und} \quad \psi = s\left(1 - r^2 + \frac{s^2}{3}\right). \qquad (5.94)$$

Kurven konstanter Phasen durch die Sattelpunkte sind für $u_{1,2}=\pm 1$ durch $\psi(r,s)=0$ gegeben. Die Lösungen dieser Gleichung sind

$$1)\ s = 0 \ \ \text{mt}\ \ \phi = \phi_1 = r\left(1 - \frac{r^2}{3}\right), \qquad (5.95)$$

$$2)\ \text{die Hyperbeln}\ r^2 - \frac{s^2}{3} = 1 \ \ \text{mit}\ \ \phi = \phi_2 = r\left(\frac{8r^2}{3} - 2\right). \qquad (5.96)$$

Dabei hat $\phi_1(r)$ an den Stellen r=1 bzw. r=-1 ein relatives Maximum bzw. Minimum. Die Funktion $\phi_2(r)$ besitzt für $|r|\geq 1$ keine relativen Extrema. Zur Untersuchung dieser Funktion in kleinen Umgebungen der Sattelpunkte bilden wir ($\varepsilon<<1$)

$$\phi_2(1+\varepsilon^2) = 2/3 + 6\varepsilon^2 + O(\varepsilon^4) \geq \phi_2(1) = 2/3 \quad ,$$
$$\phi_2(-1-\varepsilon^2) = -\ 2/3 - 6\varepsilon^2 + O(\varepsilon^4) \leq \phi_2(-1) = -\ 2/3$$

Damit ist klar, daß für den Sattelpunkt u_1=1 die reelle Achse die KSAB darstellt, während der Ast der Hyperbel $r=(1+s^2/3)^{1/2}$ die KSAN repräsentiert. Umgekehrt ist für den Fall des Sattels u_2=-1 die reelle Achse die KSAN und der Ast der Hyperbel $r=-(1+s^2/3)^{1/2}$ stellt dieKSAB dar. Diese Kurven konstanter Phasen durch die Sattelpunkte sowie die Lage von Bergen und Tälern sind in Bild 5.6 wiedergegeben. Dabei sehen wir insbesondere, daß im Fall des Sattels u_2=-1 die KSAB asymptotisch (für $r\to-\infty$) in den für A(x,n) relevanten Integrationsweg C_1 (vgl. Bild 4.3) übergeht. An den Endpunkten von C_1 ($\infty\exp(\pm 2i\pi/3)$) gilt $\phi=-\infty$. Diese Punkte liegen daher in differenten Tälern. Damit folgt, daß bei der Bestimmung der AE der Funktion A(x,n) (für $x\to\infty$) die Stelle u_2=-1 den relevanten Sattelpunkt darstellt. Andererseits liegen auch die Endpunkte der Integrationswege C_2 und C_3 ($\infty\exp(\pm 2i\pi/3)$ bzw. ∞) in differenten Tälern und diese Kurven lassen sich für $r=\Re(u)>0$ in die KSAB durch den Sattel u_1=1 überführen. Folglich ist die Stelle u_1=1 der für die Berechnung der AE der Funktion B(x,n) (für $x\to\infty$) geeignete Sattelpunkt. Die explizite Bestimmung der AE der Funktion B(x,n) erfolgt gemäß diesen Ausführungen in Aufgabe 5.18.

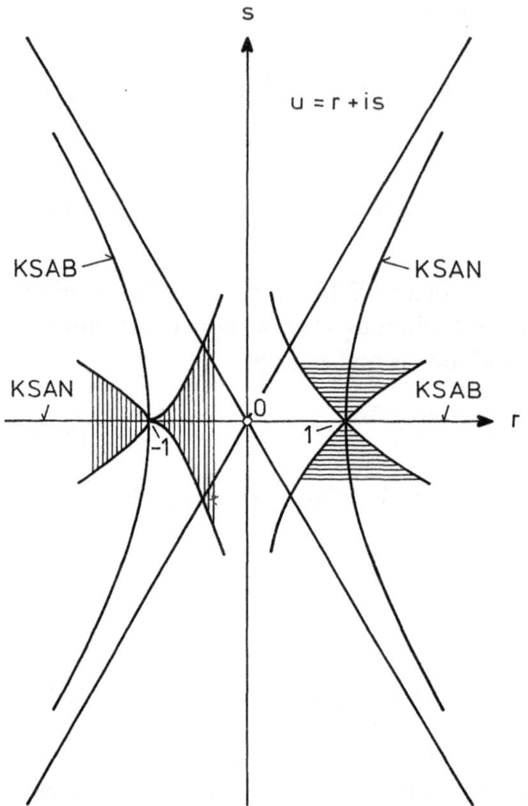

Bild 5.6 Sattelpunkte, KSAB und KSAN bei der Berechnung der AEn der verallgemeinerten Airy-Funktionen. Die schraffierten Gebiete sind die Bergregionen in der Nähe der Sattelpunkte

Durch die vorangegangenen Voruntersuchungen haben wir festgestellt, daß für $x \to \infty$ der relevante Sattel bei der AE der Funktion A(x,n) durch den Punkt $u_2=-1$ gegeben ist. Wir setzen im Folgenden voraus, daß diese Aussage auch für *komplexe Werte von x und* $|x| \to \infty$ innerhalb eines gewissen Sektors $-a<\arg(x)<b$ gilt. Die Grenzen dieses Sektors a bzw. b sind zunächst unbestimmte Parameter, die erst durch die folgenden Überlegungen berechnet werden.

Wir verwenden hier nicht mehr die Substitution (5.91), sondern gehen direkt von der Integraldarstellung (4.23.1) aus. Vergleicht man mit (5.54), dann sieht man, daß dort xg(t) durch $g_1(x,t)=xt-t^3/3$ ersetzt werden muß. Die beiden Sattelpunkte ergeben sich als Lösung der Gleichung $\partial g_1/\partial t=0$ und sie liegen an den Stellen $t=\pm\sqrt{x}$. Die Lage der Sattelpunkte variiert daher mit dem Parameter x, wobei der für die AE der Funktion A(x,n) relevante Sattel der Punkt $t=-\sqrt{x}$ ist. Die Berechnung der Kurven konstanter Phasen durch den Sattelpunkt ist für komplexe Werte von x relativ aufwendig. Andererseits wissen wir aber, daß wir jeden Integrationsweg, der aus einem Tal kommend über den Sattel in das andere Tal führt, wählen dürfen. Die dabei bestimmte AE des entsprechenden Integrals stimmt dann, abgesehen von subdominanten Gliedern, mit der längs der KSAB hergeleiteten asymptotischen Reihe überein. Wir verzichten daher auf die Bestimmung der KSAB und ersetzen diesen Integrationsweg durch das Geradenstück G zwischen den asymptotischen Geraden (siehe Bild 5.7)

$$G: \; t = -\sqrt{x} + is \quad \text{mit} \quad s_1 \le s \le s_2 \, . \tag{5.97}$$

Dabei korrespondieren die beiden Parameter $s_{1,2}$ zu den Schnittpunkten A' und B' der Geraden G mit den beiden asymptotischen Geraden ($t=|t| \exp(\pm 2i\pi/3)$ und $\Re(t) \le 0$) und es gilt mit $x=|x|\, e^{ik}$

$$s_{1,2} = |x|^{1/2} \left[\pm \sqrt{3} \cos(k/2) + \sin(k/2) \right] . \tag{5.98}$$

Die beiden Schnittpunkte A' und B' liegen auf der durch (5.97) definierten Geraden und es gilt an A'(B') $t=t(s_1)$ ($t=t(s_2)$). Die Gerade G führt nun sicherlich durch den Sattelpunkt $t=-\sqrt{x}$. Liegt dieser Punkt aber auch zwischen A' und B' und damit

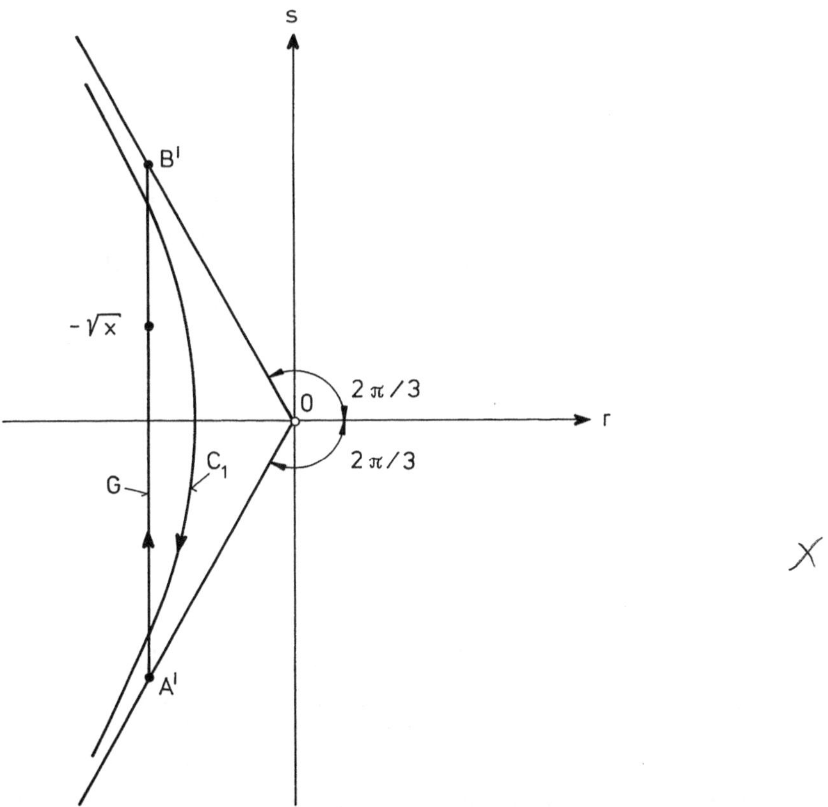

Bild 5.7 Integrationsweg zur Bestimmung der AE der Funktion A(x,n) für $|x| \to \infty$

innerhalb der beiden asymptotischen Geraden? Zur Beantwortung dieser Frage legen wir den Verzweigungsschnitt von $\sqrt{x}$ in die negative reelle Achse ($-\pi<k<\pi$; $-\sqrt{x}=|x|^{1/2}\exp[i(\pi+k/2)]$).Daher liegt der Sattelpunkt $-\sqrt{x}$ dann und nur dann zwischen den Punkten A' und B', wenn die Bedingung

$$-2\pi/3 < k < 2\pi/3 \ , \tag{5.99}$$

erfüllt ist. Gemäß (5.98) sind die Endpunkte des Geradenstücks G durch $s_1(k)$ und $s_2(k)$ festgelegt. und es gilt

$$-2\sqrt{|x|} < s_1(k) < 0 = s_1(k{=}2\pi/3) \ ; \ 0 = s_2(k{=}-2\pi/3) < s_2(k) < 2\sqrt{|x|} \ . \tag{5.100}$$

Wir wählen als Integrationsweg C_1 die asymptotische Gerade von $\infty\exp(-2i\pi/3)$ bis zum Punkt A', das Geradenstück zwischen den Punkten A' und B' und die asymptotische Gerade vom Punkt $\infty\exp(2i\pi/3)$. Dann folgt mit (4.23.1)

$$A(x,n) = \frac{1}{2\pi i}\left\{\int_{A'(G)}^{B'} F(x,t,n)\,dt + I_+(x) + I_-(x)\right\} \ , \tag{5.101.1}$$

mit

$$I_+(x) = \int_{B'}^{\alpha_+} F(x,t,n)\,dt \ ; \ I_-(x) = \int_{\alpha_-}^{A'} F(x,t,n)\,dt \ ; \ \alpha_\pm = \exp(\pm 2i\pi/3). \tag{5.101.2}$$

Für $k=\arg(x)$ im Sektor (5.99) führt das Geradenstück G durch den Sattelpunkt. Die Beiträge der Integrale $I_\pm(x)$ sind daher für $|x|\to\infty$ subdominant; Hinweise zur Abschätzung finden sich in Aufgabe 5.19. Wir vernachlässigen daher im Folgenden die Integrale $I_\pm(x)$ und verwenden für das verbleibende Integral in (5.101.1) die durch (5.97) gegebene Substitution. Dann folgt zunächst mit (4.22) und (4.23.1)

$$A(x,n) \sim \frac{(-1)^n x^{-n/2}}{2\pi} \exp\left(-\frac{2}{3}x^{3/2}\right) Z_n(x) \ , \tag{5.102.1}$$

mit

$$Z_n(x) = \int_{s_1}^{s_2} (1 - isx^{-1/2})^{-n} \exp\left(-s^2\sqrt{x} + \frac{is^3}{3}\right) ds \ . \tag{5.102.2}$$

Im Exponenten des Integranden von (5.102.2) tritt nun die Funktion $g_2(x,s)= =-s^2\sqrt{x}+is^3/3$ auf und die Integration erfolgt im Reellen. Diese Funktion hat an der Stelle $s=0$ einen stationären Punkt. Da aber $\Im(g)$ nicht konstant ist, stellt das Geradenstück G nicht die Kurve steilsten Abstiegs durch den Sattelpunkt dar. Wegen $\Re(g_2) = =-s^2\sqrt{|x|}\cos(k/2)\leq 0$, stellt jedoch jede Entfernung vom stationären Punkt $s=0$ einen steilen Abstieg in eines der beiden Täler dar. Wegen (5.100) sind die Parameter s_1 und s_2 im Sektor (5.99) negative bzw. positive Zahlen. Eine Umformung von (5.102.2) führt zunächst zu

$$Z_n(x) = \int_0^{s_2} (1 - \frac{i\,s}{\sqrt{x}})^{-n} \exp(-s^2\sqrt{x} + i\frac{s^3}{3})\,ds$$
$$+ \int_0^{-s_1} (1 + \frac{i\,s}{\sqrt{x}})^{-n} \exp(-s^2\sqrt{x} - i\frac{s^3}{3})\,ds \;. \qquad (5.103)$$

Die Substitution $s=\sqrt{u}$ führt nun die Integrale in (5.103) in Integrale der Klasse (5.12) mit $x:=\sqrt{x}$ und $\Re(\sqrt{x})>0$ über. Da die obere Grenze in beiden Integralen auf der rechten Seite von (5.103) eine positive Zahl darstellt, deren spezieller Wert für die Anwendung des Watson-Lemmas bedeutungslos ist, folgt schließlich (L ist eine positive Zahl)

$$Z_n(x) \sim \frac{1}{2}\int_0^L e^{-u\sqrt{x}} \Big\{\exp(\frac{i\,u^{3/2}}{3})(1 - i\sqrt{u/x})^{-n} + \exp(-\frac{i\,u^{3/2}}{3})(1 + i\sqrt{u/x})^{-n}\Big\}\frac{du}{\sqrt{u}} \;. \qquad (5.104)$$

Bevor wir auf die Bestimmung der AE der verallgemeinerten Airy-Funktionen eingehen, wollen wir uns zunächst der Berechnung der asymptotischen Reihe der Airy-Funktion Ai(x) zuwenden. Setzt man in (5.104) n=0, dann folgt

$$Z_0(x) \sim \int_0^L e^{-u\sqrt{x}} \cos(\frac{u^{3/2}}{3})\frac{du}{\sqrt{u}} \;. \qquad (5.104.0)$$

Bei der Anwendung des Watson-Lemmas benutzen wir nun die Potenzreihenentwicklung der Funktion $\cos(1/3u^{3/2})$ und damit entsteht

$$Z_0(x) \sim \sum_{k=0}^{\infty} \frac{(-1)^k\,\Gamma(3k+1/2)}{3^{2k}\,(2k)!\,x^{(3k+1/2)/2}} \;.$$

Setzt man nun dieses Ergebnis in (5.102.1) mit n=0 ein, dann entsteht wegen A(x,0)=Ai(x)

$$Ai(x) \sim \frac{1}{2\sqrt{\pi}\,x^{1/4}}\exp(-\frac{2}{3}x^{3/2})\sum_{k=0}^{\infty}(-9)^{-k}\frac{\Gamma(3k+1/2)}{(2k)!\,\Gamma(1/2)}\,x^{-3k/2} \;, \qquad (5.105)$$

wobei die AE (5.105) im Sektor (5.99) gilt. Sie reproduziert die mit Hilfe des Exponentialansatzes im Rahmen der Aufgabe 3.11 für den Spezialfall $x \in \mathbf{R}$ und $x \to \infty$ hergeleitete asymptotische Reihe. Wegen des exponentiellen Vorfaktors $\exp(-2/3x^{3/2})$ sind die Stokes-Kurven durch die Bedingung $\Re(x^{3/2})=0$ festgelegt und durch die Strahlen $k=\pm\pi/3$ und $k=\pm\pi$ gegeben. Im Sektor $-\pi/3<k<\pi/3$, der die reelle Achse einschließt, ist die Funktion Ai(x) für $|x|\to\infty$ rezessiv. In den verbleibenden Teilen des Sektors (5.99) wächst Ai(x) jedoch exponentiell an. Schließlich kann die AE der Funktion Ai(x) im Sektor $2\pi/3<k<4\pi/3$ mit Hilfe der Drehungsformel (4.18.b) bestimmt werden. In Aufgabe 5.20 wird gezeigt, daß die AE (5.105) nicht nur im Sektor (5.99), sondern sogar für $|k|<\pi$ gilt. Dieses Ergebnis stellt eine Verifikation des Satzes von Heading über den Gültigkeitsbereich von AEn (vgl. Abschnitt 5.1) dar.

Abschließend wollen wir die beiden ersten Glieder der AE der verallgemeinerten Airy-Funktion A(x,n) ($n\neq 0$) berechnen. Wir benutzen wieder das WL zur Berechnung des Integrals in (5.104). Dabei benötigen wir zunächst die Reihenentwicklung

$$(1\pm i\sqrt{u/x})^{-n} \sim 1 \mp i\, n\sqrt{u/x} - n(n+1)\, u/(2x) + O(u^{3/2}) \quad \text{für } u\to 0_+ \ .$$

Setzt man diese Entwicklung in (5.104) ein, dann ergibt sich nach einer Umformung

$$Z_n(x) \sim \int_0^L e^{-u\sqrt{x}} \left\{ \left(1 - \frac{n\,(n+1)}{2}\,\frac{u}{x}\right) \cos\left(\frac{1}{3}\,u^{3/2}\right) - n\sqrt{u/x}\,\sin\left(\frac{1}{3}\,u^{3/2}\right) \right\} \frac{du}{\sqrt{u}} \ . \tag{5.106}$$

Nun entwickeln wir noch die Kosinus- bzw. Sinus-Funktionen in (5.106) in Potenzreihen. Dabei müssen bei der Entwicklung der Kosinus-Funktion die beiden ersten Glieder und bei der Sinus-Funktion nur das erste Glied berücksichtigt werden. Dann ergibt die Anwendung des WL (5.14) (mit $x:=\sqrt{x}$)

$$Z_n\{x\} \sim \frac{\sqrt{\pi}}{x^{1/4}} \left\{ 1 - \left(\frac{3\cdot 5}{3^2\cdot 4^2} + \frac{n\,(n+2)}{4} \right) x^{-3/2} + O(x^{-3}) \right\}. \tag{5.107}$$

Setzt man schließlich (5.107) in (5.102.1) ein, dann erhält man die AE der verallgemeinerten Airy-Funktion A(x,n) bis zum zweiten Glied. Diese asymptotische Darstellung gilt wieder im Sektor (5.99), wobei die Drehungsformel (4.27) zur Bestimmung der AE im restlichen Teil der komplexen Ebene herangezogen werden kann. Die AE der Funktion B(x,n) kann anschließend mit Hilfe der Drehungsformel (4.18.a.n) berechnet werden. Wir werden die hier gewonnenen Kenntnisse der Asymptotik der verallgemeinerten Airy-Funktionen in der hydrodynamischen Stabilitätstheorie (Abschnitt 10.4) anwenden.

5.5.3 Asymptotische Entwicklung der parabolischen Zylinderfunktionen für $|x|\to\infty$

Ausgangspunkt ist die Integraldarstellung (4.36) mit der Wahl der Integrationskonstanten (4.36"). Unterliegt der Parameter k der Einschränkung $\Re(k)>-1$, dann kann man als Integrationsweg die imaginäre Achse heranziehen (vgl. Bild 4.4) und es gilt

$$y(x,k) = \frac{1}{i\sqrt{2\pi}}\, e^{x^2/4} \int_{-i\infty}^{i\infty} \exp\left(\frac{t^2}{2} - x\,t\right) t^k\, dt \ , \quad \Re(k) > -1 \ , \tag{5.108}$$

wobei der Verzweigungsschnitt der Funktion t^k wie in Bild 4.4 in die negative reelle Achse gelegt wird. Wie verwenden jetzt die Substitution t=xu und setzen $x=Re^{i\phi}$. Dann folgt mit (5.108)

$$y(x,k) = \frac{x^{k+1}\, e^{x^2/4}}{i\sqrt{2\pi}} I(x,k) \quad \text{mit} \quad I(x,k) = \int_{\alpha(C_1)}^{\beta} \exp\left[x^2 \left(\frac{u^2}{2} - u\right)\right] u^k \, du \tag{5.109.1}$$

und den Integrationsgrenzen

$$\alpha = \infty \exp\left[-i\,(\phi + \pi/2)\right] \;,\; \beta = \infty \exp\left[i\,(-\phi + \pi/2)\right] \;. \tag{5.109.2}$$

Die Integration in (5.109.2) erfolgt längs der Geraden C_1, die durch die Beziehung (siehe Bild 5.8)

$$C_1 :\; u = s \exp\left[i\,(\pi/2 - \phi)\right] \;\text{mit}\; -\infty < s < \infty \tag{5.110}$$

definiert ist. Setzt man u=a+ib und eliminiert die Variable s, dann folgt aus (5.110)

$$C_1 :\; u = a\,(1 + i \cot\phi\,)\,. \tag{5.110'}$$

Den Verzweigungsschnitt u_v der Funktion u^k im Integral (5.109.2) legen wir gemäß Bild 5.9 in die zu C_1 orthogonalen Halbgeraden

$$u_v :\; b = -\,a \tan\phi \;\text{mit}\; a \le 0 \;\text{für}\; 0 \le \phi < \pi/2 \;\text{und}$$

$$a \ge 0 \;\text{für}\; \pi/2 < \phi \le \pi \;. \tag{5.111}$$

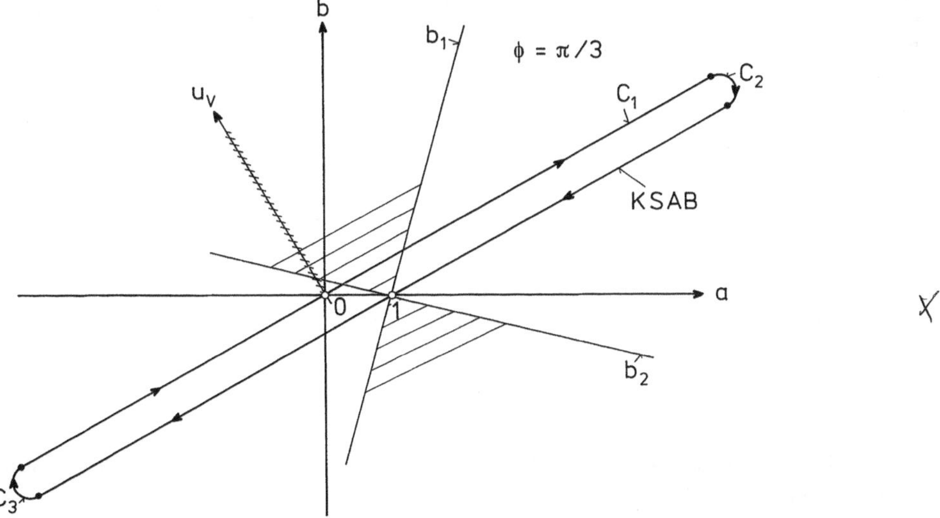

Bild 5.8 Berge (schraffierte Gebiete) und KSAB bei der Bestimmung der AE der parabolischen Zylinderfunktionen

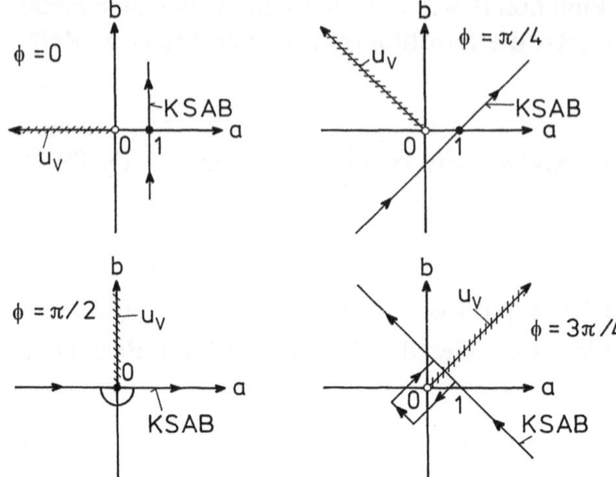

Bild 5.9 KSAB und Verzweigungsschnitte (u_v) bei der Berechnung der AEn der parabolischen Zylinderfunktionen für x=R exp(iΦ) und R→∞

Für $\phi=\pi/2$ wird der Verzweigungsschnitt u_v in die positive imaginäre Achse gelegt (siehe Bild 5.9). Im Exponenten des Integrals (5.109.2) findet sich nun die Funktion $g(x,u)=x^2(u^2/2-u)$ und der Sattelpunkt zweiter Ordnung liegt an der Stelle $u_0=1$. Wir zerlegen jetzt die Funktion g in Real- und Imaginärteil, g=A+iB. Dann folgt zu@nächst

$$A=\frac{R^2}{2}\{(a^2-b^2-2a)\cos(2\phi)-2b(a-1)\sin(2\phi)\}$$

und (5.112)

$$B=\frac{R^2}{2}\{(a^2-b^2-2a)\sin(2\phi)+2b(a-1)\cos(2\phi)\}\ .$$

Die durch den Sattelpunkt führenden Kurven steilsten Abstiegs bzw. Anstiegs sind durch die Bedingung B(a,b)=B(1,0) festgelegt und die Anwendung dieser Bedingung ergibt

$$\{(a-1)^2-b^2\}\sin(2\phi)+2b(a-1)\cos(2\phi)=0\ . \tag{5.113}$$

Löst man (5.113) nach der Variablen b bzw. a auf, so ergibt sich eine quadratische Gleichung. Eine ihrer Lösungen ist die durch

$$\text{KSAB}:\ b=(a-1)\cot\phi \quad \text{für} \quad \sin\phi\neq 0 \tag{5.114}$$

definierte Gerade, die zum Integrationsweg C_1 parallel verläuft (vgl. (5.110')). Im Fall sin ϕ=0 ist (5.114) nicht Lösung von (5.113). Wir ergänzen daher die Lösungen

(5.113) durch die achsenparallelen Geraden (vgl. Bild 5.9)

$$\mathrm{KSAB}: \phi = 0, \pm\pi \; : a = 1 \quad \text{und} \quad \phi = \pm \pi/2 \; : b = 0 \,. \tag{5.115}$$

Durch Einsetzen von (5.115) in die erste Zeile von (5.112) überzeugt man sich leicht davon, daß diese Geraden Kurven steilsten Abstiegs darstellen. Um zu zeigen, daß die Gerade (5.114) tatsächlich KSAB ist, setzen wir (5.114) in (5.112) ein. Dann folgt nach einer Umformung

$$g = A + iB = -\frac{1}{2}x^2 - \frac{R^2}{2}\frac{(a-1)^2}{\sin^2\phi} \quad \text{für } \sin\phi \neq 0 \tag{5.116}$$

und wir sehen, daß jede Entfernung vom Sattelpunkt (a=1, b=0) zu einem steilen Abstieg in ein Tal führt. Berge und Täler werden durch Kurven voneinander getrennt, die durch die Bedingung A(a,b)=A(1,0) bestimmt sind. Unter Berücksichtigung von (5.112) sind dies die orthogonalen Geraden

$$b_{1,2} = \frac{(1-a)(\sin 2\phi \pm 1)}{\cos 2\phi} \quad \text{für } \cos 2\phi \neq 0\,, \tag{5.117.1}$$

bzw.

$$a = 1 \quad \text{und} \quad b = 0 \quad \text{für } \cos 2\phi = 0\,. \tag{5.117.2}$$

Für den Fall $x \to \infty$ muß die AE der parabolischen Zylinderfunktionen durch eine Einzelbetrachtung bestimmt werden. Die entsprechenden Rechnungen werden in Aufgabe 5.21 vorgenommen. Wir beschränken uns daher im Folgenden auf den Argumentensektor $0<\phi<\pi$.. Dem Bild 5.8 können wir entnehmen, daß die Endpunkte des Integrationswegs C_1, wie auch die Endpunkte der KSAB in differenten Tälern liegen. Dabei führt die Gerade C_1 aus einem Tal über einen Berg in ein anderes Tal. Um sich davon zu überzeugen, daß die Endpunkte von C_1 in Tälern liegen, bilden wir noch die Funktion $A=\Re[g(x,u)]$, wobei u auf dem Integrationsweg C_1 liegt. Dann entsteht

$$A(a, a\cot\phi) = R^2\,(\,2a - a^2 \sin^{-2}\phi\,)/2 \;. \tag{5.118}$$

Diese Funktion besitzt für $a=\sin^2\phi$ ein auf dem Berg liegendes Maximum (vgl. Bild 5.8) und es gilt $A \to -\infty$ für $|a| \to \infty$. Wir ergänzen jetzt die beiden Geraden C_1 und KSAB durch die tief in den Tälern liegenden Kurven C_2 bzw. C_3 zu einer geschlossenen Kurve. Da die Kurven C_2 und C_3 beliebig tief in die Täler gelegt werden können, ist es klar, daß die Integrationen längs dieser Kurven bei der Berechnung des Ringintegrals nur subdominante Beiträge leisten. Berücksichtigt man (5.109.2), dann führt die Anwendung des Residuensatzes zu

$$I(x,k) \sim \int_{a=-\infty}^{a=\infty} u^k \exp\,[g(x,u)]\,du \quad \text{mit} \quad u \in \mathrm{KSAB}\,, \tag{5.119}$$

wobei die Funktion g(x,u) durch die Beziehung (5.116) gegeben ist. Auf der KSAB gilt $u=a+i(a-1)\cot\phi$. Substituiert man daher $s=a-1$, dann folgt zunächst

$$I(x,k) \sim (1+i\cot\phi)\; e^{-x^2/2}\, J(x,k) \tag{5.120.1}$$

mit

$$J(x,k) = \int_{-\infty}^{\infty} \exp\left\{-\frac{R^2 s^2}{2\sin^2\phi}\right\}[1+s\,(1+i\cot\phi)]^k\, ds\ . \tag{5.120.2}$$

Jetzt arbeiten wir noch mit der weiteren Transformation $s=z\sqrt{2}\,\sin\phi/R$ ($0<\phi<\pi$). Dann geht das Integral (5.120.2) in den Ausdruck

$$J(x,k) = \frac{\sqrt{2}\sin\phi}{R}\int_{-\infty}^{\infty}\exp(-z^2)\,(1+\frac{i\sqrt{2}\,z}{x})^k\, dz\ , \tag{5.121}$$

über. Ist nun k eine natürliche Zahl, dann läßt sich die Klammer in (5.121) mit Hilfe des binomischen Lehrsatzes entwickeln und wir erhalten die Hermite-Polynome (vgl. (4.32)). Wir wollen daher hier annehmen, daß der Parameter k keine natürliche Zahl ist. Der Integrand von (5.121) besitzt dann an der Stelle

$$z_0 = ix/\sqrt{2} = R\exp[i\,(\phi+\pi/2)]/\sqrt{2} \tag{5.122}$$

einen Verzweigungspunkt, der für $0<\phi<\pi$ in der linken Halbebene liegt. Wir legen jetzt die Verzweigungsschnitte in der z-Ebene parallel zur imaginären Achse und orientieren sie in Richtung zur oberen Halbebene (siehe Bild 5.10). Ähnlich wie in der u-Ebene (vgl. Bild 5.9) kreuzt dann der Verzweigungsschnitt für $\phi>\pi/2$ den Integrationsweg (in (5.121) ist dies die reelle Achse). Wir können allerdings im Fall $\phi>\pi/2$ versuchen, den Verzweigungsschnitt durch Integrationen längs geeigneter Kurven in der unteren Halbebene zu umgehen. Um die Rechnungen möglichst einfach zu gestalten, verwenden wir dabei zwei zur imaginären Achse parallele Geradenstücke G_1 und G_2, die beiderseits des Verzweigungspunktes liegen. Wir verbinden schließlich G_1 und G_2 durch einen kleinen Halbkreis H mit dem Mittelpunkt z_0. Wir bezeichnen die Endpunkte der Geradenstücke mit z_1 bis z_4 (siehe Bild 5.10) und bilden an-

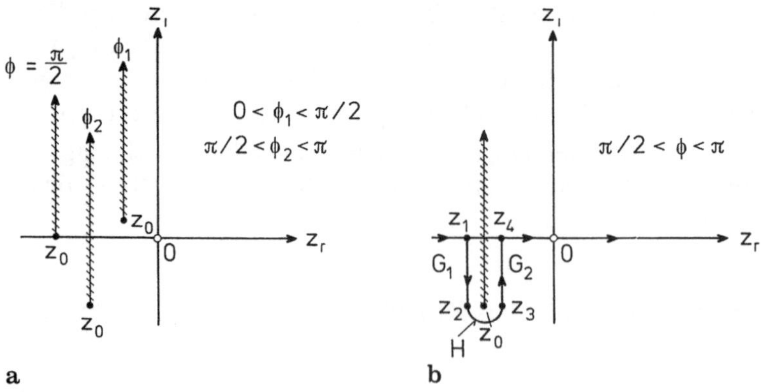

Bild 5.10 Verzweigungschnitte und deren Umgehung für $\pi/2 < \Phi < \pi$

schließend den Grenzwert $2r=|z_1-z_4|=|z_2-z_3|\to 0$ (r ist der Radius des Halbkreises H).

Im Fall $0<\phi<\pi/2$ kreuzen die Verzweigungsschnitte nicht die reelle Achse und (5.121) bleibt unverändert. Für $\pi/2<\phi<\pi$ verwenden wir (5.122) zur Umformung des Integranden und es gilt

$$(1+\frac{i\sqrt{2}\,z}{x})^k = z_0^{-k}(z_0-z)^k .$$

Der Verzweigungspunkt z_0 wird im Fall $\phi=\pi/2$ durch einen kleinen Halbkreis $z-z_0=re^{il}$ umgangen. Für $\Re(k)>-1$ und $r\to 0$ verschwindet der Beitrag dieses Halbkreises, (5.121) gilt daher auch im Sektor $0<\phi\leq\pi/2$.

Im Sektor $\pi/2<\phi<\pi$ leistet die Integration über den Halbkreis H für $r\to 0$ und $\Re(k)>-1$ ebenfalls keinen Beitrag zum Integral in (5.121). Hier müssen allerdings zusätzlich zu den Anteilen von der Integration längs der reellen Achse die von den Integrationen längs der beiden Geradenstücke $G_{1,2}$ berücksichtigt werden. Dann folgt

$$J(x,k) = \frac{\sqrt{2}\sin\phi}{R\,z_0^k}\Big\{\int_{-\infty}^{\infty} + \int_{G_1+G_2}\Big\}\exp(-z^2)\,(z_0-z)^k\,dz . \tag{5.123}$$

Jetzt soll die Integration längs der Geradenstücke vorgenommen werden. Gemäß der Wahl der Verzweigungsschnitte in Bild 5.10 gilt zunächst

$$G_1:\ z-z_0 = p\exp(-3i\pi/2)\ ;\quad G_2:\ z-z_0 = p\exp(i\pi/2)\ ;\quad p\in\mathbf{R} .$$

An den Stellen z_1 und z_4 gilt $z=\Re(z)$ und damit gilt dort $p=-\Im(z_0)=-R\cos\phi/\sqrt{2}$. Dagegen gilt an den Punkten z_2 bzw. z_3 $z=z_0$ und damit $p=0$. Damit erhalten wir

$$\int_{G_1+G_2} F(x,z)\,dz = i\,(-1)^k\{\exp(i\pi k/2) - \exp(-3i\pi k/2)\}\,J_1(x,k)$$

mit

$$J_1(x,k) = \int_0^\beta p^k \exp[-(ip+z_0)^2]\,dp\ ;\quad \beta = -\frac{R\cos\phi}{\sqrt{2}} > 0. \tag{5.124}$$

Das in (5.124) auftretende Integral läßt sich zwar nicht elementar berechnen, es kann aber abgeschätzt werden. Wegen (5.122) gilt zunächst $(ip+z_0)^2=-(p+x/\sqrt{2})^2$. Dann folgt

$$|J_1(x,k)| \leq \exp(\tfrac{1}{2}R^2\cos 2\phi)\int_0^\beta p^k\exp(p^2+\sqrt{2}R\,p\cos\phi)\,dp . \tag{5.125}$$

Die Funktion $K(p)=p^2+\sqrt{2}Rp\cos\phi$ ist im Intervall $[0,\beta]$ für $\pi/2<\phi<\pi$ monoton fallend und besitzt an der Stelle $p_0=\beta$ ein relatives Minimum. Die rechte Seite von (5.125) nimmt daher ihren Maximalwert an, wenn man im Exponenten des Integranden $p=0$ setzt und es gilt

$$|J_1(x,k)| < \frac{\exp(1/2\,R^2\cos 2\phi)}{k+1}\Big(-\frac{R\cos\phi}{\sqrt{2}}\Big)^{k+1} . \tag{5.125'}$$

Die Abschätzung des Integrals $J_1(x,k)$ ist nur im Sektor $\pi/2<\phi<\pi$ relevant. Wegen des Exponenten in (5.125') besitzt die entsprechende AE in diesem Sektor die Stokes-Kurve $\phi=3\pi/4$. Das Integral $J_1(x,k)$ ist im Sektor $\pi/2<\phi<3\pi/4$ exponentiell klein und im Sektor $3\pi/4<\phi<\pi$ dominant. Wir werden im Folgenden sehen, daß die Integrationen längs der reellen Achse (in (5.121) bzw. (5.123)) Beiträge der Größenordnung O(1) liefern. Damit erbringt die Integration längs des Verzweigungschnittes im Sektor $\pi/2<\phi<3\pi/4$ nur einen subdominanten Korrekturterm. Dagegen führt die Umgehung des Verzweigungsschnittes im Sektor $3\pi/4<\phi<\pi$ zu einem exponentiell wachsenden Ausdruck, der durch ein (nicht elementar integrierbares) Integral gegeben ist. Dies bedeutet, daß wir - unter Vernachlässigung von subdominanten Termen - die Integration im Sektor *$0<\phi<3\pi/4$ lediglich längs der reellen Achse* vornehmen müssen. Im Sektor $3\pi/4<\phi<\pi$ ist diese Vorgangsweise nicht mehr richtig; dort kommen die wesentlichsten Beiträge von der Umgebung des Verzweigungsschnitts. Wie wir schon bei der Herleitung des verallgemeinerten WL (vgl. Abschnitt 5.2) gesehen haben, beschränken auch hier die Singularitäten des Integranden den Gültigkeitsbereich der AE.

Zur weiteren Rechnung gehen wir wieder vom Integral (5.121) aus und wir wissen, daß wir dieses Integral im Sektor $0<\phi<3\pi/4$ durch eine Integration längs der reellen Achse bestimmen können. Ähnlich wie bei der Herleitung des WL zerlegen wir das Integrationsintervall dermaßen, daß die Funktion $(1+i\sqrt{2}z/x)^k$ in einem Teilintervall eine konvergente Potenzreihe besitzt. Ist ε ein kleiner Parameter $(0<\varepsilon<<1)$, dann gilt zunächst

$$J(x,k) \sim \frac{\sqrt{2}\sin\phi}{R}\left\{\int_{-\varepsilon|x|}^{\varepsilon|x|} G(x,z)\,dz + I_+(x) + I_-(x)\right\}$$

mit

$$I_+(x) = \int_{\varepsilon|x|}^{\infty} G(x,z)\,dz \quad ; \quad I_-(x) = \int_{-\infty}^{-\varepsilon|x|} G(x,z)\,dz \; ; \; G(x,z) = \exp(-z^2)\left(1+\frac{i\sqrt{2}z}{x}\right)^k . \tag{5.126}$$

Mit Hilfe der MPI kann man nun die Integrale $I_\pm(x)$ abschätzen und es gilt

$$I_\pm(x) = O\left(\varepsilon^{-1}|x|^{-1}\exp(-\varepsilon^2|x|^2)\right) . \tag{5.127}$$

Zur Berechnung des verbleibenden Integrals in (5.126) verwenden wir die Potenzreihe

$$(1+az)^k = \sum_{n=0}^{\infty} \beta_{n,k}(az)^n = 1+akz+\frac{k(k-1)}{2}(az)^2+\ldots \; ; \; a=i\sqrt{2}/x . \tag{5.128}$$

Diese Reihe konvergiert für $|z|<|x|/\sqrt{2}$, der Parameter ε in (5.126) kann daher jeden Wert im Intervall $(0,1/\sqrt{2})$ annehmen. Setzt man nun die Reihenentwicklung (5.128) in (5.126) ein und vernachlässigt die - wegen (5.127) subdominanten - Integrale $I_\pm(x)$, so folgt zunächst

$$J(x,k) \sim \frac{\sqrt{2}\sin\phi}{R}\sum_{n=0}^{\infty} \beta_{2n,k}\, 2^{n+1}(-1)^n x^{-2n}\int_0^{\varepsilon|x|} \exp(-z^2)\, z^{2n}dz . \tag{5.129}$$

Ersetzt man in (5.129) die obere Grenze durch ∞, so begeht man dabei - wie man mit der MPI leicht zeigen kann - wieder nur einen exponentiell kleinen Fehler. Verwendet man anschließend (4.65'), so ergibt sich für das Integral in (5.129) der Wert $1/2\Gamma(n+1/2)$. Setzt man nun (5.129) in (5.120.1) und den resultierenden Ausdruck in (5.109.1) ein, dann erhält man die AE der parabolischen Zylinderfunktionen in der Form $(0<\phi<3\pi/4)$

$$y(x,k) \sim \frac{x^k \exp(-x^2/4)}{\sqrt{\pi}} \sum_{n=0}^{\infty} \beta_{2n,k} (-2)^n \Gamma(n+\tfrac{1}{2})\, x^{-2n} \; . \tag{5.130}$$

Berücksichtigen wir noch (5.128), dann lauten die ersten Glieder der AE (5.130)

$$y(x,k) = D_k(x) = x^k \exp(-x^2/4) \left\{ 1 - \frac{k(k-1)}{2x^2} + \frac{k(k-1)(k-2)(k-3)}{8x^4} + O(x^{-6}) \right\} \tag{5.130'}$$

und diese Reihe stimmt für $x \to \infty$ $(\phi=0)$ mit der AE (3.95) überein. Damit sehen wir bereits, daß die AE (5.130) auch im erweiterten Sektor $0 \le \phi < 3\pi/4$ gelten muß. Die entsprechende Einzeluntersuchung des Falles $\phi=0$ mit Hilfe der Sattelpunktsmethode wird im Rahmen der Aufgabe 5.21 vorgenommen.

Wendet man die hier angestellten Überlegungen auch im Sektor $-3\pi/4<\phi<0$ an,dann ergibt sich wieder *die AE (5.130), die damit im Sektor $|\phi|<3\pi/4$ gültig ist*! Diese asymptotische Reihe ist in dem die positive reelle Achse einschließenden Sektor $|\phi|<\pi/4$ exponentiell klein und in den beiden benachbarten Sektoren $\pi/4<\phi<3\pi/4$ bzw. $-3\pi/4<\phi<-\pi/4$ dominant. Die Strahlen $\phi=\pm\pi/4$ bzw. $\phi=\pm 3\pi/4$ sind daher die Stokes-Kurven der AE (5.130). Damit kann man wieder den am Ende von Abschnitt 5.1 besprochenen Satz über die Gültigkeit von AEn, die auf der positiven reellen Achse rezessiv sind, verifizieren.

Abschließend wollen wir noch die AE der parabolischen Zylinderfunktion $D_k(x)$ bestimmen, die im restlichen Teil der komplexen Ebene $(3\pi/4<\phi<5\pi/4)$ gültig ist. Um diese AE zu berechnen, müssen wir aber nicht neuerlich die Sattelpunktsmethode heranziehen, sondern wir können die Invarianzeigenschaften der DGL (4.28) benutzen. Im Abschnitt 4.1.4 haben wir bereits festgestellt, daß neben $D_k(x)$ auch die Funktion $D_k(-x)$ bzw. $D_{-k-1}(-ix)$ Lösungen der DGL (4.28) sind. Da aber nur zwei Lösungen linear unabhängig sein können, muß sich eine Lösung als Linearkombination der beiden anderen Lösungen darstellen lassen. Die Darstellung der Funktion $D_k(x)$ als Linearkombination der Funktion $D_k(-x)$ und $D_{-k-1}(-ix)$ wurde im Rahmen der Aufgabe 4.25 berechnet und wir können auf die dort angegebenen Beziehungen zurückgreifen. Liegt nun x im Sektor $\pi/4<\phi<5\pi/4$, dann gilt

$$-3\pi/4 < \arg(-x) < \pi/4 \quad \text{und} \quad -\pi/4 < \arg(-ix) < 3\pi/4 \; .$$

Die Argumente der Funktion $D_k(-x)$ bzw. $D_{-k-1}(-ix)$ liegen daher innerhalb des Sektors, in dem die AE (5.130) gültig ist. Bildet man daher die AE dieser beiden Funktionen gemäß (5.130) und setzt sie in die in Aufgabe 4.25 gegebene Beziehung für die

Funktion $D_k(x)$ ein, dann folgt

$$D_k(x) \sim \frac{1}{\sqrt{\pi}} \Big\{ x^k \exp(-x^2/4) \sum_{n=0}^{\infty} \beta_{2n,k} (-2)^n \, \Gamma(n+\tfrac{1}{2}) \, x^{-2n} -$$

$$- e^{ik\pi} \frac{\sqrt{2\pi}}{\Gamma(-k)} x^{-(k+1)} \exp(x^2/4) \sum_{n=0}^{\infty} \beta_{2n,-k-1} \, 2^n \, x^{-2n} \, \Gamma(n+\tfrac{1}{2}) \Big\}$$

$$\text{für } |x| \to \infty \quad \text{und} \quad \pi/4 < \phi < 5\pi/4 \,. \qquad (5.131)$$

Als wichtigstes Ergebnis können wir (5.131) entnehmen, daß die parabolische Zylinderfunktion $D_k(x)$ in dem dort angegebenen Sektor, der die negative reelle Achse einschließt, exponentiell anwächst.

Schlußbemerkung

Einige der in diesem Kapitel besprochenen Verfahren können - wenn auch u.U. in modifizierter Form - zur Berechnung der AEn von mehrfachen Integralen herangezogen werden. Eine ausführliche Übersicht über die Problematik der AEn von mehrfachen Integralen findet der interessierte Leser in dem Buch von Sirovich [5.3]. Hier soll nur im Rahmen der Aufgabe 5.23 gezeigt werden, wie man die LM zur Berechnung asymptotischer Reihen von Doppelintegralen verallgemeinern kann.

Aufgaben

5.1 Man bestimme die ersten drei Glieder der AEn für $x \to \infty$ der Integrale

a) $E(x) = \int_x^{\infty} e^{-t} \frac{dt}{t}$ (Exponentialintegral) ;

b) $C(x) = \int_0^{x} \cos(\pi t^2/2) \, dt$ mit $C(\infty) = 1/2$ (Fresnel-Integral) ;

c) $I(x) = \int_0^{1} \exp(-x/t) \, dt$.

5.2 Man zeige, daß die beiden ersten Glieder der AE des Integrals

$$I(x) = \int_0^{x} Ai(t) \, dt \quad \text{für } x \to \infty$$

der Airy-Funktion Ai(t) (mit der in Aufgabe 4.6 angegebenen AE) die Form

$$I(x) \sim 1/3 - \frac{1}{2\sqrt{\pi}}\, x^{-3/4} \exp(-\frac{2}{3} x^{3/2}) \quad \text{mit } I(\infty) = 1/3$$

annimmt.

5.3 Man verwende die in Aufgabe 4.14 angeführte ID der modifizierten Bessel-Funk-tion $I_0(x)$ zur Bestimmung deren vollständiger AE für $|x| \to \infty$. In welchem Sektor der komplexen x-Ebene gilt diese AE ?

5.4 Man zeige, daß das erste Glied der AE des Integrals

$$J(x) = \int_0^x I_0(t)\, dt \quad \text{für } x \to \infty$$

mit dem ersten Glied der AE der modifizierten Besselfunktion $I_0(x)$ übereinstimmt. Hinweis: Man verwendet die Substitution t=xu und benutzt die AE von $I_0(x)$.

5.5 *Umkehrung des Watson-Lemmas*
Vorgelegt sei die Laplace-Transformation der Funktion f(t)

$$I(x) = \int_0^\infty f(t) \exp(-xt)\, dt \,;\; x \in \mathbf{R} \;.$$

Dabei sei die AE des Integrals I(x) für $x \to \infty$ bekannt und es soll die Asymptotik der Funktion f(t) für $t \to 0_+$ bestimmt werden. Eine derartige Problemstellung tritt u.a. bei der *Wiener-Hopf-Methode* (siehe Kapitel 6) auf.
Als Beispiel sei die AE

$$I(x) \sim x^{1/2} (x-1)^{-1} (x-2)^{-2} \quad \text{für } x \to \infty$$

vorgelegt. Man berechne die beiden ersten Glieder der AE von f(t) für $t \to 0_+$.

5.6 Man beweise, daß die AE (5.27) im Sektor (5.26) gilt (verallgemeinertes WL). Hinweis: Ähnlich wie in Aufgabe 4.16 ergänzt man die positive reelle Achse in der komplexen Ebene zu einer geschlossenen Kurve. Dabei werden Kreisbögen und Gerade herangezogen, die zur Gänze im Sektor $S_{a,b}$ liegen.

5.7 Man beweise, daß unter den in (5.30) getroffenen Annahmen die AE der Laplace-Transformation (5.31) gültig ist.
Hinweis: Man verwendet in Analogie zur Herleitung des WL ((5.12') bis (5.16')) das Konzept der Aufteilung der Integrationsintervalls und beachtet (4.68).

5.8 Man zeige, daß der Übergang von (5.40) zu (5.40') nur subdominante Fehler bedingt.

5.9 Man berechne das erste Glied der AE der Digamma-Funktion.
Hinweis: Man beachtet (4.68) und benutzt die AE (5.42).

5.10 Man verifiziere die AE

$$\int_0^\infty t^{x-1} e^{-t} (t+x)^{-1} dt \sim \frac{\Gamma(x)}{2x} \quad \text{für} \quad x \to \infty \ .$$

5.11 Die Taylor-Entwicklung der Funktion ψ in (5.45) in der Nähe des einzigen stationären Punkts $t=c$; $c \in (a,b)$ sei

$$\psi(t) = \psi(c) + (t-c)^3 \psi'''(c)/(3!) + \ldots \quad \text{mit} \quad \psi'''(c) \neq 0$$

und es gilt $f(c) \neq 0$. Man entwickle eine modifizierte Version der MSP zur Bestimmung des ersten Glied der AE des Integrals (5.45).
Hinweis: Man unterteilt wieder das Intervall [a,b]. Die wichtigsten Beiträge zu (5.45) enthalten dann den multiplikativen Faktor

$$I_2 = \int_{-\infty}^{\infty} \exp(ilu^3)\, du \ ; \ l = \psi'''(c) \ .$$

Zur Berechnung von I_2 dreht man den Integrationsweg in die komplexe Ebene ($u=u_r+iu_i$; siehe Skizze) und verwendet für $l>0$ den skizzierten Integrationsweg. Für $l<0$ ist dieser Integrationsweg an der reellen Achse zu spiegeln.

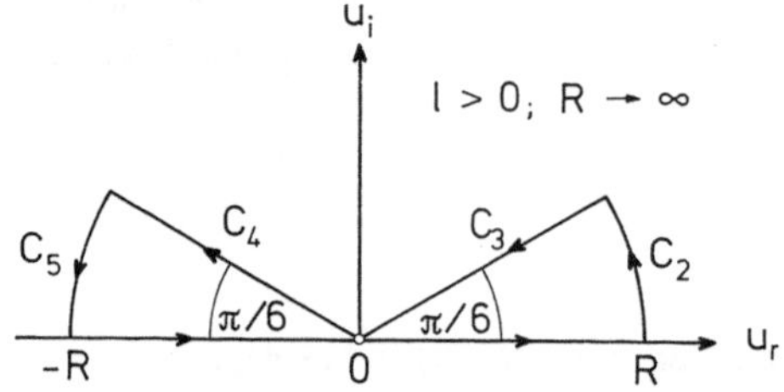

5.12 Man entwickle eine modifizierte Version der MSP zur Bestimmung des ersten Glieds der AE des Integrals

$$I(x) = \int_0^1 \cos(xt^4) \sin t \, dt \quad \text{für} \quad x \to \infty \ .$$

5.13 Man berechne das erste Glied der AEn der Integrale

$$I(x) = \int_{-1}^{1} F(x,t)\, dt$$

a) $F(x,t) = \sin[x(t^2/2 + \cos t)]$ für $x \to \infty$ b) $F(x,t) = \exp(ixt^3)$ für $x \to \pm\infty$.

5.14 Man berechne das erste Glied der AE des Integrals

$$I(x) = \int_{-1}^{1} \sin(x\,t^2)\,\mathrm{sin}t\,(dt/t) \quad \text{für } x \to -\infty \ .$$

5.15 Man berechne das erste Glied der AE des in (5.71) auftretenden Integrals

$$I_1(x) = \int_{1+i/2}^{\sqrt{3}/2} \exp(2iuvx)\,dz \ ; \ z=u+iv \ \text{ längs der Hyperbel } \ u^2 - v^2 = 3/4 \ ; \ \text{für } x \to \infty \ .$$

Hinweis: Man bildet die Phasenfunktion $\psi=2uv=2v(v^2+3/4)^{1/2}$ und zeigt zunächst, daß innerhalb des Integrationsintervalls kein stationärer Punkt liegt.

5.16 Ausgehend von (4.82') (in Abschnitt 5.5.1) berechne man das erste Glied der AE der Gamma-Funktion durch Integration längs der Geraden D (siehe Bild 5.5).
Hinweis: Auf D gilt $u=1+is$ mit $-\varepsilon<s<\varepsilon$. Man wählt den Parameter so klein, daß die Funktionen ϕ und ψ in (5.83) durch Taylor-Polynome zweiten Grades approximiert werden können.

5.17 Man berechne das erste Glied der AE des Integrals

$$I(x) = \int_{1+i\sqrt{3}}^{1} \exp(xt^3)\,dt \ \text{ für a) } x \to \infty \ \text{ und b) } x \to -\infty \ .$$

5.18 Ausgehend von (5.93) bestimme man das erste Glied der AE der Funktion B(x,n) für $x \to \infty$.
Hinweis: Die Stelle $u=1$ ist der relevante Sattel und die reelle Achse ist KSAB (vgl. Bild 5.6). Ersetzt man daher die Integrationswege $C_{2,3}$ durch die positive reelle Achse, so entstehen nur subdominante Fehler. Als Ergebnis erhält man

$$B(x,n) \sim \pi^{-1/2} x^{-(n+1/2)/2} \exp\left(\frac{2}{3} x^{3/2}\right) \ \text{ für } x \to \infty \ .$$

5.19 Man zeige, daß Integrale $I_\pm$ in (5.101) nur subdominante Beiträge zur AE der Funktionen A(x,n) erbringen.
Hinweis: Bei der Abschätzung von $I_+(x)$ (die von $I_-(x)$ erfolgt völlig analog) substituiert man $t=\beta u$ mit $\beta=\exp(2i\pi/3)$ und verwendet hinsichtlich des Glieds $\exp(\beta xu)$ die MPI. Dabei erhält man

$$I_+(x) \sim G(x,n) \exp\{\, |x|^{3/2} \,[\, a(k) + i\, b(k) \,]\} \ \text{ für } x \to \infty \ \text{ mit}$$

$$a(k) = -\,(8/3) \cos^3(k/2) + 2 \cos(k/2) \cos(k+2\pi/3) \ . \qquad (*)$$

G(x,n) ist eine mit x nur algebraisch wachsende Funktion und b(k) ein im Folgenden irrelevanter Imaginärteil. Durch eine einfache Rechnung kann man nun zeigen, daß der Realteil des Exponenten in (*) im Sektor (5.99) stets kleiner ist als der entsprechende Term in ((5.102.1):

$$a(k) < -\,(2/3) \cos(3k/2) \ \text{ für } |k| < 2\pi/3 \ .$$

5.20 Durch Anwendung von (4.18.b) zeige man, daß die AE (5.105) für $|k|<\pi$ gilt.

5.21 Ausgehend von (5.109) berechne man die vollständige AE der parabolischen Zylinderfunktion $D_k(x)$ für $x \to \infty$ ($\phi=0$) durch Integration auf dem in Bild 5.9 skizzierten Integrationsweg.

5.22 Ausgehend von (4.36''') berechne man das erste Glied der AE der parabolischen Zylinderfunktion für große Werte des Moduls k und $x=O(1)$.
Hinweis: Man substituiert $t=u\sqrt{k}$, wobei Glieder proportional zu $\sqrt{k}$ bei der Bildung der Phasenfunktion nicht berücksichtigt werden (Warum?). Anschließend findet man, daß $u=1$ der relevante Sattel ist. Als Ergebnis entsteht dabei

$$D_k(x) \sim \sqrt{2}\,(k/e)^{k/2} \cos(x\sqrt{k} - k\pi/2) \quad \text{für } k \to \infty .$$

5.23 Vorgelegt sei das Doppelintegral

$$I(x) = \iint_D \exp[\,-x\, g(u,v)\,]\, f(u,v)\, du\, dv \quad .$$

Dabei sei **D** ein einfach zusammenhängender Bereich der (u,v)-Ebene. Die Funktion $g(u,v)$ besitzt an der Stelle (u_0,v_0) ein relatives Minimum und dieser Punkt ist das einzige Extremum der Funktion g in **D**.Ferner seien f und g in einer kleinen Umgebung von (u_0,v_0) regulär und es gilt $f(u_0,v_0)\neq 0$. Man verifiziere das erste Glied der AE dieses Doppelintegrals für $x \to \infty$

$$I(x) \sim -\frac{2\pi}{x} \exp[\,-x\, g(u_0,v_0)\,]\, f(u_0,v_0)\, d^{-1/2}(u_0,v_0)\ ;\ d = g_{uu}g_{vv} - g_{uv}^2 \quad .$$

Hinweis: Man entwickelt $g(u,v)$ in einer Umgebung des Minimums in ein Taylor-Polynom zweiten Grades und geht bei der Integration zu Polarkoordinaten über.

6 Die Wiener-Hopf-Methode

Die Wiener-Hopf-Methode [6.1] beschäftigt sich mit der Lösung von Differential- und Integralgleichungen, bei denen eine unabhängige Variable, z.B. x, auf einem unendlich ausgedehnten Intervall definiert ist ($x \in (-\infty, +\infty)$), das aus zwei Teilen besteht (z.B. $x \in (-\infty, a)$, $x \in (a, +\infty)$), auf denen jeweils unterschiedliche Randbedingungen definiert sind, also allgemein

$$\mathbf{L}\,x = 0\,,$$

$$\mathbf{B}_{-}x = 0 \quad \text{falls} \quad x \in (-\infty,\ a))\,,$$

$$\mathbf{B}_{+}x = 0 \quad \text{falls} \quad x \in (a,\ +\infty))\ .$$

Dabei ist **L** Differential- oder Integraloperator, $\mathbf{B}_+$ und $\mathbf{B}_-$ sind Randwertoperatoren (o.B.d.A. kann bei solchen Problemen $a = 0$ gesetzt werden).

Als Beispiel sei der Fall eines Randwertproblems der Akustik genannt, bei dem eine Information über den Druck im Halbraum $x < 0$ und eine über die Schnelle im Halbraum $x > 0$ gegeben ist: das Schallfeld kann nur bei Kenntnis des Druckes (oder der Schnelle) in *beiden* Halbräumen angegeben werden. Die Wiener-Hopf-Methode stellt nun eine einzige Gleichung bereit, die die Fourier-Transformierten des Druckes ($x < 0$), der Schnelle ($x > 0$) und eines gegebenen anregenden Feldes (z.B. Quelle oder einfallende Schallwelle) zueinander in Beziehung setzt. Von den Fourier-Transformierten der beiden unbekannten Verteilungen kennt man gewisse analytische Eigenschaften als Funktionen der als komplex angenommenen Wellenzahl, und mit funktionentheoretischen Überlegungen ist man dann in der Lage, diese eine Gleichung für zwei unbekannte Funktionen eindeutig zu lösen. Das gesuchte Feld ergibt sich schließlich als Inverse der Fourier-Transformierten.

Eine umfassende Einführung findet sich in dem Buch von Noble [6.2], eine kurzgefaßte Einführung bei Morse und Feshbach [1.2]. Beiden Darstellungen (wie übrigens fast allen anderen) ist gemein, daß als einfachste Fälle zweidimensionale Randwertprobleme partieller Differentialgleichungen als Demonstrationsbeispiele dienen, die gleichzeitig für eine erste Einführung der Methode irrelevante Probleme mit sich bringen, z.B. die Diskussion von Verzweigungsschnitten in der komplexen Wellenzahlebenene.

Crighton [6.3] geht einen viel einfacheren Weg, an den wir uns hier zuerst halten wollen: er beschreibt die Methode an eindimensionalen zeitharmonischen Beispielen wie Wellen auf Saiten oder Balken, insbesondere Reflexion oder Transmission dieser Wellen an Stellen der diskontinuierlichen Änderung von Materialeigenschaften des Mediums. Diese Betrachtungen führen zu einer erheblich einfacheren Herleitung der Wiener-Hopf-Gleichung, die sich zudem auch einfacher lösen läßt als bei den herkömmlichen Einführungsbeispielen.

6.1 Wellen-Reflexion und -Transmission auf einer Saite an einer Unstetigkeit der Dichte

Eine (unendlich lange) Saite bestehe aus zwei Teilstücken der (jeweils homogenen) Dichten ρ_1 und ρ_2 mit der Spannkraft P. Die Geschwindigkeit der Transversalwelle im linken Teil ist dann $c_1 = (P/\rho_1)^{1/2}$, im rechten $c_2 = (P/\rho_2)^{1/2}$. Bei Annahme harmonischer Zeitabhängigkeit (o.B.d.A. als $e^{-i\omega t}$ angesetzt) korrespondieren dazu die Wellenzahlen $k_1 = \omega/k_1 = \omega\,(\rho_1/P)^{1/2}$ und $k_1 = \omega/k_1 = \omega\,(\rho_1/P)^{1/2}$, mit $\omega > 0$ (siehe Bild 6.1).

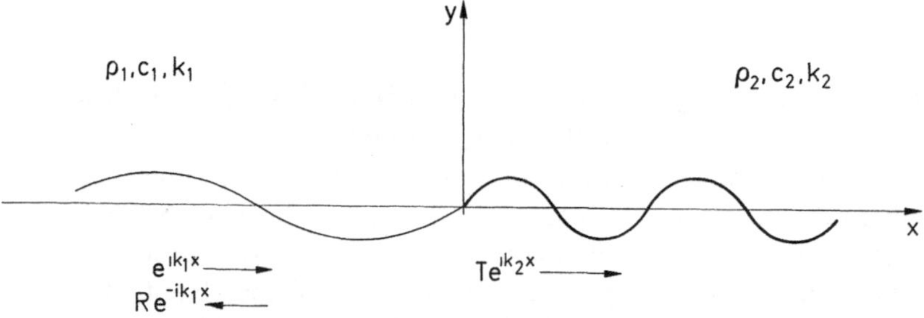

Bild 6.1 Reflexion und Transmission von Wellen auf einer Saite mit unstetiger Dichte-Änderung

6.1.1 Herleitung der Wiener-Hopf-Gleichung

Für die Reflexions- und Transmissions-Koeffizienten, also die Amplituden der reflektierten bzw. transmittierten Wellen dieses Problems (die natürlich auch mit elementareren Verfahren bestimmt werden können), werde nun die *Wiener -Hopf-Gleichung* aufgestellt. Dazu sei allgemein die transversale Auslenkung angesetzt als

$$y(x) + e^{i k_1 x} \quad \text{für} \quad x < 0 \quad \text{und}$$

$$y(x) \quad \text{für} \quad x > 0\,.$$

Damit ist y für beide Bereiche von der Form einer auslaufenden Welle, die man Fourier-analytisch behandeln kann. Man setzt dazu formal die Wellenzahlen als komplex an mit kleinem positivem Imaginärteil:

$$k_1 = k_1^r + i\,k_1^i \;, \quad k_2 = k_2^r + i\,k_2^i \qquad (0 < k_j^i << k_j^r \;, \; j = 1, 2) \;.$$

Die beiden auslaufenden Wellen klingen ab, d.h. der Imaginärteil der Wellenzahl wirkt als (schwache) Dämpfung des Systems. y(x) ist somit also eine im rechten Halbraum stetige, abklingende Funktion.

Man definiert nun ihre *Halbachsen -Fourier-Transformierte* als

$$Y_+(s) = \int_0^\infty y(x)\, e^{isx}\, dx \qquad (s \text{ komplex}) \;. \tag{6.1}$$

$Y_+(s)$ ist überall dort in der komplexen s-Ebene analytisch, wo das Integral konvergiert. Das Integral ist für endliches x sicher konvergent, d.h. die vollständige Konvergenz hängt letztlich ab vom Verhalten von y(x) für große x. Dort aber gilt

$$y(x)\, e^{isx} \sim e^{-(s^i + k_2^i)\, x} \;,$$

Konvergenz ist also gewährleistet, falls $s^i + k_2^i > 0$. Damit ist Y_+ analytisch (d.h. einwertig mit stetiger Ableitung

$$Y_+'(s) = \lim_{h \to 0} \frac{Y_+(s+h) - Y_+(s)}{h}$$

entlang einer jeden Kurve in der Ebene), in der oberen Halbebene R_+ der s-Ebene, wobei

$$R_+ = \{ s \text{ mit } s^i > - k_2^i \} \;. \tag{6.2}$$

Algebraisches Wachstum von $Y_+(s)$ für $|s| \to \infty$ ist überall in R_+ ausgeschlossen, falls y(x) für $x = 0_+$ endlich ist oder dort eine hebbare Singularität hat, d.h.

$$\lim_{x \to 0_+} y(x) \sim x^{-\alpha} \qquad \text{mit} \qquad \alpha < 1 \;. \tag{6.3}$$

Damit ist

$$|Y_+(s)| = O(|s|^\lambda) \qquad \text{mit} \qquad \lambda \leq 0 \tag{6.4}$$

für $|s| \to \infty$ entlang jeder Kurve in R_+.

Falls $\alpha \geq 1$ in (6.3), so ist die Singularität von y(x) nicht hebbar und y(x) wird als verallgemeinerte Funktion angesehen, deren verallgemeinerte Halbachsen-Transformation zwar noch analytisch in R_+ ist, aber allgebraisches Wachstum für $|s| \to \infty$ zeigen kann.

Analog gilt für die Halbachsen-Transformation von y(x) für x < 0

$$Y_-(s) = \int_{-\infty}^0 y(x)\, e^{isx}\, dx \;. \tag{6.5}$$

$Y_-(s)$ ist analytisch in R_-, definiert durch

$$R_- = \{s \text{ mit } s^i < k_1^i\} \quad . \tag{6.6}$$

$Y_-(s)$ wächst nicht algebraisch, falls y(x) für $x = 0_-$ endlich ist oder eine hebbare Singularität hat; es gilt

$$|Y_-(s)| = O(|s|^\lambda) \quad \text{mit} \quad \lambda \leq 0 \quad \text{überall in } R_- \ .$$

Falls y(x) eine nicht-hebbare Singularität hat für $x \to 0_-$, so wächst $Y_-(s)$ algebraisch.

Da $k_1{}^i$ und $k_2{}^i$ positiv sind, so ist die vollständige (Ganzachsen-)Fourier-Transformierte Y(s)

$$Y(s) = Y_+(s) + Y_-(s) = \int_{-\infty}^{+\infty} y(x)\, e^{isx}\, dx \tag{6.7}$$

analytisch in der Schnittmenge von R_+ und R_-, d.h. einem Streifen D, definiert als

$$D = R_+ \cap R_- = \{s \text{ mit } -k_2^i < s^i < k_1^i\} \quad . \tag{6.8}$$

(6.1) und (6.5) lassen sich unter Verwendung der Heaviside-Funktion

$$H(x) = \begin{cases} 0 & \text{falls } x < 0 \\ 1 & \text{falls } x > 0 \end{cases}$$

alternativ formulieren:

$$Y_+(s) = \int_{-\infty}^{\infty} y(x)\, H(x)\, e^{isx}\, dx \quad ; \tag{6.9}$$

$$Y_-(s) = \int_{-\infty}^{\infty} y(x)\, H(-x)\, e^{isx}\, dx \quad . \tag{6.10}$$

Für die Inverse der Fourier-Transformierten gilt nun: Ist C_+ ein Integrationsweg von $-\infty$ bis $+\infty$ irgendwo in R_+, so gilt (unter Benutzung der Cauchyschen Integralformeln), daß

$$y(x)\, H(x) = \frac{1}{2\pi} \int_{C_+} Y_+(s)\, e^{-isx}\, ds \tag{6.11}$$

und entsprechend, mit C_- von $-\infty$ bis $+\infty$ in R_- verlaufend,

$$y(x)\, H(-x) = \frac{1}{2\pi} \int_{C_-} Y_-(s)\, e^{-isx}\, ds \quad . \tag{6.12}$$

Schränkt man C_+ und C_- auf das Überlappungsgebiet D ein und schreibt dafür C, so folgt

$$y(x) = \int_C Y(s)\,e^{-isx}\,ds \quad . \tag{6.13}$$

Betrachtet man nun die Schwingung der Saite, so folgt sie rechts (d.h. für $x > 0$) der Beziehung

$$\frac{d^2y}{dx^2} + k_2^2\,y = 0 \quad . \tag{6.14}$$

Die rechtsseitige Fourier-Transformation von (6.14) liefert nach zweifacher partieller Integration

$$\left[\frac{dy}{dx}\,e^{isx}\right]_0^\infty - i\,s\left[y\,e^{isx}\right]_0^\infty - s^2\,Y_+(s) + k_2^2\,Y_+(s) = 0 \quad . \tag{6.15}$$

Wegen des Verhaltens von y für große x verschwinden die [...] - Ausdrücke, falls $s \in R_+$ ist. Definiert man noch

$$y_{0_+} := \lim_{x\to 0_+} y(x) \;, \quad y'_{0_+} := \lim_{x\to 0_+} y'(x) \quad , \tag{6.16}$$

so wird (6.15) für $s \in R_+$ zu

$$(s^2 - k_2^2)\,Y_+(s) = -\,y'_{0_+} + i\,s\,y_{0_+} \quad . \tag{6.17}$$

Analog ergibt sich aus der linksseitigen Fourier-Transformation der Schwingungsgleichung

$$\frac{d^2y}{dx^2} + k_1^2\,y = 0 \tag{6.18}$$

für $s \in R_-$ die Beziehung

$$(s^2 - k_1^2)\,Y_-(s) = y'_{0_-} - i\,s\,y_{0_-} \quad . \tag{6.19}$$

Anzugeben sind nun noch die Randbedingungen bei $x = 0$: Es sollen dort, was physikalisch sinnvoll ist, keine Sprünge der Auslenkung der Transversalkraft vorkommen, d.h. es muß

$$\lim_{x\to 0_-} (y + e^{i k_1 x}) = \lim_{x\to 0_+} y \tag{6.20}$$

und

$$\lim_{x\to 0_-} \left[P\,\frac{d}{dx}(y + e^{i k_1 x})\right] = \lim_{x\to 0_+} \left[P\,\frac{dy}{dx}\right] \tag{6.21}$$

gelten. Dies führt auf zwei Beziehungen für vier Größen, nämlich

$$y_{0_-} + 1 = y_{0_+} \quad \text{und} \tag{6.22}$$

$$y'_{0_-} + i\,k_1 = y'_{0_+} \quad . \tag{6.23}$$

Mit diesen Beziehungen eliminiert man z.B. die linksseitigen y-Werte aus (6.19) und erhält

$$(s^2 - k_1^2)\,Y_-(s) = y'_{0_+} - i\,s\,y_{0_+} + i\,(s - k_1) \quad . \tag{6.24}$$

Addiert man (6.17) und (6.24), so verschwinden die rechtsseitigen y-Werte:

$$(s^2 - k_2^2)\,Y_+(s) + (s^2 - k_1^2)\,Y_-(s) = i(s - k_1) \; . \tag{6.25}$$

Diese letzte Gleichung ist nur gültig im Streifen D; da $s = \pm\, k_1$ außerhalb des Streifens liegt, kann man (6.25) auf die Standardform einer Wiener-Hopf-Gleichung bringen, nämlich

$$K(s)\,Y_+(s) + Y_-(s) = \frac{i}{s + k_1} \quad \text{mit} \quad K(s) = \frac{s^2 - k_2^2}{s^2 - k_1^2} \quad . \tag{6.26}$$

Die Wiener-Hopf-Gleichung setzt also eine Linearkombination der beiden Halbachsentransformierten in Beziehung zur einfallenden Welle. Im hier betrachteten einfachen Beispiel sind K(s) und $1/(s+k_1)$ analytisch und von Null verschieden; allerdings kann man mit der Wiener-Hopf-Methode auch Fälle behandeln, bei denen die beiden Funktionen Nullstellen oder Pole in D haben.

Für die oben symbolisch eingeführten Halbachsen-Transformationen gilt nun die

Definition:

Man nennt die Funktionen $\Phi(s)$, die in einer Halbebene R_+ (definiert durch $s^i > k_a{}^i$) analytisch sind und dort keine Nullstellen haben, ***Plus-Funktionen*** und schreibt dafür $\Phi_+(s)$. Analog heißen die in R_- (mit $s^i < k_b{}^i$) analytischen und dort nullstellenfreien Funktionen *Minus-Funktionen* $\Phi_-(s)$. ❤

Bemerkung:
Zur Anwendung der Wiener-Hopf-Methode ist notwendig, daß sich R_+ und R_- überlappen, d.h. daß $k_b{}^i > k_a{}^i$.

6.1.2 Lösung der Wiener-Hopf-Gleichung

Man definiert zuerst formal

$$K(s) := K_+(s)\,K_-(s) \quad , \tag{6.27}$$

wobei $K_+(s)$ in R_+ analytisch und nullstellenfrei ist und dort höchstens algebraisches Wachstum für $|s| \to \infty$ besitzt. Analoges gilt für $K_-(s)$. Wiener und Hopf [6.1] bewiesen, daß eine solche Faktorisierung für alle Funktionen möglich ist, die in einem Streifen analytisch und von Null verschieden sind und außerhalb des Streifens beliebiges singuläres Verhalten haben. Für das vorliegende einfache Saitenproblem erhält man als (eine mögliche) Faktorisierung

$$K_+(s) = \frac{s+k_2}{s+k_1} \quad \text{und} \quad K_-(s) = \frac{s-k_2}{s-k_1} \tag{6.28}$$

Wegen

$$\lim_{|s|\to\infty} K_\pm(s) = 1$$

ist auch die Forderung erfüllt, daß $K_\pm$ für $|s| \to \infty$ höchstens algebraisches Wachstum haben darf. Mit (6.27) wird (6.26) zu

$$K_+(s)\, Y_+(s) + \frac{Y_-(s)}{K_-(s)} = \frac{i}{(s+k_1)K_-(s)} \quad . \tag{6.29}$$

Die Eigenschaften der linken Terme sind bekannt; die Funktion rechts ist aber weder Plus- noch Minus-Funktion. Sie sei nun als Summe einer Plus- und einer Minus-Funktion angesetzt; die Existenz einer solchen additiven Aufspaltung in einem Streifen ist wie die multiplikative (6.27) nach [6.1] gewährleistet.

Die rechte Seite von (6.29) ist außer für $s = -k_1$ analytisch in R_-. In der Nähe dieses Pols verhält sie sich wie

$$\frac{i}{(s+k_1)K_-(-k_1)} \quad ,$$

also isoliert man diesen Term:

$$\frac{i}{(s+k_1)K_-(s)} = \frac{i}{s+k_1}\left(\frac{1}{K_-(s)} - \frac{1}{K_-(-k_1)}\right) + \frac{i}{(s+k_1)\, K_-(-k_1)} \quad .$$

Für den ersten Summanden der rechten Seite gilt in der Nähe von $s = -k_1$:

$$\frac{i}{s+k_1}\left(\frac{1}{K_-(s)} - \frac{1}{K_-(-k_1)}\right) = i\,\frac{k_1-k_2}{(k_1+k_2)^2}\left(1 + \frac{s+k_1}{k_1+k_2} + O(s+k_1)^2\right) \quad ,$$

er ist also eine Minus-Funktion, $G_-(s)$. Der zweite Term ist offensichtlich eine Plus-Funktion, $G_+(s)$. Damit wird (6.29) zu

$$K_+(s)\, Y_+(s) - G_+(s) = G_-(s) - \frac{Y_-(s)}{K_-(s)} \quad . \tag{6.30}$$

Es sei nun eine Funktion $E(s)$ definiert in R_+ durch

$$E(s) = K_+(s)\, Y_+(s) - G_+(s) \quad . \tag{6.31}$$

Wegen $R_+ \supset D$ gilt im Streifen D, daß dort auch

$$E(s) = G_-(s) - \frac{Y_-(s)}{K_-(s)} \quad . \tag{6.32}$$

Nach dem Prinzip der analytischen Fortsetzung [6.4] ist damit E(s) auch überall in R_- definiert, und die beiden durch (6.31) und (6.32) definierten Funktionen sind in D identisch. Nach dem erweiterten Liouvilleschen Satz [6.4] ist die allgemeinste Funktion E(s) ein beliebiges Polynom $\Pi(s)$, und damit kann man die allgemeinste Lösung der Wiener-Hopf-Gleichung (6.26) hinschreiben als

$$Y_+(s) = \frac{G_+(s) + \Pi(s)}{K_+(s)} \quad ; \quad Y_-(s) = K_-(s)\,[G_-(s) - \Pi(s)] \quad . \tag{6.33}$$

Üblicherweise kann man $\Pi(s)$ aus den Bedingungen an der Diskontinuitätsstelle $x = 0$ ermitteln, die das Verhalten von $Y_\pm(s)$ im Unendlichen bestimmen. Dazu betrachte man das Verhalten von $Y_+(s)$ entlang der positiven rellen Achse, also $s = i\,u$ ($u > 0$, reell):

$$Y_+(iu) = \int_0^\infty y(x)\, e^{-ux}\, dx \quad . \tag{6.34}$$

Dies ist formal die einseitige Laplace-Transformation von y(x). Für $u \to \infty$ tragen nur sehr kleine x-Werte zum Integral bei; nach dem Watsonschen Lemma (siehe [6.2] oder Abschnitt 5.2) erhält man das asymptotische Verhalten von (6.34) durch asymptotische Entwicklung von y(x) für $x \to 0_+$ und Integration dieser Terme (umgekehrt erhält man das Verhalten von y(x) für $x \to 0_+$ durch Untersuchung des Verhaltens von $Y_+(i\,u)$ für $u \to \infty$). Entsprechend erhält man das asymptotische Verhalten von y(x) für $x \to 0_-$ durch Untersuchung von $Y_-(i\,v)$ für $v \to -\infty$.

Für das Beispiel der Saite sei nun angenommen, daß die Auslenkung y der Wellen stets endlich ist. Der Term in niedrigster Ordnung in der Entwicklung von $Y_+(i\,u)$ ist damit

$$C\int_0^\infty e^{-ux}\, dx = \frac{C}{u} \qquad (C = \text{const}). \tag{6.35}$$

Entsprechendes gilt für $Y_-(i\,v)$; somit sind $Y_\pm = O(s^{-1})$ für $|s| \to \infty$ in $R_\pm$. Wegen (6.28) galt dort $K_\pm = O(1)$, und den $G_\pm(s)$ sieht man sofort an, daß $G_\pm(s) = O(s^{-1})$ im Unendlichen. Damit folgt dort, daß E(s), d.h. das Polynom $\Pi(s)$, sich wie $O(s^{-1})$ verhält, und zwar sowohl in R_+ als auch in R_-. Da R_+ und R_- eine gemeinsame Schnittmenge D haben, verschwindet $\Pi(s)$ also überall im Unendlichen wie 1/s. Daher ist $\Pi(s)$ identisch Null, und (6.33) wird zu

$$Y_+(s) = \frac{G_+(s)}{K_+(s)} \quad ; \quad Y_-(s) = G_-(s)\, K_-(s) \tag{6.36}$$

oder ausgeschrieben

$$Y_+(s) = \frac{2\,i\,k_1}{(s+k_2)(k_1+k_2)} \quad , \quad Y_-(s) = \frac{i}{s+k_1}\Big(1 - \frac{2\,k_1}{k_1+k_2}\,\frac{s-k_2}{s-k_1}\Big)\,. \quad (6.37)$$

Bisher wurde die Frage ausgespart, ob die Produktzerlegung (6.28) die einzig mögliche ist. Crighton [6.3] und Noble [6.2] zeigen, daß dies bei algebraischem Verhalten der Funktion im Unendlichen in der Tat der Fall ist (bis auf eine multiplikative Konstante). Falls $K_\pm(s)$ exponentielles Wachstum im Unendlichen besitzt, so hat man $K_\pm(s)$ durch eine Ganze Funktion zu dividieren (respektive zu multiplizieren), damit sich der resultierende Faktor algebraisch verhält.

6.1.3 Inversion des Fourier-Integrals

Formal ist die Rücktransformation von $Y(s) = Y_+(s) + Y_-(s)$ gegeben durch

$$y(x) = \frac{1}{2\pi}\int_C Y(s)\,e^{-isx}\,ds \quad ,$$

wobei $C = \{x \text{ mit } -\infty < x < +\infty\}$ ganz in D verläuft. Die $Y_\pm(s)$ zeigen algebraisches Verhalten im Unendlichen; die Konvergenz des Integrals wird also bestimmt vom Exponentialausdruck e^{-isx}. Man betrachtet nun folgende Fälle:

a) *$x > 0$:*
Vervollständigt man C durch einen Halbkreis in der unteren s-Halbebene zu einem geschlossenen Integrationsweg, so verschwindet der Beitrag des Halbkreises, wenn man dessen Radius gegen Unendlich gehen läßt, da dort der Exponentialausdruck (mit $x > 0$, $s^i < 0$) verschwindet. Weiter trägt $Y_-(s)$, da innerhalb des geschlossenen Integrationsweges analytisch, nach dem Cauchyschen Satz nichts zum Integral bei. Die Singularitäten von $Y_+(s)$ beschränken sich auf einen einfachen Pol bei $s = -k_2$, so daß mit dem Residuensatz [6.4] gilt:

$$y(x) = -2\,\pi\,i\,\frac{1}{2\pi}\,\frac{2\,i\,k_1}{k_1+k_2}\,e^{i\,k_2\,x} = T\,e^{i\,k_2\,x} \quad . \qquad (6.38)$$

$T = 2\,k_1/(k_1 + k_2)$ ist der *Transmissions-Koeffizient.*

b) *$x < 0$:*
Man vervollständigt C durch einen Halbkreis in der oberen s-Halbebene und läßt den Radius gegen Unendlich gehen. Hier trägt $Y_+(s)$ nichts zur Integration bei, und der Residuensatz liefert

$$y(x) = 2\,\pi\,i\,\frac{1}{2\pi}\,\frac{2\,i\,k_1}{2\,k_1(k_1+k_2)}\,(k_1-k_2)\,e^{-i\,k_1\,x} = R\,e^{-i\,k_1\,x} \qquad (6.39)$$

mit dem *Reflexions-Koeffizienten* $R = (k_2 - k_1)/(k_1 + k_2)$.

In komplizierteren Problemen, z.B. der Akustik, hat $Y_+(s)$ gewöhnlich sowohl einen Verzweigungspunkt als auch einfache Pole in R_- ; entsprechendes gilt für $Y_-(s)$ in R_+ . Die Pole erzeugen die natürlichen Moden des Systems (wie hier beim Beispiel der Saite): bei Polen nahe der reellen Achse (kleine Dämpfung) also sich ausbreitende Moden, bei Polen nahe der imaginären Achse Moden, die sich nicht ausbreiten, wie z.B. bei Balken- oder Plattenschwingungen oder bei akustischen Wellen in Kanälen.

Im allgemeinen repräsentieren die Integrale um die Verzweigungspunkte das erzwungene Nahfeldverhalten, das üblicherweise räumlich abklingt und für große Entfernungen von der Diskontinuität nur die sich ausbreitenden Moden übrig läßt.

6.2 Wellen-Reflexion und -Transmission auf einem Balken

Man betrachte nun statt der Saite einen (unendlich langen) Balken mit ansonsten ungeänderten physikalischen Verhältnissen, d.h. der Dichte ρ_1 (ρ_2), der Biegesteife B_1 (B_2) und der Wellenzahl k_1 (k_2) auf dem linken (rechten) Halbbalken, wobei für die Wellenzahlen

$$k_j^4 = \frac{\rho_j\,\omega^2}{B_j} \qquad (j = 1, 2) \tag{6.40}$$

gilt. Setzt man das harmonische Zeitverhalten wieder an als $e^{-i\omega t}$ und betrachtet eine einfallende Welle mit Wellenzahl k_1, so kann man die Auslenkungen wieder allgemein ansetzen als

$$\begin{aligned} &y + e^{i k_1 x} && \text{für } x < 0 \quad , \\ &y && \text{für } x > 0 \quad . \end{aligned} \tag{6.41}$$

Die Bewegungsgleichungen lauten

$$\begin{aligned} &\frac{d^4 y}{dx^4} - k_1^4\, y = 0 \qquad \text{für } x < 0 \ , \\ &\frac{d^4 y}{dx^4} - k_2^4\, y = 0 \qquad \text{für } x > 0 \ . \end{aligned} \tag{6.42}$$

Sie haben zur Lösung

$$\begin{aligned} y(x) &= A\, e^{-i k_1 x} + B\, e^{k_1 x} && (x < 0) \quad , \\ y(x) &= C\, e^{i k_2 x} + D\, e^{-k_2 x} && (x > 0) \quad , \end{aligned} \tag{6.43}$$

da wieder $0 < k_j^i << kk_j^r$ gelten soll. Die Terme mit den Amplituden B und D sind die (schnell abklingenden) Nahfeldterme. Die Halbachsen-Fourier-Transformationen von

(6.42) führen auf die Gleichungen

$$\begin{aligned} (s^4 - k_1^4)\, Y_-(s) &= - y'''_{0_-} + i\, s\, y''_{0_-} + s^2 y'_{0_-} - i\, s^3 y_{0_-} := J_1 \quad , \\ (s^4 - k_2^4)\, Y_+(s) &= y'''_{0_+} - i\, s\, y''_{0_+} - s^2 y'_{0_+} + i\, s^3 y_{0_+} := J_2 \quad , \end{aligned} \tag{6.44}$$

deren erste im Bereich R_- und deren zweite im Bereich R_+ gilt.

(6.44b) hat nun vier Polstellen: $s_{1/2} = \pm k_2$ und $s_{3/4} = \pm i\, k_2$,von denen die beiden mit positivem Vorzeichen in R_+ liegen. Durch geeignete Wahl der rechten Seite kann man die beiden Pole eliminieren: setzt man nämlich dort die rechten Seiten Null, d.h.

$$J_2(\alpha_j k_2) = y'''_{0_+} - i\, \alpha_j\, k_2\, y''_{0_+} - (\alpha_j k_2)^2 y'_{0_+} + i\, (\alpha_j k_2)^3 y_{0_+} = 0 \tag{6.45}$$

mit $\alpha_1 = 1$, $\alpha_2 = i$, so ist (6.44b) überall analytisch. Entsprechend liegen zwei Pole von (6.44a), nämlich $s = - k_1$ und $s = - i\, k_1$, in R_- und werden eliminiert durch

$$J_1(\beta_j k_1) = - y'''_{0_-} + i\, \beta_j\, k_1\, y''_{0_-} + (\beta_j k_1)^2 y'_{0_-} - i\, (\beta_j k_1)^3 y_{0_-} = 0 \tag{6.46}$$

mit $\beta_1 = -1$, $\beta_2 = -i$. (6.45) und (6.46) gelten übrigens unabhängig von den vier Bedingungen bei $x = 0$. Mindestens eine dieser Bedingungen hat zur eindeutigen Lösung der acht Gleichungen für die acht unbekannten Größen auf dem Rand inhomogen zu sein; dies sei aber nur allgemein vorgeführt.

Addition von (6.44a) und (6.44b) liefert

$$(s^4 - k_2^4)\, Y_+(s) + (s^4 - k_1^4)\, Y_-(s) = J_2(s) + J_1(s) \quad ; \tag{6.47}$$

diese Gleichung gilt im Streifen D, definiert durch

$$D = \{ s \text{ mit } s^i \in (- k_2^i, k_1^i) \} . \tag{6.48}$$

Wegen der freien Wahl der Imaginärteile der Wellenzahlen kann man z.B. $k_1^i = k_2^i$ setzen, d.h. D ist symmetrisch um die reelle Achse (siehe Bild 6.2). Wegen der Kleinheit der Imaginärteile k_1^i und k_2^i liegen diePunkte $i\, k_j$ deutlich außerhalb von D (das ist sogar schon bei der schwächeren Forderung $k_j^r > k_j^i$ gewährleistet), d.h. man kann durch $s^4 - k_1^4$ dividieren und erhält die Wiener-Hopf-Gleichung

$$K(s)\, Y_+(s) + Y_-(s) = \frac{J_2(s) + J_1(s)}{s^4 - k_1^4} \tag{6.49}$$

mit

$$K(s) = \frac{s^4 - k_2^4}{s^4 - k_1^4} \quad . \tag{6.50}$$

Die Aufspaltung von K(s) analog zu dem in Abschnitt 6.2 gesagten ist offensichtlich:

$$K_+(s) = \frac{(s + k_2)(s + i\, k_2)}{(s + k_1)(s + i\, k_1)} \quad , \quad K_-(s) = \frac{(s - k_2)(s - i\, k_2)}{(s - k_1)(s - i\, k_1)} \quad . \tag{6.51}$$

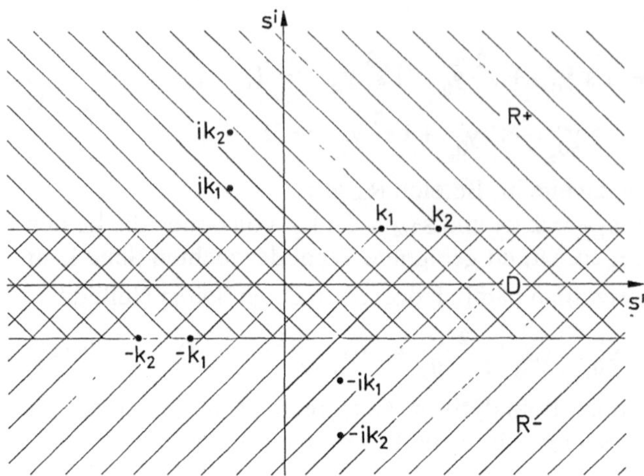

Bild 6.2 Lage der Singularitäten bezüglich des Analytizitätsbereiches D

Damit wird (6.49) zu

$$K_+(s)\,Y_+(s) + \frac{Y_-(s)}{K_-(s)} = \frac{J_2(s) + J_1(s)}{(s+k_1)(s+i\,k_1)(s-k_2)(s-i\,k_2)} \quad . \tag{6.52}$$

Zur Separation von (6.52) muß man die rechte Seite noch additiv zerlegen: wegen (6.46) enthält J_1 die Faktoren $s + k_1$ und $s + i\,k_1$ und ist kubisch in k_1, d.h. es gilt

$$J_1(s) = (s+k_1)(s+i\,k_1)(a_1\,s+b_1) \tag{6.53a}$$

mit a_1, b_1 abhängig von den Bedingungen bei $x = 0$. Entsprechendes gilt für J_2 :

$$J_2(s) = (s-k_2)(s-i\,k_2)(a_2\,s-b_2) \quad . \tag{6.53b}$$

Damit hat die rechte Seite von (6.52) die Form

$$\frac{a_1 s + b_1}{(s-k_2)(s-i\,k_2)} + \frac{a_2 s - b_2}{(s+k_1)(s+i\,k_1)} \quad , \tag{6.54}$$

wobei der erste Term eine Minus- (G_-), der zweite eine Plus-Funktion (G_+) ist, denn die singulären (Pol-) Stellen sind bereits gehoben worden.

Analog zum Saitenproblem gibt es somit ein Polynom $\Pi(s)$ mit

$$\begin{aligned} K_+(s)\,Y_+(s) - G_+(s) &= \Pi(s) \quad \text{und} \\ G_-(s) - \frac{Y_-(s)}{K_-(s)} &= \Pi(s) \quad . \end{aligned} \tag{6.55}$$

Wegen $G_\pm(s) = O(s^{-1})$, $K_\pm(s) = O(1)$ und $Y_\pm(s) = O(s^{-1})$ (da y endlich für x = 0) für $|s| \to \infty$ muß $\Pi(s)$ wieder identisch verschwinden, und damit wird schließlich

$$\begin{aligned} Y_+(s) &= \frac{a_2 s - b_2}{(s+k_2)(s+i\,k_2)} \quad , \\ Y_-(s) &= \frac{a_1 s + b_1}{(s-k_1)(s-i\,k_1)} \quad . \end{aligned} \tag{6.56}$$

Die inversen Transformationen lassen sich explizit durchführen; die Pole bei $s = k_1$ und $s = i\,k_1$ erzeugen die reflektierte und eine abklingende Welle für $x < 0$, während die Pole bei $s = -k_2$ und $s = -i\,k_2$ (für $x > 0$) verantwortlich sind für die Transmissionswelle und eine abklingende Welle dort. Man erhält

$$y(x) = i\,\frac{a_2 k_2 + b_2}{k_2(1-i)}\, e^{i k_2 x} - i\,\frac{a_2 i\,k_2 + b_2}{k_2(1-i)}\, e^{-k_2 x} \qquad (x>0) \tag{6.57}$$

und

$$y(x) = i\,\frac{a_1 k_1 + b_1}{k_1(1-i)}\, e^{-i k_1 x} - i\,\frac{a_1 i\,k_1 + b_1}{k_1(1-i)}\, e^{k_1 x} \qquad (x<0) \quad . \tag{6.58}$$

(6.57) und (6.58) sind, wie vermutet, von der Form (6.43). Bei gegebenen "Rand"-bedingungen sind y und seine ersten Ableitungen bekannt für $x = 0_\pm$, und man kann die unbekannten Koeffizienten a_j, b_j aus (6.44) und (6.53) ermitteln.

Soweit die Einführung an Hand eindimensionaler Probleme. Im nächsten folgt die Erweiterung auf zweidimensionale Halbebenen-Probleme.

6.3 Zweidimensionale Halbebenen-Probleme

6.3.1 Die halbunendliche Platte mit Ladung

Man betrachte eine halbunendliche ($x < 0$, $y = 0$) geladene Platte mit nichtkonstantem Potential ϕ. Mathematisch heißt dies, daß die Laplace-Gleichung

$$\nabla^2 \phi(x, y) = 0 \tag{6.59}$$

mit einer Randbedingung, z.B.

$$\phi(x, 0) = e^{ax} \quad (x<0;\ a>0,\ \text{reell}) \tag{6.60}$$

zu lösen ist. Außerdem soll das Potential für große Abstände von der Platte verschwinden, also

$$\phi(x, y) \to 0 \quad \text{für} \quad x^2 + y^2 \to \infty \quad . \tag{6.61}$$

Definiert man

$$\Phi(s, y) = \int_{-\infty}^{\infty} \phi(x, y)\, e^{-isx} dx \ , \tag{6.62}$$

(diese Definition steht wegen des negativen Exponenten nicht in voller Analogie zu der von Abschnitt 6.1; sie stellt allerdings nur eine alternative Form der Fourier-Transformation dar, ist also der von Abschnitt 6.1 gleichwertig), so folgt aus (6.59)

$$\frac{\partial^2 \Phi(s, y)}{\partial y^2} - s^2 \Phi(s, y) = 0 \ . \tag{6.63}$$

Mit (6.61) und der Forderung der Stetigkeit von $\phi(x, y)$ bei $y = 0$ ergibt sich als Lösung dieser Gleichung

$$\Phi(s, y) = \begin{cases} A(s)\, e^{-|s|y} & \text{für } y > 0 \\ A(s)\, e^{+|s|y} & \text{für } y < 0 \end{cases} \ . \tag{6.64}$$

Damit gilt, daß $\Phi(s, y)$ und damit $\phi(x, y)$ *gerade* Funktionen in y sind, also

$$\phi(x, y) = \phi(x, -y) \ . \tag{6.65}$$

Als nächstes benötigt man die y-Ableitungen des Potentials. Aus (6.62) erhält man mit (6.64) an den Stellen $y = 0_+$ und $y = 0_-$:

$$\phi'(x, 0_+) := \left.\frac{\partial \phi(x, y)}{\partial y}\right|_{y = 0_+} = \frac{1}{2\pi} \int_{-\infty}^{\infty} (-|s|\, A(s))\, e^{isx} ds \ , \tag{6.66a}$$

$$\phi'(x, 0_-) := \left.\frac{\partial \phi(x, y)}{\partial y}\right|_{y = 0_-} = \frac{1}{2\pi} \int_{-\infty}^{\infty} |s|\, A(s)\, e^{isx} ds \ , \tag{6.66b}$$

d.h. es ist

$$\phi'(x, 0_+) = -\phi'(x, 0_-) \tag{6.67}$$

auf der gesamten x-Achse. Da allerdings für $x > 0$ wegen der Stetigkeit der Potentialableitung bei $y = 0$

$$\phi'(x, 0_+) = \phi'(x, 0_-) \quad (x > 0) \tag{6.68a}$$

sein muß, so folgt daraus mit (6.67) die Beziehung

$$\phi'(x, 0_+) = \phi'(x, 0_-) = 0 \quad (x > 0) \ , \tag{6.68b}$$

die konsistent mit (6.65) und der physikalischen Symmetrie des Problems ist. Damit hat man zusätzlich zu (6.60) eine weitere Randbedingung, nämlich

$$\phi'(x, 0) = 0 \quad \text{für} \quad x > 0 \ , \tag{6.69}$$

und es liegt ein typisches Wiener-Hopf-Problem vor.

Die Funktion A(s) läßt sich mit Hilfe von (6.62) und (6.64) so schreiben:

$$A(s) = \Phi(s, 0_{\pm}) = \int_{-\infty}^{0} \phi(x, 0)\, e^{-isx}\, dx + \int_{0}^{\infty} \phi(x, 0)\, e^{-isx}\, dx$$

$$= \int_{-\infty}^{0} e^{(a-is)x}\, dx + \int_{0}^{\infty} \phi(x, 0)\, e^{-isx}\, dx = \frac{i}{s + ia} + A_{-}(s)\,. \qquad (6.70)$$

Dabei wurde angenommen, daß $s^i > - a$ ist. Der erste Summand ist Plus-Funktion $A_+(s)$ (mit einem Pol bei s = - ia), der zweite, die Halbachsentransformation von $\phi(x,0)$, ist Minus-Funktion $A_-(s)$, da nicht-singulär für in der unteren Halbebene.

Entsprechend ist die Fourier-Transformierte von $\phi'(x, 0_+)$ eine reine Plus-Funktion:

$$\Phi'(s, 0_+) = -|s|\, A(s) = \int_{-\infty}^{0} \phi'(x, 0_+)\, e^{-isx}\, dx := G_+(s) \quad . \qquad (6.71)$$

Der Vergleich von (6.70) und (6.71) zeigt, daß |s| noch in eine Plus- und eine Minus-Funktion aufgespalten werden muß. Dies geschieht mit Hilfe eines reellen Parameters ε, der schließlich wieder Null gesetzt wird, d.h.

$$|s| = \lim_{\varepsilon\to 0} \sqrt{s^2 + \varepsilon^2} = \lim_{\varepsilon\to 0} \sqrt{s + i\varepsilon}\, \sqrt{s - i\varepsilon} \quad . \qquad (6.72)$$

Die erste Wurzel ist Plus-, die zweite Minus-Funktion, und die Verzweigungsschnitte werden wie in Bild 6.3 gelegt.

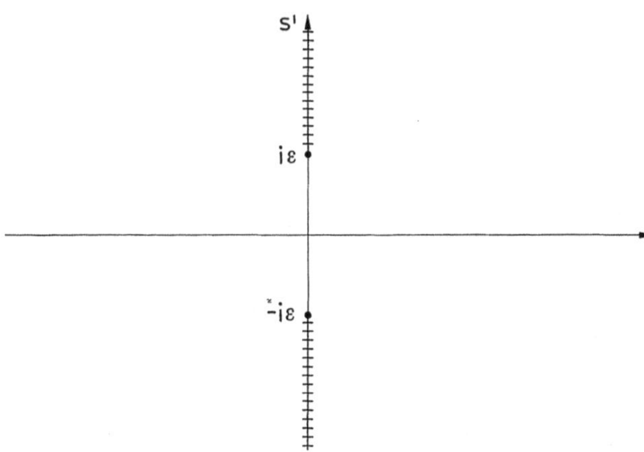

Bild 6.3 Wahl der Verzweigungsschnitte für die Funktion $(s^2 + \varepsilon^2)^{1/2}$

Substituiert man (6.72) für |s| in (6.71), so ist

$$A(s) = -\frac{G_+(s)}{\sqrt{s+i\varepsilon}}\,\frac{1}{\sqrt{s-i\varepsilon}} \quad . \tag{6.73}$$

Damit eliminiert man A(s) aus (6.70) und hat

$$-\frac{G_+(s)}{\sqrt{s+i\varepsilon}} = \sqrt{s-i\varepsilon}\;A_-(s) + i\frac{\sqrt{s-i\varepsilon}}{s+ia} \quad .$$

Die linke Seite ist Plus-Funktion, der erste Term rechts ist Minus-Funktion, der zweite Quotient aus Minus- und Plus-Funktion, der so aufgespalten wird:

$$\frac{\sqrt{s-i\varepsilon}}{s+ia} = \frac{\sqrt{s-i\varepsilon}-\sqrt{-i(a+\varepsilon)}}{s+ia} + \frac{\sqrt{-i(a+\varepsilon)}}{s+ia} \quad , \tag{6.74}$$

wobei rechts der erste Term Minus-, der zweite Plus-Funktion ist. Damit läßt sich die Halbebenen-Separation nun vollständig durchführen:

$$-\frac{G_+(s)}{\sqrt{s+i\varepsilon}} - i\frac{\sqrt{-i(a+\varepsilon)}}{s+ia} = \sqrt{s-i\varepsilon}\;A_-(s) + i\frac{\sqrt{s-i\varepsilon}-\sqrt{-i(a+\varepsilon)}}{s+ia} = E(s) \; . \tag{6.75}$$

Wieder sind die beiden Seiten der Gleichung ihre jeweiligen analytischen Fortsetzungen mit der Ganzen Funktion E(s) im Überlappungsgebiet. Für den Plus-Anteil wird

$$G_+(s) = -i\frac{\sqrt{-i(a+\varepsilon)}\,\sqrt{s+i\varepsilon}}{s+ia} - \sqrt{s+i\varepsilon}\;E(s) \quad , \tag{6.76}$$

und da $G_+(s) \rightarrow \infty$ für $|s| \rightarrow \infty$ und $E(s) \neq 0$, so folgt aus der Forderung höchstens algebraischen Wachstums wieder

$$E(s) = 0 \; .$$

Mit (6.73) und (6.76) bestimmt man A(s) zu

$$A(s) = \lim_{\varepsilon\to 0} i\frac{\sqrt{-i(a+\varepsilon)}}{(s+ia)\sqrt{s-i\varepsilon}} \quad . \tag{6.77}$$

Für die Rücktransformation von (6.64) wird - analog zu (6.62) - auf der reellen Achse integriert. Dort wird (6.77) zu

$$A(s) = \begin{cases} e^{i\pi/4}\,\dfrac{1}{s+ia}\,(a/s)^{1/2} & \text{für } s>0 \\ -\,e^{-i\pi/4}\,\dfrac{1}{s+ia}\,(-a/s)^{1/2} & \text{für } s<0 \end{cases} \quad . \tag{6.78}$$

Damit und mit (6.64) gilt für das Potential $\phi(x, y)$ im Bereich $y > 0$:

$$\phi(x, y) = \phi(x, -y) = \frac{\sqrt{a}}{2\pi}\Big[- e^{-i\pi/4}\int_{-\infty}^{0}\frac{e^{isx+sy}}{(s+ia)\sqrt{-s}}\,ds + e^{i\pi/4}\int_{0}^{\infty}\frac{e^{isx-sy}}{(s+ia)\sqrt{s}}\,ds\Big]$$

$$= \frac{\sqrt{a}}{\pi}\,\Re\Big[e^{i\pi/4}\int_{0}^{\infty}\frac{e^{is(x+iy)}}{(s+ia)\sqrt{s}}\,ds\Big] \quad . \tag{6.79}$$

Bemerkung:
Der Integralausdruck in (6.79) läßt sich mit Hilfe der Fehlerfunktion (siehe Abschnitt 5.1 und Aufgabe 6.5) umschreiben. Für die Potentialfunktion ergibt sich dann alternativ

$$\phi(x, y) = \Re\left[e^{a(x+iy)}\left\{1 - \mathrm{erf}\left(\sqrt{a(x+iy)}\right)\right\}\right] \quad . \tag{6.80}$$

Hierbei wurde benutzt, daß der Verzweigungsschnitt von $(x + iy)^{1/2}$ in der Platte liegt und daß $\Re\,[\mathrm{erf}(i\,\lambda)] = 0$ für reelle λ gilt (siehe [3.7]).

6.3.2 Harmonische Schallwellen

Untersucht werden sollen Schallwellen mit harmonischer Zeitabhängigkeit im zweidimensionalen Raum. Für diese gilt die Helmholtz-Gleichung (oder reduzierte Wellengleichung)

$$\nabla^2\phi(x, y) + k_0^2\,\phi(x, y) = 0 \quad . \tag{6.81}$$

Weiter sollen auf einer eindimensionalen Untermenge (Achse) der x-y-Ebene zwei verschiedene Randbedingungen gelten: auf der negativen Halbachse sei die Schallschnelle senkrecht zur Halbachse, auf der positiven Halbachse der Druck vorgegeben (man identifiziert ϕ aus (6.81) also mit dem Druck im Schallfeld). O.B.d.A. sei diese Achse die x-Achse.

Die Randbedingungen lassen sich also symbolisch als

$$\left.\frac{\partial\phi}{\partial y}\right|_{y=0} = f(x) \quad \text{für } x < 0\,, \qquad \left.\phi\right|_{y=0} = g(x) \quad \text{für } x > 0 \tag{6.82}$$

schreiben. Mit den üblichen Definitionen

$$\Phi(s, y) := \Phi_-(s, y) + \Phi_+(s, y) := \int_{-\infty}^{0}\phi(x,y)\,e^{isx}\,dx + \int_{0}^{\infty}\phi(x,y)\,e^{isx}\,dx \tag{6.83}$$

lassen sich für die Analytizität von Φ_- und Φ_+ folgende Aussagen machen:

ϕ hat wegen (6.81) Wellencharakter, also

$$\phi \sim e^{ik_0 x} \qquad \text{für } y = 0 \text{ und } x > 0 \quad .$$

Für $x \to +\infty$ soll ϕ abklingen; dies erreicht man dadurch, daß man k_0 als komplexe Größe ansetzt:

$$k_0 = k^r + i k^i \qquad (\text{mit } k^i > 0) \quad .$$

Damit ist $\Phi_+(s, 0)$ in der komplexen s-Ebene analytisch, falls $s^i > - k^i$, d.h.

$$R_+ = \{s \text{ mit } s^i > - k^i\} \quad . \tag{6.84}$$

Entsprechend ist $\Phi_-(s, 0)$ analytisch, falls s aus R_- mit

$$R_- = \{s \text{ mit } s^i < k^i\} \quad , \tag{6.85}$$

und somit ist D der Streifen

$$D = \{s \text{ mit } -k^i < s < k^i\} \quad . \tag{6.86}$$

Fourier-Transformation bezüglich x von (6.81) führt auf

$$\frac{\partial^2\Phi}{\partial y^2} = \kappa^2\Phi \quad \text{mit} \quad \kappa^2 = s^2 - k_0^2 \quad , \tag{6.87}$$

(wobei benutzt wurde, daß die Funktion ϕ und ihre Ableitungen im Unendlichen verschwinden), mit der allgemeinen Lösung

$$\Phi(s, y) = A(s)\, e^{-\kappa y} + B(s)\, e^{\kappa y} \quad . \tag{6.88}$$

Der Ausdruck

$$\kappa = \sqrt{s + k_0}\,\sqrt{s - k_0} \tag{6.89}$$

hat Verzweigungspunkte bei $s = \pm k_0$, d.h. von dort gehen die Verzweigungsschnitte aus,die bei der Integration nicht überschritten werden dürfen. Für diese Schnitte gibt es mehrere Möglichkeiten (siehe Bild 6.4):

a) Man legt sie so, daß $- k_0$ und k_0 verbunden werden;

b) Man verbindet $- k_0$ mit $- \infty$ und $+ k_0$ mit $+ \infty$ (in beliebiger Richtung);

c) Man wählt als Schnittkurve $(s \pm k_0)^{1/2}$.

Für einen beliebigen vorgegebenen Wert von $(s + k_0)^{1/2}$ und $(s - k_0)^{1/2}$ in der s-Ebene erhält man bei festgelegten Verzweigungsschnitten eindeutige Werte für $(s + k_0)^{1/2}$ und $(s - k_0)^{1/2}$ in der gesamten Ebene, indem man sich von dem entsprechenden vorgegebenen Punkte zu dem gewünschten bewegt, ohne einen Verzweigungsschnitt zu überschreiten.

Da Φ analytisch in D ist, ist (6.88) die allgemeine Lösung von (6.81) nur, wenn die Verzweigungsschnitte nicht durch D gehen. Dies leisten z.B. die Verzweigungsschnitte b_1, b_2 und c, die oberhalb oder unterhalb von D verlaufen. Eine genauere Angabe des Schnittes ist hier noch nicht nötig; mit der Forderung, daß $(s \pm k_0)^{1/2} \sim + \sqrt{s}$ für $|s| \to \infty$ und der oben vorgegebenen Lage des Schnittes sind die Werte von κ in D festgelegt. Man sieht, daß für alle $s \in D$

$$\Im(s + k_0) > 0 \text{ , d.h. } \quad 0 < \arg(s + k_0) < \pi \text{ ,}$$
$$\Im(s - k_0) < 0 \text{ , d.h. } -\pi < \arg(s - k_0) < 0$$

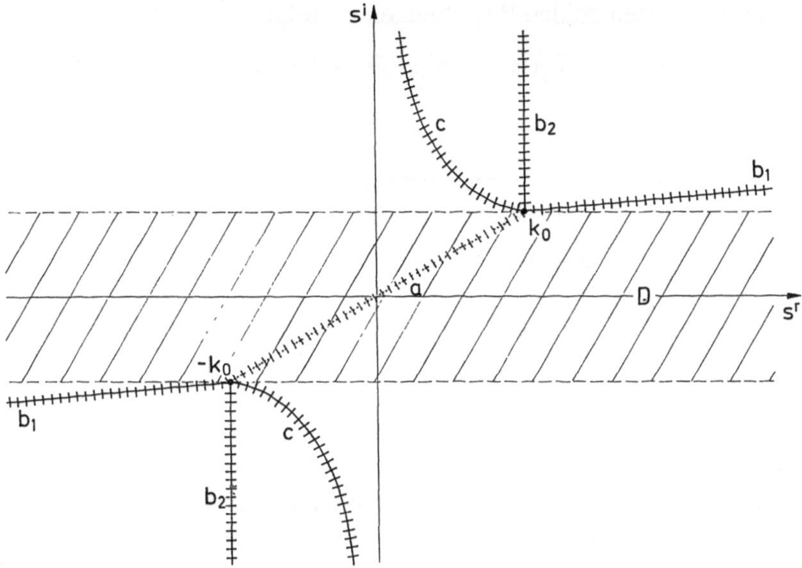

Bild 6.4 Unterschiedliche Wahl der Verzweigungsschnitte für die Funktion $(s^2 - k_0^2)^{1/2}$

gilt, und hat damit

$$-\frac{\pi}{2} < \arg\sqrt{s^2 - k_0^2} < \frac{\pi}{2}\,, \quad \text{d.h.} \quad \Re(s^2 - k_0^2) = \Re(\kappa) > 0\,, \tag{6.90}$$

eine grundlegende Eigenschaft von κ. Daher muß, um für $y \to \infty$ die Endlichkeit von Φ zu gewährleisten, in (6.88) $B(s) = 0$ sein, d.h.

$$\Phi(s, y) = A(s)\, e^{-\kappa y} \quad . \tag{6.91}$$

Wegen (6.82) kennt man die folgenden Halbachsen-Transformierten:

$$\begin{aligned} \Phi'_-(s, 0) &= \int_{-\infty}^{0} f(x)\, e^{isx}\, dx \qquad \left(' = \frac{\partial}{\partial y}\right)\,, \\ \Phi_+(s, 0) &= \int_{0}^{\infty} g(x)\, e^{isx}\, dx \quad . \end{aligned} \tag{6.92}$$

Unbekannt sind also $\Phi_-(s, 0)$ und $\Phi'_+(s, 0)$. Aus (6.83) und (6.91) folgt somit in D:

$$\begin{aligned} \Phi_+(s, 0) + \Phi_-(s, 0) &= A(s) \quad , \\ \Phi'_+(s, 0) + \Phi'_-(s, 0) &= -\kappa\, A(s)\,. \end{aligned} \tag{6.93}$$

Eliminiert man A(s) aus den letzten beiden Beziehungen, so folgt

$$K(s)\,\Phi'_+(s,0) + \Phi_-(s,0) \;=\; -\,\Phi_+(s,0) - K(s)\,\Phi'_-(s,0) \quad , \tag{6.94}$$

wobei die rechte Seite bekannt ist und

$$\frac{1}{\kappa} := K(s) := K_+(s)\,K_-(s) \;=\; \frac{1}{(s+k_0)^{1/2}}\,\frac{1}{(s-k_0)^{1/2}} \tag{6.95}$$

gesetzt wurde. Schreibt man (6.94) um, so ergibt sich

$$K_+(s)\,\Phi'_+(s,0) + \frac{\Phi_-(s)}{K_-(s)} \;=\; -\,\frac{\Phi_+(s,0)}{K_-(s)} - K_+(s)\,\Phi'_-(s,0) \quad . \tag{6.94'}$$

Die linke Seite ist damit bereits in Plus- und Minus-Funktion aufgespalten, die rechte besteht noch aus gemischten Termen. Für eine *allgemeine* Lösung von Gleichungen der Form (6.94) sei auf [6.2] verwiesen; hier werde im Weiteren davon ausgegangen, daß die Aufspaltung der rechten Seite (für bekannte f(x) und g(x)) schon durchgeführt worden sei:

$$K_+(s)\,\Phi'_+(s,0) + \frac{\Phi_-(s)}{K_-(s)} \;=\; H_+(s) + H_-(s) \tag{6.96}$$

oder

$$K_+(s)\,\Phi'_+(s,0) - H_+(s) \;=\; -\,\frac{\Phi_-(s)}{K_-(s)} + H_-(s) \;=\; E(s) \quad . \tag{6.96'}$$

Setzt man die Ganze Funktion E(s) als Polynom vom Grade N an, also

$$E(s) \;=\; \sum_{n=0}^{N} a_n\, s^n \quad , \tag{6.97}$$

so gilt für den Plus-Anteil

$$\Phi'_+(s,0) \;=\; \sqrt{s+k_0}\;H_+(s) + \sqrt{s+k_0}\,\sum_{n=0}^{N} a_n\, s^n \;. \tag{6.98}$$

Die Diskussion des asymptotischen Verhaltens ($|s| \to \infty$) des ersten Summanden der rechten Seite ist unabhängig von den Randbedingungen f(x) und g(x), denn es gilt nach dem Theorem über die additive Zerlegung [6.3], daß dort $H_\pm(s) \to O(s^{-1})$ für große $|s|$ geht.

Für den zweiten Term gilt Folgendes: Wegen des Verhaltens von $H_\pm(s)$ für große $|s|$ ist

$$\Phi'_+(s,0) \;=\; \int_0^\infty \frac{\partial\phi(x,0)}{\partial y}\, e^{isx}\, dx \;\sim O(s^{N+1/2}) \quad .$$

Substituiert man s = i u, so wird daraus

$$\Phi'_+(iu, 0) = \int_0^\infty \frac{\partial\phi(x, 0)}{\partial y} e^{-ux} dx \sim O(u^{N+1/2}) \quad . \tag{6.99}$$

Für große s, d.h. also nun in (6.99) (Laplace-Transformation) für große u, kommen die wesentlichen Beiträge von $x = 0_+$. Man setzt dort also die folgende Reihe an:

$$\frac{\partial\phi(x, 0)}{\partial y} \underset{x\to 0_+}{\longrightarrow} x^\alpha \sum_{n=0}^\infty a_n x^n \quad ,$$

wobei das Integral für a > - 1 nicht-singulär ist. Eingesetzt in (6.99) erhält man

$$\Phi'_+(iu, 0) = \sum_{n=0}^\infty a_n \int_0^\infty x^{\alpha+n} e^{-ux} dx \; .$$

Setzt man nun noch u x = z, so wird schließlich

$$\Phi'_+(iu, 0) = \sum_{n=0}^\infty a_n u^{-(\alpha+n+1)} \int_0^\infty z^{\alpha+n} e^{-z} dz$$

$$= \sum_{n=0}^\infty a_n u^{-(\alpha+n+1)} \Gamma(\alpha+n+1) \quad . \tag{6.100}$$

Den Beitrag höchster Ordnung in u liefert der Term mit n = 0, d.h. vergleicht man (6.99) mit (6.100), so hat man

$$-(\alpha + 1) = N + 1/2 \;\; \text{oder}$$
$$\alpha = -N - 3/2 \;\; .$$

Damit ist selbst für N = 0 die Singularität der Geschwindigkeit normal zur x-Achse im Punkte x = 0 noch von der Ordnung $x^{-3/2}$, d.h. die kinetische Energie wird dort unendlich groß. Da dies physikalisch unsinnig ist, so setzt man die Ganze Funktion $E(s) \equiv 0$.

Für das Druckfeld nahe x = 0 gilt nun

$$\Phi_+(s, 0) = \int_0^\infty g(x) e^{isx} dx \quad , \tag{6.92b}$$

$$\Phi_-(s, 0) = \sqrt{s - k_0}\; H(s) \quad . \tag{6.101}$$

Die gesuchte Größe $\phi(x, y)$, das Druckfeld, erhält man dann formal durch inverse Fourier-Transformation der Summe der letzten beiden Ausdrücke.

6.4 Schall-Reflexion und -Transmission in Kanälen mit Strömung

Ein weiteres, komplizerteres Beispiel ist das der Reflexion von Schallwellen in einem durchströmten Kanal an einer Unstetigkeit der Wandimpedanz [6.5], [6.6] (siehe Bild 6.5):

Ein Kanal, durchströmt mit trapezförmigem Geschwindigkeitsprofil $u_0(y)$ und nicht-verschwindender Wandkomponente, besitze auf einer Seite eine unstetige Änderung der Wandimpedanz Z. Dabei sei Z_1 die Impedanz einer schallharten Wand ($\partial p/\partial y = 0$, $Z_1 = \infty$), Z_2 die einer schallweichen Wand ($p = 0$, $Z_2 = 0$). Ermittelt werden sollen die Reflexions- und Transmissions-Koeffizienten einer auf diese Diskontinuität treffenden Schallwelle $F_0(y)$.

Die linearisierte Euler-Gleichung

$$\frac{D}{Dt}\begin{bmatrix} u \\ v \end{bmatrix} + \frac{du_0}{dy}\begin{bmatrix} v \\ 0 \end{bmatrix} + \frac{1}{\rho_0}\nabla p = 0 \ , \tag{6.102}$$

und die linearisierte Kontinuitätsgleichung

$$\frac{1}{c_0^2}\frac{Dp}{Dt} + \rho_0 \nabla \begin{bmatrix} u \\ v \end{bmatrix} = 0 \ , \quad \left(\frac{D}{Dt} = \frac{\partial}{\partial t} + u_0(y)\frac{\partial}{\partial x}\right) \quad , \tag{6.103}$$

führen nach Elimination der akustischen Geschwindigkeiten u und v auf die lineare Differentialgleichung dritter Ordnung für die Druckstörung p:

$$\frac{1}{c_0^2}\frac{D^3 p}{Dt^3} - \frac{D}{Dt}\nabla^2 p + 2\frac{du_0}{dy}\frac{\partial^2 p}{\partial x \partial y} = 0 \ . \tag{6.104}$$

Bemerkung:
Für konstante Geschwindigkeitsprofile (u_0 = const) führt die Integration von (6.104) wieder auf die konvektierte Wellengleichung (1.5).

Die Randbedingungen lassen sich schreiben als (siehe Bild 6.5)

$$\begin{aligned} \left.\frac{\partial p}{\partial y}\right|_{y=0} &= \left.\frac{\partial p}{\partial y}\right|_{y=b} = 0 \qquad (x < 0) \ , \\ \left.\frac{\partial p}{\partial y}\right|_{y=0} &= \left. p\right|_{y=b} = 0 \qquad (x > 0) \ . \end{aligned} \tag{6.105}$$

Die einfallende Schallwelle habe harmonisches Zeitverhalten, das im Weiteren unterdrückt werde. Damit ergibt sich für den Schalldruck dieser Welle

$$p_s(x, y) = F_0(y)\, e^{i k_0 x} \ ,$$

wobei mit analogen Argumenten wie beim Saiten- und Balkenproblem $k_0^i > 0$ zu sein hat. Der von der einfallenden Schallwelle erzeugte Schalldruck p(x, y) besteht aus drei Termen:

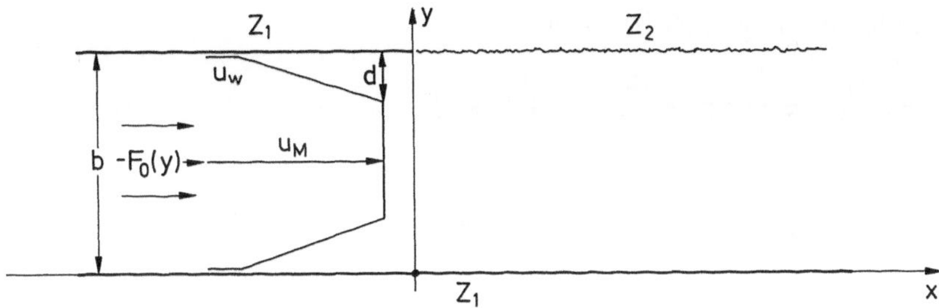

Bild 6.5 Von einem Trapezprofil durchströmter Kanal mit Schallwelle $F_0(y)$ und verschiedenen Wandimpedanzen Z_i

a) dem von p_s erzeugten Anteil,

b) einer auslaufenden, d.h. in $x > 0$ vorhandenen, dort angefachten Rayleigh-Welle, deren Existenz sich daraus begründet, daß *ohne* ihre Anwesenheit Schallerzeugung an der Unstetigkeitsstelle auch ohne einfallende Schallwelle stattfände (siehe z.B. [6.5] oder [6.7]), also

$$p_R(x, y) = F_R(y)\, e^{i k_R x} \quad , \quad (\text{mit } k_R^i < 0) \ , \quad \text{und}$$

c) dem Term $p_1(x, y)$, in dem der an der Diskontinuität erzeugte Schalldruck zusammengefaßt ist.

Für den Gesamtdruck gilt also

$$p = p_s + p_R + p_1 \ .$$

Die einfallende Welle erfüllt (6.104), p_R genügt einer Rayleigh-Gleichung (siehe Aufgabe 6.6), und damit genügt, was später in (6.113) benutzt werden wird, p_1 ebenfalls der Gleichung (6.104).

Aus den Randbedingungen (6.105) folgt somit (Aufgabe 6.3)

$$\begin{aligned} \frac{dF_R}{dy}\Big|_b e^{i k_R x} + \frac{\partial p_1}{\partial y}\Big|_b &= 0 \quad , \quad (x < 0) \quad , \\ F_0(b)\, e^{i k_0 x} + p_1(b, x) &= 0 \quad , \quad (x > 0) \quad . \end{aligned} \tag{6.106}$$

Definiert man wie in Abschnitt 6.3.1 die Halbachsen-Transformierten von p_1 als

$$\begin{aligned} Q_1(y, s) &= \int_{-\infty}^{0} p_1(x, y)\, e^{-isx}\, dx \quad , \\ Q_2(y, s) &= \int_{0}^{\infty} p_1(x, y)\, e^{-isx}\, dx \quad , \end{aligned} \tag{6.107}$$

so folgt aus den Randbedingungen (6.106), daß

$$Q'_1(b, s) + \frac{dF_R}{dy}\Big|_b \frac{1}{i(k_R - s)} \, e^{i(k_R - s)x}\Big|_{-\infty}^{0} = 0 \quad ,$$

$$Q_2(b, s) + \frac{F_0(b)}{i(k_0 - s)} \, e^{i(k_0 - s)x}\Big|_{0}^{\infty} = 0 \quad . \qquad (6.108)$$

Mit $s^i > k_R{}^i$ konvergiert der zweite Term in (6.108a) und es folgt dort, daß

$$Q'_1(b, s) + \frac{dF_R}{dy}\Big|_b \frac{1}{i(k_R - s)} = 0 \quad . \qquad (6.109a)$$

$Q_1'(b, s)$ ist also eine Plus-Funktion, für die wir forthin $Q_+'(b, s)$ schreiben:

$$Q'_+(b, s) + \frac{dF_R}{dy}\Big|_b \frac{1}{i(k_R - s)} = 0 \quad . \qquad (6.109a')$$

Entsprechend konvergiert der zweite Term in (6.108b), falls $s^i < k_0{}^i$ ist. $Q_2(b, s)$ ist dort also Minus-Funktion, $Q_-(b, s)$:

$$Q_-(b, s) - \frac{F_0(b)}{i(k_0 - s)} = 0 \,. \qquad (6.109b')$$

Der Streifen D der Gültigkeit der Wiener-Hopf-Gleichung in der s-Ebene ist damit definiert als

$$D = \{s \text{ mit } k_R^i < s^i < k_0^i\} \quad .$$

$Q_1(y, s) + Q_2(y, s)$ ist die Fourier-Transformation von $p_1(x, y)$; deshalb setzt man formal an

$$Q_1(y, s) + Q_2(y, s) = A(s)\, P(y, s) \quad . \qquad (6.110)$$

Den von y unabhängigen Faktor A(s) eliminiert man mit Hilfe von Gleichung (6.110) und deren Ableitung:

$$Q'_1(y, s) + Q'_2(y, s) = \frac{P'(y, s)}{P(y, s)}\big(Q_1(y, s) + Q_2(y, s)\big) \quad . \qquad (6.111)$$

Für $y = b$ läßt sich aus (6.109) und (6.111) eine Wiener-Hopf-Gleichung aufstellen, wobei aus Gründen der Erfüllbarkeit der Randbedingungen (siehe [6.5]) mit $Q_1'(b, s)$ auch $Q_1(b, s)$ Plus-Funktion und mit $Q_2(b, s)$ auch $Q_2'(b, s)$ Minus-Funktion ist. Man setzt wieder

$$Q_1(b, s) = Q_+(b, s) \quad \text{(Plus-Funktion)} \quad ,$$

$$Q_2'(b, s) = Q_-'(b, s) \quad \text{(Minus-Funktion)} \quad ,$$

und erhält aus (6.111):

$$Q'_-(b,s) - \frac{i}{s-k_R}\frac{dF_R}{dy}\Big|_b = \frac{P'(b,s)}{P(b,s)}\left(Q_+(b,s) + i\frac{F_0(b)}{s-k_0}\right) \quad . \tag{6.112}$$

P(y, s), der y-behaftete Teil der Fourier-Transformierten A(s) P(y, s) von $p_1(x, y)$, ist Lösung der Differentialgleichung

$$P'' - 2\frac{\gamma'_s}{\gamma_s}P' + (\gamma_s^2 - s^2)P = 0 \quad , \quad \left(' := \frac{\partial}{\partial y} \quad , \quad \gamma_s = \frac{\omega - s\,u_0(y)}{c_0}\right) \tag{6.113}$$

mit den Randbedingungen P(0) = 1, P'(0) = 0 (zur Begründung siehe [6.5], [6.6]). (6.113) kann für trapezförmiges $u_0(y)$ (siehe Bild 6.5) geschlossen gelöst werden: im nicht-konstanten Bereich sind die Funktionen P(y, s) die parabolischen Zylinderfunktionen von Weber (siehe [6.8], [3.7] und Aufgabe 6.4), im konstanten Bereich ist (6.123) eine Differentialgleichung mit konstanten Koeffizienten.

(6.112) ist nun vom Standard-Wiener-Hopf-Typ (6.26)

$$Q_+(s) + K(s)\,Q'_-(s) + S(s) = 0 \quad , \tag{6.114}$$

wobei

$$K(s) = -\frac{P(b,s)}{P'(b,s)} \quad ,$$

$$S(s) = i\frac{F_0(b)}{s-k_0} + i\frac{P(b,s)}{P'(b,s)}\frac{1}{s-k_R}\frac{dF_R}{dy}\Big|_b \quad . \tag{6.115}$$

K(s) enthält noch Pole in der gesamten s-Ebene und - für u_0 als Trapezprofil angesetzt - keine Verzweigungspunkte. Mit der multiplikativen Separation K(s) = $K_+(s)K_-(s)$ wird (6.114) zu

$$\frac{Q_+(b,s)}{K_+(s)} + K_-(s)\,Q'_-(b,s) + i\frac{F_0(b)}{K_+(s)\,(s-k_0)} - i\frac{K_-(s)}{s-k_R}\frac{dF_R}{dy}\Big|_b = 0 \quad . \tag{6.116}$$

Die beiden ersten Terme sind Plus- bzw. Minus-Funktion, die letzten beiden wieder gemischt. Den dritten zerlegt man in

$$\frac{1}{K_+(s)\,(s-k_0)} = \frac{1}{K_+(k_0)\,(s-k_0)} - \frac{K_+(s) - K_+(k_0)}{s-k_0}\frac{1}{K_+(s)\,K_+(k_0)} \quad ,$$

wobei der erste Term auf der rechten Seite Minus-, der zweite Plus-Funktion ist (der vierte Term von (6.116) wird ganz analog zerlegt). $K_+(s)$ und $K_-(s)$ wachsen algebraisch für $|s| \to \infty$ (Begründung siehe [6.5]), die Ganze Funktion kann wieder

Null gesetzt werden und man erhält

$$Q'_-(b, s) = -i \frac{F_0(b)}{K_+(k_0)} \frac{1}{K_-(s)(s - k_0)} + i \frac{K_-(s) - K_+(k_R)}{K_-(s)(s - k_R)} \frac{dF_R}{dy}\Big|_b , \quad (6.117a)$$

$$Q_+(b, s) = i \frac{F_0(b)}{K_+(k_0)} \frac{K_+(s) - K_+(k_0)}{s - k_0} - i \frac{K_-(k_R)}{K_+(s)(s - k_R)} \frac{dF_R}{dy}\Big|_b . \quad (6.117b)$$

Kombination von (6.109) und (6.117) und Rücktransformation liefert $p_1(x, b)$ und $\partial p_1(x, y)/\partial y|_{y=b}$, wobei zur Auswertung der Integrale mit dem Residuensatz noch die Lage der Pole und Nullstellen von $K_+(s)$ und $K_-(s)$, also des Quotienten parabolischer Zylinderfunktionen, bestimmt werden muß. Für diese mehr technische Frage und die physikalische Diskussion der Ergebnisse sei auf [6.5] verwiesen.

Da man i.a. nicht nur an den Druckstörungen (und deren Ableitung) an der Wand, sondern im gesamten Querschnitt interessiert ist, so folgt mit der aus (6.110) abgeleiteten Beziehung

$$Q_1(y, s) + Q_2(y, s) = \frac{P(y, s)}{P(b, s)} \left(Q_+(b, s) + Q_-(b, s)\right) \quad (6.118)$$

schließlich

$$p_1(x, y) = \frac{1}{2\pi} \int_{-\infty}^{\infty} \frac{P(y, s)}{P(b, s)} \left(\frac{F_0(b)}{K_+(k_0)} \frac{K_+(s)}{s - k_0} - \frac{K_-(k_R)}{K_+(s)(s - k_R)} \frac{dF_R}{dy}\Big|_b \right) e^{isx} dx \quad (6.119)$$

und eine analoge Beziehung für die y-Ableitung von p_1.

6.5 Anwendung der Wiener-Hopf-Methode auf Integralgleichungen

Das Wiener-Hopf-Verfahren läßt sich auch auf eine gewisse Klasse von Integralgleichungen anwenden, nämlich auf solche zweiter Art der Form

$$\phi(x) = g(x) + \int_0^{\infty} K(x - y)\, \phi(y)\, dy \quad , \quad (6.120)$$

d.h. bei Abhängigkeit des Kerns K von der Differenz der unabhängigen Variablen und mit einer Integration nur über die positive (oder negative) Halbachse.

Setzt man

$$\phi(x) = \phi_+(x) + \phi_-(x) \quad , \quad (6.121)$$

wobei $\phi_+ = 0$ für $x > 0$ und $\phi_- = 0$ für $x < 0$, so läßt sich (6.120) schreiben als

$$\phi_+(x) + \phi_-(x) = g(x) + \int_{-\infty}^{\infty} K(x - y)\, \phi_-(y)\, dy \quad . \quad (6.122)$$

Fourier-Transformation von (6.122) führt auf

$$\hat{\phi}_+(s) + \hat{\phi}_-(s) = \hat{g}(s) + \hat{K}(s)\,\hat{\phi}_-(s)$$

oder

$$\hat{\phi}_-(s)\,(1 - \hat{K}(s)) + \hat{\phi}_+(s) = \hat{g}(s) \quad , \tag{6.123}$$

wobei das Dach die Fourier-Transformierte symbolisiert. Die Forderung des Verschwindens des Kerns im Unendlichen

$$|K(x)| \leq \begin{cases} e^{-\alpha x} & \text{für } x \rightarrow \infty \\ e^{\beta x} & \text{für } x \rightarrow -\infty \end{cases} \quad , \tag{6.124}$$

(mit $\alpha, \beta > 0$), führt auf die Analytizität von K(x) im Streifen

$$\tilde{D} = \{s \text{ mit } -\beta < s^i < \alpha\} \quad .$$

Mit ähnlichen Annahmen für das Verhalten von $\phi(x)$ im Unendlichen wie in den vorangegangenen Betrachtungen sei auch die Fourier-Transformierte von $\phi(x)$ analytisch in diesem Streifen. Analoge Betrachtungen seien auch für die anderen Funktionen in (6.123) angestellt, und sämtliche Funktionen seien analytisch in einem Streifen D mit

$$\tilde{D} \supseteq D = \{s \text{ mit } \gamma < s^i < \delta\} \quad , \tag{6.125}$$

(d.h. also $\gamma \leq \alpha$, $\delta \leq \beta$). Mit der Faktorisierung

$$1 - \hat{K}(s) = K_+(s)\,K_-(s) \quad ,$$

wobei $K_+(s)$ analytisch für $s^i > \gamma$ und $K_-(s)$ analytisch für $s^i < \delta$ ist, erhält man aus (6.123)

$$\hat{\phi}_-(s)\,K_-(s) + \frac{\hat{\phi}_+(s)}{K_+(s)} = \frac{\hat{g}(s)}{K_+(s)} \quad . \tag{6.126}$$

Zerlegt man die rechte Seite additiv (in $H_+(s)$ und $H_-(s)$), so hat man schließlich

$$\hat{\phi}_-(s)\,K_-(s) - H_-(s) = -\frac{\hat{\phi}_+(s)}{K_+(s)} + H_+(s) \quad , \tag{6.127}$$

wobei wieder die linke Seite analytisch ist für $s^i > \delta$, die rechte für $s^i > \gamma$, d.h. die beiden Seiten müssen, wie auch im Fall der partiellen Differentialgleichungen, einer ganzen Funktion E(s) gleich sein, für die analoge Betrachtungen wie früher angestellt werden müssen.

Schlußbemerkung

In diesem Kapitel wurden Probleme untersucht, bei denen die Randbedingungen in zwei Halbräumen vorgegeben waren. Allerdings ist es auch - unter gewissen einschränkenden Bedingungen - möglich, Probleme mit dreiteiligen Randbedingungen zu behandeln. Für eine Diskussion der Anwendung der Wiener-Hopf-Methode auf derartige Probleme (mit einem Demonstrationsbeispiel) sei auf [6.3] verwiesen.

Aufgaben

6.1 Die multiplikative Zerlegung in Plus- und Minus-Funktion von

$$K(s) = (s^2+1)^{-1/2} = K_+(s)\,K_-(s)$$

(analytisch in $D = \{s \text{ mit } |s^i| < 1\}$) ist offensichtlich

$$K_+(s) = (s+i)^{-1/2}; \quad K_-(s) = (s-i)^{-1/2} ,$$

wobei $K_+(s)$ analytisch für $s^i > -1$ und $K_-(s)$ analytisch für $s^i < 1$ ist. Man bestimme die *additive* Zerlegung von K(s) mit identischem Analytizitätsverhalten.

6.2 In einem Halbraum ($y \geq 0$) sei an der Oberfläche $y = 0$ für $x > 0$ die Temperatur durch den Ausdruck $T = T_0 \exp(-x/l)$ gegeben, für $x < 0$ sei die Oberfläche isoliert, d.h. es finde kein Wärmeaustausch durch diese Oberfläche statt.
Man bestimme die Gleichgewichts - Temperatur bei $x = -l$.

6.3 Bei der Ermittlung von Gleichung (6.106) wurde benutzt, daß

$$\frac{dF_0}{dy}\Big|_{y=b} = F_R(b) = 0$$

ist. Man gebe die physikalische Begründung dafür an.

6.4 Man zeige, daß
a) mit den Substitutionen

$$\eta := i\,(2i/\gamma_s')^{1/2}\gamma_s \quad , \quad a := \frac{i}{2}\frac{(s/c_0)^2}{\gamma_s} \quad , \quad P := \frac{e^{a\eta^2/2}}{a+1/2}\frac{d}{d\eta}\left(e^{-a\eta^2/2}U\right)$$

die Gleichung (6.113) im linearen (nicht-konstanten) Bereich des Geschwindigkeitsprofils $u_0(y)$ (siehe Bild 6.5) auf die Webersche Gleichung

$$\frac{d^2U}{d\eta^2} - (\eta^2/4 + a)\,U = 0$$

transformiert wird, deren allgemeine Lösung eine beliebige Linearkombination der Weberschen parabolischen Zylinderfunktionen $U(a, \pm\eta)$ (siehe auch [3.7]) ist;

b) $P(\eta)$ selbst als Linearkombination von Weber-Funktionen U dargestellt werden kann (siehe [6.8]).

c) mit den Substitutionen $a := k + 1/2$, $\eta := i\,x$ die Gleichung aus a) in die Beziehung (3.83) übergeht.

6.5 Man zeige unter Benutzung von

$$\operatorname{erf}(u) = \frac{2}{\pi}\int_0^u e^{-v^2}\,dv$$

die Identität von (6.79) und (6.80).
(*Hinweis:* Man suche eine Differentialgleichung für den Integralausdruck von (6.79). Dazu differenziere man den Ausdruck nach $z = x + i\,y$ und vergleiche das Ergebnis mit dem ursprünglichen Integralausdruck.)

6.6 Man zeige mit Hilfe von (6.104), daß für p_S und p_R in der in Abschnitt 6.4 angegebenen Form jeweils eine Rayleigh-Gleichung gilt.

7 Variationsrechnung

7.1 Variationsmethoden für diskrete Systeme

7.1.1 Das Konzept der Variation eines Funktionals

Die Variationsrechnung beschäftigt sich mit der Minimierung bzw. Maximierung von Funktionalen, die als Integral dargestellt werden können. Man könnte sie daher als "natürliche" Methode zur Lösung physikalischer Probleme bezeichnen, da die Physik ja bekanntlich von Extremalprinzipen regiert wird (kürzeste Bahn, kleinste Wirkung, Gesamtenergie, Hamilton-Funktion). Die "Variation" dieser Integralbeziehung bezüglich einer abhängigen Größe (in der Physik z.B. der Bahnkurve im Zustandsraum) führt auf eine Differentialgleichung, deren Lösung diesen Integralausdruck minimiert respektive maximiert.

Im einfachsten Fall hat das Funktional die Form

$$J[x] = \int_{t_1}^{t_2} f(t, x(t), \dot{x}(t))\, dt \qquad (t\text{: Zeit, } x(t)\text{: Bahnkurve, } \dot{} = \frac{d}{dt}) \tag{7.1}$$

und beschreibt z.B. einen Vorgang mit festgelegtem Anfangs- und Endpunkt (daß dies wirklich der einfachste Fall ist, d.h. daß f notwendig von $\dot{x}(t)$ abhängen muß, wird noch gezeigt). Der Größe J[x] soll nun in Abhängigkeit von x ein Extremwert zugewiesen werden, d.h. man muß aus der Gesamtheit der möglichen Bahnen x(t), die durch t_1 und t_2 führen, diejenige heraussuchen, die J[x] extremalisiert. Diese Gesamtheit kann geschrieben werden als

$$x(t) = \hat{x}(t) + \alpha\, h(t) \quad , \tag{7.2}$$

wobei $\hat{x}(t)$ die (noch unbekannte) Lösung des Problems ist und $\alpha\, h(t)$ die Abweichung von dieser Lösung beschreibt. Dabei ist α eine beliebige Zahl und h(t) eine beliebige, zeitabhängige Funktion mit $h(t) \in C\,[t_1, t_2]$ und $h(t_1) = h(t_2) = 0$, d.h. sämtliche Bahnen müssen durch die festgelegten Endpunkte gehen. Das Funktional

$$J[x] = \int_{t_1}^{t_2} f\,(t, \hat{x}(t) + \alpha\, h(t), \dot{\hat{x}}(t) + \alpha\, \dot{h}(t))\, dt \tag{7.3}$$

nimmt nun seinen Extremwert in Abhängigkeit vom Parameter α an, wenn die Ableitung von J nach α verschwindet und außerdem $\alpha = 0$ ist, denn dann ist $x(t) = \hat{x}(t)$:

$$\partial J[\hat{x} + \alpha h] / \partial\alpha \Big|_{\alpha=0} = 0 \quad . \tag{7.4}$$

Diese Ableitung bezeichnet man auch als *Gateaux-Ableitung* und schreibt

$$D_G[J; h] := \partial J[\hat{x} + \alpha h] / \partial\alpha \Big|_{\alpha=0} = 0 \quad . \tag{7.5}$$

(Dies entspricht der verschwindenden Ableitung beim Extremwert in der Differentialrechnung).

Die Gateaux-Ableitung liefert

$$D_G [J; h] = \int_{t_1}^{t_2} [f_x h + f_{\dot{x}} \dot{h}] \, dt = 0 \quad . \tag{7.6}$$

Partielle Integration führt auf

$$[f_{\dot{x}} h]_{t_1}^{t_2} + \int_{t_1}^{t_2} [f_x - \frac{d}{dt}(f_{\dot{x}})] \, h \, dt = 0 \quad , \tag{7.7}$$

wobei der erste Ausdruck wegen der Randbedingungen verschwindet. Da das Integral für beliebige Vergleichsfunktionen h(t) verschwinden muß, so folgt mit dem Sarrusschen Lemma, daß der Integrand verschwindet, d.h. daß

$$f_x - \frac{d}{dt}(f_{\dot{x}}) = 0 \tag{7.8}$$

zu sein hat. Diese Gleichung, die *Euler-Gleichung* des Funktionals J[x], hat die Extremalisierungsfunktion $\hat{x}(t)$ zur Lösung.

Man sieht hier übrigens, daß (7.1) wirklich das einfachste extremalisierbare Funktional darstellt. Hinge f nämlich nicht von $\dot{x}(t)$ ab, d.h. $f = f(t, x(t))$, so folgte aus der Euler-Gleichung, daß $f_x = 0$ ist und f somit auch von der Bahnkurve x(t) selbst unabhängig ist!

Spezielle Formen der Euler-Gleichung existieren z.B. für explizite t-Unabhängigkeit von f, d.h. $f = f(x, \dot{x})$:

$$\frac{d}{dt}(f - \dot{x} f_{\dot{x}}) = 0, \quad \text{d.h.} \quad f - \dot{x} f_{\dot{x}} = \text{const.} \tag{7.9}$$

oder für f von der Form $f(x, y, y') = g(x, y) \, (1 + y'^2)^{1/2}$:

$$g_y - g_x y' - g \frac{y''}{1 + y'^2} = 0 \qquad (\text{wobei } ' = \frac{d}{dx}) \quad . \tag{7.10}$$

Die bisher gewonnenen Ergebnisse seien nun durch ein nicht ganz triviales Beispiel illustriert:

Durch die Erde in 40 Minuten

Das erste gelöste Variationsproblem war die 1696 von Johann Bernoulli gestellte Frage nach der Kurve kürzester Durchlaufzeit für die Bewegung eines Masseteilchens zwischen zwei gegebenen Punkten unter alleiniger Einwirkung der Schwerkraft. Dies Problem sei hier verallgemeinert: Gesucht ist die Form eines Tunnels durch das Erdinnere zwischen zwei Oberflächenpunkten A und B (siehe Bild 7.1), durch den ein Fahrzeug nur unter Einwirkung der Gravitation den Endpunkt in kürzester Zeit erreicht [7.1].

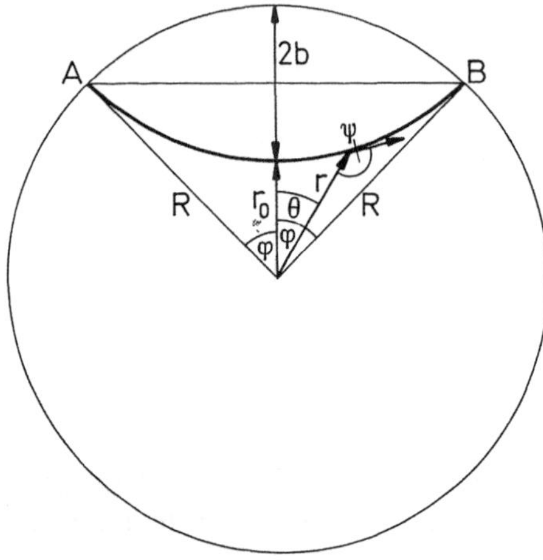

Bild 7.1 Durch die Erde in 40 Minuten

Lösung:
Zunächst bleibe die Erddrehung unberücksichtigt. Setzt man die radiale Gravitationskraft an als

$$K = m\,g\,r/R\ ,$$

so ergibt sich als Energiebilanz zwischen Punkt A (oder B) und einem beliebigen Punkt P auf der Tunnelkurve:

$$\frac{1}{2} m\,g\,R = \frac{1}{2} m\,g \frac{r^2}{R} + \frac{1}{2}\,m\,v^2\ ,$$

woraus man die Fahrzeuggeschwindigkeit

$$v = \sqrt{g\,\frac{R^2 - r^2}{R}}$$

erhält. Die Durchlaufzeit T, formal angesetzt als

$$T = \int_{s_1}^{s_2} \frac{ds}{v} \qquad ,$$

wobei in Polarkoordinaten

$$ds = (r^2 + r'^2)^{1/2}\, d\theta \qquad (\text{mit } r' = dr/d\theta)$$

ist, wird nun minimiert, d.h. die Euler - Gleichung des Funktionals

$$T = \sqrt{\frac{R}{g}} \int_{-\varphi}^{\varphi} \sqrt{\frac{r^2 + r'^2}{R^2 - r^2}}\, d\theta$$

wird bestimmt. Da der Integrand nicht explizit von θ abhängt, existiert ein erstes Integral der Euler-Gleichung der Form

$$\frac{r^2}{\sqrt{R^2 - r^2}} \frac{1}{\sqrt{r^2 + r'^2}} = C \ . \qquad (7.11)$$

Die Konstante C ergibt sich aus den Randbedingungen. Der Winkel ψ läßt sich beschreiben durch (siehe Bild 7.2)

$$\tan\psi = -\frac{r\, d\theta}{(r + dr) - r} = -\frac{r\, d\theta}{dr} \qquad ,$$

womit man die Beziehung

$$\frac{r}{\sqrt{R^2 - r^2}} \frac{1}{\sqrt{1 + \cot^2\psi}} = C$$

hat, die umgeformt werden kann zu

$$\sin^2\psi = C^2 (R^2 - r^2)/r^2 \ .$$

Diese Relation ist eine Eigenschaft der Hypozykloiden; d.h. Lösungskurven von (7.11) werden erzeugt durch Punkte auf der Peripherie eines Kreises, der im Innern eines zweiten Kreises (hier also eines Großkreises der Erdkugel) abrollt. Die Gleichung der Hypozykloiden in Parameterform lautet nun

$$x = r\cos\theta = (R - b)\cos\beta - b\cos\beta,$$
$$y = r\sin\theta = (R - b)\sin\beta + b\sin\beta.$$

Dabei ist b der Radius des rollenden Kreises ($b < R$) und β der Winkel zwischen der Referenzrichtung und der Position des Mittelpunktes des rollenden Kreises. b ist

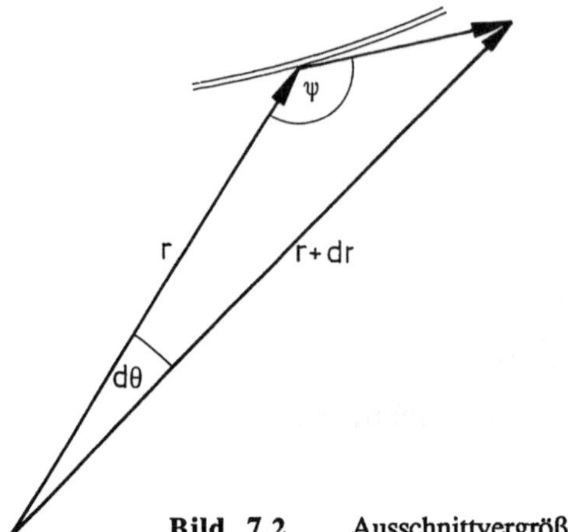

Bild 7.2 Ausschnittvergrößerung von Bild 7.1

durch den Öffnungswinkel 2φ folgendermaßen festgelegt: der Umfang des rollenden Kreises ist der Bogenlänge zwischen A und B gleich, d.h.

$$2\pi b = 2R\varphi \quad \text{oder} \quad b = R\varphi/\pi \ . \tag{7.12}$$

Die Integrationskonstante C erhält man aus der Überlegung, daß das Minimum der Kurve bei $\theta = 0$ liegt, d.h. daß die Tunnelkurve symmetrisch ist. Dort ist

$r = r_0$ $(= R - 2b)$ und $r' = 0$, und daraus:

$$\frac{r_0}{\sqrt{R^2 - r_0^2}} = C \quad .$$

Somit beschreibt die nichtlineare Differentialgleichung 1. Ordnung

$$\frac{r^2}{\sqrt{R^2 - r^2}} \frac{1}{\sqrt{r^2 + r'^2}} = \frac{r_0}{\sqrt{R^2 - r_0^2}}$$

das Problem vollständig. Trennung der Variablen führt nun auf

$$d\theta = \frac{r_0}{rR} \sqrt{\frac{R^2 - r^2}{r^2 - r_0^2}}\, dr \tag{7.13}$$

und man erhält als Durchlaufzeit T

$$T = \sqrt{\frac{R^2 - r_0^2}{gR}} \int_{r_1}^{r_2} \frac{r}{\sqrt{(R^2 - r^2)(r^2 - r_0^2)}}\, dr \quad .$$

Benutzt man noch die obige Annahme, daß die Bahnkurve symmetrisch ist, so folgt mit einer simplen Substitution ($p = r^2$) die Lösung:

$$T = 2\sqrt{\frac{R^2 - r_0^2}{gR}} \int_R^{r_0} \frac{r}{\sqrt{(R^2 - r^2)(r^2 - r_0^2)}}\, dr = \sqrt{\frac{R^2 - r_0^2}{gR}} \int_{R^2}^{r_0^2} \frac{dp}{\sqrt{(R^2 - p)(p - r_0^2)}}$$

$$= -\sqrt{\frac{R^2 - r_0^2}{gR}} \left[2 \arctan \sqrt{\frac{R^2 - p}{p - r_0^2}}\,\right]_{R^2}^{r_0} = \pi \sqrt{\frac{R^2 - r_0^2}{g R}} \quad .$$

Für die Beziehung zwischen r_0 (bzw. b) und φ erhält man nach Integration von (7.13):

$$2\varphi = \int_{-\varphi}^{\varphi} d\theta = 2\frac{r_0}{R} \int_{r_0}^{R} \frac{1}{r} \sqrt{\frac{R^2 - r^2}{r^2 - r_0^2}}\, dr$$

$$= \pm 2 \left\{\arcsin \left[\frac{R}{r} \sqrt{\frac{r^2 - r_0^2}{R^2 - r_0^2}}\,\right] - \frac{r_0}{R} \arcsin \sqrt{\frac{r^2 - r_0^2}{R^2 - r_0^2}}\,\right\} \Bigg|_{r_0}^{R}$$

$$= \pm \pi \left(1 - \frac{r_0}{R}\right) \quad ,$$

d.h. bei gegebenen Anfangs- und Endpunkten der Kurve (und damit gegebenem φ) liegt r_0 fest als

$$r_0 = R\left(1 - 2\frac{\varphi}{\pi}\right) \quad .$$

Dies entspricht mit $r_0 = R - 2b$ der auf einfacherem Wege gefundenen Beziehung (7.12).Für $r_0 = 0$ erhält man den Spezialfall des Erddurchmessers als Bahnkurve:

$$\varphi = \pm \pi \; .$$

Die dazugehörige Durchlaufzeit

$$T_0 = \pi \, (R^2/gR)^{1/2} = \pi \, (g/R)^{1/2} \approx 42{,}2 \text{ min}$$

ist also die maximal mögliche Zeit für einen Tunnel minimaler Durchlaufzeit (in Abhängigkeit von den Endpunkten, d.h. vom Öffnungswinkel φ), so daß man allgemein schreiben kann

$$T = \frac{1}{R}\sqrt{R^2 - r_0^2}\; T_0 \quad .$$

Bisher wurde die Rotation der Erde vernachlässigt. Daß dies zulässig ist, zeigt folgende Überlegung: Die Zeit T_0 ergab sich ohne Rotation zu $T_0 = \pi\ (R/g)^{1/2}$. Für die rotierende Erde erhält man [7.1]

$$T_0 = \pi \sqrt{\frac{R}{g} + \omega^2 \sin^2\gamma} \quad ,$$

wobei $\omega = 7{,}29 \cdot 10^{-5}\ s^{-1}$ die Kreisfrequenz der Rotation und γ der Winkel zwischen dem durchlaufenen Durchmesser und der Rotationsachse ist. Man sieht sofort, daß dieser Korrekturterm sehr klein gegen den Gravitationsterm ist und damit auch für vom Durchmesser abweichende Bahnen vernachlässigt werden kann.

N.B.: Sämtliche Gleichungen gehen für den Spezialfall $b/R \to 0$ in die bekannten Beziehungen der klassischen Brachistochrone (Bernoulli-Problem) über. ❑

7.1.2 Verallgemeinerung des einfachsten Variationsproblems

Das in Abschnitt 1.1 betrachtete einfachste Variationsproblem läßt sich verallgemeinern:

a) Ist J Funktional mehrerer abhängigen Variablen $\mathbf{x} = (x_1, \dots , x_k)$ und deren ersten Ableitungen bei einer unabhängigen Variablen t, d.h.

$$J[\mathbf{x}] = \int_{t_1}^{t_2} f(t, \mathbf{x}, \dot{\mathbf{x}})\, dt \quad , \tag{7.14a}$$

so führt die Gateaux-Ableitung mit analogen Überlegungen wie in 7.1.1 zu dem System von k Gleichungen der Form

$$f_{x_i} - \frac{d}{dt}(f_{\dot{x}_i}) = 0 \qquad (i = 1, \dots , k) \quad . \tag{7.15a}$$

b) Ist J Funktional einer unabhängigen Variablen x(t) mit höheren Ableitungen bis zur Ordnung n

$$J[x] = \int_{t_1}^{t_2} f(t, x, \dot{x}, \dots , x^{(n)})\, dt \quad , \tag{7.14b}$$

so führt die Gateaux-Ableitung auf die Differentialgleichung (falls neben der Vergleichsfunktion h(t) auch deren Ableitungen bis zur Ordnung n - 1 in den Endpunkten verschwinden)

$$f_x + \sum_{i=1}^{n} (-1)^i \frac{d^i}{dt^i}\left(f_{x^{(i)}}\right) = 0 \ . \tag{7.15b}$$

c) Ist J Funktional einer abhängigen Variablen z, die von zwei unabhängigen Variablen x und y abhängt ($z = z(x, y)$) und deren ersten Ableitungen z_x und z_y, d.h.

$$J[z] = \int_{x_1}^{x_2}\int_{y_1}^{y_2} f(x, y, z, z_x, z_y)\, dx\, dy \quad , \tag{7.14c}$$

so liefert die Gateaux-Ableitung die (sog. Gauß-Ostrogradski-) Gleichung

$$f_z - \frac{\partial}{\partial x}\left(f_{z_x}\right) - \frac{\partial}{\partial y}\left(f_{z_y}\right) = 0 \quad . \tag{7.15c}$$

7.1.3 Hinreichende Bedingungen

Zu beachten ist, daß das bisher betrachtete Verschwinden der *ersten Variation*, d.h. der Gateaux-Ableitung des Funktionals J[x], nur eine notwendige Bedingung für ein Extremum ist, ganz in Analogie zum Extremum einer Funktion oder Kurve. Wie dort gibt erst die Auswertung der zweiten Variation Aufschluß darüber, ob ein wirkliches Extremum oder z.B. ein Sattelpunkt vorliegt. Man bildet diese zweite Variation ganz analog; dies sei für den einfachsten Fall vorgeführt:

$$D_G^2[J; h] = \frac{d^2}{d\alpha^2} \int_{t_1}^{t_2} f(t, x + \alpha h, \dot{x} + \alpha \dot{h})\, dt \,\Big|_{\alpha=0}$$

$$= \int_{t_1}^{t_2} [f_{xx} h^2 + 2 f_{x\dot{x}} h \dot{h} + f_{\dot{x}\dot{x}} \dot{h}^2]\, dt$$

$$= \int_{t_1}^{t_2} [f_{xx} - \frac{d}{dt}(f_{x\dot{x}})]\, h^2\, dt + \int_{t_1}^{t_2} f_{\dot{x}\dot{x}} \dot{h}^2\, dt = \int_{t_1}^{t_2} [P \dot{h}^2 + Q h^2]\, dt \quad , \tag{7.16}$$

wobei

$$P = f_{\dot{x}\dot{x}} \quad \text{und} \quad Q = f_{xx} - \frac{d}{dt}(f_{x\dot{x}}) \tag{7.17}$$

ist (die Randbedingungen sind dieselben wie in Abschnitt 7.1).

Für Minima von J[x] (Maxima analog) gilt nun der folgende

Satz (Legendre-Bedingung):
$P > 0$ ist notwendige Bedingung für $D_G{}^2[J;h] > 0$ für alle $h \in C^1[t_1, t_2]$ mit $h(t_1) = h(t_2) = 0$. $P > 0$ ist jedoch nicht hinreichend, da Q noch immer stark negativ sein kann (Für den Beweis siehe [7.2, 7.3] und Abschnitt 7.1.8). ★

Integriert man den linken Ausdruck im letzten Integranden, so wird noch

$$D_G^2[J; h] = \int_{t_1}^{t_2} [Q\,h - \frac{d}{dt}(P\,\dot{h})]\,h\,dt \quad ;$$

d.h. ist

$$Q\,h - \frac{d}{dt}(P\,\dot{h}) = 0 \quad , \tag{7.18}$$

so ist die zweite Gateaux-Ableitung oder zweite Variation Null und es liegt ein Sattelpunkt im Konfigurationsraum vor. Diese Differentialgleichung bezeichnet man als *Jacobi-Gleichung*. Es gilt nun der folgende
Satz (Jacobi-Kriterium, Beweis siehe [7.3]):
Sei C_0 ein Extremalenbogen, der für $t \in (t_1, t_2)$ der Legendre-Bedingung genügt und sei $h = h_0(t)$ Lösung der Jacobi - Gleichung mit $h_0(t_1) = 0$ und $h_0(t)$ nicht identisch Null in $(t_1, t_2]$. Soll C_0 Minimalkurve sein, so muß $h_0(t) \neq 0$ sein für alle $t \in (t_1, t_2]$.

★

Schließlich läßt sich die hinreichende Bedingung für das Auftreten eines Minimums für den einfachsten Fall so formulieren:

Satz (hinreichende Bedingung):
Das Funktional

$$J[x] = \int_{t_1}^{t_2} f(t, x, \dot{x})\,dt$$

hat ein (wirkliches) Minimum an der Stelle $x = x(t)$, wenn
a) $x = \hat{x}(t)$ Extremale ist von $J[x]$, d.h. Lösung der zugehörigen Euler-Gleichung ist,
b) die Legendre - Bedingung

$$f_{\dot{x}\dot{x}}(t, \hat{x}(t), \dot{\hat{x}}(t)) > 0 \tag{7.19}$$

erfüllt ist, und
c) die Lösung der Jacobi-Gleichung für t_1 verschwindet, aber im gesamten Intervall $(t_1, t_2]$ verschieden von Null ist. ★

Dies sei nun erläutert an folgendem
Beispiel:
Gegeben sei der Brechungsindex in einem optischen Medium als $n(x, y) = e^y$. Gesucht ist die Bahnkurve $y(x)$ eines Lichtstrahls zwischen den Punkten $(x_1, y_1) = (-1, 1)$ und $(x_2, y_2) = (1, 1)$.

Lösung:
Nach dem Fermatschen Prinzip durchläuft ein Lichtstrahl eine Bahnkurve in der kür-

zestmöglichen Zeit, d.h. die Größe

$$T = \int_0^T dt = \int_{s_1}^{s_2} \frac{ds}{v}$$

wird minimiert, wobei v die Lichtgeschwindigkeit in dem optischen Medium ist. Der Brechungsindex ist definiert als n = c/v (c: Lichtgeschwindigkeit im Vakuum), so daß

$$T = \frac{1}{c} \int_{s_1}^{s_2} n(x, y)\, ds \quad .$$

Weiter gilt, daß

$$ds = (dx^2 + dy^2)^{1/2} = (1 + y'^2)^{1/2}\, dx$$

und man erhält schließlich

$$T = \frac{1}{c} \int_{s_1}^{s_2} e^{y(x)} \sqrt{1 + y'^2}\, dx \quad .$$

Aus dem Verschwinden der Gateaux-Ableitung der Durchlaufzeit T

$$D_G[T; h] = 0$$

folgt die Euler-Gleichung

$$1 - \frac{y''}{1 + y'^2} = 0 \quad .$$

Die Substitution y' = p ergibt

$$x = \arctan p + C \, ;$$

Rücksubstitution liefert schließlich

$$y(x) = -\ln \cos(x - C) + D \ ,$$

woraus man nach Einarbeiten der Randbedingungen

$$y\,(x) = 1 + \ln \cos 1 - \ln \cos x$$

erhält. Um nun zu prüfen, daß diese Kurve das Funktional nicht etwa maximiert, was ja theoretisch möglich wäre, hat man noch
a) die Legendre-Bedingung zu untersuchen und

b) zu zeigen, daß die Lösung der Jacobi-Gleichung für $x = -1$ verschwindet, aber sonst für alle $x \in (-1, 1]$ von Null verschieden ist.

a) Die Legendre-Bedingung $P = f_{y'y'} > 0$ ist wegen

$$f_{y'y'} = \frac{e^y}{\sqrt{1+y'^2}^{\,3}}$$

für alle reellen Werte von y' erfüllt, also sicher auch für unsere Bahnkurve.
b) Die Jacobi-Gleichung

$$Q\,h - \frac{d}{dx}(P\,h') = 0$$

mit den Bedingungen $h(-1) = 0$, $h'(-1) = C^* \neq 0$ führt mit

$$Q = e^y \sqrt{1+y'^2} - \frac{e^y}{\sqrt{1+y'^2}^{\,3}}\,[y'^2(1+y'^2) + y''] \,, \quad P = \frac{e^y}{\sqrt{1+y'^2}^{\,3}}$$

auf

$$\left(e^y \sqrt{1+y'^2} - \frac{e^y}{\sqrt{1+y'^2}^{\,3}}\,[y'^2\,(1+y'^2) + y'']\right)h$$

$$-\left(e^y \frac{y'}{\sqrt{1+y'^2}^{\,3}} - 3\,e^y \frac{y'\,y''}{\sqrt{1+y'^2}^{\,5}}\right)h' - \frac{e^y}{\sqrt{1+y'^2}^{\,3}}\,h'' = 0 \quad .$$

Setzt man die ermittelte Lösung ein und vereinfacht, so wird die Jacobi-Gleichung zu

$$0\,h(x) + 2\,h'(x)\tan x - h''(x) = 0\,,$$

die gelöst wird durch

$$h(x) = C\tan x + D\,.$$

Mit den Anfangsbedingungen für h(x) folgt dann

$$h(x) = C^*\cos^2 1\,(\tan x + \tan 1)$$

und man sieht sofort, daß h(x) im Intervall $(-1, 1]$ nicht verschwindet (Aus der letzten Beziehung sieht man sofort, warum $C^* \neq 0$ gewählt wurde. $C^* = 0$ würde das Jacobi-Kriterium verletzen).
Damit ist die Minimierungseigenschaft der obigen Lösung nachgewiesen. ❑

Zur Bestimmung des Vorzeichens der zweiten Gateaux-Ableitung muß also, wie gezeigt, die Jacobi-Gleichung gelöst werden; dies kann jedoch praktisch auf große Schwierigkeiten stoßen. Jacobi selbst hat allerdings bereits gezeigt, daß die Lösung der Jacobi-Gleichung durch bloße Differentiationsprozesse gewonnen werden kann, sobald die Lösung der Euler-Gleichung bekannt ist. Es gilt der

Jacobische Fundamentalsatz (ohne Beweis):
Ist

$$x = x(t, C, D)$$

die allgemeine Lösung der Euler-Gleichung (wobei C und D die Integrationskonstanten sind), dann besitzt die Jacobi-Gleichung die beiden partikulären Integrale

$$h_1 = \frac{\partial x}{\partial C}(t, C_0, D_0) \quad , \; h_2 = \frac{\partial x}{\partial D}(t, C_0, D_0) \tag{7.20}$$

und h_1, h_2 sind linear unabhängig (C_0 und D_0 sind die aus den Randbedingungen der Euler-Gleichungen ermittelten Integrationskonstanten).

★

Gezeigt werde dies für unser Beispiel des Lichtstrahls:
Die Euler-Gleichung hatte die Lösung

$$y(x) = -\ln\cos(x - C) + D \quad \text{mit } C_0 = 0, D_0 = 1 + \ln\cos 1 \; .$$

Die Ableitungen

$$h_1 = \frac{\partial y}{\partial C} = \tan(x - C_0) = \tan x \quad , \quad h_2 = \frac{\partial y}{\partial D} = 1$$

liefern die allgemeine Lösung

$$h(x) = C_1 \tan x + C_2 \, ,$$

woraus mit den Randbedingungen wieder die alte Beziehung

$$h(x) = C^* \cos^2 1 \, (\tan x + \tan 1)$$

wird. ❑

Bemerkung:
Der Richtigkeit halber sei hier angefügt, daß Weierstraß in den siebziger Jahren des neunzehnten Jahrhunderts gezeigt hat, daß Legendre-Bedingung und Jacobi-Kriterium nicht in allen Funktionenräumen hinreichende Bedingungen für Minima (Maxima) sind, sondern gelegentlich nur notwendige Bedingungen für das Auftreten von Minima (Maxima) liefern (die Euler-Gleichung dagegen war notwendige Bedingung für Extrema !).
Dies Problem tritt jedoch zumindest für die Funktionenräume der klassischen Physik nicht auf, so daß wir diese leichte Unkorrektheit der Bezeichnungsweise in Kauf nehmen.

7.1.4 Natürliche Randbedingungen auf freien Rändern

Bisher wurden nur Funktionen h(t) zugelassen, die in den Randpunkten des Intervalles $[t_1, t_2]$ verschwanden, was physikalisch bedeutet, daß den Lösungen Anfangs- und Endzustände vorgeschrieben werden. Diese sind jedoch nicht immer bekannt; deshalb sollen hier Betrachtungen über Bedingungen auf "freien" Rändern angestellt werden.

Für die Variation eines Funktionals gilt dann die volle Beziehung

$$D_G[J; h] = \int_{t_1}^{t_2} \{f_x(t) - \frac{d}{dt}(f_{\dot{x}}(t))\}\, h(t)\, dt + [h(t)\, f_{\dot{x}}(t)]_{t_1}^{t_2} \quad .$$

Bei Übereinstimmung aller Vergleichslösungen x(t) in den Randpunkten wurde bislang so argumentiert:
Wegen $h(t_1) = h(t_2) = 0$ verschwindet der [ ]-Ausdruck und mit dem Fundamental-Lemma der Variationsrechnung erhält man die Eulersche Gleichung des Problems. Diese ist weiterhin gültig, auch im Falle der am Rande nicht identischen Vergleichsfunktionen, denn für $h(t_1) = h(t_2) = 0$ gilt sie für beliebige h(t), andererseits ist sie unabhängig von h(t), muß also auch für beliebige Randbedingungen $h(t_1)$ und $h(t_2)$ gelten. Damit ist in der Gleichung $D_G[J; h]$ nur noch der Anteil auf dem Rand zu betrachten. Da also

$$[h(t)\, f_{\dot{x}}(t)]_{t_1}^{t_2} = 0 \text{ und } h(t_1) \neq 0 \ , \ h(t_2) \neq 0 \ ,$$

so muß, da dieser Ausdruck für beliebige Werte von $h(t_1)$ und $h(t_2)$ verschwinden muß,

$$f_{\dot{x}}(t_1, x(t_1), \dot{x}(t_1)) = 0 \quad \text{und} \quad f_{\dot{x}}(t_2, x(t_2), \dot{x}(t_2)) = 0 \tag{7.21}$$

sein. Diese Randbedingungen heißen *natürliche Randbedingungen* des Funktionals J[x]. Es sind diejenigen ,die sich einstellen, wenn keine anderen gefordert werden. I.A. nennt man Randbedingungen, die von allen f auf dem Rand erfüllt werden, *wesentliche*, und die, die aus der Variation des Funktionals stammen, *natürliche Randbedingungen*. In der Physik heißen die wesentlichen häufig *geometrische* oder *statische*, die natürlichen gewöhnlich *kinematische* oder *dynamische Randbedingungen.*

Beispiel:
Für das obige optische Problem erhält man die natürliche Randbedingung aus

$$f_{y'}(x_2, y(x_2), y'(x_2)) = n(x_2, y(x_2)) \frac{y'(x_2)}{\sqrt{1+y'^2(x_2)}} = 0 \ .$$

Diese Bedingung ist erfüllt für $y'(x_2) = 0$, d.h. der Lichtstrahl trifft senkrecht auf eine etwa bei $x = x_2$ liegende Wand auf. ❑

7.1.5 Umkehrung des Variationsproblems

Bisher wurde stets die zu einem zu extremalisierenden Funktional gehörende Euler-Gleichung ermittelt. Es stellt sich die Frage nach der Umkehrbarkeit, d.h. nach der Existenz eines zu einer Differentialgleichung gehörenden Funktionals. Es zeigt sich, daß im linearen Fall die einzige Forderung, die an die Differentialgleichung gestellt zu werden braucht, die der Selbstadjungiertheit des Differentialoperators ist. Es gilt also der

Satz :
Gegeben sei das lineare Randwertproblem über dem Gebiet Ω

$$T u = f , \quad u \in C^n[\Omega]$$

$$u = 0 \text{ auf } \partial\Omega \quad ,$$

wobei T ein selbstadjungierter Differentialoperator ist. Genau dann wird das Funktional

$$J[u] = \frac{1}{2}(T u, u) - (f, u) \tag{7.22}$$

durch u extremalisiert. (Dabei ist $(u, v) = \int_\Omega u\, v\, d\omega$ das innere Produkt.)

Der Beweis sei hier nur kurz skizziert: Man bildet die Gateaux-Ableitung von J[u] und erhält nach kurzer Rechnung

$$D_G[J; h] = \frac{1}{2}(T u, h) + \frac{1}{2}(T h, u) - (f, h) \quad .$$

Wegen der Selbstadjungiertheit von T, d.h. $(T h, u) = (h, T u) = (T u, h)$, ist dies

$$D_G[J; h] = (T u, h) - (f, h) = (T u - f, h) \, .$$

Ist nun $T u - f = 0$, so ist das letzte Skalarprodukt unabhängig von h gleich Null und damit auch die Gateaux-Ableitung. Ist andererseits die Gateaux-Ableitung Null, so gilt wegen $(T u - f, h) = 0$ für alle Funktionen h, daß $T u - f = 0$ sein muß. Damit ist der Satz bewiesen. (Für komplexe Operatoren T gilt das Gesagte sinngemäß mit dem Funktional

$$J[u] = \frac{1}{2}(T u, u^*) - (f, u^*) \ , \tag{7.23}$$

wobei T hermitesch sein muß. Die * - Größen sind die jeweils konjugiert komplexen.)

★

Die Umkehrung des Variationsproblems im linearen Fall sei noch kurz für die zeitunabhängige Schrödinger-Gleichung

$$\nabla^2 \psi + [k^2 - U(r)]\, \psi = 0$$

vorgeführt: Der zeitunabhängige Schrödinger-Operator ist zwar reell, die Randbedingungen aber i.A. nicht, so daß (7.23) benutzt werden muß (die Selbstadjungiertheit des Operators ist offensichtlich):

$$J[\psi] = \frac{1}{2}\int \psi^*[\nabla^2 + k^2 - U]\,\psi\,dv = \frac{1}{2}\int \psi^*\nabla^2\psi\,dv + \frac{1}{2}\int \psi^*(k^2 - U)\psi\,dv$$
$$= \frac{1}{2}\int |\nabla\psi|^2\,dv + \frac{1}{2}(k^2 - U)\int |\psi|^2\,dv \quad .$$

Die letzte Beziehung ist also das Energiefunktional der Schrödinger-Gleichung, oder, anders ausgedrückt, die Lösungen der Schrödinger-Gleichung extremalisieren dieses Funktional. ❑

Bei nichtlinearen Differentialgleichungen ist ein anderer Weg zu beschreiten, da hier der Begriff der Selbstadjungiertheit sinnlos wird. Der obige Satz gilt aber (nach A. Hirsch) analog, wenn man die Differentialgleichung durch ihre Variationsgleichung ersetzt, wobei gilt:

Definition:
Setzt man in der Differentialgleichung

$$f(t, x, \dot{x}, \ldots, x^{(n)}) = 0 \quad \text{die Beziehung } x(t) = \hat{x}(t) + \alpha\, h(t)$$

ein und bildet

$$\sum_{i=0}^{n} [f_{x^{(i)}}]_{\alpha=0}\, h^{(i)}(t) = 0 \quad , \tag{7.24}$$

so nennt man die letzte Beziehung *Variationsgleichung* der Differentialgleichung. ❤

Für eine Differentialgleichung 2. Ordnung z.B.

$$f(t, x, \dot{x}, \ddot{x}) = 0$$

lautet die Variationsgleichung

$$f_x + f_{\dot{x}}\dot{h} + f_{\ddot{x}}\ddot{h} = 0 \quad .$$

Die Forderung der Selbstadjungiertheit der Variationsgleichung liefert

$$\frac{df_{\ddot{x}}}{dt} = f_{\dot{x}} \quad ,$$

woraus sofort folgt, daß in f die zweite Zeitableitung von x nur linear auftreten darf (d.h. allgemein: die jeweils höchste Ableitung). Damit hat f die Form

$$f = r(t, x, \dot{x})\,\ddot{x} + s(t, x, \dot{x}) \quad .$$

Setzt man

$$r = P_{\dot{x}} \quad ,$$

so läßt sich f ohne Beschränkung der Allgemeinheit schreiben als Summe aus dem totalen Differential von P und Korrekturglied Q (die jeweils bestimmt werden müssen):

$$f = \frac{dP}{dt} + Q = P_t + P_x \dot{x} + P_{\dot{x}} \ddot{x} + Q = 0 \quad ,$$

wobei P und Q Funktionen von t, x und der ersten Ableitung sind. Wegen der Forderung der Selbstadjungiertheit von f folgt sofort, daß

$$\frac{dP_{\dot{x}}}{dt} = f_{\dot{x}} \quad \text{und} \quad P_x + Q_{\dot{x}} = 0 \quad ,$$

d.h. eine notwendige und hinreichende Bedingung für die Existenz einer Funktion F mit

$$F_{\dot{x}} = P \quad \text{und} \quad F_x = -Q \quad .$$

Damit ist die obige Differentialgleichung f(...) = 0 die zu dem Funktional

$$J[x] = \int_{t_1}^{t_2} F(t, x, \dot{x})\, dt$$

gehörige Euler-Gleichung.

Beispiel:
Man sucht das Funktional, das durch die Lösungen der Duffing-Gleichung

$$\ddot{x} + a\,x + b\,x^3 = 0$$

extremalisiert wird. Man sieht sofort, daß

$$f_{\ddot{x}} = P_{\dot{x}} = 1, \quad f_{\dot{x}} = P_x = 0 \quad .$$

Damit ist die Variationsgleichung der Duffing-Gleichung, die nicht hingeschrieben zu werden braucht, selbstadjungiert.Die letzten Gleichungen führen auf den allgemeinen Ansatz für P:

$$P = \dot{x} + c(t) \quad .$$

Außerdem gilt

$$P_t + Q = a\,x + b\,x^3 \quad , \text{d.h. } Q = a\,x + b\,x^3 - \frac{dc}{dt} \quad .$$

Integriert man

$$F_{\dot{x}} = P = \dot{x} + c \quad \text{und} \quad F_x = -Q = -a\,x - b\,x^3 + \frac{dc}{dt}$$

und kombiniert die Ergebnisse, so erhält man als Integranden F des gesuchten Funktionals:

$$F(t, x, \dot{x}) = -\frac{a}{2}x^2 - \frac{b}{4}x^4 + \frac{dc}{dt}x + \frac{1}{2}\dot{x}^2 + c(t)\,\dot{x} + d(t) \quad ;$$

dabei sind c und d beliebige Zeitfunktionen. ❑

Eine Anwendung dieser Umkehrung wird in Abschnitt 10.3.2 für ein weiteres Beispiel durchgeführt.

7.1.6 Der Hamilton-Formalismus

7.1.6.1 Die kanonischen Gleichungen

Die Hamiltonschen Bewegungsgleichungen sind die auf kanonische Form gebrachten Euler-Gleichungen: Ausgehend von dem Funktional der n Zustandsfunktionen **x**

$$J[\mathbf{x}] = \int_{t_1}^{t_2} f(t, \mathbf{x}, \dot{\mathbf{x}})\,dt$$

erhält man die Euler-Gleichungen (7.15a)

$$f_{x_i} - \frac{d}{dt}(f_{\dot{x}_i}) = 0 \qquad (i = 1, \dots, n) \quad .$$

Substituiert man

$$p_i = f_{\dot{x}_i} \quad , \tag{7.25}$$

so wird daraus

$$\frac{d}{dt}(f_{\dot{x}_i}) = f_{x_i} \quad \text{oder} \quad \dot{p}_i = f_{x_i} \quad .$$

Führt man formal eine Größe H ein vermittels

$$H = -f + \sum_{i=1}^{n} \dot{x}_i\,p_i \quad , \tag{7.26}$$

so ist das totale Differential von H

$$dH = -f_t\,dt - \sum_{i=1}^{n} f_{x_i}\,dx_i + \sum_{i=1}^{n} \dot{x}_i\,dp_i \quad ,$$

d.h. $H = H(t, x_i, p_i)$, unabhängig von $\dot{x}_i$. Koeffizientenvergleich mit (7.26) liefert

$$H_t = -f_t \,, \quad H_{x_i} = -f_{x_i} \,, \quad H_{p_i} = \dot{x}_i \quad .$$

Wegen (7.25) folgt daraus als kanonische Darstellung der Euler-Gleichungen

$$\dot{x}_i = \frac{\partial H}{\partial p_i} \quad \text{und} \quad \dot{p}_i = -\frac{\partial H}{\partial x_i} \quad . \tag{7.27}$$

Man beachte, daß H bisher ganz formal als mathematische Größe ohne offensichtliche physikalische Bedeutung eingeführt wurde !

7.1.6.2 Das Hamiltonsche Prinzip

Hamilton postulierte, daß die Bewegung eines mechanischen Systems so verläuft, daß die Differenz zwischen kinetischer und potentieller Energie

$$L = T - U \tag{7.28}$$

minimal ist. die Funktion L wird *(physikalische) Lagrange-Funktion* genannt. Unter der sehr häufig in der Physik gültigen Voraussetzung, daß die kinetische Energie nur von der Geschwindigkeit, die potentielle nur vom Ort abhängt, gelangt man mit Hilfe der Euler - Gleichungen zu

$$-U_{x_i} - \frac{d}{dt}(T_{\dot{x}_i}) = 0 \quad . \tag{7.29}$$

Mit der üblichen Form der kinetischen Energie

$$T = \frac{1}{2}\sum m_i \dot{x}_i^2 \tag{7.30}$$

und der Existenz eines Kräftepotentials

$$K_i = -U_{x_i}$$

ergibt sich daraus die 2. Newtonsche Beziehung

$$m_i \ddot{x}_i = K_i \quad .$$

Setzt man nun die zu extremalisierende Lagrange-Funktion in die formale Beziehung für H (7.26) ein, d.h.

$$H = -L + \sum p_i \dot{x}_i \quad , \tag{7.31}$$

und beachtet, daß

$$p_i = \frac{\partial L}{\partial \dot{x}_i} \quad \text{war, also} \quad p_i = \frac{\partial}{\partial \dot{x}_i}(T - U) = m_i \dot{x}_i \quad , \tag{7.32}$$

so wird

$$H = -L + \sum m_i \dot{x}_i^2 = -L + 2T = T + U\,!$$

Die formal eingeführte Hamilton-Funktion H ist also nichts anderes als die Gesamtenergie des betrachteten Systems. Die kanonischen Gleichungen (7.27) kann man damit umschreiben zu

$$\frac{\partial H}{\partial x_i} = \frac{p_i}{m_i} \quad ; \quad \frac{\partial H}{\partial x_i} = -K_i$$

oder

$$\dot{x}_i = \frac{p_i}{m_i} \quad ; \quad \dot{p}_i = K_i$$

Die Lösungen x_i, p_i der Hamilton-Gleichungen beschreiben die "Bewegung" im Phasen- oder Konfigurationsraum. Aus der Extremalisierung der Lagrange-Funktion erhält man also die Bewegungsgleichungen.

Aus der Form der Hamilton-Funktion lassen sich eine ganze Reihe von Schlüssen ziehen, von denen hier zuerst nur einer gezeigt werden soll: ist sie z.B. explizit zeitunabhängig, d.h. $\partial H/\partial t = 0$, so folgt ein Energieerhaltungssatz.

Sei dazu $\Phi(t, \mathbf{x}, \mathbf{p})$ eine beliebige Funktion, deren Verlauf entlang einer Lösung der Hamilton-Gleichungen (7.27) betrachtet werde. Man erhält als totale Zeitableitung von

$$\begin{aligned} \frac{d\Phi}{dt} &= \frac{\partial \Phi}{\partial t} + \sum_{i=1}^{n} \frac{\partial \Phi}{\partial x_i}\frac{dx_i}{dt} + \sum_{i=1}^{n} \frac{\partial \Phi}{\partial p_i}\frac{dp_i}{dt} \\ &= \frac{\partial \Phi}{\partial t} + \sum_{i=1}^{n} \left(\frac{\partial \Phi}{\partial x_i}\frac{\partial H}{\partial p_i} - \frac{\partial \Phi}{\partial p_i}\frac{\partial H}{\partial x_i}\right) \\ &:= \frac{\partial \Phi}{\partial t} + [\Phi, H] \quad . \end{aligned} \tag{7.33}$$

Das Symbol [F, G] wird als *Poisson-Klammer der Funktionen F und G* bezeichnet. Ist nun die Beziehung $\Phi(t, \mathbf{x}, \mathbf{p}) = \text{const}$ erfüllt entlang jeder Lösung des Systems (7.27), so ist notwendig und hinreichend, daß

$$\frac{d\Phi}{dt} = \frac{\partial \Phi}{\partial t} + [\Phi, H] = 0 \quad . \tag{7.34}$$

Und: ist die Hamilton-Funktion explizit zeitunabhängig, so folgt wegen der Identität [H, H] = 0, daß dH/dt = 0 ist, d.h. es gilt ein Energieerhaltungssatz entlang einer Lösungskurve im Konfigurationsraum.

7.1.7 Variationsprobleme mit Nebenbedingungen

Nebenbedingungen schränken die Beliebigkeit der gesuchten Extremalisierungsfunktion ein; bei isoperimetrischen Problemen z.B. wird gefordert, daß die Lösungskurve eine vorgegebene "Länge" hat. Für das einfachste Problem geht man dabei so vor:

Man sucht die Funktion $x = \hat{x}(t)$, die unter allen Vergleichsfunktionen $x(t) \in C^1[t_1, t_2]$ das Funktional

$$J[x] = \int_{t_1}^{t_2} f(t, x(t), \dot{x}(t))\, dt$$

extremalisiert und für die die Nebenbedingung

$$K[x] = \int_{t_1}^{t_2} g(t, x(t), \dot{x}(t))\, dt$$

einen vorgegebenen Wert C annimmt:

$$K[x] = C \; .$$

Außerdem sollen zwei Randbedingungen erfüllt sein:

$$x(t_1) = x_1 \;, \; x(t_2) = x_2 \; .$$

Unter der notwendigen Annahme, daß für $g(t, x(t), \dot{x}(t))$ keine Euler-Gleichung gilt, d.h. daß die Lösung des Problems nicht auch gleichzeitig die Nebenbedingung extremalisiert (sonst könnte man keine solche fordern), führen ähnliche Überlegungen wie in 5.1.1 auf die notwendige Bedingung, daß eine Euler-Gleichung

$$£_x - \frac{d}{dt}(£_{\dot{x}}) = 0 \tag{7.35}$$

für die Funktion £ gelten muß, wobei

$$£ = f - \lambda g \tag{7.36}$$

ist. £ heißt *(mathematische) Lagrange-Funktion*, λ, der *Lagrangesche Multiplikator* des Problems, ist eine noch zu bestimmende Konstante.

Treten in Funktional und Nebenbedingung n abhängige Variable mit ihren Ableitungen auf, d.h.

$$J[x] = \int_{t_1}^{t_2} f(t, x_1, \ldots, x_n; \dot{x}_1, \ldots \dot{x}_n)\, dt$$

und

$$K[x] = \int_{t_1}^{t_2} g(t, x_1, \ldots, x_n; \dot{x}_1, \ldots \dot{x}_n)\, dt$$

so lautet die Lagrange-Funktion £ analog

$$£ = f - \lambda g \tag{7.37}$$

und man hat n Euler-Gleichungen der Form

$$£_{x_i} - \frac{d}{dt}\left(£_{\dot{x}_i}\right) = 0 \quad . \tag{7.38}$$

Hat man mehrere Nebenbedingungen des Typs

$$K_i[x] = \int_{t_1}^{t_2} g_i(t, x(t), \dot{x}(t))\, dt \quad ,$$

so muß entsprechend eine Euler-Gleichung für die Funktion

$$£ = f - \sum_i \lambda_i\, g_i \tag{7.39}$$

gelten.

Beispiel:
Das Problem der Dido (gesucht ist die von einer [geschlossenen] Kurve x(s) fester Länge S begrenzte Fläche größten Inhalts) führt wegen

$$J[y] = \int_{x_1}^{x_2} y(x)\, dx \quad , \qquad y(x_1) = y(x_2) = 0$$

und

$$K[y] = \int_{s_1}^{s_2} ds = \int_{x_1}^{x_2} \sqrt{1 + y'^2}\, dx = S \quad , \quad y' = \frac{dy}{dx} \quad ,$$

auf die Euler-Gleichung

$$1 + \lambda \frac{d}{dx} \frac{y'}{\sqrt{1 + y'^2}} = 0 \quad .$$

Zweifache Integration dieser Beziehung liefert die Gleichung eines Kreises vom Radius λ mit Zentrum in (c_1, c_2):

$$(x - c_1)^2 + (y - c_2)^2 = \lambda^2 \quad .$$

Die Integrationskonstanten c_1, c_2 erhält man aus den Randbedingungen:

$$c_1 = \frac{x_1 + x_2}{2} \quad , \quad c_2 = \sqrt{\lambda^2 - \left(\frac{x_1 - x_2}{2}\right)^2} \quad .$$

λ ergibt sich aus der Nebenbedingung

$$S = \int_{x_1}^{x_2} \sqrt{1 + y'^2}\, dx = \lambda \left[\arcsin \frac{x - c_1}{\lambda}\right]_{x_1}^{x_2} ,$$

d.h. λ muß aus der transzendenten Gleichung

$$\arcsin \frac{x_2 - x_1}{2\lambda} = \frac{S}{2\lambda}$$

bestimmt werden. ❑

Das verallgemeinerte isoperimetrische Problem, bei dem die Nebenbedingung in Form einer Differentialgleichung vorgeschrieben ist, wird ganz analog behandelt.

Beispiel:
Gesucht ist das Minimum $\hat{\mathbf{y}}$ des Funktionals

$$J[y] = \int_0^1 (y_1'^2 + y_2'^2 - 4\, y_2 - 4\, x\, y_2')\, dx$$

mit der Nebenbedingung

$$K[y] = \int_0^1 (y_1'^2 - y_2'^2 - x\, y_1')\, dx = 2$$

und den Randbedingungen

$$y_i(0) = 0 \ , \ y_i(1) = 1 \qquad (i = 1, 2) .$$

Mit der Lagrange-Funktion

$$£ = y_1'^2 + y_2'^2 - 4\, y_2 - 4\, x\, y_2' + \lambda\, (y_1'^2 - y_2'^2 - x\, y_1')$$

werden die Euler-Gleichungen

$$£_{y_i} - \frac{d}{dx}(£_{y_i'}) = 0 \quad (i = 1, 2)$$

zu

$$\frac{d}{dx}\{2\,(1 + \lambda)\, y_1' - \lambda\, x\} = 0$$

und

$$y_2''\, (\lambda - 1) = 0 \ .$$

Für $\lambda \neq 1$ erhält man aus der zweiten Gleichung und den Randbedingungen

$$y_2 = x ,$$

aus der ersten Gleichung mit den Randbedingungen

$$y_1 = \{1 - \frac{\lambda}{4(1+\lambda)}\} x + \frac{\lambda}{4(1+\lambda)} x^2 .$$

Setzt man beide Lösungen in die Nebenbedingung ein, so erhält man eine quadratische Gleichung in λ, die gelöst wird von

$$\lambda_1 = \frac{10}{11} , \quad \lambda_2 = - \frac{12}{11} .$$

Daraus erhält man schließlich die vollständigen Lösungen des Problems

$$\hat{y}^1 = \frac{1}{2}\begin{bmatrix} -5x^2 + 7x \\ 2x \end{bmatrix} , \quad \hat{y}^2 = \begin{bmatrix} 3x^2 - 2x \\ x \end{bmatrix}$$ ❑

Eine Alternative zu den bisher vorgeführten Methoden ist die im folgenden Abschnitt beschriebene Hamilton-Jacobi-Theorie.

7.1.8 Die Hamilton-Jacobi-Theorie

Zwischen den Euler- (Lagrange-) Differentialgleichungen und den partiellen Differentialgleichungen 1. Ordnung besteht ein Zusammenhang, der von Hamilton bei seinen Untersuchungen zur geometrischen Optik entdeckt worden war. Jacobi hat Hamiltons Ergebnisse zu einer systematischen Integrationstheorie der sogenannten kanonischen Differentialgleichungen ausgebaut. Das Verfahren sei wieder am einfachsten Variationsproblem

$$J[x] = \int_{t_1}^{t_2} f(t, x(t), \dot{x}(t))\, dt$$

erklärt: $\Im$ sei der Extremwert von $J[x]$ (das Symbol $\Im$ meint hier nicht - wie sonst - den Imaginärteil!), d.h.

$$\Im = \text{Extremum}\,\{J[x]\} = \int_{t_1}^{t_2} f(t, \hat{x}(t), \dot{\hat{x}}(t))\, dt \quad . \tag{7.40}$$

Mit $\hat{x}(t_1) = \hat{x}_1$ und $\hat{x}(t_2) = \hat{x}_2$ hängt $\Im$ nur noch von den Integrationsgrenzen ab, d.h.

$$\Im = \Im(t_1, t_2, \hat{x}_1, \hat{x}_2)$$

ist eine reine Zeitfunktion (bzw. Ortsfunktion, falls t die Rolle einer Ortskoordinate spielt). Seien t_1 und $\hat{x}_1$ als fest, t_2 und $\hat{x}_2$ als variabel angenommen, dann gilt

$$\Im = \Im(t, x(t)) \quad .$$

Hier wurde $t = t_2$ und $x(t) = \hat{x}_2$ gesetzt.
Offensichtlich ist für Minima $J - \mathfrak{I} \geq 0$ mit dem Gleichheitszeichen genau dann, wenn

$$J = J[\hat{x}] \ .$$

Schreibt man J als Linienintegral der Form

$$\mathfrak{I} = \int_{t_0}^{t} d\mathfrak{I} = \int_{t_0}^{t} (\mathfrak{I}_t + \mathfrak{I}_x \dot{x})\, dt \quad ,$$

so ergibt die obige Ungleichung

$$J - \mathfrak{I} = \int_{t_0}^{t} (f(t, x, \dot{x}) - \mathfrak{I}_t - \mathfrak{I}_x \dot{x})\, dt \geq 0 \quad . \tag{7.41}$$

Zur Erfüllung dieser Ungleichung muß nun der Integrand selbst größer oder höchstens gleich Null sein, denn wäre der Integrand für ein in x_2 einmündendes Linienelement negativ, so gäbe es wegen der Stetigkeit von f und $\mathfrak{I}_t$ von x_2 aus ein endliches Wegstück $x_\alpha x_2$ (siehe Bild 7.3), längs dessen der Integrand beständig negativ, also auch das zugehörige Integral kleiner als Null ist. Nun gibt es aber für x_α, wie angenommen, genau eine von der Ausgangskurve C ausgehende Kurve $x_1 x_\alpha$, auf der das Integral verschwindet, und somit wäre das Integral längs $x_1 x_\alpha x_2$ kleiner als Null, im Widerspruch zu (7.41). Damit gilt also

$$f(t, x, \dot{x}) - \mathfrak{I}_t - \mathfrak{I}_x \dot{x} \geq 0 \ . \tag{7.42}$$

Diese Ungleichung, interpretiert als Funktion von dx/dt, hat ihr Minimum (d.h. es gilt das Gleichheitszeichen) bei

$$\dot{x} = p(t, x) \ ,$$

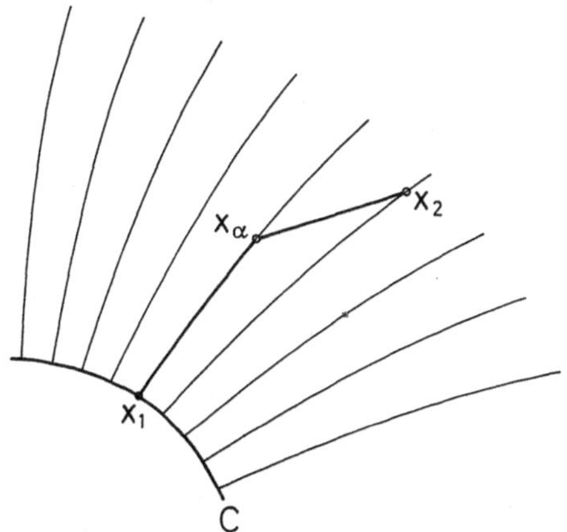

Bild 7.3 Zur Herleitung der Hamiltonschen Formeln

wobei p(t, x) die Richtung der das Minimum liefernden Kurve ist.

Damit genügen die Ableitungen von (7.42) den sog. *Hamiltonschen Formeln*

$$\mathfrak{I}_t = f(t, x, p(t, x)) - p(t,x)\, f_{\dot{x}}(t, x, p(t, x)) \quad , \tag{7.43a}$$

$$\mathfrak{I}_x = f_{\dot{x}}(t, x, p(t, x)) \quad . \tag{7.43b}$$

Die Funktion p(t, x) := $d\hat{x}/dt$ trägt den Namen *Gefällefunktion*.

Bemerkung:
Mit (7.42) läßt sich nun sehr schnell die Legendre-Bedingung (siehe Abschnitt 7.1.3) beweisen:

Differenziert man diese Ungleichung nämlich zweimal nach dx/dt und setzt die Gefällefunktion p(t, x) ein, so erhält man sofort (außerhalb der Extremalenkurve)

$$f_{\dot{x}\dot{x}}(t, x, p(t, x)) > 0 \ . \qquad \square$$

Die Beziehungen (7.43a) und (7.43b) spielen in der Variationsrechnung eine fundamentale Rolle. Aus ihnen können eine Reihe von Optimalitätsbedingungen abgeleitet werden, so z.B. die Euler- (Lagrange-) Gleichung unter der Bedingung, daß $\mathfrak{I}$ zweimal stetig nach t und x differenzierbar ist. Durch Elimination von p(t, x) erhält man die *Hamilton-Jacobische Differentialgleichung*

$$\mathfrak{I}_t + H(t, x, \mathfrak{I}_x) = 0 \tag{7.44}$$

mit der Hamilton-Funktion

$$H(t, x, \mathfrak{I}_x) = \{p(t, x)\, f_{\dot{x}}(t, x, p(t, x)) - f(t, x, p(t, x))\}\Big|_{p = \dot{x}(t, x, \mathfrak{I}_x)} \ . \tag{7.45}$$

$p = \dot{x}(t, x, \mathfrak{I}_x)$ wird dabei aus (7.43b) gewonnen (falls $f_{\dot{x}\dot{x}} \neq 0$) . Die Hamilton-Jacobi-Gleichung ist eine partielle Differentialgleichung 1. Ordnung zur Bestimmung des Extremums $\mathfrak{I}(t, x)$ des Funktionals J[x]. Ihre allgemeine Lösung kann neben Konstanten auch willkürlich wählbare Funktionen enthalten.

Sei $\mathfrak{I} = \mathfrak{I}(t, x, a)$ eine einparametrige Schar von Lösungen dieser Gleichung, in denen der Parameter a wesentlich (d.h. nicht nur additiv) auftritt. Dann besagt der

Hauptsatz der Hamilton-Jacobi-Theorie (ohne Beweis):
Die durch $\partial\mathfrak{I}(t, x, a)/\partial a = C$ (beliebige Konstante) definierte Funktion ist die allgemeine Lösung der Euler- (Lagrange- Gleichung für das Funktional J[x] in impliziter Form. ★

Häufig ist die Auflösung der Hamilton-Jacobi-Gleichung einfacher als die der Euler- (Lagrange-) Gleichung. Über den obigen Hauptsatz läßt sich dann unmittelbar eine Lösung der Euler- (Lagrange-) Gleichung angeben.

Beispiel:

$$J[y] = \int_{x_0}^{x_1} \sqrt{(x^2 + y^2)(1 + y'^2)}\, dx \rightarrow \text{Extremum} \quad ,$$

$$y(x_0) = y_0 \, , \quad y(x_1) = y_1 \quad .$$

Die Anwendung der Hamilton-Jacobi-Theorie ergibt

$$\mathfrak{I}_y = p \sqrt{\frac{x^2 + y^2}{1 + p^2}}$$

$$\mathfrak{I}_x = \sqrt{(x^2 + y^2)(1 + p^2)} - p^2 \sqrt{\frac{x^2 + y^2}{1 + p^2}} = \sqrt{\frac{x^2 + y^2}{1 + p^2}} \quad ;$$

d.h. es folgt für die Hamilton-Jacobi-Gleichung, wenn man aus diesen beiden Beziehungen p eliminiert:

$$\mathfrak{I}_x^2 + \mathfrak{I}_y^2 = x^2 + y^2 \quad .$$

Setzt man als Lösungsansatz hierfür

$$\mathfrak{I}(x, y) = \frac{1}{2}(C_1 x^2 + 2\, C_2\, x\, y + C_3\, y^2)$$

an und geht damit in die Hamilton-Jacobi-Gleichung, so erhält man als Lösung

$$\mathfrak{I}(x, y) = \frac{1}{2}(x^2 \sin a + 2\, x\, y \cos a - y^2 \sin a) \quad .$$

Daraus ergibt sich als allgemeine Lösung der Euler- (Lagrange-) Gleichung aus $\partial\mathfrak{I}/\partial a = b/2$:

$$x^2 \cos a - 2\, x\, y \sin a - y^2 \cos a = b \quad . \tag{7.46}$$

❑

Vergleicht man diesen Lösungsweg mit dem für die hochgradig nichtlineare Euler-Gleichung des Problems

$$y - y'\, x + y'' \frac{x^2 + y^2}{1 + y'^2} = 0 \quad ,$$

so sind die Vorteile der Hamilton-Jacobi-Theorie für dieses Beispiel augenfällig.

7.2 Variationsmethoden für Kontinua

Bisher wurden die Variationsmethoden für diskrete Systeme erläutert und an einfachen Beispielen wie Systemen mit endlicher Anzahl von Freiheitsgraden illustriert. Für kontinuierliche Systeme muß diese diskrete Betrachtungsweise modifiziert werden, wie im Folgenden gezeigt wird.

7.2.1 Das Hamiltonsche Prinzip für Kontinua

Das Hamiltonsche Prinzip war, wie wir gesehen haben, unabhängig von der Wahl des Koordinatensystems, denn die Hamilton-Funktion H ist ausschließlich eine Funktion der invarianten Größen kinetische und potentielle Energie. Daher ist es möglich, das Prinzip durch geeigneten Grenzübergang auf Kontinua zu erweitern, d.h. auf Felder, die natürliche Analoga zu diesen Arten der Energie besitzen, wie z.B. elektromagnetische Felder oder Felder in der relativistischen Mechanik. Illustriert werde diese Vorgehensweise am Beispiel der *schwingenden Saite* fester Länge S:

Die Spannkraft P sei dabei als konstant angenommen, was für kleine Auslenkungen $u(x, t)$ um die Gleichgewichtslage $u = 0$ sicher gültig ist. Die "Rückholkraft" pro Längeneinheit sei mit $\tau(x, t)$ bezeichnet; dann leisten die äußeren und inneren Kräfte die Arbeit

$$A = (U =)\ P\left\{\int_0^S \sqrt{1 + u_x^2}\, dx - S\right\} - \int_0^S \tau(x, t)\, u\, dx \quad .$$

Entwickelt man den Wurzelausdruck in eine Taylor-Reihe und berücksichtigt nur die Glieder bis $u_x{}^2$, so erhält man

$$U = \int_0^S \left[\frac{P}{2} u_x^2 - \tau(x, t)\, u\right] dx \tag{7.47}$$

als potentielle Energie der gespannten Saite. Die kinetische Energie ergibt sich zu

$$T = \int_0^S \frac{u_t^2}{2}\, dm = \int_0^S \frac{\rho}{2} u_t^2\, dx \tag{7.48}$$

und man erhält die Lagrange-Funktion

$$L = T - U = \int_0^S \left[\frac{\rho}{2} u_t^2 - \frac{P}{2} u_x^2 + \tau(x, t)\, u\right] dx$$

und damit das zu extremalisierende Funktional

$$J[u] = \int_{t_1}^{t_2} L\, dt = \int_{t_1}^{t_2}\int_0^S \left[\frac{\rho}{2} u_t^2 - \frac{P}{2} u_x^2 + \tau(x, t)\, u\right] dx\, dt \quad .$$

Die Euler-Gleichung des Problems gemäß Abschnitt 7.1.2

$$L_u - \frac{\partial}{\partial x}(L_{u_x}) - \frac{\partial}{\partial t}(L_{u_t}) = 0$$

führt auf

$$\tau(x, t) - \frac{\partial}{\partial x}(- P\, u_x) - \frac{\partial}{\partial t}(\rho\, u_t) = 0 \quad .$$

Ist die Saite aus homogenem Material, dann hat man

$$\tau(x, t) + P\, u_{xx} - \rho\, u_{tt} = 0 \quad .$$

Setzt man $a = (P/\rho)^{1/2}$ und $\tilde{\tau} = \tau/\rho$, so erhält man die eindimensionale, inhomogene Wellengleichung

$$u_{tt} = a^2 u_{xx} + \tilde{\tau}(x, t) \quad .$$

Die Integraldarstellung der Lagrange-Funktion legt es nun nahe, eine *Lagrange-Dichte* Λ einzuführen:

$$\Lambda = \frac{\rho}{2} u_t^2 - \frac{P}{2} u_x^2 + \tau(x, t)\, u \quad .$$

Analog läßt sich wegen

$$H = T + U = \int_0^S [\frac{\rho}{2} u_t^2 + \frac{P}{2} u_x^2 - \tau(x, t)\, u]\, dx$$

mit Hilfe von (7.47) und (7.48) eine *Hamilton-Dichte* η einführen:

$$\eta = \frac{\rho}{2} u_t^2 + \frac{P}{2} u_x^2 - \tau(x, t)\, u \quad .$$

Wie für diskrete Systeme gilt nun auch hier,falls τ zeitunabhängig ist, d.h. $\tau(x, t) = \tau(x)$, daß H zeitlich konstant ist, also die Gesamtenergie erhalten bleibt:

$$\frac{dH}{dt} = \int_0^S [\rho\, u_t\, u_{tt} + P\, u_x\, u_{xt} - \tau_t\, u - \tau\, u_t]\, dx$$

$$= \int_0^S [\rho\, u_t (\frac{P}{\rho} u_{xx} + \frac{\tau}{\rho}) + P\, u_x\, u_{xt} - \tau_t\, u - \tau\, u_t]\, dx$$

$$= \int_0^S [P\, (u_x\, u_t)_x - \tau_t\, u]\, dx = P\, [u_x\, u_t]_0^S - \int_0^S \tau_t\, u\, dx$$

Der erste Ausdruck verschwindet wegen $u_t = 0$ auf dem Rand; ist τ also zeitunabhängig, so ist H in der Tat eine Zeitkonstante.

Allgemeines Schema zur Anwendung der Variationsmethode auf physikalische Felder: In der Teilchenmechanik basierte das Hamilton-Prinzip auf der Idee der Lagrange-Funktion. In der Kontinuumsphysik wird diese Rolle von der Lagrange-Dichte Λ gespielt. Wie wir gesehen haben, benötigt man zur Aufstellung der Lagrange- und Hamilton-Dichten Ausdrücke für die potentielle und kinetische Energie. In der Mechanik ist die Konstruktion von Λ (und damit η) einfach, da man die Ausdrücke für die potentielle und kinetische Energie leicht bilden kann. Für nichtmechanische Felder ist dies nicht immer so einfach, da dort die Unterscheidung zwischen den beiden Energiearten nicht immer so klar ist. Zum Beispiel hat die Energie eines sich in einem Magnetfeld bewegenden Teilchens viel gemein mit der kinetischen Energie (d.h. sie hängt von der Geschwindigkeit ab), gleichzeitig erinnert sie aber auch an die potentielle Energie, da sie auch vom Zustand des Feldes beeinflußt wird. Daher geht man häufig so vor:

Man betrachtet eine Vereinfachung des zu untersuchenden Problems und bringt die Bewegungsgleichungen auf Euler-Form, konstruiert die Lagrange-Funktion und verallgemeinert diese auf kompliziertere Fälle. Bei der Konstruktion der Lagrange-Funktion spielen die skalaren Invarianten des Problems eine primäre Rolle, da man Lagrange-Funktion und Lagrange-Dichte durch diese Invarianten darstellen kann. Für die folgenden Betrachtungen seien nun die Lagrange-Dichte Λ bzw. Lagrange-Funktion L als bereits ermittelt vorausgesetzt (der Einfachheit halber wird für beide Fälle einheitlich das Symbol L benutzt).

Gewöhnlich wird L dargestellt durch

a) die n skalaren Variablen ψ_i ($\xi_1, \xi_2, \xi_3, \xi_4$), deren Werte den Zustand des Feldes an jedem Punkt (ξ_1, ξ_2, ξ_3) zur Zeit $t = \xi_4$ charakterisieren,
und
b) deren Ableitungen $\psi_{ik} = \partial\psi_i/d\xi_k$.

Einige Feldgrößen können Komponenten eines Vektors oder Tensors sein.

Das vierfache Integral

$$J[\psi] = \int L(\xi_1, \dots, \xi_4; \psi_1, \dots, \psi_n; \psi_{11}, \dots, \psi_{4n})\, d\xi_1 \dots d\xi_4 \quad , \tag{7.49}$$

das die Verallgemeinerung des Hamiltonschen Wirkungsintegrals darstellt, muß nun invariant sein gegenüber den in der jeweiligen Theorie gültigen Transformationen (z.B. Lorentz-Transformation in der Relativitätstheorie, Galilei-Transformation in der klassischen Mechanik). Dann führt die Forderung, daß der Zustand eines Systems charakterisiert ist durch einen stationären Wert des Wirkungsintegrals (7.49) (d.h. also Variation diese Funktionals) auf ein System von Euler- (oder Euler-Lagrange-) Gleichungen

$$\frac{\partial L}{\partial \psi_i} - \sum_{k=1}^{4} \frac{\partial}{\partial \xi_k} \frac{\partial L}{\partial \psi_{ik}} = 0 \quad . \tag{7.50}$$

Sind zusätzlich physikalische Größen wie z.B. Massen, Ladungen usw. im Raum verteilt (und auf Punkten, Kurven oder Flächen konzentriert), so kann (7.49) auch

Integrale niedrigerer Ordnung als vier enthalten. Vermittels der Diracschen δ-Funktion lassen sich diese Integrale auf die Form des Vierfach-Integrals bringen, d.h. diese Größen sind damit in L enthalten.

Weiterhin: die Hinzufügung einer Divergenzbeziehung

$$A = \sum_{k=1}^{4} \frac{\partial}{\partial \xi_k} A_k(\xi_1, \xi_2, \xi_3, \xi_4; \psi_1, \psi_2, \psi_3, \psi_4)$$

zu L resultiert in einem zusätzlichen Summanden in (7.49), der durch die Randbedingungen bestimmt wird, die Euler-Lagrange-Gleichungen aber invariant kanonischen Transformationen gegenüber läßt (siehe [7.2]).

Führt man (als Verallgemeinerung von (7.32)) die Größe

$$p_i = \frac{\partial L}{\partial \psi_{i4}} \qquad (i = 1, \dots, n) \tag{7.51}$$

als *kanonische* oder *verallgemeinerte Impulsdichte* ein, so lauten die Euler-Lagrange-Gleichungen (7.50)

$$\frac{\partial p_i}{\partial t} = \frac{\partial L}{\partial \psi_i} - \sum_{k=1}^{3} \frac{\partial}{\partial \xi_k} \frac{\partial L}{\partial \psi_{ik}} \quad . \tag{7.52}$$

Diese Beziehung kann man etwa als verallgemeinertes zweites Newtonsches Grundgesetz interpretieren.

Die rechte Seite besteht aus den Komponenten der Dichte der verallgemeinerten Kräfte; der erste Summand beschreibt die an dem Feld angreifenden äußeren Kräfte, der zweite die Wirkung des Feldes auf die Zustandsgrößen ψ_i.

Die quadratische Matrix vierter Ordnung

$$\mathbf{W} = ((W_{ik}))$$

mit

$$W_{ik} = \sum_{r=1}^{n} \frac{\partial \psi_r}{\partial \xi_i} \frac{\partial L}{\partial \psi_{rk}} - \delta_{ik} L \tag{7.53}$$

nennt man *Matrix der Spannungs-Energie.*

Für den Spezialfall i = k = 4 erhält man dafür

$$W_{44} = \sum_{r=1}^{n} \frac{\partial \psi_r}{\partial t} p_r - L = \sum_{r=1}^{n} \psi_{r4} p_r - L = H \quad , \tag{7.54}$$

d.h. W_{44} ist die Energiedichte des Feldes (in Analogie zu (7.26)).

Hängen nun L, das Feldgebiet G und die Zustandsfunktionen ψ_i nicht explizit von der Zeit ab, so ist, wie im diskreten Fall, das Integral

$$\int_G H \, d\xi_1 \, d\xi_2 \, d\xi_3$$

von $t = \xi_4$ unabhängig, d.h. es gilt ein Erhaltungssatz für die Energiedichte. Drückt man die Größen ψ_{i4} durch die anderen Variablen mit Hilfe von (7.51) aus (vorausgesetzt, daß (7.51) nach ψ_{i4} auflösbar ist) und setzt diese Ausdrücke in (7.54) ein, so erhält man H als Funktion der Koordinaten, Feldvariablen, deren räumlichen Ableitungen und der kanonischen Impulsdichte.

Damit wird das Integral (7.49) mit (7.54) zu (wobei $\underline{\psi} = (\psi_1, \psi_2, \ldots))$

$$J[\underline{\psi}] = \int \Big(-H + \sum_{r=1}^{n} \frac{\partial \psi_r}{\partial t} p_r\Big)\, d\xi_1\, d\xi_2\, d\xi_3\, dt \quad .$$

Die Euler-Gleichungen für dieses Funktional haben die kanonische Form

$$\frac{\partial p_r}{\partial t} = -\frac{\partial H}{\partial \psi_r} + \sum_{k=1}^{3} \frac{\partial}{\partial \xi_k} \frac{\partial H}{\partial \psi_{rk}}$$
$$\frac{\partial \psi_r}{\partial t} = \frac{\partial H}{\partial p_r} \quad . \tag{7.55}$$

Es läßt sich leicht zeigen, daß (7.55) und (7.50) äquivalent sind. Betrachten wir noch einmal die Spannungs-Energie-Matrix: aus (7.50) und (7.53) folgt unmittelbar

$$\sum_{j=1}^{4} \frac{\partial W_{ij}}{\partial \xi_j} = -\frac{\partial L}{\partial \xi_i} \qquad (i = 1, \ldots, 4) \quad . \tag{7.56}$$

Diese Gleichung läßt eine ganze Reihe von Schlüssen zu: nimmt man z.B. die Größen ξ_i als kartesische Koordinaten an, so erhält man für $i = 4$ aus der letzten Beziehung

$$\frac{\partial W_{41}}{\partial x} + \frac{\partial W_{42}}{\partial y} + \frac{\partial W_{43}}{\partial z} + \frac{\partial W_{44}}{\partial t} = -\frac{\partial L}{\partial t} \quad . \tag{7.57}$$

Für explizite Zeitunabhängigkeit von L wird daraus, setzt man $\mathbf{S} = (W_{41}, W_{42}, W_{43})$:

$$\frac{\partial H}{\partial t} + \nabla \mathbf{S} = 0 \quad . \tag{7.58}$$

Diese Beziehung ist von der allgemeinen Form eines Erhaltungssatzes:

$$\frac{\partial}{\partial t} \text{Dichte} + \nabla \textbf{Strom} = \text{Quelldichte}$$

S ist demzufolge interpretierbar als Energiestromdichte des Feldes bei verschwindender Quellendichte (Quellenfreiheit).

Ein weiterer Erhaltungssatz folgt, falls L unabhängig von den Feldkoordinaten (ξ_1, ξ_2, ξ_3) ist (was ja häufig, z.B. in der klassischen Mechanik, zutrifft): setzt man $\mathbf{P} = (W_{14}, W_{24}, W_{34})$, so liefert (7.56)

$$\frac{\partial \mathbf{P}}{\partial t} + \sum_{i,j=1}^{3} \mathbf{e}_i\, \nabla \cdot (W_{ij}\, \mathbf{e}_j) = 0 \quad . \tag{7.59}$$

Dabei sind die $\mathbf{e}_i$ die kartesischen Basisvektoren. **P** kann mit Hilfe von (7.53) und (7.51) dargestellt werden als

$$\mathbf{P} = \sum_{r=1}^{n} p_r \nabla\psi_r \ , \tag{7.60}$$

ist also die Impulsdichte des Feldes. Damit ist (7.59) der Impulserhaltungssatz.

Die soweit entwickelten Methoden seien nun an einem Beispiel aus der Elastizitätstheorie erläutert:

Bewegungsgleichungen eines elastischen Mediums

Sei $\mathbf{x} = (x_1, x_2, x_3)$ der kartesische Ortsvektor und $\mathbf{u} = \mathbf{u}(x_1, x_2, x_3; t)$ das Verschiebungsfeld eines homogenen, isotropen elastischen Mediums. Für die Komponenten des Verzerrungstensors gilt

$$\varepsilon_{ij} = \frac{1}{2}\left(\frac{\partial u_j}{\partial x_i} - \frac{\partial u_i}{\partial x_j}\right) \ ; \tag{7.61}$$

die Komponenten des Spannungstensors in der linearen Theorie (kleine Auslenkungen aus der Ruhelage) ergeben sich zu

$$\sigma_{ij} = \lambda\, \varepsilon_{rr}\, \delta_{ij} + 2\,\mu\, \varepsilon_{ij} \ .$$

λ und μ sind materialabhängige Konstante. Aus der Symmetrie des Verzerrungstensors folgt die Symmetrie des Spannungstensors. Man betrachtet nun einen Elementarwürfel im undeformierten Zustand mit Kanten parallel zu den Koordinatenachsen. Beim Übergang von diesem zu einem vorgegebenen Verzerrungszustand ändern sich die Spannungen von Null zu nichtverschwindenden Werten. Damit ist die Potentialdichte gegeben als

$$U = \frac{1}{2}\sigma_{ij}\,\varepsilon_{ij} = \frac{\lambda}{2}\,(\varepsilon_{rr})^2 + \mu\, \varepsilon_{ij}\,\varepsilon_{ij} \ .$$

Mit Hilfe von (7.61) wird daraus

$$U = \frac{\lambda}{2}(\nabla\,\mathbf{u})^2 + \mu\left[\left(\frac{\partial u_1}{\partial x_1}\right)^2 + \left(\frac{\partial u_2}{\partial x_2}\right)^2 + \left(\frac{\partial u_3}{\partial x_3}\right)^2\right]$$

$$+ \frac{\mu}{2}\left[\left(\frac{\partial u_1}{\partial x_2} + \frac{\partial u_2}{\partial x_1}\right)^2 + \left(\frac{\partial u_2}{\partial x_3} + \frac{\partial u_3}{\partial x_2}\right)^2 + \left(\frac{\partial u_3}{\partial x_1} + \frac{\partial u_1}{\partial x_3}\right)^2\right].$$

Die Dichte der kinetischen Energie ergibt sich sofort zu

$$T = \frac{\rho}{2}\left|\frac{\partial \mathbf{u}}{\partial t}\right|^2 = \frac{\rho}{2}\left[\left(\frac{\partial u_1}{\partial t}\right)^2 + \left(\frac{\partial u_2}{\partial t}\right)^2 + \left(\frac{\partial u_3}{\partial t}\right)^2\right] \ .$$

ρ ist die Massendichte des Mediums.

Damit ist die Lagrange-Dichte L = T - U darstellbar, wobei die Feldvariablen ψ_i mit den Projektionen u_i der Verschiebungen **u** in die Koordinatenrichtungen identifiziert werden. Die Euler-Lagrange-Gleichungen für die Lagrange-Dichte L lauten damit

$$\rho \frac{\partial^2 u_i}{\partial t^2} - (\lambda + \mu) \frac{\partial}{\partial x_i} \nabla \cdot \mathbf{u} - \mu \nabla^2 u_i = 0$$

oder, in vektorieller Darstellung,

$$\rho \mathbf{u}_{tt} = (\lambda + \mu) \nabla(\nabla \cdot \mathbf{u}) + \mu \nabla^2 \mathbf{u} \quad .$$ ❑

7.2.2 Eine Bemerkung über dissipative Systeme

Hier seien nur autonome, d.h. zeitunabhängige dissipative Systeme betrachtet. Bisher hatte ein autonomes System für die Anwendbarkeit des Hamiltonschen Prinzips konservativ, d.h. energieerhaltend, zu sein, während in dissipativen Systemen die Energie abnimmt. Durch einen Kunstgriff kann man das Hamiltonsche Prinzip auf lineare, nicht-konservative Systeme ausdehnen, insbesondere auf dissipative (z.B. reibungsbehaftete). Zu diesem Zweck addiert man zu dem dissipativen System ein "entgegengesetztes" mit denselben Eigenschaften, nur daß es, statt Energie abzugeben, Energie absorbiert (d.h. das zweite System besitzt negative Reibung). Das Gesamtsystem, bestehend aus dissipativem und absorbierendem System, ist dann konservativ und kann durch das Hamiltonsche Prinzip beschrieben werden.

Dies sei illustriert am Beispiel der linearen Differentialgleichung mit konstanten Koffizienten

$$M \ddot{\underline{\psi}} + R \dot{\underline{\psi}} + K \underline{\psi} = 0 \quad , \tag{7.62}$$

wobei M, R und K konstante quadratische Matrizen der Ordnung n sind und $\underline{\psi} = (\psi_1, \psi_2, \ldots, \psi_n)$ der Vektor der Zustandsfunktionen ist (Im einfachsten Fall des linearen Oszillators sind die Matrizen diagonal und die ψ_i die Auslenkungen).

Das *entgegengesetzte* System kann dann geschrieben werden als

$$M^T \ddot{\underline{\varphi}} - R^T \dot{\underline{\varphi}} + K \underline{\varphi} = 0 \tag{7.63}$$

mit A^T als der zu A transponierten Matrix. Die beiden Beziehungen (7.62) und (7.63) sind die Euler - Gleichungen des Funktionals

$$J[\underline{\varphi}] = \int (\dot{\underline{\varphi}}^T M \dot{\underline{\psi}} + \frac{1}{2} \dot{\underline{\varphi}}^T R \underline{\psi} - \frac{1}{2} \underline{\varphi}^T R \dot{\underline{\psi}} - \underline{\varphi}^T K \underline{\psi})\, dt$$

[Zum Beweis dafür ist zu beachten, daß

$$\frac{\partial f}{\partial \mathbf{x}} := (\frac{\partial f}{\partial x_1}, \ldots, \frac{\partial f}{\partial x_n})^T$$

die folgenden Eigenschaften hat:

$$\frac{\partial}{\partial \mathbf{x}}(\mathbf{a}^T \mathbf{x}) = \frac{\partial}{\partial \mathbf{x}}(\mathbf{x}^T \mathbf{a}) = \mathbf{a} \;] \quad .$$

Damit ist

$$L = \dot{\underline{\varphi}}^T M \dot{\underline{\psi}} + \frac{1}{2}\dot{\underline{\varphi}}^T R \underline{\psi} - \frac{1}{2}\underline{\varphi}^T R \dot{\underline{\psi}} - \underline{\varphi}^T K \underline{\psi} \tag{7.64}$$

die Lagrange - Funktion des Systems. Berechnung der Impulse p_i (bezüglich ψ_i) und r_i (bezüglich φ_i) führt auf

$$\mathbf{p} = M^T \dot{\underline{\varphi}} - \frac{1}{2}R^T \underline{\varphi} \;, \quad \mathbf{r} = M \dot{\underline{\psi}} - \frac{1}{2}R \underline{\psi} \tag{7.65}$$

und die Hamilton-Funktion

$$H = \dot{\underline{\varphi}}^T M \dot{\underline{\psi}} + \underline{\varphi}^T K \underline{\psi} = (\mathbf{p}^T + \frac{1}{2}\underline{\varphi}^T R) M^{-1} (\mathbf{r} - \frac{1}{2}R \underline{\psi}) + \underline{\varphi}^T K \underline{\psi} . \tag{7.66}$$

Dazu hat M natürlich nicht-singulär zu sein. Die so konstruierte Hamilton-Funktion nimmt also einen konstanten Wert an für jede Kombination von Lösungen von (7.62) und (7.63).

Am Ende dieses Kapitels wird im folgenden Abschnitt das Variationsverfahren noch an einem aktuellen physikalischen Beispiel vorgeführt [7.4]:

7.2.3 Die allgemeine Wellengleichung der Akustik bei Potentialströmung

In einer Wirbelströmung ist die Existenz von kreisenden (rotationsbehafteten) Schallwellen möglich, d.h. die akustische Ausbreitung ist i.A. gekoppelt mit Wirbeltransport. In nicht-konstanter Scherströmung ist die Wellengleichung also von 3. Ordnung und verknüpft *akustische* und *Wirbel*-Moden; die akustische Wellengleichung in einer Potentialströmung hingegen ist stets von 2. Ordnung, da hier nur zwei rein akustische Moden existieren, die sich in entgegengesetzten Richtungen ausbreiten. Variationsprinzipe für wirbelbehaftete oder dissipative Strömungen können formuliert werden, wie wir gesehen haben, sie enthalten jedoch Clebsch-Potentiale, die Integraleigenschaft haben, d.h. sie sind globale, keine lokalen Eigenschaften der Hauptströmung. In Potentialströmungen hingegen sind Variationsprinzipe formulierbar, die rein lokalen Charakter haben. Auf diese wollen wir uns beschränken.

Zur Bestimmung der Lagrange-Funktion für inhomogene Fluide setzt man die physikalischen Größen an als Überlagerung eines mittleren (ungestörten) zeitunabhängigen Zustands und eines zeitabhängigen Störzustands:

$$\Phi, \mathbf{V}, P, \Gamma, C(\mathbf{x}, t) = \Phi_0, \mathbf{V_0}, P_0, \rho_0, c_0 + \varphi, \mathbf{v}, p, \rho, c(\mathbf{x}, t) \quad , \tag{7.67}$$

wobei die fünf Größen Geschwindigkeitspotential, Strömungsgeschwindigkeit, Druck, Massendichte und Schallgeschwindigkeit beschreiben. Für Potentialströmungen gilt der Zusammenhang

$$\mathbf{V} = \nabla \Phi \quad ; \tag{7.68}$$

außerdem gilt die Bernoulli-Gleichung

$$\frac{1}{2}\mathbf{V}^2 + \frac{\kappa}{\kappa - 1}\,\frac{P}{\Gamma} + \frac{\partial \Phi}{\partial t} = \frac{\kappa}{\kappa - 1}\,\frac{P_*}{\Gamma_*} = k \ . \tag{7.69}$$

(k: Stagnationskonstante der isentropen, kompressiblen Flüssigkeit, κ ist das Verhältnis der spezifischen Wärmen: $\kappa = c_p/c_v$). Die Störungsgleichungen erhält man durch Einsetzen von (7.67) in die Potentialbeziehung (7.68) und in die Bernoulli-Gleichung (7.69) und anschließende Subtraktion des ungestörten Zustands. Aus (7.68) folgt dann sofort

$$\mathbf{v} = \nabla \varphi \tag{7.70}$$

und aus der Bernoulli-Gleichung

$$\frac{1}{2}(\mathbf{V}_0 + \mathbf{v})^2 + \frac{\kappa}{\kappa - 1}\,\frac{P_0 + p}{\rho_0 + p/c_0^2} + \frac{\partial \Phi_0}{\partial t} + \frac{\partial \varphi}{\partial t} = k \ . \tag{7.71}$$

Dabei wurde die Annahme der Isentropie $\rho = p/c_0^2$ eingearbeitet.

Subtrahiert man davon den ungestörten Zustand

$$\frac{1}{2}\mathbf{V}_0^2 + \frac{\kappa}{\kappa - 1}\,\frac{P_0}{\rho_0} + \frac{\partial \Phi_0}{\partial t} = k \quad ,$$

so erhält man aus

$$\frac{1}{2}(\mathbf{V}_0 + \mathbf{v})^2 - \frac{1}{2}\mathbf{V}_0^2 + \frac{\kappa}{\kappa - 1}\left[\frac{P_0 + p}{\rho_0 + p/c_0^2} - \frac{P_0}{\rho_0}\right] + \frac{\partial \varphi}{\partial t} = 0$$

nach Linearisierung (Annahme kleiner Störungen)

$$\mathbf{V}_0\,\mathbf{v} + \frac{\kappa}{\kappa - 1}\left[\frac{P_0}{\rho_0} + \frac{\rho_0 - P_0/c_0^2}{\rho_0^2}\,p - \frac{P_0}{\rho_0}\right] + \dot{\varphi} = O((\partial\varphi)^2) \ .$$

(Das Symbol $\partial\varphi$ bedeutet eine oder mehrere der räumlichen und zeitlichen Ableitungen des Störpotentials φ :

$$\partial\varphi \equiv \dot{\varphi}\ ,\ \nabla\varphi\ ,\ \mathbf{V}_0 \cdot \nabla\varphi\ .$$ Dabei gilt hier und für den Rest des Kapitels: $\dot{} = \frac{\partial}{\partial t}$).

Im isentropen Fall gilt für die mittlere Schallgeschwindigkeit $c_0^2 = \kappa\, p_0/\rho_0$,so daß schließlich

$$\mathbf{V}_0 \cdot \nabla\varphi + p/\rho_0 + \frac{\partial \varphi}{\partial t} = 0$$

oder umgeschrieben

$$-\rho_0 \frac{D\varphi}{Dt} = p \quad (\frac{D}{Dt} = \frac{\partial}{\partial t} + \mathbf{V}_0 \cdot \nabla : \text{ substantielle Ableitung}) . \tag{7.72}$$

Macht man nun die üblichen Ansätze der Akustik für die kinetische Energie T und die potentielle oder Kompressions-Energie U

$$T = \frac{1}{2} \rho_0 (\nabla\varphi)^2 \quad , \quad U = \frac{1}{2} \frac{p^2}{\rho_0 c_0^2} \quad ,$$

so ergibt sich mit Hilfe von (7.70) und (7.72), daß

$$T = \frac{1}{2} \rho_0 (\nabla\varphi)^2 \quad , \quad U = \frac{1}{2} \frac{(-\rho_0 \frac{D\varphi}{Dt})^2}{\rho_0 c_0^2} = \frac{1}{2} \frac{\rho_0}{c_0^2} (\frac{D\varphi}{Dt})^2 \quad .$$

Daraus erhält man die Lagrange-Dichte des Problems als

$$L(\mathbf{x}, t, \varphi, \nabla\varphi, \frac{\partial\varphi}{\partial t}) = L(\nabla\varphi, \frac{\partial\varphi}{\partial t}) = \frac{1}{2} \rho_0 \{(\nabla\varphi)^2 - \frac{1}{c_0^2} (\frac{D\varphi}{Dt})^2\} \{1 + O(\partial\varphi)\} . \tag{7.73}$$

Aus der allgemeinen Euler-Gleichung für diese Lagrange-Funktion

$$\frac{\partial}{\partial t}(L_{\dot\varphi}) + \nabla \cdot (L_{\nabla\varphi}) = 0$$

erhält man

$$\frac{\partial}{\partial t}(-\frac{\rho_0}{c_0^2} \frac{D\varphi}{Dt}) + \nabla[\rho_0 \{\nabla\varphi - \frac{\mathbf{V}_0}{c_0^2} \frac{D\varphi}{Dt}\}] = O((\partial\varphi)^2)$$

oder ausgeschrieben (unter Berücksichtigung der Kontinuitätsgleichung in der Form $\nabla(\rho_0 \mathbf{V}_0) = 0$):

$$\begin{aligned} & c_0^2 \nabla^2\varphi - \ddot\varphi - 2 \mathbf{V}_0 \nabla\dot\varphi - (\mathbf{V}_0 \nabla)^2 \varphi \\ & + c_0^2 \nabla\varphi \cdot \nabla \log\rho_0 + [\dot\varphi + \mathbf{V}_0 \cdot \nabla\varphi] \; \mathbf{V}_0 \cdot \nabla \log c_0^2 = O((\partial\varphi)^2) \quad . \end{aligned} \tag{7.74}$$

Interpretation:
Das erste Termpaar beschreibt das homogene, ruhende Medium, das zweite Konvektion bei niedriger (Term 3) und hoher Machzahl (Term 4), das dritte Paar enthält inhomogene Terme, statisch (Term 5) und mit Konvektion (Term 6).

Die letzte Gleichung läßt sich kompakt schreiben als

$$\frac{1}{\rho_0} \nabla(\rho_0 \nabla\varphi) - \frac{D}{Dt}(\frac{1}{c_0^2} \frac{D\varphi}{Dt}) = ((\partial\varphi)^2) \quad . \tag{7.75}$$

Für den Fall der quasi-eindimensionalen Schallausbreitung in einem Kanal oder Horn mit veränderlichem Querschnitt S(x) erhält man analog zu (7.73) die Lagrange-Dichte pro Längeneinheit

$$\hat{L}(\varphi', \dot{\varphi}) = S(x)\, L(\varphi', \dot{\varphi}) = \frac{1}{2}\rho_0 S \{\varphi'^2 - \frac{1}{c_0^2}(\frac{D\varphi}{Dt})^2\}\{1 + O(\partial\varphi)\} \quad , (7.76)$$

wobei hier im eindimensionalen Fall die substantielle Ableitung

$$\frac{D}{Dt} = \frac{\partial}{\partial t} + V_0 \frac{\partial}{\partial x}$$

ist. Mit der Euler-Gleichung

$$\frac{\partial}{\partial t}(\hat{L}_{\dot{\varphi}}) + \frac{\partial}{\partial x}(\hat{L}_{\varphi'}) = 0$$

erhält man

$$\frac{\partial}{\partial t}(-\frac{\rho_0}{c_0^2} S \frac{D\varphi}{Dt}) + \frac{\partial}{\partial x}(S \rho_0 \{\varphi' - \frac{V_0}{c_0^2}\frac{D\varphi}{Dt}\}) = =((\partial\varphi)^2)$$

oder ausgeschrieben :

$$c_0^2 \varphi'' - \ddot{\varphi} + c_0^2 \frac{S'}{S}\varphi' - 2 V_0 \dot{\varphi}' - V_0^2 \varphi'' - V_0 V_0' \varphi' + 2 M_0 c_0'(\dot{\varphi} + V_0 \varphi')$$
$$+ c_0^2 \varphi' \frac{\rho_0'}{\rho_0} = O((\partial\varphi)^2) \quad . \qquad (7.77)$$

Hierbei wurde wieder benutzt, daß der mittlere Massenfluß erhalten bleibt, d.h. daß $(\rho_0 S V_0)' = 0$ ist. Außerdem wurde die Machzahl $M_0 = V_0/c_0$ eingeführt. Wegen $\rho_0' = p_0'/c_0^2$ und der Enthalpie-Relation für isentropes Verhalten

$$h_0' = \frac{p_0'}{\rho_0} = - V_0 V_0'$$

kann man den letzten Term dem sechsten zuschlagen.

Die ersten drei Terme von (7.77) sind die bekannten statischen Terme der Horngleichung, Term 4 beschreibt den Niedergeschwindigkeitsanteil der Konvektion bei kleiner Machzahl, die nächsten beiden Terme beschreiben Hochgeschwindigkeitseffekte für homogene bzw. inhomogene Konvektion und der letzte Term beinhaltet den Einfluß der Dichteschwankungen. Man kann die letzte Gleichung auch wieder kompakt schreiben:

$$\frac{1}{\rho_0 S}(\rho_0 S \varphi')' - \frac{D}{Dt}\left(\frac{1}{c_0^2}\frac{D\varphi}{Dt}\right) = ((\partial\varphi)^2) \quad . \qquad (7.78)$$

Die Gleichungen (7.75) und (7.78) sind die allgemeinsten akustischen Wellengleichungen der linearen Akustik für dreidimensionale bzw. quasi-eindimensionale isentrope Schallausbreitung bei Existenz eines Geschwindigkeitspotentials.

Abschließend seien noch zwei Spezialfälle, nämlich der kleiner Machzahlen und der der inhomogenen, ruhenden Flüssigkeit betrachtet:

A. Kleine Machzahlen
In diesem Fall sind die Größen ρ_0, c_0 unabhängig von der mittleren Strömungsgeschwindigkeit $\mathbf{V}_0(\mathbf{x})$, d.h. ρ_0, c_0 sind konstant im homogenen Medium und rein ortsabhängig in der Gegenwart von Inhomogenitäten. Man linearisiert also die Lagrange-Dichten (7.73) und (7.76) bezüglich M_0, d.h. $\mathbf{V}_0$ und erhält für den allgemeinen Fall

$$L(\nabla\varphi, \dot{\varphi}) = \frac{1}{2}\rho_0\{(\nabla\varphi)^2 - \frac{1}{c_0^2}(\dot{\varphi}^2 + 2\dot{\varphi}\,(\mathbf{V}_0\cdot\nabla\varphi))\}$$

und für das Horn

$$L(\varphi', \dot{\varphi}) = \frac{1}{2}\rho_0 S\,\{\varphi'^2 - \frac{1}{c_0^2}(\dot{\varphi}^2 + 2\dot{\varphi}\,V_0\,\varphi')\} \quad .$$

Hieraus folgen die Wellengleichungen

$$c_0^2\nabla^2\varphi - \ddot{\varphi} - 2\,\mathbf{V}_0\cdot\nabla\dot{\varphi} + c_0^2\,\nabla\varphi\cdot\nabla\log\rho_0 + \dot{\varphi}\,\mathbf{V}_0\cdot\nabla\log c_0^2 = O(M_0^2, (\partial\varphi)^2)$$

im allgemeinen Fall und

$$c_0^2\varphi'' - \ddot{\varphi} + c_0^2\Big(\frac{S'}{S} + \frac{\rho_0'}{\rho_0}\Big)\varphi' - 2\,\mathbf{V}_0\Big(\dot{\varphi}' - \frac{c_0'}{c_0}\dot{\varphi}\Big) = O(M_0^2, (\partial\varphi)^2)$$

für das Horn.

B. Inhomogene, ruhende Flüssigkeit
Hier erhält man aus (7.73) und (7.76) die speziellen Lagrange-Dichten

$$L(\nabla\varphi, \dot{\varphi}) = \frac{1}{2}\rho_0\,\{(\nabla\varphi)^2 - \frac{1}{c_0^2}\dot{\varphi}^2\}$$

bzw. für das Horn

$$\hat{L}(\varphi', \dot{\varphi}) = \frac{1}{2}\rho_0 S\,\{\varphi'^2 - \dot{\varphi}^2\} \quad .$$

Die Wellengleichungen ergeben sich zu

$$c_0^2\nabla^2\varphi - \ddot{\varphi} + c_0^2\,\nabla\varphi\cdot\nabla\log\rho_0 = O(M_0, (\partial\varphi)^2)$$

oder in kompakter Schreibweise

$$\frac{c_0^2}{\rho_0}\nabla\cdot(\rho_0\nabla\varphi) - \ddot{\varphi} = O(M_0, (\partial\varphi)^2)$$

für den dreidimensionalen Fall und zu

$$c_0^2 \varphi'' - \ddot{\varphi} + c_0^2 \left(\frac{S'}{S} + \frac{\rho_0'}{\rho_0} \right) \varphi' = O(M_0^2, (\partial\varphi)^2) \quad ,$$

kompakt geschrieben:

$$\frac{c_0^2}{\rho_0 S} (\rho_0 S \varphi')' - \ddot{\varphi} = O(M_0, (\partial\varphi)^2) \quad ,$$

für das Horn.

Man sieht den letzten Gleichungen sofort an, daß sie für ein homogenes Medium in die einfachsten akustischen Wellengleichungen übergehen.

Aufgaben

7.1 Was ändert sich am Ergebnis des Tunnel-Problems in Abschnitt 7.1.1, wenn man die Annahme der Symmetrie der Bahnkurve aufgibt ?

7.2 Man leite die in Abschnitt 7.1.2 angegebenen Verallgemeinerungen a) bis c) der Euler-Gleichung explizit her.

7.3 Die potentielle Energie einer Membran unter statischer Belastung P und Randspannung τ ist

$$U = \frac{1}{2} \tau \int_\Omega (u_x^2 + u_y^2)\, d\Omega - \int_\Omega P\, u\, d\Omega \quad .$$

Man ermittle
a) die Membrangleichung für diesen Fall,
b) die natürlichen Randbedingungen und deren physikalische Interpretation
(Hinweis: Anwendung des Satzes von Gauß).

7.4 Man bestimme die allgemeinsten Funktionale, für die die folgenden Differentialgleichungen Euler-Gleichungen sind:
a) Bewegungsgleichung eines Pendels mit periodischer Änderung des Aufhängepunktes (Mathieusche Gleichung)

$$\ddot{\phi} + \omega_0^2 (1 + \alpha \cos t) \sin \phi = 0 \quad , \quad (\alpha \geq 0) \quad ;$$

b) Bewegungsgleichung des periodisch impulsartig erregten (kicked) Rotators

$$\ddot{\phi} + d\,\dot{\phi} = K\, f(\phi) \sum_{n=0}^{\infty} \delta(t - n\,T)$$

ohne Dämpfung, d.h. d = 0,

c) die Helmholtz-Gleichung

$$\{\nabla^2 + k^2\}\, u = 0 \quad .$$

7.5 Ist es möglich, zu zeigen daß jede Differentialgleichung der Form

$$\ddot{x} = f(t, x, \dot{x})$$

Euler - Gleichung eines Funktionals

$$J[x] = \int F(t, x, \dot{x})$$

ist ? Wie bestimmt man die unbekannte Funktion F aus der bekannten Funktion f? Kann man für die Euler-Gleichung dieser allgemeinen Form alle Funktionale bestimmen, für die die Extremalen Geraden, d.h. von der Form x = C t + D sind ?

7.6 Eine Fläche, deren Linienelement die Form

$$ds = \sqrt{\Phi(u) + \Psi(v)}\ \sqrt{du^2 + dv^2}$$

hat, heißt *Liouville-Fläche.* Gesucht sind die geodätischen Linien (Linien geringster Länge) auf diesen Flächen. Wie lautet in allgemeiner Form die Hamiltonsche charakteristische Funktion $\mathfrak{J}$ und die Lösung der Euler-Gleichung ?

7.7 Man minimiere das Funktional

$$J[y] = \int_0^1 \frac{y}{y'^2}\,dx \quad , \quad (y' \neq 0) \quad ,$$

mit den Randbedingungen y(0) = 1, y(1) = 1/4, d.h. man löse die zugehörige Euler-Gleichung und prüfe, ob ihre Lösungen y_1, y_2 wirkliche Minima von J[y] erzeugen (gemäß 7.1.3).

7.8 Man zeige, daß (7.46) wirklich Lösung der darauf folgenden Differentialgleichung ist.

7.9 Man zeige, daß die in Abschnitt 7.2.1 eingeführte Divergenzgröße A die Lagrange-Funktion L bei kanonischen Transformationen ungeändert läßt.

7.10 Man zeige die Gültigkeit der Relationen (7.56) und (7.59).

7.11 Unter Benutzung der Ergebnisse aus Abschnitt 7.2.1 zeige man, daß die folgenden Identitäten gelten:

a) Hamilton-Dichte: $H = T + U$

b) Energiestrom-Dichte: $\mathbf{S} = -\ \underline{\sigma}\, \mathbf{u}_t$ $\quad (\underline{\sigma} = ((\sigma_{ij})))$

c) Impuls-Dichte: $\mathbf{P} = \rho\, [\nabla \cdot \mathbf{u}]\, \mathbf{u}_t$ $\quad ([\nabla \cdot \mathbf{u}]$: tensorielles Produkt)

8 Reguläre und singuläre Störprobleme

Vorgelegt sei eine (lineare oder nichtlineare) DGL oder Integralgleichung, die einen kleinen Störparameter ε beinhaltet

$$\mathbf{L}\, y(\mathbf{x},\varepsilon) = 0\,,\ \varepsilon\to 0_+\,,\ \text{für}\ \ \mathbf{x}\in\mathbf{D}\,. \tag{8.1}$$

Dabei variieren die unabhängigen Variablen $\mathbf{x}=(x_1,x_2,\ldots,x_n)$ innerhalb des Bereichs **D**, an dessen Rand **S** RBn (bzw. ABn) vorgeschrieben sind. Dann nennt man die mit den ungeänderten Koordinaten **x** gebildete Poincaré-Reihe ($\{\delta_n(\varepsilon)\}$ sei eine AF)

$$y(\mathbf{x},\varepsilon) : = y^{(d)}(\mathbf{x},\varepsilon) \sim \sum_{n=0}^{\infty} \delta_n(\varepsilon)\, f_n(\mathbf{x})\,, \tag{8.2}$$

die u.U. nach einer endlichen Zahl von Gliedern abgebrochen wird, *direkte Entwicklung* (straightforward expansion). Ist die direkte Entwicklung (DE) (8.2) in **D** gleichmäßig gültig, dann nennt man (8.1) ein *reguläres Störproblem* . In jedem anderen Fall bezeichnet man (8.1) als *singuläres Störproblem* .

Im Hinblick auf Anwendungen kann gesagt werden, daß reguläre Störprobleme nur in "glücklichen" Ausnahmefällen auftreten, während in der Regel singuläre Störprobleme vorzufinden sind. Bevor wir auf Gründe eingehen, die dazu führen können, daß ein Störproblem singulär wird, soll ein Anwendungsbeispiel für den Fall regulärer Störprobleme behandelt werden.

8.1 Potentialströmung um einen leicht deformierten Kreiszylinder

Zur Untersuchung einer ebenen, stationären und inkompressiblen Potentialströmung um einen nahezu kreisförmigen Zylinder führen wir Polarkoordinaten (r,φ) ein. Das Geschwindigkeitsfeld **u** ist dann durch

$$\mathbf{u} = \{\ u_r(r,\varphi),\ u_\varphi(r,\varphi),\ 0\ \}$$

gegeben. Führt man die durch

$$u_r = \frac{1}{r}\frac{\partial\Psi}{\partial\varphi}\,,\quad u_\varphi = -\frac{\partial\Psi}{\partial r} \tag{8.3}$$

definierte Stromfunktion $\Psi(r,\varphi)$ ein , so ist die Kontinuitätsgleichung div**u**=0 bereits erfüllt. Da Potentialströmungen durch das Verschwinden der Rotation, rot**u**=**0**, charakterisiert sind, folgt nach Rotorbildung mit (8.3)

$$\Delta\Psi = 0 \, , \ \Delta = \partial^2/\partial r^2 + r^{-1}\partial/\partial r + r^{-2}\partial^2/\partial\varphi^2 \ . \tag{8.4}$$

Wird nun der Zylinder mit konstanter Geschwindigkeit angeströmt (siehe Bild 8.1), dann gilt in dimensionsloser Darstellung $\mathbf{u} \sim \mathbf{e}_x$ für $r \to \infty$ und damit erhalten wir für die Stromfunktion die RB im Unendlichen

$$\Psi \sim r \sin\varphi \ , \text{für } r \to \infty \ . \tag{8.5}$$

Die Oberfläche des geringfügig deformierten Zylinders sei durch $r=r_k(\varphi)$ gegeben. Im Rahmen der Potentialströmung muß die Normalkomponente der Geschwindigkeit an der Körperoberfläche verschwinden. Daher gilt

$$\mathbf{u} \cdot \mathbf{n} \, \Big|_{r=r_k(\varphi)} = 0 \ , \tag{8.6}$$

wobei **n** der durch

$$\mathbf{n} = -r\,\mathbf{e}_r + \frac{dr}{d\varphi}\mathbf{e}_\varphi$$

definierte Normalenvektor ist. Dann folgt mit (8.3) und (8.6)

$$\left(\frac{\partial\Psi}{\partial\varphi} + \frac{dr}{d\varphi}\frac{\partial\Psi}{\partial r}\right)_{r=r_k(\varphi)} = 0$$

und diese Bedingung ist äquivalent zu

$$\Psi(r_k(\varphi),\varphi) = C = \text{const} \ . \tag{8.7}$$

Die Körperoberfläche ist wegen (8.7) eine Stromlinie und man setzt die Konstante in (8.7) üblicherweise Null. (8.4), (8.5) und (8.7) mit C=0 definieren nun das Problem der ebenen stationären Potentialströmung um einen starren Körper mit der Oberfläche $r=r_k(\varphi)$. Zur Aufstellung eines regulären Störproblems geben wir nun eine Oberfläche

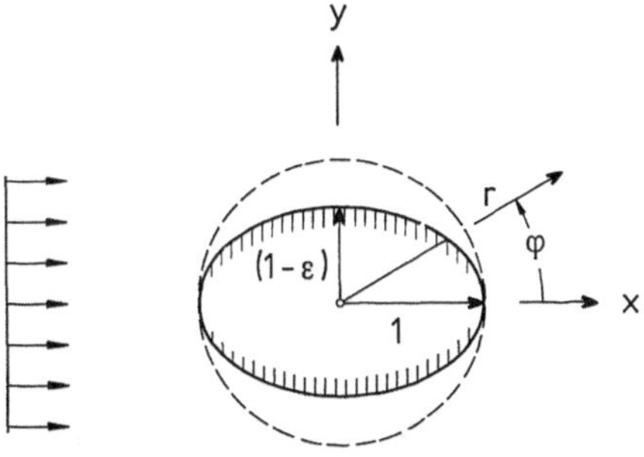

Bild 8.1 Strömung um einen zu einer Ellipse deformierten Kreiszylinder

der Form

$$r_k(\varphi) = 1 - \varepsilon \sin^2\varphi + O(\varepsilon^2)\,,\ \varepsilon \to 0 \tag{8.8}$$

vor. In Aufgabe 8.1 wird gezeigt, daß (8.8) die Oberfläche eines Zylinders mit elliptischem Querschnitt ist. Wir versuchen jetzt die direkte Entwicklung

$$\Psi(r,\varphi,\varepsilon) = \Psi_0(r,\varphi) + \varepsilon\, \Psi_1(r,\varphi) + O(\varepsilon^2)\,. \tag{8.9}$$

Nach Eintragen in (8.4) entsteht das System von identischen DGLn

$$\varepsilon^n:\ \Delta\Psi_n = 0\,,\ n \in \mathbf{N}_+\,. \tag{8.10}$$

Die Entwicklung der RB (8.5) führt zu

$$\Psi_0 \sim r \sin\varphi\ ;\ \Psi_n \sim 0\,,\ \text{für } n \in \mathbf{N} \text{ und } r \to \infty\,. \tag{8.11}$$

Setzt man (8.9) in die RB am Körper (8.7) ein, dann ergibt sich mit (8.8)

$$\Psi_0(1 - \varepsilon \sin\varphi + O(\varepsilon^2),\varphi) + \varepsilon\, \Psi_1(1 - \varepsilon \sin\varphi + O(\varepsilon^2),\varphi) + O(\varepsilon^2) = 0\,.$$

Sind die Funktionen Ψ_0 und Ψ_1 analytisch, dann kann man eine Taylor-Entwicklung vornehmen und es folgt

$$\varepsilon^0 : \Psi_0(1,\varphi) = 0\ ;\ \varepsilon^1 : \Psi_1(1,\varphi) = \sin^2\varphi \frac{\partial \Psi_0}{\partial r}(1,\varphi)\,. \tag{8.12}$$

Das Problem niedrigster Ordnung ist daher das einer Potentialströmung um einen Kreiszylinder und es gilt (siehe z.B. Schade und Kunz [8.1] bzw. Oswatitsch [8.2])

$$\Psi_0(r,\varphi) = (r - \frac{1}{r}) \sin\varphi\,. \tag{8.13}$$

Damit folgt mit dem zweiten Teil von (8.12)

$$\Psi_1(1,\varphi) = 2 \sin^3\varphi = \frac{1}{2}(\,3 \sin\varphi - \sin 3\varphi\,)\,. \tag{8.14}$$

Es ist daher naheliegend, als Ansatz den Teil einer Fourier-Reihe

$$\Psi_1(r,\varphi) = A(r) \sin\varphi + B(r) \sin 3\varphi \tag{8.15}$$

einzuführen. Zur Erfüllung der RB (8.10) muß $A(\infty)=B(\infty)$ gefordert werden und wegen (8.14) muß $A(1)=3/2$ und $B(1)=-1/2$ gelten. Setzt man nun (8.15) in (8.9) ein, dann entstehen zwei Euler-DGLn zur Bestimmung der beiden Funktionen $A(r)$ bzw. $B(r)$. Nach einfachen Integrationen folgt dann

$$\Psi_1(r,\varphi) = \frac{1}{2}\left(\frac{3 \sin\varphi}{r} - \frac{\sin 3\varphi}{r^3}\right)\,. \tag{8.16}$$

Es ist aber nun leicht zu sehen, daß die durch (8.16) gegebene Korrektur erster Ordnung im gesamten Gebiet **D** $(0 \le \varphi \le 2\pi, 1 \le r < \infty)$ regulär und von der Größenordnung $O(1)$ ist. Setzen wir nun (8.13) und (8.16) in (8.9) ein, dann ergibt sich die von Van Dyke in [8.3] angegebene DE (bis zum zweiten Glied)

$$\Psi(r,\varphi) = (r - \frac{1}{r}) \sin \varphi + \frac{\varepsilon}{2} (\frac{3 \sin \varphi}{r} - \frac{\sin 3\varphi}{r^3}) + O(\varepsilon^2) \tag{8.17}$$

und (8.17) ist in **D** gleichmäßig gültig. Die Potentialströmung um einen geringfügig deformierten Kreiszylinder führt daher zu einem regulären Störproblem.

8.2 Gründe für das Versagen direkter Entwicklungen

Das bekannteste Beispiel für ein singuläres Störproblem ist wohl die Grenzschichtströmung längs einer ebenen Platte bei großen Werten der Reynoldszahl. In diesem Fall repräsentiert die direkte Entwicklung eine reibungsfreie Strömung, wobei die RBn an der Platte nicht erfüllt werden können. Diese singuläre (äußere) Lösung muß durch eine weitere (innere) Lösung, die Grenzschichtapproximation, ergänzt werden.

In vielen Fällen ist aber nicht nur das erste Glied der direkten Entwicklung nicht gleichmäßig gültig. Schwierigkeiten finden sich bei Gliedern höherer Ordnungen und zwar dermaßen, daß sich entweder das Gebiet der nicht-gleichmäßigen Gültigkeit oder die Ordnung der Pole mit wachsender Ordnung der Korrektur vergrößern.

Die Theorie der singulären Störprobleme wurde zunächst für fluiddynamische Anwendungen entwickelt. Danach wurden die entsprechenden Methoden auch erfolgreich in der Himmelsmechanik, in der Schwingungslehre, der Akustik, der Biologie etc. eingesetzt.

Im folgenden sollen Gründe angeführt werden, die dazu führen, daß die DE (8.2) in Teilbereichen des Gebiets **D** singulär werden kann. Unter singulärem Verhalten verstehen wir dabei

a) Die DE besitzt Singularitäten (Pole, Verzweigungspunkte, bzw.wesentliche Singularitäten),

b) Die direkte Entwicklung kann die RBn bzw. die ABn nur in Teilbereichen erfüllen,

c) Die Korrekturglieder höherer Ordnung der DE sind wesentlicher als die entsprechenden Terme niedrigerer Ordnung.

8.2.1 Mathematische Gründe

Liegt die Ausgangsgleichung (8.1) bereits in *dimensionsloser* Form vor, dann sind in vielen Fällen vier Gründe zu finden, die dazu führen, daß die DE singulär wird

a) Der Bereich **D** besitzt ein unendliches Maß.

b) Der Störparameter ε ist Koeffizient der höchsten Ableitung der DGL (8.1).

c) Die Ausgangs-DGL (8.1) besitzt singuläre Stellen.

d) Die DGL (8.1) wechselt beim Grenzübergang $\varepsilon \to 0$ (bzw. $\varepsilon \to \infty$) den Typ.

In Anwendungen können allerdings mehrere dieser Gründe gleichzeitig zutreffen.
Im Folgenden sollen einige Beispiele die Fälle a) bis d) illustrieren.

Zu a)
Vorgelegt sei die *Duffing-DGL* einer Schwingung mit schwachen Nichtlinearitäten

$$y'' + y + \varepsilon\, y^3 = 0\,;\, y(0,\varepsilon) = A\ ,\ y'(0,\varepsilon) = 0\,;\, 0 \le x < \infty\,;\, \varepsilon \to 0\ , \tag{8.18}$$

wobei die Konstante A unabhänigig von ε ist. Eine erste Integration von (8.18) ergibt

$$y'^2 + y^2 + \frac{\varepsilon}{2} y^4 = \left(1 + \frac{\varepsilon}{2} A^2\right) A^2 . \tag{8.18'}$$

Da die Größe y'^2 proportional zur Energie der Schwingung ist, nennt man die Bedingung (8.18') *Energie-Integral* der durch (8.18) beschriebenen Schwingung. Löst man (8.18') nach der Variablen y' auf, so erhält man die in Bild 8.2 dargestellten geschlossenen Kurven in der *Phasenebene* (y,y'). Geschlossene Kurven in der Phasenebene entsprechen aber periodischen Bewegungen und ein Umlauf um eine Kurve korrespondiert zu einer Periode der Schwingung. Dies bedeutet, daß y für alle Werte von x beschränkt sein muß. Wir wollen hier jedoch nicht von dem Energie-Integral aus-

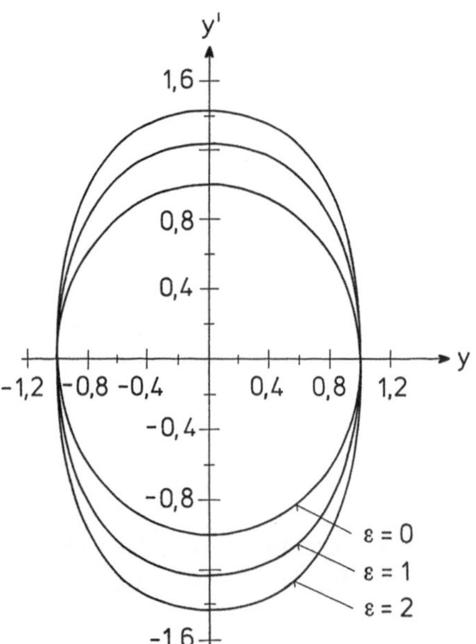

Bild 8.2 Darstellung der Lösungen der Duffing-DGL (8.18) in der Phasenebene für den Fall A=1

gehen, sondern wir benutzen eine direkte Entwicklung der Form

$$y^{(d)}(x,\varepsilon) \sim \sum_{n=0}^{N} \varepsilon^n y_n(x) + O(\varepsilon^{N+1}) \;. \tag{8.19}$$

Eintragen in (8.18) und Koeffizientenvergleich führt dann zu dem System von DGLn

$$\varepsilon^0 : y_0'' + y_0 = 0 \;;\; y_0(0) = A \,,\; y_0'(0) = 0 \,, \tag{8.20.0}$$

$$\varepsilon^1 : y_1'' + y_1 = - y_0^3 \;;\; y_1(0) = y_1'(0) = 0 \;\;, \tag{8.20.1}$$

....

Die Lösung von (8.20.0) lautet y_0=A cos x und nach Einsetzen in (8.20.1) entsteht

$$y_1'' + y_1 = - A^3 \cos^3 x \;= - \frac{A^3}{4} (\cos 3x + 3 \cos x) \,, \tag{8.20.1'}$$

wobei das Glied proportional zu cos x einen *Resonanzterm* (bzw. ein *säkulares Glied*) darstellt. Die Lösung von (8.20.1') hat dann bei Berücksichtigung der ABn in (8.20.1) die Form

$$y_1(x) = - \frac{3}{8} A^3 x \sin x + \frac{A^3}{32} (\cos 3x - 3 \cos x) \,. \tag{8.21}$$

Der dritte und zweite Summand in (8.21) sind Schwingungsglieder (Grundschwingung bzw. höhere harmonische Schwingung). Im Gegensatz dazu ist der erste Summand in (8.21) keine periodische Funktion, sondern dieses Glied wächst mit der Koordinate x an. Daher gilt

$$x >> O(\varepsilon^{-1}) \;:\!.\; |y_1| >> |y_0|$$

und die DE (8.19) ist nur im Intervall $x \in [0,O(\varepsilon))$ gleichmäßig gültig. Zur Berechnung einer im gesamten Intervall $0 \le x < \infty$ GGE der Lösungen von (8.18) wird im Kapitel 12 u.a. die Vielvariablen-Methode herangezogen.

Zu b)

Vorgelegt sei die DGL einer *Modell-Grenzschicht*

$$\varepsilon y'' + y' + y = 0 \,;\; 0 \le x \le 1 \;;\; y(0,\varepsilon) = A \,,\; y(1,\varepsilon) = B \;;\; \varepsilon \to 0_+ \,, \tag{8.22}$$

wobei die Konstanten A und B unabhängig von ε sind. Wir verwenden wieder die DE (8.19), dann ergibt sich nach Eintragen in (8.22) die Hierarchie von DGLn erster Ordnung

$$\varepsilon^0 :\; y_0' + y_0 = 0 \,;\; y_0(0) = A \,,\; y_0(1) = B \,, \tag{8.23.0}$$

$$\varepsilon^n :\; y_n' + y_n = - y_{n-1}'' \;\;;\; y_n(0) = y_n(1) = 0 \,, \text{ für } n \ge 1 \,. \tag{8.23.n}$$

Es ist aber nun klar, daß i.a. nicht beide RBn in (8.23) erfüllt werden können. So erhält man als Lösung von (8.23.0) die beiden Alternativen

$$y_0(x) = A\,e^{-x} \quad \text{oder} \quad y_0(x) = B\,e^{1-x} \tag{8.24}$$

und diese beiden Funktionen stimmen nur im Spezialfall A=Be überein. Die DGL (8.22) wird im Kapitel 10 zur Einführung der Methode angepaßter asymptotischer Entwicklungen herangezogen. dort wird gezeigt, daß in einer Umgebung der Stelle x=0 große Gradienten auftreten. In diesem Teilintervall wird unter Verwendung einer neuen unabhängigen Variablen eine DGL zweiter Ordnung aufgestellt. Die Lösung dieser DGL muß die RB $y_0(0,\varepsilon)=A$ erfüllen und sie wird an die "äußere" Lösung, den zweiten Ausdruck in (8.24), angepaßt.

Zu c)

Vorgegeben sei die DGL

$$(1-\varepsilon x)\,y' = y^2 \;;\; y(0,\varepsilon) = 1 \;;\; \varepsilon \to 0_+ \,. \tag{8.25}$$

diese DGL weist an der Stelle $x=1/\varepsilon$ eine Singularität auf und ihre exakte Lösung

$$\frac{1}{y} = 1 + \frac{1}{\varepsilon}\ln(1-\varepsilon x)\,, \tag{8.26}$$

besitzt an diesem Punkt eine logarithmische Singularität. Versucht man nun (8.25) mit Hilfe der direkten Entwicklung (8.2) zu lösen, so folgt

$$\varepsilon^0 : \; y_0' = y_0^2 \;;\; y_0(0) = 1\,, \tag{8.27.0}$$

$$\varepsilon^1 : \; y_1' - 2\,y_0\,y_1 = x\,y_0' \;;\; y_1(0) = 0\,, \tag{8.27.1}$$

....

Die Lösung von (8.27.0) ist $y_0(x)=1/(1-x)$ und im Gegensatz zur exakten Lösung (8.26) besitzt diese Funktion an der Stelle x=1 einen Pol erster Ordnung. Entwickelt man jedoch (8.26) für x=O(1) in eine Taylor-Reihe, so erhält man als erstes Glied gerade y_0. Damit folgt, daß die DE nur im Teilintervall [0,1) gültig ist. In der Aufgabe 8.3 wird gezeigt, daß die höheren Korrekturglieder Pole höherer Ordnung aufweisen. Die DE liefert daher Ergebnisse, die mit wachsender Ordnung immer singulärer werden.

Zu d)

Als erstes Beispiel betrachten wir die linearisierte Wellengleichung für ruhende Medien (1.5). Für eindimensionale Probleme gilt

$$\Phi_{xx} = \varepsilon^2\,\Phi_{tt}\,. \tag{8.28}$$

Beim Grenzübergang $\varepsilon \to 0$ geht die hyperbolische DGL (8.28) in $\Phi_{xx}=0$ über. Die allgemeine Lösung von (8.28) lautet jedoch (F und G sind beliebige analytische

Funktionen)

$$\Phi(x,t,\varepsilon) = F(t - \varepsilon x) + G(t + \varepsilon x)\,, \tag{8.29}$$

während die Lösungen von $\Phi_{xx}=0$ die Form $\Phi=xf(t)+g(t)$ mit beliebigen, analytischen Funktionen f und g haben.

❐

Als weiteres Beispiel betrachten wir die linearisierte Grundgleichung der Gasdynamik (siehe z.B. Oswatitsch [8.2], M ist die Mach-Zahl, Φ das Geschwindigkeitspotential)

$$\varepsilon\Phi_{xx} + \Phi_{yy} = 0\,,\ \ \varepsilon = 1 - M^2\,. \tag{8.30}$$

(8.30) ist für $\varepsilon>0$ (Unterschallströmung) eine elliptische DGL, während sie für $\varepsilon<0$ (Überschallströmung) eine hyperbolische DGL darstellt. Damit wechselt (8.30) beim Grenzübergang $\varepsilon\to 0$ den Typ und dies zieht eine Änderung der Charakteristiken nach sich. Die DGL (8.30) repräsentiert daher ein singuläres Störproblem.

8.2.2 Physikalische Gründe

Im letzten Abschnitt wurde von dimensionslosen Gleichungen ausgegangen, wobei der Störparameter bereits festgelegt war. Bei vielen physikalischen Problemen stellt jedoch die *Dimensionsanalyse* ein Mittel dar, um ein Warnsignal für das Auftreten von singulären Entwicklungen zu finden. Treten in einem Problem zwei (oder mehrere) Längen- bzw. Zeitmaßstäbe auf, dann ist die DE (in Raum und Zeit) gleichmäßig gültig, es sei denn der Störparameter ist das Verhältnis dieser Längen (bzw. Zeitmaßstäbe). Nach Van Dyke [8.3] ist diese Aussage ein notwendiges Kriterium für die nicht-gleichmäßige Gültigkeit der direkten Entwicklungen. Dieses Kriterium soll jetzt durch einige Beispiele belegt werden.

a) Bei der Potentialströmung um den geringfügig deformierten Zylinder (vgl. Abschnitt 8.1) treten zwei Längenmaßstäbe, die beiden Halbachsen der Ellipse, $a=1$ und $b=1-\varepsilon$ auf. Diese beiden Längen sind aber von gleicher Größenordnung und beim Grenzübergang $\varepsilon\to 0$ strebt der Quotient dieser Längen gegen den Wert Eins. Daher liegt ein reguläres Störproblem vor, dessen direkte Entwicklung GGE ist.

b) Bei dem Problem der Schallerzeugung durch eine oszillierende Kugel (vgl. Abschnitt 1.2) treten zwei charakteristische Längen auf : die Wellenlänge $\lambda=2\pi/k_0$ (k_0 ist die akustische Wellenzahl) und der Kugelradius R . Da an der Oberfläche der Kugel eine RB zu erfüllen ist, ist R im Nahfeld der Kugel ($r=O(R)$) die relevante Länge. Im Fernfeld der Kugel ($r/R>>1$) erscheint die Kugel wie ein Punkt Ursprung und dort ist die Wellenlänge der relevante Längenmaßstab. Es gibt daher zwei Möglichkeiten die Wellengleichung (1.13) zu entdimensionalisieren

$$\text{Im Nahfeld}\ :\ \left[\,\Delta_1 + (2\pi R/\lambda)^2\,\right] A = 0\,;\ r_1 = \frac{r}{R}\ , \tag{8.31.1}$$

bzw.

$$\text{Im Fernfeld}: \left[\, \Delta_2 + 4\,\pi^2 \,\right] A = 0\ ;\ r_2 = \frac{r}{\lambda}\,, \tag{8.31.2}$$

wobei die Laplace-Operatoren in (8.31.1) bzw. (8.31.2) gemäß (1.13) mit den dimensionslosen Variablen r_1 bzw. r_2 zu bilden sind. Im Abschnitt 1.2 wurde bereits die exakte Lösung des Problems der Schallemission berechnet. Betrachtet man jedoch die DGL (1.13) (zusammen mit den entsprechenden RBn) als Störproblem mit dem Parameter $\varepsilon = R/\lambda$, dann geht die Nahfeld-DGL (8.31.1) im Grenzfall $\varepsilon \to 0$ (lange Wellen) in eine Potentialgleichung über. Da im Nahfeld $r = O(R)$ gilt, folgt mit (1.23)

$$\Phi \sim -\frac{a_0 R^3 \cos\theta}{2\,r^2} \cos\omega t + O(k_0 R)\,,\ \text{für}\ k_0 R = 2\pi\varepsilon \to 0\,. \tag{8.32}$$

(8.32) ist das Potential einer räumlichen Dipolströmung und man kann mit (8.32) nicht die RB im Unendlichen (1.11') erfüllen. Das erste Glied der DE (hier die Nahfeld-approximation (8.32)) ist daher nicht gleichmäßig gültig und es liegt ein singuläres Störproblem vor. Probleme dieser Klasse werden in Abschnitt 11.2 behandelt.

c) Reibungsströmungen um starre Körper
Hier findet sich neben der durch den Körper definierten Länge (z.B. Radius einer Kugel bzw. eines Zylinders) auch die viskose Länge, der Quotient von kinematischer Zähigkeit und Geschwindigkeit. Das Verhältnis dieser beiden Längen ist die Reynolds-Zahl R . Für $R \to 0$ (Schleichströmungen) bzw. für $R \to \infty$ (Grenzschichtströmungen) treten daher singuläre Störprobleme auf. Eine einfache Grenzschichtströmung wird in Abschnitt 11.3 behandelt. Auf Schleichströmungen, die ebenfalls mit der Methode angepaßter asymptotischer Entwicklungen behandelt werden können, wird u.a.in den Monographien von Van Dyke [8.3] bzw. Langlois [8.4], sowie in dem neueren Artikel von Fischer et al. [8.5] eingegangen.

Aufgaben

8.1 Man berechne die beiden ersten Glieder der direkten Entwicklung für die Tangentialkomponente der Geschwindigkeit an dem durch (8.8) definierten Körper.

8.2 Ausgehend von der Gleichung der Ellipse

$$x^2 + y^2/(1-\varepsilon)^2 = 1\ ;\ \varepsilon \to 0$$

verifiziere man (8.8).

8.3 Man berechne die durch (8.27.1) bestimmte Funktion $y_1(x)$.

8.4 Unter Bezugnahme auf Abschnitt 1.2 zeige man, daß (8.32) Lösung der Potential-gleichung ist und die RB an der Kugel (1.10) erfüllt.

8.5 Man berechne die durch (8.23.n) bestimmten Korrekturglieder $y_1(x)$ und $y_2(x)$ der direkten Entwicklung.

8.6 Man berechne die beiden ersten Glieder der DE der Lighthill-DGL

$$(x+\varepsilon y)\, y' + y - 1 = 0 \; ; \; y(1,\varepsilon) = 2 \; ; \; -\infty < x < \infty \; ; \; \varepsilon \to 0_+$$

und zeige, daß die DE in einer Umgebung der Stelle x=0 nicht gleicmäßig gültig ist.

8.7 Wie 8.6 für

$$(x + \varepsilon y)\, y' + y = 0 \; ; \; y(1,\varepsilon) = 1 \; ; \; \varepsilon \to 0_+ \, .$$

8.8 Man berechne die beiden ersten Glieder DE der Lösungen $u(x,r,\varepsilon)$ des Problems

$$u \frac{\partial u}{\partial x} + \frac{1}{r} \frac{\partial (ru)}{\partial r} = 0 \; ; \; u(x,1,\varepsilon) = \varepsilon\, f(x) \; ; \; r \geq 1 \; ; \; \varepsilon \to 0_+ \, .$$

Hinweis : Verwendet man den Ansatz

$$u^{(d)} \sim \varepsilon\, u_1(x,r) + \varepsilon^2\, u_2(x,r) + O(\varepsilon^3),$$

so ergibt sich (12.77).

8.9 Vorgelegt sei das reguläre Störproblem für die Funktion $u(x,y,z,\varepsilon)$

$$(\Delta + \varepsilon^2)\, u = 0 \; ; \; r = \sqrt{x^2 + y^2 + z^2} \leq 1 \; ; \; u|_{r=1} = 1 \; ; \; \varepsilon \to 0_+ \, .$$

Dabei ist r die radiale Kugelkkoordinate und das Problem ist im Inneren der Einheitskugel gestellt. Man berechne die beiden ersten Glieder der DE und vergleiche sie mit der Taylor-Entwicklung der exakten Lösung.
Hinweis: Man bestimmt die exakte Lösung durch Spezifizierung des Ansatzes $u=f(r,\varepsilon)$ auf den Fall von Kugelwellen.

9 Die WKB-Methode

In diesem Kapitel soll ein asymptotisches Verfahren zur Lösung von DGLn, in denen sehr große Parameter auftreten, erarbeitet werden. Viele physikalische Probleme lassen sich durch eine DGL der Form

$$y'' + g(x,\beta)\, y = 0 \ , \ \text{mit } \beta \to \infty \ , \tag{9.1}$$

beschreiben. Der Spezialfall $g(x,\beta)=\beta^2 A_0(x)$ wurde schon 1837 von Liouville untersucht. Etwa um 1920 beschäftigten sich Wentzel, Kramers und Brillouin mit dem Problem der Lösung der DGL (9.1) für $g(x,\beta)=\beta^2 A_0(x)+\beta A_1(x)+A_2(x)$. Seit damals wird die Strategie zur Herleitung asymptotischer Entwicklungen der Lösungen der DGL (9.1) nach diesen drei Forschern benannt, und sie trägt daher den Namen WKB-Methode. Mit Hilfe dieses Verfahrens können auch lineare, gewöhnliche DGLn höherer Ordnung gelöst werden, und durch eine einfache Transformation kann auch der Grenzfall sehr kleiner Parameter einbezogen werden. Schließlich wird die Anwendung dieses Verfahrens auf partielle DGLn am Ende dieses Kapitels besprochen.

Die DGL (9.1), in der die erste Ableitung der Funktion nicht auftrtitt, wird *Hauptform* (oder *kanonische Form*) einer DGL genannt. Wir werden im folgenden die WKB-Methode ausschließlich auf DGLn in kanonischer Form anwenden. Dies ist jedoch keine Einschränkung der Allgemeinheit, da sich jede lineare, homogene gewöhnliche DGL mittels einer einfachen Transformation (siehe Aufgabe 9.8) in ihre Hauptform transformieren läßt.

Die der WKB-Methode zu Grunde liegende Idee ist, daß dissipative Phänomene (z.B. Grenzschichten), wie auch dispersive Prozesse (z.B. Wellenausbreitung) durch Exponentialansätze der Form

$$y(x,\beta) \sim \exp[s(x,\beta)] \ \text{ für } \beta \to \infty \tag{9.2}$$

dargestellt werden können. Im Falle dissipativer Systeme ist die Funktion $s(x,\beta)$ reell, und der Parameter ist durch die Beziehung $\beta=1/\varepsilon$, $\varepsilon \to 0_+$ (ε ist z.B. die Grenzschichtdicke) gegeben. Für dispersive Prozesse ist die Funktion $s(x,\beta)$ komplex, und β^{-1} stellt die Wellenlänge dar. Setzt man $s=\ln A(x,\beta)+iB(x,\beta)$, dann ist A die Amplitude und B die Phase der Welle. Exponentialansätze der Form (9.2) haben wir bereits im dritten Kapitel zur Lösung von DGLn in Umgebungen von Stellen der Unbestimmtheit verwendet. Man vergleiche hierzu den Ansatz (3.61), der, historisch gesehen, den Ausgangspunkt der WKB-Methode bildet.

Zur Bestimmung der Asymptotik der Lösungen der DGL (9.1) versuchen wir jetzt die Funktion s(x,β) durch eine asymptotische Entwicklung

$$s(x,\beta) \sim \sum_{n=o}^{N} h_n(\beta)\, s_n(x) \tag{9.3}$$

($\{h_n(\beta)\}$ ist eine asymptotische Folge) zu approximieren. Trägt man nun (9.3) in die Ausgangsgleichung (9.1) ein und entwickelt die Funktion g(x,β) ebenfalls in eine asymptotische Reihe, dann entsteht eine Hierarchie von DGLn. Diese Vorgangsweise ist natürlich nur dann sinnvoll, wenn das resultierende System von DGLn einfacher zu lösen ist als die ursprüngliche DGL (9.1). Da (9.3) mit der ungeänderten Koordinate x gebildet wird, steht im Exponenten von (9.2) eine direkte Entwicklung. (9.2) mit (9.3) kann daher als DE des Logarithmus der Lösungen von (9.1) angesehen werden. Verallgemeinerungen dieser Ansätze werden im Abschnitt 9.5 eingeführt.

Im nächsten Abschnitt werden die der WKB-Methode zu Grunde liegenden Ideen entwickelt.

9.1 Ein singuläres Störproblem zweiter Ordnung

Vorgelegt sei die DGL zweiter Ordnung

$$\varepsilon y'' + f(x,\varepsilon)\, y = 0\,, \text{ mit } f(x,\varepsilon)/\varepsilon \to \infty \text{ für } \varepsilon \to 0_+ \,. \tag{9.4}$$

Setzt man in (9.4) $\beta=1/\varepsilon$ und $g(x,\beta)=\beta f(x,1/\beta)$, dann sieht man, daß die DGL (9.4) zur Klasse (9.1) gehört. Da ein sehr kleiner Parameter Koeffizient der höchsten Ableitung ist, gehört diese DGL zur Klasse b) der im Abschnitt 8.2.1 behandelten singulären Störprobleme.

Wir entwickeln jetzt die Koeffizientenfunktion f in eine asymptotische Reihe und brechen die Reihe nach dem N-ten Glied ab

$$f(x,\varepsilon) \sim \sum_{n=0}^{N} g_n(\varepsilon)\, G_n(x) \quad \text{mit } G_0(x) \neq 0\,. \tag{9.5}$$

Wir werden im folgenden sehen, daß wir zur Herleitung der Algorithmen der WKB-Methode verlangen müssen, daß die Funktion $G_0(x)$ - wie in (9.5) angegeben - im betrachteten Intervall keine Nullstelle besitzt. Des Weiteren muß wegen der Einschränkung in (9.4) die Bedingung

$$g_0(\varepsilon) = O(\varepsilon^{1-p})\;, \text{ mit } p>0 \tag{9.6}$$

erfüllt sein. Jetzt verwenden wir in Analogie zu (9.2) und (9.3) den Ansatz

$$y(x,\varepsilon) \sim \exp\Big[\sum_{n=0}^{N} d_n(\varepsilon)\, D_n(x)\Big]\,, \tag{9.7}$$

($\{d_n(\varepsilon)\}$ bzw. $\{g_n(\varepsilon)\}$ sind asymptotische Folgen). Dann folgt nach Eintragen in (9.4)

$$\varepsilon\{[\sum_{n=0}^{N} d_n D_n']^2 + \sum_{n=0}^{N} d_n D_n''\} + \sum_{n=0}^{N} g_n G_n = 0 . \tag{9.8}$$

Durch eine Untersuchung der ersten und damit der wichtigsten Glieder in (9.8) können wir jetzt die Vergleichsfunktion $d_0(\varepsilon)$ bestimmen. Zunächst gilt

$$\varepsilon d_0[d_0 D_0'^2 + D_0'' + O(d_1)] + g_0 G_0 + O(g_1) = 0 . \tag{9.8.0}$$

Zur Festlegung der Eichfunktion d_0 verwenden wir jetzt die Methode des Gleichgewichts dominanter Terme. Da aber die folgenden Überlegungen in Umgebungen von Nullstellen der Funktion $G_0(x)$ nicht gültig sind, setzen wir voraus, daß im gesamten betrachteten Intervall $G_0(x) \neq 0$ gilt. Dann können drei Fälle auftreten:

a) $d_0(\varepsilon) = o(1)$.
   Mit (9.8.0) folgt aber $d_0 = g_0/\varepsilon = o(1)$ und diese Bedingung steht im Widerspruch zu (9.6).
b) $d_0(\varepsilon) = O(1)$.
   Hier folgt mit (9.8.0) wieder $d_0 = g_0/\varepsilon = O(1)$ und es resultiert neuerlich der Widerspruch zu (9.6).
c) $d_0(\varepsilon) = O(\varepsilon^{-q})$ mit $q > 0$. (9.9)
   Diese Bedingung führt zu

$$d_0(\varepsilon) = [g_0(\varepsilon)/\varepsilon]^{1/2} . \tag{9.10}$$

Setzt man in (9.9) $q = p/2$, dann läßt sich die Bedingung (9.6) erfüllen. Des Weiteren folgt aus (9.8.0) und (9.10) die äußerst einfache DGL des Problems niedrigster Ordnung

$$D_0'^2 = -G_0 \text{ oder } D_0(x) = \text{const} \pm i \int^x G_0^{1/2}\, dx . \tag{9.11}$$

Zusammenfassend können wir feststellen, daß nur der Fall c) einem singulären Störproblem entspricht, wobei sich das erste Glied durch Quadraturen bestimmen läßt. Glieder höherer Ordnung können auf ähnliche Weise berechnet werden. Für den Fall der allgemeinen AE der Funktion $f(x,\varepsilon)$ (9.5) ist jedoch der Rechengang unübersichtlich. Unter Vorgabe einer speziellen asymptotischen Darstellung der Funktion $f(x,\varepsilon)$ sollen im nächsten Abschnitt Algorithmen zur Berechnung der höheren Korrekturterme aufgestellt werden.

9.1.1 Ein spezielles singuläres Störproblem zweiter Ordnung

Vorgelegt sei die DGL (9.4) mit der asymptotischen Entwicklung

$$f(x,\varepsilon) \sim \sum_{n=0}^{N} \varepsilon^{n/2} G_n(x) \; ; \; G_0(x) \neq 0 . \tag{9.12}$$

Wegen $g_0(\varepsilon)=1$ ergibt sich aus (9.10) $d_0(\varepsilon)=\varepsilon^{-1/2}$. Wir versuchen mit dem Ansatz

$$y(x,\varepsilon) \sim \exp\left\{\sum_{n=0}^{N} \varepsilon^{(n-1)/2} D_n(x)\right\}, \tag{9.13}$$

zu arbeiten. Aus (9.8) folgt dann in O(1) wieder die Beziehung (9.11). Führt man einen Koeffizientenvergleich durch, so ergeben sich für die Glieder höherer Ordnung die Beziehungen

$$\varepsilon^{1/2} : \quad 2D_0' D_1' + D_0'' + G_1 = 0 ,$$

oder nach Integration

$$D_1 = \text{const} - \frac{1}{2} \ln D_0' - \frac{1}{2} \int^x \frac{G_1}{D_0'} dx , \tag{9.14}$$

sowie

$$\varepsilon : \quad D_1'^2 + D_1'' + 2D_0' D_2' + G_2 = 0 . \tag{9.15}$$

Wir fassen nun noch die Integrationskonstanten für die beiden Fälle $D_0'=\pm iG_0^{1/2}$ zu jeweils einer Konstanten zusammen. Dann hat das erste Glied der AE der Lösungen von (9.4) (bzw. das erste Glied der WKB-Entwicklung) die Form

$$y_{1,2} \sim C_{1,2}[G_0(x)]^{-1/4} \exp\left\{\frac{\pm i}{\sqrt{\varepsilon}} \int^x \sqrt{G_0}\, dx - \frac{1}{2} \int^x \frac{G_1}{D_0'} dx + O(\sqrt{\varepsilon})\right\}. \tag{9.16}$$

Bei den folgenden Überlegungen wollen wir den Spezialfall $G_1 \propto D_0''$ ausschliessen (gilt z.B. $G_1=-D_0''$, dann folgt mit (9.14) D_1=const. und der Vorfaktor $G_0^{-1/4}$ in (9.16) muß entfallen). Dann können wir (9.16) entnehmen, daß die WKB-Entwicklungen an Nullstellen der Funktion $G_0(x)$ Singularitäten aufweisen. Dies ist aber nicht verwunderlich, da die Beziehung (9.10) bzw. die Entwicklung (9.13) durch Gleichsetzung dominanter Terme für $G_0 \neq 0$ hergeleitet worden sind. Die WKB-Methode liefert daher nur für Intervalle, in denen keine Nullstellen von $G_0(x)$ liegen, sinnvolle Ergebnisse. Im Abschnitt 9.5 werden wir sehen, wie man Lösungen konstruieren kann, die zu einem in Umgebungen von Nullstellen gültig sind und die zum anderen in WKB-Approximationen übergehen, die in Gebieten links bzw. rechts von der Nullstelle gültig sind.

Zwei **Beispiele** sollen jetzt zur Illustration der WKB-Methode durchgerechnet werden. Wir beginnen mit einer, nur unwesentlich modifizierten, *Airy-DGL* (vgl. (4.15))

$$y'' = k\,x\,y \ ; \quad \text{für } k \to \infty \text{ und } x > 0 . \tag{9.17}$$

Wir verwenden zunächst die Transformation z=ax, a=const. Dann hat die allgemeine Lösung der DGL (9.17) die Form ($C_{1,2}$ sind Integrationskonstante)

$$y(x,k) = C_1 \operatorname{Ai}(k^{1/3}x) + C_2 \operatorname{Bi}(k^{1/3}x) . \tag{9.17'}$$

Vergleichen wir (9.17) andererseits mit (9.4) und (9.12), dann gilt

$$\varepsilon = 1/k \text{ und } G_0(x) = -x\,,\quad G_n(x) = 0 \text{ für } n \geq 1\,.$$

An der Stelle x=0 liegt die einzige Nullstelle von G_0. Wir können daher für beliebige x>0 die WKB-Methode zur Bestimmung der AE der Airy-Funktionen in (9.17') heranziehen, und wegen (9.16) gilt

$$y(x,k) \sim C_{1,2} x^{-1/4} \exp(\pm\frac{2}{3}\sqrt{k}\, x^{3/2})\,,\quad \text{für } k \to \infty\,. \tag{9.18}$$

Gehen wir noch in (9.17') bzw. (9.18) mit der Substitution $u=k^{1/3}x$ zum Argument u über, so entsteht ($D_{1,2}$ sind neue Konstante)

$$C_1 Ai(u) + C_2 Bi(u) \sim u^{-1/4}[D_1 \exp(-\frac{2}{3}u^{3/2}) + D_2 \exp(\frac{2}{3}u^{3/2})]\,,\ \text{für } u \to \infty.$$

Diese asymptotische Darstellung ist bei geeigneter Wahl der Konstanten ($D_1=C_1/(2\sqrt{\pi})$ bzw. $D_2=C_2/\sqrt{\pi}$) identisch mit den im Abschnitt 5.5.2 hergeleiteten ersten Gliedern der AEn der Airy-Funktionen (siehe (5.105.1), sowie Aufgabe 5.18).

❑

Als zweites **Beispiel** sollen *schwingende Systeme mit langsam variierender Frequenz* untersucht werden. Die Modell-DGL sei durch

$$y'' + (1 + \varepsilon x)\, y = 0 \text{ mit } y(0,\varepsilon) = 0,\ y'(0,\varepsilon) = 1;\ x \geq 0\,;\ \varepsilon \to 0_+ \tag{9.19}$$

gegeben. Mit Hilfe der Transformation $u=-\varepsilon^{-2/3}(1+\varepsilon x)$ könnte die DGL (9.19) in die Airy-DGL (4.15) übergeführt werden. Die Erfüllung der ABn des Problems (9.19) würde allerdings zu unübersichtlichen Ausdrücken führen. Es ist daher instruktiver mit einem alternativen Lösungsverfahren zu arbeiten.

Man könnte naiverweise versuchen, die DGL (9.19) mit Hilfe einer DE der Form

$$y(x,\varepsilon) \sim y_0(x) + \varepsilon y_1(x) + O(\varepsilon^2) \tag{9.20}$$

zu lösen. Setzt man diese Entwicklung in (9.19) ein, so folgt

$$\varepsilon^0: \qquad y_0'' + y_0 = 0 \qquad \text{mit } y_0(0) = 0 \text{ und } y_0'(0) = 1$$

$$\varepsilon^1: \qquad y_1'' + y_1 = -x y_0 \quad \text{mit } y_1(0) = y_1'(0) = 0$$

....

Als Lösung dieser DGLn ergeben sich die Ausdrücke

$$y_0 = \sin x \text{ und } y_1 = -\frac{x}{4}(\sin x - x\cos x)$$

und Einsetzen in (9.20) führt zu

$$y \sim \sin x - \frac{\varepsilon x}{4}(\sin x - x\cos x) + O(\varepsilon^2)\,. \tag{9.21}$$

Gilt nun x=O(1/ε), dann repräsentiert das zweite Glied in (9.21), welches einen Resonanzterm darstellt, nicht mehr eine kleine Korrektur. Die DE (9.21) ist daher nur für x=O(1) gültig, für größere Werte von x versagt (9.21). Dies ist aber nicht verwunderlich, da die Frequenz der Schwingungen des Systems (9.19) $\omega=(1+\varepsilon x)^{1/2}$ nur im Falle x=O(1) eine langsam variierende Funktion darstellt. Andererseits gehört das AW-Problem (9.19) zur Klasse a) der in Abschnitt 8.2.1 besprochenen singulären Störprobleme mit unendlichen Bereichen (hier die Halbachse $x\geq 0$). Wir hätten daher ohne weitere Rechnung von der Existenz des unendlichen Bereichs auf das Versagen der DE schließen können.

Zur Herleitung AEn der Lösungen, die im Intervall $[0,O(1/\varepsilon)]$ gültig sind, versuchen wir jetzt einen WKB-Ansatz. Dazu führen wir zunächst eine neue Variable x_1, die durch $x_1=\varepsilon x$ definiert ist, ein. Dann folgt mit (9.19)

$$\varepsilon^2 \ddot{y} + (1 + x_1)\, y = 0 \,; \quad y(0,\varepsilon) = 0 \,, \ \dot{y}(0,\varepsilon) = 1/\varepsilon \,; \quad \dot{} = d/dx_1 \,. \tag{9.19'}$$

Die DGL (9.19') gehört nun zur Klasse (9.4) und wegen (9.10) gilt $d_0(\varepsilon)=1/\varepsilon$. Wir können daher für $x_1>-1$ (warum?) mit dem Ansatz

$$y(x_1,\varepsilon) \sim \exp[\frac{1}{\varepsilon} D_0(x_1) + D_1(x_1) + O(\varepsilon)] \tag{9.22}$$

arbeiten. Wegen $G_0=1+x_1$, $G_n=0$ für $n\geq 1$ führt dann die Anwendung von (9.16) zu

$$y(x_1,\varepsilon) \sim (1+x_1)^{-1/4} \{C_1 \cos[\frac{2}{3\varepsilon}(1+x_1)^{3/2}] + C_2 \sin[\frac{2}{3\varepsilon}(1+x_1)^{3/2}]\} \,.$$

Erfüllt man noch die ABn von (9.19'), so erhält man das Ergebnis

$$y(x,\varepsilon) \sim (1+\varepsilon x)^{-1/4} \sin\{ \frac{2}{3\varepsilon} [(1+\varepsilon x)^{3/2} - 1]\} \,. \tag{9.23}$$

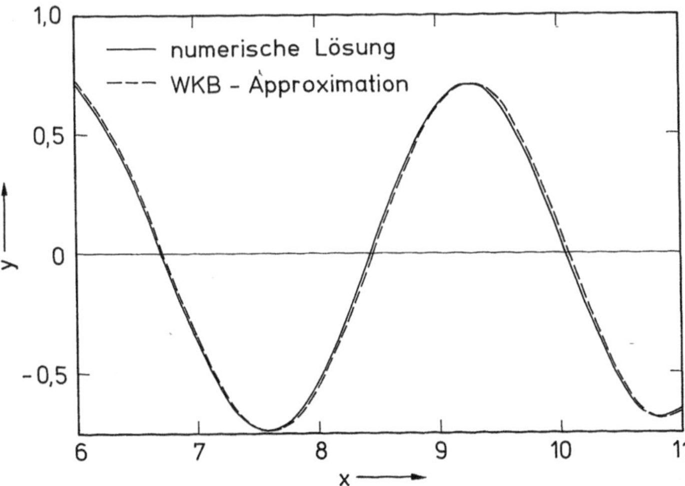

Bild 9.1 Vergleich zwischen numerischer Lösung der DGL (9.19) und der WKB-Approximation (9.23) für $\varepsilon = 0{,}3$

Die Reihenentwicklung der WKB-Lösung (9.23) für x=O(1) reproduziert die DE (9.21). Sie ist daher nur ein Grenzfall der im Intervall [0,O(1/ε)] gleichmäßig gültigen WKB-Approximation (9.23). Letztere wird im Bild 9.1 für einen speziellen Wert des Parameters ε der numerischen Lösung der DGL (9.19) gegenübergestellt.

❑

Die bis jetzt behandelten Beispiele betrafen DGLn, die sich durch geeignete Transformationen auf die Airy-DGL (4.15) zurückführen lassen. Wir werden im folgenden sehen, daß die WKB-Methode auch für andere Klassen von Problemen anwendbar ist.

9.2 WKB-Ansätze zur Lösung der Wellengleichung und die Schrödinger-Gleichung

Wir wollen hier die WKB-Methode zur Berechnung von linearen, dispersiven Systemen heranziehen. Wir beginnen dabei mit der Untersuchung der Wellenausbreitung in ruhenden Medien, deren Wellengeschwindigkeit c(x) räumlich variiert. Bei der Beschränkung auf eindimensionale Wellen lautet dann die Wellengleichung (siehe (1.5) für $U_0=0$; $a_0:=c(x)$)

$$\Phi_{tt} = c^2(x)\, \Phi_{xx} \,. \tag{9.24}$$

Werden nun die Wellen mit der Frequenz β angeregt, so können wir den Ansatz

$$\Phi(x,t) = \Re\, [S(x)\, e^{i\beta t}] \,, \tag{9.25}$$

benutzen, und nach Eintragen in (9.24) entsteht die reduzierte Wellengleichung in der Form

$$S'' + \frac{\beta^2}{c^2(x)} S = 0 \,. \tag{9.24'}$$

Ist c konstant ($c=c_0$), dann lautet die Lösung von (9.24') (A_1 und A_2 sind Integrationskonstanten)

$$S(x) = A_1 \exp(i\beta x/c_0) + A_2 \exp(-i\beta x/c_0) \,. \tag{9.26}$$

Für variables c wollen wir in Analogie zu (9.26) den Ansatz

$$S(x) = A(x)\exp[-i\beta B(x)/c_0] \;,\; (A,B \in \mathbf{R}) \,, \tag{9.27}$$

verwenden, wobei die Konstante c_0 als Mittelwert der Funktion c(x) innerhalb eines gewissen Intervalls festgelegt ist. Tragen wir (9.27) in (9.24') ein und zerlegen in Real-und Imaginärteil, so ergeben sich die beiden Bedingungen

$$B'^2 = (c_0/c)^2 + \frac{A''}{A}(c_0/\beta)^2 \,, \tag{9.28.1}$$

und

$$2\,B'A' + B''A = 0 \,. \tag{9.28.2}$$

Die DGL (9.28.2) läßt sich leicht integrieren und man erhält

$$A(x) \propto [\, B'(x) \,]^{-1/2} \; . \tag{9.29}$$

Die folgenden Überlegungen beschränken sich auf den Grenzfall

$$\frac{A''}{A} (c_0/\beta)^2 << 1 \, . \tag{9.30}$$

Bildet man die Wellenlänge λ_0 mit Hilfe der Beziehung $\lambda_0 = 2\pi c_0/\beta$, so besagt die Einschränkung (9.30), daß die Amplitudenfunktion A(x) über eine Distanz von der Größenordnung der Wellenlänge nicht erheblich anders als linear variieren darf. Desgleichen ist die Bedingung (9.30) im *Grenzfall kurzer Wellen* $\lambda_0 \to 0$ erfüllt. Dann ergibt sich aus (9.28.1) die *Eikonalgleichung*

$$B'^2(x) = [c_0/c(x)]^2 \; . \tag{9.31}$$

Berücksichtigt man (9.29), dann folgt nach Einsetzen der beiden Lösungen der Eikonalgleichung in (9.27)

$$S(x) = \text{const} \;\; [c(x)]^{1/2} \exp \, [\pm i\beta \int^x \frac{dx}{c(x)} \,] \, . \tag{9.32}$$

Vergleicht man dieses Ergebnis mit (9.16), so sieht man, daß der Ausdruck (9.32) eine WKB-Lösung mit $G_0(x) = 1/c^2(x)$ und

$$\frac{1}{\sqrt{\varepsilon}} = \beta = \frac{2\pi c_0}{\lambda_0} >> 1 \;\; \text{für} \;\; \lambda_0 \to 0$$

darstellt. Die WKB-Methode eignet sich daher im Grenzfall sehr kleiner Wellenlängen zur Berechnung von Wellen mit variabler Wellengeschwindigkeit.

❑

Die WKB-Methode kann auch zur Bestimmung des Verhaltens der in der Quantenmechanik auftretenden *Materiewellen* benutzt werden. Wir berechnen dazu die Lösungen der Schrödinger-Gleichung (siehe auch Abschnitt 4.1.1)

$$[\, d^2/dx^2 + \lambda_{DB}^{-2} \,] \, \psi(x) = 0 \, , \tag{9.33}$$

in der die De Broglie-Wellenlänge

$$\lambda_{DB} = h/\sqrt{2m(E - V(x))} \;\; , \tag{9.34}$$

auftritt.

Es sei L die charakteristische Länge des Problems. Dann gilt

$$\frac{d\psi}{dx} = O(L^{-1}) \, ; \;\; \frac{d^2\psi}{dx^2} = O(L^{-2}) \, .$$

Ist nun die De Broglie-Wellenlänge klein gegenüber L, dann verhält sich das System nahezu klassisch und die Materiewellen können mit Hilfe der WKB-Methode berechnet werden. Aus diesem Grunde wird die WKB-Methode manchmal auch quasiklassisches Verfahren genannt. Führt man die dimensionslose Variable $x_1=x/L$ ein, dann ergibt sich aus (9.33) und (9.34) ein singuläres Störproblem der Form

$$\left\{\varepsilon\frac{d^2}{dx_1^2}+\left[1-\frac{V(x)}{E}\right]\right\}\psi=0\,;\;\varepsilon=\frac{h^2}{2mEL^2}<<1\,. \tag{9.35}$$

Vergleicht man die Schrödinger-Gleichung (9.35) mit (9.4) und (9.12), dann folgt

$$G_0(x_1)=1-V(x)/E\,,\;G_1=G_2=\ldots=0\,.$$

Die Anwendung der Beziehung (9.16) führt dann zu dem Resultat

$$\psi=\text{const}\;\left[1-\frac{V(x_1)}{E}\right]^{-1/4}\exp\left\{\pm\frac{iL}{h}\int^{x_1}\sqrt{2m(E-V(x'))}\;dx'\right\}. \tag{9.36}$$

Der durch (9.36) gegebene Ausdruck entspricht für $E-V(x_1)>0$ einer harmonischen Welle mit variabler Wellenlänge. In dem in der klassischen Physik verbotenen Gebiet $E-V(x_1)<0$, repräsentiert (9.36) dagegen angefachte bzw. gedämpfte Wellen. Wir kommen im Abschnitt 9.5.1 auf die Problematik von Materiewellen mit E<V zurück

9.3 WKB-Ansätze zur Koordinaten-Entwicklung der Lösungen von DGLn

Wir wollen uns einer Klasse von DGLn zuwenden, in denen kein (großer bzw. kleiner) Parameter auftritt:

$$y''=Q(x)\,y\quad\text{mit}\quad\lim_{x\to\infty}|Q(x)|=\infty\quad\text{für}\quad x\to\infty\,. \tag{9.37}$$

In Analogie zu den WKB-Ansätzen bei der Parameter-Entwicklung (9.2) und (9.3) können wir versuchen, mit dem Ausdruck

$$y(x)\sim\exp[S_0(x)+S_1(x)+\ldots] \tag{9.38}$$

eine AE der Lösung von (9.37) herzuleiten. (9.38) ist natürlich nur dann sinnvoll, wenn die Folge $\{S_n(x)\}$ für $x\to\infty$ eine asymptotische Funktionenfolge darstellt:

$$S_n(x)=o(S_{n-1}(x))\quad\text{für }x\to\infty\,.$$

Um den Formalismus der WKB-Methode in Anwendung bringen zu können, ersetzen wir (9.37) durch die neue Gleichung

$$\varepsilon y''=Q(x)\,y\,. \tag{9.37'}$$

Dabei ist in (9.37') ε ein Formalparameter, dem später der Wert Eins zugewiesen wird. Desgleichen ersetzen wir (9.38) durch (9.13). Wegen $G_0(x)=-Q(x)$ und $G_n(x)=0$ für $n\geq1$ gilt zunächst mit (9.11)

$$D_0=\pm\int^{x}Q^{1/2}\,dx+\text{const}\;\;\text{und}\;\;D_1=-\frac{1}{4}\ln Q(x)+\text{const}\;\;,$$

bzw.

$$D_2 = \text{const} \pm \int^x [\frac{1}{8} Q''Q^{-3/2} - \frac{5}{32} Q'^2 Q^{-5/2}]\, dx . \tag{9.39}$$

Ist nun die durch $S_n(x)=\varepsilon^{(n-1)/2}D_n(x)$ definierte Folge für $\varepsilon=1$ und $x\to\infty$ eine asymptotische Funktionenfolge, dann hat der Parameter ε seine Schuldigkeit getan, und wir können $\varepsilon=1$ setzen. Der WKB-Ausdruck (9.38) repräsentiert dann die AE der Lösung der DGL (9.37) für $x\to\infty$.

Als Beispiel soll die AE der Lösung der DGL

$$y'' = x^{2q-2}\, y \,;\; q>1 \quad \text{für } x\to\infty \tag{9.40}$$

berechnet werden. Wegen $Q(x)=x^{2q-2}$ folgt

$$S_0 = \text{const} \pm \frac{x^q}{q} \,;\; S_1 = \text{const} + \frac{1-q}{2} \ln x \;\text{ und }\; S_2 = \text{const} \pm \frac{q^2-1}{8q}\, x^{-q} . \tag{9.41}$$

Daher gilt für $x\to\infty$ $|S_2|<<|S_1|<<|S_0|$ und die AE der Lösungen von (9.40) hat die Form

$$y_{1,2} \sim x^{(1-q)/2} \exp\{\pm [\frac{x^q}{q} + \frac{q^2-1}{8q} x^{-q}]\} . \tag{9.42}$$

Die Lösungen der DGL (9.40) lassen sich jedoch durch modifizierte Bessel-Funktionen der Form

$$y = x^{1/2}[C_1 I_{1/2q}(z) + C_2 K_{1/2q}(z)] \,;\; z = \frac{x^q}{q} , \tag{9.43}$$

ausdrücken. Beachtet man, daß die modifizierten Bessel-Funktionen der DGL (3.13) genügen müssen, dann kann man durch Einsetzen leicht verifizieren, daß der Ausdruck (9.43) die allgemeine Lösung der DGL (9.40) ist. In der Aufgabe 9.5 wird gezeigt, daß die WKB-Entwicklung (9.42) mit den beiden ersten Gliedern der AE der durch (9.43) definierten Funktion übereinstimmt.

9.4 WKB-Lösungen der Orr-Sommerfeld-Gleichung

Um zu zeigen, daß die WKB-Methode auch erfolgreich zur Konstruktion der AEn von Lösungen von DGLn höherer Ordnung herangezogen werden kann, soll hier als einziges Beispiel die *Orr-Sommerfeld-Gleichung* der hydrodynamischen Stabilitätstheorie (siehe z.B. Schlichting [1.1])

$$(U - c)(y'' - k^2 y) - U''\, y + \frac{i}{kR}(y^{iv} - 2k^2 y'' + k^4 y) = 0 , \tag{9.44}$$

für große Werte der Reynolds-Zahl ($R>>1$) untersucht werden, wobei die in (9.44) auftretenden Größen bereits im Abschnitt 3.1.4 erklärt wurden. Für $R\to\infty$ ergibt sich ein Satz von Lösungen durch Anwendung der direkten Entwicklung

$$y(x,R) \sim \sum_{n=0}^{N} y_n(x)\, R^{-n} \; . \tag{9.45}$$

Trägt man dies in (9.44) ein, so entsteht die Hierarchie von DGLn

$$L y_0 = 0 \quad \text{mit} \quad L = (U - c)(d^2/dx^2 - k^2) - U'' , \tag{9.46.0}$$

und für $n \geq 1$

$$L y_n = - \frac{i}{k} (d^2/dx^2 - k^2)^2 \, y_{n-1} \; . \tag{9.46.n}$$

Das Problem niedrigster Ordnung (9.46.0) reproduziert die Rayleigh-Gleichung (3.43), die bereits im Abschnitt 3.1.4 gelöst wurde. Auf die Lösung der Probleme höherer Ordnung (9.46.n) soll hier nicht eingegangen werden; der interessierte Leser sei bezüglich dieser Lösungen auf das Buch von Lin [9.1] verwiesen.

Da aber die Rayleigh-Gleichung eine DGL zweiter Ordnung ist, benötigen wir zur Erfüllung der RBn der Orr-Sommerfeld-Gleichung (z.B. das Verschwinden von y und y' an zwei festen Wänden) noch einen Satz von zwei weiteren Lösungen. Diese können nun mit Hilfe eines WKB-Ansatzes der Form

$$y(x,R) \sim \exp[\, \sqrt{R}\, f_0(x) + f_1(x) + O(R^{-1/2})\,] \, , \tag{9.47}$$

gewonnen werden. In der Aufgabe 9.6 wird nun gezeigt, daß bei Berücksichtigung der beiden ersten Glieder in (9.47) die WKB-Lösungen der Orr-Sommerfeld-Gleichung durch

$$y(x,R) \sim (U - c)^{-5/4} \exp[\, \pm \int_{x_0}^{x} \sqrt{ikR(U - c)}\; dx' \,] \, , \tag{9.48}$$

gegeben sind, wobei die untere Grenze des Integrals in (9.48) durch die Konvention $U(x_0)=c$ bestimmt ist.

Bezeichnen wir nun die beiden Lösungen der Rayleigh-Gleichung (9.46.0) mit $y_{1,2}$ (die ersten Glieder einer Reihenentwicklung dieser Funktionen sind durch (3.48) bzw. (3.52) gegeben) und die beiden WKB-Lösungen mit $y_{3,4}$, dann sind diese vier Funktionen Approximationen niedrigster Ordnung der vier Fundamentallösungen der DGL (9.44). Mit Ausnahme von y_1 haben diese Lösungen an der Stelle x_0 Verzweigungssingularitäten, die einander nicht kompensieren. Liegt die Stelle x_0 jedoch nicht auf der reellen Achse, so läßt sich bei geeigneter Wahl der Verzweigungsschnitte (vgl. z.B. Aufgabe 3.15) mit y_1 bis y_4 eine für reelle Argumente reguläre (und damit gleichmäßig gültige) Lösung bilden. Nach Erfüllung der homogenen RBn entsteht ein Eigenwertproblem, das für angefachte Störungen 1924 von Heisenberg gelöst wurde.

Bei neutral stabilen Lösungen gilt jedoch $c \in \mathbf{R}$, und der Punkt x_0 liegt auf der reellen Achse. Die Lösungen y_1 bis y_4 sind dann nicht mehr gleichmäßig gültig. Im Abschnitt 10.4 werden wir sie als "äußere" Approximation ansetzen, die in Umgebungen der Stelle x_0 durch "innere" Entwicklungen ersetzt werden müssen. Nach Anpassung von innerer und äußerer Entwicklung läßt sich dann eine gleichmäßig gültige Approximation bilden. Eine auf den Überlegungen des nächsten Abschnitts basierende Alternative zu dieseer Vorgehensweise wird in der Aufgabe 9.14 skizziert.

9.5 Wendepunktsprobleme

Hier soll der bis jetzt ausgeschlossene Fall von Nullstellen der Koeffizientenfunktionen in (9.4) besprochen werden. Wir beschränken uns auf die Bestimmung der AEn der Lösungen der speziellen Klasse von singulären DGLn

$$\varepsilon y'' = f(x)\, y \ ; x \in [a,\infty) \, , a < 0 \, ; y(\infty,\varepsilon) = 0 \, ; \varepsilon \to 0_+ \, . \qquad (9.49)$$

Hat nun die Funktion f(x) an einem, im Intervall liegenden, Punkt x_0 eine Nullstelle, dann besitzen die Lösungen von (9.49) an x_0 Wendepunkte. Der Einfachheit halber wollen wir zunächst annehmen, daß im Intervall nur eine *einzige, einfache Nullstelle* im Punkt x=0 vorliegt. Dann gilt

$$f(0) = 0 \ \text{und} \ f'(0) \neq 0 \, . \qquad (9.50.1)$$

Zur Sicherstellung der später durchzuführenden Anpassung an die WKB-Approximationen verlangen wir zusätzlich zu (9.50.1)

$$f'(0) > 0 \ \text{und} \ \ f(x) >> x^{-2} \ \text{für} \ x \to \infty \, . \qquad (9.50.2)$$

In einer hinreichend kleinen Umgebung des Punktes x=0 kann man wegen (9.50.1) die DGL (9.49) durch eine Airy-DGL approximieren (vgl. Aufgabe 9.11). Wir werden im folgenden sehen, daß Airy-Funktionen bei der Berechnung der AEn der Lösungen von (9.49) eine wichtige Rolle spielen. Nach der Herleitung der gleichförmig gültigen Approximation werden wir die getroffenen Voraussetzungen modifizieren und mehrere bzw. mehrfache Nullstellen zulassen.

Formal gesehen ist (9.49) ein im zweifachen Sinne singuläres Störproblem. Zum einen ist ein sehr kleiner Parameter Koeffizient der höchsten Ableitung, zum anderen hat das Definitionsintervall unendliches Maß. Hier liegt also eine Kombination der im Abschnitt 8.2.1 besprochenen Fälle a) und b) vor.

Zur Konstruktion einer im Intervall [a,∞] gleichmäßig gültigen Approximation folgen wir nun einem von Langer 1932 vorgeschlagenen Weg. Wir transformieren abhängige und unabhängige Varablen. Die neue abhängige Variable g(x) sei durch

$$g(x) = \psi(x)\, y(x) \qquad (9.51.1)$$

definiert, und als unabhängige Variable führen wir die Funktion

$$\xi = \phi(x) \qquad (9.51.2)$$

ein, wobei die beiden Funktionen $\psi(x)$ bzw. $\phi(x)$ zunächst unbestimmt bleiben. Nach Einsetzen der Transformation (9.51) in die DGL (9.49) entsteht eine neue DGL der Form (es gilt weiterhin '=d/dx)

$$\phi'^2 \frac{d^2g}{d\xi^2} + (\phi'' - 2\phi' \, \psi'/\psi) \, \frac{dg}{d\xi} - [f/\varepsilon - \psi(1/\psi)''] \, g = 0 \, . \qquad (9.52)$$

Wir bestimmen jetzt die Funktionen $\phi(x)$ und $\psi(x)$ dermaßen, daß die DGL (9.52) möglichst einfach wird. Zuerst eliminieren wir die erste Ableitung in (9.52), indem wir

$$\phi' = \psi^2 \ , \ \text{oder} \ \ \psi = \sqrt{\phi'} \ , \tag{9.53}$$

setzen. Anschließend definieren wir die Funktion $\phi(x)$ durch

$$\phi^{3/2} = \frac{3}{2\sqrt{\varepsilon}} \int_0^x \sqrt{f(t)}\, dt \,. \tag{9.54}$$

Wir werden später sehen, daß der scheinbar willkürlich gebildete Ausdruck (9.54) den Übergang der AE der Lösung der DGL (9.52) in die entsprechende WKB-Approximationen gewährleistet. Wegen (9.54) gilt (siehe auch Aufgabe 9.11)

$$\phi(x) \sim \propto \varepsilon^{-1/3}\, x \ , \text{für } x \to 0 \,. \tag{9.55}$$

Differenzieren wir (9.54) und quadrieren den resultierenden Ausdruck, so folgt nach einer einfachen Umformung

$$f/(\varepsilon\, \phi'^2) = \phi = \xi \,. \tag{9.54'}$$

Berücksichtigen wir jetzt (9.53) und (9.54'), dann folgt nach einer Umformung der DGL (9.52)

$$\frac{d^2 g}{d\xi^2} - \xi\, g = R(\xi)\, g \ , \tag{9.56}$$

mit

$$R(\xi) = \frac{1}{2}\frac{\phi'''}{\phi'^3} - \frac{3}{4}\frac{\phi''^2}{\phi'^4} \ . \tag{9.57}$$

Wegen (9.54) kann die Funktion ϕ' keine Nullstellen besitzen, die Funktion $R(\xi)$ ist also im ganzen Intervall regulär. Des Weiteren sind ϕ, ϕ', ..., $\phi^{(n)}$ von der Größenordnung $O(\varepsilon^{-1/3})$. Die durch (9.57) definierte Funktion R hat daher die Größenordnung $O(\varepsilon^{2/3})$, und dies bedeutet, daß die rechte Seite der DGL (9.56) nur ein kleines Korrekturglied darstellt. Da aber die linke Seite dieser DGL die Form der Airy-DGL (4.15) hat, gilt ($C_{1,2}$ sind Integrationskonstante)

$$g(\xi) \sim C_1 Ai(\xi) + C_2 Bi(\xi) + O(\varepsilon^{2/3}) \ , \ \text{für } \varepsilon \to 0_+ \,. \tag{9.58}$$

Zur Berechnung der AE der Lösung y(x) müssen wir noch mit Hilfe von (9.53) und (9.54) die Funktion $\psi(x)$ berechnen und in (9.51.1) einsetzen. Berücksichtigen wir noch (9.58), dann hat das erste Glied der gleichmäßig gültigen Approximation der allgemeinen Lösung der DGL (9.49) die Form ($D_{1,2}$ sind Integrationskonstante)

$$y(x) \sim \frac{\left[\int_0^x \sqrt{f}\, dt\right]^{1/6}}{\sqrt[4]{f(x)}} \left[D_1 Ai(\xi) + D_2 Bi(\xi)\right] \ , \ \text{für } \varepsilon \to 0_+ \ , \tag{9.59.1}$$

wobei die *Langer-Variable* ξ wegen (9.51.2) und (9.54) durch die Beziehung

$$\xi = \Big[\frac{3}{2\sqrt{\varepsilon}} \int_0^x \sqrt{f(t)}\, dt \Big]^{2/3} \tag{9.59.2}$$

definiert ist.

Jetzt muß noch die RB $y(\infty,\varepsilon)=0$ erfüllt werden. Zunächst gilt für $x>0$ $f(x)>0$ und

$$\xi(x=\varepsilon^{1/3}) = \sqrt{f'(0)}\ [\, 1 + O(\varepsilon^{1/3})\,] = O(1)\, .$$

Ebenso folgt mit dem zweiten Teil von (9.50.2)

$$\int_0^x \sqrt{f}\ dt >> 1 \ \text{ für } \ x \to \infty \ .$$

Deswegen gilt für $x>>\varepsilon^{1/3}$ $\xi>>1$ und wir können in (9.59.1) die AEn der Airy-Funktionen für $\arg(\xi)=0$ einsetzen. Da aber die Funktion $Bi(\xi)$ für $\xi\to\infty$ exponentiell divergiert (siehe Aufgabe 5.18), müssen wir zur Erfüllung der Bedingung $y(\infty)=0$ in (9.59.1)

$$D_2 = 0 \tag{9.59.3}$$

setzen. Jetzt verwenden wir die durch (5.105.1) gegebene AE der Ai-Funktion. Dann folgt mit (9.59) in niedrigster Näherung

$$y(x) \sim \text{const}\ f^{-1/4} \exp\Big(- \int_0^x \sqrt{f/\varepsilon}\ dt \Big)\, , \ \text{für} \ \ x>>\varepsilon^{1/3} \ . \tag{9.60}$$

Andererseits ergibt ein Vergleich der DGLn (9.49) bzw. (9.4) mit (9.12) $G_0=-f$ und $G_n=0$ für $n\geq 1$. Dies bedeutet aber, daß die Approximationen (9.60) bzw. (9.16), letztere für das Vorzeichen "+", in niedrigster Ordnung übereinstimmen. M.a.W., die "Langer-Lösung" (5.59) geht für $x>0$ (i.e. in einem Teilintervall ohne Nullstellen) in die (unter der Voraussetzung $f\neq 0$ bestimmte) WKB-Approximation über.

Wir wollen jetzt ermitteln, in welche Funktion die Entwicklung (9.59) für negative Werte von x übergeht. Dazu formen wir zunächst (9.59.2) um und legen den Verzweigungsschnitt der Funktion $\sqrt{f(t)}$ ($f(t)<0$ für $t<0$) längs des Strahles $\arg(t)=-\pi/4$ in den vierten Quadranten. Dann folgt

$$\xi = \Big[\frac{3\exp(3i\pi/2)}{2\sqrt{\varepsilon}} \int_x^0 \sqrt{-f(t)}\ dt \Big]^{2/3} , \ \text{für} \ \ x<0\, . \tag{9.61}$$

Da das in (9.61) auftretende Integral positiv ist, gilt $\arg(\xi)=\pi$. Hier ist jedoch die durch (5.53) definierte asymptotische Darstellung gültig und mit (9.59) folgt

$$y(x) \sim \text{const.}(-f)^{-1/4} \sin\Big(\frac{1}{\sqrt{\varepsilon}} \int_x^0 \sqrt{-f}\ dt + \frac{\pi}{4} \Big)\, , \ \text{für}\ |x| >> \varepsilon^{1/3}\, . \tag{9.62}$$

Vergleichen wir (9.62) mit dem ersten Glied der WBK-Approximation (9.16), letztere mit G_0=-f, dann sehen wir, daß man (9.62) durch eine geeignete Linearkombination der beiden Terme in (9.16) darstellen kann. Damit wurde gezeigt, daß die GGE (9.59) nach beiden Seiten hin in WKB-Approximationen übergeht; das Wendepunktsproblem (9.49) mit einer einzigen, einfachen Nullstelle der Koeffizientenfunktion f(x) ist somit gelöst.

Bevor wir zur Berechnung eines Anwendungsbeispiels übergehen, soll noch der Fall von *zwei einfachen Nullstellen* behandelt werden. Dazu sei das spezielle homogene RW-Problem

$$\varepsilon y'' = f(x)\, y \;;\; y(\pm\infty,\varepsilon) = 0 \;;\; \varepsilon\to 0_+ \,, \tag{9.63}$$

vorgelegt. Dabei wird angenommen, daß die Funktion f(x) auf der reellen Achse nur an den Stellen x=a bzw. x=b einfache Nullstellen besitzt. Des weiteren sei a<b; $f(x)\le 0$ für $x\in[a,b]$ und $f(x)>>x^{-2}$ für $|x|\to\infty$. Das Problem (9.63) wird i.a. nur die triviale Lösung besitzen. Tritt in der DGL in (9.63) jedoch ein Parameter E auf, dann definiert (9.63) ein Eigenwertproblem zur Berechnung der Werte von E, die zu nichttrivialen Lösungen korrespondieren.

Wir spalten jetzt die Lösung von (9.63) in zwei Funktionen $y_{0l}(x,\varepsilon)$ bzw. $y_{0r}(y,\varepsilon)$ auf. Dabei ist y_{0r} die für x>a gültige Lösung, die die RB $y(\infty,\varepsilon)=0$ erfüllt. Zur Bildung dieser Lösung verwenden wir die "rechte" Langer-Variable

$$\xi_r^{3/2} = \frac{3}{2\sqrt{\varepsilon}} \int_b^x \sqrt{f(t)}\, dt \,. \tag{9.64}$$

Voraussetzungsgemäß gilt $\xi_r \ge 0$ für $x\ge b$. Für x<b formen wir wieder um, und mit (9.64) folgt

$$\xi_r^{3/2} = \frac{3\exp(3i\pi/2)}{2\sqrt{\varepsilon}} \int_x^b \sqrt{-f(t)}\, dt \,, \quad \text{für } x<b \tag{9.64'}$$

und es gilt $\arg(\xi_r)=\pi$. Da nun für x>a nur ein Wendepunkt vorliegt, folgt mit (9.59)

$$y_{0r} \sim D_1 \frac{\left[\int_b^x \sqrt{f}\, dt\right]^{1/6}}{\sqrt[4]{f}} \mathrm{Ai}(\xi_r) \text{ für } \varepsilon\to 0_+ \,. \tag{9.65}$$

Ist nun der Abstand zwischen den Punkten a und b viel größer als $\varepsilon^{1/3}$, dann geht (9.65) für $b-x>>\varepsilon^{1/3}$ in (K_1 ist eine neue Konstante, die in Aufgabe 9.12 berechnet wird)

$$y_{0r} \sim K_1 f^{-1/4} \sin\left[\frac{1}{\sqrt{\varepsilon}} I_1(x) + \frac{\pi}{4}\right] ;\; I_1(x) = \int_x^b \sqrt{-f}\, dt \tag{9.66}$$

über. Andererseits ist die für x<b gültige Lösung, die die RB $y(-\infty,\varepsilon)=0$ erfüllt, durch

$$y_{01} \sim C_1 \frac{[\int_x^a \sqrt{f}\,dt]^{1/6}}{\sqrt[4]{f}} \mathrm{Ai}(\xi_1)\,,\ \varepsilon\to 0_+ \tag{9.67}$$

gegeben, wobei die "linke" Langer-Variable die Form

$$\xi_1^{3/2} = \frac{3}{2\sqrt{\varepsilon}} \int_x^a \sqrt{f(t)}\,dt \tag{9.68}$$

hat. Hier gilt $\xi_1 \geq 0$ für $x \leq a$ und entsprechend den Überlegungen, die von (9.64) zu (9.64') geführt haben, setzen wir

$$\xi_1^{3/2} = \frac{3\exp(3i\pi/2)}{2\sqrt{\varepsilon}} \int_a^x \sqrt{-f(t)}\,dt \ \text{ für } x > a\,. \tag{9.68'}$$

Daher gilt für $x-a \gg \varepsilon^{1/3}$ (E_1=const, vgl. Aufgabe 9.12)

$$y_{01} \sim E_1 f^{-1/4} \sin[\frac{1}{\sqrt{\varepsilon}} I_2(x) + \frac{\pi}{4}]\,;\ I_2(x) = \int_a^x \sqrt{-f(t)}\,dt\,. \tag{9.69}$$

Wir wollen jetzt untersuchen, ob es möglich ist, daß die beiden asymptotischen Beziehungen (9.66) bzw. (9.69) innerhalb ihres gemeinsamen Gültigkeitsbereichs

$$a + \varepsilon^{1/3} \ll x \ll b - \varepsilon^{1/3}\,, \tag{9.70}$$

identisch sind. Im zehnten Kapitel werden wir sagen, daß die Identität der beiden AEn (9.65) und (9.67) in dem durch (9.70) definierten Teilintervall von [a,b] einer Überlappung entspricht,und diese Überlappung in einem Intervall endlichen Maßes bedeutet, daß die AEn (9.65) und (9.67) aneinander angepaßt werden können.

Zur Überprüfung der Identität von (9.66) und (9.69) bilden wir zunächst das Integral

$$I_3 = \int_a^b \sqrt{-f(t)}\,dt = I_1(x) + I_2(x) > 0\,. \tag{9.71}$$

Setzen wir nun in (9.69) $I_1(x)=I_3-I_2(x)$ und ändern das Vorzeichen des Arguments der Sinus-Funktion, dann entsteht

$$y_{01} \sim -E_1 \sin\{\frac{1}{\sqrt{\varepsilon}} I_1(x) + \frac{\pi}{4} - [\frac{1}{\sqrt{\varepsilon}} I_3 + \frac{\pi}{2}]\}\, f^{-1/4}\,, \tag{9.69'}$$

wobei die Konstante innerhalb der eckigen Klammer in (9.69') positiv ist. Wegen $\sin(z-n\pi)=(-1)^n \sin z$, sind aber (9.66) und (9.69') identisch, wenn die beiden

Bedingungen

$$\int_a^b \sqrt{-f(t)}\, dt = \pi(n - 1/2)\sqrt{\varepsilon}\,; \quad n \in \mathbf{N} \tag{9.72.1}$$

und

$$K_1 = (-1)^{n+1} E_1 \tag{9.72.2}$$

erfüllt sind. (9.72.1) ist nun das erste Glied der AE einer Eigenwertgleichung und (9.72.2) stellt im Sinne der Methode angepaßter AEn eine Anpassungsbedingung dar. Die beiden AEn (9.65) bzw. (9.67) sind im Intervall (9.70) identisch, und man sagt, daß sie in diesem Intervall überlappen. Wir werden im zehnten Kapitel zeigen, daß man ausgehend von den beiden Approximationen (9.65) und (9.67) eine im gesamten Intervall $[-\infty,\infty]$ gleichmäßig gültige Approximation der Eigenfunktionen bilden kann.

Als **Beispiel** sei das quantenmechanische Eigenwertproblem

$$y'' = (x^{2k} - E)\, y \;;\; y(\pm\infty, E) = 0 \;;\; k \in \mathbf{N} \;;\; \text{für } E \to \infty \tag{9.73}$$

vorgelegt. Eine naheliegende Substitution führt zu

$$E^{-(1+1/k)}\, d^2y/dz^2 = (z^{2k} - 1)\, y \;;\; y(z=\pm\infty, E) = 0 \;;\; x = E^{1/2k} z\,. \tag{9.73'}$$

Es gilt also $\varepsilon = E^{-(1+1/k)} \ll 1$, und der Parameter ε (bzw. die Energie E) ist der Eigenwert des Problems (9.73') (respektive der DGL (9.73)). Die Funktion $f(z) = z^{2k} - 1$ hat im Reellen nur die beiden einfachen Nullstellen $z = \pm 1$, und es gilt $f(z) < 0$ für $z \in (-1,1)$ bzw. $f(z) \sim z^{2k}$ für $|z| \to \infty$. Die bei der Herleitung der Eigenwertgleichung (9.72.1) getroffene Annahmen sind daher erfüllt, und die Eigenwerte der Energie E_n sind durch

$$E_n \sim [\pi\,(n - 1/2)/I_3]^{2k/(1+k)}\;, \text{ für } n \to \infty \text{ mit } I_3 = 2\int_0^1 \sqrt{1 - t^{2k}}\, dt\,, \tag{9.74}$$

wobei das Integral I_3 auf eine Gammafunktion zurückgeführt werden kann. Des weiteren müssen wir konsistent mit $E \to \infty$ in (9.74) $n \to \infty$ fordern . ❑

Bevor wir mit einer physikalischen Anwendung der WKB-Theorie die Behandlung gewöhnlicher DGLn abschließen, soll noch die Problematik von *Wendepunkten höherer Ordnung* (mehrfache Nullstellen der Koeffizientenfunktion f(x)) besprochen werden. Wir beschränken uns hier auf die Untersuchung von *doppelten Nullstellen* und verlangen, daß die Lösungen der DGL (9.49) im Unendlichen abklingen; i.e. $y(\infty, \varepsilon) = 0$. Zusätzlich nehmen wir an, daß die Funktion f(x) im Intervall $[a,\infty)$ nur eine einzige Nullstelle an x=0 besitzt. Dann gilt an Stelle von (9.50.1)

$$f(0) = f'(0) = 0 \quad \text{und} \quad f''(0) \neq 0\,, \tag{9.75.1}$$

und wir wollen zusätzlich annehmen, daß die Bedingungen

$$f''(0) > 0 \text{ und } f(x) \gg x^{-2} \text{ für } x \to \infty\,, \tag{9.75.2}$$

erfüllt sind.

In einer hinreichend kleinen Umgebung des Punktes x=0 läßt sich die DGL (9.49) durch $\varepsilon y''=f''(0)x^2/2+O(x^3)$ approximieren. Eine Lösung dieser angenäherten DGL ist

$$y(x) \sim D_{-1/2}(sx) \ , \ s=\sqrt[4]{2f''(0)/\varepsilon} \ ; \text{ für } x\to 0 \, , \tag{9.76}$$

wobei die parabolische Zylinderfunktion $D_{-1/2}$ der DGL (3.83) mit k=-1/2 genügt. Wir verwenden wieder die Transformationen der abhängigen und unabhängigen Vari-ablen (9.51.1) bzw. (9.52.2) und die DGL (9.52) gilt unverändert weiter. An Stelle von (9.59.2) definieren wir jedoch hier die Langer-Variable durch

$$\phi = 2\,\varepsilon^{-1/4} \left[\int_0^x \sqrt{f(t)}\ dt \right]^{1/2} . \tag{9.77.1}$$

Man verifiziert leicht, daß für $x\to 0$ $\phi \sim sx$ gilt, wobei s durch (9.76) definiert ist. Die weiteren Rechenschritte werden im Rahmen der Aufgabe 9.13 vorgenommen. Wir beschränken uns hier auf die Angabe des Ergebnisse

$$y \sim \text{const} \left\{ \frac{\int_0^x \sqrt{f(t)}\ dt}{f(x)} \right\}^{1/4} D_{-1/2}(\phi) \ ; \text{ für } \varepsilon\to 0_+ \, , \tag{9.77.2}$$

wobei die Konstante in (9.77.2) durch Vorgabe einer weiteren RB bestimmt werden muß. Man verifiziert leicht, daß $\phi(x=\varepsilon^{1/4})=O(1)$ gilt. Für $x\to\infty$ geht (9.77) daher in die WKB-Entwicklungen (9.16) mit $G_0=-f(x)$ und dem positiven Vorzeichen über. Im Gegensatz zu diesem starken Abklingen wächst (9.77) für negative Werte von x sehr rasch an (vgl.(5.103)).

Ein **Beispiel** soll jetzt die "Langer-Theorie" illustrieren. Vorgelegt sei das RW-Problem

$$\varepsilon y'' = (\tanh^2 x)\, y \ ; \ \ y(0,\varepsilon) = 1 \ , \ y(\infty,\varepsilon) = 0 \ ; \ \varepsilon\to 0_+ \, . \tag{9.78.1}$$

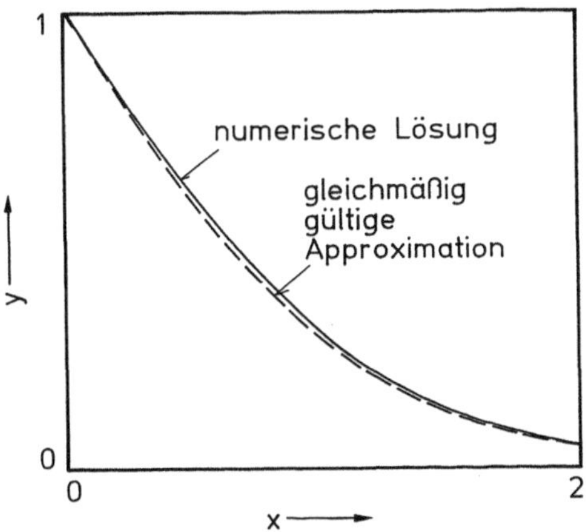

Bild 9.2 Numerische Lösung von (9.78.1) und WKB-Approximation (9.78.2) für ε = 0,3

Diese DGL besitzt an x=0 einen Wendepunkt zweiter Ordnung. (9.75) ist erfüllt und es gilt f"(0)=2. Mit (9.77) hat die GGE in niedrigster Ordnung die Form

$$y \sim \Gamma(\frac{3}{4})\left[\frac{4\ln(\cosh x)}{\pi^2 \tanh^2 x}\right]^{1/4} D_{-1/2}\left(2\,\varepsilon^{-1/4}\ln(\cosh x)\right), \quad \text{für } x \geq 0. \tag{9.78.2}$$

In Bild 9.2 wird (9.78.2) mit der numerischen Lösung von (9.78.1) verglichen. Dabei ist zu beachten, daß - ähnlich wie bei Bild 9.1 - der Störparameter relativ groß gewählt wurde, da bei kleineren Werten von ε die beiden Kurven in diesen Bildern innerhalb der Zeichengenauigkeit zusammenfallen.

9.5.1 Der Tunneleffekt

Wir studieren hier die Ausbreitung von Materiewellen der Energie E im Potentialfeld V(x). Dabei nehmen wir an, daß eine einlaufende Welle mit vorgegebener Amplitude von $x=-\infty$ ausgehend nach rechts läuft. Das Potential hat dann den im Bild 9.3 skizzierten Verlauf mit V(x)>E für $x \in (a,b)$. Dieses Teilintervall kann in der klassischen Mechanik von Teilchen nicht penetriert werden. In der Quantenmechanik ist jedoch das Intervall (a,b) nicht mehr eine "verbotene Region" und die einfallende Welle wird an der Barriere V>E z.T. reflektiert und zum Teil transmittiert. Dies bedeutet, daß für $x \to -\infty$ einfallende (nach rechts laufende) und reflektierte (nach links laufende)Wellen zu finden sind, während für $x \to \infty$ nur transmittierende (nach rechts laufende) Wellen auftreten. Wir werden diese Überlegungen im Folgenden zur Formulierung von RBn heranziehen. Wir schreiben nun die Schrödinger-Gleichung (9.33) in der dimensionslosen Form

$$\varepsilon y'' = f(x)\,y\,; \quad f(x) = V(x) - E\,; \text{ mit } \ \varepsilon = h^2/(2mE_0L^2) \to 0_+, \tag{9.79}$$

wobei E_0 bzw. L charakteristische Energie bzw. Länge des Problems ist. Viele der folgenden Überlegungen sind analog zu den Gedankengängen, die zur Lösung des Eigenwertproblems (9.63) führten. Wir spalten die Lösungen der DGL wieder in y_{0l} (gleichmäßig gültig für x<b) und y_{0r} (gleichmäßig gültig für x>a) auf und führen die

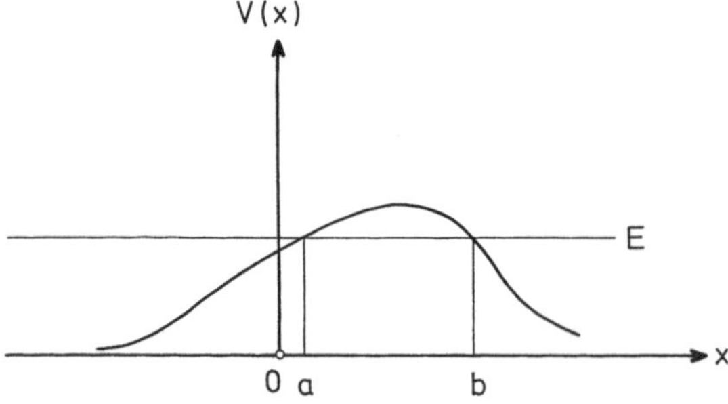

Bild 9.3 Potentialbarriere beim Tunneleffekt der Quantenmechanik

entsprechenden Langer-Variablen ξ_l sowie ξ_r ein, wobei wir die früheren Definitionen (9.64) bzw. (9.68) modifizieren müssen. Schließlich müssen noch in (9.59.1) sowohl die Ai-Funktionen als auch die Bi-Funktionen berücksichtigt werden ((9.59.3) gilt nicht mehr).

Wir bilden die linke Lösung mit der linken Langer-Variablen

$$\xi_l^{3/2} = \frac{3}{2\sqrt{\varepsilon}} \int_a^x \sqrt{f(z)}\, dz \,. \tag{9.80}$$

Dann gilt für $a<x<b$ $\xi_l>0$. Für $x<a$ ersetzen wir (9.80) durch

$$\xi_l^{3/2} = \frac{3\exp(3i\pi/2)}{2\sqrt{\varepsilon}} \int_x^a \sqrt{-f(z)}\, dz \tag{9.80'}$$

und ξ_l nimmt negative Werte an. In Analogie zu (9.59.1) gilt für die linke Lösung y_{0l}

$$y_{0l} \sim f^{-1/4}\Big[\int_a^x \sqrt{f}\, dz\Big]^{1/6} \big[A_1 Ai(\xi_l) + A_2 Bi(\xi_l)\big] \; ; \; \varepsilon \to 0_+ \,. \tag{9.81}$$

Jetzt bilden wir den Grenzwert von y_{0l} für $x\to-\infty$ und beachten, daß die linke Lösung dann eine Superposition von einfallender und reflektierender Welle beschreiben muß. Wir verwenden dabei die AEn der Airy-Funktionen für $r\to-\infty$ (vgl. Aufgabe 3.11)

$$\{Ai(r), Bi(r)\} \sim \pi^{-1/2}(-r)^{-1/4}\{\sin\sigma \,, \cos\sigma\} \; ; \; \sigma = 2(-r)^{3/2}/3 + \pi/4 \,. \tag{9.82}$$

ξ_l ist nun negativ und für $a-x>>\varepsilon^{1/3}$ folgt mit (9.81) und (9.82)

$$y_{0l} \sim \frac{1}{\sqrt{\pi}} (3/2\sqrt{\varepsilon})^{-1/6} e^{i\pi/4} f^{-1/4} \,[A_1 \sin z_1(x,\varepsilon) + A_2 \cos z_1(x,\varepsilon)] \,, \tag{9.83}$$

mit

$$z_1(x,\varepsilon) = \varepsilon^{-1/2} \int_x^a \sqrt{-f}\, dz + \pi/4 \;, \; \text{für } x \to -\infty \,.$$

Der Term innerhalb der eckigen Klammer von (9.83) kann nun umgeformt werden, und wir erhalten

$$[\;] = 1/2\,[(A_2 - iA_1)\exp(iz_1) + (A_2 + iA_1)\exp(-iz_1)\,] \,. \tag{9.84}$$

Zur Identifkation von einfallender bzw. reflektierter Welle müssen wir jetzt beachten, daß gemäß der Konvention der Quantenmechanik die Wellen mit dem Zeitfaktor $\exp(i\omega t)$ zu bilden sind. Die Phasen $\phi_\pm$ der Wellen (9.83) mit (9.84) sind daher durch $\phi_\pm = \omega t \pm z_1$ gegeben und die Phasengeschwindigkeit c_{ph} dieser Wellen ist daher

$$c_{ph} = \pm\,\omega \sqrt{-\varepsilon/f(x)} \;, \; \text{für } x \to -\infty \,. \tag{9.85}$$

Da die Frequenz ω positiv ist, repräsentiert in (9.83) der Term mit $\exp(iz_1)$ die einlaufende Welle, während der Summand mit $\exp(-iz_1)$ die reflektierte Welle darstellt. Im

Experiment kann jedoch die Amplitude der einlaufenden Wellen beliebig vorgegeben werden. Wir benutzen daher die Normierung (K ist eine Anregungskonstante)

$$A_2 - iA_1 = K = \text{const.} \tag{9.86}$$

Zur Vorbereitung der Anpassung an die rechte Lösung untersuchen wir jetzt y_{0l} im Bereich V>E. Wir verlangen wieder, daß die beiden Wendepunkte hinreichend weit voneinander entfernt sind ($b-a \gg \varepsilon^{1/3}$). Dann folgt für $x-a \gg \varepsilon^{1/3}$ und $x<b$ mit (9.81) und (9.80) in niedrigster Näherung

$$y_{0l} \sim \frac{1}{\sqrt{\pi}} (3/2\sqrt{\varepsilon})^{-1/6} f^{-1/4} \left\{ \frac{1}{2} A_1 \exp[-s_1(x,\varepsilon)] + A_2 \exp[s_1(x,\varepsilon)] \right\}, \tag{9.87}$$

mit

$$s_1(x,\varepsilon) = \varepsilon^{-1/2} \int_a^x \sqrt{f(z)}\, dz \gg 1 .$$

Wir kommen jetzt zur Bestimmung der rechten Approximation. Dabei definieren wir die rechte Langer-Variable

$$\xi_r^{3/2} = \frac{3}{2\sqrt{\varepsilon}} \int_x^b \sqrt{f(z)}\, dz \tag{9.88}$$

und es gilt $\xi_r>0$ für $a<x<b$. Die nun schon routinemäßige Modifikation dieser Variablen für das Gebiet $x>b$ lautet

$$\xi_r^{3/2} = \frac{3 \exp(3i\pi/2)}{2\sqrt{\varepsilon}} \int_b^x \sqrt{-f(z)}\, dz . \tag{9.88'}$$

Damit hat die rechte Lösung die Form ($C_{1,2}$ sind Integrationskonstante)

$$y_{0r} \sim f^{-1/4} \left[\int_x^b \sqrt{f(z)}\, dz \right]^{1/6} [C_1 \mathrm{Ai}(\xi_r) + C_2 \mathrm{Bi}(\xi_r)] . \tag{9.89}$$

Wir müssen zunächst den Grenzfall $x \to \infty$ untersuchen und beachten, daß dann nur transmittierte (rechts laufende) Wellen auftreten dürfen. Wir benutzen wieder (9.82), und in Analogie zu (9.83) und (9.84) erhalten wir für $x-b \gg \varepsilon^{1/3}$

$$y_{0r} \sim \frac{\exp(i\pi/4)}{2\sqrt{\pi}} (3/2\sqrt{\varepsilon})^{-1/6} f^{-1/4} \{ (C_2 - iC_1) \exp[iz_r(x,\varepsilon)] + \\ + (C_2 + iC_1) \exp[-iz_r(x,\varepsilon)] \} , \tag{9.90}$$

mit

$$z_r(x,\varepsilon) = \varepsilon^{-1/2} \int_b^x \sqrt{-f(z)}\, dz + \pi/4 ; \quad \text{für } x \to \infty .$$

Hier stellen die Glieder mit $\exp(iz_r)$ bzw. $\exp(-iz_r)$ (wegen $dz_r/dx>0$) nach links repektive nach rechts laufende Wellen dar. Die unphysikalische, nach links laufende Welle können wir ausschließen, indem wir

$$C_2 = i\,C_1 \tag{9.91}$$

setzen. Jetzt fehlt noch die Anpassung der Approximationen y_{0l} bzw. y_{0r} im Überlappungsgebiet (9.70). Die entsprechende AE von y_{0l} ist bereits durch (9.87) gegeben. Die Entwicklung von y_{0r} für $b-x>>\varepsilon^{1/3}$ lautet in niedrigster Näherung

$$y_{0r} \sim \frac{1}{\sqrt{\pi}}(3/2\sqrt{\varepsilon})^{-1/6} f^{-1/4} C_1 \left\{\frac{1}{2}\exp[-s_r(x,\varepsilon)] + i\exp[s_r(x,\varepsilon)]\right\}, \tag{9.92}$$

mit

$$s_r(x,\varepsilon) = \varepsilon^{-1/2}\int_x^b \sqrt{f(z)}\,dz >> 1 .$$

Wir sehen jetzt, daß die Summanden mit $\exp(s_r)$ $(\exp(-s_r))$ bzw. $\exp(s_l)$ $(\exp(-s_l))$ in (9.92) respektive (9.87) dominant (subdominant) sind. Die entsprechenden Terme repräsentieren daher angefachte (gedämpfte) Wellen. Wir vergleichen jetzt die beiden AEn (9.92) und (9.87). Da diese Entwicklungen im Intervall (9.70) identisch sein sollen, müssen wir verlangen, daß für jeden Punkt dieses Intervalls die Beziehung

$$\frac{1}{2}A_1\exp[-s_l(x,\varepsilon)] + A_2\exp[s_l(x,\varepsilon)] = C_1\{\frac{1}{2}\exp[-s_r(x,\varepsilon)] + i\exp[s_r(x,\varepsilon)]\} \tag{9.93}$$

erfüllt ist. Wir formen die Variable $s_l(x,\varepsilon)$ um und mit (9.87) und (9.92) gilt

$$s_l(x,\varepsilon) = \varepsilon^{-1/2} I - s_r(x,\varepsilon)\,, \text{ mit } I = \int_a^b \sqrt{f(z)}\,dz > 0 . \tag{9.94}$$

Wir setzen jetzt (9.94) in (9.93) ein und nach Vergleich der Koeffizienten von $\exp(s_r)$ bzw. $\exp(-s_r)$ folgt

$$\frac{1}{2}A_1\exp(-I/\sqrt{\varepsilon}) = i\,C_1\,, \text{ bzw. } A_2\exp(I/\sqrt{\varepsilon}) = \frac{1}{2}C_1 . \tag{9.95}$$

(9.95) und (9.86) sind nun drei lineare, inhomogene Gleichungen zur Bestimmung der drei Konstanten $A_{1,2}$ und C_1. Als Lösungen erhalten wir bei Vernachlässigung subdominanter Glieder

$$A_1 \sim iK\,;\; A_2 \sim \frac{K}{4}\exp(-2I/\sqrt{\varepsilon}) \text{ und } C_1 \sim \frac{K}{2}\exp(-I/\sqrt{\varepsilon}) . \tag{9.96}$$

Damit ist das Problem der Transmission von Materiewellen durch Potentialbarrieren mit V>E (i.e. der quantenmechanische Tunneleffekt) gelöst. Wir wollen aber noch abschließend den Reflexionskoeffizienten R und den Transmissionskoeffizienten T berechnen. Die Definition dieser Koeffizienten lautet

$$R = |y_{ref}(-\infty)/y_{ein}(-\infty)|^2 \text{ bzw. } T = |y_{tra}(\infty)/y_{ein}(-\infty)|^2 , \tag{9.97}$$

wobei y_{ein}, y_{ref} und y_{tra} die Wellenfunktionen der einfallenden, reflektierten und transmittierten Wellen sind. Wegen (9.96) gilt zunächst $|A_2+iA_1|\sim|K|$, und mit (9.83) und (9.84) folgt bei Vernachlässigung rezessiver Glieder

$$R = |(A_2 + i\,A_1)/(A_2 - i\,A_1)|^2 \sim 1 : \text{ für } \varepsilon \to 0_+ . \tag{9.98}$$

Zur Berechnung von T nehmen wir an, daß das Potential - wie in Bild 9.3 dargestellt - im Unendlichen verschwindet. Dann gilt

$$|f|^{-1/4} \sim E^{-1/4} ; \text{ für } |x| \to \infty .$$

Da die rechte Approximation für $x \to \infty$ die transmittierte Welle darstellt, folgt mit (9.90) und (9.91)

$$|y_{0r}| = |y_{tra}| \sim \frac{1}{\sqrt{\pi}} (3/2\sqrt{\varepsilon})^{-1/6} E^{-1/4} |C_1| , \quad x \to \infty . \tag{9.99}$$

In analoger Weise entsteht mit (9.83) und (9.84) die AE der einfallenden Welle

$$|y_{ein}| \sim \frac{1}{2\sqrt{\pi}} (3/2\sqrt{\varepsilon})^{-1/6} E^{-1/4} |K| , \quad x \to -\infty . \tag{9.100}$$

Tragen wir (9.99) und (9.100) in die Definition des Transmissionskoeffizienten (9.97) ein, und beachten wir (9.96), dann kommen wir zu dem Ergebnis

$$T \sim \exp(-2I/\sqrt{\varepsilon}) \; , \; \text{ für } \varepsilon \to 0_+ \; , \tag{9.101}$$

wobei das Integral I durch (9.94) gegeben ist. Der Transmissionskoeffizient ist also subdominant klein und dies bedeutet, daß nur ein äußerst geringer Teil der Energie der einfallenden Welle den Potentialwall durchdringen kann. Die beiden WKB-Resultate (R=1 und T exponentiell klein) sind daher nur unbedeutende Modifikationen der klassischen Ergebnisse (klassisch gilt exakt R=1 bzw. T=0). Dies ist einer der Gründe dafür, daß die Ansätze der WKB-Methode in der Quantenmechanik quasi-klassische Approximationen genannt werden.

9.6 Partielle Differentialgleichungen

Wir haben uns bis jetzt auf die Bestimung von WKB-Entwicklungen der Lösungen gewöhnlicher DGLn bzw. von partiellen DGLn, die durch Separation auf gewöhnliche DGLn zurückgeführt werden können, beschränkt. WKB-Ansätze erfreuen sich jedoch jedoch auch bei partiellen DGLn höherer Dimension dispersiver Systeme (siehe z.B. die Arbeiten von Keller auf dem Gebiet der geometrischen Optik [9.2]) großer Beliebtheit. Zur Illustration der dabei auftretenden Probleme gehen wir von der zeitseparierten Wellengleichung für ruhende Fluide (1.13) aus

$$(\Delta + k_0^2)\, A(\mathbf{x},k_0) = 0 .$$

Dabei ist $k_0=2\pi/\lambda$ und λ ist die Wellenlänge der Schwingungen. Nach Entdimensionalisierung mit einer geometrischen Länge R (z.B. mit dem Kugelradius in Abschnitt

1.2) nimmt diese DGL die Form (8.31.1) an. Dann gilt für *kurze Wellen*

$$(\varepsilon^2 \Delta + 1)\, A(\mathbf{x},\varepsilon) = 0 \;;\; \varepsilon = \lambda/(2\pi R) \ll 1 \;, \tag{9.102}$$

wobei der Laplace-Operator auf die dimensionslosen Koordinaten wirkt und es zu beachten ist, daß **x** in (1.13) bzw. (9.102) für physikalische bzw. dimensionslose Raumkoordinaten steht. In Analogie zu den WKB-Entwicklungen in Abschnitt 9.1 versuchen wir den Ansatz

$$A(\mathbf{x},\varepsilon) \sim \exp\left[\frac{1}{\varepsilon} D_0(\mathbf{x}) + D_1(\mathbf{x}) + \varepsilon\, D_2(\mathbf{x}) + O(\varepsilon^2) \right] . \tag{9.103}$$

Dabei ist die Wahl der Vergleichsfunktionen in (9.103) durch (9.10) motiviert. Nach Eintragen in (9.102) entsteht die Hierarchie von nichtlinearen, inhomogenen partiellen DGLn erster Ordnung

$$\varepsilon^0 :\; (\nabla D_0)^2 + 1 = 0 \,, \tag{9.104.0}$$

$$\varepsilon^1 :\; \Delta D_0 + 2\,(\nabla D_0)\,(\nabla D_1) = 0 \,, \tag{9.104.1}$$

$$\varepsilon^2 :\; \Delta D_1 + (\nabla D_1)^2 + 2\,(\nabla D_0)\,(\nabla D_2) = 0 \,. \tag{9.104.2}$$

....

Die DGL niedrigster Ordnung (9.04.0) wird Eikonalgleichung genannt (vgl. (9.28.1) mit (9.30)) und die DGLn (9.104) können mit Hilfe des Charakteristikenverfahrens (siehe z.B. Duschek Bd. III [3.2]) gelöst werden. Die weiteren Rechenschritte können nur nach Vorgabe der für ein spezielles Problem relevanten RBn vorgenommern werden.

Um ein Beispiel durchzurechnen, wenden wir uns wieder dem im Abschnitt 1.2 untersuchten Problem der *Schallemission durch oszillierende Kugeln* zu. Wir verwenden dabei zweckmäßigerweise Kugelkoordinaten. Für die hier auftretenden achsensymmetrischen Wellen ist der Laplace-Operator der DGL (1.13) zu entnehmen (r ist dabei die dimensionslose radiale Variable) und wir verwenden in Analogie zu (9.103) den WKB-Ansatz

$$A(r,\theta,\varepsilon) \sim \exp\left[\frac{1}{\varepsilon} S_0(r,\theta) + S_1(r,\theta) + \varepsilon\, S_2(r,\theta) + O(\varepsilon^2) \right] . \tag{9.103'}$$

Mit

$$\nabla B(r,\theta) = \frac{\partial B}{\partial r}\, \mathbf{e}_r + \frac{1}{r}\frac{\partial B}{\partial \theta}\, \mathbf{e}_\theta$$

hat (9.104) die Form

$$\left(\frac{\partial S_0}{\partial r}\right)^2 + \frac{1}{r^2}\left(\frac{\partial S_0}{\partial \theta}\right)^2 + 1 = 0 \,, \tag{9.104.0'}$$

$$\Delta S_0 + 2\left(\frac{\partial S_0}{\partial r}\frac{\partial S_1}{\partial r} + \frac{1}{r^2}\frac{\partial S_0}{\partial \theta}\frac{\partial S_1}{\partial \theta} \right) = 0 \tag{9.104.1'}$$

und

$$\Delta S_1 + \Big(\frac{\partial S_1}{\partial r}\Big)^2 + \frac{1}{r^2}\Big(\frac{\partial S_1}{\partial \theta}\Big)^2 + 2\Big(\frac{\partial S_0}{\partial r}\frac{\partial S_2}{\partial r} + \frac{1}{r^2}\frac{\partial S_0}{\partial \theta}\frac{\partial S_2}{\partial \theta}\Big) = 0\,. \quad (9.104'.2)$$

Eine Lösung der Eikonalgleichung (9.104.0') ist

$$S_0 = i\,r \qquad (9.105)$$

und es gilt $\Delta S_0=2i/r$. Damit vereinfacht sich (9.104.1') zu $\partial S_1/\partial r=-1/r$ und die allgemeine Lösung dieser DGL hat die Form

$$S_1 = \ln[\, f(\theta)/r\,]\,, \qquad (9.106)$$

wobei die Funktion $f(\theta)$ eine Konstante der r-Integration ist. Nach Eintragen von (9.105) und (9.106) in (9.103') reproduziert man die Sommerfeldsche Abstrahlungsbedingung (1.11) in der Form

$$A(r,\theta) \sim \frac{1}{r} f(\theta) \exp\big[\, ir/\varepsilon + O(\varepsilon)\,\big]\,. \qquad (9.107)$$

Die zunächst unbestimmt Funktion $f(\theta)$ muß jetzt in der nächsten Ordnung der Entwicklung bestimmt werden. Zunächst gilt ($f'=df/d\theta$)

$$\Delta S_1 = \frac{1}{r^2}\Big(-1 + \frac{f''f - f'^2}{f^2} + \frac{f'}{f}\cot\theta\Big) \text{ und } (\nabla S_1)^2 = \frac{1+(f'/f)^2}{r^2}$$

und (9.104.2') reduziert sich zu

$$2i\frac{\partial S_2}{\partial r} = RS_2\,, \text{ mit } RS_2 = -\Delta S_1 - (\nabla S_1)^2\,. \qquad (9.108)$$

Wir beschränken uns darauf anzuführen, daß konsistent mit (1.23) die spezielle Wahl

$$f(\theta) = C_0\cos\theta\,;\; C_0 = \text{const} \qquad (9.109)$$

die DGL (9.108) in

$$\partial S_2/\partial r = -i/r^2 \qquad (9.110)$$

überführt. Eine partikuläre Lösung von (9.110) ist $S_2=i/r$ und damit können wir (9.107) durch den Ausdruck

$$A(r,\theta) \sim \frac{C_0}{r}\exp(i\varepsilon r)\,[\,1 + i\varepsilon/r + O(\varepsilon^2)\,]\cos\theta \qquad (9.111)$$

ersetzen. Die Konstante C_0 kann jetzt durch Erfüllung der RB an der Kugeloberfläche (1.10) mit (1.12) bestimmt werden und wegen $\varepsilon=1/(k_0R)$ reproduziert die WKB-Approximation (9.111) die beiden ersten Glieder der exakten Lösung (1.23).

Schlußbemerkungen

Formal gesehen arbeitet die "elementare" WKB-Methode (Abschnitt 9.1 bis 9.4) mit direkten Ansätzen (für den Logarithmus der Lösungsfunktion). Die Langer-Theorie benutzt dagegen transformierte unabhängige Variable, die den Störparameter beinhalten. Die Ansätze von Langer führen zu einer inneren Entwicklung, die in Umgebungen der Wendepunkte gültig ist, und die in die WKB-Lösungen (die äußeren Entwicklungen) übergeht. Diese Art der Bestimmung von Approximationen entspricht der im nächsten Kapitel besprochenen Methode der angepaßten asymptotischen Entwicklungen.

Hinsichtlich der hier nicht behandelten Fragen, wie z.B. Fehlerabschätzungen oder komplexe Störparameter, sei der interessierte Leser auf die Monographien von Olver [9.3] und von Wassow [9.4] verwiesen.

Allgemein kann gesagt werden, daß die WKB-Methode ein geeignetes Verfahren zur Parameterentwicklung bei Problemen, die durch lineare gewöhnliche DGLn definiert sind, darstellt. Bei linearen partiellen DGLn können WKB-Ansätze zur Approximation der Lösungen von hyperbolischen DGLn der Wellentheorie eingesetzt werden. Im Falle anderer Klassen von Störproblemen bei partiellen DGLn (siehe z.B. die parabolische Wärmeleitungsgleichung in Aufgabe 9.7) versagen dagegen WKB-Entwicklungen und es müssen die in Kapitel 11 zu besprechenden Verfahren benutzt werden. Schließlich findet man in einigen neueren Arbeiten auf dem Gebiet der Wellenausbreitung verallgemeinerte WKB-Entwicklungen der Form

$$y(x,\varepsilon) \sim \exp\left\{\sum_{n=0}^{N} \delta_n(\varepsilon)\, s_n(x_1,x_2)\right\} .$$

Dabei sind $x_1=\varepsilon x$ und $x_2=g(x_1)/\varepsilon$ die Koordinaten der Vielvariablenmethode und die Funktion $g(x_1)$ ist eine in konsistenter Weise zu bestimmende Funktion, die zu Beginn der Rechnung unbekannt ist (siehe Abschnitt 12.3)

Nichtlineare DGLn lassen sich aber nicht durch WKB-Ansätzen approximieren, da bei der-artigen Problemen der exponentielle Term in (9.2) nicht eliminiert werden kann.

Aufgaben

9.1 Ausgehend von (9.17) bestimme man die jeweils ersten Glieder der AEn der Airy-Funktionen Ai(x) und Bi(x) für $x\to-\infty$ (vgl. Aufgabe 3.11).

9.2 Man berechne das erste Glied der AE der reellen Lösungen der DGL

$$y'' + (\varepsilon^{-2/3} + x^2)\, y = 0\,, \quad \text{für } \varepsilon\to 0_+ .$$

9.3 Man berechne das erste Glied der AE der parabolischen Zylinderfunktion $D_k(x)$ für $x\to\infty$ und vergleiche das Ergebnis mit (5.130').

9.4 Durch Berechnung der ersten drei Glieder der Entwicklung (9.6) zeige man, daß die WKB-Methode für $\varepsilon \to 0_+$ die exakte Lösung der DGL $\varepsilon y''+y=0$ reproduziert.

9.5 Man benutze die AEn der modifizierten Besselfunktionen $I_m(x)$ und $K_m(x)$ (siehe Aufgabe 3.12) zur Verifikation der WKB-Approximation (9.42).

9.6 Ausgehend vom WKB-Ansatz (9.47) beweise man (9.48)

9.7 Man zeige, daß die WKB-Methode nicht in der Lage ist, Approximationen der Lösungen der eindimensionalen Wärmeleitungsgleichung

$$\varepsilon y_{xx} = y_t \ , \ \text{für} \ \ \varepsilon \to 0_+$$

herzuleiten.

9.8 Vorgelegt sei das RW-Problem (siehe auch (10.45) für $F(x)=0$)

$$\varepsilon y'' + a(x)\, y' + b(x)\, y = 0 \ ; \ \ y(0,\varepsilon)=0 \ , \ y(1,\varepsilon)=1 \ ; \ \ \varepsilon \to 0_+ \ . \qquad \text{(A.9.1)}$$

Mit Hilfe der Transformation (vgl. (10.46))

$$y(x,\varepsilon) = \exp\Big[-\frac{1}{2\varepsilon}\int_0^x a(z)\, dz \Big]\ w(x,\varepsilon)$$

kann die erste Ableitung eliminiert werden und die neue DGL für die Funktion w ist die Normalform der ursprünglichen DGL. Man berechne das erste Glied der AE der Lösungen dieses RW-Problems für den Spezialfall $a(x)>0$.
Alternativ dazu kann man das Ausgangsproblem (A.9.1) auch ohne Transformation auf die Normalform direkt durch einen WKB-Ansatz des Typs (9.22) lösen.
Hinweis: Die Lösungen dieses Problems werden mit einem anderen Verfahren im Abschnitt 10.3.1 approximiert.

9.9 Man berechne die AE der parabolischen Zylinderfunktion $D_k(x)$ für große Werte des Moduls k.
Hinweis: Man setzt in (4.28) $a=k+1/2$ und verwendet die Transformation $x=2t\sqrt{a}$.

9.10 Man berechne das erste Glied der AEn der modifizierten Besselfunktionen für große Werte des Moduls m.
Hinweis: Man eliminiert zunächst mit der in Aufgabe 9.8 angebenen Transformation die erste Ableitung in der DGL (3.13).

9.11 Man approximiere die DGL (9.49) mit (9.50.1) in einer kleinen Umgebung des Wendepunkts und verifiziere anschließend (9.55)

9.12 Man berechne die Beziehungen zwischen den Konstanten D_1 und K_1 bzw. C_1 und E_1 in (9.65) bis (9.69).

9.13 Man verifiziere (9.77)
Hinweis: (9.51) bis (9.53) gelten weiterhin und anstelle von (9.56) entsteht eine DGL deren Lösung in niedrigster Ordnung durch eine parabolische Zylinderfunktion ausgedrückt werden kann.

9.14 Man verifiziere, daß die von Tollmien bestimmte WKB-Approximation

$$y(x,R) \sim [(U-c)/\eta]^{-5/4} A(\eta/\varepsilon,2) \; ; \; \varepsilon = (ikRU_0')^{-1/3} \; ;$$

$$\eta = \Big[\frac{3}{2}\int_{x_0}^{x} [(U-c)/U_0']^{1/2}\, dz\Big]^{2/3} \qquad \text{(A.9.2)}$$

eine GGE einer Fundamentallösung der Orr-Sommerfeld Gleichung (9.44) ist.
Hinweis: $A(x,2)$ ist die verallgemeinerte Airy-Funktion und es gilt

$$\eta \sim x-x_0 + O((x-x_0)^2) \quad \text{für} \quad x \to x_0 \,.$$

Weitere Überlegungen zur Herleitung von (A.9.2) finden sich in [3.3].

10 Angepaßte Asymptotische Entwicklungen (Gewöhnliche Differentialgleichungen)

Das hier zu besprechende Verfahren wurde in seinen Grundzügen bereits 1904 von Prandtl entwickelt [10.1]. Durch Aufteilung der Gebiete der Strömung um eine ebene Platte in ein wandnahes Gebiet mit Reibungsströmung (Grenzschicht, bzw. inneres Gebiet) und in ein äußeres Gebiet mit reibungsfreier Strömung und durch geeignete Anpassung der in den jeweiligen Gebieten gültigen Lösungen gelang es Prandtl, eine Approximation der Lösungen der Navier-Stokes-Gleichungen zu berechnen, die -im Gegensatz zu früheren reibungsfreien Rechnungen- zu nicht verschwindenden Werten des Strömungswiderstandes führten.

Diese Vorgehensweise lieferte, wenn auch mit einer Verzögerung von einigen Jahrzehnten, den Anstoß zur Entwicklung einer neuer Störungstheorie, die seit der Arbeit von Bretherton [10.2] den Namen *Angepaßte asymptotische Entwicklungen* (AAEn; matched asymptotic expansions) trägt. Diese Methode erfreut sich auch außerhalb der Strömungslehre großer Beliebtheit. Einen Überblick über die durch dieses Verfahren gelösten Probleme der Strömungslehre findet sich in den Büchern von Van Dyke [8.3] bzw. von Schneider [10.3]. Anwendungen auf dem Gebiet der Mechanik, der Geophysik, der Biologie etc. werden in dem Buch von Kevorkian und Cole [10.4] bzw. in dem Übersichtsartikel von Carrier [10.5] behandelt.

Zur Einführung der Methode der AAEn beginnen wir mit einem einfachen Beispiel, bei dem die Ergebnisse der Störungsrechnung mir der exakten Lösung verglichen werden können.

10.1 Die Modell-Grenzschicht

Ausgangspunkt ist die schon im Abschnitt 8.2.1 eingeführte DGL (8.22)

$$\varepsilon y'' + y' + y = 0 \,;\; 0 \le x \le 1 \,;\; y(0,\varepsilon)=A,\; y(1,\varepsilon)=B \,;\; \varepsilon \to 0_+$$

für die Funktion $y(x,\varepsilon)$, wobei angenommen wird, daß die Randwerte A und B vom Störparameter ε unabhängig sind. Um die wichtigsten Elemente des Verfahrens zu erarbeiten, soll zunächst die -elementar berechenbare- exakte Lösung des RW-Problems (8.22) ignoriert werden. Nach Bestimmung von Approximationen durch AAEn werden diese jedoch mit der exakten Lösung verglichen. Wir wissen bereits, daß die direkte Entwicklung (DE) der Lösungen von (8.22) versagt, da sie zu einer DGL erster Ordnung führt, wobei man i.a. nicht beide RBn erfüllen kann. Die der Methode AAEn zu Grunde liegende Idee besteht nun in der Annahme, daß in einem kleinen Teilintervall von [0,1] das Glied $\varepsilon y''$ in (8.22) entweder mit dem Term y' oder mit dem Glied y im Gleichgewicht steht und daß daher die DGL (8.22) in diesem Teilintervall ihre Ordnung beibehält. Wegen $\varepsilon \to 0_+$, muß aber die Funktion $y(x,\varepsilon)$ in diesem Teilintervall große Gradienten besitzen, um das Gleichgewicht mit einem der genannten Glieder realisieren zu können. In Anlehnung an die Terminologie der Strömungslehre nennt man dieses Teilintervall *Grenzschicht* (GS) und eine lineare Dimension vom Maß dieses Teilintervalls wird *Grenzschichtdicke* (GSD) genannt. Verwenden wir für die Grenzschichtdicke das Symbol $\delta(\varepsilon)$, so gilt voraussetzungsgemäß $0<\delta(\varepsilon)<<1$. Innerhalb der GS kann nun (8.22) durch eine einfachere DGL zweiter Ordnung ersetzt werden. Die Lösungen dieser Grenzschicht-DGL müssen die für die GS relevanten RBn erfüllen. Offen bleibt zunächst noch die Frage, ob eine oder mehrere GSn auftreten und ob sie im Inneren des Intervalls [0,1] oder an seinen Rändern zu finden sind. Im Abschnitt 10.3 werden wir jedoch zeigen, daß im Falle der DGL (8.22) nur eine einzige am linken Intervallrand liegende GS vorliegt.

Da nun die GS an x=0 liegt, führen wir zur Bestimmung der in der GS gültigen Approximation eine neue Variable, die *Grenzschichtkoordinate* ξ ein. Die Vorschrift zur Bildung dieser Variablen lautet

$$\xi = x/\delta(\varepsilon) \ ; \text{mit } 0 < \delta(\varepsilon) << 1 \ , \tag{10.1}$$

wobei die von ε abhängige GSD $\delta(\varepsilon)$ zunächst noch unbestimmt ist. Die Koordinate ξ geht daher durch eine Streckung um den Faktor $1/\delta$ aus der ursprünglichen Variablen x hervor. Da die GS im Intervall $x \in [0,O(\delta)]$ liegt, gilt dort $\xi \in [0,O(1)]$ und ξ ist in der GS im Gegensatz zu x nicht klein. Dies bedeutet, daß bei Verwendung der GS-Variablen die starken Variationen der Lösungen in der GS erfaßt werden können, die bei Benutzung der Variablen x "übersehen" werden könnten.

Bevor wir zur Bestimmung der GSD und zur Lösung des Beispiel (8.22) übergehen, wollen wir noch die durch (10.1) gegebene Definition der GS-Variablen verallgemeinern. Liegt die GS nicht wie für (8.22) an x=0, sondern in der Umgebung einer Stelle x_0, dann lautet die Definition der GS-Variablen

$$\xi = (x-x_0)/\delta(\varepsilon) \ . \tag{10.1'}$$

Wir kommen jetzt wieder zu dem Beispiel (8.22) zurück und tragen die GS-Koordinate (10.1) in die DGL ein. Bezeichnen wir noch die in der Grenzschicht gültige Lösung (die innere, bzw. GS-Lösung) mit $y^{(i)}(\xi,\varepsilon)$, dann folgt zunächst

$$\left\{ \frac{\varepsilon}{\delta^2}\frac{d^2}{d\xi^2} + \frac{1}{\delta}\frac{d}{d\xi} + 1 \right\} y^{(i)}(\xi,\varepsilon) = 0 \ . \tag{10.2.1}$$

Da aber die GS in einer Umgebung von x=0 auftritt und die GS-Lösung dort definitionsgemäß gültig sein soll, muß $y^{(i)}$ der RB an der Stelle x=0 genügen, während die RB an x=1 bei der Bestimmung der GS-Lösung nicht berücksichtigt wird (diese RB muß von der direkten Entwicklung erfüllt werden). Daher gilt

$$y^{(i)}(0,\varepsilon) = A\,. \tag{10.2.2}$$

Die Bestimmung der GSD erfolgt jetzt mit Hilfe der Methode des Gleichgewichts dominanter Terme, wobei wir beachten müssen, daß (10.2.1) (zumindest in niedrigster Ordnung der Approximation) in eine DGL zweiter Ordnung übergehen muß. Zunächst ergibt sich die Alternative

$$\text{a)}\ \delta(\varepsilon) = \varepsilon \ \text{bzw.}\ \text{b)}\ \delta(\varepsilon) = \sqrt{\varepsilon}\,.$$

Die Variante b) ist jedoch auszuschließen, da in diesem Falle die erste Ableitung dominiert und somit eine DGL erster Ordnung entstünde. Daher erhalten wir als einzige, konsistente Möglichkeit

$$\left\{ d^2/d\xi^2 + d/d\xi + \varepsilon \right\} y^{(i)}(\xi,\varepsilon) = 0\,;\text{mit}\ \ \xi = x/\varepsilon\,. \tag{10.3}$$

Wir setzen jetzt für die innere Lösung die GS-Entwicklung (GSE) (bzw. innere Entwicklung (IE))

$$y^{(i)}(\xi,\varepsilon) \sim \sum_{n=0}^{N} \varepsilon^n h_n(\xi) \tag{10.4}$$

an. Dann ergibt sich nach Eintragen in (10.3) die Hierarchie von Problemen

$$\varepsilon^0:\ h_0'' + h_0' = 0\,;\ h_0(0) = A\,;\ ' = d/d\xi\,, \tag{10.5.0}$$

$$\varepsilon^n:\ h_n'' + h_n' = -h_{n-1}\,;\ h_n(0) = 0 \ \ \text{für}\ n\geq 1\,. \tag{10.5.n}$$

Dabei wurden die in (10.5) angeführten RBn durch Einsetzen von (10.2.2) in (10.4) ermittelt. Die Lösung des Problems niedrigster Ordnung (10.5.0) lautet

$$h_0(\xi) = A + C_0(e^{-\xi} - 1)\,;\ \ C_0 = \text{const.} \tag{10.6.0}$$

Mit einer weiteren Integrationskonstanten C_1 hat die Lösung von (10.5.1) die Form

$$h_1(\xi) = C_1\,(e^{-\xi} - 1) + \xi\,[-A + C_0\,(1 + e^{-\xi})\,]\,. \tag{10.6.1}$$

Damit lauten die beiden ersten Glieder der Grenzschichtentwicklung

$$y^{(i)}(\xi,\varepsilon) \sim A + C_0\,(e^{-\xi} - 1) + \varepsilon \left\{ C_1\,(e^{-\xi} - 1) + \xi\,[-A + C_0\,(e^{-\xi} + 1)] \right\} + O(\varepsilon^2). \tag{10.4'}$$

Die Lösungen der DE sind bereits in Aufgabe 8.5 bestimmt worden und es gilt

$$y^{(d)}(x,\varepsilon) \sim B\,e^{1-x} \left\{ 1 + \varepsilon\,(1 - x) + O(\varepsilon^2) \right\}. \tag{10.7}$$

Die außerhalb der GS ($0 \ll x \leq 1$) gültige DE nennt man auch *äußere Entwicklung* .

Die innere Entwicklung (10.4') enthält zwei zunächst noch unbestimmte Konstante C_0 und C_1. Diese Konstanten müssen durch *Anpassung* (*matching*) von DE und

GSE bestimmt werden. Zu diesem Zweck führen wir zwei differente Anpassungsvorschriften ein und untersuchen die Konsistenz der entsprechenden Ergebnisse.

10.1.1 Asymptotische Anpassungsregeln

Die formale Theorie der Anpassung asymptotischer Entwicklungen erfordert einen erheblichen mathematischen Aufwand. Hier sollen nur ohne Herleitung Anpassungsvorschriften angegeben werden. Der an einer theoretischen Begründung dieser Regeln interessierte Leser sei auf die Arbeiten von Eckhaus [10.6], Fraenkel [10.7], Lagerstrom und Casten [10.8], sowie auf das Buch von Kaplun [10.9] verwiesen.

Bei der Formulierung der Anpassungsregeln setzen wir voraus, daß es zwischen den Gültigkeitsbereichen der GSE und der DE ein *Überlappungsgebiet von endlichem Maß* gibt, wobei die beiden Entwicklungen in diesem Gebiet identisch sind. Diese Annahme ist eine hinreichende Bedingung dafür, daß innere und äußere Entwicklung die exakte Lösung in Form einer glatten Kurve approximieren. Die Annahme überlappender Approximationen stellt eine Erweiterung der häufig verwendeten *Flickbedingungen* (*patching conditions*) dar, wo man die Übereinstimmung von zwei Entwicklungen (und eventuell von einer endlichen Zahl von Ableitungen) an einem einzigen Punkt verlangt. I.a. hat jedoch das Überlappungsgebiet weder in den äußeren noch in den inneren Koordinaten ein von Null verschiedenes Maß. Dieses endliche Gebiet (bzw. Intervall) muß durch eine neuerliche Streckung der Variablen bestimmt werden. Dies bedeutet, daß *Zwischenentwicklungen* (*intermediate expansions*) angesetzt werden müssen, wobei *Zwischenvariablen* benutzt werden. Für den Fall der Modell-GS (8.22) ist dabei eine im Teilintervall $0<a\leq x\leq b<1$ gültige Zwischenentwicklung zu konstruieren, die mit einer Zwischenvariablen der Form $\eta=x/(\varepsilon^s)$, $0<s<1$ gebildet wird (vg. (10.33)). Diese Zwischenentwicklung ist dann (nach links) an die GSE und (nach rechts) an die DE anzupassen.

Generell kann gesagt werden, daß nur Entwicklungen, die mit unterschiedlichen Variablen gebildet werden, einen endlichen Überlappungsbereich haben und damit aneinander angepaßt werden können. Man kann also z.B. nicht zwei unterschiedliche Koordinaten-Entwicklungen einer Funktion (z.B. für $x\to 0$ bzw. für $x\to\infty$) zur Anpassung bringen. Gleichfalls ist es nicht möglich, zwei verschiedene Parameter-Entwicklungen (z.B. für sehr große bzw. sehr kleine Werte der Reynoldszahl) aneinander anzupassen.

Zwischenentwicklungen werden im Abschnitt 10.2 behandelt und wir kehren nach diesen allgemeinen Überlegungen wieder zur Untersuchung der Modell-GS zurück und benutzen dieses einfache Problem zur Formulierung und zum Testen von Anpassungsvorschriften. Aus historischen Gründen beginnen wir mit der geometrisch motivierten Prandtl-Regel.

a) Prandtlsche Anpassungsregel

Hier wird nach Prandtl die geometrisch plausibel erscheinende Forderung:
Der innere Grenzwert der äußeren Entwicklung muß in allen Ordnungen der Approximation mit dem äußeren Grenzwert der inneren Entwicklung übereinstimmen
erhoben. Mathematisch formuliert bedeutet dies

$$\lim_{x\to 0} y^{(d)}(x,\varepsilon) = \lim_{\xi\to\infty} y^{(i)}(\xi,\varepsilon) \,, \tag{10.8}$$

wobei (10.8) (im einfachsten Falle) für alle Potenzen von ε erfüllt sein muß.

★

Wendet man nun (10.8) auf die Modell-GS (8.22) dann folgt mit (10.4') und (10.7) in niedrigster Ordnung

$$\varepsilon^0 : \; B\,e = A - C_0 \tag{10.9}$$

und damit hat das erste Glied der inneren Entwicklung die Form

$$h_0(\xi) = Be + (A - Be)\, e^{-\xi} \,. \tag{10.10}$$

Dagegen führt (10.8) in der nächsten Ordnung der Approximation zu einem Widerspruch, da man die Bedingung

$$\varepsilon^1 ; \; Be = - C_1 - Be \lim_{\xi\to\infty} \xi \quad ,$$

i.a. nicht erfüllen kann.

Damit kommen wir zu der (für ein sehr große Klasse von Problemen gültigen) Schlußfolgerung, daß die Prandtl-Regel zwar in niedrigster Ordnung der Approximation eine konsistente Anpassung gewährleistet, daß aber die Anwendung dieser Vorschrift in höheren Ordnungen zu Widersprüchen führt. Die Prandtl-Regel ist zwar geometrisch plausibel, aber nicht allgemein genug. Wir ersetzen sie jetzt durch eine allgemeinere Vorschrift :

b) Van Dyke-Anpassungsregel

Bei dieser Vorschrift verlangt man die Übereinstimmung von Termen, die durch die innere Entwicklung von Gliedern der äußeren Entwicklung hervorgehen, mit Ausdrücken, die durch die äußere Entwicklung von Gliedern der inneren Entwicklung entstehen. Bei Verwendung der durch Definition 2.8 eingeführten Entwicklungsoperatoren läßt sich diese Anpassungsregel formelmäßig durch

$$\mathbf{E}^i_m \left(\mathbf{E}^a_n y \right) = \mathbf{E}^a_n \left(\mathbf{E}^i_m y \right) \tag{10.11}$$

ausdrücken. Dabei sind

$$\mathbf{E}^i_m \text{ bzw. } \mathbf{E}^a_n$$

die Entwicklungsoperatoren m-ter bzw. n-ter Ordnung der inneren respektive der äußeren Entwicklung; die Ordnung n ist vorgegeben und die Größe m wird in den Anwendungen meist m=n-1 und m=n gesetzt. Schließlich bedeutet innere Entwicklung der äußeren Entwicklung, daß die äußere Entwicklung in der inneren Koordinate formuliert und anschließend -bei festgehaltener innerer Variablen ($\xi=O(1)$)- der inneren Entwicklung unterzogen wird.

★

Bei Anwendung von (10.11) auf den Fall der Modell-GS ist zu beachten, daß wegen (10.4) und (10.7) die Vergleichsfunktionen der inneren bzw. äußeren Entwicklung durch

$$\delta_n^i(\varepsilon) = \delta_n^a(\varepsilon) = \varepsilon^n$$

gegeben sind. Wenden wir nun die Van Dyke-Vorschrift in niedrigster Ordnung m=n=0 an, so folgt wegen $\xi=x/\varepsilon$ mit (10.6.0)

$$\mathbf{E}_0^i y = A + C_0 [\exp(-x/\varepsilon) - 1]$$

und dies ist das erste Glied der in der äußeren Variablen x formulierten inneren Entwicklung. Wegen $x>0$ hat dann die äußere Entwicklung der inneren Entwicklung in niedrigster Ordnung die Form

$$\mathbf{E}_0^a(\mathbf{E}_0^i y) = \lim_{\substack{\varepsilon\to 0_+ \\ x=O(1)}} \{ A + C_0 [\exp(-x/\varepsilon) - 1] \} = A - C_0 .$$

Wegen (10.7) gilt zunächst

$$\mathbf{E}_0^a y = B \exp(1 - \varepsilon\xi) .$$

Hält man jetzt $\xi=O(1)$ fest, so entsteht

$$\mathbf{E}_0^i(\mathbf{E}_0^a y) = \lim_{\varepsilon\to 0_+} B \exp(1 - \varepsilon\xi) = Be .$$

Daher folgt mit (10.11) für m=n=0 (zero order matching) das schon mit Hilfe der Prandtl-Regel hergeleitete Ergebnis $C_0=A-Be$. Als nächsten Schritt setzen wir in (10.11) n=1 und m=0. Dann gilt mit (10.7) zunächst

$$\mathbf{E}_1^a y = B [1 + \varepsilon(1 - \varepsilon\xi)] \exp(1 - \varepsilon\xi) \tag{10.7'}$$

und es folgt für festgehaltene Werte der Variablen $\xi=O(1)$

$$\mathbf{E}_0^i(\mathbf{E}_1^a y) = \lim_{\varepsilon\to 0_+} \mathbf{E}_1^a y = Be$$

Andererseits gilt mit (2.8.n)

$$\mathbf{E}_1^a(\mathbf{E}_0^i y) = \mathbf{E}_0^a(\mathbf{E}_0^i y) + \varepsilon \lim_{\varepsilon\to 0_+} [\varepsilon^{-1}(\mathbf{E}_0^i - \mathbf{E}_0^a\mathbf{E}_0^i) y] .$$

Wegen (10.6.0) erhalten wir

$$\left(\mathbf{E}_0^i - \mathbf{E}_0^a \mathbf{E}_0^i\right) y = C_0 \exp(-x/\varepsilon) + O(\varepsilon)$$

und daher folgt

$$\mathbf{E}_1^a\left(\mathbf{E}_0^i\, y\right) = A - C_0 \,.$$

Die Anwendung der Van Dyke-Regel für n=1 und m=0 reproduziert daher das Resultat (10.9). Die Konstante C_1 in der GSE (10.4') kann nun durch Verwendung dieser Vorschrift für n=m=1 bestimmt werden. Wir könnten dabei die benötigten Rechenschritte mit Hilfe der durch (2.8.n) definierten Entwicklungsoperatoren durchühren. Dies soll in Aufgabe 10.1 durchgerechnet werden. Wir wollen hier jedoch auf die Wiedergabe dieser aufwendigen Rechnungen verzichten und folgen dem u.a. von Van Dyke und von Nayfeh [10.10] vorgeschlagenen Konzept zur Vereinfachung des Van Dyke Prinzips. Wir gehen dazu zunächst von (10.7') aus. Dann bildet man die Größe

$$\mathbf{E}_1^i \mathbf{E}_1^a y \,,$$

indem man die rechte Seite von (10.7') in der Variablen ξ anschreibt, anschließend bei festgehaltenen Werten von ξ für $\varepsilon \to 0_+$ in eine Reihe entwickelt und nur Glieder bis zur $O(\varepsilon)$ berücksichtigt. Dann entsteht

$$\mathbf{E}_1^i \mathbf{E}_1^a y = Be\,[\,1 + \varepsilon\,(\,1 - \xi)\,]\,. \tag{10.12}$$

Ebenso gehen wir bei der Bildung des Ausdrucks

$$\mathbf{E}_1^a \mathbf{E}_1^i y$$

von (10.4') aus und schreiben (10.4') in der äußeren Variablen x . Dann entsteht

$$\mathbf{E}_1^i y = A + C_0(F-1) + \varepsilon\,\{\,C_1(F-1) + \frac{x}{\varepsilon}[\,-A + C_0(F+1)\,]\,\}\,;$$

$$F = \exp(-x/\varepsilon)\,. \tag{10.13}$$

Jetzt wird die äußere Variable x festgehalten (man beachte $x,\varepsilon>0$) und die rechte Seite von (10.13) bis zur Ordnung ε in eine Potenzreihe entwickelt. Da die Funktion F subdominant klein ist entsteht dabei

$$\mathbf{E}_1^a \mathbf{E}_1^i y = A - C_0 + \varepsilon\,[\,-C_1 - \frac{x}{\varepsilon}(\,A - C_0\,)\,]\,. \tag{10.14}$$

Vergleicht man nun (10.14) mit (10.12), dann sieht man, daß die Van Dyke-Regel (10.11) neben (10.9) die Bedingung zur Bestimmung der Konstanten C_1

$$C_1 = -\,Be \tag{10.15}$$

liefert. Die DE (bis zum zweiten Glied) ist weiterhin durch (10.7) gegeben. Dagegen hat die GSE (bis zum zweiten Glied) wegen (10.9) und (10.15) die endgültige Form

$$\mathbf{E}_1^i y = Be + (A-Be)\,F + \varepsilon\,\left\{Be\,(1-F) + \frac{x}{\varepsilon}[\,-A + (A-Be)(1+F)\,]\,\right\}. \tag{10.16}$$

❑

Die DE gilt nun in einem äußeren Gebiet (im Falle von (8.22) das Teilintervall $0 \ll x \leq 1$) während die GSE innerhalb der Grenzschichtregion gültig ist. Das nächste Ziel ist daher die Berechnung einer gleichmäßig gültigen Approximation (GGE), die im gesamten Gebiet gültig ist. Derartige GGEn lassen sich durch additive bzw. multiplikative Zusammensetzung der entsprechenden DEn und GSEn konstruieren.

10.1.2 Gleichmäßig gültige, zuammengesetzte Entwicklungen

Gleichmäßig gültige Approximationen kann man entweder durch additive oder durch multiplikative Zusammensetzung von DEn und GSEn bestimmen. Manchmal werden auch additive und multiplikative Zusammensetzung kombiniert. Die aus verschiedenen Zusammensetzungen hervorgehenden GGEn sind i.a. nicht identisch und sie können in den Anwendungen (mit gewissen Einschränkungen) alternativ verwendet werden.

Die *additive Zusammensetzung* (*additive composition*) n-ter Ordnung ist durch

$$\mathbf{E}_n^+ y = \mathbf{E}_n^i y + \mathbf{E}_n^a y - \mathbf{E}_n^i \mathbf{E}_n^a y \tag{10.17}$$

definiert. Sie besteht also aus der Summe der beiden Entwicklungen, wobei der dann im Überlappungsgebiet doppelt auftretende gemeinsame Teil beider Entwicklungen, der Anpassungsterm, wieder abgezogen werden muß

Zur formalen Begründung von (10.17) bilden wir innere bzw. äußere Entwicklung von (10.17). Dann entsteht zunächst

$$\mathbf{E}_n^i \mathbf{E}_n^+ y = \mathbf{E}_n^i \mathbf{E}_n^i y + \mathbf{E}_n^i \mathbf{E}_n^a y - \mathbf{E}_n^i \mathbf{E}_n^i \mathbf{E}_n^a y , \tag{10.18.1}$$

bzw.

$$\mathbf{E}_n^a \mathbf{E}_n^+ y = \mathbf{E}_n^a \mathbf{E}_n^i y + \mathbf{E}_n^a \mathbf{E}_n^a y - \mathbf{E}_n^a \mathbf{E}_n^i \mathbf{E}_n^a y . \tag{10.18.2}$$

Wegen der Relation (siehe Aufgabe 2.4)

$$\mathbf{E}_n^a \mathbf{E}_n^a y = \mathbf{E}_n^a y \quad \text{und} \quad \mathbf{E}_n^i \mathbf{E}_n^i y = \mathbf{E}_n^i y \tag{10.19}$$

folgt bei Beachtung von (10.11)

$$\mathbf{E}_n^a \mathbf{E}_n^+ y = \mathbf{E}_n^a y \quad \text{und} \quad \mathbf{E}_n^i \mathbf{E}_n^+ y = \mathbf{E}_n^i y . \tag{10.20}$$

(10.20) bedeutet, daß äußere bzw. innere Entwicklung der GGE äußere bzw. innere Entwicklung reproduzieren. Die GGE geht daher im äußeren bzw. im GS-Gebiet in die DE respektive in die GSE über.

★

Wenden wir nun die additive Zusammensetzung (10.17) auf die Modell-GS an, dann ergibt sich in niedrigster Ordnung die gleichmäßig gültige Approximation

$$\mathbf{E}_0^+ y = B\, e^{1-x} + (A - Be)\, F , \tag{10.21}$$

wobei die Funktion F weiterhin durch den zweiten Teil von (10.13) definiert ist. Die GGE bis zum zweiten Glied hat dagegen die Form

$$E_1^+ y = B\, e^{1-x} + (A\text{-}Be)(1+x)\, F + \varepsilon\, Be\, [\,(1-x)\, e^{-x}\ - F\,]\,. \tag{10.22}$$

Man überzeugt sich leicht davon, daß die beiden Approximationen (10.21) und (10.22) die RBn von (8.22) bis auf exponentiell kleine Glieder erfüllen.

An dieser Stelle ist es angebracht, die exakte Lösung y_{ex} von (8.22) mit den Näherungen zu vergleichen. Es gilt

$$y_{ex} = \frac{1}{e^r - e^s}\left[(B\text{-}A\, e^s)\, e^{rx} + (A\, e^r - B)\, e^{sx}\right], \tag{10.23.1}$$

mit

$$r = \frac{1}{2\varepsilon}\left[\,-1 + (1\text{-}4\,\varepsilon)^{1/2}\right] \quad \text{und} \quad s = \frac{1}{2\varepsilon}\left[\,-1 - (1\text{-}4\,\varepsilon)^{1/2}\right]. \tag{10.23.2}$$

Entwickelt man nun die Exponenten r und s in Potenzreihen, so entsteht in niedrigster Ordnung

$$r = -1 + O(\varepsilon) \quad \text{und} \quad s = -1/\varepsilon + O(1)\,, \quad \text{für } \varepsilon \to 0_+$$

und nach Eintragen in (10.23.1) entsteht die mit der GGE (10.21) identische Form

$$y_{ex} \sim B\, e^{1-x} + (A\text{-}Be)\, \exp(-x/\varepsilon)\,. \tag{10.24}$$

Zur Motivation der Wahl der inneren Variablen ξ=x/ε hätte man direkt von (10.23) bzw. (10.24) ausgehen können. Hier wurde jedoch der umgekehrte Weg eingeschlagen und zum Zweck der Darstellung der wichtigsten Elemente der Methode AAEn das "Problem" der exakten Lösung von (8.22) zunächst zurückgestellt.In Bild 10.1 werden innere und äußere Entwicklungen mit der exakten Lösung verglichen, die innerhalb der Zeichengenauigkeit mit der GGE (10.22) übereinstimmt.

❑

Eine alternative Möglichkeit zur Bestimmung von GGEn besteht in der *multiplikativen Zusammensetzung* . Die Bildungsvorschrift dieser Zusammensetzung lautet

$$E_n^{\times} y = \frac{E_n^i\, y\, E_n^a\, y}{E_n^i\, E_n^a\, y}\,. \tag{10.25}$$

♥

Angewandt auf den Fall der Modell-GS führt (10.25) in niedrigster Näherung zu

$$E_0^{\times} y = B\, e^{1-x} + (A\text{-}Be)\, \exp[-x(1+1/\varepsilon)\,]\,. \tag{10.26}$$

Wegen 0<ε<<1 stellt (10.26) nur eine unbedeutende Modifikation der additiven GGE (10.21) bzw. der Näherung der exakten Lösung (10.24) dar und man überzeugt sich wieder leicht davon, daß die RBn von (8.22) bis auf subdominante Glieder erfüllt werden.

❑

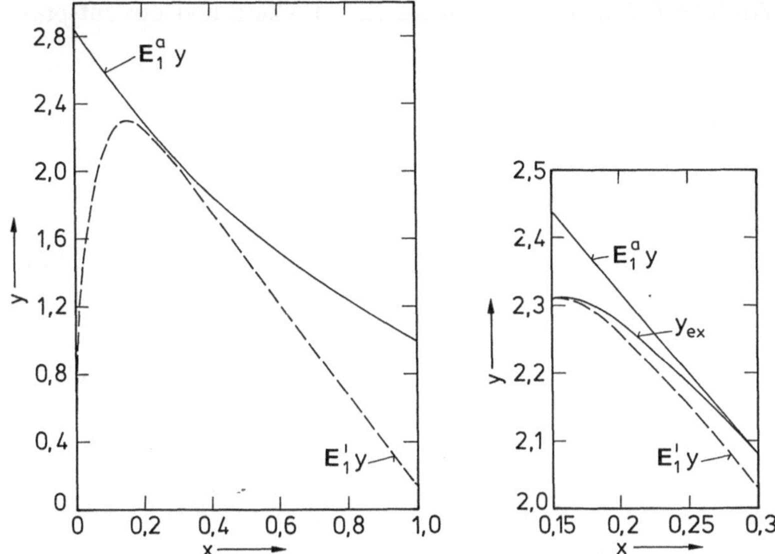

Bild 10.1 Äußere und innere Entwicklung erster Ordnung und exakte Lösung der Modell-Grenzschicht für ε=0,05. GGE und exakte Lösung (10.23) fallen hier innerhalb der Zeichengenauigkeit zusammen

Die additive Zusammensetzung ist sicher einfacher zu bilden als die entsprechende multiplikative Zusammensetzung, bei der der gemeinsame Teil der beiden Entwicklungen keine Nullstelle besitzen darf. Auf Anwendungen, bei denen die additive Zusammensetzung inkorrekte Ergebnisse liefert, kommen wir in Abschnitt 10.3.2 zurück. Dort werden wir auch mit Beispielen konfrontiert, wo die Van-Dyke-Regel nicht zur Festlegung der Integrationskonstanten der inneren Entwicklung ausreicht.

Bis jetzt wurde die Vorgehensweise der Methode der AAEn nur an Hand eines trivialen Beispiels illustriert. Im folgenden Abschnitt wollen wir durch Vorgabe einer komplizierteren DGL die Probleme der Überlappung der beiden Entwicklungen untersuchen. Wie bereits erwähnt, spielen bei diesen Überlegungen Zwischenentwicklungen eine bedeutende Rolle.

10.2 Überlappung von innerer und äußerer Entwicklung und Zwischenentwicklungen

Vorgelegt sei das lineare Randwertproblem zweiter Ordnung

$$\varepsilon y'' + (1+x)\, y' + y = 0\, ;\ 0 \leq x \leq 1\, ;\ \ y(0,\varepsilon) = y(1,\varepsilon) = 1\, ;\ \varepsilon \to 0_+\ . \qquad (10.27)$$

In Abschnitt 10.3 wird gezeigt, daß (10.27) zur Klasse von GS-Problemen mit GSn an x=0 und mit der GSD δ(ε)=ε gehört. Die innere Variable ist daher wieder durch

$\xi=x/\varepsilon$ gegeben. Die Ansätze für äußere und innere Entwicklung und die entsprechenden RBn sind

$$y^{(a)}(x,\varepsilon) \sim \sum_{n=0}^{\infty} \varepsilon^n f_n(x) \; ; \; y^{(a)}(1,\varepsilon) = 1 \tag{10.28.1}$$

und

$$y^{(i)}(\xi,\varepsilon) \sim \sum_{n=0}^{\infty} \varepsilon^n h_n(\xi) \; ; \; y^{(i)}(0,\varepsilon) = 1 \, , \tag{10.28.2}$$

wobei wir abweichend von den Bezeichungen des letzten Abschnitts für die äußere Entwicklung das Symbol $y^{(a)}$ eingeführt haben. Dabei wurde wieder die einfachste, jedoch nicht die allgemeinste, Wahl der Vergleichsfunktionen

$$\delta_n^a(\varepsilon) = \delta_n^i(\varepsilon) = \varepsilon^n \tag{10.28.3}$$

verwendet. Nach Eintragen von (10.28) in (10.27) entstehen die beiden Hierarchien von äußeren bzw. inneren Problemen

$$(1+x)\, f_0' + f_0 = 0 \, ; \; (1+x)\, f_n' + f_n = - f_{n-1} \text{ für } n \geq 1 \quad ; \; f_n(1) = \delta_{n,0} \tag{10.29}$$

sowie

$$\left(\frac{d^2}{d\xi^2} + \frac{d}{d\xi}\right) h_0(\xi) = 0 \; ; \qquad h_0(0) = 1 \tag{10.30.0}$$

und

$$\left(\frac{d^2}{d\xi^2} + \frac{d}{d\xi}\right) h_n(\xi) = - \left(\xi \frac{d}{d\xi} + 1\right) h_{n-1}(\xi) \, ; \, h_n(0) = 0 \; ; \text{ für } n \in \mathbf{N} \, . \tag{10.30.n}$$

(10.29) und (10.30) sind nun elementar lösbar und es entstehen die beiden Entwicklungen bis zum zweiten Glied

$$y^{(a)} \sim \frac{2}{1+x} + \varepsilon \left[\frac{2}{(1+x)^3} - \frac{1}{2(1+x)} \right] + O(\varepsilon^2) \tag{10.31}$$

und

$$y^{(i)} \sim 1 + C_0(e^{-\xi}-1) + \varepsilon \left[- \xi + C_0\left(- \frac{\xi^2}{2} e^{-\xi} + \xi\right) + C_1(e^{-\xi}-1) \right] + O(\varepsilon^2) \, . \tag{10.32}$$

Postuliert man die Überlappung der Entwicklungen (10.31) und (10.32), dann würde die mechanische Anwendung der Van Dyke-Regel zur Bestimmung der beiden offenen Konstanten $C_{0,1}$ in (10.32) führen. Wir wollen hier jedoch anders vorgehen und mit Hilfe von *Zwischenentwicklungen* die Existenz von Überlappungsgebieten zeigen und deren Maß abschätzen. Dabei setzen wir eine neue Variable der Form

$$\eta = x\, \varepsilon^{-s} \text{ mit } 0<s<1 \tag{10.33}$$

an und es gilt

$$\xi = O(1) \Leftrightarrow x = O(\varepsilon) \text{ und } \eta = O(1) \Leftrightarrow x = O(\varepsilon^s) .$$

Man sieht, daß wegen $0<s<1$ die durch (10.33) gegebene Variable die Gültigkeitsbereiche von äußerer und innerer Entwicklung überstreicht. Die durch (10.33) definierte Koordinate η ist daher die *Zwischenvariable* einer Zwischenentwicklung. Als erste, konkrete, Wahl einer solchen Variablen setzen wir jetzt an

$$\eta_1 = x/\sqrt{\varepsilon} . \tag{10.33.1}$$

Trägt man diese neue Koordinate in (10.27) ein, dann nimmt diese DGL die Form

$$\left[d/d\eta_1 + \sqrt{\varepsilon} \left(d^2/d\eta_1^2 + \eta_1 \, d/d\eta_1 + 1 \right) \right] y(\eta_1) = 0 , \tag{10.27.1}$$

an. Da in ihr der Störparameter in Form von $\sqrt{\varepsilon}$ auftritt, versuchen wir für die entsprechende Zwischenentwicklung den Ansatz

$$y(\eta_1) := y_1^{(z)} \sim \sum_{n=0}^{\infty} \varepsilon^{n/2} g_n(\eta_1) . \tag{10.34}$$

Nach Einsetzen in (10.27.1) entsteht die Hierarchie von Problemen

$$dg_0/d\eta_1 = 0 , \tag{10.35.0}$$

$$dg_n/d\eta_1 = - \left(d^2/d\eta_1^2 + \eta_1 \, d/d\eta_1 + 1 \right) g_{n-1} , \quad n \in \mathbf{N} . \tag{10.35.n}$$

Nach einigen elementaren Integrationen und Eintragen in (10.34) erhalten wir

$$y_1^{(z)} \sim D_0 + \sqrt{\varepsilon}(D_1 - D_0 \eta_1) + \varepsilon (D_0 \eta_1^2 - D_1 \eta_1 + D_2) + O(\varepsilon^{3/2}) , \tag{10.36}$$

wobei zu beachten ist, daß die Zwischenentwicklung keine der beiden RBn in (10.27) erfüllen muß. Die Konstanten D_n werden jetzt mit Hilfe der Van Dyke-Regel durch Anpassung an äußere bzw. innere Entwicklung bestimmt. Wir beginnen mit der Anpassung an (10.31) und schreiben diese Beziehung in der Zwischenvariablen η_1 an und führen bei festgehaltenen Werten von η_1 eine Reihenentwicklung für $\varepsilon \to 0_+$ durch. Dann folgt zunächst

$$y^{(a)} \sim 2 - 2\sqrt{\varepsilon}\, \eta_1 + \varepsilon \left(\frac{3}{2} + 2 \eta_1^2 \right) + O(\varepsilon^{3/2}) , \text{ für } 0 \le \eta_1 \le O(1) . \tag{10.31'}$$

Vergleichen wir nun (10.31') mit der Zwischenentwicklung (10.36), dann sehen wir, daß die Konstanten die Werte $D_0=2$, $D_1=0$ und $D_2=3/2$ annehmen müssen. Die Zwischenentwicklung (10.36) und die äußere Entwicklung (10.31) sind daher im Intervall $0 \le \eta_1 \le O(1)$ identisch und die beiden Entwicklungen überlappen in diesem Intervall. Zur Untersuchung der Überlappung von Zwischenentwicklung und GSE (10.32) formulieren wir letztere in der Variablen η_1. Dabei treten Faktoren der Form

$$T_1 = \exp(-\eta_1/\sqrt{\varepsilon})$$

auf. Dabei gilt

$$\eta_1 >> \varepsilon^{1/2} |\ln \varepsilon| \Rightarrow T_1 << \varepsilon$$

und die GSE (10.32) nimmt nach einer Grenzwertbildung die Form

$$y^{(i)} \sim 1 - C_0 + \sqrt{\varepsilon}\,(C_0 - 1) - \varepsilon\, C_1 + O(\varepsilon^{3/2}) \quad \text{für} \quad \sqrt{\varepsilon}|\ln \varepsilon| << \eta_1 \leq O(1) \qquad (10.37)$$

an. Die Zwischenentwicklung der GSE (10.37) stimmt nun bis inklusive Ordnung $O(\sqrt{\varepsilon})$ mit der Zwischenentwicklung der DE (10.31') überein, wenn wir C_0=-1 setzen. Dagegen ergibt sich in $O(\varepsilon)$ ein Widerspruch, sofern nicht noch zusätzlich die Ungleichung $0 \leq \eta_1 << 1$ erfüllt ist. Diese Einschränkung steht jedoch im Widerspruch zu der Ungleichung in (10.37). Damit können wir zusammenfassend feststellen, daß DE und GSE in niedrigster Ordnung in einem gemeinsamen Gültigkeitsintervall identisch sind und daher dort überlappen. Geht man in (10.37) mit (10.33.1) wieder zur ursprünglichen Variablen x über, dann kann man dieses Überlappungsintervall durch

$$\varepsilon^0 : \ \varepsilon |\ln \varepsilon| << x \leq O(\sqrt{\varepsilon}) \ , \qquad (10.38)$$

abschätzen.

Um die Überlappung von Gliedern höherer Ordnung zu untersuchen, muß eine neue Zwischenentwicklung eingeführt werden.Wir haben bereits gesehen, daß die Entwicklungen für $0 \leq \eta_1 << 1$ (bzw. $0 \leq x << O(\sqrt{\varepsilon})$) bis zur Ordnung $O(\varepsilon)$ überlappen. Wir führen daher eine neue Zwischenvariable η_2 ein, die für $\eta_2 = O(1)$ diese Ungleichung erfüllt. Eine mögliche Wahl dieser Koordinate ist

$$\eta_2 = \varepsilon^{-3/4}\, x \ . \qquad (10.39)$$

Setzt man dies in die Ausgangs-DGL ein und formt um, dann entsteht

$$\left[\, d/d\eta_2 + \varepsilon^{1/4}\, d^2/d\eta_2^2 + \varepsilon^{3/4} \left(1 + \eta_2\, d/d\eta_2 \right) \right] y = 0 \ . \qquad (10.27.2)$$

Da in dieser DGL Potenzen von $\varepsilon^{1/4}$ auftreten, liegt es nahe, für die Zwischenentwicklung den Ansatz

$$y := y_2^{(z)} \sim \sum_{n=0}^{\infty} \varepsilon^{n/4}\, G_n(\eta_2) \qquad (10.40)$$

einzuführen. Dann entsteht nach Einsetzen in (10.27.2)

$$G_0' = 0 \ ; \ G_1' = -G_0'' \ ; \ G_2' = -G_1'' \ ; \ G_3' = -G_2'' - (\eta_2 G_0)' \ ;$$

$$G_4' = -G_3'' - (\eta_2 G_1)' \ ; \ ' = d/d\eta_2 \ .$$

Diese DGLn lassen sich durch einfache Integrationen lösen und nach Eintragen in (10.40) entsteht (E_n sind Integrationskonstanten)

$$y_2^{(z)} \sim E_0 + \varepsilon^{1/4} E_1 + \sqrt{\varepsilon}\, E_2 + \varepsilon^{3/4}(E_3 - \eta_2 E_0) + \varepsilon(E_4 - \eta_2 E_1) + O(\varepsilon^{5/4}) \ . \qquad (10.41)$$

Wir beginnen wieder mit der Anpassung von (10.41) an die DE (10.31), die zunächst in der Zwischenkoordinate η_2 angeschrieben und anschließend für $\varepsilon \to 0_+$ in eine Reihe entwickelt wird. Dabei erhalten wir

$$y^{(a)} \sim 2 - 2\varepsilon^{3/4}\eta_2 + \frac{3\varepsilon}{2} + O(\varepsilon^{3/2}), \text{ für } 0 \le \eta_2 \le O(1) . \tag{10.31"}$$

Damit nehmen die Konstanten in (10.41) die Werte

$$E_0 = 2 , E_1 = E_2 = E_3 = 0 \text{ und } E_4 = 3/2$$

an. DE und Zwischenentwicklung sind bis inklusive Ordnung $O(\varepsilon)$ in dem in (10.31") angegegebenen Teilintervall identisch; die beiden Intervalle überlappen einander in diesem Gebiet. Zur Untersuchung der Überlappung mit der GSE formulieren wir (10.32) in η_2 .Dabei entstehen exponentielle Glieder der Form

$$T_2 = \exp(-\varepsilon^{-1/4}\eta_2)$$

und es gilt die Abschätzung

$$\eta_2 >> \varepsilon^{1/4} | \ln \varepsilon | \Rightarrow T_2 << \varepsilon .$$

Bei Beachtung dieser Einschränkung folgt

$$y^{(i)} \sim (1-C_0) - \varepsilon^{3/4} (1-C_0) \eta_2 - \varepsilon C_1 + o(\varepsilon) , \text{ für } \varepsilon^{1/4} | \ln \varepsilon | << \eta_2 \le O(1). \tag{10.42}$$

Ein Vergleich mit (10.31") reproduziert das bereits bekannte Ergebnis C_0=-1 und führt in $O(\varepsilon)$ zu C_1=-3/2. DE und GSE sind nun bis inklusive $O(\varepsilon)$ im gemeinsamen Gültigkeitsintervall von (10.31") und (10.42) identisch. Das Überlappungsgebiet dieser beiden Entwicklungen kann daher in der Ordnung $O(\varepsilon)$ durch

$$\varepsilon^1 : \ \varepsilon | \ln \varepsilon | << x \le O(\varepsilon^{3/4}) \tag{10.43}$$

abgeschätzt werden. Vergleicht man nun (10.43) mit (10.38), dann kommt man zu der weit über den Rahmen des hier untersuchten, speziellen Problems (10.27) hinausgehenden Aussage :

Satz

Der Überlappungsbereich von äußerer und innerer Entwicklung schrumpft mit wachsender Ordnung der Approximation.

★

Für den Fall des Problems (10.27) sind die Überlappungsgebiete im Bild 10.2 wiedergegeben.

Nach erfolgreich durchgeführter Anpassung können wir nun die GGE bilden. Durch additive Zusammensetzung gemäß (10.17) für n=1 mit dem durch (10.42) gegebenen gemeinsamen Teil der beiden Entwicklungen erhalten wir

$$\mathbf{E}_1^+ y = \left(\frac{2}{1+x} - e^{-\xi} \right) + \varepsilon \left[\frac{2}{(1+x)^3} - \frac{1}{2(1+x)} + \left(\frac{\xi^2}{2} - \frac{3}{2} \right) e^{-\xi} \right] , \xi = x/\varepsilon . \tag{10.44}$$

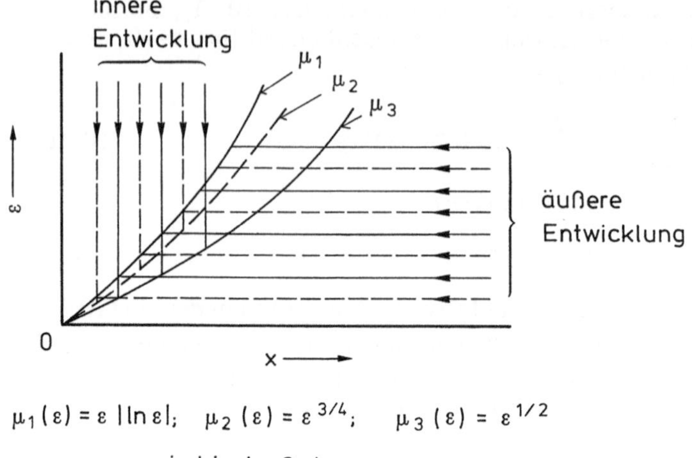

Bild 10.2 Schematische Darstellung der Überlappung von äußeren und inneren Entwicklungen (ausgezogene Kurven : niedrigste Ordnung; strichlierte Kurven : erste Ordnung der Approximation)

Man verifiziert jetzt leicht, daß (10.44) die RB an x=0 exakt und die RB an x=1 abgesehen von rezessiven Fehlern erfüllt.

❑

Anläßlich der Einführung der Methode der AAEn an Hand des Beispiels der Modell-GS konnten wir von der Identität der GGE (10.21) und der aus einer Entwicklung der exakten Lösung hervorgehenden Approximation (10.24) auf die Überlappung der beiden Entwicklungen schließen. In diesem Abschnitt wurde für das Problem (10.27) die Existenz der Überlappungsgebiete durch Einführung von Zwischenentwicklungen nachgewiesen. Dabei mußten wir in niedrigster Ordnung eine dreigliedrige und in erster Ordnung eine fünfgliedrige Zwischenentwicklung ansetzen. In praktischen Anwendungen können daher u.U. in relativ niedrigen Ordnungen erhebliche Schwierigkeiten bei der Berechnung der vielgliedrigen Zwischenentwicklungen auftreten. Es wäre daher wesentlich befriedigender, wenn man ohne explizite Berechnung von Zwischenentwicklungen allgemeine Überlappungskriterien entwickeln könnte. So wurde z.B. von Kaplun ein Überlappungs-Theorem aufgestellt, dessen Anwendung die Kenntnis der exakten Lösung voraussetzt. Aus der Existenz des Überlapungsgebiets kann man dann eine Anpassungsvorschrift in Form von (10.11) herleiten. Bedauerlicherweise gilt nicht die Umkehrung : mit (10.11) folgt nicht die Existenz eines Überlappungsgebiets. Da aber in den meisten Anwendungen die exakte Lösung nicht bekannt ist, muß mit einer *Überlappungshypothese* gearbeitet werden, wobei angenommen wird, daß die Verwendung von (10.11) die Existenz eines Überlappungsgebiets gewährleistet. Man kann dann nur a posteriori überprüfen, ob die durch die Verwendung der Van Dyke-Anpassungsregel bestimmte

Approximation sämtliche an die Lösungen zu stellende Bedingungen (z.B. RBn) erfüllt. Wir werden daher im Folgenden (abgesehen von einigen Einzelproblemen in der Aufgabensammlung) die Richtigkeit der Überlappungshypothese voraussetzen und auf die Bestimmung von Zwischenentwicklungen verzichten.

10.3 Lineare Grenzschichtprobleme zweiter Ordnung

Wir beginnen mit der Untersuchung des Auftretens von GSn in den Lösungen des RW-Problems

$$\varepsilon y'' + a(x)\, y' + b(x)\, y = F(x)\; ;\; 0 \le x \le 1\; ;\; y(0,\varepsilon) = A,\;\; y(1,\varepsilon) = B\; ;\;\; \varepsilon \to 0_+ . \qquad (10.45)$$

Dabei sind die Randwerte A bzw. B konstant und unabhängig vom Entwicklungsparameter ε. Im Hinblick auf die Koeffizientenfunktionen wird zunächst angenommen, daß a(x) bzw. b(x) und die Inhomogenität F(x) regulär seien. Abweichend von (10.45) werden im Abschnitt 10.3.2 homogene DGLn untersucht und im Abschnitt 10.3.3 wird eine Klasse von RW-Problemen mit singulären Koeffizientenfunktionen behandelt. Schließlich stellt die Beschränkung auf das Definitionsintervall $0 \le x \le 1$ keine Einschränkung der Allgemeinheit dar, da ein für $x \in [x_0, x_1]$ gestelltes RW-Problem durch die Transformation $z=(x-x_0)/(x_1-x_0)$ in ein solches im Intervall $0 \le z \le 1$ übergeht.

Gemäß der Eindeutigkeitssätze (siehe z.B. Boyce und DiPrima [10.11]) ist das RW-Problem (10.45) eindeutig lösbar, wenn das zugehörige homogene RW-Problem (der homogene Teil der DGL in (10.45) mit F(x)=0 und den homogenen RBn $y(0,\varepsilon)=y(1,\varepsilon)=0$, wobei ε Eigenwert ist) nur die triviale Lösung besitzt. Wir wenden uns zunächst dem zugehörigen homogenen Problem zu und eliminieren mit Hilfe des Ansatzes

$$y(x,\varepsilon) = \exp\Big[- \frac{1}{2\varepsilon} \int_0^x a(z)\, dz\Big]\, w(x,\varepsilon) \qquad (10.46)$$

die erste Ableitung in (10.45). Tragen wir nun (10.46) in (10.45), dann entsteht die kanonische Form dieser DGL

$$\varepsilon w'' = P(x,\varepsilon)\, w\; ;\;\; P(x,\varepsilon) = \frac{a^2}{4\varepsilon} + \frac{a'}{2} - b\; ;\;\; w(0,\varepsilon) = w(1,\varepsilon) = 0\, . \qquad (10.45')$$

Ist nun die Bedingung $P(x,\varepsilon)>0$ im ganzen Intervall [0,1] erfüllt, dann gilt sign(w")=sign(w) und es folgt, daß die Funktion w im Intervall [0,1] maximal eine Nullstelle besitzen kann (vgl. Duschek, Bd. IV, [3.2]). Diese Funktion kann daher nicht die beiden homogenen RBn in (10.45') erfüllen und es folgt, daß das homogene Problem (10.45') für P>0 nur die triviale Lösung haben kann, womit das zugehörige inhomogene Problem (10.45) eindeutig lösbar ist. Da a'(x) voraussetzungsgemäß beschränkt ist, ist es hinreichend, zur Eindeutigkeit der Lösungen von (10.45)

$$\varepsilon \to 0_+ : a(x) \neq 0 \quad \text{für alle} \quad x \in [0,1] \tag{10.47}$$

zu verlangen. Wir werden im nächsten Abschnitt zeigen, daß für den Fall der Gültigkeit von (10.47) GSn am (linken oder rechten) Intervallrand auftreten. Besitzt jedoch a(x) im Inneren des Intervalls Nullstellen, dann kann das Problem (10.45) dennoch eindeutig lösbar sein. Unter Beschränkung auf homogene DGLn werden derartige RW-Probleme, bei denen u.U. GSn im Inneren des Intervalls auftreten im Abschnitt 10.3.2 untersucht.

Die DGL (10.45') ist andererseits vom Typ des WKB-Problems (9.4). In Aufgabe 9.8 wird daher die WKB-Methode zur Approximation der allgemeinen homogenen Lösung von (10.45) herangezogen.

10.3.1 Grenzschichten an den Intervallrändern

Wir gehen wieder von (10.45) aus und nehmen an, daß (10.47) erfüllt ist. Dabei werden wir zeigen, daß für a(x)>0 bzw. a(x)<0 GSn am linken bzw. am rechten Intervallrand auftreten. Wir nehmen daher im folgenden eine Fallunterscheidung vor.

a) Grenzschichten an x=0 (a(x)>0)

Wir setzen a(x)>0 voraus und nehmen an, daß an x=0 eine GS auftritt und arbeiten gemäß (10.1) mit der inneren Variablen $\xi = x/\delta(\varepsilon)$. Bei Beachtung der Eindeutigkeitssätze ist die Annahme einer GS an x=0 bewiesen, wenn es gelingt, innere und äußere Entwicklung aneinander anzupassen und eine (bis auf subdominante Fehler) die RBn erfüllende GGE zu konstruieren. In der Aufgabe 10.4 wird der umgekehrte Weg beschritten und es wird gezeigt, daß die Annahme einer GS an x=1 nicht zu einer erfolgreichen Anpassung und damit zu einem Widerspruch führt. Verwenden wir die GS-Variable (10.1), dann hat die DGL in (10.45) für die innere Entwicklung $y^{(i)}$ die Form

$$\left[\frac{\varepsilon}{\delta^2} \frac{d^2}{d\xi^2} + \frac{a(\delta\xi)}{\delta} \frac{d}{d\xi} + b(\delta\xi) \right] y^{(i)} = F(\delta\xi) . \tag{10.48}$$

Wir bestimmen die GS-Dicke wieder durch Anwendung der Methode des Gleichgewichts dominanter Glieder und beachten dabei, daß das innere Problem die Ordnung der DGL beibehalten muß. Dazu verwenden wir die Taylor-Entwicklungen

$$a(\delta\xi) = a(0) + a'(0)\,\delta\xi + O(\delta^2) \; ; \; b(\delta\xi) = b(0) + O(\delta) \; ; \; F(\delta\xi) = F(0) + O(\delta) .$$

Steht die zweite Ableitung mit der ersten Ableitung bzw. mit der Funktion (oder der Inhomogenität) im Gleichgewicht, dann gilt $\delta=\varepsilon$ respektive (wenn b(0) und F(0) nicht gleichzeitig verschwinden) $\delta=\sqrt{\varepsilon}$. Da die zweite Möglichkeit zu einer DGL erster Ordnung führt, muß dieser Fall ausgeschlossen werden und es folgt

$$\delta(\varepsilon) = \varepsilon \quad \text{und} \quad \xi = x/\varepsilon . \tag{10.49}$$

Wir benutzen für DE und GSE wieder dieselben Vergleichsfunktionen und setzen in Analogie zu (10.28) an

$$y^{(a)} \sim \sum_{n=0}^{\infty} \varepsilon^n f_n(x)\,;\; y^{(a)}(1,\varepsilon) = B \tag{10.50}$$

und

$$y^{(i)} \sim \sum_{n=0}^{\infty} \varepsilon^n h_n(\xi)\,;\; y^{(i)}(0,\varepsilon) = A\,. \tag{10.51}$$

Das äußere Problem ist dann durch die Hierarchie von DGLn bestimmt

$$\varepsilon^0:\; a(x)\, f_0' + b(x)\, f_0 = F(x) \qquad ;\; f_0(1) = B\,, \tag{10.52.0}$$

$$\varepsilon^n:\; a(x)\, f_n' + b(x)\, f_n = -f_{n-1}'' \;\;;\;\; f_n(1) = 0\,,\; n\geq 1\,. \tag{10.52.n}$$

Verwenden wir nun die Taylor-Entwicklungen der Koeffizientenfunktionen, dann ergibt sich für die GSE das System von Problemen

$$\varepsilon^0:\; L\, h_0 = 0\,;\; L = d^2/d\xi^2 + a(0)\, d/d\xi\,;\; h_0(0) = A\,, \tag{10.53.0}$$

$$\varepsilon^1:\; L\, h_1 = F(0) - [\, a'(0)\, \xi\, h_0' + b(0)\, h_0\,]\,;\; h_1(0) = 0\,. \tag{10.53.1}$$

....

Im Folgenden beschränken wir uns auf die Berechnung der Glieder niedrigster Ordnung. Dabei entsteht als Lösung von (10.52.0)

$$f_0(x) = \exp\Big[\int_x^1 \frac{b(t)}{a(t)}\, dt \Big] \Big\{ B - \int_x^1 \frac{F(t)}{a(t)} \exp\Big[- \int_t^1 \frac{b(z)}{a(z)}\, dz \Big]\, dt \Big\}\,. \tag{10.54}$$

Dagegen hat die Lösung von (10.53.0) die Form

$$h_0(\xi) = A + C_1 \,\{\, \exp[-a(0)\xi\,] - 1 \,\}\,. \tag{10.55}$$

Bei der Anwendung der Van Dyke-Regel (10.11) für n=m=0 müssen wir (10.54) in der inneren Variablen formulieren, d.h. wir müssen in den Integrationsgrenzen $x=\varepsilon\xi$ setzen. Die anschließende Grenzwertbildung führt zu

$$\mathbf{E}_0^i\, \mathbf{E}_0^a\, y = \mathbf{E}_0^i\, f_0(x) = \exp\Big[\int_0^1 \frac{b(t)}{a(t)}\, dt \Big] \Big\{ B - \int_0^1 \frac{F(t)}{a(t)} \exp\Big[- \int_t^1 \frac{b(z)}{a(z)}\, dz \Big]\, dt \Big\}\,. \tag{10.56}$$

Beachtet man a(0)>0, schreibt (10.55) in der äußeren Variablen x mit x>0 an und hält diese Koordinate fest, dann ergibt der Grenzübergang

$$\mathbf{E}_0^a\, \mathbf{E}_0^i\, y = \mathbf{E}_0^a\, h_0(x) = A - C_1\,. \tag{10.57}$$

Mit (10.56), (10.57) und (10.11) ist nun die Konstante C_1 bestimmt und die additiv zusammengesetzte GGE hat mit (10.19) für n=0 die Form

$$E_0^+ y = f_0(x) + C_1 \exp[\,-a(0)\,x/\varepsilon\,]\,, \qquad (10.58)$$

wobei die Funktion f_0 durch (10.54) gegeben ist.

Als **Beispiel** betrachten wir das spezielle Problem

$$\varepsilon y'' + (1+x)\,y' + y = 1\;;\; y(0,\varepsilon) = A\,,\; y(1,\varepsilon) = B\,. \qquad (10.59)$$

Wegen (1+x)>0 für 0≤x≤1 gehört (10.59) zur Klasse von RW-Problemen mit GSn an x=0. Die Integrationen in (10.54) sind elementar durchführbar und nach Eintragen in (10.58) nimmt die GGE in niedrigster Ordnung die Form

$$E_0^+ y = \frac{2B-1+x}{1+x} + (A-2B+1)\exp(-x/\varepsilon) \qquad (10.60)$$

an. Im Bild 10.3 wird (10.60) für eine spezielle Wahl von RWn der entsprechenden numerischen Lösung von (10.59) gegenübergestellt.

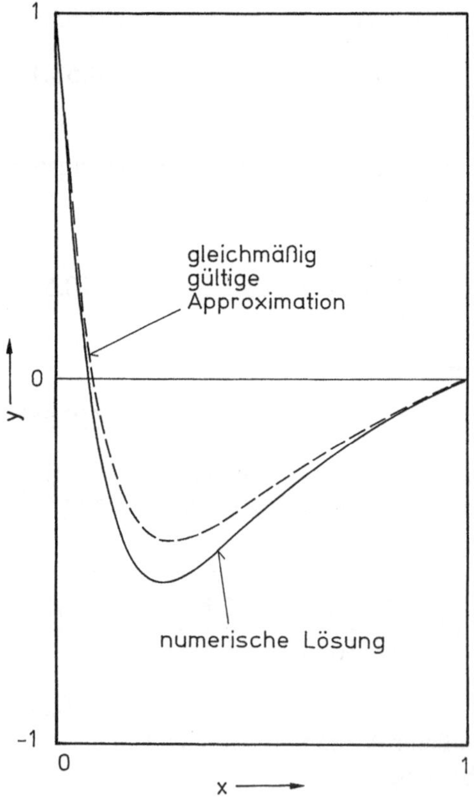

Bild 10.3 Numerische Lösung von (10.59) und GGE (10.60) für A=1, B=0 und ε=0,1

b) Grenzschichten an x=1 (a(x)<0)

Wir setzen a(x)<0 voraus, nehmen an, daß GSn an x=1 auftreten und arbeiten mit der inneren Variablen (vgl. (10.1'))

$$\eta = (1-x)/\varepsilon\,. \tag{10.61}$$

Nach Eintragen in (10.45) entsteht dann für die GSE

$$\Big[\frac{d^2}{d\eta^2} - a(1-\varepsilon\eta)\frac{d}{d\eta} + \varepsilon\, b(1-\varepsilon\eta)\Big]\, y^{(i)} = \varepsilon\, F(1-\varepsilon\eta) \quad ; y^{(i)}(\eta=0,\varepsilon) = B\,. \tag{10.62}$$

Wir beschränken uns wieder auf die Bestimmung der Glieder niedrigster Ordnung und mit

$$y^{(i)}(\eta,\varepsilon) \sim h_0(\eta) + O(\varepsilon) \tag{10.63}$$

entsteht nach einer Taylor-Entwicklung der Koeffizientenfunktionen in (10.62)

$$\big[\, d^2/d\eta^2 + |\, a(1)\,|\, d/d\eta\,\big]\, h_0(\eta) = 0\,,\;\; h_0(0) = B.$$

Die Lösung dieser DGL lautet

$$h_0(\eta) = B + D_1\big\{\exp[-|\, a(1)\,|\,\eta\,] - 1\big\}\;;\;\; D_1\text{=const}\,. \tag{10.64}$$

Die DE hat wieder die Form (10.50) und die entsprechende RB ist $y^{(a)}(0,\varepsilon)=A$. In O(1) entsteht dann die DGL (10.52.0) mit $f_0(0)=A$. Die weiteren Rechenschritte sind weitgehend analog zu denen des Falls a(x)>0. Wir geben daher als Resultat nur die GGE

$$E_0^+\, y = f_0(x) + [B - f_0(1)]\exp\big[-|\, a(1)\,|\,(1-x)/\varepsilon\,\big] \tag{10.65.1}$$

mit

$$f_0(x) = \exp\Big[-\int_0^x \frac{b(t)}{a(t)}\,dt\Big]\Big\{A + \int_0^x \frac{F(t)}{a(t)}\,\exp\Big[\int_0^t \frac{b(z)}{a(z)}\,dz\Big]\,dt\Big\}\,. \tag{10.65.2}$$

10.3.2 Interne Grenzschichten

In Abänderung von (10.45) untersuchen wir hier hier das RW-Problem

$$\varepsilon\, y'' + A(x)\, y' + b(x)\, y = 0\;\;;\;\; y(-1,\varepsilon) = A,\; y(1,\varepsilon) = B;\; |x|\le 1\;;\; \varepsilon\to 0_+\,. \tag{10.66}$$

Dabei nehmen wir an, daß die Funktionen a(x) und b(x) für $|x|\le 1$ analytisch sind und daß a(x) in diesem Intervall nur *eine einzige, einfache Nullstelle* besitzt, die an x=0 liegt. Nehmen wir noch zusätzlich an, daß $b(0)\neq 0$ gilt, dann können wir ansetzen

$$a(x) \sim \alpha\, x + O(x^2) \;\text{ und }\; b(x) \sim \beta + O(x) \text{ mit } \alpha\neq 0,\; \beta\neq 0 \;\text{ für }\; x\to 0\,. \tag{10.67}$$

Jetzt müssen wir eine Fallunterscheidung vornehmen.

a) α>0

Hier gilt a(-1)<0 und a(1)>0 und in der Aufgabe 10.8 wird gezeigt, daß der Fall mit zwei GSn an x=±1 und einer "äußeren" Schicht an x=0 auszuschließen ist. Im Folgenden werden wir zeigen, daß im Gegensatz dazu in einer Umgebung von x=0 eine GS vorliegt, die von einer linken bzw. rechten äußeren Schicht (an den Stellen x=-1 bzw. x=1) umgeben ist. Die ersten Glieder entsprechenden DEn bezeichnen wir mit y_{0l} (linke) und y_{0r} (rechte), wobei diese Funktionen die jeweils relevante RB von (10.66) erfüllen müssen. Dann gilt

$$y_{0l} = A \exp\left[- \int_{-1}^{x} \frac{b(t)}{a(t)} dt \right] \text{ für } x \leq 0 \text{ bzw. } y_{0r} = B \exp\left[\int_{x}^{1} \frac{b(t)}{a(t)} dt \right] \text{ für } x \geq 0 \tag{10.68}$$

und wegen (10.67) weisen die im Exponenten von (10.68) auftretenden Integrale für $x \to 0$ logarithmische Singularitäten auf. Bei der Bestimmung der GSE können wir vom homogenen Teil von (10.48) ausgehen und für die Koeffizientenfunktionen Taylor-Entwicklungen ansetzen. Mit

$$y^{(i)}(\xi,\varepsilon) \sim h_0(\xi) + o(1) \; ; \; \xi = x/\delta(\varepsilon)$$

folgt wegen (10.67) in niedrigster Ordnung

$$\left[\frac{\varepsilon}{\delta^2} \frac{d^2}{d\xi^2} + \alpha\xi \frac{d}{d\xi} + \beta \right] h_0(\xi) = 0 \, , \tag{10.69}$$

wobei für die Funktion h_0 keine RBn vorgegeben sind. Gilt

$$\delta = \sqrt{\varepsilon} \text{ und damit } \xi = x/\sqrt{\varepsilon} \, , \tag{10.70}$$

dann sind die dominanten Glieder in (10.69) im Gleichgewicht und diese DGL hat die Form

$$(d^2/d\xi^2 + \alpha\,\xi\, d/d\xi + \beta)\, h_0(\xi) = 0 \, . \tag{10.69'}$$

(10.69') gehört zur Klasse der transformierten DGLn der parabolischen Zylinderfunktionen (4.34). Eine zu (4.33) analoge Transformation

$$h_0(\xi) = \exp(- z^2/4)\, F(z) \text{ mit } z = \alpha^{1/2}\, \xi \tag{10.71}$$

führt nach Einsetzen in (10.69') zu

$$F'' + (\beta/\alpha - 1/2 - z^2/4)\, F = 0 \; ; \; ' = d/dz \, . \tag{10.72}$$

Dies ist die DGL der parabolischen Zylinderfunktionen (4.28) mit $k=\beta/\alpha-1$. Entsprechend den Ausführungen in Abschnitt 4.1.4 hat daher (10.69') die allgemeine Lösung ($C_\pm$ sind Integrationskonstanten)

$$h_0(\xi) = \exp\left(- \frac{\alpha\xi^2}{4} \right) \left[C_+ D_{\beta/\alpha-1}(\sqrt{\alpha}\, \xi) + C_- D_{\beta/\alpha-1}(- \sqrt{\alpha}\, \xi) \right] . \tag{10.73}$$

Die beiden Lösungen in (10.73) sind für $\beta/\alpha \notin \mathbf{N}$ linear unabhängig (der Spezialfall $\beta/\alpha \in \mathbf{N}_+$, Fall c), wird später untersucht). Zur Anpassung an die äußeren Lösungen schreiben wir (10.73) in der äußeren Koordinate x an. Dann bilden wir den Grenzwert $\varepsilon \to 0_+$, wobei bei der Anpassung an die linke (rechte) Lösung $x<0$ $(x>0)$ gilt. Die Argumente der parabolischen Zylinderfunktionen in (10.73) streben dabei gegen $-\infty(\infty)$. Die AEn dieser Funktionen wurden in Abschnitt 5.5.3 bestimmt und in niedrigster Ordnung gilt

$$D_k(t) \sim t^k \exp(-t^2/4) \text{ bzw. } D_k(-t) \sim \frac{\sqrt{2\pi}}{\Gamma(-k)}\, t^{-(k+1)} \exp(t^2/4) \text{ für } t \to \infty . \qquad (10.74)$$

Daher folgt bei Vernachlässigung subdominanter Glieder

$$h_0(\xi) \sim C_{\mp} \frac{\sqrt{2\pi}}{\Gamma(1-\beta/\alpha)} \left[\sqrt{\alpha}\, |\xi| \right]^{-\beta/\alpha} \text{ für } |\xi| \to \infty . \qquad (10.75)$$

Formulieren wir dieses Ergebnis in der äußeren Variablen x , dann entsteht

$$h_0(\xi) \sim C_{\mp} \frac{\sqrt{2\pi}}{\Gamma(1-\beta/\alpha)} (\alpha/\varepsilon)^{-\beta/2\alpha} \exp[-\frac{\beta}{\alpha} \ln |x|] , \qquad (10.75')$$

wobei die Konstanten C_- bzw. C_+ den Fällen $x>0$ bzw. $x<0$ entsprechen. Bei der Anpassung an die rechte Lösung in (10.68) ist die AE des Integrals

$$I(x) = \int_x^1 \frac{b(t)}{a(t)} dt \text{ für } x \to 0_+ \qquad (10.76)$$

zu bestimmen. Differenziert man (10.76) und setzt für die beiden Funktionen a(x) und b(x) Taylor-Reihen an, deren ersten Glieder durch (10.67) gegeben sind, dann folgt nach einer Integration

$$I(x) \sim -\beta(\ln x)/\alpha + O(1) \text{ für } x \to 0_+ . \qquad (10.77)$$

Dabei steht O(1) für eine zunächst unbestimmte Integrationskonstante. Berücksichtigen wir nun die rechte äußere Lösung in (10.68) mit (10.77) und die AE der inneren Entwicklung mit (10.75) (für $x>0$), dann sehen wir, daß diese Funktionen aneinander angepaßt werden können. Wegen (10.77) ist allerdings die Konstante C_- nur bis auf einen multiplikativen Faktor bestimmt. Wir können diesen Faktor jedoch durch Anwendung der Beziehung

$$\int_x^1 \frac{b(t)}{a(t)} dt + \frac{\beta}{\alpha} \ln x = \int_x^1 G(t)\, dt \;;\; G(t) = \frac{b(t)}{a(t)} - \frac{\beta}{\alpha t} \qquad (10.78)$$

berechnen. Dann folgt mit (10.68), (10.77) und (10.75')

$$C_- = B \frac{\Gamma(1-\beta/\alpha)}{\sqrt{2\pi}} (\alpha/\varepsilon)^{\beta/2\alpha} \exp[\int_0^1 G(t)\, dt] , \qquad (10.79)$$

wobei zu beachten ist, daß das im Exponenten auftretende Integral existiert. Die Anpasung von linker äußer bzw. innerer Lösung erfolgt weitgehendst analog und es gilt

$$C_+ = A\,\frac{\Gamma(1-\beta/\alpha)}{\sqrt{2\pi}}\,(\alpha/\varepsilon)^{\beta/2\alpha}\,\exp\Big[\int_0^{-1} G(t)\,dt\,\Big]\,. \tag{10.80}$$

Es bleibt noch die Bestimmung der GGE. Hier versagt das Konzept der additiven Zusammensetzung, da die beiden äußeren Lösungen wegen des Verzweigungspunkts von ln(x) nicht in den jeweils anderen Bereich fortgesetzt werden können. Wir verzichten hier auf die Herleitung der GGE und geben ohne Beweis die in [3.5] angeführte Darstellung an (G(t) ist weiterhin durch den zweiten Teil von (10.78) definiert)

$$y_0^{(glm)} = \frac{\Gamma(1-\beta/\alpha)}{\sqrt{2\pi}}\,(\alpha/\varepsilon)^{\beta/2\alpha}\,\exp[\,-\alpha x^2/(4\varepsilon)]\,\Big\{\,A\exp\Big[\int_x^{-1} G(t)\,dt\,\Big]\times$$
$$\times D_{\beta/\alpha-1}\Big(\sqrt{\frac{\alpha}{\varepsilon}}\,x\Big) + B\exp\Big[\int_x^{1} G(t)\,dt\Big]\,D_{\beta/\alpha-1}\Big(-\sqrt{\frac{\alpha}{\varepsilon}}\,x\Big)\,\Big\}\,. \tag{10.81}$$

Da in (10.81) die Integranden regulär sind, kann man leicht verifizieren, daß diese Approximation einerseits die RBn erfüllt und daß sie andererseits in den Grenzfällen $x\to 0$ bzw $x\to\pm 1$ in die innere bzw. die beiden äußeren Entwicklungen übergeht.

Als **Beispiel** betrachten wir jetzt

$$\varepsilon y'' + 2\sinh(x)\,y' + y = 0\,;\; y(\pm 1,\varepsilon) = 1\,;\; \varepsilon\to 0_+\,. \tag{10.82}$$

Hier gilt zunächst $\alpha=2$ und $\beta=1$. Damit erhalten wir

$$G(t) = \frac{1}{2}\Big(\frac{1}{\sinh(t)} - \frac{1}{t}\Big) \quad \text{und} \quad \int_x^{\pm 1} G(t)\,dt = \frac{1}{2}\ln\Big[\frac{x\tanh(1/2)}{\tanh(x/2)}\Big]$$

und mit (10.81) hat die GGE niedrigster Ordnung die Form

$$y_0^{(glm)} = (2\varepsilon)^{-1/4}\exp[-x^2/(2\varepsilon)]\,\Big[\frac{x\tanh(1/2)}{\tanh(x/2)}\Big]^{1/2}\,[\,D_{-1/2}(z) + D_{-1/2}(-z)\,]\,;$$
$$z = (2/\varepsilon)^{1/2}\,x\,. \tag{10.83}$$

In Bild 10.4 wird (10.83) mit der numerischen Lösung des Problems (10.82) verglichen.

Wir kommen jetzt zur Untersuchung des zweiten Falles:

b) $\alpha<0$

Hier gilt $a(-1)>0$ und $a(1)<0$. Daher können an den Intervallrändern $x=\pm 1$ und in der Intervallmitte GSn auftreten, zwischen denen zwei "äußere Schichten" liegen müssen. Im Folgenden wird sich jedoch zeigen, daß dieser scheinbar äußerst schwierige Fall u.U. Lösungen aufweist, die wesentlich einfacher sind als die des Falles $\alpha<0$.

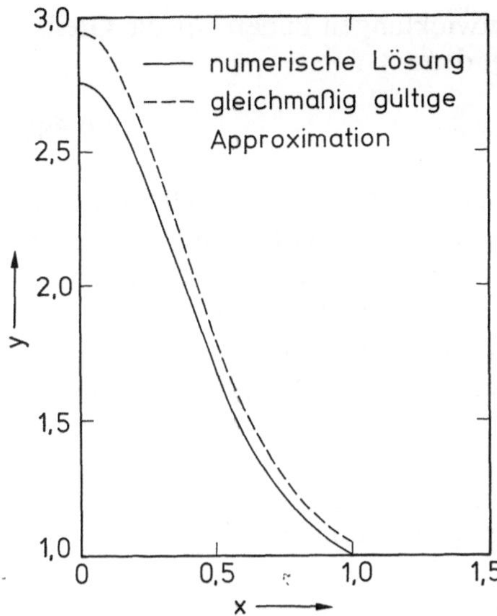

Bild 10.4 Numerische Lösung von (10.82) und GGE (10.83) für ε=0,2. Da diese Funktionen gerade sind, beschränken wir uns auf das Intervall 0≤x≤1

Wir beginnen mit einer Untersuchung der GSn an den beiden Endpunkten. Wir bezeichnen die ersten Glieder der entsprechenden Entwicklungen am linken bzw. am rechten Rand wieder mit y_{0l} bzw. y_{0r} und verwenden die beiden GS-Variablen

$$\eta_l = (x+1)/\varepsilon \text{ und } \eta_r = (1-x)/\varepsilon \ .$$

Dann folgt nach einer einfachen Rechnung (C_0, D_0 sind Integrationskonstanten)

$$y_{0l} = C_0 + (A-C_0) \exp[-a(-1)\,(x+1)/\varepsilon] \tag{10.84}$$

und

$$y_{0r} = D_0 + (B-D_0) \exp[a(1)\,(1-x)/\varepsilon] \ . \tag{10.85}$$

Jetzt berechnen wir die in der inneren GS um x=0 gültige Approximation. Die GS-Variable ξ ist wieder durch (10.70) gegeben und in niedrigster Näherung entsteht neuerlich (10.69'). Da aber α hier negative Werte annimmt, setzen wir $\alpha := -|\alpha|$. An Stelle von (10.71) verwenden wir jedoch hier die Transformation

$$h_0(\xi) = \exp(z^2/4)\, F(z) \text{ mit } z = |\alpha|^{1/2}\, \xi \ . \tag{10.86}$$

Nach Eintragen in (10.69') entsteht wieder eine DGL parabolischer Zylinderfunktionen mit der allgemeinen Lösung

$$F(z) = C_+ D_\lambda(z) + C_- D_\lambda(-z) \text{ mit } \lambda = \beta/|\alpha| \ . \tag{10.87}$$

Im Folgenden wird der später nachzutragende Spezialfall $\lambda \in N_+$ ausgeschlossen (Für $\lambda \in N_+$ sind die beiden Lösungen in (10.87) linear abhängig; siehe Fall d)).Zur Vorbereitung der Anpassung an die beiden äußeren Entwicklungen bilden wir die Grenzübergänge $\xi \to \pm\infty$ .Mit Hilfe der AEn (10.74) folgt dann

$$h_0(\xi) \sim \text{const}\, \xi^{-(\lambda+1)} \exp(\,|\alpha|\, \xi^2/2\,) \quad \text{für} \quad |\xi| \to \infty \tag{10.88}$$

und dies bedeutet, daß die GS-Lösung nach beiden Seiten hin exponentiell anwächst. Die beiden, zwischen den beiden äußeren und der inneren GS-Approximationen gültigen, äußeren Entwicklungen sind analog zu (10.68) zu bilden und variieren für $x \to 0$ algebraisch. Diese äußeren Lösungen können daher nicht an (10.88) angepaßt werden, es sei denn, man setzt die Konstanten in (10.88) Null. Dann sind aber GS- und äußeren Entwicklungen durch die triviale Lösung gegeben. M.a.W. an der Stelle $x=0$ tritt keine GS auf und die in einer Umgebung von $x=0$ gültige direkte ("äußere") Entwicklung verschwindet in niedrigster Näherung identisch. Nun müssen noch die beiden GS-Lösungen (10.84) und (10.85) an die triviale Lösung angepaßt werden. Dies führt zu $C_0=D_0=0$. Damit hat die GGE in niedrigster Ordnung die Form

$$E_0^+ y = A \exp[-a(-1)(x+1)/\varepsilon] + B \exp[a(1)(1-x)/\varepsilon] \; . \tag{10.89}$$

Als **Beispiel** ziehen wir jetzt ein RW-Problem heran, daß sich von (10.82) nur scheinbar geringfügig unterscheidet

$$\varepsilon y'' - 2 \sinh(x)\, y' + y = 0 \; ; \; y(\pm 1,\varepsilon) = 1 \; ; \; \varepsilon \to 0_+ \, . \tag{10.90}$$

Hier lautet mit (10.89) die GGE

$$E_0^+ y = \exp[-2\sinh(1)(x+1)/\varepsilon] + \exp[-2\sinh(1)(1-x)/\varepsilon] \, . \tag{10.91}$$

In Bild 10.5 wird diese Approximation der numerischen Lösung von (10.89) gegenübergestellt.

Wir setzen jetzt die Untersuchung der Spezialfälle ganzzahliger Moduln der parabolischen Zylinderfunktionen fort.

c) $\alpha>0$ und $\beta/\alpha \in N$

Wegen (4.32) sind hier die Lösungen von (10.72) Hermite-Polynome $H_n(x)$ und es gilt $H_n(-x)=(-1)^n H_n(x)$. Daher sind die Funktionen $D_n(z)$ und $D_n(-z)$ in (10.73) linear abhängig. Entsprechend den Ausführungen im Abschnitts 4.1.4 hat dann die allgemeine Lösung von (10.69') die Form

$$h_0(\xi) = \exp(-\alpha\xi^2/4) \left[C_1 D_{\beta/\alpha-1}(\sqrt{\alpha}\xi) + C_2 D_{-\beta/\alpha}(i\sqrt{\alpha}\xi) \right] . \tag{10.92}$$

Zur Anpassung an die äußeren Lösungen, die weiterhin durch (10.68) gegeben sind, bilden wir in (10.92) den Grenzwert $|\xi| \to \infty$. Hier gilt zunächst (vgl.(4.70))

$$1-\beta/\alpha = 0,-1,-2,\ldots \quad \text{und daher} \quad |\,\Gamma(1-\beta/\alpha)\,| = \infty \, .$$

Damit verschwindet der zweite Term in der AE (5.131). Die AE der Funktion $D_k(z)$ ist

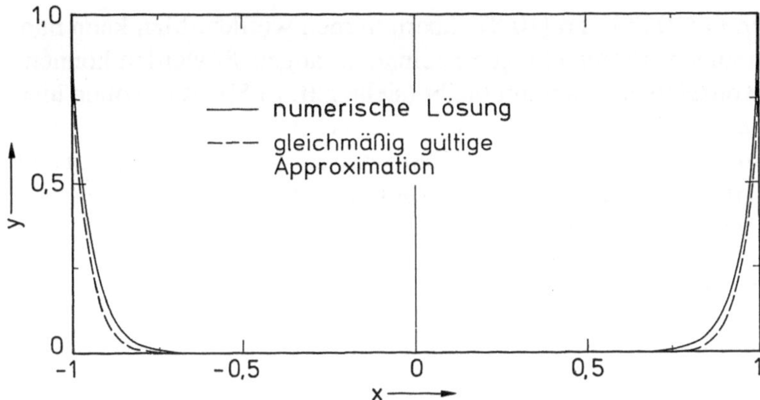

Bild 10.5 Numerische Lösung von (10.90) und GGE (10.91) für $\varepsilon=0,1$

dann für alle Werte von arg(z) durch (5.130) gegeben und in niedrigster Ordnung gilt

$$\exp(-\alpha\xi^2/4)\, D_{\beta/\alpha-1}(\sqrt{\alpha}\xi) \sim (\sqrt{\alpha}\xi)^{\beta/\alpha-1} \exp(-\alpha\xi^2/2) \quad \text{für } |\xi|\to\infty . \tag{10.93}$$

Das erste Glied in (10.92) ist daher exponentiell klein und die Konstante C_1 entfällt bei der Anpassung. Benutzen wir nun (5.130) neuerlich zur Bestimmung der AE des zweiten Gliedes in (10.92), dann erhalten wir bei Vernachlässigung rezessiver Terme

$$h_0(\xi) \sim C_2\,(i\sqrt{\alpha}\xi)^{-\beta/\alpha} \quad \text{für } |\xi|\to\infty . \tag{10.94}$$

Durch Anpassung an die beiden äußeren Lösungen (10.68) ergeben sich dann aber die beiden i.a. einander widersprechenden Beziehungen

$$C_2 = A\,(-\alpha/\varepsilon)^{\beta/2\alpha} \exp\Big[\int_0^{-1} G(t)\,dt\Big] \tag{10.95.1}$$

bzw.

$$C_2 = B\,(-\alpha/\varepsilon)^{\beta/2\alpha} \exp\Big[\int_0^{1} G(t)\,dt\Big] , \tag{10.95.1}$$

wobei die Funktion G(t) weiterhin durch den zweiten Teil von (10.78) festgelegt ist. Die Konstante C_2 ist daher überbestimmt und der Spezialfall c) ist i.a. nicht lösbar.

d) $\alpha<0$ *und* $\beta/|\alpha|\in N_+$

Hier sind die beiden Lösungen in (10.87) linear abhängig und die allgemeine Lösung des inneren Problems niedrigster Ordnung hat die Form

$$h_0(\xi) = \exp(z^2/4)\,\big[\,C_1 D_\lambda(z) + C_2 D_{-\lambda-1}(iz)\,\big] , \tag{10.96}$$

wobei die Abkürzungen in (10.86) und (10.87) übernommen wurden. Man kann nun zeigen, daß innere und äußere Entwicklungen aneinander angepaßt werden können, wobei allerdings eine Konstante unbestimmt bleibt (siehe z.B. [3.5]). Wir wollen hier auf die Wiedergabe dieser aufwendigen Überlegungen verzichten und beschränken uns auf die Durchrechnung eines Beispiels. Dabei werden wir sehen, daß wir die offene Konstante mit Hilfe der Methoden der Variationsrechnung (siehe Kapitel 7) bestimmen können. Weitere RW-Probleme dieser Klasse finden sich in der Aufgabensammlung.

Vorgelegt sei das RW-Problem

$$\varepsilon y'' - x y' + (1+x) y = 0 \,;\; y(-1,\varepsilon) = 2 \,,\; y(1,\varepsilon) = 1 \,;\; \varepsilon \to 0_+ \,. \tag{10.97}$$

Wir erwarten hier das Auftreten von fünf Schichten und beginnen mit der Behandlung der GSn an den Intervallrändern. Hier gilt mit (10.84) bzw. (10.85)

$$y_{0l} = C_0 + (2-C_0) \exp[-(x+1)/\varepsilon] \,,\; \text{bzw. } y_{0r} = D_0 + (1-D_0) \exp[-(1-x)/\varepsilon]. \tag{10.98}$$

Bei den angrenzenden äußeren Schichten arbeiten wir mit der DE $y^{(a)}=f_0(x)+O(\varepsilon)$. Hier sind keine RBn vorgeschrieben und es folgt (A_0 ist eine Integrationskonstante)

$$f_0(x) = A_0 \, x \, e^x \,. \tag{10.99}$$

Zur Vorbereitung der Anpassung an die linke (rechte) GS-Lösung formulieren wir (10.99) in der GS-Variablen $\eta_l=(x+1)/\varepsilon$ ($\eta_r=(1-x)/\varepsilon$), halten diese Variable fest und bilden den Grenzwert $\varepsilon\to 0_+$ .Geht man in (10.98) analog vor, dann führt die linke bzw. rechte Anpassung zu

$$C_0 = - A_0 \, e^{-1} \,,\; \text{bzw. } D_0 = A_0 \, e \,. \tag{10.100}$$

Wir kommen jetzt zur Behandlung der inneren GS mit der Entwicklung

$$y^{(i)} \sim h_0(\xi) + o(1) \,;\; \xi = x/\sqrt{\varepsilon} \,.$$

Hier entsteht die DGL (10.69') mit α=-1 und β=1. Wegen (10.96) gilt dann

$$h_0(\xi) = C_1 \xi + C_2 \exp(\xi^2/4) \, D_{-2}(i\xi) \,. \tag{10.101}$$

Wegen

$$\exp(\xi^2/4) \, D_{-2}(\xi) \sim -\xi^{-2} \exp(\xi^2/2) \quad \text{für} \quad \xi \to \pm\infty$$

kann der zweite Term in (10.101) nicht an die DE (10.99) angepaßt werden. Wir müssen daher C_2=0 setzen und es entsteht $h_0(\xi)=C_1\xi$ und diese Lösung überlappt für $C_1=\sqrt{\varepsilon}A_0$ mit der DE (10.99). Da sie noch zusätzlich aus (10.99) durch den Grenzübergang $x\to 0$ hervorgeht, muß (10.101) bei der Konstruktion der GGE nicht berücksichtigt werden. Dies bedeutet daß in der Umgebung der Stelle x=0 keine GS existiert. Zusätzlich zu den beiden Randpunkts-GSn tritt im Inneren des Intervalls nur die "äußere" Schicht (10.99) auf. Durch additive Zusammensetzung

$$\mathbf{E}_0^+ y = y_{0l} + f_0 + y_{0r} - C_0 - D_0$$

erhalten wir schließlich das erste Glied der GGE in der Form

$$\mathbf{E}_0^+ y = (2+A_0/e)\exp[-(x+1)/\varepsilon] + A_0 x\, e^x + (1-A_0 e)\exp[-(1-x)/\varepsilon] \ . \qquad (10.102)$$

Dabei ist A_0 eine Konstante, die durch die Methode AAEn nicht bestimmt werden kann.

❑

Zur Berechnung der offenen Konstante folgen wir jetzt einem von Grassman und Matkowksy [10.12] vorgeschlagenen Weg. Wir transformieren die DGL (10.66), indem wir beide Seiten mit dem *integrierenden Faktor*

$$K(x,\varepsilon) = \exp\Big[\ \frac{1}{\varepsilon}\int_0^x a(t)\,dt\ \Big] \qquad (10.103)$$

multiplizieren. Dann entsteht eine *Sturm-Liouville-DGL* der Form

$$\frac{d}{dx}\Big[\ p(x,\varepsilon)\frac{dy}{dx}\ \Big] + q(x,\varepsilon)\,y = 0\ ;\ y(-1,\varepsilon) = A,\ y(1,\varepsilon) = B\ , \qquad (10.66')$$

wobei die Koeffizientenfunktionen durch

$$p(x,\varepsilon) = \varepsilon\, K(x,\varepsilon) \quad \text{und} \quad q(x,\varepsilon) = K(x,\varepsilon)\ b(x) \qquad (10.104)$$

gegeben sind. Die DGL (10.66') ist jedoch die Euler-Gleichung des Variationsproblems

$$\delta I = 0 \ \text{ mit } \ I = \int_{-1}^{1} L(x,y,y',\varepsilon)\,dx\ , \qquad (10.105)$$

wobei die Lagrange-Funktion L die Form

$$L = \frac{1}{2}\big(\ \varepsilon\, y'^2 - b\, y^2\big)\exp\Big[\frac{1}{\varepsilon}\int_0^x a(t)\,dt\Big] \qquad (10.106)$$

hat. Existiert nun als Lösungsmannigfaltigkeit von (10.66) eine einparametrige Kurvenschar (wie z.B. (10.102) mit A_0 als Parameter), dann erhalten wir nach Eintragen dieser Lösungen in (10.105) und (10.106) das Integral als Funktion dieses Parameters; i.e. $I=I(A_0,\varepsilon)$. Entsprechend der Extremalenbedingung $\delta I=0$ muß daher die Forderung

$$\frac{\partial I}{\partial A_0} = 0 \qquad (10.107)$$

zu dem richtigen Wert der Konstanten A_0 führen.

Wir wenden uns jetzt wieder dem Beispiel (10.97) zu und bestimmen A_0 durch Anwendung des Variationsprinzips. Zunächst gilt mit (10.103) $K(x)=\exp[-x^2/(2\varepsilon)]$. Die Lagrange-Funktion (10.106) hat dann in niedrigster Ordnung die Form

$$L \sim \frac{1}{2\varepsilon}\Big\{(2+A_0/e)^2\exp\Big[-\frac{(x+2)^2}{2\varepsilon}\Big] + (1-A_0 e)^2\exp\Big[-\frac{(x-2)^2}{2\varepsilon}\Big]\Big\} + O(1)\ .$$

Die Berechnung des Integrals in (10.105) ergibt dann

$$I(A_0,\varepsilon) \sim \lambda[(2+A_0/e)^2 + (1-A_0e)^2] \int_{\lambda}^{3\lambda} \exp(-t^2)\,dt\,; \quad \lambda=(2\varepsilon)^{-1/2}.$$

Die Anwendung der Extremalenbedingung (10.107) führt schließlich zu

$$A_0 = \frac{\sinh(1) - 1/(2e)}{\cosh(2)}. \tag{10.108}$$

Die Approximation (10.102) mit (10.108) wird in Bild 10.6 mit der numerischen Lösung des Problems (10.97) verglichen.

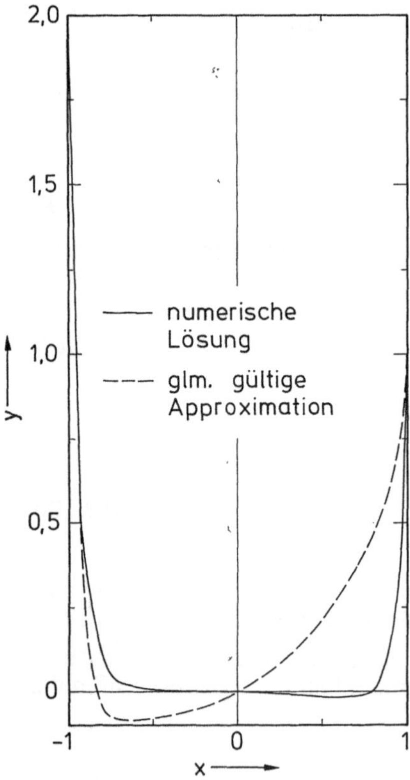

Bild 10.6 Numerische Lösung von (10.97) und GGE (10.102) mit (10.108) für ε=0,05

10.3.3 Randwertprobleme mit singulären Koeffizientenfunktionen

Alle bisher in diesem Kapitel behandelten RW-Probleme waren durch DGLn mit regulären Koeffizientenfunktionen charakterisiert. Wir konnten dabei die Methode der

AAEn zur Bestimmung von Approximationen der Lösungen von umfassenden Klassen linearer RW-Probleme benutzen. Im Gegensatz dazu ist die Theorie von RW-Problemen mit singulären Koeffizienten weit weniger entwickelt. Wir beschränken uns hier daher auf die Untersuchung einer stark eingschränkten Unterklasse von Problemen mit Verzweigungspunkten

$$\varepsilon y'' + x^r y' - y = 0 \,;\; 0<r<1 \,;\; y(0,\varepsilon) = 0 \,,\; y(1,\varepsilon) = B \,;\; \varepsilon \to 0_+ \qquad (10.109)$$

für die Funktion $y(x,\varepsilon)$ im Intervall $x \in [0,1]$. Zunächst gilt mit (10.45')

$$P(x,\varepsilon) = \frac{x^{2r}}{4\varepsilon} + \frac{r}{2} x^{r-1} + 1 > 0 \quad \text{für } x \in (0,1] \text{ und } r > 0$$

und daher existiert die Lösung des RW-Problems (10.109) im Intervall (0,1]. Obwohl die Koeffizientenfunktion $a(x)=x^r$ an $x=0$ einen Verzweigungspunkt besitzt, existiert die Lösung von (10.109) auch an dieser Stelle und wegen $a>0$ für $x>0$ treten am linken Intervallrand GSn auf. Wir beginnen mit der Bestimmung der am rechten Rand gültigen DE und setzen an

$$y^{(a)} \sim f_0(x) + \varepsilon f_1(x) + o(\varepsilon) \,;\; y^{(a)}(x=1,\varepsilon) = B \,. \qquad (10.110)$$

Dann erhalten wir nach Eintragen in (10.109) in niedrigster Ordnung die Lösung

$$f_0(x) = B \exp\left[\frac{x^{1-r} - 1}{1-r} \right] . \qquad (10.111)$$

Zur Konstruktion der GS-Lösung arbeiten wir zunächst mit der inneren Entwicklung

$$y^{(i)} \sim h_0(\xi) + o(1) \quad \text{mit } \xi = x/\delta(\varepsilon) \qquad (10.112)$$

und nach Einsetzen in (10.109) entsteht zunächst

$$\left\{ \frac{\varepsilon}{\delta^2} \frac{d^2}{d\xi^2} + \delta^{r-1} \xi^r \frac{d}{d\xi} - 1 \right\} y^{(i)} = 0 \,;\; y^{(i)}(\xi=0,\varepsilon) = 0 \,. \qquad (10.109')$$

Zur Bestimmung der GS-Dicke verwenden wir wieder das Gleichgewicht dominanter Terme. Dabei ergibt sich die Alternative $\delta=\varepsilon^{1/(1+r)}$ bzw. $\delta=\sqrt{\varepsilon}$. Da die zweite Variante zu einer DGL erster Ordnung führt ist, dieser Fall auszuschließen und es gilt

$$\left\{ \frac{d^2}{d\xi^2} + \xi^r \frac{d}{d\xi} - \varepsilon^{(1-r)/(1+r)} \right\} y^{(i)} = 0 \quad \text{mit } \xi = \varepsilon^{-1/(1+r)} x \,. \qquad (10.113)$$

Mit der Entwicklung (10.112) entsteht in niedrigster Ordnung

$$\varepsilon^0 : \; h_0'' + \xi^r h_0' = 0 \,;\; {}' = d/d\xi \;;\; h_0(0) = 0$$

und die Lösung dieser DGL ist

$$h_0(\xi) = C_0 \int_0^{\xi} \exp\left(- \frac{t^{r+1}}{r+1} \right) dt \,. \qquad (10.114)$$

Zur Vorbereitung der Anpassung an (10.111) berechnen wir die AE von $h_0(\xi)$ für $\xi\to\infty$. Wir benutzen die Methode partieller Integrationen und erhalten

$$h_0(\xi) \sim C_0 \left\{ E_0 - \int_\xi^\infty \exp\left(-\frac{t^{r+1}}{r+1}\right) dt \right\}, \qquad (10.115.1)$$

wobei die Konstante E_0 auf eine Gammafunktion zurückgeführt werden kann:

$$E_0 = \int_0^\infty \exp\left(-\frac{t^{r+1}}{r+1}\right) dt = z^{1/z-1}\,\Gamma(1/z) \text{ mit } z=r+1 . \qquad (10.115.2)$$

Führt man nun die partielle Integration in (10.115.1) durch, dann sieht man, daß alle Korrekturglieder subdominant sind. Daher gilt bei Vernachlässigung rezessiver Terme

$$h_0(\xi) \sim C_0E_0 \text{ für } \xi\to\infty . \qquad (10.115.3)$$

Schreiben wir nun (10.111) in der inneren Koordinate an, dann tritt die Variable

$$\varepsilon^{(1-r)/(1+r)}\,\xi^{1-r}$$

auf. Da die Größen (1-r)/(1+r) und 1-r voraussetzungsgemäß positiv sind, ergibt die Anpassung

$$C_0E_0 = B \exp[1/(r-1)] . \qquad (10.116)$$

Damit lautet das erste Glied der GGE

$$E_0^+ y = B \left\{ \exp\left(\frac{x^{1-r}-1}{1-r}\right) - \exp[1/(r-1)] \right\} + C_0 \int_0^\xi \exp\left(-\frac{t^{r+1}}{r+1}\right) dt . \qquad (10.117)$$

Wir wollen jetzt Korrekturglieder höherer Ordnung berechnen und kehren zur DE (10.110) zurück. Nach Eintragen in (10.109) entsteht mit (10.111)

$$x^r f_1' - f_1 = -B \exp\big((x^s-1)/s\big)\left(x^{-2r} - r\,x^{-(r+1)}\right), \; s=1-r .$$

Die homogene Lösung dieser DGL hat wieder die Form (10.111) und für die partikuläre Lösung setzen wir gemäß der Methode der Variation der Konstanten

$$f_{1p}(x) = D(x) \exp(x^s/s) . \qquad (10.118.1)$$

Dann ergibt sich für die Funktion D die DGL

$$D' = -B \exp(-1/s)\left(x^{-3r} - r\,x^{-(2r+1)}\right) . \qquad (10.118.2)$$

Wir sehen daher, daß die DE nur für r=1/3 logarithmische Singularitäten aufweist. In [10.4] wird der Spezialfall r=1/2 ausführlich diskutiert (siehe auch Aufgabe 10.13). Da die Rechnungen für beliebige Werte von $r\in(0,1)$ relativ aufwendig sind, beschränken wir uns im Folgenden auf den interessantesten *Spezialfall r=1/3*. Weitere Einzelfälle werden in den Aufgaben untersucht. Ohne Einschränkung der Allgemeinheit vereinfachen wir die RBn in (10.109) und untersuchen im folgenden das RW-Problem

$$\varepsilon y'' + x^{1/3} y' - y = 0 \; ; \; y(0,\varepsilon)=0, \; y(1,\varepsilon)=e^{3/2} \; ; \; \varepsilon \to 0_+ \; . \tag{10.119}$$

Die DE hat nun wegen (10.111) und (10.118) die Form

$$y^{(a)} \sim \exp\left(\frac{3}{2} x^{2/3}\right) \left\{ 1 + \varepsilon \left[(1 - x^{-2/3})/2 - \ln x \right] + o(\varepsilon) \right\} . \tag{10.120}$$

Dagegen lautet die GS-DGL (10.113) im Spezialfall r=1/3

$$\left(d^2/d\xi^2 + \xi^{1/3} \, d/d\xi - \sqrt{\varepsilon} \right) y^{(i)} = 0 \;\; ; \text{mit} \;\; \xi = \varepsilon^{-3/4} \cdot x \, . \tag{10.121}$$

Man könnte nun vermuten, daß die innere Entwicklung mit Potenzen von $\sqrt{\varepsilon}$ gebildet werden kann. Schreiben wir jedoch (10.120) in der inneren Koordinate an, so entsteht

$$y^{(a)} \sim \exp\left(\frac{3}{2} \sqrt{\varepsilon}\, \xi^{2/3}\right) \left\{ 1 + \varepsilon \left[\frac{1}{2}(1 - \varepsilon^{-1/2} \xi^{-2/3}) - \ln \xi - \frac{3}{4} \ln \varepsilon \right] + o(\varepsilon) \right\}$$

und dies zeigt, daß die GS-Entwicklung logarithmische Glieder besitzen muß. Wir setzen daher als Verallgemeinerung von (10.112) an

$$y^{(i)} \sim h_0(\xi) + \sqrt{\varepsilon}\, h_1(\xi) + \varepsilon\, h_2(\xi) + \varepsilon \ln(\varepsilon)\, h_3(\xi) + o(\varepsilon) \, . \tag{10.122}$$

(10.114) gilt weiterhin und in den höheren Ordnungen erhalten wir

$$L h_j = h_{j-1} \;\; ; \;\; L = d^2/d\xi^2 + \xi^{1/3} \, d/d\xi \;\; ; \;\; h_j(0) = 0 \; ; \; j=1,2 \;\; , \tag{10.123.j}$$

$$L h_3 = 0 \; ; \; h_3(0) = 0 \;\; . \tag{10.124}$$

Dabei ist (10.124) identisch mit dem Problem niedrigster Ordnung und es gilt

$$h_3(\xi) = C_3 \int_0^{\xi} \exp\left(-\frac{3}{4} t^{4/3}\right) dt \;\; ; \; C_3 = \text{const} \, . \tag{10.125}$$

In Analogie zu (10.115.2) hat diese Funktion bei Vernachlässigung subdominanter Glieder die AE

$$h_3(\xi) \sim (3/4)^{1/4}\, \Gamma(3/4)\, C_3 \;\; \text{für} \;\; \xi \to \infty \, . \tag{10.126}$$

Die beiden anderen Funktionen h_1 und h_2 können durch Quadraturen bestimmt werden. Eine einfache Umformung der DGL (10.123.j) führt nämlich zu

$$\frac{d}{d\xi}\left[g(\xi) \frac{dh_j}{d\xi} \right] = g(\xi)\, h_{j-1} \; ; \; g(\xi) = \exp\left[\frac{3}{4} \xi^{4/3}\right] \; ; \;\; j=1,2 \; . \tag{10.127}$$

Zur Anpassung benötigen wir die AEn der Funktionen $h_{1,2}$ für $\xi \to \infty$. (10.123.j) ist jedoch zur Bestimmung der Asymptotik besser geeignet als (10.127). Wegen (10.115.2) folgt mit (10.123.1) zunächst

$$h_1'' + \xi^{1/3} h_1 \sim 1 \; ; \; ' = d/d\xi \;\; \text{für} \;\; \xi \to \infty \; . \tag{10.128}$$

Das zweite Glied ist der dominante Term der linken Seite von (10.128). In niedrigster Ordnung muß daher gelten

$$\xi^{1/3} h_1' \sim 1 \quad \text{oder} \quad h_1(\xi) \sim \frac{3}{2}\xi^{2/3} + C_1 \; ; \; C_1 = \text{const} . \tag{10.129}$$

Nach dieser Berechnung des ersten Gliedes der AE versuchen wir den Ansatz

$$h_1(\xi) \sim \frac{3}{2}\xi^{2/3} + C_1 + \sum_{n=1}^{N} D_n \xi^{-2n/3} \quad \text{für } \xi \to \infty \; . \tag{10.130}$$

Wir berechnen jetzt die Koeffizienten D_n durch Einsetzen in (10.128). Dabei entsteht

$$h_1(\xi) \sim \frac{3}{2}\xi^{2/3} + C_1 - \frac{1}{2}\xi^{-2/3} + O(\xi^{-2}) \; . \tag{10.130'}$$

Tragen wir nun dieses Ergebnis in (10.123.2) ein, dann ergibt die Bilanz dominanter Terme

$$\xi^{1/3} h_2' \sim \frac{3}{2}\xi^{2/3} \quad \text{oder} \quad h_2(\xi) \sim \frac{9}{8}\xi^{4/3} + C_2 \; ; \; C_2 = \text{const} .$$

Wir setzen daher in Analogie zu (10.130) an

$$h_2(\xi) \sim \frac{9}{8}\xi^{4/3} + F_1 \xi^{2/3} + F_2 \ln\xi + C_2 + o(1) \; . \tag{10.131}$$

Die Koeffizienten $F_{1,2}$ bestimmen wir wieder durch Eintragen in (10.123.2) mit (10.130'). Dabei erhalten wir $F_1=3C_1/2$ und $F_2=-1$. Damit sind die ersten Glieder der AE der GS-Entwicklung bestimmt und es gilt zusammenfassend

$$y^{(i)} \sim 1 + \sqrt{\varepsilon}\left(\frac{3}{2}\xi^{2/3} + C_1 - \frac{1}{2}\xi^{-2/3}\right) + \varepsilon\left(\frac{9}{8}\xi^{4/3} + \frac{3}{2}C_1\xi^{2/3} - \ln\xi + C_2\right) +$$

$$+ (3/4)^{1/4}\,\Gamma(3/4)\, C_3\, \varepsilon \ln\varepsilon + o(\varepsilon) \quad \text{für} \quad \xi \to \infty \; . \tag{10.132}$$

Wir führen jetzt die Anpassung durch und behalten die Variable ξ bei. Dann ergibt eine Entwicklung der DE (10.120) für $\varepsilon \to 0_+$

$$y^{(a)} \sim 1 + \sqrt{\varepsilon}\left(\frac{3}{2}\xi^{2/3} - \frac{1}{2}\xi^{-2/3}\right) + \varepsilon\left(\frac{9}{8}\xi^{4/3} - \frac{1}{4} - \ln\xi\right) - \frac{3}{4}\varepsilon\ln\varepsilon + o(\varepsilon) \; . \tag{10.133}$$

Vergleichen wir (10.133) mit (10.132), so sehen wir, daß die Konstanten die Werte

$$C_1 = 0; \; C_2 = -1/4 \quad \text{und} \quad C_3 = -(3/4)^{3/4}/\Gamma(3/4) \tag{10.134}$$

annehmen müssen. Kombiniert man nun (10.120) mit (10.122), dann haben die ersten vier Glieder der GGE die Form

$$\mathbf{E}_4^+ y = \exp\left(\frac{3}{2}x^{2/3}\right)\left\{1 + \varepsilon\left[\frac{1}{2}(1 - x^{-2/3}) - \ln x\right]\right\} + \sum_{j=0}^{2} \varepsilon^{j/2} h_j(\varepsilon^{-3/4}x) +$$

$$+ \varepsilon\ln\varepsilon\, h_3(\varepsilon^{-3/4}x) - 1 - \frac{3}{2}x^{2/3} - \frac{9}{8}x^{4/3} + \varepsilon\left(\frac{1}{2}x^{-2/3} + \frac{1}{4} + \ln x\right) . \tag{10.135}$$

Für die Anwendungen ist der hier hier erstmals auftauchende Spezialfall von AEn mit *logarithmischen Vergleichsfunktionen* von großer Bedeutung. Hätten wir z.B. die GSE abweichend von (10.119) lediglich mit Potenzen $\sqrt{\varepsilon}$ angesetzt, dann wäre in höherer Ordnung ein Widerspruch entstanden. Es empfiehlt sich daher, die Rechnungen mit der i.a. einfacheren DE zu beginnen. Anschließend bestimmt man die GS-Koordinate und formuliert die DE in dieser Variablen. Die dabei entstehenden Funktionen des Störparameters sind dann als Vergleichsfunktionen der GSE heranzuziehen.

Wir haben uns bis jetzt auf die Behandlung von GS-Problemen zweiter Ordnung beschränkt. Im nächsten Abschnitt wird ein physikalisches Problem behandelt, das durch eine DGL vierter Ordnung beschrieben wird. Dabei werden wir Entwicklungen ansetzen, die logarithmische Glieder enthalten.

10.4 Hydrodynamische Stabilitätstheorie

Wir beginnen mit einer Wiederholung der bereits in den Abschnitten 3.1.4 und 9.4 hergeleiteten Ergebnisse. Ausgangspunkt ist die Orr-Sommerfeld-Gleichung (9.44), wobei die Reynolds-Zahl R sehr große Werte annimmt. Es sind vier homogene RBn

$$y(x_1) = y(x_2) = y'(x_1) = y'(x_2) = 0 \tag{10.136}$$

an den Stellen $x_{1,2}$ zu erfüllen. Durch (9.44) und (10.136) ist ein Eigenwertproblem definiert und wir interessieren uns für die Lösungen der Eigenwertgleichung

$$F(c,k,R) = 0\,, \quad \text{für } R\to\infty \tag{10.137}$$

und die entsprechenden Eigenfunktionen. Dabei zeigt es sich (siehe z.B. [3.3]), daß die Störungen für alle Werte von k (bzw. für alle Werte der Fequenz ω=ck) unterhalb eines gewissen Werts der Reynolds-Zahl R_k (Indifferenzenpunkt) stabil sind. Wir widmen uns im Folgenden der Bestimmung des Indifferenzenpunkts.

Die Variable x und die Parameter c bzw. k sind im Folgenden reell und es gilt $c>0$ und $k>0$. Im Abschnitt 9.4 wurden bereits vier Fundamentallösungen der Orr-Sommerfeld-Gleichung (9.44) berechnet. Dies sind zunächst die beiden Lösungen

$$y_1(x) = (x-x_0)\, P_1(x-x_0) \tag{3.48}$$

und

$$y_2(x) = P_2(x-x_0) + \frac{U_0''}{U_0'}\, \ln(x-x_0)\, y_1(x) \tag{3.52}$$

der Rayleigh-Gleichung. Dabei wird $U_0' \neq 0$ vorausgesetzt und die ersten Glieder der Potenzreihen P_1 bzw. P_2 lauten

$$P_1 = 1 + \frac{U_0''}{2U_0'}(x-x_0) + O((x-x_0)^2) \; ; \; P_2 = 1 + O((x-x_0)^2)\,. \tag{10.138}$$

Die beiden anderen Fundamentallösungen sind die im Abschnitt 9.4 berechneten WKB-Entwicklungen (9.48)

$$y_{3,4}(x) = (U-c)^{-5/4} \exp\left(\pm \int_{x_0}^{x} \sqrt{ikR(U-c)}\, dx' \right) .$$

Die Lösungen (3.52) bzw. (9.48) haben an der Stelle $x=x_0$ Verzweigungspunkte. Wegen $x_1<x_0<x_2$ sind die Funktionen y_1 bis y_4 die vier Fundamentallösungen der äußeren Entwicklung $y^{(a)}$, die in einer Umgebung des Punktes x_0 nicht gültig sind. In diesem Gebiet muß eine innere Entwicklung $y^{(i)}$ mit dem Störparameter $\varepsilon=1/R$ bestimmt werden, die dann an $y^{(a)}$ angepaßt wird.

Zur Berechnung von $y^{(i)}$ benutzen wir die Standardform der inneren Koordinate

$$\xi = (x-x_0)/\delta(R) \tag{10.139}$$

und verwenden die Taylor-Entwicklungen

$$U(x) = c + \delta\,\xi\, U_0' + \frac{1}{2}(\delta\,\xi)^2 U_0'' + O(\delta^3)\ ;\ U''(x) = U_0'' + \delta\,\xi\, U_0''' + O(\delta^2) .$$

Dann folgt nach Eintragen von (10.139) in (9.44)

$$\Big\{\Big(U_0'\,\xi + \frac{\delta\xi^2}{2} U_0'' + ..\Big)\Big(\frac{d^2}{d\xi^2} - k^2\delta^2 \Big) - \delta\Big(U_0'' + \delta\xi U_0''' + .. \Big) - \\ - \frac{1}{ikR\delta^3}\Big(\frac{d^4}{d\xi^4} - 2k^2\delta^2 \frac{d^2}{d\xi^2} + k^4\delta^4 \Big) \Big\}\, y^{(i)} = 0 . \tag{10.140}$$

Die Methode des Gleichgewichts dominanter Glieder führt zu $R\delta^3=1$ und damit sind Grenzschichtdicke und innere Variable durch

$$\delta = R^{-1/3} \ll 1 \quad \text{und} \quad \xi = R^{1/3}\,(x-x_0) \tag{10.141}$$

festgelegt. Zur Bestimmung der Vergleichsfunktionen der GSE schreiben wir jetzt die beiden Rayleigh-Lösungen in der inneren Variablen ξ an. Dann gilt mit (3.48), (3.52) und (10.141)

$$y_1 = \delta\,\xi \Big(1 + \frac{U_0''}{2U_0'}\,\delta\,\xi + O(\delta^2) \Big)\ ;\ y_2 = 1 + \frac{U_0''}{U_0'}\,\delta\,\xi\,(\ln\xi + \ln\delta) + O(\delta^2) . \tag{10.142}$$

Die ersten Glieder der inneren Entwicklung haben daher die Form

$$y^{(i)} \sim g_0(\xi) + \delta\, g_1(\xi) + \delta \ln\delta\, g_2(\xi) + O(\delta^2) . \tag{10.143}$$

Setzen wir nun (10.143) in (10.140) ein, dann entsteht die Hierarchie von Problemen

$$\delta^0 \quad : L_0\, g_0 = 0\ ;\ L_0 = \frac{d^4}{d\xi^4} - ikU_0'\,\xi\,\frac{d^2}{d\xi^2} , \tag{10.144.0}$$

$$\delta^1 \quad : L_0 g_1 = - ikU_0'' \left(1 - \frac{\xi^2}{2} \frac{d^2}{d\xi^2} \right) g_0 \quad , \tag{10.144.1}$$

$$\delta \ln \delta : \; L_0 g_2 = 0 \; , \tag{10.144.2}$$

....

Das Problem niedrigster Ordnung (10.144.0) besitzt die allgemeine Lösung

$$g_0(\xi) = \sum_{n=1}^{4} C_n h_n(\xi) \; ; \; C_n = \text{const} \tag{10.145.1}$$

mit den beiden "reibungsfreien" inneren Fundamentallösungen

$$h_1(\xi) = 1 \;\; \text{bzw.} \;\; h_2(\xi) = \xi \tag{10.145.2}$$

und den beiden "reibungsbehafteten" Fundamentallösungen

$$h_3(\xi) = A(\eta,2) \; ; \; h_4(\xi) = B(\eta,2) \;\; \text{mit} \;\; \eta = (ikU_0')^{1/3} \; \xi \, , \tag{10.145.3}$$

wobei die verallgemeinerten Airy-Funktionen $A(z,n)$ und $B(z,n)$ durch (4.22) und (4.23) definiert sind.

Bevor wir zur Berechnung der Glieder höherer Ordnung übergehen, wollen wir zeigen, daß die Funktionen $h_{3,4}$ an die äußeren WKB-Lösungen $y_{3,4}$ angepaßt werden können. Wir werden später zeigen, daß die Vernachlässigung der Funktion h_4 (bzw. y_4) einen Fehler der Ordnung $O(\delta^3)$ nachsichzieht. Wir können daher in (10.145.1) näherungsweise C_4=0 setzen und uns auf die Untersuchung der Funktion h_3 beschränken. Wir nehmen dabei an, daß $U_0'>0$ gilt. Diese Bedingung ist für neutrale Störungen in ebenen Hagen-Poiseuille Strömungen bzw. Grenzschichtströmungen erfüllt. Dann folgt mit (8.145.3)

$$x>x_0 : \arg(\eta) = \frac{\pi}{6} \;\; \text{bzw.} \;\; x<x_0 : \arg(\eta) = -\frac{5\pi}{6} \, . \tag{10.146}$$

Dabei haben wir vorweggenommen, daß im Einklang mit Einschränkungen der Argumentenbereiche in höheren Näherungen sämtliche Verzweigungsschnitte (z.B. die der Funktion $\eta^{3/2}$) in die obere Halbebene zu legen sind. Benutzen wir nun (5.102) mit (5.107), dann lautet das erste Glied der AE der Funktion h_3

$$h_3(\xi) \sim \frac{1}{2\sqrt{\pi}} \eta^{-5/4} \exp\left(-\frac{2}{3}\eta^{3/2} \right) \;\; \text{für} \;\; x>x_0 \;\text{und}\; \xi\to\infty \, , \tag{10.147}$$

wobei die Variable η weiterhin durch (10.145.3) definiert ist. Für $x<x_0$ muß die Rotationsformel (4.27) verwendet werden und es gilt zunächst

$$A(\eta,2) = -\left[\frac{1}{\beta} A(\beta\eta,2) + \frac{1}{\beta^2} A(\beta^2\eta,2) + \eta \right] ; \;\; \beta = \exp(-2i\pi/3)$$

und man verifiziert leicht, daß die Argumente von $\beta\eta$ und $\beta^2\eta$ im Sektor $[-2\pi/3, 2\pi/3]$ liegen. Eine neuerliche Anwendung der AEn (5.102) mit (5.107) führt dann zu

$$h_3(\xi) \sim \frac{\eta^{-5/4}}{2\sqrt{\pi}} \left[i \exp\left(\frac{2}{3}\eta^{3/2} \right) + \exp\left(-\frac{2}{3}\eta^{3/2} \right) \right] - \eta \; ; \text{für} \; x<x_0 \;\text{und}\; \xi\to-\infty .$$

Wegen

$$\arg(\eta) = -\frac{5\pi}{6} \text{ gilt } \Re(\eta^{3/2}) < 0$$

und bei Vernachlässigung von subdominanten Termen gilt (10.147) auch für $\xi \to -\infty$. Damit ist diese Beziehung insgesamt für $|\xi| \to \infty$ gültig.

Wir bilden jetzt die innere Entwicklung der äußeren Lösung y_3 (mit dem Vorzeichen "-" in (9.48)). Dabei substituieren wir $x'-x_0=R^{-1/3}z$. Dann folgt nach einer einfachen Umformung

$$E_0^i y_3 = (U_0'^3/R)^{-5/12} \xi^{-5/4} \exp\left(-\frac{2}{3}\sqrt{ikU_0'}\, \xi^{3/2}\right). \tag{10.148}$$

Setzten wir nun in der AE (10.147) wieder die Variable ξ ein, dann läßt sich die äußere Lösung y_3 an die innere Lösung C_3h_3 anpassen, wenn der Konstanten C_3 der Wert

$$C_3 = 2\sqrt{\pi}\,(ikR)^{5/12}\,(U_0')^{-5/6}, \tag{10.149}$$

zugewiesen wird. Bei der Berechnung der Eigenfunktionen ist es zweckmäßig, die gemäß (10.25) definierte multiplikativ zusammengesetzte GGE zu bilden und es folgt

$$E_0^{\times} y_3 = D_3 \left[\xi/(U-c)\right]^{5/4} \exp\left\{\frac{2}{3}(ikU_0')^{1/2}\xi^{3/2} - \int_{x_0}^{x}\sqrt{ikR(U-c)}\,dx'\right\} \times$$
$$\times A((ikU_0')^{1/3}\xi, 2), \tag{10.150}$$

wobei der Wert der multiplikativen Konstanten D_3 irrelevant ist.

Durch (10.149) ist die innere Reibungslösung h_3 an die äußere Lösung y_3 angepaßt worden. Die durch (10.145.2) gegebenen inneren Lösung reichen jedoch nicht zur Anpassung an die Rayleigh-Lösungen $y_{1,2}$ aus. Wir müssen daher noch die Funktionen $g_{1,2}$ in der IE (10.143) berücksichtigen. Dabei kann die homogene Lösung von (10.144.1) in die Funktion g_0 mit $C_4=0$ eingearbeitet werden. Wir benötigen daher nur die zu $h_{1,2,3}$ gehörigen partikulären Lösungen der DGL (10.144.1). Wir setzen daher an ($C_{1,2,3}$ sind wieder die Konstanten in (10.145.1))

$$g_1(\xi) = \sum_{n=1}^{3} C_n f_n(\xi). \tag{10.151}$$

Dann ergibt sich nach Eintragen in (10.144.2)

$$L_0 f_n = -ikU_0''\left(1 - \frac{\xi^2}{2}\frac{d^2}{d\xi^2}\right) h_n \; ; \; n = 1,2,3. \tag{10.152}$$

Wir beginnen mit der Berechnung der Funktion f_1. Hier gilt zunächst wegen (10.152)

$$L_0 f_1 = -ikU_0''. \tag{10.152.1}$$

Zur Vorbereitung der Anpassung soll hier nur die AE der partikulären Lösung von (10.152.1) für $|\xi| \to \infty$ berechnet werden und wir gehen dabei ähnlich wie bei

Bestimmung der Lösungen von (10.123.j) vor. Unter der Annahme

$$|f_1^{iv}| << |\xi f_1''| \;;\; '=d/d\xi \;,$$

führt das Gleichgewicht dominanter Terme in (10.152.1) zu

$$\xi f_1'' \sim U_0''/U_0'$$

und nach zweimaliger Integration folgt (A_0, A_1 sind Integrationskonstanten)

$$f_1 \sim U_0'' \xi (\ln\xi - 1) / U_0'' + A_1\xi + A_0 \;.$$

Wir setzen daher eine AE der Form

$$f_1(\xi) \sim \frac{U_0''}{U_0'} \xi (\ln\xi - 1) + A_1\xi + A_0 + \sum_{n=1}^{N} A_{-n} \xi^{-n} \;, \text{ für } |\xi| \to \infty \tag{10.153}$$

an und bestimmen die Koeffizienten durch Einsetzen in (10.152.1). Dies führt zu beliebigen Werten von A_0 und A_1 und zu $A_{-1}=0$. Es ist nun üblich, $A_0=0$ und $A_1=U_0''/U_0'$ zu setzen. Dann lautet die AE der partikulären Lösung von (10.152.1)

$$f_1(\xi) \sim \frac{U_0''}{U_0'} \xi \ln\xi + O(\xi^{-2}) \;, \text{ für } |\xi| \to \infty \;. \tag{10.153'}$$

Wir können natürlich nicht erwarten, daß (10.153') in der ganzen komplexen ξ -Ebene gilt. In der Aufgabe 10.15 wird gezeigt, daß der Gültigkeitsbereich dieser AE durch den Sektor

$$-\pi < \arg(\xi) < \pi/3 \tag{10.154}$$

gegeben ist. Konsistent mit (10.154) werden sämtlicheVerzweigungschnitte in die positive imaginäre Achse gelegt. Dies bedeutet u.a.

$$\ln(x - x_0) = -i\pi + \ln|x - x_0| \;, \text{ für } x<x_0 \tag{10.155}$$

und der Verzweigungspunkt x_0 des Logarithmus muß in der unteren Halbebene umgangen werden.

Bei der Berechnung der partikulären Lösung f_2 von (10.152) für n=2 wird $h_2=\xi$ eingesetzt und es entsteht

$$L_0 f_2 = -ikU_0'' \xi \;. \tag{10.152.2}$$

Die Bestimmung der partikulären Lösung ist hier besonders einfach und es gilt

$$f_2(\xi) = \frac{U_0''}{2U_0'} \xi^2 \;. \tag{10.156}$$

Eine AE der partikulären Lösung f_3 von (10.152.3) für n=3 wird in der Aufgabe hergeleitet. Die Funktion f_3 kann jedoch erst durch höhere Korrekturglieder der WKB-Entwicklungen angepaßt werden und f_3 wird im Folgenden nicht berücksichtigt.

Es bleibt noch die Berechnung der Funktion g_2, die der homogenen DGL (10.144.3) genügen muß. Zur Anpassung an die Rayleigh-Lösung y_2 in der durch (10.142) gegebenen Form setzen wir (A_2 ist eine Integrationskonstante)

$$g_2(\xi) = A_2\,\xi\,. \tag{10.157}$$

Setzen wir nun die Funktionen f_1 und f_2 in (10.151) ein, vernachlässigen in niedrigster Ordnung die Funktion f_4 und h_4 und berücksichtigen (10.145) bzw. (10.151), dann haben die ersten Glieder der IE (10.143) die Form

$$y^{(i)} \sim C_1\,[\,1 + \delta\, f_1(\xi)\,] + C_2\left(\xi + \frac{U_0''}{2U_0'}\,\delta\xi^2\right) + C_3\,A(\eta,2) + \\ + A_2\xi\,\delta\ln\delta\,. \tag{10.158}$$

Dabei ist die Variable η weiterhin durch (10.145.3) gegeben und die Funktion f_1 besitzt im Sektor (10.154) die AE (10.153'). Die Anpassung an die Rayleigh-Lösungen (10.142) weist nun den Konstanten die Werte

$$C_1 = 1\,;\;\; C_2 = \delta \text{ und } A_2 = U_0''\,/U_0' \tag{10.159}$$

zu. Die GGE der Fundamentallösung y_1 ist daher wieder die Potenzreihe (3.48). Zur Bestimmung GGE der Lösung y_2 benutzen wir jetzt die additive Zusammensetzung. Dann folgt mit (10.158) und (10.159)

$$\mathbf{E}_1^+\,y_2 = y_2(x) + \delta\left[\,f_1(\xi) - \frac{U_0''}{U_0'}\,\xi\ln\xi\,\right]\,, \tag{10.160}$$

wobei die Funktion y_2 weiterhin durch (3.52) gegeben ist. Da sich in (10.160) die Glieder proportional zu $(x-x_0)\ln(x-x_0)$ kompensieren, besitzt (10.160) nur mehr Singularitäten der Klasse $(x-x_0)^2\ln(x-x_0)$ und die GGE ist daher weniger singulär als die Funktion y_2.

Abschließend soll eine Approximation der Eigenwertgleichung der Störungen für den Fall der ebenen *Hagen-Poiseuille-Strömung* mit dem Geschwindigkeitsprofil

$$U(x) = 1 - x^2\,;\;\; -1 \le x \le 1$$

hergeleitet werden. Hier ist $U(x)$ eine gerade Funktion und in (9.44) tritt neben $U(x)$ nur $U''(x)$ als Koeffizientenfunktion auf. Daher existieren nur gerade bzw. ungerade Eigenfunktionen, wobei letztere für alle Werte der Parameter stabil sind (siehe z.B. [3.3]). Wir interessieren uns daher für gerade Lösungen, die den Übergang von laminarer zu instabiler Strömung beschreiben. Für gerade Eigenlösungen können wir die RBn (10.136) durch

$$y(-1) = y'(-1) = y'(0) = y'''(0) = 0 \tag{10.161}$$

ersetzen und uns auf das Intervall $-1 \le x \le 0$ beschränken. Der kritische Punkt x_0 ist durch $x_0 = -(1-c)^{1/2}$ bestimmt und für $0<c<1$ gilt $-1<x_0<0$. An x_0 liegt eine interne GS vor wobei die äußeren Lösungen den RBn genügen müssen. Setzt man nun die die Randpunkte in die WKB-Lösungen (9.48) (y_3 bzw y_4 korrespondieren zu den

Vorzeichen "-" bzw-"+"), dann kann man (10.148) entnehmen, daß die Relationen

$$\left.\begin{array}{l} y_3^{(n)}(0)\,;\ y_4^{(n)}(-1) \text{ subdominant klein} \\ y_3^{(n)}(-1)\,;\ y_4^{(n)}(0) \text{ exponentiell groß} \end{array}\right\} \quad \text{für } n\in \mathbf{N}_+ \text{ und } R\to\infty$$

erfüllt sind. Als allgemeine Lösung von (9.44) setzen wir nun die Linearkombination

$$y(x) = A\, y_1(x) + y_2(x) + B\, y_3(x) + C\, y_4(x) \tag{10.162}$$

an, wobei der Koeffizient von $y_2(x)$ zu eins normiert wurde. Dann führt die Anwendung der RBn (10.161) zu

$$A y_1(-1) + y_2(-1) + B y_3(-1) = 0, \tag{10.163.1}$$

$$A y_1'(-1) + y_2'(-1) + B y_3'(-1) = 0, \tag{10.163.2}$$

$$A y_1'(0) + y_2'(0) + C y_4'(0) = 0, \tag{10.163.3}$$

$$A y_1'''(0) + y_2'''(0) + C y_4'''(0) = 0, \tag{10.163.4}$$

wobei rezessive Glieder vernachlässigt wurden. Eliminiert man die Konstante C mit Hilfe von (10.163.3,4), so entsteht

$$A y_1'(0) + y_2'(0) = \left[\, A\, y_1'''(0) + y_2'''(0)\, \right] \frac{y_4'(0)}{y_4'''(0)}\ . \tag{10.164}$$

Ausgehend von (9.48) liefert eine Abschätzung

$$y_4'(0)\ /\ y_4'''(0) = O(R^{-1}) \tag{10.165}$$

und dies bedeutet, daß die rechte Seite von (10.164) sehr klein ist. Daher gilt zunächst

$$A = -\, y_2'(0)\ /\ y_1'(0) + O(R^{-1})\,. \tag{10.164'}$$

Wir können jetzt die Eigenwertgleichung mit Hilfe von (10.163.1,2) und (10.164') aufstellen. Die WKB-Lösung y_4 ist dabei redundant und nach Elimination der Konstanten B folgt

$$\frac{\psi(-1)}{\psi'(-1)} \sim \frac{y_3(-1)}{y_3'(-1)} + O(R^{-1})\,,\ \text{mit}\ \psi(x) = y_2(x) - y_1(x)\,\frac{y_2'(0)}{y_1'(0)}\ . \tag{10.166}$$

Dabei ist zu beachten, daß wegen (9.48)

$$y_3(-1)\ /\ y_3'(-1) = O(R^{-1/2}) \ \text{ für }\ R\to\infty$$

gilt. Die Eigenwertgleichung (10.166) muß nun numerisch gelöst werden. Im Bild 10.7 werden die entsprechenden numerischen Ergebnisse dargestellt. Dabei sind die Störungen für Werte der Parameter innerhalb (außerhalb) der Kurve in Bild 10.7 zeitlich angefacht (zeitlich gedämpft) und es gilt $\Im(c)>0$ ($\Im(c)<0$). Dagegen gilt auf der Kurve $c\in \mathbf{R}$ und die Störungen sind neutral stabil.

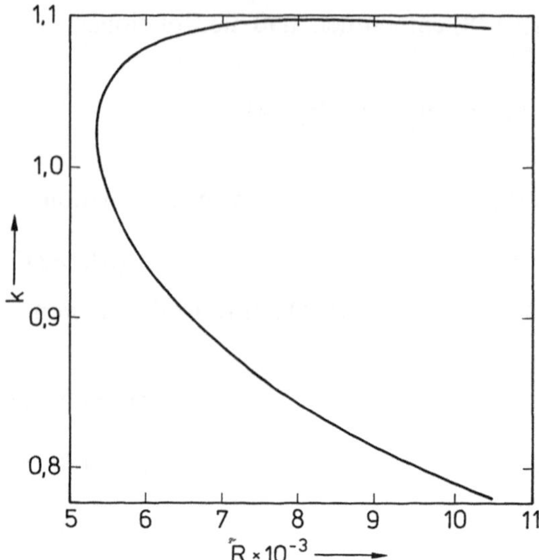

Bild 10.7 Grenzkurven neutraler Stabilität der Hagen-Poiseuille-Strömung

10.5 Nichtlineare Grenzschichtprobleme

Von Erdely [10.13] wurde ein Theorem über die Struktur von Lösungen der relativ allgemeinen Klasse von nichtlinearen RW-Problemen

$$\varepsilon y'' + F(x,y,y',\varepsilon) = 0 \; ; \; 0 \leq x \leq 1 \; ; \; y(0,\varepsilon) = A, \; y(1,\varepsilon) = B \; ; \; \varepsilon \to 0_+$$

angegeben. Bei Erfüllung der hier nicht wiedergegebenen Voraussetzungen liegt an der Stelle $x=0$ eine GS und innere bzw. äußere Entwicklung können aneinander angepaßt werden. Unglücklicherweise kann man in den Anwendungen i.a. erst a posteriori (erst nach Berechnung der entsprechenden GGE) überprüfen, ob die Voraussetzungen dieses Theorems erfüllt sind.

Von Shepard [10.14] wurde 1978 eine Strategie vorgeschlagen, die gewissen Klassen von nichtlinearen RW-Problemen lineare GS-Probleme zuordnet. Auch dieses Verfahren führt in den Anwendungen meist zu unüberwindlichen Schwierigkeiten, da zur Formulierung des linearen Problems die Lösung einer nichtlinearen Integralgleichung benötigt wird.

Wir verzichten hier auf die Wiedergabe derartiger Verfahren und beschränken uns auf die Untersuchung der speziellen Klasse von nichtlinearen RW-Problemen

$$\varepsilon y'' + y y' + g(x) y = 0 \; ; \; y(0,\varepsilon) = A, \; y(1,\varepsilon) = B \; ; \; \varepsilon \to 0_+ \, . \tag{10.167}$$

Dabei wird angenommen, daß die Funktion $g(x)$ im Intervall $[0,1]$ regulär ist und daß die RWe A und B unabhängig von ε sind. Das Ziel der Untersuchungen ist es, das RW-Problem (10.167) für beliebige Werte von (A,B) zu lösen. Wir werden zeigen, daß bei Vorgabe unterschiedlicher RWe (A,B) GSn am linken bzw. rechten Intervallrand sowie im Inneren des Intervalls auftreten können, wobei diese GSn u.U. gemeinsam vorkommen können. Der Spezialfall g(x)=-1 wird in weitreichenden Gebieten der (A,B)-Ebene in [10.4] gelöst.

Wir beginnen mit der Bestimmung der direkten (bzw. "äußeren") Entwicklung

$$y^{(d)} \sim f_0(x) + \varepsilon f_1(x) + o(\varepsilon) . \tag{10.168}$$

Einsetzen in die DGL (10.167) führt zunächst zu

$$\varepsilon^0 : \; f_0 (f_0' + g) = 0 ; \tag{10.169.0}$$

$$\varepsilon^1 : \; f_0 f_1' + f_1 (f_0' + g) + f_0'' = 0 , \;\; f_1(0) = f_1(1) = 0 . \tag{10.169.1}$$

Da die trivale Lösung auszuschließen ist, folgt (C_0 ist eine Integrationskonstante)

$$f_0' = - g , \;\; \text{oder} \;\; f_0 = C_0 - \int_0^x g(t)\, dt \tag{10.170}$$

und (10.169.1) vereinfacht sich zu

$$f_1' = - f_0''/f_0 . \tag{10.169.1'}$$

Wir wollen jetzt untersuchen, ob es möglich ist, daß die durch (10.170) bestimmte Funktion $f_0(x)$ beide RBn $f_0(0)=A$ und $f_0(1)=B$ erfüllen kann. Dann folgt neben $C_0=A$

$$A - \int_0^1 g(t)\, dt = B . \tag{10.171}$$

Gilt nun (10.171), dann erfüllt das erste Glied der DE beide RBn, und (10.170) definiert in niedrigster Ordnung die GGE der Lösungen von (10.167). Würden auch die höheren Korrekturglieder der DE allen RBn genügen, dann wäre (10.167) ein reguläres Störproblem und GSEn wären überflüssig. Um zu zeigen, daß dies i.a. nicht zutrifft, berechnen wir die Funktion $f_1(x)$. Setzen wir (10.170) mit $C_0=A$ in (10.169.1') ein, dann entsteht nach einer Integration

$$f_1(x) = C_1 + \int_0^x g'(t) \Big[A - \int_0^t g(z)\, dz \Big]^{-1} dt \; ; \; C_1 = \text{const} . \tag{10.172}$$

Wenden wir jetzt die beiden RBn in (10.169.1) an dann folgt zunächst mit $f_1(0)=0$ $C_1=0$. Die RB an x=1 führt jedoch zu einer nichtlinearen Integralgleichung für die Funktion g(x), die sicher nicht für beliebige Funktionen g(x) gelöst werden kann. Dies bedeutet, daß selbst dann, wenn die DE wegen (10.171) zufälligerweise die RBn in O(1) erfüllt, die DE in O(ε) nicht mehr gleichmäßig gültig ist.

Nach dieser Voruntersuchung kommen wir zur Untersuchung der GS-Entwicklungen. Dabei müssen wir eine Fallunterscheidung vornehmen.

a) Interne Grenzschichten an der Stelle x_0

Wir nehmen an, daß an der inneren Stelle x_0 mit $\varepsilon \ll x_0 \ll 1-\varepsilon$ eine GS auftritt und benutzen wieder die Standardform der GS-Entwicklung

$$y^{(i)} \sim h_0(\xi) + \varepsilon\, h_1(\xi) + o(\varepsilon)\,;\quad \xi = (x-x_0)/\varepsilon\,,$$

wobei x zunächst unbekannt ist. Dann entsteht nach Eintragen in (10.167) die Hierarchie von Problemen

$$\varepsilon^0:\ h_0'' + h_0 h_0' = 0\,;\ ' = d/d\xi\,, \tag{10.173.0}$$

$$\varepsilon^1:\ h_1'' + (h_0 h_1)' = -\,g(x_0)\,h_0\,. \tag{10.173.1}$$

Hier ist also das innere Problem niedrigster Ordnung nichtlinear, während die höheren Korrekturglieder linearen DGLn genügen. Da die GS im Inneren des Intervalls liegen soll, sind für die GS-Lösungen keine RBn vorgeschrieben. Die offenen Konstanten in diesen Funktionen müssen durch Anpassung an die äußeren DEn bestimmt werden. Eine erste Integration von (10.173.0) führt zu

$$h_0' + \frac{1}{2} h_0^2 = \frac{D_0}{2} = \text{const}\,. \tag{10.174}$$

Da für negative Werte von D_0 keine Anpassung möglich ist (warum?), setzen wir

$$D_0 = a^2 \quad \text{mit der Konvention } a>0\,. \tag{10.175}$$

Dann folgt mit (10.174) nach einer weiteren Integration

$$h_0(\xi) = a \tanh(a\xi/2) \quad \text{bzw.} \quad h_0(\xi) = a \coth(a\xi/2)\,. \tag{10.176}$$

Man verifiziert leicht, daß (10.173.0) ungerade Lösungen $h_0(-\xi) = -h_0(\xi)$ zuläßt, deswegen wurde in (10.176) eine weiter Integrationskonstante Null gesetzt. Da nun aber die coth-Funktion an $\xi=0$ singulär ist, kann diese Lösung nicht eine innere Approximation darstellen und der zweite Teil von (10.176) muß ignoriert werden.

Bei der Bestimmung der äußeren Lösungen verwenden wir die Bezeichnungen f_{0l} (f_{0r}) für das erste Glied der linken (rechten) DE. Mit (10.170) folgt dann nach Erfüllung der jeweils relevanten RBn

$$f_{0l} = A - \int_0^x g(t)\,dt \quad \text{und} \quad f_{0r} = B + \int_x^1 g(t)\,dt\,. \tag{10.170'}$$

Bei der Anpassung der tanh-Lösung in (10.176) an die linke (rechte) DE gilt $x<x_0$ ($x>x_0$) und es entsteht

$$A - \int_0^{x_0} g(t)\,dt = -\,a \quad \text{und} \quad B + \int_{x_0}^1 g(t)\,dt = a \tag{10.177}$$

und damit folgt zunächst

$$a = \frac{1}{2}\left[B - A + \int_0^1 g(t)\,dt \right] . \tag{10.178}$$

Ist jedoch zufälligerweise (10.171) erfüllt, dann folgt a=0 und konsistent mit den vorangegangenen Überlegungen existiert keine interne GS und es gilt gilt $h_0(\xi)\equiv 0$. Gilt (10.171) nicht , dann muß die Größe a für vorgebene Werte von A und B und für eine Wahl der Funktion g(x) positiv sein. Ist nun a>0 eine Lösung von (10.178), dann entsteht nach Eintragen von a in eine der beiden Bedingungen in (10.177) eine i.a. tranzendente Gleichung zur Bestimmung des GS-Mittelpunkts x_0. Ist schließlich diese Gleichung im Intervall $0<x_0<1$ eindeutig lösbar, dann lautet das erste Glied der GGE

$$\mathbf{E}_0^+ y = \frac{1}{2}\left(f_{0l} + f_{0r} + 2\,h_0 \right) = \frac{1}{2}\left\{ A+B - \left(\int_0^x - \int_x^1 \right) g(t)\,dt + \tanh\left[a(x-x_0)/(2\varepsilon)\right] \right\}. \tag{10.179}$$

Bei der Herleitung von (10.179) wurde angenommen, daß nur eine einzige interne GS auftritt. Wir werden jedoch im Folgenden sehen, u.U. GSn gleichzeitig sowohl im Intervallinneren als auch an dessen Rändern vorliegen können. Dann gilt zwar die tanh-Lösung (10.176) weiterhin in einer Umgebung des Mittelpunkts der internen GS, die GGE (10.179) muß jedoch unter Einbeziehung der Rand-GSn modifiziert werden.

b) Grenzschichten am linken Rand ($x_0=0;\ \xi=x/\varepsilon$)

Hier muß die DE die RB an x=1 erfüllen und mit (10.170) folgt

$$y^{(a)} \sim B + \int_x^1 g(t)\,dt + o(1) . \tag{10.180}$$

Die innere Entwicklung ist in niedrigster Ordnung wieder durch die Lösungen der DGL (10.174) mit (10.175) gegeben. Hier können wir allerdings an der Stelle x=0 keine Symmetriebedingungen ansetzen. Die in (10.176) Null gesetzte zusätzliche Integrationskonstante k muß berücksichtigt werden und die Funktion $h_0(\xi)$ ist dann alternativ durch

$$h_0(\xi) = a \tanh z \text{ für } |A/a|\le 1 \text{ oder } h_0(\xi) = a \coth z \text{ für } |A|a|\ge 1 \ ;\ z=a(\xi+k)/2 \tag{10.181}$$

festgelegt. Da die innere Entwicklung der RB an x=0 genügen muß, gilt $h_0(0)=A$ und zur Bestimmung der Konstanten k gibt es die beiden Möglichkeiten

$$\tanh(ak/2) = A/a \quad \text{oder} \quad \coth(ak/2) = A/a \ . \tag{10.182}$$

Wegen a>0 gilt sign(k)=sign(A). Ebenso ist wegen $|\tanh(z)|\le 1$ und $|\mathrm{cotanh}(z)|\ge 1$ die in (10.181) angegebene Einschränkung der Gültigkeit der jeweiligen Lösungen zu beachten. Die Anpassung von (10.181) an die DE (10.180) führt in beiden Fällen zu

$$a = B + \int_0^1 g(t)\,dt \tag{10.183}$$

und die GGE hat in niedrigster Ordnung die Form

$$E_0^+ y = h_0(\xi) - \int_0^x g(t)\,dt\,, \tag{10.184}$$

wobei für die Funktion h_0 eine der beiden Alternativen von (10.181) eingesetzt werden muß. Ähnlich wie im Fall a) gilt (10.184) nur unter der Voraussetzung, daß im Intervall [0,1] keine weiteren GSn auftreten.

Es bleibt noch die Untersuchung von

c) Grenzschichten am rechten Rand ($x_0=1, \xi=(x-1)/\varepsilon$)

Hier gilt für die äußere Entwicklung

$$y^{(a)} \sim A - \int_0^x g(t)\,dt + o(1)\,. \tag{10.185}$$

Das erste Glied der GS-Entwicklung ist weiterhin durch (10.181) mit (10.182) gegeben, wobei dort A durch B ersetzt werden muß. Die Anpassung führt daher zu

$$-a = A - \int_0^1 g(t)\,dt\,. \tag{10.186}$$

Liegen nun neben der GS an x=1 keine weiteren GSn im Intervall [0,1], dann hat das erste Glied der GGE die Form

$$E_0^+ y = h_0(\xi) + \int_x^1 g(t)\,dt\,. \tag{10.187}$$

Wir wollen jetzt zwei Beispiele zur Illustration der Positionen von GSen heranziehen.

Beispiel 1

$$g(x) = \frac{\pi}{2}\cos(\pi x/2) \tag{10.188}$$

1a) Interne Grenzschichten

Einsetzen in die beiden Beziehungen in (10.177) und Addition führt zunächst zu $A+B+1=2\sin(\pi x_0/2)$. Wegen $0<x_0<1$ bedeutet dies, daß Gsn nur innerhalb des Streifens

$$-(A+1)<B<1-A \qquad (10.189.1)$$

der (A,B)-Ebene zu finden sein können.Bilden wir noch gemäß (10.178) die Größe a, dann entsteht wegen a>0 die zusätzliche Einschränkung

$$B>A-1\ . \qquad (10.189.2)$$

(10.189) legt nun das Gebiet in der (A,B)-Ebene fest innerhalb dessen interne GSn zu finden sind.

1b) Grenzschichten an x=0

Mit (10.180) lautet hier die äußere Entwicklung

$$y^{(a)} \sim B+1-\sin(\pi x/2)+o(1)\ .$$

Dagegen ist die innere Lösung durch eine der beiden Funktionen

$$h_0(\xi) = a\tanh z \quad \text{bzw.} \quad h_0(\xi) = a\coth z \quad \text{mit} \quad z = a(x/\varepsilon+k)/2$$

gegeben. Die Erfüllung der RB an der Stelle x=0 führt zu der Alternative

$$A = a\tanh(ak/2) \quad \text{bzw.} \quad A = a\coth(ak/2)$$

und es gilt wieder sign(k)=sign(A). Da aber die coth-Lösung für $k\leq 0$ singulär wird, ist für negative Werte von A nur die tanh-Lösung heranzuziehen. Wegen (10.183) ergibt dann die Anpassung

$$a = B+1>0\ . \qquad (10.190.1)$$

Gilt nun A>0, dann sind sowohl coth- als auch tanh-Lösungen regulär und es müssen keine weiteren Einschränkungen vorgenommen werden. Für $A\leq 0$ (und damit $k\leq 0$) führt die RB an x=0 wegen (10.180.1) zu A=(B+1)tanh[k(B+1)/2] und diese Beziehung läßt sich nur für

$$|A| \leq B+1 \qquad (10.190.2)$$

erfüllen. Zusammenfassend läßt sich feststellen, daß an der Stelle x=0 GSn auftreten, wenn

$$B>-1 \quad \text{und} \quad B>-(A+1) \text{ für } A\leq 0 \qquad (10.190.3)$$

gilt.

1c) Grenzschichten an x=1

Wegen (10.185) hat hier die äußere Approximation die Form

$$y^{(a)} \sim A-\sin(\pi x/2)+o(1)\ .$$

Dagegen bestehen für die GS-Lösungen die Alternative

$$h_0(\xi) = a\tanh z \quad \text{bzw.} \quad h_0(\xi) = a\coth z \quad \text{mit} \quad z= a[(x-1)/\varepsilon + k]/2$$

mit den RBn B=a tanh(ak/2) bzw. B=a coth(ak/2) und es gilt sign(k)=sign(B), wobei für positive Werte von B die coth-Lösung ausgeschlossen werden muß (warum?). Die Anpassung führt dann zu

$$a = 1 - A > 0 \ . \tag{10.191.1}$$

Für negative Werte von B sind keine weiteren Einschränkungen zu beachten. Für B≥0 lautet jedoch die RB an der Stelle x=1 B=(1-A)tanh[(1-A)k/2]. Wir können diese Beziehung nur dann erfüllen, wenn

$$B \leq (1 - A) \quad \text{für } B \geq 0 \tag{10.191.2}$$

gilt. Gemeinsam mit (10.191.1) bedeutet dies, daß GSn am Rand x=1 nur in dem Gebiet der (A,B)-Ebene auftreten können, das durch

$$A < 1 \quad \text{und} \quad B \leq 1 - A \quad \text{für } B \geq 0 \tag{10.191.3}$$

festgelegt ist.

Die Regionen der (A,B)-Ebene, in denen die jeweiligen GSn liegen, sind im Bild 10.8 wiedergegeben. Dabei sieht man, daß interne GSn stets gemeinsam mit GSn an beiden Intervallrändern vorliegen. In diesem Falle müssen die drei GS-Entwicklungen

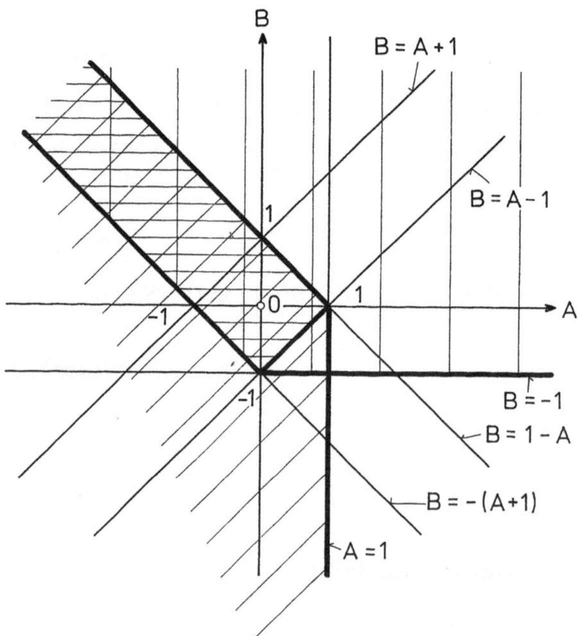

Bild 10.8 Interne und Rand-GSn in Abhängigkeit von den RWn (A,B) für das Beispiel g(x)=(π/2)cos(πx/2)

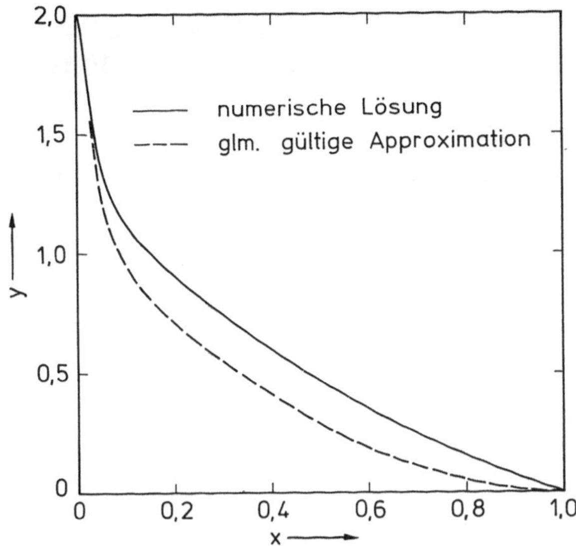

Bild 10.9 Numerische Lösung von (10.167) mit (10.192.1) und GGE (10.192.2) für $\varepsilon = 0{,}05$

an zwei (zwischen ihnen gültige) DEn angepaßt werden. In der Aufgabe 10.17 wird gezeigt, daß diese Anpassung zwei Konstanten unbestimmt läßt.

Abschließend wollen wir für einen einfachen **Spezialfall** von RBn GGE und numerische Lösung vergleichen. Als RBn setzen wir

$$y(0,\varepsilon) = 2 \;\text{ und }\; y(1,\varepsilon) = 0 \;. \tag{10.192.1}$$

Wegen A=2 und B=0 existiert hier nur eine einzige GS, die an x=0 liegt (siehe (10.189) bis (10.191) und Bild 10.8). Die DE hat die Form $y^{(a)} \sim 1-\sin(\pi x/2)+o(1)$ und mit (10.183) ergibt die Anpassung a=1 . Demnach kann nur die coth-Lösung die für die innere Entwicklung relevante RBn erfüllen und es gilt

$$h_0(\xi) = \coth[(x/\varepsilon+k)/2] \;\text{ mit }\; 2 = \coth(k/2) \;.$$

Löst man nach k auf, so entsteht k=ln(3) und mit (10.184) hat das erste Glied der GGE für den Fall der RBn (10.192.1) die Form

$$\mathbf{E}_0^+ y = \coth[(x/\varepsilon+\ln 3)/2] - \sin(\pi x/2) \;. \tag{10.192.2}$$

In Bild 10.9 wird die GGE (10.192.2) mit der numerischen Lösung der DGL (10.167) mit den RBn (10.192.1) verglichen.

❑

Wir kommen jetzt zur Durchrechnung eines zweiten Beispiels.

Beispiel 2

$$g(x) = -x \qquad (10.193)$$

2a) Interne Grenzschichten

Tragen wir die Funktion g(x) in (10.177) ein, dann entsteht nach einer Umformung

$$x_0 = \sqrt{1/2 - (A+B)}\ . \qquad (10.194)$$

Da aber $0<x_0<1$ gelten muß, entsteht die Ungleichung

$$-(1/2 + A) < B < 1/2 - A\ . \qquad (10.195.1)$$

Ebenso bedingt die Voraussetzung a>0 die Einschränkung

$$B > A + 1/2\ . \qquad (10.195.2)$$

Die beiden Ungleichungen (10.195) legen nun das Gebiet fest, innerhalb dessen interne GSn auftreten.

2b) Grenzschichten an x=0

Hier lautet DE $y^{(a)}=B+(x^2-1)/2+o(1)$ und die Anpassung an die GSE führt zu

$$a = B - 1/2 > 0\ . \qquad (10.196.1)$$

Für A>0 sind keine weiteren Bedingungen vorzuschreiben. Dagegen ist für A≤0 die coth-Lösung in (10.181) auszuschließen und die RB an x=1 erfordert

$$A = (B-1/2)\tanh[(B-1/2)k/2]\ .$$

Damit ergibt sich die Einschränkung

$$|A| \le B - 1/2 \quad \text{für} \quad A \le 0\ . \qquad (10.196.2)$$

Die beiden Ungleichungen (10.196) begrenzen das Gebiet der (A,B)-Ebene, innerhalb dessen GSn an x=0 vorliegen.

2c) Grenzschichten an x=1

Hier hat die äußere Entwicklung der Form $y^{(a)}=A+x^2/2+o(1)$ und die Anpassung an die innere Entwicklung führt zu -a=A+1/2. Wegen a>0 ergibt dies die Restriktion

$$A < -1/2\ . \qquad (10.197.1)$$

Schließlich ist für B≥0 die coth-Lösung zu verwerfen und die RB an x=1 bedingt

$$B = z\tanh(zk/2) \quad \text{mit} \quad z = |A + 1/2|\ .$$

Dies bedeutet, daß neben (10.197.1) noch die Bedingung

$$B \le |A + 1/2| \quad \text{für} \quad B \ge 0 \qquad (10.197.1)$$

zu beachten ist. Die beiden Ungleichungen (10.197) begrenzen nun das Gebiet der (A,B)-Ebene, innerhalb dessen GSn an x=1 auftreten.

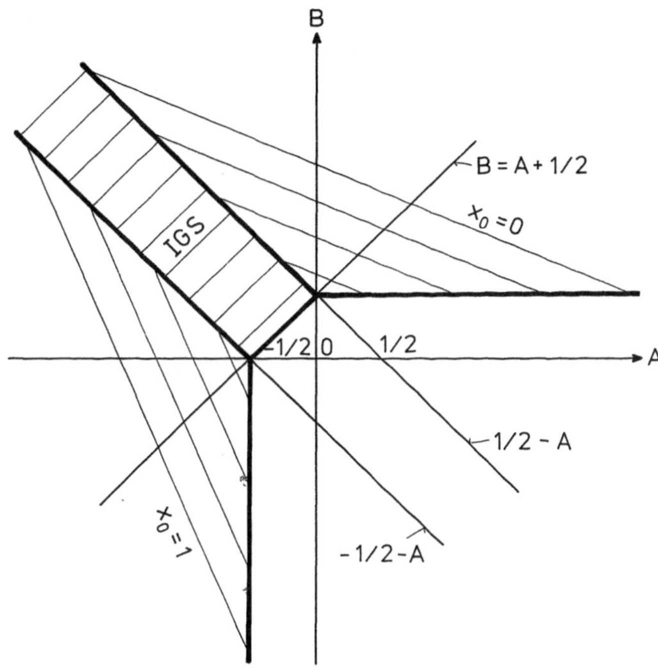

Bild 10.10 Interne Grenzschicht (IGS) und Randpunkts-GSn bei der Lösung des RW-Problems (10.167) mit g(x)=-x

Die Regionen der (A,B)-Ebene, in den die jeweiligen GSn vorliegen, sind im Bild 10.10 dargestellt. Dabei sieht man, daß im Falle des RW-Problems (10.167) mit der Funktion g(x)=-x die Gebiete mit unterschiedlichen Lagen der GSn voneinander getrennt sind.

Wir beenden die Behandlung dieses Beispiels wieder mit einer expliziten Rechnung. Vorgelegt sei die DGL (10.167) mit den RBn

$$y(0,\varepsilon) = -2 \quad \text{und} \quad y(1,\varepsilon) = 2 \,. \tag{10.198.1}$$

Dann folgt mit (10.194) $x_0=1/\sqrt{2}$ und es liegt eine interne GS vor. Mit den Bezeichnungen von (10.170') haben die beiden äußeren Entwicklungen die Form

$$f_{0l} = -2 + x^2/2 + o(1) \quad \text{und} \quad f_{0r} = (3+x^2)/2 + o(1) \,.$$

Mit (10.178) erhalten wir a=7/4 und die GS-Approximation lautet

$$h_0(x) = \frac{7}{4} \tanh\Big[\frac{7}{8} \frac{x - 1/\sqrt{2}}{\varepsilon} \Big] \,.$$

Wegen (10.179) hat dann das erste Glied der GGE die Form

$$\mathbf{E}_0^+ y = \frac{1}{2} \Big[x^2 - 1/2 + \frac{7}{2} \tanh\Big(\frac{7}{8} \frac{x - 1/\sqrt{2}}{\varepsilon} \Big) \Big] \,. \tag{10.198.2}$$

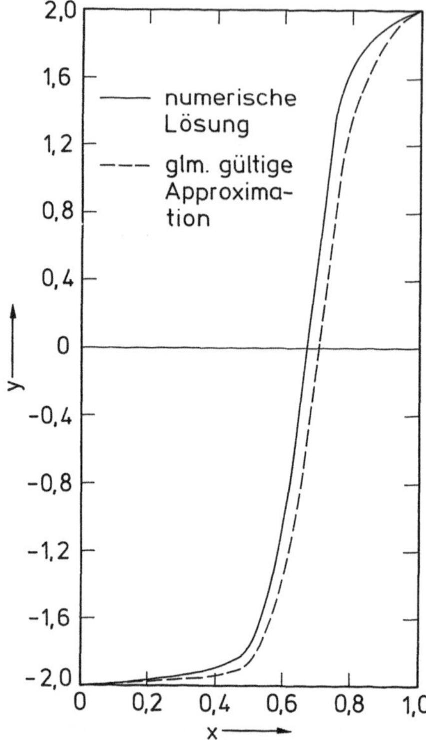

Bild 10.11 Numerische Lösung und GGE von (10.167) mit g(x)=-x und den RWn (10.198.1) für ε=0,1

Diese Approximation wird in Bild 10.11 mit der entsprechenden numerischen Lösung verglichen. Man beachte dabei, daß die GGE an $x=1/\sqrt{2}$ eine Nullstelle besitzt, die die Lage der Nullstelle der numerischen Lösung gut wiedergibt.

❑

Bei den beiden behandelten Beispielen haben wir gesehen, daß das RW-Problem (10.167) in großen Teilen der (A,B)-Ebene durch Entwicklungen mit der GS-Dicke $\delta=\varepsilon$ approximiert werden kann. Dies gilt auch für den in Aufgabe 10.18 behandelten Spezialfall. Es bleibt allerdings noch die Frage der Existenz von GSn in den restlichen Teilen der (A,B)-Ebene. Anders als bei linearen DGLn, wo die Entwicklungen mit der Vergleichsfunktion des ersten Gliedes normiert werden können, spielt bei nichtlinearen Problemen die Eichfunktion des ersten Terms eine wichtige Rolle. Wir versuchen daher in Abänderung der früheren Entwicklungen den Ansatz

$$y^{(i)} \sim \sqrt{\varepsilon}\, S_0(\eta) + \varepsilon\, S_1(\eta) + o(\varepsilon) \text{ mit } \eta = (x-x_0)/\sqrt{\varepsilon} \,. \tag{10.199}$$

Nach Eintragen in (10.167) entsteht in niedrigster Ordnung das nichtlineare Problem

$$\sqrt{\varepsilon}: \; S_0'' + S_0 S_0' + g(x_0)\, S_0 = 0 \,; \quad {}'=d/d\eta \,. \tag{10.200}$$

Mit Hilfe einer weiteren Transformation (a und b sind Konstante)

$$S_0(\eta) = a\,H(z) \quad \text{mit} \quad z = b\,\eta \tag{10.201}$$

kann man (10.199) in

$$H''(z) + \frac{a}{b} H(z)\, H'(z) + \frac{g(x_0)}{b^2} H(z) = 0\,; \quad {}'=d/dz \tag{10.202}$$

überführen. Setzen wir noch

$$a = b = \sqrt{-g(x_0)}\ , \tag{10.203}$$

so entsteht die in [10.4] untersuchte DGL

$$H''(z) + H(z)\, H'(z) - H(z) = 0\,. \tag{10.202'}$$

Dabei ist allerdings zu beachten, daß wegen (10.203) nur für $g(x_0)<0$ (also z.B. im Falle des Beispiels 2) reelle Lösungen entstehen. Wir wollen hier jedoch nicht auf die Lösung der nichtlinearen GS-DGL eingehen, sondern verweisen den interessierten Leser lediglich auf die Ausführungen in [10.4].

Aufgaben

10.1 Man benutze die durch die Definition 2.8 erklärten Entwicklungsoperatoren zur Anpassung der Entwicklungen der Modell-GS in der $O(\varepsilon)$.

10.2 Vorgelegt sei das RW-Problem zweiter Ordnung

$$\varepsilon y'' + x^2 y' - y = 0\,;\ y(0,\varepsilon)=y(1,\varepsilon)=1\ ;\ \varepsilon \to 0_+\,.$$

An der Stelle x=0 tritt eine GS auf. Man berechne die beiden ersten Glieder der äußeren und inneren Entwicklung und demonstriere deren Überlappung durch Zwischenentwicklungen, die mit der Zwischenvariablen $\eta = x\varepsilon^{-1/3}$ gebildet werden.

10.3 Vorgelegt sei das RW-Problem

$$\varepsilon^3 x\, y'' + x^2 y' - (\varepsilon + x^3)\, y = 0\,;\ y(0,\varepsilon)=1\ ,\ y(1,\varepsilon)=\sqrt{e}\,;\ \varepsilon \to 0_+\,.$$

Die weitere Aufgabenstellung ist die der Aufgabe 10.2, jedoch mit der Zwischenvariablen $\eta = x/\varepsilon$.

10.4 Durch Verwendung der inneren Variablen $\xi = (x-1)/\delta(\varepsilon)$ zeige man, daß das RW-Problem (10.45) für $a(x)>0$ keine GSn an der Stelle x=1 besitzen kann.

10.5 Vorgelegt sei das RW-Problem

$$\varepsilon y'' + \cos(x)\, y' + \sin(x)\, y = 0\,;\ y(0,\varepsilon)=0,\ y(1,\varepsilon)=1\ ;\ \varepsilon \to 0_+\,.$$

Man berechne die beiden ersten Glieder der GGE.

10.6 Man bestimme das erste Glied der GGE des RW-Problems

$$\varepsilon y'' - e^{x} y' + y = 0 \; ; \; y(0,\varepsilon)=1, \; y(1,\varepsilon)=0 \; ; \; \varepsilon \to 0_+ \; .$$

10.7 Wie Aufgabe 10.6 für

$$\varepsilon y'' + \cosh(x)\, y' + y = 0 \; ; \; y(0,\varepsilon)=0, \; y(1,\varepsilon)=1 : \varepsilon \to 0_+ \; .$$

10.8 Man zeige, daß das RW-Problem (10.66) wegen (10.67) nicht durch die Annahme zweier GSn an $x=\pm 1$ und einer "äußeren" Schicht in der Umgebung der Stelle $x=0$ approximiert werden kann.

10.9 Wie Aufgabe 10.6 für

a) $\varepsilon y'' + 2x y' + (1+x^2)\, y = 0 \; ; \; y(-1,\varepsilon)=2, \; y(1,\varepsilon)=1 \; ; \; \varepsilon \to 0_+ ,$

b) $\varepsilon y'' \pm 2\tanh(x)\, y' + y = 0 \; ; \; y(\pm 1,\varepsilon)=1 \; ; \; \varepsilon \to 0_+ \; .$

10.10 Wie Aufgabe 10.6 mit

$$\varepsilon y'' + \ln(x)\, y' - x \ln(x)\, y = 0 \; ; \; y(1/2,\varepsilon)=y(3/2,\varepsilon)=1 \; ; \; \varepsilon \to 0_+ \; .$$

10.11 Wie Aufgabe 10.6 für

$$\varepsilon y'' - x y' + (1+x^n) y = 0 \; ; \; y(-1.\varepsilon)=2, \; y(1,\varepsilon)=1 \; ; \varepsilon \to 0_+ \text{ für } n=2,3 \; .$$

10.12 Wie Aufgabe 10.6 für

$$\varepsilon y'' - 2\, I_1(x)\, y' + 2\, I_1'(x)\, y = 0 \; ; \; y(\pm 1,\varepsilon)=1 \; ; \; \varepsilon \to 0_+ \; .$$

Hinweis: Man verwendet die Potenzreihe (3.16). Die bei der Anpassung offen bleibende Konstante muß numerisch bestimmt werden. Es genügt daher die Angabe der GGE in der Form (10.102).

10.13 Vorgelegt sei das RW-Problem (10.109) für den Spezialfall $r=1/2$. Man benutze die Transformation $z=\sqrt{x}$ und zeige, daß die Approximation der Lösungen der trans-formierten DGL die GGE (10.117) reproduziert.

10.14 Man berechne die beiden ersten Glieder der GGE des Problems (10.109) für den Spezialfall $r=1/4$ und $B=\exp(4/3)$.
Hinweis: Die innere Entwicklung hat die Form

$$y^{(i)} \sim h_0(\xi) + \varepsilon^{3/5} h_1(\xi) + O(\varepsilon^{6/5}) \text{ mit } \xi = e^{-4/5} x$$

und die Funktion h_1 besitzt die AE

$$h_1(\xi) \sim \frac{4}{3} \xi^{3/4} + \text{const} - \frac{1}{2} \xi^{-1/2} \quad \text{für } \xi \to \infty \; .$$

10.15 Vorgelegt sei die DGL (10.152.1) mit dem durch (10.144.1) definierten Operator L. Man verwende zur Bestimmung der AE der partikulären Lösung in der komplexen Ebene einen Exponentialansatz $f_1(\xi) \sim \exp[s(\xi)]$. Gilt nun $\Re(S)>0$, dann ist das Gleichgewicht dominanter Terme durch $Lf_1=0$ gegeben. Mit diesen Überlegungen verifiziere man den Gültigkeitsbereich der AE (10.154).

10.16 Man bestimme das erste Glied der AE der partikulären Lösung von (10.152) für den Fall n=3.
Hinweis: Man verwende den Ansatz

$$f_3(\xi) \sim A_3\, \xi^a \exp(-\frac{2}{3}\xi^{3/2}) \text{ für } |\xi|\to\infty$$

und bestimme die Konstanten A_3 und a.

10.17 Vorgelegt sei das RW-Problem (10.167) mit der Funktion $g(x)=(\pi/2)\cos(\pi x/2)$ (Vgl. Beispiel 1 in Abschnitt 10.5) und diskutiere die Schwierigkeiten, die im Falle interner GSn auftreten.
Hinweis: Gemäß Bild 10.8 treten hier interne GSn gemeinsam mit GSn an x=0 und x=1 auf. Man zeige, daß bei der Anpassung dieser drei GS-Entwicklungen an die, in den Zwischengebieten gültigen, DEn zwei Integrationskonstanten unbestimmt bleiben.

10.18 Vorgelegt sei das RW-Problem (10.167) mit $g(x)=(1+x)$. Man untersuche die Lage von internen bzw. Randgrenzschichten. Können hier interne GSn unabhängig

11 Angepaßte asymptotische Entwicklungen (Partielle Differentialgleichungen)

Wir gehen hier ähnlich wie im Kapitel 10 vor und beginnen mit linearen GS-Problemen. Im Gegensatz zu gewöhnlichen DGLn, wo GSn in Intervallen um bestimmte Punkte auftreten, finden sich GSn bei partiellen DGLn in Umgebungen gewisser Teile der Randkurve, wobei die Lösungen in Richtungen parallel zum Normalvektor dieser Kurven große Variationen besitzen.Nach Behandlung dieses Themenkreises werden wir sehen, daß die Methode der AAEn nicht nur zur Approximation der Lösungen für singuläre DGLn benutzen kann, sondern daß dieses Verfahren auch zur Lösung von regulären DGLn herangezogen werden kann, bei denen gewisse Probleme bei der Erfüllung der RBn entstehen (singuläre RBn). Abschließend wenden wir uns dann der nichtlinearen Problematik hydrodynamischer GSn zu.

11.1 Lineare singuläre Differentialgleichungen zweiter Ordnung

Vorgelegt sei die Klasse singulärer DGLn für die Funktion $u(x,y,\varepsilon)$

$$\varepsilon\left(A_{11}\, u_{xx} + 2A_{12}\, u_{xy} + A_{22}\, u_{yy} \right) = a\, u_x + b\, u_y + c\, u + F(x,y) \qquad (11.1)$$

mit $\varepsilon \to 0_+$. In (11.1) seien die Koeffizienten A_{ij}, a, b und c Konstante und die Inhomogenität $F(x,y)$ eine reguläre Funktion. Es sei $D=a^2+b>0$ und wir verzichten vorläufig auf die Angabe von Randbedingungen.

Die Klassifikation der DGL (11.1) erfolgt nun durch Bestimmung der *Charakteristiken* des Operators

$$L u = A_{11}\, u_{xx} + 2\, A_{12}\, u_{xy} + A_{22}\, u_{yy} \;. \qquad (11.1.1)$$

Die Charakteristiken sind die Kurven $S(x,y) = \text{const}$ und ihr Anstieg $y'=-S_x/S_y$ ist Lösung der quadratischen Gleichung

$$A_{11}\, y'^2 - 2\, A_{12}\, y' + A_{22} = 0 \;. \qquad (11.2)$$

Das Vorzeichen der Diskriminante von (11.2) dient nun zur Klassifikation von (11.1).

a) Elliptischer Typ $A_{12}^2 - A_{11} A_{22} < 0$
Hier existieren keine reellen Charakteristiken. Hinsichtlich der RBn genügt es, die Funktion oder ihre Normalableitung (bzw. eine Linearkombination der beiden) längs einer geschlossenen Kurve C vorzugeben. Die Lösung ist dann in dem von C eingeschlossenen Gebiet G eindeutig bestimmt. Der einfachste Fall von DGLn dieser Klasse ist die Potentialgleichung $u_{xx} + u_{yy} = 0$.

b) Hyperbolischer Typ $A_{12}^2 - A_{11} A_{22} > 0$
Hier existieren zwei Familien von reellen Charakteristiken. Es können Anfangs- bzw. Randbedingungen vorgeschrieben werden. Der einfachste Fall dieser Klasse ist die Wellengleichung $u_{xx} - u_{yy} = 0$.

c) Parabolischer Typ $A_{12}^2 - A_{11} A_{22} = 0$
Hier fallen die beiden Charakteristiken des Falls b) zusammen. Es können ABn bzw. RBn vorgeschrieben werden. Im einfachsten Fall liegt die Wärmeleitungsgleichung $u_{xx} - u_y = 0$ vor.

Wir werden uns hier ziemlich ausführlich mit singulären elliptischen DGLn befassen und anschließend eine bestimmte Klassse von parabolischen DGLn betrachten.Die Behandlung hyperbolischer Probleme geht jedoch über den Rahmen dieses Buches hinaus. Der interessierte Leser sei dazu auf das Buch von Zauderer [11.1] verwiesen.

11.1.1 Elliptische Differentialgleichungen

Vorgelegt sei die singuläre DGL (11.1) mit $A_{12}^2 - A_{11} A_{22} < 0$. Hier gilt $\mathrm{sign}(A_{11}) = \mathrm{sign}(A_{22})$ und ohne Beschränkung der Allgemeinheit nehmen wir an, daß $A_{11} > 0$ gilt. Wir wollen die Lösung von (11.1) innerhalb eines *konvexen Gebiets* G bestimmen, das von einer glatten, geschlossenen Kurve C umrandet ist (siehe Bild 11.1). Als RB sei die Funktion u auf der Kurve vorgeschrieben (Dirichlet-RB)

$$u(x,y,\varepsilon)\big|_C = u_0(x,y) \,. \tag{11.3}$$

Wir beginnen mit der Bestimmung der direkten (äußeren) Entwicklung $u^{(d)}$ und setzen an

$$u^{(d)} \sim f_0(x,y) + \varepsilon f_1(x,y) + o(\varepsilon) \,. \tag{11.4}$$

Dann folgt nach Einsetzen in (11.1)

$$\varepsilon^0 : a f_{0x} + b f_{0y} + c f_0 = - F \,, \tag{11.5.0}$$

$$\varepsilon^1 : a f_{1x} + b f_{1y} + c f_1 = L f_0 \,. \tag{11.5.1}$$

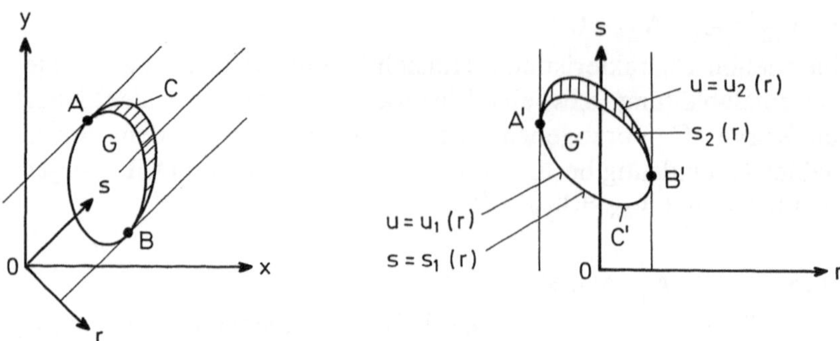

Bild 11.1 Elliptisches GS-Problem im Inneren des konvexen Gebiets G. Das schraffierte Gebiet ist die GS. Die Transformation (11.7) führt G in das konvexe Gebiet G' in der (r,s)-Ebene über

Dabei ist L der durch (11.1.1) definierte Operator. Die äußere Entwicklung reduziert daher wieder die Ordnung der DGL, und die Charakteristiken der Lösungen von (11.5) ist die Geradenschar

$$r = b\,x - a\,y = \text{const}\,. \tag{11.6}$$

Die durch (11.6) definierten Geraden nennt man aber auch die *Subcharakteristiken* der ursprünglichen DGL (11.1). Zur Vereinfachung der weiteren Rechnungen führen wir jetzt ein neues, orthogonales Koordinatensysatem (r,s) ein, das mit Hilfe der Subcharakteristiken gebildet wird.Wir definieren daher die neuen Koordinaten durch eine Drehung des Koordinatensystems der Form

$$r = b\,x - a\,y\,,\ \text{und}\ s = a\,x + by\,. \tag{11.7}$$

Mit Hilfe der Transformation (11.7) läßt sich nun (11.5.1) vereinfachen; es entsteht

$$(a^2 + b^2)\, f_{0\,s} + c\, f_0 = -\hat{F}(r,s) \tag{11.8}$$

und (11.5.2) geht in eine analoge DGL über. Da die Transformation (11.7) eine Drehung darstellt, führt sie -wie in Bild 11.1 dargestellt- das konvexe Gebiet G mit der Randkurve C in der (x,y)-Ebene in das konvexe Gebiet G' mit der Randkurve C' in der (r,s)-Ebene über. Dabei zerfällt C' in zwei Teile: $s_1(r)$ (unterer Ast) und $s_2(r)$ (oberer Ast). Diese beiden Teilkurven gehen in den Punkten A' bzw. B' mit vertikaler Tangente in einander über.Transformieren wir auch die RB (11.3), so gilt zunächst

$$u\big|_{s=s_1(r)} = u_0(r,s_1(r)) \equiv u_1(r)\,, \tag{11.9.1}$$

bzw.

$$u\big|_{s=s_2(r)} = u_0(r,s_2(r)) \equiv u_2(r)\,. \tag{11.9.2}$$

Setzen wir nun die direkte Entwicklung (11.4) in (11.9) ein, so ergeben sich die beden Möglichkeiten

$$f_0(r,s_1(r)) = u_1(r)\ ,\ f_1(r,s_1(r)) = 0\ , \qquad (11.10.1)$$

respektive

$$f_0(r,s_2(r)) = u_2(r),\ \ f_1(r,s_2(r)) = 0\ . \qquad (11.10.2)$$

Ähnlich wie bei GS-Problemen bei gewöhnlichen DGLn bedeutet (11.10), daß die Glieder der DE *überbestimmt* sind. Die beiden RBn (11.10.1) und (11.10.2) können i.a. nicht gleichzeitig erfüllt werden. Es muß daher eine dieser Bedingungen verworfen werden und zur Erfüllung der verbleibenden RB eine GS-Entwicklung eingeführt werden. Wir nehmen vorweg, daß die DE der RB (11.10.1) genügen muß. (11.8) läßt sich nun einfach integrieren, da hier eine gewöhnliche DGL vorliegt, in der die Variable r die Rolle eines Parameters spielt. Nach Erfüllung der RB (11.10.1) folgt

$$f_0(r,s) = \left\{ u_1(r) \exp\{c[s_1(r)-s]/D\} - \frac{1}{D}\int_{s_1(r)}^{s} \exp[c(t-s)/D]\, \hat{F}(r,t)\, dt \right\}, D=a^2+b^2\ . \qquad (11.11)$$

Wir kommen jetzt zur Bestimmung der GS-Entwicklung. Zunächst führen wir in (11.1) die durch (11.7) definierten neuen Variablen r und s ein, und es folgt

$$\varepsilon\left(B_{11}\, u_{rr} + 2\, B_{12}\, u_{rs} + B_{22}\, u_{ss} \right) = u_s + C\, u + H(r,s)\ . \qquad (11.12)$$

Die Konstanten B_{ij} und C sowie die Inhomogenität H(r,s) werden in der Aufgabe 11.1 berechnet. Hier ist nur von Bedeutung, daß die DGL (11.12) weiterhin vom elliptischen Typ ist, wobei

$$B_{12}^2 - B_{11}\, B_{22} < 0\ , \text{ und } B_{11},\ B_{22} > o$$

gilt. Wir formulieren die GS-Entwicklung durch eine Streckung der Variablen s. Da wir bereits angenommen haben, daß die DE die RB (11.10.1) am unteren Rand $s_1(r)$ erfüllt, müssen wir konsistenterweise erwarten, daß die GS in einer Umgebung des oberen Randes $s_2(r)$ zu finden ist. Wir bilden daher die GS-Entwicklung in der Form

$$u^{(i)} \sim g_0(r,\eta) + o(1)\ , \text{ mit } \eta = [s-s_2(r)]/\delta(\varepsilon)\ . \qquad (11.13)$$

Die Berechnung der Ableitungen in (11.12) erfolgt gemäß den Regeln

$$\frac{\partial}{\partial s} = \frac{1}{\delta}\frac{\partial}{\partial \eta}\ , \text{ und } \frac{\partial}{\partial r} = -\frac{s_2'(r)}{\delta}\frac{\partial}{\partial \eta} + O(1)\ .$$

Setzen wir nun (11.13) in (11.12) ein, dann folgt zunächst

$$\varepsilon\left(\frac{T(r)}{\delta^2}\frac{\partial^2}{\partial \eta^2} + O(1/\delta) \right) u^{(i)} = \frac{1}{\delta}\frac{\partial u^{(i)}}{\partial \eta} + O(1)\ , \qquad (11.14)$$

wobei die Funktion T(r) durch

$$T(r) = B_{11}\, s_2'^{\,2}(r) - 2\, B_{12}\, s_2'(r) + B_{22} > o \qquad (11.15)$$

gegeben und T(r)>0 eine Konsequenz der Elliptizität der DGL (11.12) ist. Unter Berücksichtigung von (11.13) erhalten wir aus (11.14) in niedrigster Näherung die gewöhnliche DGL (r ist ein Parameter)

$$T(r)\, g_{0\,\eta\eta} = g_{0\,\eta}\,, \text{ mit } \eta = [s - s_2(r)]/\varepsilon\,. \qquad (11.16)$$

Die für die Funktion g_0 relevante RB ist (11.9.2), und dies führt zu

$$g_0(r,\eta=0) = u_2(r)\,. \qquad (11.17)$$

Die Lösung von (11.16) mit (11.17) ist dann (die Funktion $D_0(r)$ ist eine Konstante der η-Integration)

$$g_0(r,\eta) = u_2(r) + D_0(r) \cdot \{\, \exp[\eta/T(r)] - 1 \,\}\,. \qquad (11.18)$$

Bei der Anpassung an die DE ist nun zu beachten, daß wegen des zweiten Teils von (11.16) $\eta<0$ gilt. Die Funktion T(r) ist wegen (11.15) positiv definit, Schwierigkeiten treten aber an Polstellen von T (i.e. $s_2'=\infty$) auf. Wir wollen annehmen, daß -wie in Bild 11.1 skizziert- auf der Randkurve C' s_2 nur in den Punkten A' und B' divergiert. In kleinen Umgebungen dieser Punkte ist die Funktion g_0 wegen (11.16) mit $T=\infty$ unabhängig von der Variablen η und sie kann nicht angepaßt werden. In den entsprechenden Gebieten müssen andere Entwicklungen vorgenommen werden, die wir später nachtragen werden. Ebenso schließen wir vorerst den Fall, daß Teile der Randkurve Subcharakteristiken r=const sind, aus und verschieben die entsprechenden Überlegungen auf einen späteren Zeitpunkt. Bei Berücksichtigung der genannten Einschränkungen führt die Anpassung von (11.18) an (11.11) zu

$$D_0(r) = u_2(r) - f_0(r,s_2(r))\,. \qquad (11.19)$$

Durch additive Zusammensetzung erhalten wir schließlich das erste Glied der GGE in der Form

$$\mathbf{E}_0^+ u = f_0(r,s) + [\, u_2(r) - f_0(r,s_2(r))\,]\exp\left[\frac{s - s_2(r)}{\varepsilon\, T(r)}\right]\,. \qquad (12.20)$$

Wir wollen jetzt diese Überlegungen an Hand eines **Beispiels** aus der *Magnetohydroynamik* illustrieren.Wir untersuchen dabei die Strömung eines elektrisch leitenden Fluids durch ein langes, isolierendes Rohr im transversalen, homogenen Magnetfeld $\mathbf{B}_0$ (siehe Bild 11.2). Es sei **B** das Magnetfeld und **u** das Geschwindigkeitsfeld, dann gilt zunächst (b ist das induzierte Magnetfeld)

$$\mathbf{u} = u(x,y)\, \mathbf{e}_z\,, \text{ und } \mathbf{B} = B_0\, \mathbf{e}_x + b(x,y)\, \mathbf{e}_z\,,\ B_0 = \text{const}\,. \qquad (11.21)$$

Nach Entdimensionalisierung der Grundgleichungen genügt eine Linearkombination von u und b ($S=C_1\, u + C_2\, b$) der DGL (siehe z.B. Roberts [11.2])

$$\varepsilon(\, S_{xx} + S_{yy}\,) + S_x = 1\,. \qquad (11.22)$$

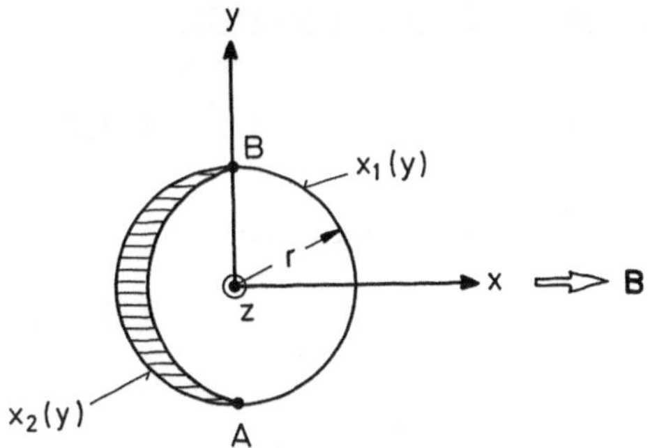

Bild 11.2 MHD-Strömung durch kreisförmige Rohre im transversalen Magnetfeld **B**

Da das Rohr Isolator ist, müssen an der Rohrwand u und auch b verschwinden und es gilt die RB

$$S\,|_K = 0, \text{ mit } K : x^2 + y^2 = 1 . \tag{11.23}$$

In (11.22) ist $1/\varepsilon$ die zu B_0 proportionale Hartmann-Zahl. Für starke externe Magnetfelder definieren daher (11.22) und (11.23) ein singuläres, elliptisches Dirichlet-RW-Problem innerhalb des konvexen Kreisgebiets $0 \le x^2+y^2 \le 1$. Ein Vergleich von (11.22) mit (11.1) ergibt a=-1, b=c=0, und F=1. Da aber in (11.22) nur das Glied S_x und nicht Terme proportional zu S_y auftreten, ist die Transformation (11.7) redundant und wir können weiterhin mit den Variablen (x,y) arbeiten. Die DE (11.4) erfüllt in niedrigster Ordnung (11.5.0) und nach einer Integration folgt (h(y) ist eine Konstante der x-Integration)

$$S^{(d)} \sim x + h(y) + o(1) . \tag{11.24}$$

Wir bestimmen im Folgenden die GS-Entwicklung durch Streckung der Variablen x. Dabei sind die beiden Randkurven des Kreises

$$x_1(y) = \sqrt{1-y^2} \text{ , und } x_2(y) = -\sqrt{1-y^2} \text{ , mit } x_1 \ge x_2 \text{ ,} \tag{11.25}$$

und die GS tritt in der Nähe der Teilkurve $x_2(y)$ auf. Die direkte Entwicklung muß daher die RB (11.23) an der Teilkurve $x_1(y)$ erfüllen und mit (11.24) folgt

$$S^{(d)} \sim x - \sqrt{1-y^2} + o(1) . \tag{11.26}$$

Zur Erfüllung der RB an der Randkurve $x_2(y)$ führen wir nun die GS-Entwicklung in der Form

$$S^{(i)} \sim g_0(\xi, y) + o(1), \text{ mit } \xi = (x + \sqrt{1-y^2}\,)/\varepsilon , \tag{11.27}$$

ein. Dann entsteht nach Eintragen in (11.22) in niedrigster Ordnung die DGL

$$\left(\frac{1}{1-y^2}\frac{\partial^2}{\partial\xi^2}+\frac{\partial}{\partial\xi}\right)g_0=0\,,\ \text{mit}\ \ g_0(\xi{=}0,y)=0\,. \tag{11.28}$$

Die Lösung von (11.28) lautet ($D_0(y)$ ist eine Konstante der ξ-Integration)

$$g_0(\xi,y)=D_0(y)\ \{\ \exp[\,-\xi\,(1-y^2\,)]-1\ \}\ . \tag{11.29}$$

Dabei gilt wegen des zweiten Teils von (11.27) $\xi\geq 0$, und mit Ausnahme der Punkte A und B (siehe Bild 11.2) gilt überall $1-y^2>0$ .Daher ergibt die Anpassung von (11.29) an (11.26)

$$D_0(y)=2\sqrt{1-y^2}\ , \tag{11.30}$$

und das erste Glied der GGE hat die Form

$$E_0^+S=2\sqrt{1-y^2}\ \exp\left\{-\frac{1}{\varepsilon}(1-y^2\,)\,(x+\sqrt{1-y^2}\,)\right\}+x-\sqrt{1-y^2}\ . \tag{11.31}$$

Da das GS-Problem (11.22) die Erfüllung der RB (11.23) auf einer Kreisperipherie erfordert, könnte man einwenden, daß es einfacher wäre (11.22) in Polarkoordinaten zu lösen. Wir werden aber sehen, daß dies nicht zutrifft. Im Gegenteil, bei der Verwendung dieser Variablen werden wir auf einen Widerspruch stoßen. In Polarkoordinaten (r, φ) nimmt (11.22) die Form

$$\varepsilon\left(\frac{\partial^2}{\partial r^2}+\frac{1}{r}\frac{\partial}{\partial r}+\frac{1}{r^2}\frac{\partial^2}{\partial\varphi^2}\right)S+\left(\cos\varphi\frac{\partial}{\partial r}-\frac{\sin\varphi}{r}\frac{\partial}{\partial\varphi}\right)S=1 \tag{11.22'}$$

an, und die RB (11.23) läßt sich besonders einfach durch $S(r{=}1,\varphi){=}0$ darstellen.Wie in kartesischen Koordinaten, so ist auch hier die direkte Entwicklung durch (11.24) gegeben. Wir wissen auch, daß die GS in einer Umgebung von Teilen der Randkurve r=1 liegt. Würden wir nun versuchen, eine GS-Entwicklung des Typs

$$S^{(i)}\sim\ h_0(\eta,\varphi)+o(1)\,,\ \text{mit}\ \ \eta=(1-r)/\varepsilon \tag{11.32}$$

anzusetzen, so entstünde nach Einsetzen in (11.22') in niedrigster Ordnung

$$(\partial^2/\partial\eta^2\ -\ \cos\varphi\,\partial/\partial\eta\,)\,h_0=0\,;\ \ h_0(1,\varphi)=0\ \ . \tag{11.33}$$

Die Lösung von (11.33) wäre aber

$$h_0(\eta,\varphi)=D_0(\varphi)\ \left\{\ \exp\left[\ \frac{(1-r)\,\cos\varphi}{\varepsilon}\ \right]-1\ \right\}\ , \tag{11.34}$$

und dieser Ausdruck ist für

$0<r<<\ 1+O(\varepsilon)$, und $-\pi/2<\varphi<\pi/2$ bzw. $\pi/2<\varphi<3\pi/2$

exponentiell groß bzw. subdominant klein. Dies bedeutet, daß (11.34) in der rechten Halbebene nicht an die direkte Entwicklung angepaßt werden kann.Wir können dieses

Ergebnis wie folgt interpretieren. Bedingt durch das angelegte Magnetfeld tritt in der DGL (11.22) der anisotrope Term S_x auf, und die GS findet sich nur in der Umgebung von Teilen der Randkurve. Die besonders einfache Wahl der GS-Variablen in (11.32) kann dies jedoch nicht berücksichtigen, und der Ansatz (11.32) ist unzulässig. Bilden wir jedoch die GS-Variable ξ in (11.27) mit Polarkoordinaten, dann erhalten wir auch ausgehend von (11.22') die konsistente Lösung (11.29). Da diese Vorgehensweise jedoch sehr umständlich ist, ist es klar, daß kartesische Koordinaten auch bei Vorgabe von RBn an Kreisperipherien für GS-Probleme vom Typ (11.22) zu bevorzugen sind.

❑

Wir kommen nun zur Besprechung der bis jetzt nicht behandelten Spezialfälle.

a) Entwicklungen in Umgebungen der Punkte A' bzw. B'

Wir kehren wieder zu dem Problem der Lösung der singulären DGL (11.12) im konvexen Gebiet G' zurück und erinnern daran, daß in Umgebungen der Punkte A' bzw. B' die innere Entwicklung nicht durch (11.18) dargestellt werden kann. Wir beschränken uns hier auf die Untersuchungen für den Punkt $A'=(r_0,s_0)$, die entsprechenden Überlegungen für den Punkt B' sind weitgehendst analog. In einer Umgebung von A' ist zwar die Funktion s(r) nicht differenzierbar, aber die Umkehrfunktion r(s) ist regulär, und es gilt die Taylor-Entwicklung

$$r-r_0=\frac{1}{2}\,r''(s_0)\,(s-s_0)^2+O[(s-s_0)^3]\ ,\ r''(s_0)>0\ . \tag{11.35}$$

Wir strecken hier sowohl r als auch s in der Form

$$r-r_0=\varepsilon^p\,v\ ,\ \text{und}\ s-s_0=\varepsilon^q\,w\ ,\ \text{mit}\ \ p,q>0\ . \tag{11.36}$$

Mit (11.35) folgt dann zunächst

$$v=\frac{1}{2}\,r''(s_0)\,w^2+O(\varepsilon^q)\ ,\ \text{und}\ \ p=2q\ . \tag{11.37}$$

In einer kleinen Umgebung von A' approximiert daher die Parabel im ersten Teil von (11.37) die Randkurve. Bezeichnen wir nun die entsprechende GS-Entwicklung mit $u^{(1)}(v,w,\varepsilon)$, dann geht (11.12) mit (11.36) und (11.37) in

$$\varepsilon\left\{B_{11}\,\varepsilon^{-4q}\,\frac{\partial^2}{\partial v^2}+2\,B_{12}\,\varepsilon^{-3q}\,\frac{\partial^2}{\partial v\partial w}+B_{22}\,\varepsilon^{-2q}\,\frac{\partial^2}{\partial w^2}\right\}u^{(1)}=$$

$$\left(\varepsilon^{-q}\frac{\partial}{\partial w}+C\right)u^{(1)}+H(r_0,s_0)+O(\varepsilon^q) \tag{11.38}$$

über. Das Gleichgewicht dominanter Terme in (11.38) führt zu q=1/3 und damit p=2/3. Setzen wir nun

$$u^{(1)}\sim\ G_0(v,w)+\varepsilon^{1/3}\,G_1(v,w)+O(\varepsilon^{2/3});\ \ v=(r-r_0)\,\varepsilon^{-2/3},\ \ w=(s-s_0)\,\varepsilon^{-1/3}, \tag{10.39}$$

dann entsteht wegen (11.38) in niedrigster Ordnung die *Wärmeleitungsgleichung*

$$B_{11}\, G_{0vv} = G_{0w} \tag{11.40.0}$$

und in der nächsten Korrekturordnung erhalten wir die inhomogene Wärmeleitungsgleichung

$$B_{11}\, G_{1vv} - G_{1w} = -2\, B_{12}\, G_{0vw} + C\ G_0 + H(r_0,s_0)\ . \tag{11.40.1}$$

Da aber die Funktion $u_0(r,s)$ in der RB (11.9) vorausetzungsgemäß an (r_0,s_0) voraussetzungsgemäß stetig ist, können wir

$$G_0 = u_0(r_0,s_0) = \text{const} \tag{11.41}$$

setzen. Wegen $s_1(r_0)=s_0$ geht die DE (11.11), formuliert in den Koordinaten v und w für $\varepsilon \to 0_+$, in (11.41) über, wenn wir dabei beachten, daß wegen (11.9)

$$u_1(r_0) = u_2(r_0) = u_0(r_0,s_0)$$

gilt. Wegen (11.41) verschwindet das erste Glied auf der rechten Seite von (11.40.1). Wir wollen jedoch nicht auf die aufwendigen Rechenschritte zur Lösung dieser DGL eingehen. Der interessierte Leser sei hiezu auf das Buch von Zauderer [11.1] verwiesen.

b) Teile der Randkurve C' sind Subcharakteristiken r = const

Ist ein Teil der Randkurve durch $r=r_R=$const gegeben, dann tritt in einer Umgebung dieses Geradenstücks eine GS auf, deren Entwicklung die Form

$$u^{(2)} \sim E_0(\zeta,s) + o(1)\ ,\ \zeta=(r-r_R)/\sqrt{\varepsilon} \tag{11.42}$$

hat. Setzen wir (11.42) in (11.12) ein, dann ergibt sich in niedrigster Näherung die inhomogene partielle DGL vom Typ einer *Wärmeleitungsgleichung*

$$B_{11}\, E_{0\zeta\zeta} = E_{0s} + C\ E_0 + H(r_R,s)\ ,\ \ E_0(\zeta=0,s) = u_0(r_R,s)\ . \tag{11.43}$$

Eine weitere RB ergibt sich durch Anpassung an die direkte Entwicklung (11.11). Wir wollen hier nicht auf das delikate Problem der Lösung von (11.43) eingehen, sondern wir beschränken uns nur auf die Durchrechnung eines instruktiven **Beispiels.**

Vorgelegt sei das singuläre elliptische Problem

$$\varepsilon(u_{xx} + u_{yy}) + u_x = 0,\ \varepsilon \to 0_+\ ,\ o \leq (x,y) < \infty \tag{11.44.1}$$

mit den RBn

$$u(x,0,\varepsilon) = f(x)\ ,\ u(0,y,\varepsilon) = g(y)\ ;\ \text{mit } f(\infty) = g(\infty) = 0 \tag{11.44.2}$$

und wir verlangen noch zusätzlich, daß die Lösung $u(x,y)$ im Unendlichen abklingt. Ein Vergleich von (11.44) mit (11.1) führt zu $a=-1$, $b=c=F=0$. Daher gilt wegen (11.7) $r=y$ und $s=-x$, und am subdominanten Rand $y=0$ ist eine RB vorgeschrieben. Daher findet sich in der Nähe der positiven x-Achse eine GS, deren Entwicklung gemäß (11.42) gebildet werden muß. Des weiteren tritt in der Nähe der positiven y-Achse eine GS auf, deren Entwicklung in Analogie zu (11.13) angesetzt werden muß. Eine Skizze dieser beiden GSn ist in Bild 11.3 zu finden. Wir beginnen mit der Bestimmung der DE, die wir wieder in der Form (11.4) ansetzen. Dann folgt nach Einsetzen in (11.41) $f_0=H(y)$, wobei die Funktion H(y) eine Konstante der x-Integration ist. Die DE kann jedoch nicht die RBn (11.44.2) erfüllen, da in Umgebungen der Ränder GSn auftreten. Daher muß die direkte Entwicklung die RBn im Unendlichen erfüllen, und es folgt $f_0=0$. Da dieses Ergebnis für alle Ordnungen gilt, folgt

$$S^{(d)} \equiv 0. \tag{11.45}$$

Man kann sich leicht davon überzeugen, daß im Unendlichen keine GSn auftreten können. Dazu bildet man die für große Werte von x bzw. y relevanten, gedehnten "GS-Variablen" $x_1=\varepsilon x$ bzw. $y_1=\varepsilon y$ und bestimmt ausgehend von (11.44.1) Entwicklungen mit Hilfe der Koordinaten (x,y_1) bzw. (x_1,y).

Wir kommen jetzt zur Bestimmung der GS-Entwicklung $u^{(1)}$, die in der Nähe der Randkurve x=0 y≥0 gilt. In Analogie zu (11.13) setzen wir an

$$u^{(1)} \sim G_0(\xi,y) + o(1)\,, \quad \xi=x/\varepsilon\,. \tag{11.46}$$

Dann folgt nach Eintragen in (11.44.1) und unter Berücksichtigung der RB an x=0 in (11.44.2)

$$G_{0\xi\xi} + G_{0\xi} = 0, \quad G_0(0,y) = g(y)\,,$$

und die Lösung dieser gewöhnlichen DGL hat die Form

$$G_0(\xi,y) = g(y) + B_0(y)\left(e^{-\xi} - 1\right). \tag{11.47}$$

Die Funktion B_0 bestimmen wir jetzt durch Anpassung an (11.45) und es folgt $B_0(y)=g(y)$. Damit folgt nach Einsetzen in (11.46)

$$u^{(1)} \sim g(y)\, e^{-x/\varepsilon} + o(1)\,. \tag{11.48}$$

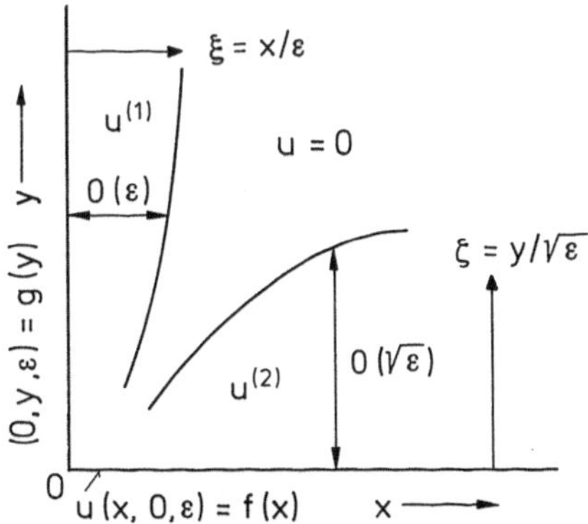

Bild 11.3 GSn und äußere Gebiete des singulären elliptischen Problems (11.44)

Nun kommen wir zur Bestimmung der GS-Entwicklung $u^{(2)}$, die in einer Umgebung von y=0 gilt. Entsprechend (11.42) setzen wir an

$$u^{(2)} \sim H_0(x,\zeta) + o(1)\,,\ \zeta = y/\sqrt{\varepsilon}\ . \tag{11.49}$$

Nach Eintragen in (11.44) entsteht dann die *zeitinvertierte Wärmeleitungsgleichung*

$$H_{0\zeta\zeta} = -H_x\,,\ H_0(x,\zeta=0) = f(x)\,,\ H_0(x,\infty) = 0\ . \tag{11.50}$$

Dabei entstehen die beiden RBn in (11.50) durch Erfüllung von (11.44.2), bzw. durch Anpassung an die direkte Entwicklung. Die Lösung von (11.50) ist

$$H_0(x,\zeta) = \frac{\zeta}{\sqrt{4\pi}} \int_x^\infty \exp\left\{-\frac{\zeta^2}{4(t-x)}\right\} \frac{f(t)\,dt}{(t-x)^{3/2}} \tag{11.51}$$

(Hinweise zur Verifikation von (11.51) werden im Aufgabe 11.10 gegeben). Durch Addition von (11.48) und (11.51) können wir schließlich das erste Glied der GGE berechnen. Diese Approximation gilt allerdings i.a. nicht in einer Umgebung des Ursprungs. Des weiteren ist sie für $x \gg O(\varepsilon)$ und $y \gg O(\sqrt{\varepsilon})$ exponentiell klein.

❑

Hinsichtlich der Problematik elliptischer DGLn mit variablen Koeffizienten bzw. elliptischer Probleme in höheren Dimensionen sei hier nur auf [11.1] bzw. auf den Artikel von Bouthier [11.3] verwiesen. Einzel-DGLn dieser Klassen finden sich jedoch in der Aufgabensammlung.

Wir wollen nach Abschluß der Behandlung elliptischer DGLn ein Anwendungbeispiel aus dem Gebiet des *Wärmeübergangs* in durchströmten Rohren behandeln. Wir beschränken uns dabei auf achsensymmetrische Probleme, und die entsprechende Ausgangsgleichung ist dabei eine quasi-zweidimensionale elliptische DGL.

11.1.2 Wärmeübergang bei großen Péclet-Zahlen

Wir untersuchen hier den Wärmeübergang an einem kreisförmigen Rohr, das von einem inkompressiblen, schlecht leitenden Fluid durchströmt wird. Dabei strömt das Fluid mit konstanter Geschwindigkeit in Richtung der positiven x-Achse. Beschränken wir uns auf achsensymmetrische RBn, dann läßt sich die dimensionslose Temperatur $T(r,x,\varepsilon)$ (r und x sind dimensionslose Zylinderkoordinaten, ε ist ein dimensionsloser Parameter und R ist der Rohrradius) in der Form

$$T(r,x,\varepsilon) = \frac{\theta(\rho,\xi,\varepsilon) - \theta(0,L,\varepsilon)}{\theta(0,L,\varepsilon)}\ ,\ r=\rho/R\ ,\ x=\xi/R\ , \tag{11.52}$$

bilden, wobei θ, ρ und ξ dimensionsbehaftete Temperatur bzw. Zylinderkoordinaten sind, und $\theta(0,L,\varepsilon)$ eine Bezugstemperatur ist. Die Bezugslänge L werden wir später festlegen. Die durch (11.52) definierte Funktion genügt dann der quasi-zweidimensionalen Wärmeleitungsgleichung

$$\varepsilon\left(T_{rr} + \frac{1}{r}T_r + T_{xx}\right) = T_x . \tag{11.53}$$

Dabei gilt $\varepsilon=1/Pe$, und Pe ist die *Péclet-Zahl.* Der Grenzfall $\varepsilon \to 0_+$ entspricht daher großen Werten der Péclet-Zahl und dies ist z.B. für schlecht leitende Fluide erfüllt. Da in (11.53) der variable Koeffizient 1/r auftritt, gehört diese DGL eigentlich nicht zur Klasse (11.1). Wir werden allerdings im Folgenden sehen, daß wir die Lösungen von (11.53) dennoch mit den bis jetzt besprochenen Methoden approximieren können.Wir schreiben im Folgenden alternativ zwei differente RBn vor.

a) Vorgegebene Wandtemperatur

Wir nehmen hier an, daß das Fluid in einem unendlich langen Rohr strömt ($-\infty<x<\infty$) und setzen in (11.52) $L=-\infty$. Als RBn schreiben wir

$$T(1,x,\varepsilon)=F(x) \;,\; F(-\infty)=0 \;;\; \text{und} \;\; T(r,-\infty,\varepsilon)=0 \tag{11.54}$$

vor. Dabei bedeutet der zweite Teil von (11.54), daß die Temperatur des Fluids für $\xi \to -\infty$ konstant ist. Ähnlich wie bei dem Problem (11.44) können im Unendlichen keine GSn auftreten. Die direkte Entwicklung niedrigster Ordnung ist

$$T^{(d)} \sim f_0(r) + o(1) . \tag{11.55}$$

$T^{(d)}$ kann daher i.a. nicht die RBn (11.54) erfüllen. Wir interpretieren deshalb (11.55) als die von der Lauflänge x unabhängige Temperatur in der Rohrachse (r=0), und wir werden an r=1 eine GS-Entwicklung einführen. Konsistent mit dem zweiten Teil von (11.55) setzen wir daher $f_0=0$, und damit gilt in allen Ordnungen

$$T^{(d)} \equiv 0 . \tag{11.56}$$

Ein Vergleich von (11.53) mit (11.12) (mit s:=x) zeigt , daß der Rand r=1 eine Subcharakteristik ist. Wir bilden daher die GS-Entwicklung in Analogie zu (11.42) durch

$$T^{(i)} \sim G_0(\zeta,x) + o(1) \;,\; \zeta=(1-r)/\sqrt{\varepsilon} . \tag{11.57}$$

Dann entsteht nach Eintragen in (11.53) und (11.54) die Wärmeleitungsgleichung mit einer RB und einer AB

$$G_{0\zeta\zeta} = G_{0x} \;;\; G_0(0,x) = F(x) \;,\; G_0(\zeta,-\infty) = 0 . \tag{11.58}$$

In Analogie zu (11.51) lautet nun die Lösung von (11.58) (siehe auch Aufgabe 11.10)

$$G_0(\zeta,x) = \frac{\zeta}{\sqrt{4\pi}} \int_{-\infty}^{x} \exp\left\{-\frac{\zeta^2}{4(x-t)}\right\} \frac{F(t)\,dt}{(x-t)^{3/2}} . \tag{11.59}$$

Wegen (11.56) ist aber (11.59) gleichzeitig das erste Glied der GGE.

Als Spezialfall wollen wir noch annehmen, daß Funktion F(x) die Heavyside-Funktion sei; i.e.

$$F(x) = 0 \text{ für } x<0, \text{ und } F(x) = 1 \text{ für } x>0 \,. \tag{11.60}$$

Wir wollen zuerst zeigen, daß die Funktion G_0 für x<0 verschwindet. Dazu setzen wir in (11.59) x=-|x| und substituieren t=-u. Dann ergibt sich

$$G_0(\zeta,x<0) = \frac{\zeta}{\sqrt{4\pi}} \int_{|x|}^{\infty} \exp\left\{-\frac{\zeta^2}{4(u-|x|)}\right\} \frac{F(-u)\,du}{(u-|x|)^{3/2}}$$

und wegen (11.60) folgt

$$G_0(\zeta,x<0) \equiv 0 \,. \tag{11.61}$$

Für positive Werte von x können wir in (11.59) wegen (11.60) die untere Integrationsgrenze durch Null ersetzen und F=1 setzen. Benutzen wir noch die Substitution $s(t)=(1/2)\zeta(x-t)^{-1/2}$, dann folgt schließlich

$$G_0(r,x>0) = 1 - \operatorname{erf}\left[(1/2)(1-r)(\varepsilon x)^{-1/2}\right] . \tag{11.62}$$

b) Vorgebene Temperaturgradienten an der Rohrwand

Wir setzen hier die Bezugslänge L in (11.52) Null und verlangen in Abänderung der RB (11.54)

$$\frac{\partial T}{\partial r}(1,x,\varepsilon) = F(x) \text{ und } T(r,0,\varepsilon) = 0 \,. \tag{11.63}$$

Da die DE diese RB nicht erfüllen kann, gilt weiterhin (11.56). Diesen RBn genügt dagegen die GS-Entwicklung, die wegen (11.56) auch die GGE darstellt. In Analogie zu (11.57) setzen wir nun an

$$T^{(i)} \sim \sqrt{\varepsilon}\, g_0(\zeta,x) + o(\sqrt{\varepsilon}) \,; \; \zeta = (1-r)/\sqrt{\varepsilon} \,, \tag{11.64}$$

wobei die Vergleichsfunktion $\sqrt{\varepsilon}$ die Erfüllung der Gradientenbedingung in (11.63) gewährleistet . Dann entsteht nach Eintragen in (11.53) bzw. (11.63)

$$g_{0\zeta\zeta} - g_{0x} = 0 \,; \; g_{0\zeta}(\zeta=0,x) = -F(x) \,; \; g_0(\zeta,x=0) = 0 \,. \tag{11.65}$$

Zur Lösung dieser Wärmeleitungsgleichung benutzen wir die *Laplace-Transformation.*

$$G(\zeta,p) = \int_0^{\infty} e^{-xp} g_0(\zeta,x)\,dx \,; \; H(p) = \int_0^{\infty} e^{-xp} F(x)\,dx \,. \tag{11.66}$$

Damit geht die Transformierte von (11.65) in die gewöhnliche DGL

$$G'' - p\,G = 0 \,; \; G'(0,p) = -H(p) \,; \; ' = d/d\zeta \tag{11.67}$$

über. Eine weiter RB ist durch die Anpassung gegeben und diese führt zu $g_0(\infty,x)=0$ und damit gilt auch $G(\infty,p)=0$. Damit erhalten wir als Lösung von (11.67)

$$G(\zeta,p) = p^{-1/2}\, H(p) \exp\left(- \sqrt{p}\, \zeta \right) \;;\; \Re(\sqrt{p}) > 0 \;. \tag{11.68}$$

Alle weiteren Rechenschritte, wie z.B. die Umkehrung der Laplace-Transformation, können nur bei expliziter Vorgabe der Funktion F(x) durchgeführt werden, wobei für F>0 bzw. F<0 das Fluid aufgeheizt respektive gekühlt wird. Wir beschränken uns hier auf den Fall der Heizung und setzen

$$F(x) = x^a \text{ mit } a>0. \tag{11.69}$$

Dann gilt wegen des zweiten Teils von (11.66) und mit (4.67) $H(p)=\Gamma(a+1)p^{-(a+1)}$. Nach Eintragen in (11.69) und Inversion der Laplace-Transformation (siehe z.B. [4.3]) erhalten wir das erste Glied der GGE in der Form

$$g_0(\zeta,x) = (2/\pi)^{1/2}\, \Gamma(a+1)\, (2x)^{a+1/2} \exp\left(- \zeta^2/(8x)\right) D_{-2a-2}\left(\zeta/\sqrt{2x}\,\right) . \tag{11.70}$$

Dabei ist D_k die parabolische Zylinderfunktion und wegen (5.130') gilt

$$D_k(z) \sim z^k \exp(- z^2/4) \text{ für } z\to\infty \;. \tag{11.71}$$

Mit der in der Aufgabe 4.25 hergeleiteten Beziehung für $D'_k(0)$ läßt sich nun leicht verifizieren, daß (11.70) die RB an r=1 erfüllt. Als Spezialfall wollen wir noch die Temperatur in der Rohrachse r=0 berechnen. Dann können wir für $0\leq x<O(1/\varepsilon)$ die AE (11.71) benutzen und es entsteht

$$T(r=0,x) \sim (2/\pi)^{1/2}\, \Gamma(a+1)\, (2x)^{2a+3/2}\, \varepsilon^{a+3/2} \exp[- 1/(4\varepsilon x)] \;. \tag{11.72}$$

Dies bedeutet, daß sich die Temperatur in der Achse mit wachsender Lauflänge nur geringfügig ändert.
Zusammenfassend können wir feststellen, daß der Wärmeübergang bei Fluiden mit kleinen Péclet-Zahlen in beiden Fällen (vorgegebene Wandtemperatur bzw. Temperaturgradienten) bedingt durch die schlechte Wärmeleitfähigkeit nur innerhalb einer dünnen Temperaturgrenzschicht der Dicke $O(\sqrt{\varepsilon})$ in der Nähe der Rohrwand stattfindet. Außerhalb dieser GS ist die Temperatur - von rezessiven Gliedern abgesehen - konstant.

11.1.3 Parabolische Differentialgleichungen

Wir haben uns bereits im vorangegangenen Abschnitt mit Wärmeübergangsproblemen beschäftigt, wobei die entsprechenden DGLn parabolische Struktur haben. Wir wollen uns daher hier nur für die Approximation der Lösungen von parabolischen DGLn der eingeschränkten Klasse

$$\varepsilon\, u_{xx} = u_y + F(y)\, u_x \;;\; 0 \leq (x,y) < \infty \;;\; \varepsilon\to 0_+ \tag{11.73}$$

interessieren. Dabei sind x bzw. y die Raum- bzw. Zeitvariablen und wir schreiben zwei RBn und eine AB in der Form

$$u(0,y,\varepsilon) = G(y)\,;\ u(\infty,y,\varepsilon) = 0 \text{ und } u(x,0,\varepsilon) = H(x) \tag{11.74}$$

vor. Dabei nehmen wir an, daß die Funktionen F, G und H regulär sind und verlangen noch zusätzlich

$$F(y) < 0\,;\ G(0) = H(0)\,;\ H(\infty) = 0\,. \tag{11.75}$$

Die DE hat wieder die Form $u^{(d)}=f_0(x,y)+\varepsilon f_1(x,y)+o(\varepsilon)$ und nach Einsetzen in (11.73) erhalten wir

$$\varepsilon^0: f_{0y} + F(y)\, f_{0x} = 0\,;\ \varepsilon^1:\ f_{1y} + F(y)\, f_{1x} = f_{0xx}\,. \tag{11.76}$$

Damit entsteht in niedrigster Ordnung

$$f_0 = f_0(s) \quad \text{mit} \quad s = x - \int_0^y F(z)\,dz\,. \tag{11.77}$$

Nun ergeben sich aber Schwierigkeiten bei der Erfüllung der RB an x=0

$$f_0(s_0) = G(y) \text{ mit } s_0 = -\int_0^y F(z)\,dz\,, \tag{11.78}$$

da diese Bedingung i.a. nicht eindeutig lösbar ist. Dagegen kann die DE die AB an y=0 erfüllen und wir setzen daher

$$f_0(x,y) = H(s)\,, \tag{11.79}$$

wobei die Variable s weiterhin durch den zweiten Teil von (11.77) definiert ist. Da nun f_0 der AB an y=0 genügt, gilt $f_1(x,y=0)=0$ und nach Eintragen von (11.78) in den zweiten Teil von (11.76) erhalten wir als Lösung dieser DGL

$$f_1(x,y) = y\,H''(s)\,. \tag{11.80}$$

Wir kommen jetzt zur Bestimmung der GS-Entwicklung, die RB an x=0 erfüllen muß. Dazu führen wir eine Entwicklung der Form

$$u^{(i)} \sim g_0(\xi,y) + \varepsilon\, g_1(\xi,y) + o(\varepsilon) \text{ mit } \xi = x/\varepsilon \tag{11.81}$$

ein. Dann entsteht nach Einsetzen in (11.73) und (11.74) die Hierarchie von Problemen

$$\varepsilon^0:\ g_{0\xi\xi} - F(y)\, g_{0\xi} = 0\,;\ g_0(0,y) = G(y)\,, \tag{11.82.0}$$

$$\varepsilon^1:\ g_{1\xi\xi} - F(y)\, g_{1\xi} = g_{0y}\,;\ g_1(0,y) = 0\,. \tag{11.82.1}$$

Die Lösung von (11.82.0) lautet

$$g_0(\xi,y) = G(y) + B(y)\,\{\exp[F(y)\,\xi] - 1\}\,. \tag{11.83}$$

Wir bestimmen jetzt die Funktion B(y), die Konstante der ξ-Integration durch Anpassung an die Funktion f_0. Dazu schreiben wir (11.79) in der GS-Variablen an und entwickeln für $\varepsilon \to 0_+$. Dabei erhalten wir

$$f_0 = H(\varepsilon\xi - \int_0^y F(z)\,dz) = H(s_0) + O(\varepsilon) \text{ für } \varepsilon \to 0_+ \ . \tag{11.84}$$

Da voraussetzungsgemäß F(y)<0 gilt, führt die Anpassung von (11.83) an (11.84) zu

$$G(y) - B(y) = H(s_0) \ . \tag{11.85}$$

Damit ist die Funktion B(y) bestimmt und das erste Glied der GGE hat die Form

$$\mathbf{E}_0^+ u = H(s) + [G(y) - H(s_0)] \exp[F(y)x/\varepsilon] \ . \tag{11.86}$$

Man überzeugt sich leicht davon, daß (11.86) die AB und die RBn exakt erfüllt. Die Lösung von (11.82.1) ist wegen (11.83) ('=d/dy)

$$g_1(\xi,y) = D(y)(e^{F\xi} - 1) + (B'-G')\xi/F + S(\xi,y)\, e^{F\xi} \quad \text{mit}$$

$$S(\xi,y) = (- BF'/F^2 + B'/F)\,\xi - BF'\xi^2/(2F) \ . \tag{11.87}$$

Die Funktion D(y), die eine Konstante der ξ-Integration ist, bestimmen wir jetzt durch die Anpassung. Dazu formulieren wir die DE in der Koordinate ξ und entwickeln für $\varepsilon \to 0_+$ bis zur Potenz ε^1 .Dabei erhalten wir mit (11.79) und (11.80)

$$u^{(d)} \sim H(s_0) + \varepsilon\,[\,\xi H'(s_0) + y\, H''(s_0)\,] + O(\varepsilon^2) \ . \tag{11.88}$$

Andererseits führt eine Entwicklung der GS-Approximation (11.81) zu

$$u^{(i)} \sim \ H(s_0) + \varepsilon\,[\, - D(y) + (B' - G')\xi/F\,] + O(\varepsilon^2) \ . \tag{11.89}$$

Die Gleichsetzung von (11.88) und (11.89) liefert daher die Bedingungen

$$D(y) = - y\, H''(s_0) \quad \text{und} \quad B' - G' = F\, H'(s_0) \ . \tag{11.90}$$

Der erste Teil von (11.90) legt nun die Funktion D(y) fest. Dagegen ergibt sich die zweite Bedingung in (11.90) durch Differentiation von (11.85) und bringt daher keine neue Aussage. Damit lauten die beiden ersten Glieder der GGE

$$\mathbf{E}_1^+ u = \mathbf{E}_0^+ u + \varepsilon\left\{ y\, H''(s) - y\, H''(s_0) \exp[F(y)x/\varepsilon] + S(\xi,y) \exp[F(y)x/\varepsilon] \right\}. \tag{11.91}$$

(11.91) erfüllt die x-RBn, für y=0 und x=O(ε) entsteht dagegen ein Fehler der O(ε). Andererseits ist (11.91) auch für $y \to \infty$ gleichmäßig, da in diesem Grenzfall die Funktionen H"(s) und H"(s_0) abklingen.

Wir schließen diesen Abschnitt jetzt mit der Behandlung des **Beispiels**

$$\varepsilon u_{xx} = u_y - u_x \ ; \ u(x,0,\varepsilon) = x e^{-x} ; \ u(0,y,\varepsilon) = y/(1+y^2) \ ; \ (x,y) \geq 0 \ ; \ \varepsilon \to 0_+ \tag{11.92.1}$$

ab. Mit F=-1 gehört diese DGL zur Klasse (11.73) und die in den RBn auftretenden Funktionen erfüllen die Einschränkungen (11.75). Wegen (11.86) hat dann das erste Glied der GGE die Form

$$\mathbf{E}_0^+ u = (x+y)\, e^{-(x+y)} + [y/(1+y^2) - y\, e^{-y}]\, \exp(-x/\varepsilon)\,. \tag{11.92.2}$$

In Bild 11.4 wird (11.92.2) mit der numerischen Lösung von (11.92.1) verglichen.

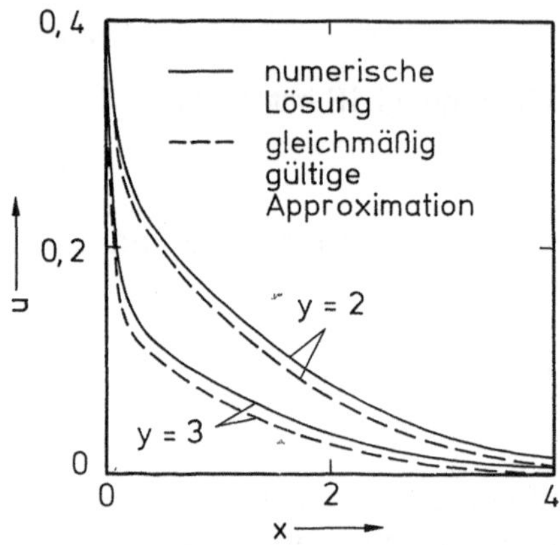

Bild 11.4 Numerische Lösung und GGE des parabolischen Problems (11.92.1) für ε=0,05

11.2 Singuläre Randbedingungen

Wir haben bis jetzt Approximationen der Lösungen von DGLn diskutiert, bei denen ein kleiner Parameter ε Koeffizient der höchsten Ableitungen ist. Singuläre Probleme liegen jedoch auch dann vor, wenn der Grenzfall ε→0 zwar nicht die Ordnung der DGL erniedrigt, aber dennoch bei der Erfüllung der RBn Schwierigkeiten entstehen. Meist entartet dabei ein bestimmter (ebener oder räumlicher) Bereich in eine Kurve oder in einen Punkt. Man spricht dann von *singulären Randbedingungen.* Das bekannteste Beispiel für diese Problematik ist wohl die Potentialströmung um einen sehr schlanken Körper, wobei im Rahmen der Störentwicklung der Körper in eine Gerade entartet (siehe z.B. Van Dyke[8.3]). Derartige Problemstellungen treten auch bei gewöhnlichen DGLn auf (z.B. dann wenn eine RB an der Stelle x=ε vorgeschrieben ist; siehe Cohen [11.4]), wir sind jedoch im Kapitel 10 nicht auf diese Phänomene eingegangen. Auch hier, bei partiellen DGLn existiert keine allgemeine Theorie und wir beschränken uns auf die Behandlung von zwei Anwendungsbeispielen.

11.2.1 Potentialströmung durch ein Rohr mit einer Einschnürung

Wir untersuchen eine stationäre, inkompressible, achsensymmetrische Potentialströmung durch ein langes, kreisförmiges Rohr, das in der Ebene x=0 eine kleine, halbkreisförmige Einschnürung aufweist (siehe Bild 11.5). Führen wir Zylinderkoordinaten (r,x) ein, dann ist die Oberfläche der Einschnürung durch

$$(r-1)^2 + x^2 = \varepsilon^2 \quad ; \quad \varepsilon \to 0_+ \tag{11.93}$$

gegeben und diese Fläche degeneriert für ε=0 in den Kreis r=1 in der Ebene x=0. Das Geschwindigkeitsfeld $\mathbf{u}=u(r,x)\mathbf{e}_x+v(r,x)\mathbf{e}_r$ erfüllt die Kontinuitätsgleichung

$$(1/r)\,\partial(rv)/\partial r + \partial u/\partial x = 0 \ .$$

Wir führen jetzt die *Stromfunktion* $\Psi(r,x,\varepsilon)$ durch die Definition

$$u = (1/r)\,\partial\Psi/\partial r \quad \text{und} \quad v = -(1/r)\,\partial\Psi/\partial x$$

ein. Für Potentialströmungen gilt rot $\mathbf{u} = \mathbf{0}$ und daher muß Ψ der DGL

$$\Psi_{rr} - (1/r)\,\Psi_r + \Psi_{xx} = 0 \tag{11.94}$$

genügen. Die entsprechenden RBn sind

$$\Psi(r=0,x,\varepsilon) = -1/2 \ ; \quad \Psi|_{\text{Wand}} = 0 \ ; \quad (u,v) \sim (1,0) \text{ für } |x| \to \infty \ . \tag{11.95}$$

Wir sehen nun, daß zwar die DGL (11.94) von ε unabhängig ist, dieser Parameter kommt jedoch wegen (11.93) über die RBn ins Spiel.

Die äußere Lösung (die DE), die nicht die RB an der Einschnürung erfüllen muß, repräsentiert eine ungestörte Parallelströmung mit der Stromfunktion

$$\Psi^{(a)} \sim (r^2-1)/2 + o(1). \tag{11.96}$$

Die innere Entwicklung soll dagegen in der Nähe der Einschnürung gelten. Um die RB an der Fläche (11.93) zu vereinfachen, strecken wir beide Koordinaten und setzen

$$\Psi^{(i)} \sim \nu_0(\varepsilon)\,[\,\Psi_0(\xi,\eta) + \varepsilon\,\Psi_1(\xi,\eta) + o(\varepsilon)\,] \quad \text{mit} \quad \xi = x/\varepsilon \ , \ \eta = (1-r)/\varepsilon \ . \tag{11.97}$$

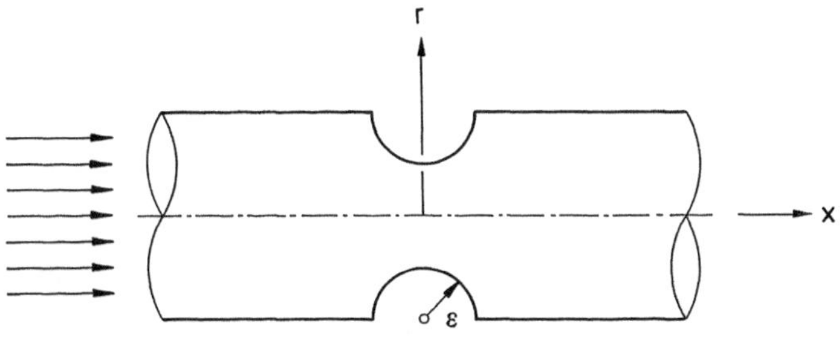

Bild 11.5 Strömung durch ein Rohr mit einer kleinen Einschnürung

Dabei ist $\nu_0(\varepsilon)$ eine zunächst unbekannte Eichfunktion. Schreiben wir nun (11.94) in den neuen Koordinaten an, so entsteht

$$\left(\partial^2/d\eta^2 + \varepsilon/(1-\varepsilon\eta)\, \partial/\partial\eta + \partial^2/\partial\xi^2 \right) \Psi^{(i)} = 0 \; . \tag{11.98}$$

Nach Eintragen von (11.97) in (11.98) erhalten wir

$$\varepsilon^0 : \; \Psi_{0\xi\xi} + \Psi_{0\eta\eta} = 0 \, , \tag{11.99.0}$$

$$\varepsilon^1 : \; \Psi_{1\xi\xi} + \Psi_{1\eta\eta} = - \Psi_{0\eta} \; . \tag{11.99.1}$$

Da die innere Entwicklung die RB an der Einschnürung (11.93) erfüllen muß, gilt

$$\Psi_0 = \Psi_1 = 0 \quad \text{für} \quad \xi^2 + \eta^2 = 1 \; . \tag{11.100}$$

Zur Vorbereitung der Anpassung schreiben wir (11.96) in den Zwischenvariablen

$$\xi_1 = x/\sqrt{\varepsilon} \quad \text{und} \quad \eta_1 = (1-r)/\sqrt{\varepsilon} \tag{11.101}$$

an. Dann folgt

$$\Psi^{(a)} \sim -\sqrt{\varepsilon}\,\eta_1 + (1/2)\, \varepsilon\, \eta_1^2 + o(\varepsilon) \; . \tag{11.96'}$$

Um daran Ψ_0 anpassen zu können, führen wir neue Polarkoordinaten ein, die durch

$$\xi = R \cos\varphi \quad \text{und} \quad \eta = R \sin\varphi \; ; \quad R \geq 1 \tag{11.102}$$

definiert sind. Dabei gilt an der Einschnürung R=1 und im Inneren des Rohres R>1 (siehe Bild 11.6). Motiviert durch das erste Glied in (11.96') versuchen wir jetzt den Separationsansatz

$$\Psi_0(R,\varphi) = F(R) \sin\varphi \quad \text{mit} \quad F(1) = 0. \tag{11.103}$$

Nach Einsetzen in (11.99.0) und Übergang zu den Polarkoordinaten (11.102) entsteht eine Euler-DGL für die Funktion F(R). Diese läßt sich leicht lösen und es folgt

$$\Psi_0 = A\eta\, [\, 1 - (\eta^2 + \xi^2)^{-1} \,] \; ; \; A = \text{const} \, . \tag{11.104}$$

Schreiben wir nun (11.104) in den Zwischenvariablen ξ_1 und η_1 an, dann sehen wir, daß das zweite Glied in dieser Gleichung nur ein Korrekturterm ist. Die Anpassung an (11.96') liefert dann wegen (11.97) in niedrigster Ordnung A=-1 und $\nu_0(\varepsilon)=\varepsilon$. Damit gilt

$$\Psi^{(i)} \sim \varepsilon \Psi_0 + \varepsilon^2 \Psi_2 + o(\varepsilon^2) = - \varepsilon \eta\, [\, 1 - (\eta^2 + \xi^2)^{-1} \,] + o(\varepsilon) \tag{11.105}$$

und das erste Glied er GGE hat die von Van Dyke ([11.5]) angegebene Form

$$\mathbf{E}_0^+ \Psi = \frac{1}{2} (r^2 - 1) + \frac{\varepsilon^2 (1 - r)}{(1 - r)^2 + x^2} \; . \tag{11.106}$$

Wir berechnen jetzt noch das Korrekturglied Ψ_1 und wollen dabei zeigen, daß die innere Entwicklung an beide Glieder in (11.96') angepaßt werden kann. Mit (11.99.1)

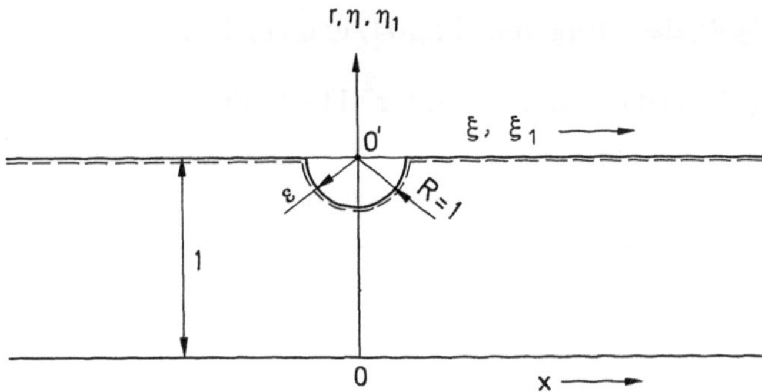

Bild 11.6 Rohrgemetrie in transformierten Koordinaten

und (11.104) entsteht nach Übergang zu den Polarkoordinaten (11.103)

$$\left(\partial^2/\partial R^2 + (1/R)\,\partial/\partial R + R^{-2}\,\partial^2/\partial\varphi^2 \right) \Psi_1 = 1 - R^{-2}\cos 2\varphi \ . \qquad (11.107)$$

Setzen wir nun für die homogene Lösung eine Fourier-Reihe an, so erhalten wir

$$\Psi_1 = \frac{1}{4}(R^2 + \cos 2\varphi) + A_0 + B_0 \ln R + \sum_{n=1}^{\infty} \left[(A_m R^m + B_m R^{-m}) \cos m\varphi + \right.$$
$$\left. + (C_m R^m + D_m R^{-m}) \sin m\varphi \right].$$

Dabei ist das erste Glied die partikuläre Lösung von (11.107) und A_m bis D_m sind Konstante. Bei der Anpassung müssen wir jetzt beachten, daß bei Verwendung der äußeren Koordinaten (r,x)

$$\varepsilon^2 R^m = O(\varepsilon^{2-m})$$

gilt. In der inneren Entwicklung tritt nun das Glied $\varepsilon^2 \Psi_1$ auf und wegen (11.96) darf dieser Ausdruck nicht negative Potenzen von ε aufweisen. Dies bedeutet aber, daß die Fourier-Reihe für m≥3 abgebrochen werden muß; i.e.

$$A_m = B_m = C_m = D_m = 0 \quad \text{für} \quad m \geq 3 \ .$$

Dann folgt nach Erfüllung der RB an R=1 (an der Verengung)

$$\Psi_1 = (R^2-1)/4 + B_0 \ln R + A_1(R-1/R)\cos\varphi + \left[(1-R^{-2})/4 + A_2(R^2-R^{-2})\right]\cos 2\varphi +$$
$$+ \sum_{m=1}^{2} C_m (R^m - R^{-m}) \sin 2\varphi \ . \qquad (11.108)$$

Schreiben wir nun (11.108) in den Variablen (r,x) an, so sind die Glieder niedrigster Ordnung die zu R^2 proportionalen Terme und es gilt

$$\varepsilon^2 \Psi_1 = \frac{1}{4}\left[(1-r)^2 + x^2 \right] + A_2 \left[x^2 - (1-r)^2 \right] + 2C_2\, x(1-r) + O(\varepsilon) \ .$$

Setzen wir daher A_2=-1/4 und C_2=0, dann folgt mit (11.104) und (11.108)

$$\varepsilon \Psi_0 + \varepsilon^2 \Psi_2 = -(1-r) + (1/2)(1-r)^2 + O(\varepsilon) = (1/2)(r^2-1) + O(\varepsilon)$$

und die Anpassung in O(1) reproduziert gerade die DE (11.96). Die Konstanten B_0, A_1 und C_1 bleiben vorläufig unbestimmt und sie können erst durch Fortsetzung des Anpassungsprozesses in höheren Ordnungen berechnet werden. Dabei müssen in Ergänzung der DE (11.96) wegen (11.108) logarithmische und Dipolterme angesetzt werden (siehe z.B. Milne-Thompson [11.6]).

11.2.2 Streuung langer Schallwellen an starren Kugeln

Ebene Schallwellen breiten sich in der z-Richtung aus und werden an einer Kugel (Radius R), deren Mittelpunkt im Ursprung liegt, gestreut. Wir nehmen an, daß die Wellenlänge der einlaufenden Wellen λ viel größer als R ist. Wegen $\lambda=2\pi/k_0$ (k_0 ist die Wellenzahl) ist hier der Störparameter $\varepsilon=k_0R<<1$.Da die Wellenlänge im Fernfeld (weit von der Kugel entfernt) die relevante Länge ist, erscheint die Kugel für lange Wellen im Fernfeld als Punkt. Dies bedeutet, daß für einen Beobachter im Fernfeld der räumliche Bereich der Kugel in eine Punkt entartet. Es entstehen daher Probleme mit der Erfüllung der RB an der Kugeloberfläche.

Die folgenden Überlegungen basieren z.T. auf Gedankengängen, die bereits im Kapitel 1 entwickelt wurden. Wir führen Kugelkoordinaten ein und beschränken uns auf die Untersuchung achsensymmetrischer Wellen, die durch das Potential $\Phi(r,\theta,t)$ beschrieben werden. Dieses Potential wird wieder in die Anteile einfallender und gestreuter Wellen zerlegt. Dann gilt in Analogie zu (1.24) und (1.25)

$$\Phi(r,\theta,t) = \exp(-i\omega t)\left[\exp(ik_0 z) + A(r,\theta)\right] ; \quad z=r\cos\theta \; .$$

Dabei muß A , die Amplitude der gestreuten Wellen, der DGL (1.13) genügen und die RB an der Kugeloberfläche lautet (vgl. (1.28.2))

$$\partial A/\partial r\big|_{r=R} = -i\,k_0 \cos\theta \exp(i\varepsilon\cos\theta)\,. \tag{11.109}$$

Eine weitere RB für A ist durch die Abstrahlungsrelation (1.11') gegeben. Der Faktor $\exp(i\varepsilon\cos\theta)$ in (11.109) läßt sich in Analogie zu (1.29) in eine Fourier-Reihe entwickeln, die Produkte von sphärischen Bessel-Funktionen und von Legendre-Polynomen beinhaltet. Mit Hilfe dieser Reihe kann man die exakte Lösung des Problems der Streuung ebener Wellen an Kugeln bestimmen (siehe z.B. [1.3]). Das entsprechende Ergebnis ist jedoch ein komplizierter Ausdruck und für die Untersuchung des Grenzfalls $k_0R<<1$ müssen neuerlich Reihenentwicklungen herangezogen werden. Wir schlagen daher hier den umgekehrten Weg ein und bestimmen a priori mit Hilfe von AAEn die Approximation der Lösung des Problems.

Zur Entdimensionalisierung der radialen Koordinate können nun entweder der Kugelradius oder die Wellenlänge herangezogen werden. Dabei sind Radius bzw.

Wellenlänge im Nahfeld bzw. im Fernfeld relevante Maßstäbe. Daher ist die innere Entwicklung die Nahfeld-Appproximation, die äußere Entwicklung ist die Fernfeld-Approximation und wir bestimmen beide Entwicklungen durch Streckung der Koordinaten. Definieren wir daher die innere Koordinate durch ξ=r/R, dann geht (1.13) in

$$\left(\frac{\partial^2}{\partial\xi^2}+\frac{2}{\xi}\frac{\partial}{\partial\xi}+\frac{1}{\xi^2\sin\theta}\frac{\partial}{\partial\theta}\sin\theta\frac{\partial}{\partial\theta}+\varepsilon^2\right)A^{(i)}=0\,;\ \xi=r/R\,. \tag{11.110}$$

über. Eine Taylor-Entwicklung der RB (11.109) führt nun zu

$$\partial A/\partial\xi|_{\xi=1}=-i\,\varepsilon\cos\theta\,[\,1+i\,\varepsilon\cos\theta+O(\varepsilon^2)\,]\,. \tag{11.111}$$

(11.111) motiviert eine innere Entwicklung in Form der Separation

$$A^{(i)}\sim\varepsilon\,P_1(\cos\theta)\,F_1(\xi)+\varepsilon^2\left[\,P_2(\cos\theta)\,F_2(\xi)+P_0(\cos\theta)\,F_0(\xi)\right]+o(\varepsilon^2). \tag{11.112}$$

Dabei sind $P_n(\cos\theta)$ die durch (1.19.2) gegebenen Legendre-Polynome. Wegen (11.111) sind dann für die radialen Formfunktionen $F_n(\xi)$ die RBn

$$F_0'(1)=1/3\,,\ F_1'(1)=-\,i\ \text{und}\ \ F_2'(1)=2/3 \tag{11.113}$$

zu beachten. Zusätzlich verlangen wir (zur Vorbereitung der Anpassung), daß die Funktionen F_n im Unendlichen abklingen. Einsetzen von (11.112) in (11.110) führt dann zu den Euler-Gleichungen

$$F_n''+(2/\xi)\,F_n'-n(n+1)\,\xi^{-2}\,F_n=0\,;\ \ '=d/d\xi\ \ \text{für } n=0,1,2\,. \tag{11.114}$$

Unter Berücksichtigung der RBn ergibt die Integration dieser DGLn

$$F_0=-1/(3\xi)\,;\ F_1=i/(2\xi^2)\,;\ F_2=-2/(9\xi^3)\,. \tag{11.115}$$

Setzen wir nun dieses Ergebnis in in (11.112) ein, so haben die beiden ersten Glieder der inneren Entwicklung die Form

$$A^{(i)}\sim\frac{i\,\varepsilon\cos\theta}{2\,\xi^2}-\varepsilon^2\left[\,\frac{2\,P_2(\cos\theta)}{9\,\xi^3}+\frac{1}{3\,\xi}\,\right]+o(\varepsilon^2)\,. \tag{11.116}$$

Jetzt kommen wir zur Bestimmung der äußeren Entwicklung und benutzen dabei die äußere Variable

$$\rho=k_0\,r=\varepsilon\,\xi\,. \tag{11.117}$$

In dieser Variablen gilt (1.13) weiterhin, wenn dort die Zuweisung r:=ρ und k_0:=1 vorgenommen werden. Diese Lösung muß die Abstrahlbedingung (1.11') erfüllen und gemäß den Ausführungen von Abschnitt 1.2 können wir

$$A^{(a)}\sim\sum_{n=0}^{N}\delta_n(\varepsilon)\sum_{k=0}^{K}B_{nk}\,P_k(\cos\theta)\,h_k^{(1)}(\rho) \tag{11.118}$$

ansetzen. Dabei sind B_{nk} Konstanten, $h_k^{(1)}$ sind sphärische Besselfunktionen (siehe (1.20)) und $\delta_n(\varepsilon)$ sind zunächst unbekannte Vergleichsfunktionen. Wir formulieren jetzt die innere Entwicklung in der äußeren Koordinate ρ und (11.116) geht dabei in

$$A^{(i)} = \varepsilon^3 \,[\, i \cos\theta /(2\rho^2) - 1/(3\rho)\,] + O(\varepsilon^5) \qquad (11.116')$$

über. Motiviert durch (11.116') spezifizieren wir jetzt (11.118) in der Form

$$A^{(a)} = \delta_0(\varepsilon) \left[\, B_{00}\, h_0^{(1)}(\rho) + B_{01} \cos\theta\, h_1^{(1)}(\rho) \,\right] + o(\delta_0)\,. \qquad (11.118')$$

Nun schreiben wir (11.118') in der Variablen ξ, benutzen (1.20) und bilden den Grenzwert $\varepsilon \to 0$. Dabei entsteht

$$A^{(a)} = \delta_0(\varepsilon) \left[-i\, B_{00}\, (\varepsilon\xi)^{-1} - i\, B_{01}\, (\varepsilon\xi)^{-2} \cos\theta + O(1) \right] \text{ für } \varepsilon \to 0\,. \qquad (11.118'')$$

Vergleichen wir nun dieses Ergebnis mit (11.116'), dann lautet das Ergebnis der Anpassung

$$\delta_0(\varepsilon) = \varepsilon^3\,;\; B_{00} = -\,i/3 \text{ und } B_{01} = -\,1/2\,. \qquad (11.119)$$

Nach Einsetzen von (11.119) in (11.118') haben die beiden ersten Glieder der Fernfeld-Approximation die Form

$$A^{(a)} = -\,\varepsilon^3 \left(\frac{1}{3} + \frac{i}{2} \frac{\partial}{\partial z_1} \right) \frac{\exp(i\rho)}{\rho}\,;\; z_1 = k_0\, z\,. \qquad (11.120)$$

Dieses Ergebnis läßt sich leicht interpretieren. Das erste Glied in (11.120) ist ein *Quellterm* (bzw. ein *Monopol*), während das zweite Glied einen *Dipolterm* repräsentiert. Höhere Glieder der äußeren Entwicklung können daher in Verallgemeinerung von (11.120) durch *Multipol-Entwicklungen* bestimmt werden (siehe Crighton [11.7]). Schließlich ist (11.120) auch die GGE des Problems. In der Aufgabe 11.11 wird allerdings gezeigt, daß diese GGE die RB (11.111) nur in niedrigster Ordnung erfüllt.

11.3 Optimale Koordinaten in der hydrodynamischen Grenzschichttheorie

Am Ende der Behandlung der Methode AAEn kehren wir zu deren Ausgangspunkt zurück und wir untersuchen hier ebene, inkompressible, stationäre Stömungen bei großen Werten der Reynolds-Zahl R. Wir beschränken uns dabei auf den Fall der Strömung um eine dünne halbunendliche Platte, die gemäß Bild 11.7 an $x \geq 0$ und $y=0$ liegt. Wir haben bereits früher erwähnt, daß bei diesem Problem in einer Umgebung der Platte GSn auftreten, während fern von der Platte die äußere Strömung die Form einer Potentialströmung hat. Zur Vereinfachung der Rechnungen führen wir die Stromfunktion $\Psi(x,y,\varepsilon)$ ein, die durch die Beziehungen

$$u = \Psi_y \quad \text{und} \quad v = -\,\Psi_x \quad \text{mit} \quad \mathbf{u} = u\, \mathbf{e}_x + v\, \mathbf{e}_y \qquad (11.121)$$

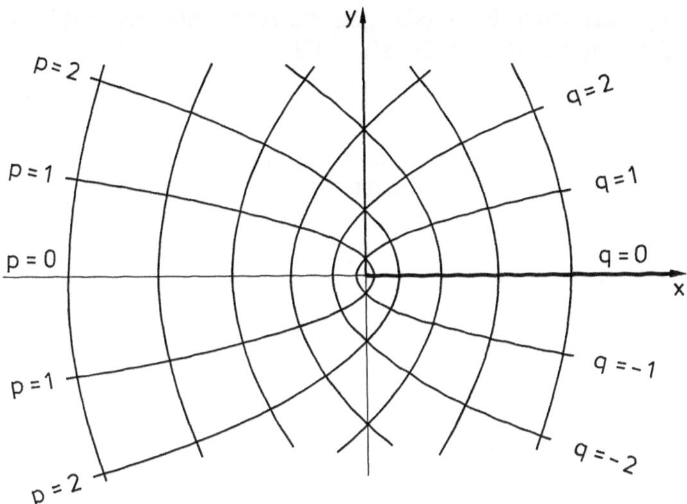

Bild 11.7 Optimale Koordinaten bei der Strömung um eine halbunendliche Platte

definiert ist (**u** ist das Geschwindigkeitsfeld). Dann gilt die *Wirbeltransportgleichung*

$$(\mathbf{u}\,.\,\nabla\,)\,\Delta\Psi = \varepsilon\,\Delta^2\,\Psi \quad \text{mit} \quad \varepsilon = 1/R \ll 1 \ . \tag{11.122}$$

Als RBn fordern wir, daß das Fluid an der Platte haftet und daß die Geschwindigkeit weit von der Platte entfernt in die ungestörte Parallelströmung (die Potential- bzw. Außenströmung) $\mathbf{u}=\mathbf{e}_x$ übergeht. Damit lauten die RBn

$$\Psi(x,0,\varepsilon) = \Psi_y\,(x,0,\varepsilon) = 0 \ \text{für} \ x>0 \ ; \ \Psi_y \ \sim \ y \ \text{für} \ x^2 + y^2 \rightarrow \infty \ . \tag{11.123}$$

Die entsprechenden Rechnungen wurden beginnend mit den Arbeiten von Prandtl [10.1] und Blasius [11.8] in kartesischen Koordinaten durchgeführt. Wir verzichten hier auf hier auf die Wiedergabe dieser aufwendigen und teilweise umständlichen Überlegungen und beschränken uns auf die Angabe der für uns relevanten Ergebnisse (die entsprechenden Herleitungen findet man z.B. im Buch von Van Dyke [8.3]).Die beiden ersten Glieder äußeren (bzw. direkten) Entwicklung der Stromfunktion lauten

$$\Psi^{(a)} \sim y - B\,\Re\left\{\sqrt{2\varepsilon(x+iy)}\,\right\} + O(\varepsilon) \ . \tag{11.124}$$

Dies ist die Stromfunktion einer Potentialströmung und die Konstante B wird später festgelegt. Bei der Bestimmung der inneren Entwicklung muß die GS-Variable

$$\eta = y\,/\,\sqrt{\varepsilon} \tag{11.125}$$

eingeführt werden, wobei die x-Koordinate unverändert bleibt. Das erste Glied der inneren Entwicklung hat dann die Form

$$\Psi^{(i)} \sim \sqrt{2\varepsilon x}\ f_0(\sigma) + o(\varepsilon) \ ; \ \sigma = y\,/\sqrt{2\varepsilon x} \ , \tag{11.126}$$

wobei in Abwesenheit von physikalischen Bezugslängen die Ähnlichkeitsvariable σ eingeführt wurde und die Funktion f_0 der Prandtl-Blasius-DGL

$$f_0''' + f_0'' f_0 = 0 \quad \text{mit } ' = d/d\sigma \text{ und } f_0(0) = f_0'(0) = 0 \,,\; f_0'(\infty) = 1 \tag{11.127}$$

genügt. Diese DGL muß numerisch gelöst werden. Dennoch lassen sich einige asymptotischen Eigenschaften der Funktion f_0 analytisch bestimmen. In der Aufgabe 11.12 werden die folgenden Relationen hergeleitet

$$f_0(\sigma) = \text{const}\, \sigma^2 + O(\sigma^5) \quad \text{für } \sigma \to 0 \,, \tag{11.128.1}$$

$$f_0(\sigma) \sim \sigma - B + \text{subdominante Glieder} \,;\; B \approx 1.21678 \quad \text{für } \sigma \to \infty \,. \tag{11.128.2}$$

Dabei muß der in (11.128.2) angegebene Wert der Konstanten numerisch bestimmt werden. Schließlich haben die beiden ersten Glieder der GGE der Stromfunktion die Form

$$E_1^+ \Psi = \sqrt{2\varepsilon x}\, \{ f_0(y/\sqrt{2\varepsilon x}) + B[1 - \Re \sqrt{1+iy/x}\,] \} \,. \tag{11.129}$$

Wir wollen jetzt eine alternative und wesentlich elegantere Art der Herleitung dieser Ergebnisse vorführen. Wir führen dabei neue Koordinaten ein und wählen aus der Fülle der Möglichkeiten das Koordinatensystem aus, in dem sich sowohl die Angabe der RBn als auch die Darstellung der äußeren Entwicklung besonders einfach gestaltet. Neben diesen beiden Punkten kommt hier noch hinzu, daß wegen (11.126) die GS-Dicke durch die Parabeln $y \propto x^2$ gegeben ist. Wir verwenden daher im Folgenden *parabolische Koordinaten* (PKn) (p,q), die durch (vgl. auch Aufgabe 3.2)

$$x = (p^2 - q^2)/2 \quad \text{und} \quad y = p\, q \tag{11.130}$$

definiert sind . Lösen wir nun nach p bzw. q auf, dann gilt zunächst

$$p = \sqrt{x + \sqrt{x^2 + y^2}} \geq 0 \quad \text{und} \quad q = \sqrt{-x + \sqrt{x^2 + y^2}} \,. \tag{11.131}$$

Die Lage der Platte (in kartesischen Koordinaten durch den umständlichen Ausdruck $y=0$ und $x \geq 0$ gegeben) ist in PKn durch die einfache Beziehung $q=0$ festgelegt. Ebenso hat die äußere Entwicklung (11.124) in PKn die besonders einfache Form

$$\Psi^{(a)} \sim p\,(q - B\sqrt{\varepsilon}) + O(\varepsilon) \,. \tag{11.124'}$$

Die äußere Entwicklung wird beibehalten, wir müssen jedoch die innere Entwicklung in PKn neu berechnen. Dabei gehen wir wieder von (11.121) aus und stellen das Geschwindigkeitsfeld durch

$$\mathbf{u} = u_1(p,q)\, \mathbf{s}_1 + u_2(p,q)\, \mathbf{s}_2 \tag{11.132}$$

dar ($\mathbf{s}_{1,2}$ sind die beiden orthogonalen Einheitsvektoren in PKn und $u_{1,2}$ die entsprechenden Geschwindigkeitskomponenten). Wir wählen anschließend die Stromfunktion $\Psi(p,q,\varepsilon)$ so, daß die Kontinuitätsgleichung div**u**=0 automatisch erfüllt ist. In PKn gilt (siehe z.B. [1.2]; h ist der Lamé-Koeffizient)

$$\operatorname{div}\mathbf{u} = \frac{1}{h^2}\left[\frac{\partial}{\partial p}(hu_1) + \frac{\partial}{\partial q}(hu_2)\right] = 0 \quad \text{mit} \quad h = \sqrt{p^2+q^2}\ . \tag{11.133}$$

Wir definieren daher die Stromfunktion durch

$$u_1 = \frac{1}{h}\frac{\partial \Psi}{\partial q} \quad \text{und} \quad u_2 = -\frac{1}{h}\frac{\partial \Psi}{\partial p}\ . \tag{11.134}$$

Nabla- bzw Laplace-Operator haben in PKn die Form

$$\nabla = \frac{1}{h}\left(s_1\frac{\partial}{\partial p} + s_2\frac{\partial}{\partial q}\right) \quad \text{bzw.} \quad \Delta = \frac{1}{h^2}\left(\frac{\partial^2}{\partial p^2} + \frac{\partial^2}{\partial q^2}\right)\ . \tag{11.135}$$

Nach Eintragen von (11.132) bis (11.135) in (11.123) hat die Wirbeltransportgleichung in PKn die Form

$$\left[\left(\frac{\partial \Psi}{\partial q}\frac{\partial}{\partial p} - \frac{\partial \Psi}{\partial p}\frac{\partial}{\partial q}\right) - \varepsilon\left(\frac{\partial^2}{\partial p^2} + \frac{\partial^2}{\partial q^2}\right)\right]\frac{1}{p^2+q^2}\left(\frac{\partial^2}{\partial p^2} + \frac{\partial^2}{\partial q^2}\right)\Psi = 0\ . \tag{11.136}$$

Wir bestimmen jetzt die GSE durch Streckung der Koordinate q (Warum?) und setzen

$$\Psi^{(i)} \sim \varepsilon^{1/2}\, S_0(p,\zeta) + o(\varepsilon^{1/2}) \quad \text{mit} \quad \zeta = q/\sqrt{\varepsilon}\ . \tag{11.137}$$

Nach Einsetzen in (11.136) entsteht dann in niedrigster Näherung

$$S_{0\zeta\zeta\zeta\zeta} + S_{0p}\, S_{0\zeta\zeta\zeta} - S_{0\zeta}\, S_{0p\zeta\zeta} + \frac{2}{p} S_{0\zeta}\, S_{0\zeta\zeta} = 0$$

und diese DGL läßt sich als Ableitung eines Differentialausdrucks nach der Variablen ζ darstellen. Dann folgt nach einer Integration

$$S_{0\zeta\zeta\zeta} + S_{0p}\, S_{0\zeta\zeta} - S_{0\zeta}\, S_{0p\zeta} + \frac{1}{p} S_{0\zeta}^2 = F(p)\ . \tag{11.138}$$

Dabei ist F(p) eine Konstante der ζ-Integration und abgesehen vom vierten Term der rechten Seite ist (11.138) das formale Analogon der Prandtl-GS-DGL, bei der ein derartiges Glied nicht vorkommt (siehe [8.3]).

Zur Anpassung schreiben wir (11.137) in der äußeren Variablen q an und führen die Anpassung an (11.124') für die diversen Ableitungen durch. Dabei entstehen die folgenden Relationen, die RBn für die Funktion S_0 darstellen

$$\frac{\partial \Psi}{\partial q} : S_{0\zeta}(p,\infty) = p\ ; \quad \frac{\partial^2 \Psi}{\partial p \partial q} : S_{0p\zeta}(p,\infty) = 1\ ; \quad \frac{\partial^n \Psi}{\partial q^n} : \frac{\partial^n S_0}{\partial \zeta^n}(p,\infty) = 0 \quad \text{für} \quad n \geq 2\ . \tag{11.139}$$

Bilden wir nun in (11.138) den Grenzwert $\zeta \to \infty$ und benutzen (11.139), so entsteht

$$F(p) = -p + (1/p)\, p^2 = 0 \tag{11.140}$$

und dieses Ergebnis bedeutet (ähnlich wie bei der Prandtl-Theorie), daß der Druck in niedrigster Näherung konstant ist.

Zur Berechnung der Funktion S_0 verwenden wir nun die Invarianz-Eigenschaften der DGL (11.138) mit (11.140) und der RBn (11.139). Wir benutzen dazu eine Eich-Transformation und setzen ein neues Koordinatensystem (u,v) (u und v sind hier nicht die Geschwindigkeitskomponenten in (11.121)!) an (a, m, n und r sind Parameter)

$$S_0(p,\zeta) = a^m H(u,v) \quad \text{mit} \quad u = a^n p\,, \quad v = a^r \zeta\,. \tag{11.141}$$

Dann erhalten wir nach Einsetzen in (11.138) mit (11.140) zunächst

$$a^r H_{vvv} + a^{m+n}\left(H_u H_{vv} - H_v H_{uv} + \frac{1}{u} H_v^2 \right) = 0\,.$$

Diese transformierte DGL stimmt mit (11.138) überein, wenn wir r=m+n setzen. Setzen wir nun die Transformation (11.141) auch in die RBn (11.139) ein, dann sind letztere für m+n+r=0 invariant gegenüber dieser Transformation. Zusammenfassend bedeutet dies, daß das Problem der Plattenströmung (DGL und RBn) für

$$r = 0 \quad \text{und} \quad m = -n \tag{11.142}$$

invariant gegenüber der Eich-Transformation (11.141) ist. Damit können wir (11.141) durch die einfachere Beziehung

$$S_0(p,\zeta) = a^m H(a^{-m} p,\zeta) \tag{11.141'}$$

ersetzen. In (11.141') tritt nun nur mehr die beliebige Parameter-Kombination a^m auf und diese beeinflußt nur die Variable p. Wir gelangen daher zu dem besonders einfachen Separationsansatz

$$S_0(p,\zeta) = p\, G(\zeta)\,, \tag{11.143}$$

wenn wir in (11.141') a^m=p und $H(1,\zeta)=G(\zeta)$ setzen. Als RBn sind nun zunächst die Wandhaftbedingungen $u_1=u_2=0$ für q=0 anzusetzen. Damit gilt mit (11.134), (11.137) und (11.143) $G(0)=G'(0)=0$. Ebenso ergibt Eintragen von (11.143) in die Anpassungsbedingungen (11.139) $G'(\infty)=1$. Schließlich reproduzieren wir nach Einsetzen von (11.143) in (11.138) die Prandtl-Blasius-DGL (11.127) für die Funktion $G(\zeta)$. Daher folgt

$$\Psi^{(i)} \sim \varepsilon^{1/2}\, p\, f_0(q/\sqrt{\varepsilon}) + o(\sqrt{\varepsilon}) \tag{11.144}$$

und die Funktion f_0 besitzt die in (11.128) angeführten Eigenschaften. Man überzeugt sich nun leicht davon, daß wegen (11.128.2) (11.144) an die äußere Lösung (11.124') angepaßt werden kann und daß (11.144) gleichzeitig das erste Glied der GGE in PKn darstellt. Die Verwendung von PKn gestattet daher eine besonders elegante und effiziente Behandlung der GS-Strömungen um ebene Platten und die PKn werden manchmal *optimale Koordinaten* dieses Problems genannt. Andererseits kann das Ergebnis (11.144) als Verifikation eines Theorems von Kaplun verstanden werden (siehe [8.3] und [10.9]), das die Auswahl optimaler Koordinaten und die Bestimmung der GGEn festlegt.

Wir wollen noch zeigen, daß (11.144) im Grenzfall x>0 und $y \to 0$ in die "klassische" GS-Entwicklung (11.126) übergeht. Wegen (11.131) gilt zunächst

$$p \sim \sqrt{2x} \text{ und } q \sim |y|/\sqrt{2x} \quad \text{für} \quad x>0 \text{ und } y \to 0$$

und Einsetzen in (11.144) reproduziert (11.126).

Abschließend soll noch erwähnt werden, daß bei der Behandlung der GS-Strömungen um Platten endlicher Länge wesentlich größere mathematische Schwierigkeiten auftreten. Ist die Position der Platte y=0 und $0 \leq x \leq L$, dann findet an x=L eine abrupte Änderung der RBn statt und dies führt zum Auftreten von mehrfachen, geschachtelten GSn, den sogenannten Triple-Decks. Hinsichtlich der bei der Berechnung derartiger Phänomene notwendigen Überlegungen sei der interessierte Leser auf die Artikel von Messiter [11.9] und Stewartson [11.10] verwiesen.

Schlußbemerkung

Obwohl wir hier nur Fälle vorgeführt haben, in denen AAEn sinnvolle Approximationen liefern, stellt diese Methode dennoch kein Allheilmittel zur Lösung singulärer Störprobleme dar. So wird z.B. in [10.3] gezeigt, daß AAEn bei der Lösung des Problems der Diffusor-Strömung versagen.

Aufgaben

11.1 Ausgehend von der DGL (11.1) und der Transformation (11.7) berechne man die Koeffizienten B_{ij}, C und die Funktion H(r,s) in (11.12).

11.2 Man bestimme das erste Glied der GGE des Problems

$$\varepsilon(u_{xx} + u_{yy}) = u_x + u_y\,;\; u|_K = x + y\,,\;\; K: x^2 + y^2 = 1\;;\; \varepsilon \to 0_+$$

im Inneren des Einheitskreises K.

11.3 Wie 11.2 für (F(x) ist eine vorgebene, reguläre Funktion)

$$\varepsilon(u_{xx} + u_{yy}) + u_y = F(x)\,;\;\; u|_K = 0\;;\; \varepsilon \to 0_+\,.$$

11.4 Wie 11.2 für

$$\varepsilon(u_{xx} + u_{yy}) = x\,u_x + y\,u_y + u\,;\;\; u|_K = 1\,;\, \varepsilon \to 0_+\,.$$

Hinweis: Man verwendet Polarkoordinaten und berücksichtigt, daß die Lösung regulär sein muß.

11.5 Wie 11.2 für

$$\varepsilon(u_{xx} + u_{yy}) - u_x + u = 0\,;\;\; u|_K = y\,;\;\; \varepsilon \to 0_+\,.$$

11.6 Man bestimme das erste Glied der GGE des Problems

$$\varepsilon\,(u_{xx}+u_{yy})+a\,u_y=0 \text{ mit } a=\pm 1\,;\ \varepsilon\to 0_+$$

im Inneren des Halbkreises $y\geq 0$, $x^2+y^2\leq 1$ mit den RBn

$$u(x,0,\varepsilon)=1 \text{ und } u(x,y,\varepsilon)=1-y \text{ für } x^2+y^2=1 \text{ und } y>0\,.$$

11.7 Man bestimme das erste Glied der GGE des für das Innere der Ellipse E gestellten Problems

$$\varepsilon\,(u_{xx}+u_{yy})+u_x+u_y=1\,;\ u|_E=0\,,\ E:\ 17(x^2+y^2)-30xy-16=0\,;\ \varepsilon\to 0_+\,.$$

11.8 Man bestimme das erste Glied der GGE des für das Innere des Quadrats $0\leq(x,y)\leq 1$ gestellten Problems (F(y) ist eine vorgegebene, reguläre Funktion)

$$\varepsilon\,(u_{xx}+u_{yy})+u_x=F(y)\ ;\ 0\leq(x,y)\leq 1\,;\ F(0)=F'(1)=0\,;\ \varepsilon\to 0_+\,;$$

$$u(0,y,\varepsilon)=u(1,y,\varepsilon)=u(x,0,\varepsilon)=u_y(x,1,\varepsilon)=0.$$

Hier liegen an y=0 und y=1 subcharakteristische Ränder vor.
a) Für die GS-Entwicklung in der Nähe von y=0 setzt man

$$u^{(1)}\sim G_0(x,\zeta)+o(1)\,;\ \zeta=y/\sqrt{\varepsilon}$$

und verwendet die Ähnlichkeitstransformation $z=/(2\sqrt{x})$ um zu zeigen, daß für y=0 keine GSn auftreten können.
b) Für die GS-Entwicklung in der Nähe von y=1 verwendet man den Ansatz

$$u^{(2)}\sim H_0(x,\eta)+o(1)\,;\ \eta=(1-y)/\sqrt{\varepsilon}$$

und zeigt, daß die partikuläre Lösung der entsprechenden GS-DGL an die DE angepaßt werden kann. Dabei muß die DE die RB an x=1 erfüllen (Warum?).

11.9 Man bestimme das erste Glied der GGE des elliptischen Problems im Inneren der n-dimensionalen Kugel K_n

$$\varepsilon\sum_{j=1}^{n}\frac{\partial^2 u}{\partial x_j^2}+\frac{\partial u}{\partial x_1}=1\ ;\ u|_{K_n}=0\,,\ K_n\!:\ \sum_{j=1}^{n}x_j^2=1\,;\ \varepsilon\to 0_+\,.$$

Hinweis : Die GS-Entwicklung gilt nicht auf der Hyperfläche

$$\sum_{j=2}^{n}x_j^2=1\,.$$

11.10 Man verifiziere, daß (11.51) Lösung von (11.50) ist.
Hinweis: Um zu zeigen, daß die RB $H_0(x,0)=f(x)$ erfüllt ist substituiert man

$$z(t)=\zeta\,/\sqrt{4(t-x)}\ ;\ \zeta>0\,.$$

11.11 Man zeige, daß durch (11.120) zwar die beiden ersten Glieder GGE des Problems der Streuung langer Wellen an Kugeln gegeben sind, daß aber die RB (11.111) nur in niedrigster Näherung erfüllt wird. Welche Erweiterungen müssen vorgenommen werden, um den beiden ersten Gliedern der RB (11.111) genügen zu können?

11.12 Man verifiziere (11.128).

12 Die Vielvariablen-Methode und verwandte Verfahren

Wir untersuchen hier, im Gegensatz zu den beiden letzten Kapiteln, Störprobleme mit kleinen Parametern, deren Nullsetzung nicht die Ordnung der DGL ändert. Variiert jedoch die unabhängige Variable innerhalb eines großen Intervalls, dann *kumuliert* der Einfluß der entsprechenden Störglieder und diese Glieder können das Verhalten der Lösungen entscheidend verändern. So kann z.B. der Einfluß einer schwachen Dämpfung während eines Zeitraumes von vielen Perioden einer Schwingung zu einer nicht vernachlässigbaren Reduktion der Schwingungsamplitude führen.

Das Ziel dieses Kapitels ist es, einige Verfahren zur approximativen Erfassung kumulativer Effekte zu behandeln und die entsprechenden Methoden an Hand eines Beispiels einzuführen. Diese Verfahren können bei linearen wie auch nichtlinearen, gewöhnlichen oder partiellen DGLn eingesetzt werden. Wie schon im Kapitel 8 gezeigt, führt die direkte Entwicklung (DE) bei kumulativen Prozessen zu singulären Lösungen. Sie wird hier, anders als bei Grenzschichtproblemen, nicht zur Konstruktion einer gleichmäßig gültigen Approximation benötigt.

Wir beginnen mit einer Gegenüberstellung der Verfahren für den Fall der Approximation von Lösungen einer gewöhnlichen nichtlinearen DGL.

12.1 Ein Vergleich einiger Methoden

Vorgelegt sei die Klasse von autonomen Anfangswertproblemen (siehe auch Nayfeh und Mook [12.1]; die Variable t ist die Zeit)

$$\ddot{x} + \sum_{n=1}^{N} a_n x^n = 0 \; ; \quad \dot{} = d/dt \; ; t \in [0,\infty) \; ; N \geq 3 \; ; a_n = \text{const}, \; a_1 = \omega_0^2 \qquad (12.1.1)$$

für die Funktion $x(t,\varepsilon)$ mit den Anfangsbedingungen (ABn)

$$x(0) = \varepsilon A \cos \beta \, , \; \dot{x}(0) = - \varepsilon \omega_0 A \sin \beta \; ; \text{für } \varepsilon \to 0_+ \; . \qquad (12.1.2)$$

Dabei sind A bzw. ω_0 von ε unabhängige, reelle Amplituden bzw. Frequenzparameter, die Koeffizienten a_n ebenfalls reell und ε von unabhängig. (12.1) beschreibt nichtlineare, ungedämpfte Schwingungen mit kleiner Amplitude.

Setzt man in (12.1) $\varepsilon=0$, dann ist die entsprechende Lösung die für die Anwendungen uninteressante, triviale Lösung $x\equiv0$, die dem Fall der Ruhe entspricht. Andererseits kann man die Summe in (12.1.1) als Taylor-Entwicklung einer regulären Funktion F(x) mit den Koeffizienten $a_n=F^{(n)}(0)/n!$ ansehen; (12.1.1) approximiert dann Schwingungs-DGLn der Klasse

$$\ddot{x} + F(x) = 0\,;\ \text{mit}\ \ F(0)=0\ \text{und}\ F'(0)>0 \tag{12.2}$$

für kleine Werte der Amplitude.

Um zu zeigen, daß die Lösungen von (12.1) oszillieren, multiplizieren wir (12.1.1) mit der Größe dx/dt und erhalten nach einer Integration das *Energie-Integral*

$$\frac{\dot{x}^2}{2} + \sum_{n=1}^{N} \frac{a_n x^{n+1}}{n+1} = E = \text{const}\,. \tag{12.3}$$

Dabei kann man das erste bzw. zweite Glied in (12.3) als kinetische bzw. potentielle Energie ansehen; E ist dann die konstante Gesamtenergie. Zur Bestimmung von E benutzen wir jetzt die ABn (12.1.2). Dann folgt mit (12.3)

$$\frac{\dot{x}^2}{2} + \sum_{n=1}^{N} \frac{a_n x^{n+1}}{n+1} = \frac{\varepsilon^2 A^2 \omega_0^2 \sin^2\beta}{2} + \sum_{n=1}^{N} \frac{a_n (\varepsilon A \cos\beta)^{n+1}}{n+1}\,. \tag{12.3'}$$

Verwenden wir noch die Substitution

$$x(t) = \varepsilon\, A\, z(t)\,,$$

dann folgt mit (12.3')

$$\dot{z}^2 = \omega_0^2 \,(\,1 - z^2\,) + O(\varepsilon)\,. \tag{12.4}$$

In niedrigster Ordnung beschreibt nun (12.4) in der Phasenebene (z,dz/dt) eine Ellipse. Geschlossene Kurven in der Phasenebene entsprechen aber periodischen Schwingungen in der (x,z)-Ebene (bzw. in der (x,t)-Ebene), wobei ein Umlauf um die Kurve zu einer Periode der Schwingung korrespondiert.

Nach diesen einleitenden Bemerkungen können wir zur Besprechung von Strategien zur Approximation der Lösungen von (12.1) übergehen.

12.1.1 Direkte Entwicklungen

Wir arbeiten hier, wie schon in (8.2), mit einem Ansatz, der mit der unveränderten Variablen t in der Form

$$x(t,\varepsilon) \sim \sum_{n=1}^{M} \varepsilon^n x_n(t) + O(\varepsilon^{M+1}\,) \tag{12.5}$$

gebildet wird. Nach Eintragen in in (12.1.1) erhalten wir dann das System von DGLn

$$\varepsilon^1: \ L_0 x_1 = 0, \text{ mit } L_0 = \frac{d^2}{dt^2} + \omega_0^2, \tag{12.6.1}$$

$$\varepsilon^2: \ L_0 x_2 = - a_2 x_1^2 , \tag{12.6.2}$$

$$\varepsilon^3: \ L_0 x_3 = - 2 a_2 x_1 x_2 - a_3 x^3 , \tag{12.6.3}$$

....

Setzen wir noch (12.5) in die ABn (12.1.2) ein, dann ergibt sich ($\delta_{n,m}$ ist das Kronecker-δ)

$$x_n(0) = A\, \delta_{n,1} \cos\beta \ ; \ \frac{dx_n}{dt}(0) = - A\, \delta_{n,1}\, \omega_0 \sin\beta \,. \tag{12.7}$$

Zur Vereinfachung der folgenden Rechnungen arbeiten wir mit komplexen Ansätzen. Dann lautet die allgemeine Lösung von (12.6.1) (cc ist das komplexe Konjugium)

$$x_1(t) = A_1 \exp(i\omega_0 t) + cc \,. \tag{12.8.1}$$

Die Integrationskonstante A_1 bestimmen wir durch (12.7) für n=1 und es folgt $A_1=(A/2)\exp(i\beta)$. Dann gilt wegen (12.8.1)

$$x_1(t) = A \cos(\omega_0 t + \beta) \,. \tag{12.8.1'}$$

Setzen wir nun (12.8.1) in (12.6.2) ein, so erhalten wir

$$L_0 x_2 = - a_2 \left(A_1^2 \exp(2i\omega_0 t) + cc + 2\, |A_1|^2 \right) .$$

Die allgemeine Lösung dieser DGL ist

$$x_2(t) = A_2 \exp(i\omega_0 t) + cc + \frac{a_2}{3\omega_0^2} \left(A_1^2 \exp(2i\omega_0 t) + cc - 6\, |A_1|^2 \right) . \tag{12.8.2}$$

Die ABn (12.7) führen zu der Beziehung für die Integrationskonstante A_2

$$A_2 + A_2{}^* + \frac{a_2}{3\omega_0^2} \left(A_1^2 - 6\, |A_1|^2 + A_1^{*2} \right) = 0$$

und

$$A_2 - A_2{}^* + \frac{2a_2}{3\omega_0^2} \left(A_1^2 - A_1^{*2} \right) = 0 \,. \tag{12.9}$$

Bilden wir nun mit (12.8.1) und (12.8.2) die rechte Seite von (12.6.3), dann folgt

$$RS_3 \equiv -2\, a_2 x_1 x_2 - a_3 x_1^3 = \sum_{n=0}^{3} \left[C_n \exp(in\omega_0 t) + cc \right] , \tag{12.10}$$

wobei insbesondere der Koeffizient C_1 durch

$$C_1 = \frac{A^3}{8}\left(\frac{10\,a_2^2}{3\omega_0^2} - 3\,a_3\right)\exp(i\beta) \tag{12.10.1}$$

gegeben ist. Die zu $\exp(i\omega_0 t)$ bzw. $\exp(-i\omega_0 t)$ proportionalen Glieder in (12.10) sind aber *säkulare Terme* , die zu *Resonanzen* führen. Berechnet man nämlich die partikuläre Lösung von (12.6.3), dann muß diese ein Glied der Form

$$\frac{A^3}{8}\left(\frac{10\,a_2^2}{3\omega_0^2} - 3\,a_3\right)\frac{t}{\omega_0}\sin(\omega_0 t + \beta) \tag{12.11}$$

enthalten. Die durch (12.11) definierte Funktion ist aber nicht mehr periodisch und sie divergiert für $t\to\infty$. Daher gilt

$$|x_3| >> |x_j| \text{ für } j=1,\,2 \text{ und } t > O(\varepsilon^{-3})$$

und die Funktion $x_3(t)$ ist nicht mehr ein kleines Korrekturglied der Entwicklung (12.5). Dies bedeutet aber, daß die DE (12.5) für $t\to\infty$ nicht gleichmäßig gültig ist. Liegt zufälligerweise eine Kombination der Konstanten a_1,a_2 und a_3 vor, die den Wert der Klammer in (12.11) verschwinden läßt, dann entstünden dennoch bei Fortsetzung der DE in höheren Ordnungen säkulare Glieder der Form

$$t^m \cos(\omega_0 t + \beta),\ \text{bzw. } t^m \sin(\omega_0 t + \beta)\,,\ \text{mit } m\geq 1\,.$$

Die DE versagt dann in höheren Ordnungen.
Zusammenfassend können wir feststellen, daß DEn zu nicht-periodischen bzw. zu nicht gleichmäßig gültigen Lösungen führen. Wir werden daher in den nächsten Abschnitten andere Verfahren zur Lösung des Schwingungsproblems (12.1) heranziehen.

12.1.2 Das Lindstedt-Poincaré-Verfahren

Diese von Lindstedt und Poincaré um 1880 entwickelte Technik basiert auf der Vorstellung, daß die Nichtlinearitäten in (12.1.1) die Frequenz der Schwingung modifizieren. Wir nehmen an, daß die Frequenz ω eine reguläre Funktion des Störparameters ε ist. Dann kann man nach einer Taylor-Entwicklung

$$\omega(\varepsilon) = \omega_0 + \varepsilon\,\omega_1 + \varepsilon^2\,\omega_2 + O(\varepsilon^3)\ ,$$

eine neue Variable (die "verzerrte" Koordinate) durch

$$T = \omega(\varepsilon)\,t = \left(\omega_0 + \varepsilon\omega_1 + \varepsilon^2\omega_2 + \ldots\right)t \tag{12.12}$$

einführen. Dabei werden die zunächst unbekannten Frequenzparameter ω_1, ω_2,... so gewählt, daß die unerwünschten säkularen Glieder verschwinden. Diese Vorgehensweise führt dann u.a. auch dazu, daß Amplituden und Frequenzen voneinander abhängen. Wegen (12.12) ergibt sich für Ableitungen

$$\frac{d}{dt} = \left(\omega_0+\varepsilon\omega_1+\varepsilon^2\omega_2+\ldots\right)\frac{d}{dT} \quad \text{und}$$

$$\frac{d^2}{dt^2} = \left[\omega_0^2+2\varepsilon\omega_0\omega_1+\varepsilon^2(\omega_1^2+2\omega_0\omega_2)+\ldots\right]\frac{d^2}{dT^2} \quad .$$

Nun setzen wir die AE

$$x(t,\varepsilon) \sim \sum_{n=1}^{M} \varepsilon^n x_n(T) + O(\varepsilon^{M+1}) \tag{12.13}$$

an. Dann entsteht nach Eintragen in (12.1.1) die Hierarchie von DGLn ('=d/dT)

$$\varepsilon^1:\ L_0 x_1 = 0 \ ;\ L_0 = d^2/dT^2 + 1\ , \tag{12.14.1}$$

$$\varepsilon^2:\ \omega_0^2 L_0 x_2 = -\,2\omega_0\omega_1 x_1'' - a_2 x_1^2 \quad , \tag{12.14.2}$$

$$\varepsilon^3:\ \omega_0^2 L_0 x_3 = -\,(\omega_1^2 + 2\omega_0\omega_2)\, x_1'' - 2\omega_0\omega_1 x_2'' - 2a_2x_1x_2 - a_3x_1^3\ . \tag{12.14.3}$$

Desgleichen führt die Entwicklung der ABn (12.1.2) mit (12.12) und (12.13) zu

$$\varepsilon^1:\ x_1(0) = A\cos\beta\ ;\ x_1'(0) = -\,A\sin\beta\ , \tag{12.15.1}$$

$$\varepsilon^2:\ x_2(0) = 0\ ;\ \omega_0x_2'(0) + \omega_1x_1'(0) = 0\ , \tag{12.15.2}$$

$$\varepsilon^3:\ x_3(0) = 0\ ;\ \omega_0x_3'(0) + \omega_1x_2'(0) + \omega_2x_1'(0) = 0\ . \tag{12.15.3}$$

Wir verwenden wieder komplexe Lösungsansätze und in Analogie zu (12.8.1') erhalten wir mit (12.14.1) und (12.15.1)

$$x_1(T) = A_1e^{iT} + cc \ \text{ mit } \ A_1 = \frac{A}{2}\,e^{i\beta}, \text{ bzw. } \ x_1(t) = A\cos(T+\beta)\ . \tag{12.16}$$

Setzen wir nun (12.16) in (12.14.2) ein, dann sehen wir, daß das erste Glied auf der rechten Seite einen Resonanzterm darstellt. Zur Vermeidung säkularer Glieder müssen wir daher

$$\omega_1 = 0 \tag{12.17}$$

fordern. Die ABn für die Funktion $x_2(T)$ sind dann wegen (12.15.2) homogen und in Analogie zu (12.8.2) folgt

$$x_2(T) = A_2e^{iT} + cc + \frac{a_2}{3\omega_0^2}\left(A_1^2e^{2iT} + cc - 6\,|A_1|^2\right), \tag{12.18}$$

wobei die Integrationskonstante A_2 wieder durch (12.9) bestimmt ist

Wir bilden jetzt die rechte Seite von (12.14.3) unter Verwendung von (12.16) bis (12.18) und in Analogie zu (12.10) entsteht

$$RS_3 = \sum_{n=0}^{3} \left(C_n \exp(inT) + cc \right) , \tag{12.19}$$

wobei die Terme proportional zu exp(iT) bzw exp(-iT) wieder säkulare Glieder darstellen. Daher ist die Funktion $x_3(T)$ nur dann periodisch bzw. für $t \to \infty$ regulär, wenn die Bedingung $C_1=0$ erfüllt ist. Andererseits bedingt aber die Forderung $C_1=0$ eine Gleichung zur Bestimmung des Parameters ω_2 und es gilt (vgl. Aufgabe 12.1, bzw.(12.11))

$$\omega_2 = \frac{A^2}{8\omega_0} \left(3a_3 - \frac{10\, a_2^2}{3\omega_0^2} \right) . \tag{12.20}$$

Damit erhalten wir nach Einsetzen von (12.20) in (12.12) die Approximation für die Frequenzen der Schwingungen

$$\omega(\varepsilon) = \omega_0 \left\{ 1 + \varepsilon^2 A^2 \frac{9\, a_3\, \omega_0^2 - 10\, a_2^2}{24\, \omega_0^4} + O(\varepsilon^3) \right\} . \tag{12.21}$$

(12.21) repräsentiert das, für nichtlineare Schwingungen typische, Resultat, daß die Frequenz amplitudenabhängig ist. Das erste Glied der GGE erhalten wir dann nach Eintragen von (12.21) in (12.12),(12.13) und (12.16). Wir verzichten hier auf die Angabe weiterer Glieder der GGE und beschränken uns auf die Feststellung, daß wegen (12.18) bzw. (12.19) in den höheren Korrekturordnungen höhere harmonische Schwingungen auftreten.

12.1.3 Die Vielvariablen-Methode

Dieses Verfahren wurde von Kuzmak [12.2], Cochran [12.3] und von Cole und Kevorkian [12.4] in den Jahren 1959 bis 1962 entwickelt und es basiert auf einer Verallgemeinerung der Lindstedt-Poincaré-Technik.

Die Variable T in (12.12) kann als Linearkombination der Koordinaten

$$T_0 = t\, , T_1 = \varepsilon\, t\, , \ldots\; T_n = \varepsilon^n\, t\, , \tag{12.22}$$

aufgefaßt werden. Es ist daher naheliegend, die Methode von Lindstedt-Poincaré dadurch zu verallgemeinern, daß man nicht nur eine Linearkombination dieser Koordinaten als neue Variable vorgibt, sondern daß man die Variablen in (12.22) a priori als unabhängige Koordinaten einführt. Als AE der Lösungen einer vorgelegten DGL (z.B. (12.1)) für die Funktion $x(t,\varepsilon)$ wird dann

$$x(t,\varepsilon) = \sum_{n=0}^{M} \delta_n(\varepsilon)\, x_n(T_0, T_1, \ldots T_n) + O(\delta_{M+1}) \tag{12.23}$$

angesetzt, wobei $\{\delta_n(\varepsilon)\}$ eine AF ist. Die Ableitungen werden durch

$$\frac{d}{dt} = D_0 + \varepsilon D_1 + \varepsilon^2 D_2 + O(\varepsilon^3)\,; \text{ mit } D_k = \frac{\partial}{\partial T_k} \quad \text{für } k=0,1,\ldots, n$$
$$\frac{d^2}{dt^2} = D_0^2 + 2\varepsilon D_0 D_1 + \varepsilon^2(D_1^2 + 2D_0D_2) + O(\varepsilon^3) \tag{12.24}$$

bestimmt. Dabei werden die Variablen $T_0,T_1,\ldots,T_n$ zunächst als unabhängige Koordinaten behandelt und die entsprechenden DGLn mit den zugehörigen ABn bzw. RBn gelöst. Erst nach Abschluß dieser Rechnungen und Einsetzen in (12.23) wird mit (12.22) wieder zur ursprünglichen Variablen t übergegangen.

Ganz allgemein kann gesagt werden, daß die Vielvariablen-Methode (method of multiple scales) gewöhnliche in partielle DGLn, bzw. partielle DGLn in partielle DGLn höherer Dimension überführt. Diese Methode ist aber wieder ein Spezialfall des Konzepts der angewandten Mathematik, ein Problem scheinbar komplizierter zu machen, um es einfacher lösen zu können. Hier ist es oft einfacher, partielle DGLn mit Hilfe von Lösbarkeitskriterien (z.B. Elimination von säkularen Gliedern) einer Lösung zuzuführen, als die ursprünglichen gewöhnlichen DGLn (bzw. partiellen DGLn niedriger Dimension) zu lösen.

Wir wollen diese Methode wieder an Hand des Problems (12.1) einführen. Dabei könnten wir, ausgehend von den Ergebnissen des letzten Abschnitts, vermuten, daß wegen $\omega_1=0$ die entsprechenden Entwicklungen nicht von der Variablen T_1 abhängen. Wir wollen aber dennoch die mit den drei Variablen gebildete Entwicklung

$$x(t,\varepsilon) \sim \varepsilon x_1(T_0,T_1,T_2) + \varepsilon^2 x_2(T_0,T_1,T_2) + \varepsilon^3 x_3(T_0,T_1,T_2) + O(\varepsilon^4) \tag{12.25}$$

benutzen und zeigen, daß die damit berechneten Approximationsglieder unabhängig von der Koordinate T_1 sind. Zunächst erhalten wir nach Eintragen in (12.1.1)

$$\varepsilon^1: L_0 x_1 = 0\,, \text{ mit } L_0 = D_0^2 + \omega_0^2\,, \tag{12.26.1}$$

$$\varepsilon^2: L_0 x_2 = -2D_0D_1x_1 - a_2x_1^2\,, \tag{12.26.2}$$

$$\varepsilon^3: L_0 x_3 = -2D_0D_1x_2 - (D_1^2 + 2D_0D_2)x_1 - 2a_2x_1x_2 - a_3x_1^3\,. \tag{12.26.3}$$

Die Entwicklung der ABn (12.1.2) führt zu

$$\varepsilon^1: x_1(0,0,0) = A\cos\beta\,,\ D_0x_1|_{t=0} = -A\omega_0\sin\beta\,, \tag{12.27.1}$$

$$\varepsilon^2: x_2(0,0,0) = 0\,,\ (D_0x_2 + D_1x_1)|_{t=0} = 0\,, \tag{12.27.2}$$

$$\varepsilon^3: x_3(0,0,0) = 0\,,\ (D_0x_3 + D_1x_2 + D_2x_1)|_{t=0} = 0\,. \tag{12.27.3}$$

Dann ist die allgemeine Lösung von (12.26.1)

$$x_1(T_0,T_1,T_2) = A_1(T_1,T_2)\exp(i\omega_0T_0) + cc\,. \tag{12.28}$$

Dabei ist $A_1(T_1,T_2)$ eine zunächst unbekannte Funktion, die erst in höheren Ordnungen berechnet werden kann. Setzen wir nun (12.28) in (12.26.2) ein, so entsteht

$$L_0\, x_2 = -2i\omega_0\big(\exp(i\omega_0 T_0)\, D_1 A_1 - cc\big) - a_2\big(A_1^2 \exp(2i\omega_0 T_0) + cc + 2|A_1|^2\big)\,.$$

Da die zu $\exp(i\omega_0 T_0)$ proportionalen Terme zu Resonanzen führen, fordern wir zur Bestimmung einer GGE

$$D_1 A_1 = 0\,,\ \text{oder}\ A_1 = A_1(T_2) \tag{12.29}$$

(man beachte, daß (12.29) das Pendant von (12.17) ist). Damit ist die Funktion x_2 wieder durch (12.8.2) gegeben, wenn dort $t{:=}T_0$, $A_1{:=}A_1(T_2)$ und $A_2{:=}A_2(T_1,T_2)$ zugewiesen wird. Setzen wir nun (12.28) und (12.8.2) mit diesen Zuweisungen in (12.26.3) ein, dann folgt in Analogie zu (12.19)

$$L_0\, x_3 = \sum_{n=0}^{3}\big[\, C_n(T_1,T_2) \exp(in\omega_0 T_0) + cc\,\big]\,. \tag{12.30}$$

Um säkulare Terme auszuschließen, müssen wir jetzt wieder verlangen, daß die Koeffizienten von $\exp(i\omega_0 T_0)$ in (12.30) verschwinden: $C_1=0$. Berechnet man nun C_1 mit Hilfe von (12.8.2) und (12.28), so führt dies zu der partiellen DGL

$$-2i\omega_0 \frac{\partial A_2}{\partial T_1} + G(T_2) = 0\,, \tag{12.31.1}$$

$$G(T_2) = -2i\omega_0 \frac{dA_1}{dT_2} + \Big(\frac{10a_2^2}{3\omega_0^2} - 3a_3\Big) A_1\, |A_1|^2\,. \tag{12.31.2}$$

Eine Integration in (12.31.1) ergibt (H ist eine beliebige Funktion)

$$A_2(T_1,T_2) = -\frac{i}{2\omega_0} G(T_2)\, T_1 + H(T_2)\,. \tag{12.32}$$

Wegen (12.32) würde die Funktion A_2 - und damit nach Einsetzen in (12.8.2) auch die Funktion x_2 - linear mit t anwachsen; der Vielvariablen-Ansatz (12.25) wäre dann keine GGE. Zur Vermeidung dieser Resonanz fordern wir

$$G(T_2) = 0\,, \tag{12.33.1}$$

und damit folgt wegen (12.32) auch

$$A_2 = A_2(T_2)\,. \tag{12.33.2}$$

In Übereinstimmung mit den Ergebnissen von Abschnitt 12.1.2 ist wegen (12.29) und (12.33.2) die AE (12.25) bis zur Ordnung $O(\varepsilon^2)$ unabhängig von der Variablen $T_1=\varepsilon t$. Die Bedingung $G(T_2)=0$ stellt aber zusammen mit (12.31.2) eine gewöhnliche DGL erster Ordnung zur Bestimmung von A_1 dar. Zur Lösung dieser DGL verwenden wir den Ansatz (vgl. (12.16))

$$A_1(T_2) = \frac{1}{2} P(T_2) \exp\big[i\, Q(T_2)\,\big]\,;\ P,Q \in \mathbf{R}\,. \tag{12.34}$$

Dann folgt nach Eintragen in (12.31.2) mit (12.33.1) und Aufspaltung in Real- bzw. Imaginärteil ($'=d/dT_2$)

$$P' = 0 \text{ und } Q' = \left(3a_3 - \frac{10a_2^2}{3\omega_0^2}\right)\frac{P^2}{8\omega_0}, \tag{12.35.1}$$

bzw. nach Integration (P_0 und Q_0 sind Konstante)

$$P = P_0 \text{ und } Q = \left(3a_3 - \frac{10a_2^2}{3\omega_0^2}\right)\frac{P_0^2 T_2}{8\omega_0} + Q_0 . \tag{12.35.2}$$

Setzen wir schließlich (12.35.2) in (12.28) ein und berücksichtigen die ABn (12.27.1), dann ergibt sich

$$P_0 = A \text{ und } Q_0 = \beta .$$

Damit lautet erste Glied der gleichmäßig gültigen Vielvariablen-Entwicklung

$$x(t,\varepsilon) \sim \varepsilon A \cos\left\{\left(\omega_0 + \frac{9a_3\omega_0^2 - 10a_2^2}{24\,\omega_0^3}\varepsilon^2 A^2\right) t + \beta\right\} + O(\varepsilon^2), \tag{12.36}$$

und dieses Ergebnis stimmt mit dem ersten Glied der mit der Methode von Lindstedt-Poincare hergeleiteten GGE überein.

12.1.4 Die Mittelwertsmethode und das Verfahren von Krylow, Bogoljubow und Mitropolski

Wir beschränken uns hier auf die Angabe der für das Problem (12.1) relevanten Ansätze und führen zunächst die Transformation

$$x(t,\varepsilon) = \varepsilon\, u(T,\varepsilon), \text{ mit } T = \omega_0 t , \tag{12.37}$$

ein. Damit geht (12.1.1) in

$$u'' + u + \sum_{n=2}^{N} \varepsilon^{n-1} c_n u^n = 0 , \text{ mit } '=d/dT \text{ und } c_n = a_n/\omega_0^2 , \tag{12.38.1}$$

über und die ABn (12.1.2) nehmen die Form

$$u(0,\varepsilon) = A\cos\beta ,\ u'(0,\varepsilon) = -A\sin\beta \tag{12.38.2}$$

an.

Bei der von Krylow und Bogoljubow 1934 entwickelten *Mittelungsmethode* [12.5], verwendet man nun zur Approximation der Lösungen von (12.38) den Ansatz

$$u(T) = B(T)\cos\theta , \text{ mit } \theta = T + b(T) , \tag{12.39}$$

und wir werden im Folgenden sehen, daß Amplitude B(T) und Phasenwinkel b(T) langsam mit T variieren. Ähnlich wie bei dem Verfahren der Variation der Konstanten zur Bestimmung partikulärer Lösungen inhomogener DGLn, wird die Ableitung von (12.39) nach der Regel

$$u'(T) = - B(T) \sin\theta \,, \tag{12.40.1}$$

mit

$$B' \cos\theta - B\, b' \sin\theta = 0 \,, \tag{12.40.2}$$

gebildet. Differenziert man nun (12.40.1) neuerlich und setzt in (12.38.1) ein, so folgt

$$B' \sin\theta + B\, b' \cos\theta = \sum_{n=2}^{N} \varepsilon^{n-1} c_n B^n \cos^n\theta \,. \tag{12.41}$$

(12.41) und (12.40.2) sind nun zwei Gleichungen zur Bestimmung von B' und b'. Nach Auflösung entsteht

$$B'(T) = \sum_{n=2}^{N} \varepsilon^{n-1} c_n B^n(T) \sin\theta \cos^n\theta \,, \tag{12.42.1}$$

$$B(T)\, b'(T) = \sum_{n=2}^{N} \varepsilon^{n-1} c_n B^n(T) \cos^{n+1}\theta \,. \tag{12.42.2}$$

Damit wurde die ursprüngliche DGL (12.38.1) in das System von DGLn erster Ordnung (12.42) übergeführt. Insbesondere gilt $B'(T)=O(\varepsilon)$ und $b'(T)=O(\varepsilon)$. Diese Funktionen variieren daher nur langsam und sie ändern sich nur geringfügig, wenn die Variable θ um 2π, der Periode der rechten Seiten von (12.42) fortschreitet. Man kann daher versuchen (12.42) im Intervall $[\theta,\theta+2\pi]$ zu mitteln und die Funktionen B(T) und b(T) bei dieser Mittelung näherungsweise als Konstante zu behandeln. Dies führt zunächst zu

$$B'(T) = \frac{1}{2\pi} \sum_{n=2}^{N} \varepsilon^{n-1} c_n B^n(T) \int_0^{2\pi} d\theta \sin\theta \cos^n\theta \tag{12.43.1}$$

und

$$B(T)\, b'(T) = \frac{1}{2\pi} \sum_{n=2}^{N} \varepsilon^{n-1} c_n B^n(T) \int_0^{2\pi} d\theta \cos^{n+1}\theta \,. \tag{12.43.2}$$

Wegen

$$\int_0^{2\pi} d\theta \sin\theta \cos^n\theta = 0 \text{ für } n \in \mathbf{N}_+ \,, \quad \int_0^{2\pi} d\theta \cos^{2k+1}\theta = 0 \text{ für } k \in \mathrm{N}_+ \quad \text{und}$$

$$\int_0^{2\pi} d\theta \cos^{2k}\theta = 2\pi \prod_{m=0}^{k-1} \frac{2m+1}{2m+2} \quad \text{für } k \in \mathbf{N}$$

folgt aber mit (12.43) (B_0 und b_0 sind Konstante)

$$B'(T) = 0 \text{ , oder } B = B_0 \text{ und } b(T) = \frac{3}{8}(\varepsilon B_0)^2 c_3 T + b_0 + O(\varepsilon^4) . \tag{12.44}$$

Setzen wir nun (12.44) in (12.39) ein, dann ergibt sich

$$u(t,\varepsilon) = B_0 \cos\left\{ \left[1 + \frac{3}{8} c_3 (\varepsilon B_0)^2 + O(\varepsilon^4)\right] T + b_0 \right\} . \tag{12.45}$$

Schließlich erhalten wir nach Anwendung der ABn (12.38.2) und Einsetzen in (12.37) das Resultat

$$x(t,\varepsilon) = \varepsilon A \cos\left\{ \left[\omega_0 + \frac{3\varepsilon^2 A^2 a_3}{8\omega_0} + O(\varepsilon^4)\right] t + \beta \right\} . \tag{12.45'}$$

Ein Vergleich mit (12.36) zeigt aber, daß (12.45') nicht alle nichtlinearen Glieder berücksichtigt. Der Prozess der Mittelung ist daher zu ungenau und er muß durch ein verbessertes Verfahren ersetzt werden.

In dem Buch von Kevorkian und Cole [10.4] wird gezeigt, daß die Mittelwertsmethode für Störprobleme der Klasse (Die Konstanten A und B sind unabhängig von ε)

$$u'' + u + \varepsilon f(u,u') = 0 \, ; \quad u(0,\varepsilon) = A \, , \; u'(0,\varepsilon) = B \tag{12.46}$$

mit beliebigen, analytischen Funktionen f in niedrigster Näherung richtige Resultate liefert, die mit den Ergebnissen des Vielvariablen-Verfahrens übereinstimmen. Dennoch haftet dieser Technik der prinzipielle Mangel an, daß höhere Korrekturterme nicht berechnet werden können. Wie hier gezeigt wurde, versagt die Mittelwertsmethode jedoch bei komplizierteren DGLn wie z.B. bei (12.38), einem Störproblem, das nicht zur Klasse (12.46) gehört.

Eine Verallgemeinerung der Mittelwertsmethode wurde 1955 von Krylow, Bogoljubow und Mitropolski [12.5] angegeben; die entsprechende Technik wird nach diesen drei Autoren kurz *KBM-Verfahren* genannt. Dabei wird zur Approximation von Lösungen des Problems (12.38) als Verallgemeinerung von (12.39) die AE

$$u(t,\varepsilon) \sim B(T) \cos\theta(T) + \sum_{n=1}^{K} \varepsilon^n u_n(B,\theta) + O(\varepsilon^{K+1}) \tag{12.47}$$

mit den Amplituden B und Phasen θ angesetzt und angenommen, daß diese Funktionen gemäß

$$B'(T) = \sum_{n=1}^{M} \varepsilon^n P_n(B) + O(\varepsilon^{M+1}) \, , \; \theta'(T) = 1 + \sum_{n=1}^{M} \varepsilon^n Q_n(B) + O(\varepsilon^{M+1}) \tag{12.48}$$

langsam mit der Variablen T variieren, wobei die Phasen amplitudenabhängig sind. Dabei sind die Funktionen u_n in (12.47) hinsichtlich der Variablen mit 2π periodisch und aus Eindeutigkeitsgründen wird vorausgesetzt, daß sie keine Glieder proportional zu $\sin\theta$ bzw $\cos\theta$ enthalten.

Bei der Bildung der Ableitungen sind dann die Regeln

$$u' = B' \frac{\partial u}{\partial B} + \theta' \frac{\partial u}{\partial \theta} ,$$

$$u'' = B'^2 \frac{\partial^2 u}{\partial B^2} + B'' \frac{\partial u}{\partial B} + 2B'\theta' \frac{\partial^2 u}{\partial B \partial \theta} + \theta'' \frac{\partial u}{\partial \theta} + \theta'^2 \frac{\partial^2 u}{\partial \theta^2} \tag{12.49}$$

zu beachten, wobei wegen (12.48)

$$B'' = \sum_{n=1}^{M} \varepsilon^n \frac{dP_n}{dB} B' = \varepsilon^2 P_1 P_1' + O(\varepsilon^3) ,$$

$$\theta'' = \sum_{n=1}^{M} \varepsilon^n \frac{dQ_n}{dB} B' = \varepsilon^2 P_1 Q_1' + O(\varepsilon^3) \tag{12.50}$$

einzusetzen ist. Mit (12.48) bis (12.50) folgt zunächst

$$u'' = - B \cos \theta + \varepsilon \left(\frac{\partial^2 u_1}{\partial \theta^2} - 2P_1 \sin \theta - 2Q_1 B \cos \theta \right) + \varepsilon^2 \{ [P_1 P_1' -$$

$$- (Q_1^2 + 2Q_2) B] \cos \theta - [BP_1 Q_1' + 2 (P_2 + P_1 Q_1)] \sin \theta +$$

$$+ 2Q_1 \frac{\partial^2 u_1}{\partial \theta^2} + 2P_1 \frac{\partial^2 u_1}{\partial B \partial \theta} + \frac{\partial^2 u_2}{\partial \theta^2} \} + O(\varepsilon^3) . \tag{12.51}$$

Setzen wir jetzt (12.51) in (12.38.1), dann ist diese DGL in niedrigster Ordnung automatisch erfüllt. In der nächsten Korrekturordnung entsteht

$$\varepsilon^1 : \frac{\partial^2 u_1}{\partial \theta^2} + u_1 = 2P_1 \sin \theta + 2Q_1 B \cos \theta - \frac{c_2}{2} B^2 (1 + \cos 2\theta). \tag{12.52.1}$$

Wegen $B \neq 0$ müssen wir zur Vermeidung von Resonanzen

$$P_1 = Q_1 = 0 , \tag{12.53}$$

fordern. Da aber die Funktion u_1 voraussetzungsgemäß nicht propotional zu $\sin\theta$ bzw. $\cos\theta$ sein darf, ist die homogene Lösung von (12.52.1) Null zu setzen und mit (12.53) folgt

$$u_1 = - \frac{c_2 B^2}{2} \left(1 - \frac{1}{3} \cos 2\theta \right) . \tag{12.54}$$

In der nächsten Korrekturordnung entsteht mit (12.51), (12.53) und (12.38.1)

$$\varepsilon^2 : \frac{\partial^2 u_2}{\partial \theta^2} + u_2 = RS_2 , \text{ mit}$$

$$RS_2 = 2Q_2 B \cos \theta + 2P_2 \sin \theta - 2c_2 B u_1 \cos \theta - c_3 B^3 \cos^3 \theta . \tag{12.52.2}$$

Wir formen jetzt die Funktion RS_2 um und benutzen dazu die trigonometrischen Identitäten

$$\cos\theta\cos 2\theta = \frac{1}{2}(\cos\theta + \cos 3\theta)\ ,\ \cos^3\theta = \frac{1}{4}(\cos 3\theta + 3\cos\theta)\ .$$

Dann folgt mit (12.52.2)

$$RS_2 = 2P_2B\sin\theta + \left[2Q_2B + \left(\frac{5}{6}c_2^2 - \frac{3}{4}c_3\right)B^3\right]\cos\theta + F(B)\cos 3\theta\ , \tag{12.55}$$

wobei die nicht-säkulären Glieder in der Funktion F(B) zusammengefaßt wurden. Zur Vermeidung resonanter Terme in der partikulären Lösung von (12.52.2) müssen wir jetzt wegen (12.55)

$$P_2 = 0 \ \text{ und } \ Q_2 = \left(\frac{3}{8}c_3 - \frac{5}{12}\right)B^2 \tag{12.56}$$

verlangen. Einsetzen von (12.53) und (12.56) in (12.48) führt dann nach einer einfachen Integration zu (B_0 und θ_0 sind Integrationskonstante)

$$B = B_0 + O(\varepsilon^3)\ , \tag{12.57.1}$$

$$\theta = \left[1 + \frac{1}{2}\left(\frac{3}{4}c_3 - \frac{5}{6}c_2^2\right)(\varepsilon B_0)^2\right]T + \theta_0 + O(\varepsilon^3)\ . \tag{12.57.2}$$

Trägt man nun (12.57) in (12.38) ein und berücksichtigt die Festlegung der Konstanten c_n und benutzt (12.37), dann reproduziert man in niedrigster Ordnung das Ergebnis des Vielvariablen-Verfahrens (12.36). M.a.W.: Die KBM-Technik und die Vielvariablen-Methode liefern bei Anwendung auf das Problem (12.1) in niedrigster Ordnung identische Ergebnisse.

Ehe wir zur Behandlung von Verallgemeinerungen übergehen, betrachten wir als **Beispiel** die Duffing-DGL (siehe auch (8.18))

$$\ddot{x} + x + x^3 = 0\ ;\ x(0,\varepsilon) = \varepsilon\ ,\ \dot{x}(0,\varepsilon) = 0\ ;\ \varepsilon \to 0_+\ . \tag{12.58.1}$$

Dieses Problem gehört mit $A=a_3=\omega_0=1, a_2=0$ und $\beta=0$ zur Klasse (12.1). Mit Ausnahme des Verfahrens DEn liefern alle bis jetzt besprochenen Methoden (wegen $a_2=0$ auch das Mittelungsverfahren !) für das erste Glied der GGE die Form

$$x(t,\varepsilon) \sim \varepsilon\cos\left[\left(1+\frac{3}{8}\varepsilon^2\right)t\right] + O(\varepsilon^2)\ . \tag{12.58.2}$$

Diese Approximation wird in Bild 12.1 mit der numerischen Lösung von (12.58.1) verglichen. Dabei mußte dem Parameter ε ein relativ großer Wert zugewiesen werden, da für kleinere Werte die entsprechenden Kurven innerhalb der Zeichengenauigkeit zusammenfallen.

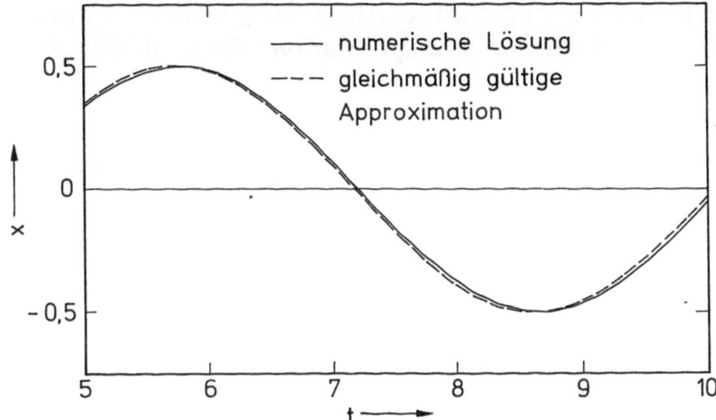

Bild 12.1 Numerische Lösung und GGE der Duffing-DGL (12.58.1) für ε=0,5

12.1.5 Verallgemeinerungen

Wir haben uns bis jetzt auf die Untersuchung des Problems (12.1) beschränkt. Bei anderen Problemstellungen (z.B. bei partiellen DGLn) kann es vorteilhaft sein, das Lindstedt-Poincaré-Verfahren mit der Vielvariablen-Methode zu kombinieren. Man arbeitet dann z.B. mit den beiden Variablen

$$T_0 = [\,1 + \varepsilon\,\omega_1 + \varepsilon^2\omega_2 + O(\varepsilon^3)\,]\,t \text{ und } T_1 = \varepsilon\,t\ , \tag{12.59}$$

wobei die Konstanten ω_n wieder zunächst unbekannte Frequenzparameter sind.

Andererseits ist es bei bestimmten Anwendungen (siehe z.B. Abschnitt 12.3) angebracht, einen Zweivariablen-Ansatz mit den Koordinaten

$$T_0 = \varepsilon\,t \text{ und } T_1 = g(T_0)/\varepsilon \tag{12.59'}$$

zu verwenden. Dabei ist T_0 die langsam und T_1 die rasch variierende Koordinate und die Funktion $g(T_0)$ ist zunächst unbekannt.

In dem Buch von Nayfeh [10.10] werden mit Hilfe der Variablen (12.59') die AAEn des RW-Problems (10.45) reproduziert. Vielvariablen-Ansätze können also nicht nur bei kumulativen Störproblemen verwendet werden, sondern auch zur Approximation der Lösungen von DGln mit kleinen Parametern als Koeffizienten der höchsten Ableitungen. Wir werden die Variablen (12.59) in Abschnitt 12.3 zur Approximation der Lösungen von hydrodynamischen Störproblemen heranziehen.

12.2 Die Methode verzerrter Koordinaten

Dieses Verfahren wurde in Verallgemeinerung der Lindstedt-Poincaré-Technik 1949 von Lighthill entwickelt [12.6]. Dabei werden an Stelle von unbekannten Frequenzparametern unbekannte Funktionen angesetzt. In Abänderung von (12.12) wird bei gewöhnlichen DGLn die *fast-identische Transformation* der unabhängigen Variablen t

$$t = t(s,\varepsilon) = s + \sum_{n=1}^{N} \varepsilon^n t_n(s) \ ; \ \varepsilon \to 0_+ \tag{12.60}$$

verwendet. Dabei ist s die neue unabhängige Variable und die Funktionen $t_n(s)$ werden mit Hilfe des gleich zu besprechenden Lighthill-Prinzips der minimalen Singularität bestimmt. Dabei gilt zunächst

$$\frac{d}{dt} = \frac{ds}{dt}\frac{d}{ds} = \frac{1}{dt/ds}\frac{d}{ds} \tag{12.61}$$

und wegen (12.60) ist in (12.61)

$$\frac{dt}{ds} = 1 + \sum_{n=1}^{N} \varepsilon^n t_n'(s) \ ; \ ' = d/ds \tag{12.62}$$

einzusetzen. Dann folgt nach einer Reihenentwicklung

$$\frac{d}{dt} = \left\{ 1 - \varepsilon t_1'(s) + \left[t_1'^2(s) - t_2'(s) \right] \varepsilon^2 + O(\varepsilon^3) \right\} \frac{d}{ds} \ . \tag{12.63}$$

Wir haben in Kapitel 8 und in Abschnitt 12.1.1 gesehen, daß die direkte Entwicklung bei singulären Störproblemen Glieder liefert, die mit wachsender Ordnung immer singulärer werden. Daher formulierte Lighthill das

Prinzip der minimalen Singularität

Bei Verwendung der mit der durch (12.60) definierten verzerrten Variable s gebildeten AE

$$x(t,\varepsilon) \sim \sum_{n=0}^{N} \varepsilon^n x_n(s) \ , \tag{12.64}$$

dürfen höhere Entwicklungsglieder maximal dieselbe Singularität wie das erste Glied $x_0(s)$ besitzen. Ebenso dürfen höhere Korrekturterme in (12.60) im Endlichen keine Singularitäten besitzen, da ja das erste Glied der AE (12.60) durch $t_0(s)=s$ gegeben ist. ♥

Dieses Prinzip ermöglicht es, der unzulässigen Zunahme der Ordnung der Singularitäten der direkten Entwicklung Einhalt zu gebieten. Dennoch wird dabei die verzerrte Koordinate nicht eindeutig bestimmt, da es hinreicht zu verlangen, daß die Quotienten sukzessiver Entwicklungsglieder $t_n(s)/t_{n-1}(s)$ bzw. $x_n(s)/x_{n-1}(s)$ reguläre, aber a priori nicht näher spezifizierte Funktionen sind. Diese Nicht-Eindeutigkeit ist aber oft von Vorteil.

Nach Lösung der entsprechenden Gleichungen liegt die Approximation i.a.in impliziter Darstellung vor, was für die Lösung vieler Probleme (z.B. bei partiellen DGLn) die relevante Darstellung ist.

Im Hinblick auf partielle DGLn ist die Anwendung dieses Verfahrens bei hyperbolischen DGLn empfehlenswert, während es bei elliptischen Problemen meist versagt und bei parabolischen DGLn sogar zu falschen Ergebnissen führen kann. Dieses Verfahren dient u. a. auch zur Berechnung kumulativer Effekte und es versagt bei Störproblemen mit kleinen Parametern als Koeffizienten der höchsten Ableitungen. Anders als bei den im Abschnitt 12.1 besprochenen Methoden spielt hier jedoch die direkte Entwicklung (allerdings in modifizierter Form) eine wichtige Rolle. Da sich diese Technik in der Gasdynamik, wo nichtlineare partielle DGLn erster Ordnung zu lösen sind, besonderer Beliebtheit erfreut (siehe z.B. Van Dyke [8.3], oder Schneider [10.3]), wollen wir uns hier auf die Untersuchung von Modell-DGLn erster Ordnung beschränken.

Wir wollen dieses Verfahren jetzt an Hand von zwei Beispielen illustrieren.

Beispiel 1

Vorgelegt sei die nichtlineare DGL erster Ordnung für die Funktion $x(t,\varepsilon)$

$$(t+\varepsilon x)\dot{x}+x=0\,;\quad \dot{}=d/dt\,;\ x(1,\varepsilon)=1\,;\ \varepsilon\to 0_+\,. \tag{12.65}$$

Durch Vertauschung der abhängigen und unabhängigen Variablen kann man leicht zeigen, daß die exakte Lösung von (12.65) die Form

$$x(t,\varepsilon)=-t/\varepsilon+\sqrt{(t/\varepsilon)^2+2/\varepsilon+1} \tag{12.66}$$

hat. In Aufgabe 8.7 wird die DE der Lösungen von (12.66) bestimmt und es wird dabei der Ausdruck

$$x^{(d)}\sim 1/t+\frac{\varepsilon}{2}(1/t-1/t^3)+O(\varepsilon^2) \tag{12.67}$$

hergeleitet. Anstelle der singulären DE (12.67) soll nun die AE (12.64) mit der durch (12.60) definierten Variablen s benutzt werden. Dann entsteht nach Eintragen von (12.63) und (12.64) in (12.65)

$$\left[s+\varepsilon(t_1+x_0)+\varepsilon^2(t_2+x_1)+O(\varepsilon^3)\right]\left[1-\varepsilon t_1'+\varepsilon^2(t_1'^2-t_2)+O(\varepsilon^3)\right]\times$$
$$\times\left[x_0'+\varepsilon x_1'+\varepsilon^2 x_1'+O(\varepsilon^3)\right]+x_0+\varepsilon x_1+\varepsilon^2 x_2+O(\varepsilon^3)=0\,.$$

Nach einem Koeffizientenvergleich erhalten wir dann die Hierarchie von Problemen

$$\varepsilon^0:\ L_0x_0=0\,;\ L_0=s\frac{d}{ds}+1\,, \tag{12.68.0}$$

$$\varepsilon^1:\ L_0x_1=(s\,t_1'-x_0-t_1)\,x_0'\,, \tag{12.68.1}$$

....

Setzt man in (12.60) t=1, dann ergibt sich aus der Bedingung $x(1,\varepsilon)=1$ wegen (12.64)

$$1=x_0(1-\varepsilon t_1(1-\varepsilon t_1-\dots)-\dots)+\varepsilon\,x_1(1-\varepsilon t_1(1-\varepsilon t_1-\dots)-\dots)+O(\varepsilon^2)$$

Eine Taylor-Entwicklung führt nun zu

$$\varepsilon^0 \; : \; x_0(1) = 1 \; , \tag{12.69.0}$$

$$\varepsilon^1 \; : \; x_1(1) = t_1(1)\, x_0'(1) \; , \tag{12.69.1}$$

....

Das Problem niedrigster Ordnung ist nun durch (12.68.0) mit (12.69.0) bestimmt und besitzt die Lösung

$$x_0(s) = 1/s \; . \tag{12.70}$$

Wie immer bei der Methode verzerrter Koordinaten, ist (12.70) gerade das in der Koordinate s formulierte erste Glied der DE (12.67). Das Lighthill-Prinzip fordert nun die Regularität der Funktion $x_1(s)/x_0(s)$. Die einfachste Möglichkeit diese Forderung zu erfüllen, ist durch die Nullsetzung der rechten Seite von (12.68.1) gegeben (warum?). Dann gilt mit (12.70)

$$s\,t_1' - t_1 = 1/s \; . \tag{12.71}$$

Wir benötigen nur eine partikuläre Lösung von (12.71) und diese lautet

$$t_1(s) = -\, 1/(2s) \; . \tag{12.72}$$

Wegen (12.72) und (12.69.1) gilt zunächst $x_1(1)=1/2$ und die Lösung von (12.68.1) ist $x_1(s)=1/(2s)$. Damit haben die beiden ersten Glieder (jeweils zwei Terme der AEn von x bzw. t) der Approximation der Lösung von (12.65) die implizite Darstellung

$$x(t,\varepsilon) \sim (1 + \varepsilon/2)/s + O(\varepsilon^2) \; ; \; t(s,\varepsilon) \sim s - \varepsilon/(2s) + O(\varepsilon^2) \; . \tag{12.73}$$

Um dieses Ergebnis mit der exakten Lösung (12.66) zu vergleichen, lösen wir in (12.73) nach der Variablen s auf. Dabei ergibt sich eine quadratische Gleichung mit der Lösung

$$s = t/2 + \sqrt{t^2/4 + \varepsilon/2 + O(\varepsilon^2)} \; , \tag{12.74}$$

wobei das negative Vorzeichen vor der Wurzel nicht berücksichtigt wurde, da in diesem Falle $s<0$ gilt und der Wert $s=1$ nicht angenommen werden kann. Einsetzen von (12.74) in den ersten Teil von (12.73), zeigt, daß diese Approximation im Gegensatz zur DE (12.67) für $t \in \mathbf{R}$ regulär ist. Eine Reihenentwicklung von (12.74) führt zu

$$s \sim t\,(1 + \varepsilon/(2t^2)) + O(\varepsilon^2) \; , \text{ für } \; x \gg O(\sqrt{\varepsilon})$$

und nach Eintragen in den ersten Teil von (12.73) entsteht wieder die DE (12.67). Ebenso wird (12.67) durch eine Taylor-Entwicklung der exakten Lösung (12.66) für $x \gg O(\sqrt{\varepsilon})$ reproduziert. Damit können wir zusammenfassend feststellen, daß für $x \gg O(\sqrt{\varepsilon})$ DE, exakte Lösung und die Lighthill-Approximation (12.73) bis zur Ordnung ε übereinstimmen. Die beiden Letzeren sind jedoch positiv und regulär, während die DE an $x=0$ Pole besitzt.

❑

Ergänzend soll noch bemerkt werden, daß in [12.7] gezeigt wird, daß die Klasse von DGLn (zu der auch (12.65) gehört)

$$(t+\varepsilon x)\,\dot{x} + a(t)\,x = b(t)\,, \tag{12.75}$$

mit regulären Funktionen a(t) und b(t) mit Hilfe des Verfahrens verzerrter Koordinaten gelöst werden kann.

Beispiel 2

In der Gasdynamik tritt bei Problemen der Wellenausbreitung die DGL für die Funktion $u(x,r,\varepsilon)$

$$u\frac{\partial u}{\partial x} + \frac{1}{r}\frac{\partial (ru)}{\partial r} = 0\,;\;\; u(x,1,\varepsilon) = \varepsilon\, f(x)\,;\; r\geq 1\,;\; \varepsilon\to 0_+ \tag{12.76}$$

auf, wobei f(x) eine reguläre, vorgegebene Funktion ist. In der Aufgabe 8.8 wird gezeigt, daß die DE des Problems die Form

$$u^{(d)} \sim \varepsilon\frac{f(x)}{r}\left[\, 1 - \varepsilon\, f'(x)\ln r + O(\varepsilon^2)\,\right] \tag{12.77}$$

hat. (12.77) ist für $r\to\infty$ nicht gleichmäßig gültig, da dann das zweite Glied in (12.77) das erste Glied übertrifft. Von Lighthill wurde vorgeschlagen, nur die Koordinate x zu verzerren. Wir setzen daher in Verallgemeinerung von (12.60)

$$x = x(\xi,\eta) = \xi + \varepsilon\, x_1(\xi,\eta) + O(\varepsilon^2) \;\;;\; r = \eta \tag{12.78}$$

an, wobei ξ und η die verzerrten Koordinaten sind. Die Transformation der Ableitungen ergibt

$$\frac{\partial}{\partial x} = \left[\, 1 - \varepsilon\frac{\partial x_1}{\partial \xi} + O(\varepsilon^2)\,\right]\frac{\partial}{\partial \xi}\,;\; \frac{\partial}{\partial r} = \frac{\partial}{\partial \eta} - \varepsilon\frac{\partial x_1}{\partial \eta}\left[\, 1 + O(\varepsilon)\,\right]\frac{\partial}{\partial \xi}\,. \tag{12.79}$$

In Abänderung von (12.64) verwenden wir nun eine AE der Lösungen von (12.76) in der Form (vgl. Aufgabe 8.8)

$$u(x,r,\varepsilon) \sim \varepsilon\, u_1(\xi,\eta) + \varepsilon^2 u_2(\xi,\eta) + O(\varepsilon^3)\,. \tag{12.80}$$

Die Anwendung der Bedingung $u(x,1,\varepsilon)=\varepsilon f(x)$ führt zunächst zu

$$\varepsilon\, u_1(x-\varepsilon x_1+O(\varepsilon^2),1) + \varepsilon^2 u_2(x-\varepsilon x_1+O(\varepsilon^2),1) + O(\varepsilon^3) = \varepsilon f(x)$$

und nach einer Taylor-Entwicklung folgt

$$\varepsilon^1 \,:\; u_1(x,1) = f(x) \;\;;\;\; \varepsilon^2 :\; u_2(x,1) = x_1(x,1)\,\frac{\partial u_1}{\partial x}(x,1)\,. \tag{12.81}$$

Dabei ist zu beachten, daß die Variable x in (12.81) beliebig ist und daher durch ξ ersetzt werden kann. Setzen wir nun (12.79) und (12.80) in (12.76) ein, dann entsteht die Hierarchie

$$\varepsilon^1: \frac{1}{\eta}\frac{\partial(\eta u_1)}{\partial \eta} = 0 , \tag{12.82.1}$$

$$\varepsilon^2: \frac{1}{\eta}\frac{\partial(\eta u_2)}{\partial \eta} = \left(\frac{\partial x_1}{\partial \eta} - u_1\right)\frac{\partial u_1}{\partial \xi} , \tag{12.82.2}$$

....

Die Lösung des Problems niedrigster Ordnung ist durch (12.82.1) mit der entsprechenden Bedingung in (12.81) bestimmt. Sie ist wieder durch das in (ξ,η) angeschriebene erste Glied der DE (12.77) gegeben und es gilt

$$u_1(\xi,\eta) = \frac{f(\xi)}{\eta} . \tag{12.83}$$

Die Lösung von (12.82.2) darf nicht singulärer sein als (12.83). Wir setzen daher wie im vorigen Beispiel die Inhomogenität in (12.82.2) Null und mit (12.83) entsteht nach einer Integration ($F(\xi)$ ist eine beliebige Funktion)

$$x_1(\xi,\eta) = F(\xi) + f(\xi) \ln \eta . \tag{12.84}$$

Als einfachste Lösung wählen wir $F(\xi)=0$, die partikuläre Lösung der DGL, die durch Nullsetzung der rechten Seite von (12.82.2) entsteht. Damit hat das erste Glied der Approximation der Lösung von (12.76) wegen (12.78), (12.80) und (12.83) die Form

$$u(x,r,\varepsilon) \sim \varepsilon \frac{f(\xi)}{r} + O(\varepsilon^2) , \text{ mit } \xi = x - \varepsilon f(\xi) \ln r + O(\varepsilon^2) . \tag{12.85}$$

(12.85) ist aber nicht nur das erste Glied einer AE sondern auch die exakte Lösung des Problems (12.76). Man kann sich davon überzeugen, indem man entweder die höheren Korrekturglieder berechnet, oder indem man durch Vertauschung der Rollen der Variablen u und x die DGL (12.76) linearisiert (siehe Aufgabe12.9).

❑

Bei dreidimensionalen Problemen der Gasdynamik ist die Frage, wie die Koordinaten verzerrt werden sollen, noch schwieriger zu beantworten. Für eine Klasse von Beispielen wurde diese Problemstellung von Kluwick untersucht [12.8]. Eine Übersicht über neuere Arbeiten auf dem Gebiet der Gasdynamik wird in dem Artikel von Nixon und McIntosh [12.9] gegeben.

12.3 Hydrodynamische Stabilitätstheorie schwach divergenter Strömungen

In diesem letzten Abschnitt soll eine physikalische Anwendung der hier dargestellten Verfahren durchgerechnet werden. Die vielseitigste und in der Praxis meist benutzte

Methode ist die Vielvariablen-Technik. Sie wird u.a. in [10.3] für hydrodynamische Probleme, in [10.4] für Kontinuumsschwingungen und Mehrkörper-Probleme, sowie bei Nayfeh und Mook [12.1] für nichtlineare Schwingungen mit mehreren Freiheitsgraden herangezogen. Im Gegensatz dazu wollen wir hier mit Hilfe der Vielvariablen-Methode ein Problem der hydrodynamischen Stabilitätstheorie untersuchen.

Die lineare Stabilitätstheorie von Parallel-Strömungen liefert das unbefriedigende Resultat, daß die Amplituden der Störungen räumlich (bzw. zeitlich) exponentiell anwachsen. Die entsprechenden Entwicklungen sind daher nicht gleichmäßig gültig. Bei der Behandlung der Stabilität von "exakten" Parallel-Strömungen (z.B. Kanal- bzw. Rohrströmungen) müssen daher nichtlineare Effekte berücksichtigt werden. Es gibt jedoch Strömungskonfigurationen, bei denen die Geschwindigkeitsprofile stromab schwach variieren (z.B. runde Freistrahlen bzw. Scherschichten). Der Einfluß der schwachen Variation (bzw. Divergenz) der Profile kumuliert stromab und führt zu einer bedeutenden Änderung der Amplituden der Störungen, die nicht mehr exponentiell anwachsen, sondern in Sättigungen übergehen, wobei die entsprechenden Entwicklungen dann stromab gleichmäßig gültig sind.

Wir wollen uns hier auf die Entwicklung der wesentlichsten Überlegungen zur Beschreibung der Instabilität schwach divergenter Strömungen beschränken und behandeln nur den Fall reibungsfreier Störungen. Verallgemeinerungen und numerische Ergebnisse sind der angegebenen Literatur zu entnehmen.Ausgangspunkt der Rechnungen ist die linearisierte Wirbeltransportgleichung (vgl.(11.122))

$$\left(\frac{\partial}{\partial t}+\frac{\partial\psi_0}{\partial y}\frac{\partial}{\partial x}-\frac{\partial\psi_0}{\partial x}\frac{\partial}{\partial y}\right)\Delta\psi_1+\left(\frac{\partial\psi_1}{\partial y}\frac{\partial}{\partial x}-\frac{\partial\psi_1}{\partial x}\frac{\partial}{\partial y}\right)\Delta\psi_0=0\,. \qquad (12.86)$$

Dabei sind $\psi_0(x,y)$ bzw. $\psi_1(x,y,t)$ die Stromfunktionen der stationären Grundströmung bzw. der Strörungen. In der Aufgabe 12.10 wird gezeigt, daß der Ansatz

$$\psi_0=\psi_0(y)\,;\;\psi_1=\varphi(y)\exp\Big[\frac{i}{\varepsilon}\int_{x_0}^{\varepsilon x}k(z)\,dz-i\omega t\Big]\,;\;x_0=\text{const}\,;\;\varepsilon\to 0_+ \qquad (12.87)$$

(12.86) in die Rayleigh-Gleichung (3.43) für die Funktion $\varphi(y)$ (mit '=d/dy und $U(y)=\psi_0'(y)$) überführt. (12.87) nennt man quasi-parallele Entwicklung mit langsam variabler Wellenzahl $k(\varepsilon x)$. Der hier ohne Herleitung angegebene, heuristische Ansatz (12.87) soll jetzt verallgemeinert werden.

Die folgenden Überlegungen basieren auf der Idee, daß die Grundgeschwindigkeit stromab (in der x-Richtung) langsam variiert, während sich die Störamplituden in x rasch ändern. Ist nun der kleine Störparameter ε ein Maß für die Variation der Grundgeschwindigkeit in der x-Richtung (und damit ein Maß für die Divergenz der Strömung), dann bilden wir im Gegensatz zu (12.87) den Zweivariablen-Ansatz (vgl. (12.59'))

$$\psi_0=\psi_0(x_1,y)\,;\;x_1=\varepsilon x\,, \qquad (12.88.0)$$

$$\psi_1=\phi(x_1,x_2,y,\varepsilon)\,\mathrm{exp}(-i\omega t)\,;\;x_2=g(x_1)/\varepsilon\,,\;\text{mit} \qquad (12.88.1)$$

$$\phi(x_1,x_2,y,\varepsilon)=\phi_0(x_1,x_2,y)+O(\varepsilon)\,. \qquad (12.88.2)$$

Dabei sind x_1 bzw. x_2 die langsam bzw. rasch variierenden Koordinaten und die Funktion $g(x_1)$ ist zunächst unbekannt. Dann gilt

$$\frac{\partial \psi_0}{\partial x} = O(\varepsilon)\,;\; \frac{\partial \psi_0}{\partial y} = O(1)\,;\; \Delta\,\psi_0 = \frac{\partial^2 \psi_0}{\partial y^2} + O(\varepsilon^2)\,, \tag{12.89.0}$$

$$\frac{\partial \psi_1}{\partial x} = [\, g'(x_1)\,\frac{\partial}{\partial x_2} + \varepsilon\,\frac{\partial}{\partial x_1}\,]\,\psi_1\,;\; \frac{\partial \psi_1}{\partial y} = O(1)\,. \tag{12.89.1}$$

Setzen wir nun (12.88) mit (12.89) in (12.86) ein, dann folgt in niedrigster Ordnung

$$\varepsilon^0 : \{\, (\,-i\,\omega + \frac{\partial \psi_0}{\partial y} g'\,\frac{\partial}{\partial x_2})\,(\frac{\partial^2}{\partial y^2} + g'^2\,\frac{\partial^2}{\partial x_2^2}) - g'\,\frac{\partial^3 \psi_0}{\partial y^3}\,\frac{\partial}{\partial x_2})\,\}\,\phi_0 = 0\,. \tag{12.90}$$

Da die Koeffizientenfunktionen in (12.90) unabhängig von der Variablen x_2 sind, ist diese DGL hinsichtlich der Koordinate x_2 eine lineare DGL mit konstanten Koeffizienten. Wir verwenden daher die Separation der Variablen

$$\phi_0(x_1,x_2,y) = H(x_1,y)\,\exp(\lambda x_2)\,;\; \lambda = \text{const}\,. \tag{12.91}$$

Nach Eintragen von (12.91) in (12.90) entsteht

$$\{(-\,i\,\omega + s\,\frac{\partial \psi_0}{\partial y})\,(\frac{\partial^2}{\partial y^2} + s^2) - s\,\frac{\partial^3 \psi_0}{\partial y^3}\,\}\,H(x_1,y) = 0\,,\ \text{mit } s = \lambda\,g'. \tag{12.92}$$

(12.92) ist nun eine *verallgemeinerte Rayleigh-Gleichung*, in der die noch unbekannten Größen λ und $g'(x_1)$ nur in Form des Produkts s auftreten. Setzen wir jedoch

$$\lambda\,g'(x_1) = i\,k(x_1)\,, \tag{12.93}$$

dann geht (12.92) in die Rayleigh-Gleichung (3.43) über und mit (12.88), (12.91) und (12.93) folgt

$$\phi_0 = A(x_1)\,\exp[\,\frac{i\,k(x_1)\,g(x_1)}{\varepsilon\,g'(x_1)}\,]\,\varphi(x_1,y)\,. \tag{12.94}$$

Dabei ist $\varphi(x_1,y)$ eine Lösung von (3.43) (mit '=d/dy) für das lokale Geschwindigkeitsprofil

$$U(x_1,y) = \frac{\partial \psi_0}{\partial y}(x_1\,,y)$$

Die Koordinate x_1 spielt in dieser DGL nur die Rolle eines Parameters. Die langsam variierende Amplitude $A(x_1)$ ist daher eine Konstante der y-Integrationen in der Rayleigh-Gleichung. Setzen wir noch speziell λ=i, dann folgt mit (12.93)

$$g'(x_1) = k(x_1)\ \text{und}\ g(x_1) = \int_0^{x_1} k(z)\,dz \tag{12.95}$$

und mit (12.94) und (12.88) ergibt sich

$$\psi_1 \sim A(x_1)\,\varphi(x_1,y)\exp\Big\{\frac{i}{\varepsilon}\int_0^{x_1} k(z)\,dz - i\,\omega\,t\Big\} + O(\varepsilon)\,. \tag{12.96}$$

(12.96) ist nun eine Verallgemeinerung des heuristischen Ansatz (12.87), wobei die langsam variierende Amplitude $A(x_1)$ zunächst noch unbekannt ist und erst in der nächsten Korrekturordnung bestimmt werden kann. Es ist von Interesse festzustellen, daß (12.96) vom Typ einer WKB-Approximation ist (vgl. z.B. (9.16)). Die Vielvariablen-Methode reproduziert hier daher die Ergebnisse des WKB-Verfahrens in modifizierter Form.

Es ist nun zweckmäßig, den Ansatz (12.88.1,2) unter Berücksichtigung von (12.96) abzuändern und wir ersetzen (12.88.1,2) durch

$$\psi_1 \sim \chi(x_1,y,\varepsilon)\,\exp\big[i\,S(x_1,t,\varepsilon)\big]\;;\quad S(x_1,t,\varepsilon) = \frac{1}{\varepsilon}\int_0^{x_1} k(z)\,dz - \omega\,t \tag{12.97.1}$$

mit

$$\chi \sim \chi_0(x_1,y) + \varepsilon\,\chi_1(x_1,y) + O(\varepsilon^2)\quad\text{mit}\quad \chi_0 = A(x_1)\,\varphi(x_1,y)\,. \tag{12.97.2}$$

Die Berechnung der einzelnen Glieder in (12.86) ergibt neben (12.89.0) ($k'=dk/dx_1$)

$$\frac{\partial\psi_1}{\partial x} = e^{iS}\Big(ik + \varepsilon\frac{\partial}{\partial x_1}\Big)\chi = e^{iS}\Big[ik\chi_0 + \varepsilon\Big(ik\chi_1 + \frac{\partial\chi_0}{\partial x_1}\Big) + O(\varepsilon^2)\Big]\,,$$

$$\begin{aligned}\Delta\,\psi_1 &= e^{iS}\Big[D^2 + i\,\varepsilon\Big(k' + 2k\frac{\partial}{\partial x_1}\Big) + O(\varepsilon^2)\Big]\big(\chi_0 + \varepsilon\,\chi_1 + \dots\big) = \\ &= e^{iS}\Big\{D^2\chi_0 + \varepsilon\Big[D^2\chi_1 + i\Big(k' + 2k\frac{\partial}{\partial x_1}\Big)\chi_0\Big] + O(\varepsilon^2)\Big\}\,,\end{aligned}$$

mit dem Operator $D^2 = \partial^2/\partial y^2 - k^2$, sowie

$$\frac{\partial}{\partial x}\Delta\,\psi_1 = e^{iS}\Big\{ikD^2\chi_0 + \varepsilon\Big[ikD^2\chi_1 + (D^2 - 2k^2)\frac{\partial\chi_0}{\partial x_1} - 3\,kk'\chi_0\Big] + O(\varepsilon^2)\Big\}\,. \tag{12.98}$$

Die Bildung der y-Ableitungen der Variablen in (12.98) erfolgt durch Differentiation der Funktion χ_0 und χ_1 in (12.98) nach der Variablen y. Trägt man nun (12.98) in (12.86) ein, dann reproduziert man in niedrigster Ordnung die Rayleigh-Gleichung. Dagegen entsteht in der nächsten Korrekturordnung

$$\varepsilon^1:\ \Big(D^2 - \frac{\partial^2U/\partial y^2}{U-c}\Big)\chi_1 = RS_1\;;\ c = \omega/k\,, \tag{12.99.1}$$

mit

$$RS_1 = \frac{1}{ik(U-c)} \{ -\omega (k'+2k \frac{\partial}{\partial x_1}) + U [3kk' - (D^2-2k^2) \frac{\partial}{\partial x_1}] -$$

$$- V D^2 \frac{\partial}{\partial y} + \frac{\partial^2 V}{\partial y^2} \frac{\partial}{\partial y} + \frac{\partial^2 U}{\partial y^2} \frac{\partial}{\partial x_1} \} \chi_0 . \tag{12.99.2}$$

Dabei sind die Komponenten der Grundgeschwindigkeit $\mathbf{U}_0$ durch

$$\mathbf{U}_0 = \{ U(x_1,y), \varepsilon V(x_1,y), 0 \} \text{ mit } U = \frac{\partial \psi_0}{\partial y} \text{ und } V = -\frac{\partial \psi_0}{\partial x_1} , \tag{12.100}$$

definiert.

Auf der linken Seite von (12.99.1) steht der auf die Funktion χ_1 wirkende selbstadjungierte Rayleigh-Operator und eine Umformung der rechten Seite RS_1 ergibt bei Verwendung des zweiten Teils von (12.97.2)

$$RS_1 = L_1(x_1,y) A(x_1) + K_1(x_1,y) \frac{dA}{dx_1} , \tag{12.101}$$

mit

$$L_1(x_1,y) = \frac{1}{ik(U-c)} \{ k'(3kU - \omega) \varphi + (\frac{\partial^2 V}{\partial y^2} - VD^2) \frac{\partial \varphi}{\partial y} +$$

$$+ [2k(kU - \omega) - UD^2 + \frac{\partial^2 U}{\partial y^2}] \frac{\partial \varphi}{\partial x_1} \} \tag{12.102}$$

und

$$K_1(x_1,y) = \frac{1}{ik(U-c)} [2k(kU - \omega) - UD^2 + \frac{\partial^2 U}{\partial y^2}] \varphi . \tag{12.103}$$

Bilden wir nun in Analogie zu der Seperation von χ_0 in (12.97.2) die Funktion χ_1 gemäß

$$\chi_1(x_1,y) = B(x_1) \varphi_1(x_1,y) , \tag{12.104}$$

dann muß wegen (12.99.1) und (12.101) bis (12.104) die Funktion φ_1 die *inhomogene Rayleigh-Gleichung*

$$(D^2 - \frac{\partial^2 U/\partial y^2}{U-c}) \varphi_1 = \frac{1}{B(x_1)} [L_1(x_1,y) A(x_1) + K_1(x_1,y) \frac{dA}{dx_1}] \tag{12.105}$$

erfüllen. Die langsam variierende Amplitude $B(x_1)$ bleibt dabei zunächst unbestimmt und sie kann erst in der nächsten Korrekturordnung berechnet werden. Die homogene Lösung von (12.105) ist wieder die Rayleigh-Lösung, die den RBn der speziellen Strömungskonfiguration ($y_{1,2}$ sind die Grenzpunkte der Strömung)

$$\varphi(x_1,y_1) = \varphi(x_1,y_2) = 0 \tag{12.106}$$

für alle Werte von x_1 genügen muß. Ein Lösbarkeitskriterium für das inhomogene Problem (12.105) ist dann durch die *Fredholm-Alternative* gegeben (siehe z.B. Nayfeh [12.10]). Dieses Kriterium besagt, daß die inhomogene DGL (12.105) dann und nur dann eine die RBn (12.106) erfüllende Lösung besitzt, wenn die Inhomogenität in (12.105) orthogonal zur Lösung des adjungierten homogenen Problems ist. Da aber der Rayleigh-Operator auf der linken Seite von (12.105) selbstadjungiert ist, müssen wir

$$L(x_1)\, A(x_1) + K(x_1)\, \frac{dA}{dx_1} = 0 \,, \tag{12.107}$$

mit

$$K(x_1) = \int_{y_1}^{y_2} K_1(x_1,y)\, \varphi(x_1,y)\, dy \quad \text{und} \quad L(x_1) = \int_{y_1}^{y_2} L_1(x_1,y)\, \varphi(x_1,y)\, dy \,, \tag{12.108}$$

fordern. Nach einer Integration der linearen gewöhnlichen DGL erster Ordnung (12.107) ist die langsam variierende Amplitude $A(x_1)$ bis auf eine Integrationskonstante bestimmt und es gilt

$$A(x_1) = A(0) \exp \left\{ - \int_0^{x_1} L(z)/K(z)\, dz \right\} . \tag{12.109}$$

Dabei müssen allerdings die Koeffizienten L_1 und K_1 in (12.102) und (12.103) bzw. L und K in (12.108) , sowie das Integral in (12.109) numerisch berechnet werden. Das erste Glied der GGE der Stromfunktion der Störungen hat nun wegen (12.96) die Form

$$\psi_1(x,y,t) \sim A(0) \exp \left\{ \int_0^{\varepsilon x} \left[i\, k(z)/\varepsilon - L(z)/K(z) \right] dz - i\, \omega\, t \right\} \varphi(\varepsilon x,y) + O(\varepsilon) . \tag{12.110}$$

Wir wollen hier nicht auf die Interpretation dieses Ergebnis eingehen, sondern wir beschränken uns darauf hinzuweisen, daß wegen (12.110) die unterschiedlichen Störungsgrößen (longitudinale bzw. transversale Geschwindigkeitskomponenten und der Druck) differente Amplituden bzw. Phasengeschwindigkeiten besitzen. Die numerische Auswertung zeigt insbesondere, daß die Amplituden, von der Stelle x=0 ausgehend, anfänglich - in Übereinstimmung mit den Ergebnissen der Theorie von Parallelströmungen - exponentiell anwachsen. Weiter stromab kumuliert jedoch der Einfluß der schwachen Ausbreitung der Grundströmung und die Amplituden steigen nicht mehr exponentiell an, sondern sie gehen allmählich in eine Sättigung über, oder sie fallen geringfügig ab (siehe Bild 12.2 wo die Stromab-Variation des Schwankungs-

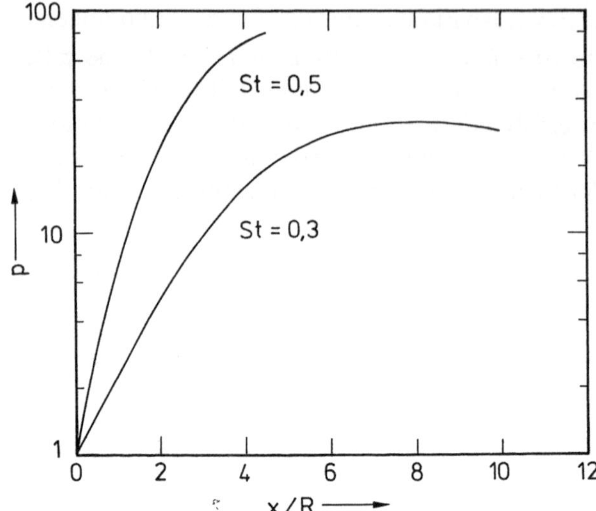

Bild 12.2 Wachstumsraten der achsensymmetrischen Druck-Störungen in schwach divergenten Freistrahlen

druckes für zwei Werte Strouhal-Zahl St, der dimensionslosen Frequenz, dargestellt ist).

Die hier angestellten Überlegungen beschränken sich auf den einfachsten Fall reibungsfreier Störungen in ebenen Konfigurationen. Die dieser Theorie zu Grunde liegenden Ideen wurden erstmals von Bouthier entwickelt [12.11] und später von Crighton und Gaster [12.12] und von Plaschko [12.13] auf die Untersuchung der reibungsfreien Instabilität von runden Freistrahlen angewandt. Die Instabilität von ebenen Freistrahlen bei endlichen Werten der Reynolds-Zahl wurde von Garg behandelt [12.14]. Schließlich wurden von Tam und Chen [12.15] und von Plaschko [12.16] lineare stochastische Turbulenzmodelle entwickelt, die auf der Stabilitätstheorie schwach divergenter Strömungen basieren, wobei der Einfluß der Reibung für große Werte der Reynolds-Zahl durch Kurvenintegrale in der komplexen y-Ebene berücksichtigt wird.

Aufgaben

12.1 Man verifiziere (12.20).

12.2 Vorgelegt sei die schwach-nichtlineare Wellengleichung für die Funktion u(x,t,ε)

$$\left(\frac{\partial^2}{\partial t^2} - \frac{\partial^2}{\partial x^2}\right) u + u + \varepsilon u^3 = 0 \; ; \; \varepsilon \to 0_+ \; . \qquad \text{(A.12.1)}$$

Für ε=0 besitzt diese DGL die Lösung

$$u = \sin T \quad \text{mit} \quad T = kx - \sqrt{1+k^2}\; t \; .$$

dabei ist k eine beliebige Wellenzahl. Mit Hilfe des Lindstedt-Poincare-Ansatzes

$$u(x,t,\varepsilon) \sim u_0(\theta) + \varepsilon\, u_1(\theta) + O(\varepsilon^2)\,; \quad \theta = kx - \sqrt{1+k^2}\,(1 + \varepsilon\omega_1 + \varepsilon^2\omega_2 + \ldots)\; t$$

berechne man die beiden ersten Glieder der GGE der Lösungen von (A.12.1) und bestimme die ABn

$$u(x,0,\varepsilon) \;\; \text{und} \;\; \frac{\partial u}{\partial t}(x,0,\varepsilon)\,,$$

die zu den beiden ersten Gliedern der GGE korrespondieren.

12.3 Mit Hilfe des Zwei-Variablenansatz

$$x(t,\varepsilon) \sim x_0(T_0,T_1) + \varepsilon\, x_1(T_0,T_1) + O(\varepsilon^2)\,; \;\; T_0 = t\,,\; T_1 = \varepsilon\, t\;;\; \varepsilon \to 0_+$$

berechne man das erste Glied der GGE der Anfangswertprobleme

a) $\ddot{x} + x + \varepsilon\, x^3 = 0$ (Duffing-DGL),

b) $\ddot{x} + x + \varepsilon\, \dot{x}^3 = 0$ (kubisch gedämpfter Oszillator),

mit den ABn $x(0,\varepsilon) = 1 \;;\; \dot{x}(0,\varepsilon) = 0$.

12.4 Man löse die AW-Probleme von Aufgabe 12.3 mit Hilfe der Mittelungsmethode.

12.5 Vorgelegt sei die *Van- der- Pol-* DGL

$$\ddot{x} + x = \varepsilon\,(1-x^2)\,\dot{x}\;; \varepsilon \to 0_+\,;\;\; x(0,\varepsilon) = 1\,,\; \dot{x}(0,\varepsilon) = 0\,.$$

Man bestimme das erste Glied der GGE
a) mit Hilfe des Zwei-Variablenansatzes von Aufgabe 12.3
b) mit Hilfe der KBM-Methode.

12.6 Vorgelegt sei das Problem erzwungener Schwingungen des Van der Pol-Oszillators

$$\ddot{x} + x = \varepsilon\,(1-x^2)\,\dot{x} + K\cos(\omega t)\,;\; \varepsilon \to 0_+\,;\; x(0,\varepsilon) = 1\,,\; \dot{x}(0,\varepsilon) = 0$$

mit $K = O(1)$ und $\omega \neq 1 + O(\varepsilon)$ (harte, nicht-resonante Erregung).

Mit Hilfe eines Zwei-Variablenansatzs berechne man das erste Glied der GGE und diskutiere das asymptotische Verhalten dieser Approximation für $t \to \infty$.
Hinweis : Man beachte das Vorzeichen des Parameters

$$\sigma = 1 - K^2/[2(1-\omega)^2]\,.$$

12.7 Vorgelegt sei die DGL des *Rayleigh-Oszillators*

$$\ddot{x} + x = \varepsilon\,(\dot{x} - \frac{1}{3}\dot{x}^3)\,;\ \varepsilon \to 0_+\,;\ \ x(0,\varepsilon) = 0\,;\ \dot{x}(0,\varepsilon) = 2\,.$$

Man bestimme das erste Glied der GGE
a) Mit Hilfe der Zwei-Variablen-Methode,
b) Mit Hilfe des Mittelungsverfahrens.

12.8 In der Satelliten-Technik findet sich das Problem

$$\frac{1}{2}\dot{x}^2 = (1-\varepsilon)/x + \varepsilon/(1-x)\ \ ;\ \varepsilon \to 0_+\,;\ \ x(0,\varepsilon) = 0\,.$$

Mit Hilfe der Methode verzerrter Koordinaten berechne man das erste Glied der GGE.

12.9 Durch Vertauschung der Rollen der Variablen u und x in (12.76) zeige man, daß die implizite Darstellung der exakten Lösung dieser DGL durch (12.85) gegeben ist.

12.10 Man verifiziere, daß (12.87) in niedrigster Näherung (12.86) in die Rayleigh-Gleichung (3.43) für die Funktion $\varphi(y)$ (mit $'=d/dy$ und $U=U(y)$) überführt.

13 Deterministisches Chaos - Eine Einführung

Alle physikalischen Vorgänge sind grundsätzlich nichtlinear. Daß trotz dieser Tatsache der mathematischen Physik so große Erfolge bei deren Beschreibung, d.h. bei der qualitativen wie quantitativen Voraussage des Verhaltens physikalischer Systeme, beschieden sind, liegt vor allem daran, daß es fast stets gelingt, die nichtlinearen Phänomene durch ein lineares Gesetz zu approximieren. Die Notwendigkeit der Linearisierung ergibt sich - mathematisch gesehen - aus der Tatsache, daß für nichtlineare Gleichungen fast keine allgemeinen analytischen Verfahren bereitstehen, während für lineare Differentialgleichungen - insbesondere gewöhnliche - die analytische Theorie stark ausgebaut ist.

So ist dann auch die Geschichte der Physik vor allem eine der linearen Physik, die ihre Kulminationsperiode von der Mitte des 19. bis zur Mitte des 20. Jahrhunderts hatte; die wesentlichen physikalischen Theorien stammen aus dieser Zeit. Von wenigen Ausnahmen abgesehen beschreiben lineare Gleichungen wie die Maxwellschen, die Schrödinger-Gleichung, die Gleichungen der speziellen und allgemeinen Relativitätstheorie einigermaßen komplexe physikalische Vorgänge in linearen Räumen wie z.B. komplexen Hilbert-Räumen oder vierdimensionalen Kontinua sehr erfolgreich. Dabei war man sich im allgemeinen über den *asymptotischen* Charakter dieser Theorien im klaren.

Waren physikalische Vorgänge nicht durch lineare Gleichungen zu approximieren - wie z.B. reibungsbehaftete Strömungen oder atomare Wechselwirkungen - so konnte man mit der Störungstheorie für kleine Abweichungen des zeitbehafteten Zustands vom (zeitlichen) Mittelwert des Zustands zumindest eine Hierarchie linearer Gleichungen erzeugen, also wieder eine Quasilinearisierung durchführen.

In den letzten Jahren ist nun ein neuer Zweig der Naturbeschreibung, über die Physik hinausgehend, entstanden, für den sich der Begriff *deterministisches Chaos* (kurz: *Chaos-Theorie*) durchzusetzen scheint (gelegentlich auch als numerische Turbulenz, selbsterregtes Rauschen, dynamische Stochastizität bezeichnet) und der so unterschiedliche Gebiete wie mechanische Schwingungen, hydrodynamische Turbulenz, chemische Kinetik, Populationsdynamik etc. beeinhaltet.

Systematisch erforscht werden diese Phänomene seit Mitte der siebziger Jahre, als Großmann und Thomae [13.1] und Feigenbaum [13.2] gewisse universelle Konstanten bei der Untersuchung eindimensionaler iterativer Systeme mit chaotischem Verhalten fanden und McLaughlin und Martin [13.3] die mittlerweile als klassisch angesehene Arbeit von Lorenz [13.4] aus dem Jahre 1963 zur atmosphärischen Turbulenz (siehe Abschnitt 13.2.2) vor dem Hintergrund der neuesten Entwicklungen in der nichtlinearen Dynamik interpretierten.

Möglich geworden ist die Beobachtung dieses neuen Phänomens, des deterministischen Chaos, durch die leistungsstärkeren Rechner des letzten Jahrzehnts. Die numerische Lösung komplizierter Systeme von nichtlinearen Differential- oder Differenzengleichungen über weite Parameterbereiche, die wegen der beschränkten Rechnerkapazitäten vorher nicht in dieser Vollständigkeit durchgeführt werden konnte, ergab in manchen Fällen ganz unerwartete Resultate: während für ein vorgegebenes Parameterensemble eine stabile, z.B. periodische, Lösung erreicht wird, kann die Lösung für eine andere Parameterkombination eine bi- oder multiperiodische Funktion oder gar eine unendlich-periodische, chaotische sein. Die einfachste Gleichung mit derartigem Verhalten ist die logistische Karte, eine einfache Differenzengleichung der Populationsdynamik (siehe Abschnitt 13.2.1).

Nun sind solche Bifurkationen sowohl experimentell als auch theoretisch schon seit langem beobachtet worden; so hat Lord Rayleigh als einer der ersten 1887 einen Verzweigungsvorgang beschrieben, nämlich bei den Schwingungen eines nichtlinearen Pendels [13.5]. Er weist hier sogar auf ein noch früheres Experiment von Faraday hin, der bereits 1831 Verzweigungsverhalten auf der Oberfläche einer vertikal oszillierenden Wassersäule beobachtet hat.

Landau [13.6] versuchte 1944 die Entstehung der Turbulenz aus laminarem Verhalten als eine unendliche Folge von Hopf-Bifurkationen zu beschreiben. Allerdings erklärt diese Theorie nicht experimentell beobachtete Phänomene wie Phasenmischung, empfindliche Abhängigkeit turbulenter Strömungen von den Anfangsbedingungen oder Verringerung der Anzahl der ursprünglich vorhandenen unabhängigen Frequenzen. Newhouse, Ruelle und Takens [13.7] widerlegten Landau schließlich 1978, indem sie zeigten, daß bereits eine endliche Anzahl (drei) von Bifurkationen zu turbulentem Verhalten führt (siehe Abschnitt 13.5.1.1).

Hier stellt sich die Frage (wie übrigens schon im letzten Jahrhundert in der linearen Physik), wie diese so offensichtlich verschiedenen Gebiete der Naturwissenschaften durch ein einheitliches Beschreibungssystem umschlossen werden können. Die beobachteten Übereinstimmungen sind übrigens keineswegs nur statistischer oder stochastischer Art; vielmehr handelt es sich um eine Ähnlichkeit (Identität) der verschiedenen Vorgänge in ihrer Beschreibungsform durch die nichtlineare Systemtheorie (Theorie nichtlinearer dynamischer Systeme). Die Deutung und erschöpfende Beschreibung solcher Vorgänge ist keineswegs abgeschlossen, sondern ein sehr lebendiger Zweig derzeitiger Forschung.

Zur Zeit ist diese Theorie noch eine mit vielen losen Enden, die - so hofft man - eines Tages zu einem einheitlichen Ganzen verknüpft werden können. Es handelt sich bei diesen - gewöhnlich dissipativen - Vorgängen um nichtlineare, die i. a. einer geschlossenen analytischen Untersuchung mit den zur Verfügung stehenden mathematischen Hilfsmitteln nicht zugänglich sind, aber es zeichnet sich schon jetzt eine Verschmelzung und Vereinheitlichung solcher scheinbar isoliert nebeneinanderstehenden mathematischen Größen oder Begriffe wie Verzweigungen, seltsame Attraktoren, Lyapunov-Exponenten, fraktale Dimension etc. ab.

Als dynamisches System bezeichnet man jedes System aus allen möglichen (natur)-wissenschaftlichen Disziplinen verschiedener mathematischer Form: Differenzengleichungen (iterierte Abbildungen), gewöhnliche Differentialgleichungen (ob autonom oder heteronom), partielle Differentialgleichungen oder Kombinationen daraus, wie z. B. Differentialgleichungen mit retardiertem Argument.

Man unterscheidet bei den dynamischen Systemen zwischen dissipativen und nicht-dissipativen, d.h. konservativen (Hamilton-) Systemen: für erstere existieren stets Attraktoren, für letztere nicht notwendig. Zumindest vom physikalischen Standpunkt scheint das Studium dissipativer Systeme das interessantere: zum einen sind eben realistische physikalische Systeme nicht nur nichtlinear, sondern auch dissipativ; zum anderen schrumpft bei höherdimensionalen dissipativen Systemen, also Systemen mit vielen Freiheitsgraden, das Phasenvolumen durch die Dissipation und man wird die physikalischen Vorgänge auf Attraktoren in Unterräumen erheblich geringerer Dimension als der des eigentlichen Phasenraums beobachten können.

In der Regel hat man zwischen kontinuierlichen und diskreten Systemen zu unterscheiden. Diese Unterscheidung gilt streng allerdings nur für analytische Untersuchungen, denn eine numerische Untersuchung kontinuierlicher Systeme läuft letztlich auf die Untersuchung eines diskreten hinaus, da statt des kontinuierlichen Systems

$$\dot{\mathbf{x}} = \mathbf{f}(\mathbf{x}, t)$$

in Wirklichkeit das diskrete System

$$\mathbf{x}_{n+1} = \mathbf{x}_n + r\,\mathbf{f}(\mathbf{x}_n, t)$$

mit gewöhnlich kleiner Schrittweite r behandelt wird. Eine Änderung von r wird das Verhalten der Lösung des diskreten Systems entscheidend beeinflussen; zu große Schrittweiten bewirken zumindest eine Instabilität der Lösung, können aber auch, wie man sehen wird, zu chaotischem Verhalten führen.

Zum Schluß der Einleitung soll eine erste Definition des deterministischen Chaos gegeben werden: Das deterministische Chaos unterscheidet sich vom "wirklichen" Chaos dadurch, daß bei letzterem für $t \to \infty$ jeder Punkt des Phasenraumes angelaufen wird (weißes Rauschen), der Attraktor also der gesamte Phasenraum ist (Schwärzung), während beim deterministischen Chaos der Attraktor von niedrigerer Dimension als der des Phasenraumes ist, also eine Struktur im Phasenraum aufweist.

Deterministisches Chaos ist also nicht *Unordnung*, sondern eher *Ordnung ohne Periodizität*. Man findet z.B. innerhalb chaotischer Bereiche Inseln geordneter Bewegung, die wiederum chaotische Bereiche enthalten, vorausgesetzt, die experimentelle bzw. numerische Auflösung ist groß genug. Dies führt zum Begriff der Selbstähnlichkeit, die beim deterministischen Chaos eine wesentliche Rolle spielt und vielleicht mit dem Superpositionsprinzip im linearen Fall verglichen werden kann.

Im Laufe der letzten Jahre ist neben der Flut von Zeitschriftenveröffentlichungen auch eine große Anzahl von Büchern zum Thema *Chaos* erschienen. Da kaum zwei

Autoren das gleiche Konzept des Begriffes Chaos haben, sind die Schwerpunkte extrem unterschiedlich: sie reichen von der Darstellung der Anwendungen für Naturwissenschaftler und Ingenieure [13.8, 13.9] über etwas anspruchsvollere Präsentationen [13.10 - 13.12] und die mathematische Diskussion iterierter Karten [13.13, 13.14] bis zu Werken über die den chaotischen Systemen und Karten zu Grunde liegenden fraktalen Geometrien [13.15, 13.16]. Eine Zusammenstellung wichtiger Original - Artikel (bis 1983) findet sich in [13.17].

13.1 Dynamische Systeme

13.1.1 Phasendiagramme, Attraktoren

Eine luzide geometrische Beschreibungsform dynamischer Systeme mit endlichem Aufenthaltsbereich und endlichen Geschwindigkeiten ist das Phasendiagramm. In diesem Diagramm sind Zustands- und Zustandsänderungs-Koordinaten gegeneinander aufgetragen; der Phasenraum eines Systems von n Freiheitsgraden, also n Zustandsvariablen x^i (z.B. Teilchenorten), ist damit der von x^i und $\partial x^i/\partial t$ aufgespannte 2n-dimensionale Raum (im eindimensionalen Fall: die Phasenebene). Das Phasendiagramm ist die Trajektorie von $\{x^i\}_{i=1}{}^n$, $\{\partial x^i/\partial t\}_{i=1}{}^n$ im Phasenraum als Funktion der Zeit. In Hamiltonschen Systemen verlaufen diese Trajektorien wegen der Energieerhaltung auf Hyperflächen konstanter Energie (z.B. für das ungedämpfte, lineare Pendel auf einer Ellipse), während für dissipative Systeme durch den Energieverlust niedrig-dimensionale (verglichen mit der Dimension des Hyperfläche im sonst analogen nichtdissipativen Fall) Gebiete angelaufen werden, die sogenannten *Attraktoren.*

Attraktoren nennt man diejenigen geometrischen Gebilde im Phasenraum, denen sich die Trajektorien nach dem Abklingen des Einschwingvorgangs nähern. Attraktoren können Fixpunkte sein (z.B. der Ursprung für ein gedämpftes lineares System), Grenzzyklen (z.B. für gewisse nichtlineare Schwinger), Tori (für quasiperiodische Systeme) oder andere geometrische Kurven.

Der für die Chaos-Theorie wichtige *seltsame Attraktor* (strange attractor), dessen Name daher rührt, daß der erste beschriebene Attraktor dieser Art [13.4] den traditionellen Vorstellungen über deterministische Systeme radikal widersprach, wird zwar von einer irregulär im Phasenraum laufenden Trajektorie erzeugt, verläuft aber trotzdem in einem definierten Unterraum des Phasenraums, erreicht also nicht (wie im Falle weißen Rauschens) für $t \to \infty$ jeden Punkt des Phasenraums. Er besitzt eine (geometrisch beschreibbare) Struktur und hat eine nicht-ganzzahlige (fraktale) Dimension.

Zu betonen ist der i.a. asymptotische Charakter aller Attraktoren: die Trajektorie erreicht sie - zumindest in endlicher Zeit - nicht.

13.1.2 Kontinuierliche dynamische Systeme

Zur Erläuterung seien hier zuerst eindimensionale dynamische Systeme betrachtet. Der allgemeinste Fall eines solchen Systems ist nach dem 2. Newtonschen Grundgesetz, das natürlich auch im nichtlinearen Fall gilt, die Beziehung

$$f(t, x, \dot{x}) = m\ddot{x} \quad . \tag{13.1}$$

$f(t, x, \dot{x})$ beschreibt die angreifenden Kräfte und ist beliebig nichtlinear. Eine Taylor-Reihenentwicklung der linken Seite

$$f(t, x, \dot{x}) = \sum_{\kappa,\mu,\nu=0}^{\infty} c_{\kappa\mu\nu}(t-t_\kappa)^\kappa (x-x_\mu)^\mu (\dot{x}-\dot{x}_\nu)^\nu = m\ddot{x} \tag{13.2}$$

führt auf die einfachste (lineare) autonome (explizit zeitunabhängige) Näherung von (13.1):

$$m\ddot{x} + a x = 0 \qquad \text{(ungedämpft)} \quad , \tag{13.3}$$

$$m\ddot{x} + b\dot{x} + a x = 0 \qquad \text{(gedämpft)} \quad . \tag{13.4}$$

Durch Reskalierung von x und t lassen sich diese beiden Beziehungen auf die Form

$$\ddot{x} + x = 0 \tag{13.3'}$$

$$\ddot{x} + \delta\dot{x} + x = 0 \qquad (\delta = b/(m\,a)^{1/2}) \tag{13.4'}$$

bringen ($\delta > 0$, denn für physikalisch sinnvolle gedämpfte Schwingungssysteme sind $a, b, m > 0$). Diese Methode der Reskalierung wird (zusätzlich zur Entdimensionalisierung) üblicherweise durchgeführt, um die Anzahl der unabhängigen Parameter einer Gleichung zu minimieren. Die Phasendiagramme von (13.3') und (13.4') sind in Bild

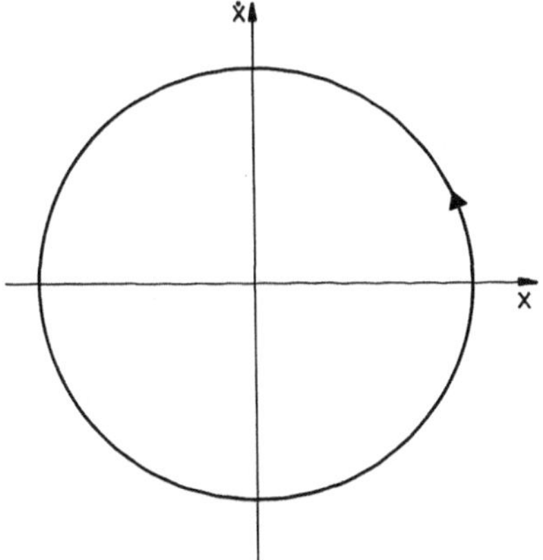

Bild 13.1 Phasendiagramm der ungedämpften Schwingung (13.3')

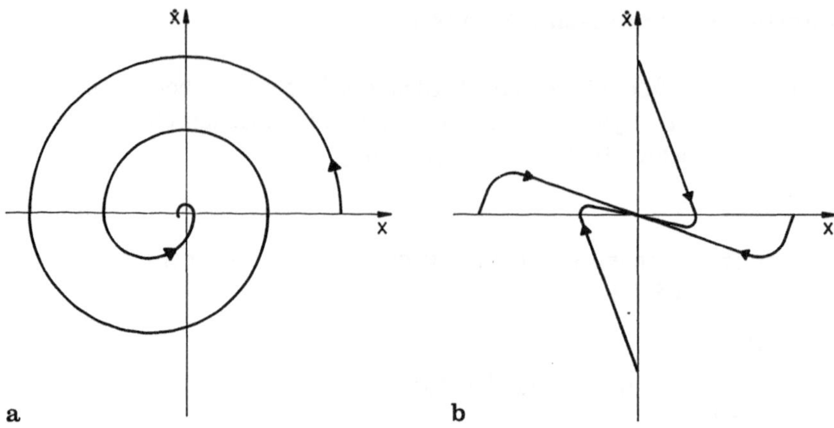

Bild 13.2 Phasendiagramm der gedämpften Schwingung (13.4'): a) $\delta < 2$, b) $\delta > 2$

13.1 und 13.2 dargestellt. Das autonome ungedämpfte System (13.3') hat einen (neutralen) Grenzzyklus, dessen Amplitude abhängig ist von den Anfangsbedingungen. Das autonome gedämpfte System (13.4') besitzt einen Punktattraktor, den Ursprung der Phasenebene.

Daß autonome (nicht-angetriebene) dissipative Systeme nicht notwendig einen Punkt als Attraktor haben müssen, zeigt die Betrachtung zweier Systeme mit nichtlinearer Dämpfung:

$$m\ddot{x} + a\dot{x} + b\dot{x}^3 + cx = 0 \quad , \tag{13.5}$$

$$m\ddot{x} - a\dot{x} + b\dot{x}^3 + cx = 0 \quad , \tag{13.6}$$

(mit a, b, c > 0), die nach Reskalierung so aussehen:

$$\ddot{x} + \delta\dot{x} + \dot{x}^3 + x = 0 \quad , \tag{13.5'}$$

$$\ddot{x} - \delta\dot{x} + \dot{x}^3 + x = 0 \quad (\delta = a/(m\,c)^{1/2} \ , \ \delta > 0) \quad . \tag{13.6'}$$

Das Phasendiagramm von (13.5') sieht qualitativ ähnlich aus wie das von (13.4'), mit einer Verzerrung, hervorgerufen durch den stärkeren Amplitudenrückgang bei höheren Geschwindigkeiten.

Das Phasendiagramm von (13.6') sieht völlig anders aus (siehe Bild 13.3): Bei höheren Geschwindigkeiten, genauer: falls

$$-\delta\dot{x} + \dot{x}^3 > 0 \quad \text{(Bereich I)} \quad ,$$

also positivem Dämpfungsterm, ist die Schwingung in der Tat gedämpft, wobei die Dämpfung mit der Geschwindigkeit zunimmt. Bei niedrigen Geschwindigkeiten, genauer: bei

$$-\delta\dot{x} + \dot{x}^3 < 0 \quad \text{(Bereich II)} \ ,$$

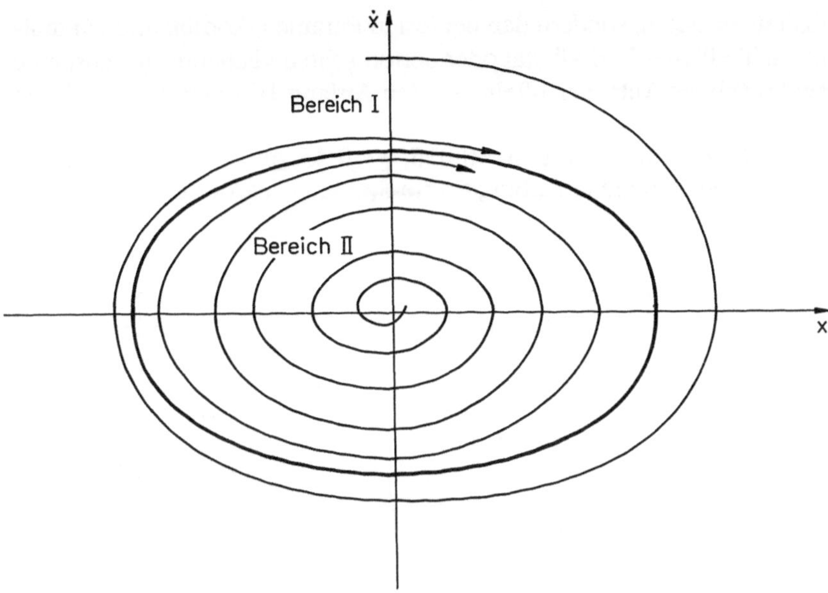

Bild 13.3 Phasendiagramm des nichtlinear gedämpften Systems (13.6'): Grenzzyklus

erfährt das System eine Anfachung, d.h. Geschwindigkeit und Auslenkung wachsen bis zum Erreichen eines stabilen *Grenzzyklus*, dessen Geschwindigkeitswert vorgegeben ist durch das Verschwinden des Dämpfungsterms, also durch den Parameter δ.

Entsprechend sind für höherdimensionale, nichtchaotische autonome dissipative Systeme nicht-punktförmige, flächenhafte Attraktoren möglich; für heteronome Systeme gilt dies ohnehin.

Die sicher am häufigsten untersuchte Beziehung in der Chaos-Theorie ist die einfachste nichtlineare Gleichung, die *Duffing-Gleichung*

$$m\ddot{x} + a\dot{x} + bx + cx^3 = P\cos\omega t \quad , \tag{13.7}$$

(a, b, c > 0), wobei das Polynom in x als abgebrochene Polynomentwicklung von sin(x) (Pendelschwingung) gedeutet werden kann. Reskaliert lautet (13.7)

$$\ddot{x} + \delta\dot{x} + x + x^3 = \gamma\cos\underline{\omega}t \tag{13.7'}$$

mit $\delta = a/(m\,b)^{1/2}$, $\gamma = P/(b\,c)^{1/2}$, $\underline{\omega} = \omega\,(m/b)^{1/2}$.

Ueda [13.18] hat nun (für den Fall des verschwindenden linearen Terms in x) die Duffing-Gleichung systematisch im Quadranten δ, γ > 0 der δ-γ-Ebene numerisch untersucht und dort eine faszinierende Vielfalt des Verhaltens ihrer Attraktoren gefunden, die er in einer "Landkarte" festgehalten hat. Dabei ist interessant, daß nicht nur bei einer *Änderung* der Parameter Zustandsänderungen von (multi-) periodischem zu chaotischem Verhalten auftreten, sondern daß bei festen Parameterkombinationen multiple Zustände unterschiedlicher Periodizität oder periodische und chaotische Zustände koexistieren, deren jeweiliges Auftreten allein von den Anfangsbedingungen bestimmt ist.

Bild 13.4 zeigt für die Parameterwerte $\delta = 0{,}015$, $\gamma = 0{,}45$, $\omega = 1$ drei verschiedene Grenzzyklen für drei verschiedene Anfangswerte S, d.h. $(x, \partial x/\partial t)|_0$.

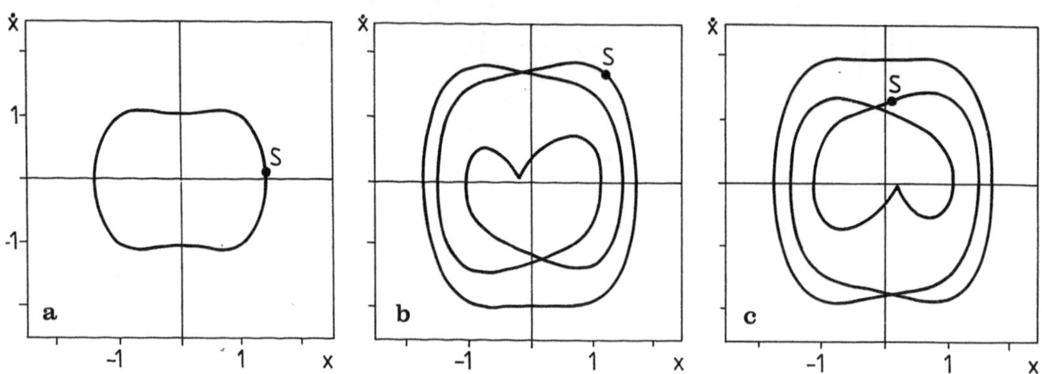

Bild 13.4 Phasendiagramm des Duffing-Oszillators (13.7') für identische Parameterwerte, aber drei verschieden gewählte Startwerte $x(0)$, $\partial x/\partial t|_0$

13.1.3 Diskrete dynamische Systeme

Ähnliches Verhalten findet man auch bei nichtlinearen Differenzengleichungen, den sogenannten *iterierten Karten* oder *Abbildungen*. Diese iterierten Karten sind von der Form

$$x_{n+1} = f(x_n) ,$$

wobei $f(x_n)$ eine nichtlineare Funktion in x_n ist. Differentialgleichungen dynamischer Systeme und iterierte Karten sind keine voneinander unabhängigen mathematischen Strukturen, sondern können durch Diskretisierung (Differentialgleichung → iterierte Karte) oder Kontinuisierung (iterierte Karte → Differentialgleichung) ineinander überführt werden (wobei sich allerdings ihr grundsätzliches Verhalten ändern kann). Das heißt zum Beispiel, daß aus der Differentialgleichung

$$\dot{x} = f(x) \tag{13.8}$$

durch die Diskretisierung

$$\frac{x_{n+1} - x_n}{\Delta t} = f(x_n)$$

die iterierte Karte

$$x_{n+1} = \Delta t\, f(x_n) + x_n$$

wird. Eine solche iterierte Karte muß aber nicht notwendig aus einer Differentialgleichung abgeleitet sein; die am häufigsten zur Illustration chaotischen Verhaltens benutzte iterierte Karte, die sogenannte *logistische Parabel*

$$x_{n+1} = r\, x_n (1 - x_n) \quad , \tag{13.9}$$

ist eine solche Abbildung.

Gewöhnlich wird sie als populationsdynamische Kurve interpretiert, (aufgestellt 1845 von Verhulst), nämlich als Wachstum einer Art auf der Einheitsfläche: danach ist die Anzahl der Tiere x_{n+1} im Jahre n+1 proportional zur Anzahl x_n im Jahr zuvor und zu der Restfläche, die proportional zu x_n verringert ist. r ist dabei eine Funktion der Fruchtbarkeit der Art, der Wachstumsgeschwindigkeit der Nahrung etc. Diese Karte ist nur scheinbar notwendig eine einparametrige, wie die folgende - etwas irreale - Interpretation zeigt [13.12]: Hier beschreibt die Karte das Verhalten eines Sparkontos mit deponiertem Kapital z_0 und selbstbegrenzendem Zinssatz ε mit der Forderung, daß der Kontoinhaber nicht unbegrenzt reich wird, d.h. daß das Guthaben den Betrag z_{max} nicht übersteigt. Wie bekannt, ist natürlich

$$z_{n+1} = (1 + \varepsilon)^{n+1} z_0 = (1 + \varepsilon)\, z_n \quad . \tag{13.10}$$

Um unbegrenzte Guthaben zu vermeiden, sei der Zinssatz proportional zu z_n reduziert, d.h.

$$\varepsilon = \varepsilon_0 \left(1 - \frac{z_n}{z_{max}}\right) \quad .$$

Damit wird

$$z_{n+1} = \left[1 + \varepsilon_0 \left(1 - \frac{z_n}{z_{max}}\right)\right] z_n \quad .$$

Diese quadratische Karte für z_n wird mit der linearen Transformation oder Reskalierung

$$x_n = \frac{z_n\, \varepsilon_0}{z_{max}\,(1 + \varepsilon_0)} \quad \text{und} \quad r = 1 + \varepsilon_0$$

auf die obige Normalform (13.9) gebracht.

Intuitiv erwartet man Konvergenz zu irgendwelchen Mittelwerten. Was jedoch geschieht, ist ein kompliziertes, von r abhängiges Verhalten, das für wachsende r chaotisch wird.

Das unterschiedliche asymptotische Verhalten in Abhängigkeit von r sieht man sofort in Bild 13.5: der Attraktor in Bild a ist ein Fixpunkt, in Bild b und d ein Grenzzyklus und in e und f zeigt er aperiodisches, chaotisches Verhalten.

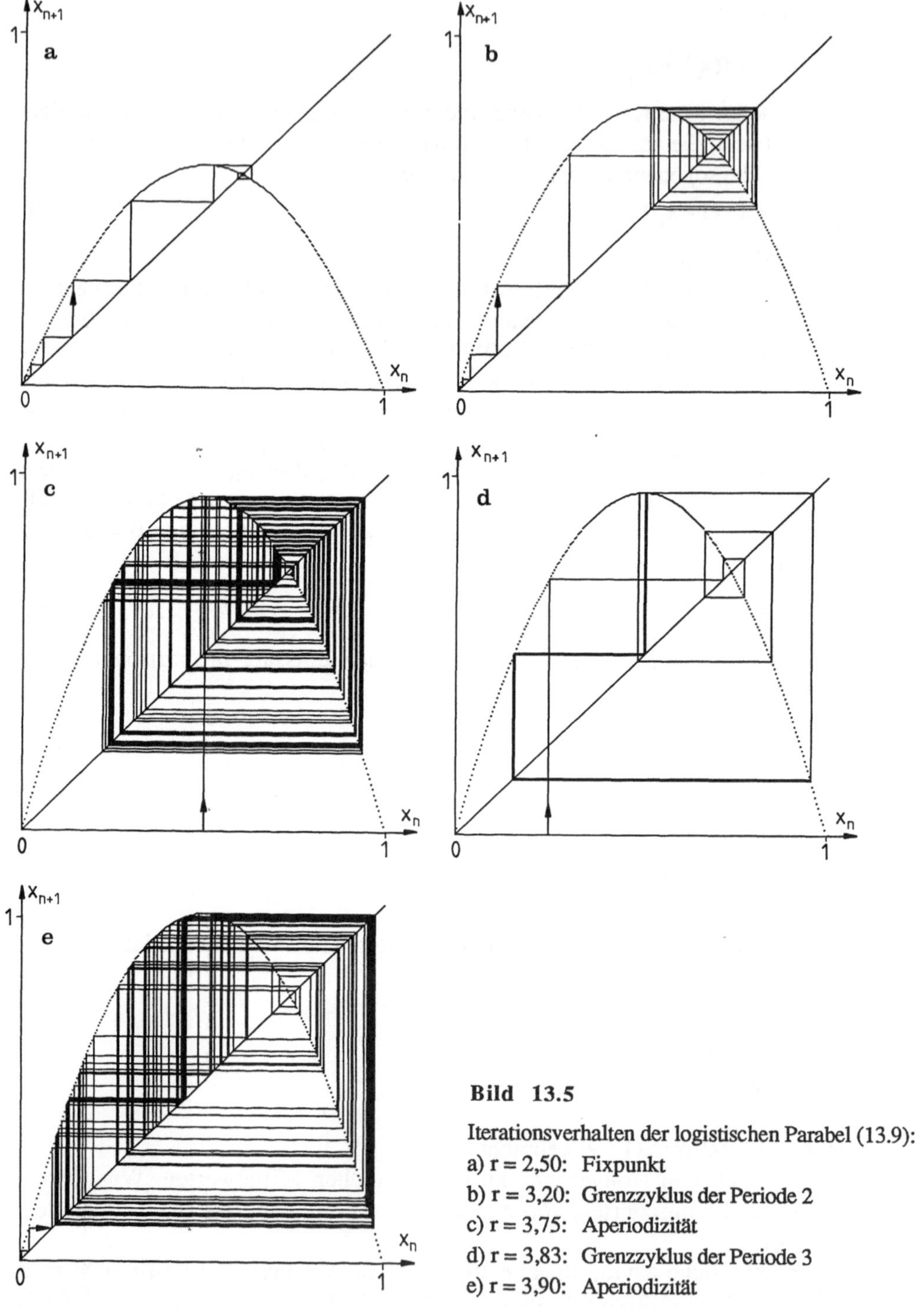

Bild 13.5

Iterationsverhalten der logistischen Parabel (13.9):

a) r = 2,50: Fixpunkt

b) r = 3,20: Grenzzyklus der Periode 2

c) r = 3,75: Aperiodizität

d) r = 3,83: Grenzzyklus der Periode 3

e) r = 3,90: Aperiodizität

13.1.4 Allgemeine Betrachtungen

Im allgemeinen Fall einer gewöhnlichen Differential- (Differenzen-) Gleichung n-ter Ordnung (oder eines Systems von s Differential- (Differenzen-) gleichungen r-ter Ordnung, r s = n) ermittelt man zur Darstellung des Phasenflusses im Phasenraum eine zugehörige *kanonische* Darstellung als System von n Differentialgleichungen erster Ordnung:

$$\dot{x}_i := \frac{dx_i}{dt} = f(t, x_1, \dots, x_n) \quad ; \quad i = 1, \dots, n \quad , \tag{13.11}$$

oder, zeitlich diskretisiert, das System von n Differenzengleichungen 1. Ordnung

$$x_i(s+1) = f_i\{x_1(s), \dots, x_n(s)\} \quad ; \quad i = 1, \dots, n \quad . \tag{13.12}$$

Schwieriger werden die Untersuchungen im Falle von nichtlinearen partiellen Differentialgleichungen wie z.B. der Navier-Stokes-Gleichung für das Geschwindigkeitsfeld **v** in einer Flüssigkeit:

$$\rho \frac{D\mathbf{v}}{Dt} := \rho \frac{\partial \mathbf{v}}{\partial t} + \rho (\mathbf{v}\, \nabla) \mathbf{v} = \rho \mathbf{g} - \nabla p + \nu \nabla \mathbf{v} \tag{13.13}$$

(ρ: Dichte, **g**: Körperkraft, p: Druck, ν: kinematische Zähigkeit), die mittlerweile recht erfolgreich auf chaotische Lösungen untersucht wurde [13.19].

Partielle Differentialgleichungen sind ihrer Natur nach Systeme mit unendlich vielen Freiheitsgraden und somit einem unendlich-dimensionalen Phasenraum. Jedoch ist ein System wie das der Navier-Stokes-Gleichung wegen des dissipativen Terms nicht mehr Hamiltonsch, die meisten Moden werden weggedämpft, die Darstellung des Systems im Phasenraum findet auf einer Untermenge erheblich geringer (endlicher) Dimension statt, dem sogenannten *Attraktor*, und es genügt, nur diejenigen Moden zu betrachten, die den Attraktor aufspannen.

Dies ist ein weiterer Grund dafür, warum man für geometrische Untersuchungen partieller Differentialgleichungen dissipative Systeme vorzieht, denn diese Kontraktion des Phasenraums ist in Hamilton-Systemen wegen des Satzes von Liouville [13.20] ausgeschlossen.

13.2 Chaotisches Verhalten dynamischer Systeme

Eine wesentliche Bedeutung bei der Untersuchung dynamischer Systeme, seien es kontinuierliche oder diskrete, haben dabei die Fixpunkte und n-periodischen Punkte, also solche, die der Gleichung f(x) = x oder $f^n(x) = x$ genügen (dabei ist $f^n(x)$ definiert als n-fache Abbildung von x, also $f^2(x) = f(f(x))$, $f^3(x) = f(f(f(x)))$ etc., *nicht* als das n-fache Produkt von f(x) !). Die numerische Behandlung solcher hintereinandergeschalteten Abbildungen scheint auf den ersten Blick problemlos; vergegenwärtigt man sich jedoch, daß jeder Startwert x nur mit endlicher Stellenanzahl definiert werden kann, so iteriert der Computer nach einer endlichen Anzahl von Schritten nur noch die

Rundungsfehler. Ein oft zitiertes Beispiel - die Bernoulli-Abbildung - möge dies verdeutlichen:

Iteriert werde eine Zahl $x \in [0, 1]$ mit k Stellen im Zahlensystem der Basis a von der Funktion $f(x) = a\,x \bmod (a-1)$, also im Dezimalsystem $f(x) = 10\,x \bmod 9$ oder im Binärsystem $f(x) = 2\,x \bmod 1$ (graphische Darstellung siehe Bild 13.6), die als Ergebnis wieder eine Zahl $f(x) \in [0, 1]$ liefert. Nach k Iterationsschritten ist die Anzahl der sinnvollen (vorgegebenen) Digitalziffern "verbraucht" und die Funktion f(x) iteriert nur noch numerisches Rauschen, also eine - allerdings nichtdeterministische - chaotische Verteilung der Zahlen von 0 bis 9. Wegen dieser *empfindlichen Abhängigkeit von den Anfangsbedingungen* bleiben nur qualitative oder geometrische Verfahren zum Verständnis dynamischer Systeme, d.h. man hat die geometrische Darstellung des Verhaltens aller "Bahnen" eines Systems zu untersuchen. Dies ist ein weiterer Grund für die Beschreibung dynamischer Systeme im Phasenraum (bzw. der Phasenebene für eindimensionale Systeme).

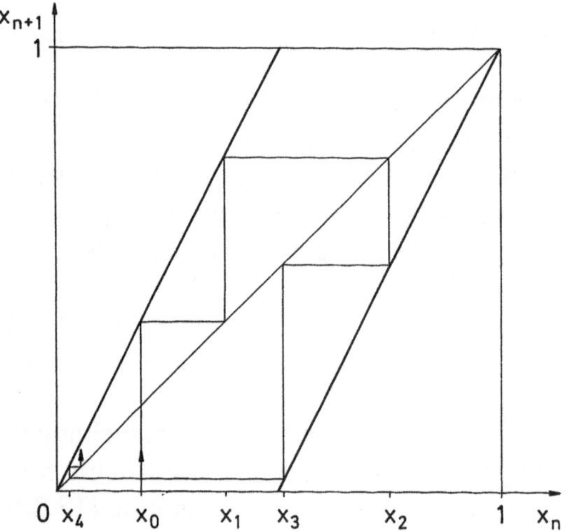

Bild 13.6 Iteration der Bernoulli-Abbildung $x_{n+1} = 2\,x_n \bmod 1$

13.2.1 Diskrete Systeme

Untersucht man die iterierte Karte der logistischen Gleichung (13.9)

$$f(x) = r\,x\,(1 - x) \quad , \quad x \in [0, 1] \quad ,$$

so stellt man fest, daß das "Langzeitverhalten" wesentlich vom Parameter r abhängt; um auch die Abbildung f(x) auf das Intervall [1, 0] zu beschränken, muß $r \in [0, 4]$ sein (siehe Aufgabe 13.1).

Unter "Langzeitverhalten" versteht man das Verhalten des Ausdrucks

$$F(x) = \lim_{n\to\infty} f^n(x)$$

als Funktion des (beliebigen) Startwertes x_0. Falls ein festes $x^* = F(x)$ existiert, so ist x^* stabiler Fixpunkt der Abbildung F(x). Allgemein ist $x^* = f(x^*)$ die Gleichung eines Fixpunktes, der allerdings noch stabil oder instabil sein kann. Stabilitätskriterium ist zusätzlich (siehe [13.13] oder Abschnitt 13.4.5)

$$\left| \frac{df(x)}{dx} \right|_{x^*} < 1 \quad . \tag{13.14}$$

Untersucht man nun die logistische Karte auf Fixpunkte, so stellt man fest, daß die Beziehung

$$x^* = r\,x^* (1 - x^*)$$

zwei Lösungen hat, $x^*_1 = 0$ und $x^*_2 = 1\text{-}1/r$. Wegen (13.14), d.h. wegen

$$\left| \frac{df(x)}{dx} \right|_{x^*} = r\,|1 - 2x^*| < 1 \tag{13.15}$$

ist die Stabilität der Fixpunkte eine Funktion von r, d.h. verschiedene r können zu unterschiedlichem Konvergenzverhalten der Iteration führen. Wegen (13.15) ist x^*_1 im Intervall $r \in [0, 1)$ stabil (siehe Bild 13.7a), x^*_2 hingegen ist genau dort instabil. x^*_2 ist stabil für $r \in (1, 3)$ (siehe Bild 13.7b), während x^*_1 dort instabiler Fixpunkt ist, d.h. beliebig nahe an x^*_1 liegende Startwerte entfernen sich bei Iteration von x^*_1 und streben x^*_2 zu (außer x^*_1 selbst als Startwert). Für $r \geq 3$ sind nun wegen (13.15) beide Fixpunkte instabil; es zeigt sich aber beim Betrachten der Iteration, daß hier plötzlich zwei Fixpunkte koexistieren, d.h. daß das populationsdynamische Modell zwischen zwei stabilen Zuständen hin- und herspringt. Diese neuen Fixpunkte (nach

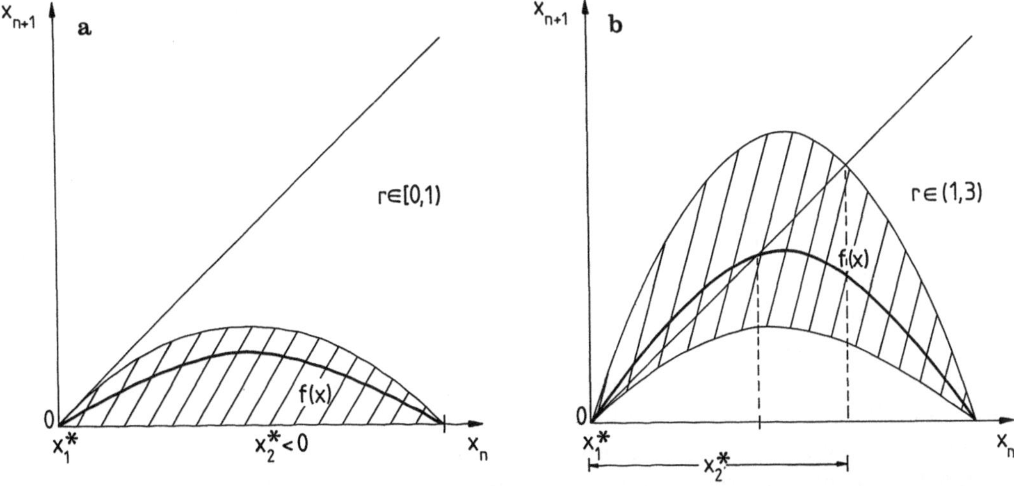

Bild 13.7 Aufenthaltsbereiche und Fixpunkte der logistischen Parabel: a) $r \in (0, 1)$; b) $r \in (1, 3)$

einer *Verzweigung* oder *Bifurkation*) sind Fixpunkte der Periode 2, also Fixpunkte der Abbildung $f^2(x)$. Um dies zu zeigen, seien die folgenden Sätze kurz erwähnt:

Satz 1: Ist x^* ein Fixpunkt von $f(x)$, so ist x^* auch Fixpunkt von $f^n(x)$.
Beweis: (Vollständige Induktion)
Sei $f(x^*) = x^*$.
Induktionsannahme: $f^{n-1}(x^*) = x^*$.
Es folgt also: $x^* = f^{n-1}(x^*) = f^{n-1}(f(x^*)) = f^n(x^*)$. ★

Satz 2: Ist x^* instabil bezüglich $f(x)$, so ist x^* auch instabil bezüglich $f^n(x)$ für alle $n \in \mathbf{N}$.
Beweis: Wegen der Annahme der Instabilität ist $|f'(x^*)| > 1$. Betrag der Ableitung der n-ten Iteration:

$$\left|\frac{d}{dx}[f^n(x)]_{x^*}\right| = \left|[f'(f^{n-1}(x))\; f'(f^{n-2}(x)) \;...\; f'(x)]_{x^*}\right| = |f'(x^*)|^n > 1 \quad .$$

★

(Analoges gilt für die *Stabilität*). Die Fixpunkte der Periode 2 ermittelt man aus

$$f^2(x) = r\,[r\,x\,(1-x)]\,\{1-[r\,x\,(1-x)]\} = x \quad , \qquad (13.16)$$

einer Gleichung vierten Grades. Wegen Satz 1 sind x^*_1 und x^*_2 Lösung von (13.16), d.h. nach Division durch diese Nullstellen ist nur noch die quadratische Gleichung

$$x^2 - (1+\frac{1}{r})\,x + \frac{1}{r}(1+\frac{1}{r}) = 0$$

zu lösen. Es folgt

$$x^*_{3/4} = \frac{1}{2}(1+\frac{1}{r}) \pm \frac{1}{2}\sqrt{(1+\frac{1}{r})(1-\frac{3}{r})} \quad .$$

Die Stabilitätsbedingung (13.14) schränkt den stabilen r - Bereich für $x^*_{3/4}$ ein auf $3 < r < 1+\sqrt{6}$, und wegen Satz 2 sind $x^*_{3/4}$ in diesem Bereich auch die beiden einzigen stabilen Fixpunkte.

Man sieht sofort, daß sich diese beiden Fixpunkte aufeinander abbilden, also $x^*_4 = f(x^*_3)$ und $x^*_3 = f(x^*_4)$. Oberhalb von $r = 1+\sqrt{6}$ werden diese beiden Fixpunkte instabil, es erscheint ein Zyklus der Periode 4, dann 8, 16 usw. bis 2^∞ (die mathematisch wie oben behandelt werden können, nur mit größerem Rechenaufwand natürlich), bis schließlich für $r_c = 3{,}5699...$ das System vollständig aperiodisch wird (oder 2^∞ - periodisch). Zeichnet man jetzt die Fixpunkte des Systems als Funktion von r, so erhält man das typische *Feigenbaum-Diagramm* (Bild 13.8), das einige qualitative Schlüsse auf das Verhalten der iterierten Karten zuläßt. Deutlich sieht man natürlich die immer kürzer werdenden Bereiche der gerade diskutierten Periodenverdoppelungen. Aber bei r_c findet nicht ein einfaches Umschlagen von endlicher Periodizität zu allgemeinem Chaos statt. Zuerst sieht man einen Umschlag von der erläuterten 2^n - Linienstruktur zu einer 2^n - Bandstruktur (erst bei hinreichender Vergrößerung sichtbar) mit alternierendem Anlaufen dieser Bereiche identisch dem für die 2^n - Linien-

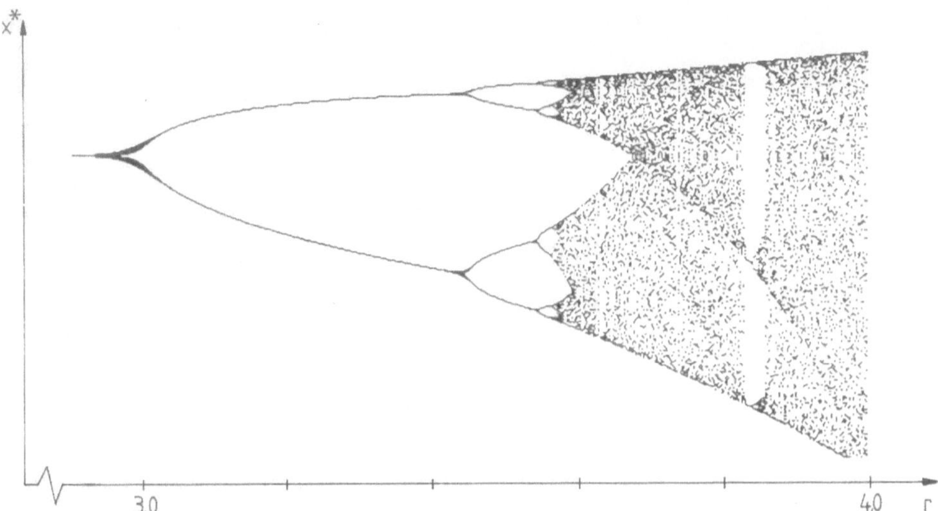

Bild 13.8 Feigenbaum-Diagramm für die logistische Parabel (13.9): Fixpunkte der Iteration in Abhängigkeit vom Parameter r

struktur; darauf, mit zunehmendem r, eine schrittweise Halbierung der Bänderzahl, bis bei $r_* \approx 3{,}68$ der Ein-Band-Bereich erreicht ist. Oberhalb von r_* gibt es immer wieder Stabilitätsfenster; so hat das größte (ungefähr zwischen 3,827 und 3,845) die Periode 3 (siehe Bild 13.5d).

Die logistische Parabel $x_{n+1} = r\, x_n\, (1 - x_n)$ erzeugt also für wachsendes r eine unendliche Kaskade von Periodenverdoppelungen bis hin zu Chaos. Die Perioden werden dabei immer kürzer, d.h. die Verzweigungswerte des Parameters r folgen immer dichter aufeinander (z.B.war $r_1 = 3$, $r_2 = 1 + \sqrt{6} \approx 3{,}4495$, ... $r_c \approx 3{,}5699$) und konvergieren.

Feigenbaum [13.2] fand nun folgende Universalität im Verhalten quadratischer Abbildungen $x_{n+1} = f(x_n)$ (f quadratisch in x_n):

a) das Verhältnis der Abstände zweier aufeinander folgender Verzweigungswertepaare r_i, r_{i+1} und r_{i+1}, r_{i+2} konvergiert zu einer Konstanten δ; es gilt nämlich (Bild 13.9)

$$\delta = \lim_{i \to \infty} \frac{r_i - r_{i-1}}{r_{i+1} - r_i} = 4{,}669201609\ldots \,. \tag{13.17}$$

(Diese Größe wurde von Großmann und Thomae [13.1] 1977 angegeben. Feigenbaum, der sie unabhängig von diesen Autoren fand, wies zusätzlich ihre Universalität, d.h. ihre Gültigkeit für sämtliche quadratischen Abbildungen, nach.)

b) die Abstände auf der x-Achse im Verzweigungsdiagramm zwischen den Punkten auf dem Attraktor (Fixpunkten) nach jeweils einer Bifurkation haben konstantes Ver-

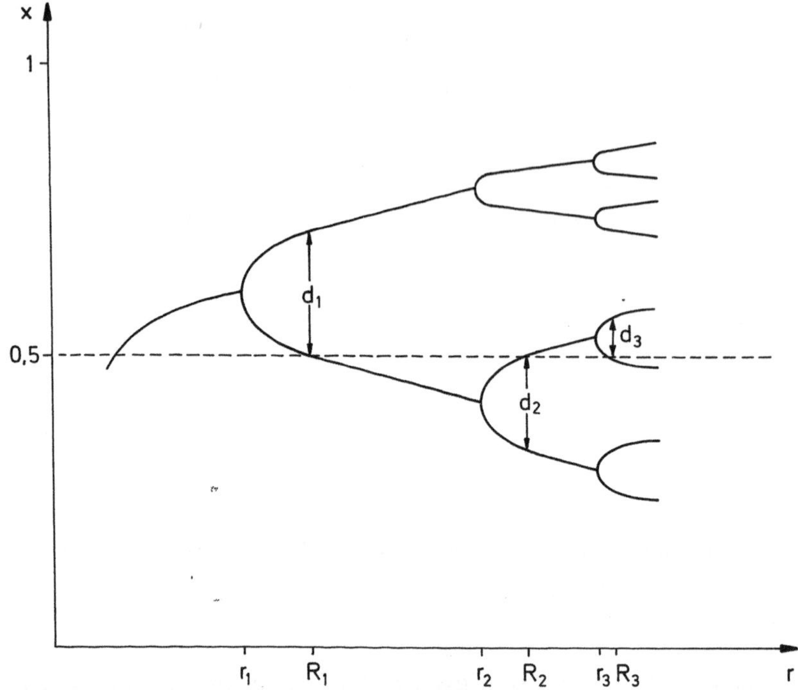

Bild 13.9 Periodenverdoppelung und Feigenbaum-Konstanten (schematisch)

hältnis (siehe die schematische Darstellung in Bild 13.9):

$$\alpha = \lim_{i \to \infty} \frac{d_i}{d_{i+1}} = 2{,}502907875 \ldots \tag{13.18}$$

Dabei skalieren die zu den d_i gehörenden r-Werte R_i genauso wie die r_i !

δ und α, die *Feigenbaum-Zahlen*, sind universelle Konstanten, unabhängig von der Gestalt der quadratischen Funktion f, d.h. jede Abbildung mit quadratischem Maximum (d.h. Maximum einer quadratischen Funktion) erzeugt dieselbe Kaskade von Periodenverdoppelungen mit denselben Skalierungsgrößen δ und α.

Dies ist insofern bemerkenswert, als hier eine rein qualitative Forderung zu exakten, quantitativen Voraussagen führt. (Für eine mathematische Ableitung der Feigenbaum-Konstanten aus einer Verdoppelungs-Transformation siehe [13.12]).

Von Interesse, auch zur Herstellung der Verbindung zwischen diskreten Strukturen wie der iterierten logistischen Parabel und kontinuierlichen dynamischen Systemen, ist die Darstellung der erhaltenen Ergebnisse als Leistungsspektrum $P(\omega)$, definiert als

$$P(\omega) = \frac{1}{N} \left| \sum_{j=1}^{N} x_j \exp\{2 \pi i \omega_j\} \right|^2 , \tag{13.19}$$

wobei die x_j die iterierten Werte sind (siehe [13.21] und Bild 13.10). Vergleicht man diese Leistungsspektren mit denen für den umströmten Zylinder (Bild 13.11), dann liegt die Vermutung, daß es sich bei der Turbulenz um einen deterministisch-chaotischen Vorgang handeln könnte, nicht gerade fern.

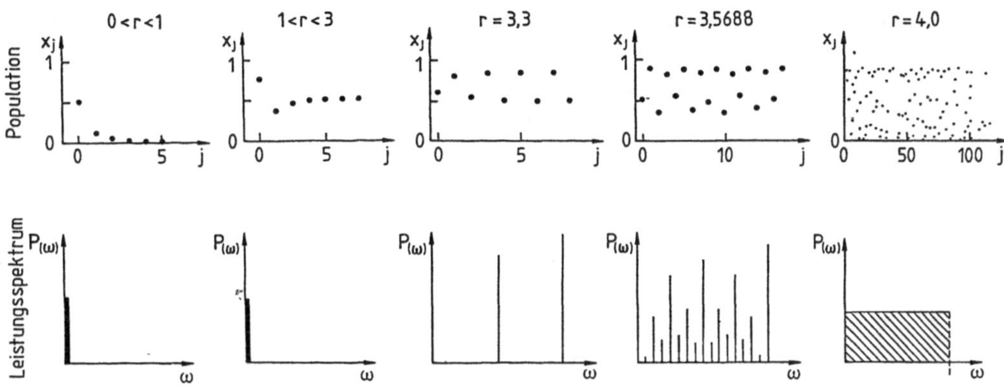

Bild 13.10 Iterationsverhalten und Leistungsspektrum der logistischen Parabel (13.9) für verschiedene Werte von r

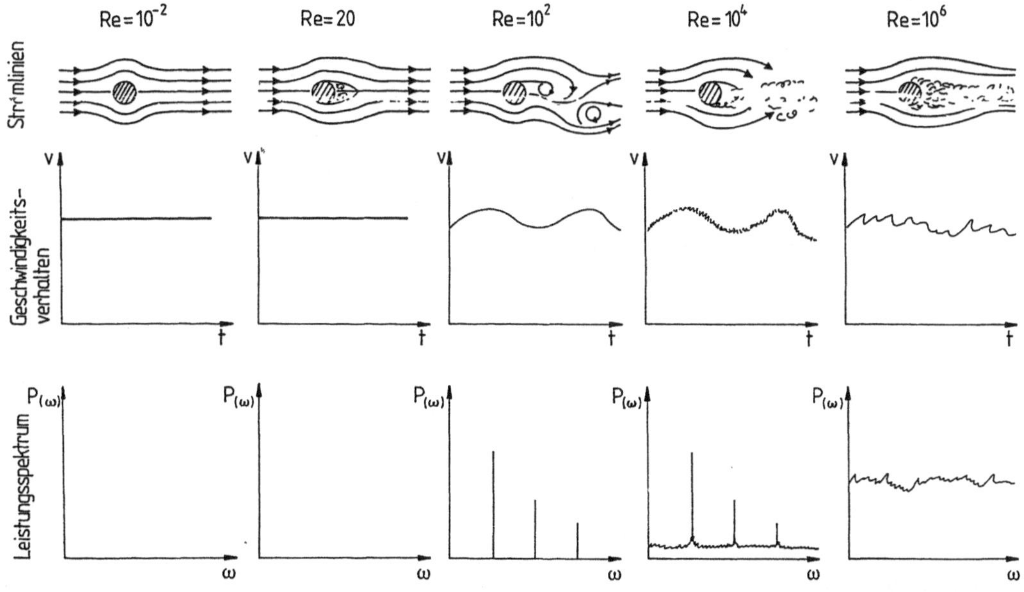

Bild 13.11 Strömungsverlauf, Strömungsgeschwindigkeit und Leistungsspektrum am umströmten Zylinder für verschiedene Reynolds-Zahlen Re

13.2.2 Kontinuierliche Systeme

Den ersten *seltsamen Attraktor* fand Lorenz [13.4] im Jahre 1963 bei der numerischen Auswertung eines stark vereinfachten Modells für die Bewegung der Erdatmosphäre, hervorgerufen durch einen positiven Temperaturgradienten in Erdoberflächenrichtung. Aus Navier-Stokes-Gleichung, Kontinuitätsgleichung und Wärmeleitungsgleichung erhielt er nach Fourier-Transformation bei Mitnahme nur der Terme niedrigster Ordnung der Stromfunktion und der Funktion, die die Abweichung von einem linearen Temperaturprofil beschreibt, das Gleichungssystem

$$\begin{aligned} \dot{X} &= Pr\,(Y - X) \\ \dot{Y} &= -XZ + rX - Y \\ \dot{Z} &= XY - bZ \quad . \end{aligned} \tag{13.20}$$

Dabei ist

$$r = \frac{k_1}{(\pi^2 + k_1^2)^3}\, Ra \;;\; b = \frac{4\pi^2}{\pi^2 + k_1^2} \quad .$$

Pr ist die Prandtl-Zahl, k_1 die Wellenzahl der Fundamentalmode und Ra die Rayleigh-Zahl.

Dies System der allgemeinen autonomen Form

$$\dot{\mathbf{X}} = f(\mathbf{X}) \tag{13.21}$$

hat die stationären Punkte

$$X_1 = Y_1 = Z_1 = 0 \text{ und } X_2 = Y_2 = \pm\sqrt{b(r-1)}\,, Z_2 = r - 1\,. \tag{13.22}$$

Untersuchen wir zuerst den Fixpunkt $\mathbf{X_1} = \mathbf{0}$ auf seine Stabilität (wobei hier bereits Methoden aus Abschnitt 13.4.5 vorweg genommen werden): die Funktional-Matrix

$$J = \frac{\partial \mathbf{f}}{\partial \mathbf{x}} = \begin{bmatrix} -Pr & Pr & 0 \\ r - Z & -1 & -X \\ Y & X & -b \end{bmatrix} \tag{13.23}$$

hat für $\mathbf{X_1} = \mathbf{0}$ die Eigenwertgleichung

$$(-\lambda - b)\det\begin{bmatrix} -(\lambda + Pr) & Pr \\ r & -(1+\lambda) \end{bmatrix} = 0 \tag{13.24}$$

mit den Eigenwerten

$$\lambda_1 = -b, \quad \lambda_{2/3} = \frac{1}{2}\left[-(Pr+1) \pm \sqrt{(Pr+1)^2 + 4(r-1)}\,\right] \quad . \tag{13.25}$$

Man sieht sofort, daß für $r < 1$ $\mathbf{X_1 = 0}$ stabiler Fixpunkt ist, da alle Eigenwerte negativ sind. Für $r = 1$ hat der Eigenwert λ_2 einen Nulldurchgang, und $\mathbf{X_1 = 0}$ ist für $r > 1$ kein stabiler Fixpunkt mehr.

Sieht man sich nun die Funktional-Matrix für den zweiten Fixpunkt an, so liefert sie folgende Eigenwertgleichung:

$$\det [J(\mathbf{X}_2^*) - \lambda I] = -\lambda^3 - (1 + b + Pr)\lambda^2 - b(Pr + r)\lambda - 2\,b\,Pr\,(r - 1) = 0 \tag{13.26}$$

Für $r = 1$ sind die Eigenwerte $\lambda_1 = 0$, $\lambda_2 = -b$, $\lambda_3 = -(Pr + 1)$. An dieser Stelle liegt eine *Pitchfork-Verzweigung* vor (siehe Abschnitt 13.3.2.2). Die Behandlung dieser kubischen Eigenwertgleichung ist analytisch zu aufwendig (obwohl prinzipiell möglich), sie wird daher gewöhnlich numerisch oder geometrisch durchgeführt und sei hier kurz skizziert: man sieht ihr sofort an, daß für $r > 1$ reelle Eigenwerte nur negativ sein können. Für ein $r = r_d > 1$ fallen zwei dieser Eigenwerte zusammen, und für $r > r_d$ existiert nur noch ein reeller und zwei zueinander konjugierte komplexe Eigenwerte mit negativen Realteilen, die die Stabilität der Grenzzyklen gewährleisten (da die Summe der Eigenwerte immer noch kleiner Null ist). Für $r = r_{Ch} > r_d$ nun überschreiten die Realteile die imaginäre Achse: die Forderung eines Eigenwerttripels $\lambda_1 = \alpha$, $\lambda_2 = i\beta$, $\lambda_3 = -i\beta$ (α, β reell) führt auf eine Bedingungsgleichung für r:

$$r = r_{Ch} = \frac{Pr + b + 3}{Pr - b - 1} Pr \; .$$

Die Eigenwerte ergeben sich zu

$$\lambda_1 = -(Pr + b + 1)\,, \quad \lambda_{2/3} = \pm\, i\sqrt{2bPr\,\frac{Pr + 1}{Pr - b - 1}}$$

(wobei Lorenz $Pr > b + 1$ voraussetzte). Am Punkt $r = r_{Ch}$ liegt eine *Hopf-Bifurkation* vor (siehe Abschnitt 13.3.2.3).

Für $r > r_{Ch}$ haben die komplexen Eigenwerte einen positiven Realteil, die Grenzzyklen werden instabil und man beobachtet ein Verhalten, das zwar nicht mehr den Grenzzyklen zustrebt, sondern ein "chaotisches" Erscheinungsbild aufweist, aber trotzdem eine erkennbare Struktur besitzt (siehe Bild 13.12). Dabei wurden analog zu Lorenz die Parameter $Pr = 10$, $r = 28$, $b = 8/3$ gewählt.

Dieser Attraktor war der erste *seltsame* Attraktor (strange attractor). Nach dem Abklingen des Einschwingvorgangs verläuft die Trajektorie im XYZ-Raum (einer Projektion des sechsdimensionalen Phasenraums) auf diesem "Schmetterlings"-Attraktor. Dabei springt die Trajektorie scheinbar willkürlich zwischen den beiden Flügeln hin und her, und wechselt ebenso scheinbar regellos vom Inneren der Flügel zum Rand usw.

Der Attraktor scheint "flach", d.h. zweidimensional, zu sein; eine einfache Überlegung zeigt, daß dies nicht der Fall sein kann: Lägen die Flügel des Lorenz-Attraktors jeweils in einer Ebene, so müßte die Trajektorie sich wegen der oben beschriebenen Form ihrer Bahn selbst schneiden, hätte also Doppelpunkte. Dies widerspricht dem deterministischen Charakter der Lorenz-Gleichungen: gäbe man einen solchen Doppel-

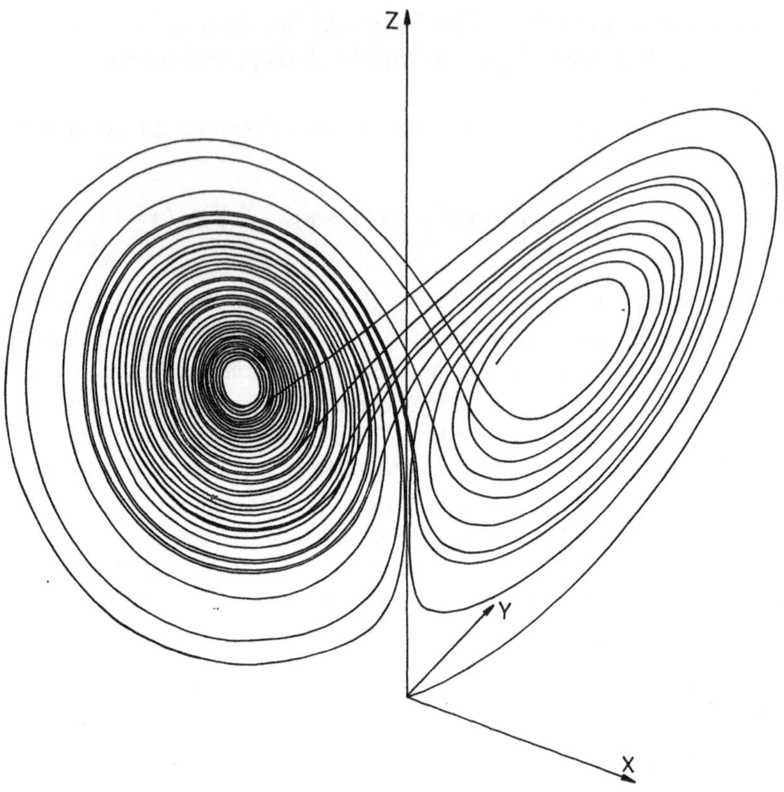

Bild 13.12 Der Lorenz-Attraktor: Phasendiagramm des Systems (13.20)

punkt als Startpunkt vor, so gäbe es dort zwei Richtungen für die Trajektorie, ein Kennzeichen nicht-deterministischer Gleichungen.

Der Attraktor hat also eine Dimension $D > 2$ und ist im $\mathbf{R}^3$ eingebettet; mit Betrachtungen aus Abschnitt 13.4.6, wo die sogenannte *fraktale* oder *Hausdorff-Dimension*, eine Erweiterung des ganzzahligen Dimensionsbegriffs, eingeführt wird, erhält man numerisch für den Lorenz-Attraktor die fraktale Dimension $D \approx 2{,}06$.

Im Folgenden werde nun der Versuch einer Beschreibung chaotischer Systeme gemacht, wobei zuerst qualitative, geometrische Formen der Beschreibung und anschließend quantitative, analytisch-numerische Verfahren diskutiert werden, obwohl diese Unterscheidung etwas künstlich ist und manche Begriffe, wie z.B. der des Attraktors oder der Poincaré-Abbildung, beiden Formen zugehören und daher in beiden Abschnitten auftauchen.

13.3 Geometrische Verfahren

13.3.1 Bifurkationen (oder Verzweigungen)

Am Beispiel der logistischen Gleichung wurde bereits deutlich, daß der Attraktor eine Funktion eines oder mehrerer Parameter ist, also dasselbe System verschiedene Endzustände in Abhängigkeit dieses/dieser *Kontrollparameter* anläuft. Bei der logistischen Parabel war für wachsenden Kontrollparameter r eine kontinuierliche Periodenverdoppelung bis hin zu aperiodischem Chaos beobachtet worden, mithin also für unterschiedliches r ganz unterschiedliche Attraktoren. Solche Änderungen der Stabilität von stationären oder Gleichgewichtspunkten des Systems bezeichnet man als *Verzweigung* oder *Bifurkation*, die Parameterwerte, für die die Bifurkationen einsetzen, als *Bifurkationswerte*, ihre Gesamtheit als *Bifurkationsmenge*.

Die Verzweigung hin zu Periodenverdoppelungen ist aber nicht die einzig mögliche Bifurkation: drei mathematisch wesentlich voneinander verschiedene Bifurkationstypen sind mittlerweile - bei der Behandlung von Gleichungen und in Experimenten - beim Übergang zu chaotischem Verhalten gefunden worden. Es sind dies

a) die Hopf-Bifurkation,
b) die Tangenten- (oder Sattel-Knoten-) Bifurkation, und
c) die Periodenverdoppelungs-Bifurkation.

Im Folgenden seien die grundlegenden Ideen der mathematischen Bifurkationstheorie skizziert:

Betrachtet werde das autonome System im $\mathbf{R}^n$

$$\dot{\mathbf{x}} = F_r(\mathbf{x}) \quad , \quad (\mathbf{x} \in \mathbf{R}^n). \tag{13.27}$$

Die Parameterabhängigkeit des Systems sei durch den Index r symbolisiert; dabei kann es sich natürlich (siehe das Lorenz-System) auch um mehrere Parameter handeln (wobei dann $r \in \mathbf{R}^k$ mit $k > 1$). Stationäre oder Fixpunkte des durch (13.27) gegebenen Flusses sind die Lösungen von

$$F_r(\mathbf{x}) = 0 \quad ,$$

interpretierbar etwa als stationäre Zustände des physikalischen Systems oder als singuläre Punkte des assoziierten Vektorfeldes. Fixpunktgleichungen führen üblicherweise auf Bestimmungsgleichungen oder Einschränkungsungleichungen für die Parametermenge r. Daneben existieren natürliche Lösungen anderer Art; diese qualitative Abhängigkeit der Lösungen von der Parametermenge r wird bei ihrer Darstellung im Parameterraum deutlich, in dem die Existenz einer Lösung **x** in Abhängigkeit von r aufgetragen wird: Punkte, in denen sich die Lösungskurve in Abhängigkeit von r verzweigt, heißen *Bifurkations-* oder *Verzweigungspunkte*. Zu bemerken ist, daß diese Untersuchung gewöhnlich auf eine unmittelbare Nachbarschaft der Verzweigungspunkte eingeschränkt bleibt, da häufig nur erste Näherungen der Gleichungen des Systems zur

Untersuchung der Lösungen herangezogen werden. Daher sind die hier betrachteten Bifurkationen sämtlich *lokale* Bifurkationen (im Gegensatz zu den *globalen*; siehe [13.10]).

Zur allgemeinen Behandlung von Verzweigungen im k-dimensionalen Parameterraum führt man den Begriff der Ko-Dimension ein:

Definition:
Die *Ko-Dimension* einer Verzweigung ist die kleinste Dimension des k-dimensionalen Parameterraums, in dem sich das System verzweigen kann. ❤

Zur Begründung: Im dreidimensionalen Parameterraum $\mathbf{P}^3$ sei der Ort aller Punkte, die *einer* Bedingung, wie z.B. Stabilitätsänderung einer Lösung, genügen, ein zweidimensionaler Unterraum $\mathbf{P}^2$. Es genügt im allgemeinen Falle eine Gerade, um den Unterraum $\mathbf{P}^2$ zu schneiden (außer, die Gerade ist parallel zu $\mathbf{P}^2$), d.h. die Ko-Dimension ist hier 1.
Sind *zwei* Bedingungen gefordert, d.h. es existieren zwei zweidimensionale Unterräume $\mathbf{P}_1{}^2$ und $\mathbf{P}_2{}^2$, so ist deren Schnittmenge i.a. (falls $\mathbf{P}_1{}^2$ nicht zu $\mathbf{P}_2{}^2$ parallel ist) eine Gerade, beschrieben durch $\mathbf{P}_1{}^2 \cap \mathbf{P}_2{}^2$. Man benötigt also i.a. eine Ebene, um diese Gerade zu schneiden; d.h. die Ko-Dimension ist hier 2.

Im Fall der eindimensionalen iterierten Karte sieht man sofort, daß es sich um Verzweigungsvorgänge der Ko-Dimension 1 handelt. Diese Bifurkationen lassen sich recht einfach klassifizieren; man kennt genau drei qualitativ verschiedene Grundtypen von Verzweigungsverhalten: neben der bereits erwähnten Periodenverdoppelungs-Bifurkation (bei der ein Grenzzyklus der Periode T in einen anderen der Periode 2T übergeht), sind dies der Übergang vom Fixpunkt zum Grenzzyklus (Hopf-, transkritische, Pitchfork-Bifurkation) und die Entstehung eines Grenzzyklus aus einem anderen mit unterschiedlichen Frequenzen (Sattel-Knoten).

Diese verschiedenen Bifurkationen werden nun an Hand einfacher dynamischer Systeme untersucht, wobei die Systeme bereits auf *Normalform* transformiert sind, d.h. der Verzweigungspunkt befindet sich im Ursprung des **x**, r-Parameterraums.

Betrachtet seien zuerst die superkritischen Verzweigungen, bei denen die Nichtlinearitäten die Instabilitäten dämpfen, diesen also entgegenwirken:

13.3.2 Verzweigung Fixpunkt→Grenzzyklus

13.3.2.1 Transkritische Verzweigung

Ein solches System wird z.B. beschrieben durch

$$\dot{x} = \mu x - x^2 \quad . \tag{13.28}$$

Es existieren zwei stationäre Lösungen $x^*_1 = 0$ und $x^*_2 = \mu$. Zur Untersuchung von deren Stabilität wird das in Abschnitt 13.4.5 hergeleitete Stabilitätskriterium für dynamische Systeme der Form $d\mathbf{x}/dt = f(\mathbf{x})$ benutzt. Für solche Systeme gilt im eindimensionalen Fall, daß $x = x^*$ stabiler stationärer Punkt ist, falls

$$\left.\frac{df}{dx}\right|_{x = x^*} < 0 \tag{13.29}$$

ist. Aus dem Stabilitätskriterium folgt, daß x^*_1 für $\mu < 0$ stabil, für $\mu > 0$ instabil ist; ebenso folgt die Stabilität von x^*_2 für $\mu > 0$ und die Instabilität von x^*_2 für $\mu < 0$. Man erhält damit Bild 13.13 als Bifurkationsdiagramm in der Parameterebene. Die ausgezogene Linie beschreibt die Kurve stabiler Lösungen, die gestrichelte Linie die der instabilen Lösungen.

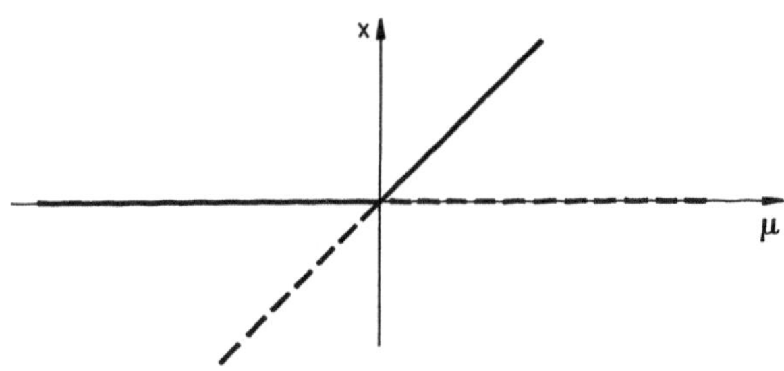

Bild 13.13 Die transkritische Verzweigung

13.3.2.2 Pitchfork-Bifurkation

Modellgleichung dieses Falles ist

$$\dot{x} = \mu x - x^3 \quad . \tag{13.30}$$

Sie hat in der Nähe des Ursprungs der x, μ-Ebene die stationären Lösungen $x^*_1 = 0$ und $x^*_{2/3} = \pm\sqrt{\mu}$, wobei $x^*_{2/3}$, da reell, nur für $\mu > 0$ existieren. Das Stabilitätskriterium liefert:

x^*_1 stabil für $\mu < 0$, instabil für $\mu > 0$.
x^*_2 stabil, x^*_3 stabil (da hier $\mu > 0$ gefordert).

Man erhält Bild 13.14 als Bifurkationsdiagramm. Dies Diagramm erklärt auch den in der englischsprachigen Literatur gebräuchlichen Ausdruck *pitchfork* (Mistgabel) *diagram.*

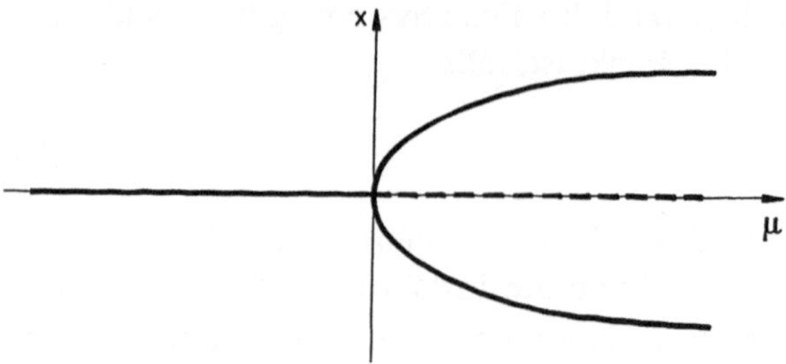

Bild 13.14 Die Pitchfork-Bifurkation

13.3.2.3 Hopf-Bifurkation

Man untersucht das etwas kompliziertere, da zweidimensionale, System

$$\dot{z} = (\mu + i\gamma)\, z - z\,|z|^2 \qquad (z \text{ komplex}, \gamma \text{ beliebig, reell}, \mu \text{ reell}) \quad . \qquad (13.31)$$

Zur leichteren Untersuchung der Stabilität transformiert man die Gleichung auf Polarkoordinaten mittels $z(t) = x(t) + i\,y(t) = r(t)\exp[i\,\theta(t)]$ und erhält

$$\begin{aligned} \dot{r} &= (\mu - r^2)\, r \\ \dot{\theta} &= \gamma \quad . \end{aligned} \qquad (13.31')$$

Neben der stationären Lösung $r^*_1 = z^*_1 = 0$ erhält man $r^*_2 = +\sqrt{\mu}$ ($\mu > 0$, da r reell und positiv). Aus dem Stabilitätskriterium folgt:

r^*_1 stabil für $\mu < 0$, instabil für $\mu > 0$.
r^*_2 stabil für $\mu > 0$ (nicht definiert für $\mu < 0$).

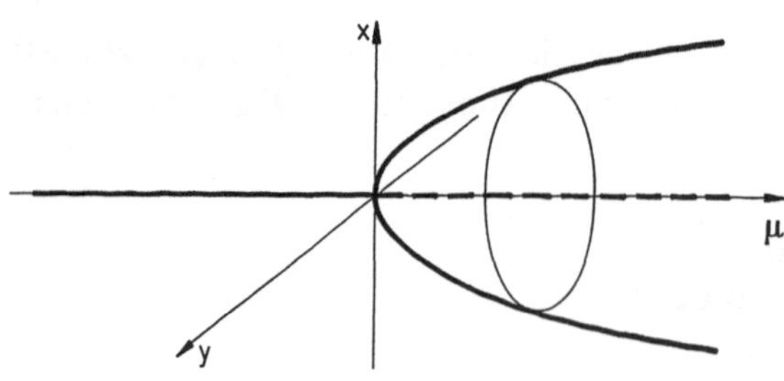

Bild 13.15 Die Hopf-Bifurkation

D.h. also, daß im vom z und μ aufgespannten dreidimensionalen Parameterraum für festes μ die stabilen Lösungen auf einem Kreis mit Radius $|z| = (x^2 + y^2)^{1/2} = \sqrt{\mu}$ liegen. Damit ergibt sich das in Bild 13.15 dargestellte Bifurkationsdiagramm. Obige Normalform, und damit das Bifurkationsdiagramm, ist das komplexe Äquivalent der Pitchfork-Verzweigung.

13.3.3 Sattel-Knoten-Verzweigung

Die Normalform

$$\dot{x} = \mu - x^2 \tag{13.32}$$

hat $x^*_{1/2} = \pm\sqrt{\mu}$ als stationäre Lösung. Da x reell ist, muß $\mu > 0$ sein. Wegen des Stabilitätskriteriums ist $x^*_1 = \sqrt{\mu}$ stabil, $x^*_2 = -\sqrt{\mu}$ instabil und das Bifurkationsdiagramm hat die in Bild 13.16 gezeigte Gestalt. Die Sattel-Knoten-Verzweigung ist eine Bifurkation Grenzzyklus → Grenzzyklus oder Grenzzyklus → Chaos. Es können dabei neue Schwingungsfrequenzen auftreten, üblicherweise Subharmonische.

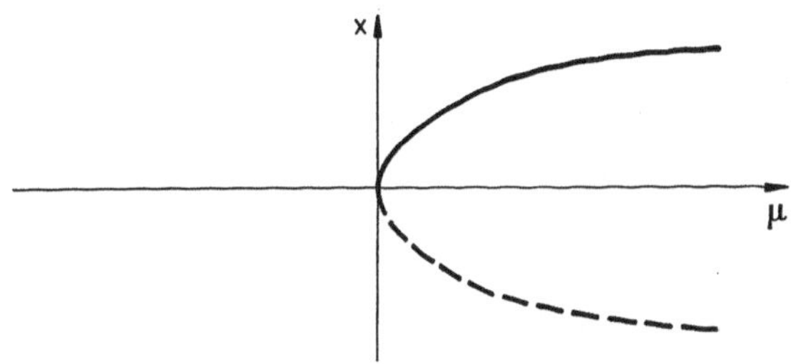

Bild 13.16 Die Sattel-Knoten-Verzweigung

13.3.4 Periodenverdoppelungs-Verzweigung

Dieser Verzweigungstyp ist unter den lokalen Bifurkationen der einzige, der ein Bifurkations-Diagramm analog zu den obigen (Bilder 13.13 - 13.16) nur für iterierte Differenzengleichungen, wie z.B.

$$x_{n+1} = -(1+\mu)\, x_n + x_n^3 \tag{13.33}$$

besitzt, nicht jedoch für Differentialgleichungen. In solchen tritt natürlich auch Periodenverdoppelung auf, allerdings nur als Verzweigung Grenzzyklus → Grenzzyklus. Das Verzweigungsdiagramm für den superkritischen Fall ähnelt dem der Pitchfork-Bifurkation; allerdings oszillieren die stabilen Zustände für $\mu > 0$ zwischen den beiden

Parabelästen mit einer Periode des Attraktors, die doppelt so groß ist wie für den Fall $\mu < 0$ (siehe Bild 13.17). die superkritische Periodenverdoppelungs-Verzweigung ist eine stetige Verzweigung zu stabilen Grenzzyklen doppelter Periode, ihre *subkritische* Variante (siehe nächsten Abschnitt) ist unstetig.

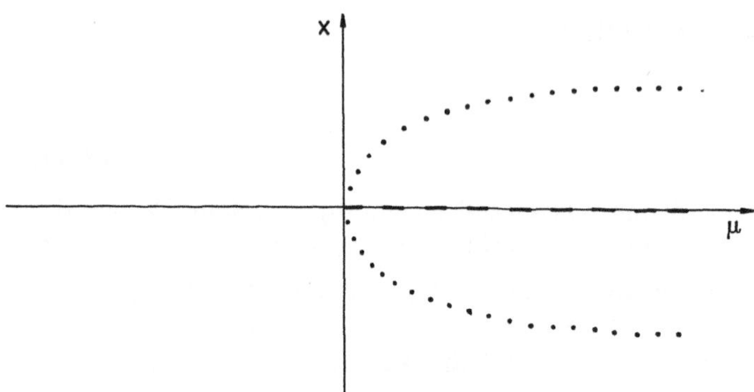

Bild 13.17 Die Perioden-Verdoppelungs-Verzweigung

13.3.5 Subkritische Bifurkationen

Die oben betrachteten Typen von Verzweigungen sind sogenannte *Normal-* oder *superkritische Bifurkationen*, bei denen der nichtlineare Term der Instabilität entgegenwirkt. Der umgekehrte Fall, bei dem der nichtlineare Term (oder besser: der nichtlineare Term niedrigster Ordnung) die Instabilität verstärkt, führt zu den *inversen* oder *subkritischen Bifurkationen* (siehe Aufgabe 13.2). Die Normalformen subkritischer Bifurkationen analog den superkritischen erhält man durch Umkehrung des Vorzeichens des nichtlinearen Terms:

$$\begin{aligned}
1.1^*&: \dot{x} = \mu x + x^2 \\
1.2^*&: \dot{x} = \mu x + x^3 \\
1.3^*&: \dot{z} = (\mu + i\gamma) z + |z|^2 \\
2^*&: \dot{x} = \mu + x^2 \\
3^*&: x_{n+1} = -(1+\mu)\, x_n - x_n^3
\end{aligned} \tag{13.34}$$

und man erhält entsprechend die Bifurkationsdiagramme von Bild 13.18.

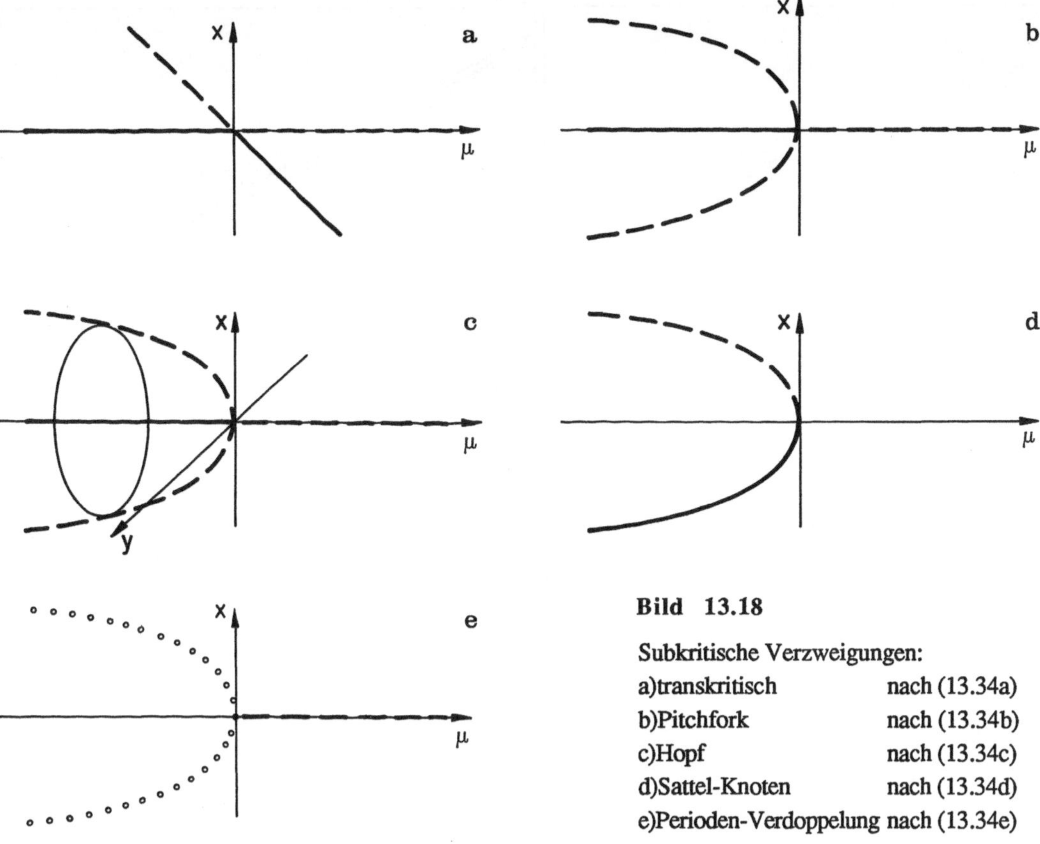

Bild 13.18

Subkritische Verzweigungen:
a)transkritisch nach (13.34a)
b)Pitchfork nach (13.34b)
c)Hopf nach (13.34c)
d)Sattel-Knoten nach (13.34d)
e)Perioden-Verdoppelung nach (13.34e)

13.3.6 Selbstähnlichkeit

Die wohl bedeutsamste Eigenschaft chaotischer, fraktaler Systeme ist die *Selbstähnlichkeit*, die hier ähnlich grundlegend ist wie das Superpositionsprinzip für lineare Systeme.

Unter Selbstähnlichkeit versteht man dabei, daß eine betrachtete Punktmenge eine geometrisch ähnliche Struktur für unterschiedliche Längenmaßstäbe besitzt. Diese Eigenschaft erstreckt sich auf eine ganze Reihe geometrischer Darstellungen von charakteristischen Größen chaotischer Systeme.

Vergrößert man z.B. einen Ausschnitt einer Poincaré-Abbildung oder einer iterierten Karte, so entsteht ein Bild, das dem Urbild *geometrisch ähnlich* im Sinne der obigen Definition ist. Verfährt man mit dieser Ausschnittvergrößerung analog, so entsteht schließlich eine Kaskade selbstähnlicher Bilder. Als Beispiel soll der Hénon-Attraktor dienen, eine zweidimensionale Abbildung, beschrieben durch

$$\begin{aligned} x_{n+1} &= y_n + 1 - \alpha x_n^2 \ , \\ y_{n+1} &= \beta x_n \ . \end{aligned} \tag{13.35}$$

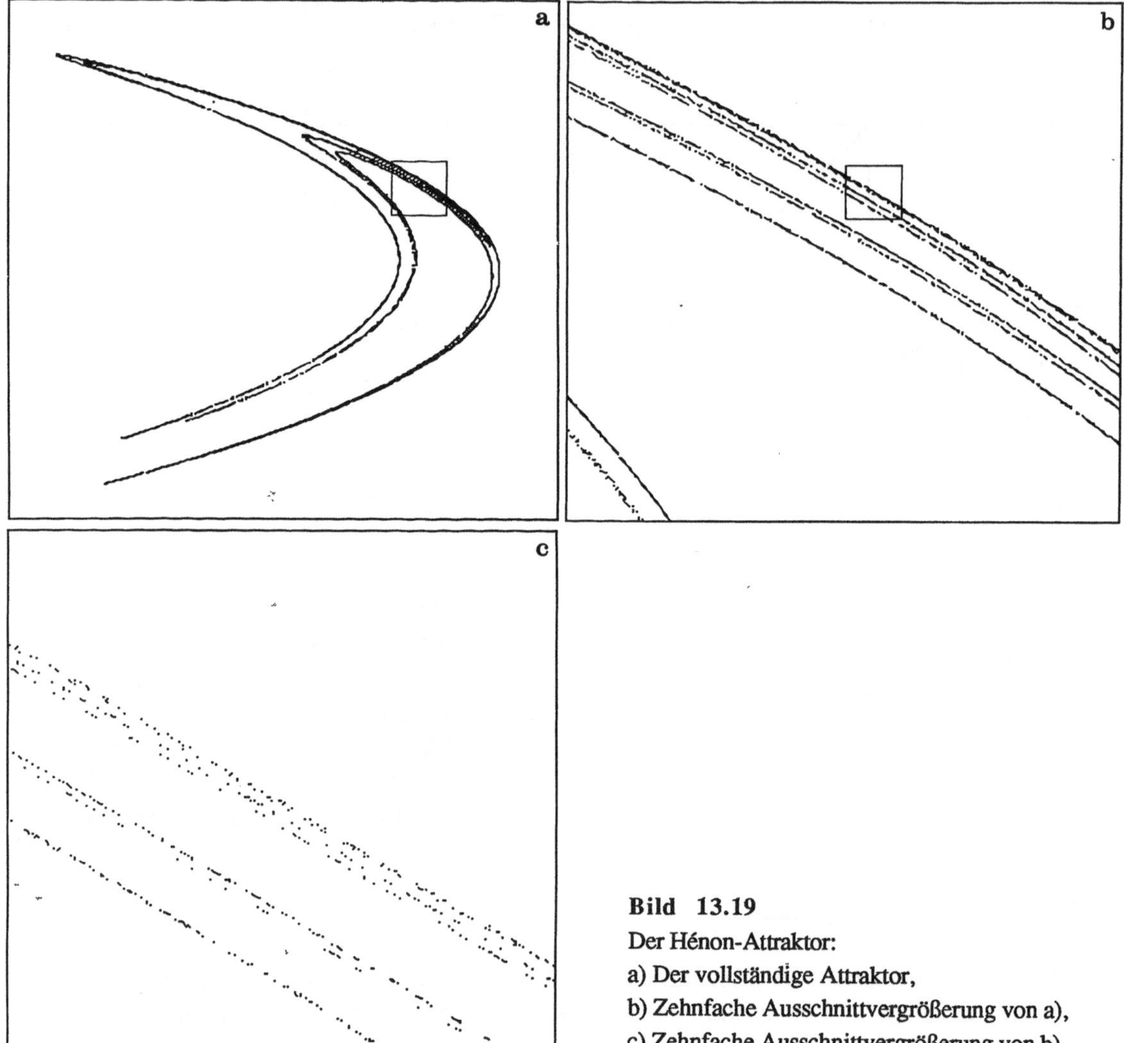

Bild 13.19
Der Hénon-Attraktor:
a) Der vollständige Attraktor,
b) Zehnfache Ausschnittvergrößerung von a),
c) Zehnfache Ausschnittvergrößerung von b)

Bild 13.19 zeigt im ersten Bild den Attraktor selbst und in den nächsten beiden zwei aufeinander folgende Ausschnittvergrößerungen für $\alpha = 1{,}40$, $\beta = 0{,}31$.

Analoges gilt für Leistungsspektren chaotischer Systeme, Fixpunktdiagramme im Parameter-Raum (vergrößert man beispielsweise im Feigenbaum-Diagramm (Bild 13.8) den mittleren Bereich des Stabilitätsfensters im Intervall $r \in (3{,}827..; 3{,}845..)$, so entsteht ein Bild, das dem ursprünglichen ähnlich ist, wie in [13.12] gezeigt), oder für fraktale Strukturen wie z.B. dem Cantor-Staub (siehe Abschnitt 13.4.6.1), der ebenfalls selbstähnlich ist. Die mathematische Beschreibungsmethode selbstähnlicher Strukturen ist die Renormalisations-Theorie (siehe [13.9] oder [13.10]).

Das Phänomen der Selbstähnlichkeit ist nicht erst bei chaotischen Vorgängen betrachtet worden, sondern ist altbekannt, ohne daß ihm bisher eine physikalisch wesentliche Bedeutung beigemessen wurde; ein solcher klassischer selbstähnlicher Vorgang ist die Brownsche Molekularbewegung: bestimmt man über ein Zeitintervall T für N Zeitabstände $\Delta T = T/N$ die Position eines Moleküls, so erhält man den bekannten, scheinbar regellosen Kurvenverlauf. Bestimmt man zusätzlich zwischen zwei bei der obigen Beobachtungsfrequenz $1/\Delta T$ benachbarten Positionen (verbunden durch eine Gerade) die Molekülpositionen mit der neuen (höheren) Frequenz $N/\Delta T$, so erhält man statt der Geraden eine neue Kurve zwischen den in der ursprünglichen Kurve benachbarten Punkten, die der ersten qualitativ ähnlich ist, also die oben beschriebene ähnliche Struktur für unterschiedliche (Längen-) Maßstäbe aufweist.

Verfährt man analog für zwei benachbarte Punkte der zweiten Kurve, so ergibt sich eine weitere selbstähnliche Kurve usw.

Diese Betrachtungen schließen den Katalog der wichtigsten geometrischen Beschreibungsformen ab. Das Auftreten dieser geometrischen Formen beim Enstehen chaotischen Verhaltens beschreibt Abschnitt 13.5. Im folgenden Abschnitt werden nun die zu den geometrischen Verfahren komplementären analytischen behandelt (siehe auch [13.22]).

13.4 Analytisch-Numerische Verfahren

13.4.1 Dynamische Systeme

Dynamische Systeme, die explizit zeitabhängig sind, bezeichnet man als heteronom:

$$\dot{\mathbf{x}} = \mathbf{f}(\mathbf{x}, t) \;,\; \mathbf{x}(t_0) = \mathbf{x}_0 \;, \tag{13.36}$$

explizit zeitunabhängige als autonom:

$$\dot{\mathbf{x}} = \mathbf{f}(\mathbf{x}) \quad ,\; \mathbf{x}(t_0) = \mathbf{x}_0 \;. \tag{13.37}$$

Für periodischen Fluß $\mathbf{f}(\mathbf{x}, t)$, d.h.

$$\mathbf{f}(\mathbf{x}, t) = \mathbf{f}(\mathbf{x}, t + T) \quad , \tag{13.38}$$

wobei T die *Periode* sei, d.h. der kleinste Wert, für den (13.37) erfüllt ist, läßt sich ein heteronomes System n-ter Ordnung durch eine einfache Substitution in ein autonomes Systen (n+1)-ter Ordnung überführen: man setzt

$$\theta = 2\pi \frac{t}{T}$$

und erhält damit das autonome System

$$\begin{aligned} \dot{\mathbf{x}} &= \mathbf{f}(\mathbf{x}, \frac{\theta T}{2\pi}) \quad , \quad \mathbf{x}(0) = \mathbf{x}_0 \\ \dot{\theta} &= \frac{2\pi}{T} \quad , \quad \theta(0) = 2\pi \frac{t_0}{T} \quad . \end{aligned} \tag{13.37'}$$

f war periodisch mit T, (13.38) ist periodisch mit 2π; daher tritt an die Stelle des (n+1)-dimensionalen Phasenraums $\mathbf{R}^{n+1}$ des neuen Systems der einfachere Phasenraum $\mathbf{R}^n \times S$, wobei $S := [0, 2\pi)$ der Einheitskreis ist. Als Lösung in diesem Raum erhält man

$$\begin{aligned} \mathbf{x}(t) &= \hat{\mathbf{x}}(t, \mathbf{x}_0, t_0) \\ \theta(t) &= 2\pi \frac{t}{T} \bmod 2\pi \quad . \end{aligned} \tag{13.39}$$

Wegen der Periodizität von θ ist der Raum $\mathbf{R}^n \times S$ also ein (Hyper-) Zylinder. Die Betrachtung autonomer Systeme bietet einige Vorteile gegenüber den heteronomen:

1. sind ihre Trajektorien eindeutig durch die Anfangsbedingung festgelegt, und
2. können sich ihre Trajektorien (im Gegensatz zum heteronomen Fall) nicht schneiden.

Für auto- wie heteronome Systeme gilt, daß die Ableitung einer Trajektorie in Richtung einer Anfangsbedingung existiert und nicht-singulär ist, d.h. für festes t und t_0 ist die Lösung stetig bezüglich der Anfangsbedingung.

13.4.2 Verhalten des eingeschwungenen Systems, Attraktoren

Nichtlineare Systeme haben qualitativ verschiedene Lösungsmengen; diese seien nun hier - in der Reihenfolge wachsender Komplexität - aufgelistet:

a) *Gleichgewichtslösungen*
Ein Gleichgewichtspunkt eines autonomen Systems ist eine konstante Lösung von (13.37), d.h. dort verschwindet das Vektorfeld. Die Menge der Gleichgewichtspunkte des Attraktors ist der Gleichgewichtspunkt selbst.

Beispiel:
Das ungedämpfte Pendel

$$\dot{x} = y$$

$$\dot{y} = -\sin x$$

hat die Gleichgewichtspunkte

$$\hat{x} = (n\pi, 0) \qquad \text{mit n ganzzahlig.}$$

❑

b) *Periodische Lösungen*
Eine Lösung heißt *periodisch (mit Periode T)*, falls

$$\hat{\mathbf{x}}(t, \mathbf{x}_0, t_0) = \hat{\mathbf{x}}(t + T, \mathbf{x}_0, t_0) \quad .$$

Ihre Fourier-Transformierte hat die Fundamentalkomponente bei 1/T und äquidistante Harmonische für n/T (n > 1, ganz), wobei Amplituden der zugehörigen Spektralkomponenten auch Null sein können.

In heteronomen Systemen kann T ein ganzzahliges Vielfaches der Periode T_A der Anregung sein, d.h. es können Subharmonische auftreten.

Beispiel:
Der gedämpfte Duffing-Oszillator mit negativer linearer Steife.

$$\dot{x} = y$$
$$\dot{y} = x - x^3 - \delta y + \gamma \cos \omega t \quad .$$

Die Bilder 13.20 und 13.21 zeigen das Verhalten periodischer Lösungen der Duffing-Gleichung für zwei verschiedene δ-Werte bei festem γ und ω. Für δ = 0,15 (Bild 13.20) zeigt das Phasendiagramm einen Attraktor der Periode 1, für δ = 0,22 (Bild 13.21) entsteht ein Attraktor der Periode 3 mit entsprechend verändertem Zeitverlauf x(t) und Leistungsspektrum P(ω) der Funktion x. ❑

In autonomen Systemen nennt man eine isolierte periodische Lösung (d.h. eine solche, in deren Umgebung keine weiteren existieren) einen *Grenzzyklus*. Vom physikalischen Standpunkt sind autonome Systeme, die Grenzzyklen zulaufen, selbsterregte Systeme, die notwendig nichtlinear sein müssen.

Beispiel:
Oszillator mit nichtlinearer und negativer linearer Dämpfung

$$\dot{x} = y$$
$$\dot{y} = y(1 - y^2) - K x \quad .$$

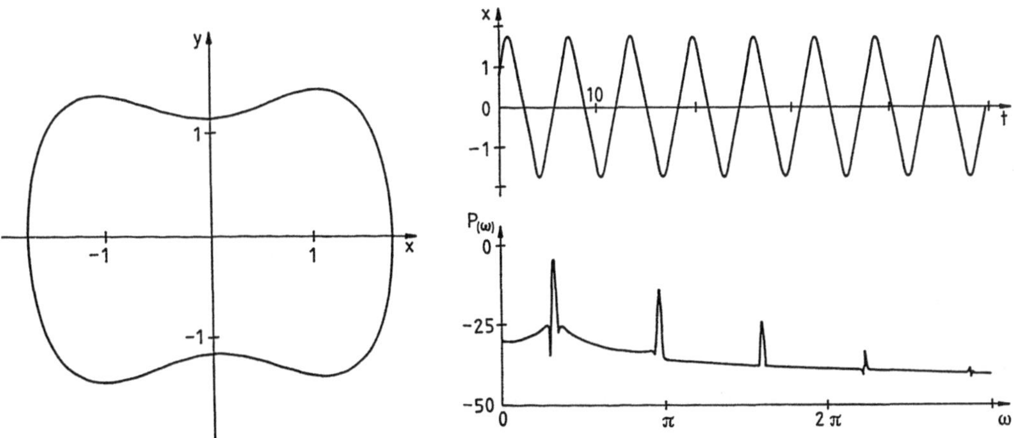

Bild 13.20 Phasendiagramm, Zeitverlauf und Leistungsspektrum des Duffing-Oszillators mit negativer nichtlinearer Steife: Grenzzyklus der Periode 1 (γ = 0,3; ω = 1; δ = 0,15)

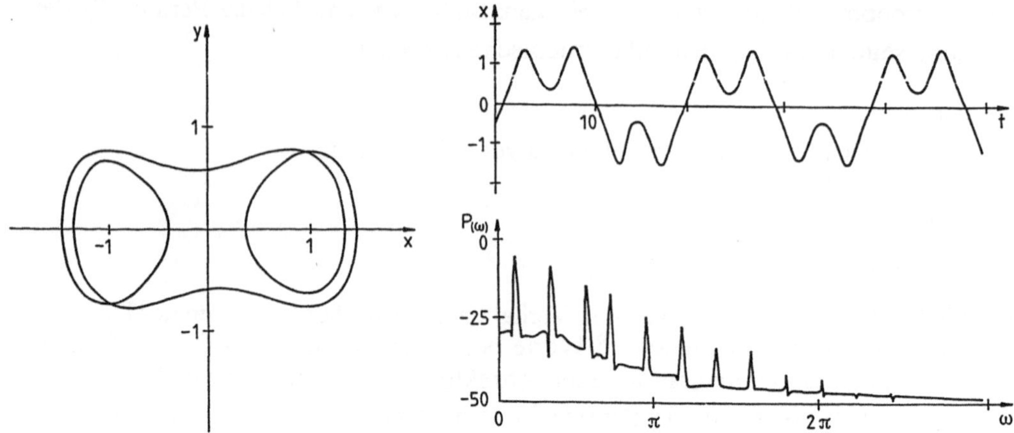

Bild 13.21 Phasendiagramm, Zeitverlauf und Leistungsspektrum des Duffing-Oszillators mit negativer nichtlinearer Steife: Grenzzyklus der Periode 3 ($\gamma = 0{,}3$; $\omega = 1$; $\delta = 0{,}22$)

Bei kleinen Geschwindigkeiten ($y^2 < 1$) wächst die Lösung an, bei großen Geschwindigkeiten ($y^2 > 1$) kontrahiert sie und nähert sich in beiden Fällen einem Grenzzyklus. Das Phasendiagramm war in Bild 13.3 dargestellt, der Zeitverlauf von x und das Leistungsspektrum ähneln den Kurven in Bild 13.20. ❑

c) *Fastperiodische Lösungen*

Zuerst soll der Begriff der Fastperiodizität definiert werden:

Definition:

Kann die Lösung eines Systems als endliche Summe periodischer Funktionen $s_i(t)$ geschrieben werden, also

$$\hat{x} = \sum_{i=0}^{n} s_i(t) \quad ,$$

so heißt sie *fastperiodisch.* ❤

Die Frequenz jeder periodischen Funktion $s_i(t)$ ist dabei darstellbar durch die Summen und Differenzen einer endlichen Menge von Grundfrequenzen. Dabei ist für eine vorgegebene fastperiodische Funktion nur die *Anzahl* der Grundfrequenzen festgelegt, die Grundfrequenzen selbst brauchen nicht direkt bekannt zu sein, sondern können indirekt, eben über ihre Summen und Differenzen, angegeben werden. Ein System mit n Grundfrequenzen heißt *n-periodisch.*

Einfachster Fall ist eine bi-periodische Funktion $x(t) = s_1(t) + s_2(t)$ mit inkommensurablen Perioden T_1 und T_2. Hier besteht das Spektrum dieser fastperiodischen Wellenform aus harmonischen Anteilen, die aus zwei disjunkten Untermengen stammen:

die erste mit Frequenzen bei k/T_1, von $s_1(t)$ stammend, die zweite mit Frequenzen bei k/T_2 (k ganz).

Beispiel:
Der Van der Pol-Oszillator.

Die Eigenfrequenz des Oszillators (ohne äußere Anregung) sei T_1, das System beschreibt einen Grenzzyklus im Phasenraum. Bei äußerer Anregung ($\gamma \neq 0$) lauten die Gleichungen

$$\dot{x} = y$$
$$\dot{y} = (1 - x^2)\, y - x + \gamma \cos(\frac{2\pi}{T_2} t) \quad .$$

Bild 13.22 zeigt Phasendiagramm, Zeitverlauf und Leistungsspektrum der Funktion x für die Parameterwerte $\gamma = 1/2$, $2\pi/T_2 = 1.1$. ❑

Nach Abschnitt 13.4.1 läßt sich der Phasenraum für periodische Systeme zu einem (Hyper-) Zylinder verformen. Für bi-periodische Systeme kann man diesen weiter zu einem (Hyper-) Torus verformen. Die Trajektorien des bi-periodischen Systems verlaufen auf der Torusfläche, wobei für kommensurable Frequenzen (siehe Fall b)) die Trajektorie eine toroidale, sich schließende Schraubenlinie ist, während sie für inkommensurable Frequenzen schließlich den gesamten Torus bedeckt.

Für p-dimensionale fastperiodische Systeme liegen die Trajektorien entsprechend auf p-dimensionalen Tori (Hyper-Tori der Dimension p).

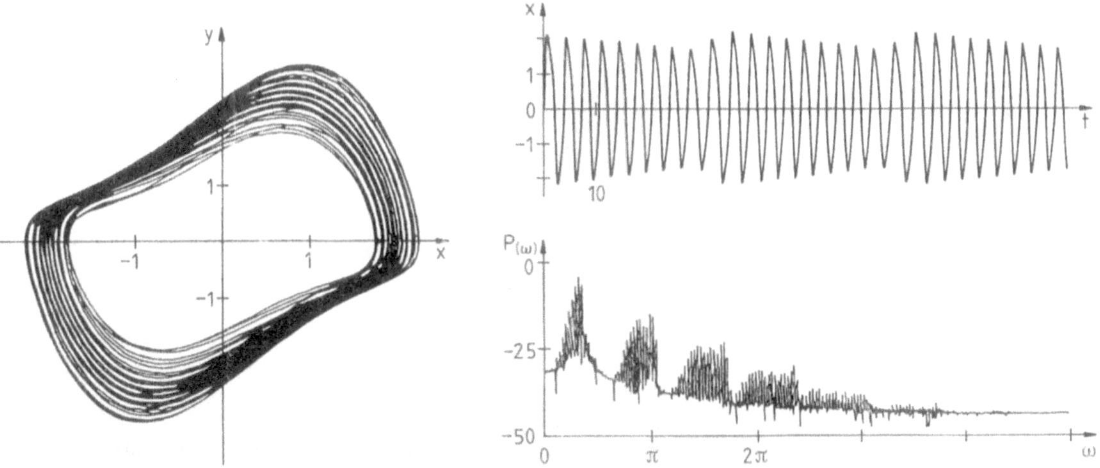

Bild 13.22 Phasendiagramm, Zeitverlauf und Leistungsspektrum des Van der Pol-Oszillators: fastperiodisches Verhalten ($\gamma = 0{,}5$; $2\pi / T_2 = 1{,}1$)

d) *Chaos*
Wie bereits ausgeführt, existiert keine allgemein akzeptierte Definition des Begriffes Chaos. Einig ist man zumindest im Sinne einer Negativdefinition darüber, daß die Fälle a) bis c) nicht dazugehören. Weiter:

* Der Bereich im Phasenraum, den die Trajektorien anlaufen, ist beschränkt.
* Die Trajektorien zeigen unperiodisches Verhalten.
* Das Spektrum hat keine diskreten Frequenzen, sondern ähnelt Rauschen, d.h. es hat eine Breitbandstruktur.
* Der Attraktor eines chaotischen Systems ist kein geometrisch simples Objekt, d.h. es hat keine ganzzahlige, sondern fraktale Dimension (siehe Abschnitt 13.4.6)
* Das System ist empfindlich abhängig von den Anfangsbedingungen; die Trajektorien in zwei beliebig benachbarten Ausgangszuständen divergieren nach endlicher Zeit. Die Rate dieser Divergenz ist eine charakteristische Größe des Systems (siehe Abschnitt 13.4.5)

Immerhin läßt sich jedoch der seltsame Attraktor, der *Fingerabdruck* eines chaotischen Systems, mathematisch definieren. Nach Ruelle [13.23] gilt:

Definition:
Eine beschränkte Menge A im m-dimensionalen Phasenraum heißt *seltsamer Attraktor*

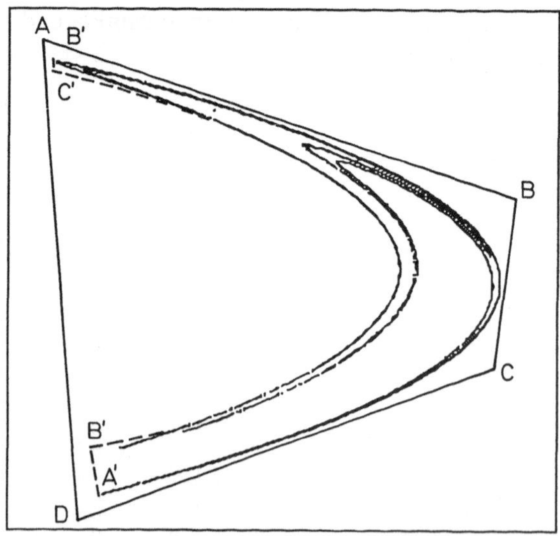

Bild 13.23 Umgebung U (Viereck ABCD) des Hénon-Attraktors. Eine *einfache* Anwendung der Hénon-Abbildung (13.35) auf ABCD erzeugt A'B'C'D' usw. Die Abbildung kontrahiert, falls $|\beta| < 1$ (siehe Abschnitt 13.4.5). A'B'C'D' hat damit den β-fachen Flächeninhalt von ABCD (nach Ruelle [13.23])

der (m-dimensionalen) Abbildung F, falls eine Menge U mit folgenden Eigenschaften existiert:

a) U ist eine m-dimensionale Umgebung von A, d.h. $\forall$ $\mathbf{x} \in A$ existiert eine Kugel mit Radius ε und mit $\mathbf{x}$ als Zentrum, die vollständig in U enthalten ist. Insbesondere ist $U \supseteq A$.
b) Für jeden Startwert $\mathbf{x}(0) \in U$ ist $\mathbf{x}(t) \in A$ für $t \to \infty$; d.h. A ist *Attraktor*.
c) Ist $\mathbf{x}(0) \in U$, so besteht empfindliches Verhalten hinsichtlich kleiner Änderungen der Anfangsbedingungen. Damit wird A zum *seltsamen* Attraktor.
d) Man kann einen Startwert $\mathbf{x}(0) \in A$ so wählen, daß sich beliebig dicht zu jedem Punkt $y \in A$ ein $\mathbf{x}(t)$ befindet für $t > 0$. Dies ist die *Unzerlegbarkeitsbedingung* (d.h. A kann nicht in zwei verschiedene Attraktoren zerlegt werden). ❤

Man mag sich diese Definition anschaulich plausibel machen an Hand von Bild 13.23, wobei U das einschließende Viereck und A der Hénon-Attraktor ist.

13.4.3 Informationszuwachs in kontinuierlichen Systemen

Chaotische Systeme haben die - auf den ersten Blick erstaunliche - Eigenschaft, daß die Menge an Informationen über diese Systeme mit wachsender Zeit zunimmt. Diese den bisher über deterministisches Chaos festgestellten Tatsachen scheinbar zuwiderlaufende Aussage läßt sich so begründen:

Definiert man, z.B. für autonome Systeme, den Begriff der Kontraktion, also

Definition:
Eine Lösung eines autonomen Systems (13.37) heißt *kontrahierend*, falls

$$\|\hat{\mathbf{x}}(\mathbf{x}_0) - \hat{\mathbf{x}}(\tilde{\mathbf{x}}_0)\| < \|\mathbf{x}_0 - \tilde{\mathbf{x}}_0\|$$

$$\forall\, \mathbf{x}_0 \neq \tilde{\mathbf{x}}_0 \text{ (Startwerte) und } \forall\, t > 0 \quad . \quad (\hat{\mathbf{x}} : \text{Lösung von (13.37)})$$

(Dabei ist $\|\ldots\|$ die Norm des betrachteten Vektorraumes, für unsere Beispiele also die übliche Quadratnorm), ❤

und nimmt man an, daß der Zustand $\mathbf{x}$ eines Systems mit kontrahierendem Fluß $\hat{\mathbf{x}}$ zum Zeitpunkt t mit einer gewissen Genauigkeit ρ gemessen oder numerisch bestimmt werden kann, so heißt dies, daß der tatsächliche Zustand innerhalb von $K_\rho(\mathbf{x})$, einer Kugel vom Radius ρ um den Mittelpunkt $\mathbf{x}$ liegt. Mißt man nun an zwei Zeitpunkten t_1 und t_2 ($t_1 < t_2$) den Zustand des Systems, so erhält man die beiden Zustandskugeln $K_\rho(\mathbf{x}_1)$ und $K_\rho(\mathbf{x}_2)$.

Benutzt man andererseits den kontrahierenden Fluß $\hat{\mathbf{x}}(\mathbf{x}_0)$ mit $K_\rho(\mathbf{x}_1)$ als Anfangsbedingung, um den Zustand zur Zeit t_2 zu bestimmen, so erhält man dafür den Aufenthaltsbereich $\hat{\mathbf{x}}(K_\rho(\mathbf{x}_1))$.

Wie verhält sich nun $K_\rho(\mathbf{x}_2)$ zu $\hat{\mathbf{x}}(K_\rho(\mathbf{x}_1))$?

Aus der zweiten Messung weiß man, daß sich der Zustand innerhalb von $K_\rho(\mathbf{x}_2)$ befinden muß; da aber $K_\rho(\mathbf{x}_1)$ und $K_\rho(\mathbf{x}_2)$ gleich groß sind und $\hat{\mathbf{x}}$ kontrahiert, so ist $\hat{\mathbf{x}}(K_\rho(\mathbf{x}_1))$ eine echte Untermenge von $K_\rho(\mathbf{x}_2)$. D.h. nichts anderes, als daß ein Beobachter zum Zeitpunkt t_1 den Systemzustand bei t_2 genauer kennt als ein solcher bei t_2 den Zustand bei t_1; es geht also Information verloren.

Das genaue Gegenteil ist nun der Fall in expandierenden Systemen:
Hier ist $K_\rho(\mathbf{x}_2)$ enthalten in $\hat{\mathbf{x}}(K_\rho(\mathbf{x}_1))$, d.h. also, je länger man wartet mit seiner Beobachtung des Systemzustandes, um so mehr lernt man über das System. Es findet also ein Zuwachs an Information statt.

Genau diese letzte Situation liegt bei chaotischen Systemen vor: im Gegensatz zu nicht-chaotischen Systemen, wo die Bedeutung der exakten Anfangsbedingung mit wachsender Zeit abnimmt, d.h. die *Genauigkeit* ihrer Lokalisierung unerheblich ist für den Endzustand, nimmt diese Bedeutung bei chaotischen Systemen ständig zu, eine Situation, die im vorigen Abschnitt als Empfindlichkeit gegenüber den Anfangsbedingungen beschrieben worden ist.

Allerdings ist ein vollständig expandierendes System unbegrenzt (im Phasenraum), während definitionsgemäß der Aufenthaltsbereich einer chaotischen Trajektorie begrenzt ist. Daraus ist zu schließen, daß chaotische Trajektorien in einigen Richtungen des Phasenraumes kontrahieren, in anderen expandieren.

Dies läßt sich sogar quantifizieren, wie man bei der Einführung der Lyapunov-Exponenten sehen wird.

13.4.4 Die Poincaré-Abbildung

Ein wesentliches Kriterium des seltsamen Attraktors ist, daß Trajektorien auf ihm, die zum Zeitpunkt t_0 infinitesimal benachbart waren, divergieren, d.h. daß bereits zum endlichen Zeitpunkt t_1 die beiden Trajektorien finiten Abstand haben, ja sogar sich auf unterschiedlichen "Blättern" des Attraktors befinden können. Zum anderen wird der Attraktor nicht "kontinuierlich" durchlaufen, d.h. die Bewegung auf dem Attraktor erfolgt vollständig irregulär. Dies kann im allgemeinen Fall zu einer sehr unübersichtlichen Darstellung im Phasenraum führen; obendrein ist für höherdimensionale Systeme die vollständige Phasenraumdarstellung praktisch unmöglich. Zur vereinfachten - und topologisch äquivalenten - Darstellung des seltsamen Attraktors führt man daher den *Poincaré-Schnitt* ein, die Menge der für ein gegebenes System durch eine *Poincaré-Abbildung* erzeugten Punkte.

Dabei geht man qualitativ so vor: anstatt die kontinuierliche Trajektorie im Phasenraum zu beobachten, erzeugt man ein *diskontinuierliches* Bild, indem man in festen Zeitabständen (gewöhnlich ganzzahlige Vielfache der Anregungsperiode) die Position der Trajektorie punktförmig markiert. Auf diese Weise entsteht ein stroboskopisches Punktmuster des Attraktors, das seiner Phasenraumdarstellung topologisch äquivalent, aber i.a. transparenter als diese ist (siehe Bild 13.24).

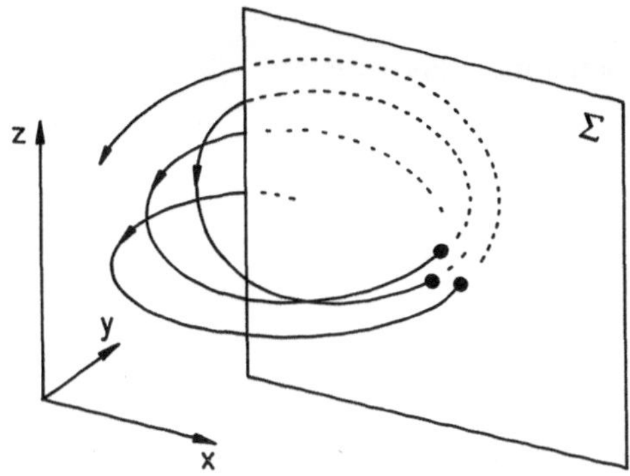

Bild 13.24 Schematische Darstellung der Poincaré-Abbildung

Betrachtet man zunächst n-dimensionale heteronome Systeme der Periode T, so liegen nach Abschnitt 13.4.1 die Trajektorien auf einem (n+1)-dimensionalen Zylinder $\mathbf{R}^n \times S$. Ein Schnitt durch diesen Zylinder bei festem θ_0 erzeugt die Hyperebene

$$\Sigma = \{(\mathbf{x}, \theta) \in \mathbf{R}^n \times S \text{ mit } \theta = \theta_0\} \quad , \tag{13.40}$$

d.h. die Trajektorien schneiden Σ für $\theta = \theta_0 + 2\pi$, also alle T Sekunden (Zeiteinheiten). Damit ist eine Abbildung P der Hyperebene Σ auf sich selbst definiert durch

$$P(\mathbf{x}) = \hat{\mathbf{x}}(\mathbf{x}, t_0) \quad . \tag{13.41}$$

P heißt Poincaré-Abbildung und beschreibt die Änderung eines Ortes **x** durch den Fluß **x** nach einer Periode T. Die Menge

$$\{P^k(\mathbf{x})\}_{k=1}^{\infty} \quad ,$$

d.h. die Menge aller Punkte, die durch Hintereinanderschaltung der Abbildung P erzeugt werden, bezeichnet man als *Poincaré-Schnitt* des Attraktors oder als *Poincaré-Attraktor*.

Wegen der eindeutigen Lösbarkeit von

$$\dot{\mathbf{x}}(t) = f(\mathbf{x}, t) \tag{13.36}$$

bestimmt der Startwert $\mathbf{x}_0$ eindeutig alle späteren $\mathbf{x}_k$. Man geht also beim Wechsel von der Phasenraumdarstellung zum Poincaré-Schnitt über von einer kontinuierlichen Zeitverlaufsfunktion zu einer Abbildung mit diskretisierter Zeit.

In allgemeinen autonomen Systemen (also nicht solchen, die aus einem periodischen heteronomen System hervorgegangen sind) ist nicht gesichert, daß eine von einem beliebigen Punkt **x** der Hyperebene Σ ausgehende Trajektorie die Hyperebene wieder schneiden wird. Daher kann man hier die Poincaré-Abbildungen nur für Umgebungen der Schnittpunkte **x*** der Hyperebene Σ mit einem Grenzzyklus des Systems definieren:

Definition:
Eine (passend zum Attraktor gewählte) (n-1)-dimensionale Hyperebene

$$\Sigma := \{\mathbf{x} : \mathbf{h}\,(\mathbf{x} - \mathbf{x}_\Sigma) = 0\} \quad , \tag{13.42}$$

wobei $\mathbf{h}$ ein Normalenvektor auf S, $\mathbf{x}_\Sigma$ ein Punkt auf S ist, teilt den Phasenraum in zwei Halbräume

$$\begin{aligned} \Sigma^+ &:= \{\mathbf{x} : \mathbf{h}\,(\mathbf{x} - \mathbf{x}_\Sigma) > 0\} \quad , \\ \Sigma^- &:= \{\mathbf{x} : \mathbf{h}\,(\mathbf{x} - \mathbf{x}_\Sigma) < 0\} \quad . \end{aligned} \tag{13.43}$$

Die Menge der Durchstoßpunkte $\mathbf{x}_i$ der Trajektorie durch Σ beim Übergang von Σ^+ zu Σ^- und Σ^- zu Σ^+ nennt man *zweiseitige Poincaré-Abbildungen* des autonomen Systems. Schnittpunkte beim Übergang in nur einer der beiden Richtungen heißen *einseitige Poincaré-Abbildungen* . ❤

Für die weiteren Betrachtungen sei hier noch der Begriff des *Diffeomorphismus* eingeführt:

Definition:
Eine stetig differenzierbare, bijektive Abbildung $\varphi \in C^\infty$ mit $\varphi : U \rightarrow V$ (wobei U und V offene Vektor-Räume sind) und stetig differenzierbarer Inverser φ^{-1} heißt *Diffeomorphismus* (dabei versteht man unter einer bijektiven Abbildung $\varphi : U \rightarrow V$ eine *1-1-Abbildung* von U *auf* V). ❤

Von Bedeutung sind Poincaré-Abbildungen wegen der eineindeutigen Beziehung zwischen dem Verhalten des zeitkontinuierlichen dynamischen Systems und dem der Abbildung P (nach Abklingen des Einschwingvorgangs):

a) *Periodisches Verhalten*
Die Poincaré-Abbildung eines p-periodischen Systems mit einer Grundfrequenz besteht aus genau p Punkten.

Liegen zwei kommensurable Grundfrequenzen ω_1, ω_2 vor (also $\omega_1/\omega_2 = n_1/n_2$, n_1, n_2 ganz, teilerfremd, o.B.d.A. $\omega_1 > \omega_2$), so läßt sich der Attraktor eindeutig auf einen zweidimensionalen Torus im $\mathbf{R}^3$ abbilden, wobei ω_1 und ω_2 mit den toroidalen Winkelkoordinaten (ϕ, θ) identifiziert werden. Die Trajektorie auf dem Torus ist eine Schraubenlinie, die sich nach n_2 Umläufen und n_1 Windungen schließt. Der Poincaré-Schnitt besteht aus n_2 Punkten, die mit der Periode $T = n_1/\omega_2 = n_2/\omega_1$ durchlaufen werden.

b) *Fastperiodisches Verhalten*
Wie im Fall a) liegen bi-periodische Lösungen auf einem 2-dimensionalen Torus $S \times S$.

Mit den Toruskoordinaten (ϕ, θ) läßt sich die Trajektorie schreiben als

$$\begin{bmatrix} \varphi(t) \\ \theta(t) \end{bmatrix} = \begin{bmatrix} \omega_1 t \mod 2\pi \\ \omega_2 t \mod 2\pi \end{bmatrix} ,$$

wobei die Frequenzen ω_1 und ω_2 im fastperiodischen Fall inkommensurabel sind und die Trajektorie schließlich den gesamten Torus bedeckt.

Ist das System heteronom, so ist eine der beiden Frequenzen, z.B. o.B.d.A. ω_1, die Anregungsfrequenz des Systems, und damit ist die typische Periode der Poincaré-Abbildung $T_1 = 2\pi/\omega_1$ .Die Poincaré-Abbildung selbst wird zu

$$\begin{bmatrix} \varphi(\frac{k}{\omega_1}) \\ \theta(\frac{k}{\omega_1}) \end{bmatrix} = \begin{bmatrix} 2\pi k \mod 2\pi \\ 2\pi k \frac{\omega_2}{\omega_1} \mod 2\pi \end{bmatrix} = \begin{bmatrix} 0 \\ 2\pi k \frac{\omega_2}{\omega_1} \mod 2\pi \end{bmatrix} .$$

Da ω_1 und ω_2 inkommensurabel sind, läuft $\theta(k/\omega_1)$ jeden Wert des Intervalles $[0, 2\pi)$ an, d.h. im (θ,φ)-System ist der Poincaré-Attraktor (also die Menge der P-Abbildungen für $k \to \infty$) ein Kreis.Der Übergang zu euklidischen Koordinaten liefert ein diffeomorphes Bild des Kreises.

Im autonomen Fall hängt für den bi-periodischen Zustand die Form des Attraktors von der Lage der Ebene Σ ab: schneidet diese den Torus außerhalb des Loches in der Mitte, so ist die einseitige Poincaré-Abbildung ein Halbkreis, die zweiseitige ein Kreis; führt Σ durch das Mittelloch, so ist die einseitige Poincaré-Abbildung ein Kreis und die zweiseitige besteht aus zwei Kreisen.

c) *Chaos*

Typisch für chaotische Poincaré-Abbildungen ist das Fehlen einfacher geometrischer Formen, wie es für periodisches oder fastperiodisches Verhalten vorliegt. Weiter hat der Poincaré-Attraktor eine Feinstruktur: diese erinnert gelegentlich an Blätterteig; außerdem ist sie selbstähnlich, d.h. eine Ausschnitt-Vergrößerung des Attraktors hat eine ähnliche Struktur wie der Attraktor selbst. Für eine Diskussion dieser Feinstruktur siehe z.B. [13.10].

Zusammengefaßt:

Wie bereits eingangs bemerkt, sind nach Konstruktion Trajektorienverlauf im Phasenraum und Poincaré-Schnitt topologisch äquivalent; z.B. gilt:

a) Ist (13.36) dissipativ, so kontrahiert das (Phasen-) Volumen im Phasenraum und P kontrahiert Flächen in Σ.
b) Für konservative oder Hamiltonsche Systeme läßt P Flächeninhalte in Σ unverändert.
c) Hat (13.36) einen Attraktor, so sind dessen Strukturen auch im Poincaré-Schnitt zu finden.

Die Poincaré-Abbildung vereinfacht die Betrachtung kontinuierlicher Systeme wesentlich, da

a) die Dimension von Σ niedriger als die des Phasenraumes ist und fast alle Punkte der Trajektorie nicht mehr in Betracht gezogen werden,
b) die Differentialgleichungen (13.36) durch Differenzengleichungen ersetzt sind, die wesentlich einfacher behandelt werden können.

Bemerkung: die "first return"-Abbildung
Häufig betrachtet man statt der hier beschriebenen "klassischen" Poincaré-Abbildung eine Variante, die diffeomorph zu ihr ist (und damit zum Attraktor selbst), nämlich die "first return"-Abbildung. Sie besteht aus den gegeneinander aufgetragenen sukzessiven Punkten der Poincaré-Abbildung (entsprechend den sukzessiven Iterationsschritten x_n, x_{n+1} bei iterierten Abbildungen) und enthält somit keine neuen Informationen, ist aber gelegentlich durchsichtiger.

Für den Lorenz-Attraktor z.B. ist die fraktale Dimension $D \approx 2{,}06$ (siehe Abschnitt 13.2.2), die damit der einer Fläche nahekommt. Es liegt also eine starke Volumenschrumpfung des Attraktors vor, eine Voraussetzung für die sinnvolle Ersetzung der Poincaré-Abbildung durch die "first return"-Abbildung. Der Begriff "sukzessive" läßt sich - wie bei den Poincaré-Abbildungen autonomer Systeme erwähnt - nicht einfach durch eine Periode T festlegen, es gibt also eine ganze Reihe von Möglichkeiten, diese "Sukzession" zu definieren:

Lorenz betrachtete einen "Umlauf" des Attraktors, trug aufeinanderfolgende Maximalwerte der Z-Koordinate gegeneinander auf (also den höchsten Punkt für jeden Umlauf) und erhielt eine einfache Verteilung (siehe Bild 13.25a). In guter Näherung liegen die Punkte auf einer einzigen Kurve, d.h. das Maximum Z_n legt das nächste eindeutig fest.

Die Auftragung sukzessiver Maxima ist somit (für das Lorenz-System) eine iterierte Abbildung, und wie bei diesen kann man an Hand ihres graphischen Verlaufs ihr

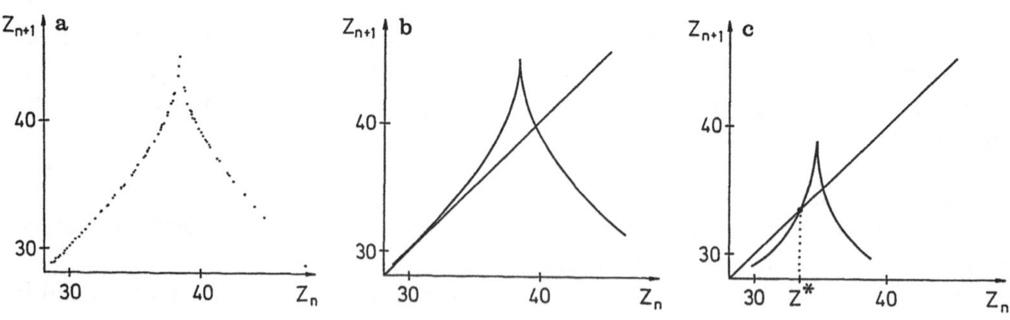

Bild 13.25 Die"first return"-Abbildung für den Lorenz-Attraktor:
a) aufeinanderfolgende Maximalwerte der Z-Koordinate,
b) Darstellung von a) als stetige Kurve,
c) wie b), mit einem kleineren Wert von r ($r < r_{Ch}$)

Iterationsverhalten überprüfen: ergänzt man die "first return"-Abbildung zu einer Kurve (Bild 13.25b), so sieht man, daß für diese die Steigung überall auf dem betrachteten Intervall größer als Eins ist, die Abbildung also chaotisches Verhalten unabhängig vom Startwert Z_0 zeigt.

Verkleinert man den diese Kurve beschreibenden Parameter, so sinkt die Kurve, die Steigung nimmt ab, die Kurve bildet Schnittpunkte aus mit der Kurve der Identtätsabbildung $Z_{n+1} = Z_n$, und das System verliert seinen chaotischen Charakter (Bild 13.25c). Dies geschieht genau bei $r = r_{Ch}$ (siehe Abschnitte 13.2.2 und 13.4.5).

Für das von Lorenz gewählte Parameter-Tripel Pr = 10, b = 8/3, r = 28 liegt r deutlich über r_{Ch}, dem kritischen r-Wert, bei dem der Attraktor chaotisch wird (für obige Parameter ergibt sich r_{Ch} = 2,4738). Bild 13.25a und 13.25b gelten für $r > r_{Ch}$. Vermindert man r, so sinkt die Steigung auf einem Teil der Kurve unter Eins und es tauchen zwei Fixpunkte auf, von denen der in Bild 13.25c gezeigte (Z*) instabil ist. Der zweite (für einen außerhalb des Bildes gelegenen Z_n, Z_{n+1} - Wert) ist stabil, das System verliert also seinen chaotischen Charakter.

13.4.5 Stabilität, Lyapunov-Exponent

a) *Allgemeine Betrachtungen*

Ausgehend von dem n-dimensionalen heteronomen System (13.36) (autonome Systeme verhalten sich ganz analog)

$$\dot{\mathbf{x}}(t) = \mathbf{f}(\mathbf{x}, t) \quad , \qquad \mathbf{x}(t_0) = \mathbf{x_0} \tag{13.36}$$

untersucht man das Verhalten des Flusses in der Nähe der (analytisch oder numerisch ermittelten) Lösung, d.h. man setzt formal an

$$\mathbf{x} = \hat{\mathbf{x}}(t) + \varepsilon\mathbf{y} \text{ , wobei } \hat{\mathbf{x}} \text{ Lösung von (13.36), } \varepsilon\,\mathbf{y} \text{ Störungsterm.}$$

Damit wird (13.36) zu

$$\dot{\mathbf{x}} = \dot{\hat{\mathbf{x}}}(t) + \varepsilon\dot{\mathbf{y}} = \mathbf{f}(\hat{\mathbf{x}} + \varepsilon\mathbf{y}, t) \approx \mathbf{f}(\hat{\mathbf{x}}, t) + \varepsilon \left.\frac{\partial \mathbf{f}}{\partial \mathbf{x}}\right|_{\hat{\mathbf{x}}} \mathbf{y} \quad , \tag{13.44}$$

letztere Beziehung nach Linearisierung der Gleichung um die Lösung. Die Größe

$$J(\mathbf{x}) := \frac{\partial \mathbf{f}}{\partial \mathbf{x}} = \begin{bmatrix} \frac{\partial f_1}{\partial x_1} & \cdots & \frac{\partial f_1}{\partial x_n} \\ \cdot & \cdot & \cdot \\ \cdot & \cdot & \cdot \\ \frac{\partial f_n}{\partial x_1} & \cdots & \frac{\partial f_n}{\partial x_n} \end{bmatrix} \tag{13.45}$$

ist die *Funktional-* oder *Jacobi-Matrix* des Systems. Da die Lösung trivialerweise (13.36) erfüllt, folgt aus (13.44)

$$\dot{\mathbf{y}} = \mathrm{J}(\hat{\mathbf{x}}, t)\, \mathbf{y} \quad . \tag{13.46}$$

Gelegentlich bezeichnet man (13.46) auch, aus einleuchtenden Gründen, als *Gleichung der ersten Variation* des Problems (also der Abweichung von der Lösung), entstanden aus der Linearisierung des Problems in Richtung der Lösungstrajektorie.

b) *Explizit zeitunabhängige Systeme*
Mit $\mathbf{f}(\mathbf{x}, t) = \mathbf{f}(\mathbf{x})$ ist auch die Funktional-Matrix J explizit unabhängig von t, und es gilt nach [7.2] (siehe dortigen Beweis) der

Satz:
Für das asymptotische Verschwinden der Störungen, also der Lösungen des Systems (13.46) mit zeitunabhängiger rechter Seite, ist es notwendig und hinreichend, daß alle Eigenwerte λ_i , d.h. die Wurzeln der charakteristischen Gleichung

$$\det(\mathrm{J}(\hat{x}) - \lambda\, \mathrm{I}) = 0 \quad ,$$

negativen Realteil haben. ★

Bemerkung:
Es läßt sich beweisen, daß bereits ein λ_i mit positivem Realteil genügt, um Instabilität zu erzeugen.

Allgemeine Lösung eines n-dimensionalen zeitunabhängigen Systems der Form (13.46) ist

$$\mathbf{y}(t) = \sum_{i=1}^{n} c_i\, \boldsymbol{\eta}_i\, e^{\lambda_i t} \quad , \tag{13.47a}$$

wobei die $\boldsymbol{\eta}_i$ die zu λ_i gehörenden Eigenvektoren und die c_i Integrationskonstanten sind, die von den Anfangsbedingungen $\mathbf{y}(0)$ abhängen. Daher kann man alternativ zu (13.47a) die Lösung auch schreiben als

$$\mathbf{y}(t) = \mathrm{L}(t)\, \mathbf{y}(0) \quad \text{mit} \quad \mathrm{L}(t) = e^{\mathrm{J}(\hat{\mathbf{x}})\, t} \quad . \tag{13.47b}$$

Für ein stabiles System wird also (13.47b) bei kleinen Störungen $\mathbf{y}$ der Lösung für exponentiell abklingende Abweichungen sorgen, bei instabilen Systemen für exponentiell angefachte Abweichungen. Die Stabilität von (13.44) hängt also ab von den Eigenwerten der Matrix L(t) und damit von den Eigenwerten der Funktional-Matrix, genommen an der Stelle der Lösung des Systems.

Für die Eigenwerte $m_i(t)$ der Matrix L(t) und die Eigenwerte λ_i der Funktional-Matrix J gilt der einfache Zusammenhang, daß

$$m_i(t) = e^{\lambda_i t} \quad . \tag{13.48}$$

m_i und λ_i enthalten hier also dieselbe Stabilitätsinformation. Daraus folgt sofort, daß für Kontraktion (bzw. Ausdehnung), d.h. $|m_i| < 1$ ($|m_i| > 1$) die eineindeutige Beziehung $\mathrm{Re}(\lambda_i) < 0$ ($\mathrm{Re}(\lambda_i) > 0$) gelten muß.

c) *Explizit zeitabhängige Systeme*
Die Stabilitätsanalyse linearer Systeme, die *periodisch* von der Zeit t abhängen, bezeichnet man auch als *Floquet-Theorie* (siehe [7.2] und [13.24]). Kompliziertere Systeme, z.B. bereits quasiperiodische, sind der Floquet-Analyse nicht zugänglich; ihre Untersuchung ist mit elementaren Mitteln nicht möglich und soll hier unterbleiben.

Wie oben sei im periodischen Fall das (n, n)-Gleichungssystem der Störungen

$$\dot{\mathbf{y}} = J(\hat{\mathbf{x}}, t)\, \mathbf{y} \tag{13.46}$$

ermittelt, wobei wegen der Periodizität gilt, daß

$$J(\hat{\mathbf{x}}, t+T) \doteq J(\hat{\mathbf{x}}, t) \quad . \tag{13.49}$$

Die allgemeine Lösung von (13.46) ist die Linearkombination ihrer Partikularlösungen

$$\mathbf{y} = \sum_{i=1}^{n} a_i\, \mathbf{y}_i(t) \qquad (i = 1, \ldots, n) \quad .$$

Damit ist $\mathbf{y}(t + T)$ Lösung von

$$\dot{\mathbf{y}} = J(\hat{\mathbf{x}}, t+T)\, \mathbf{y}$$

und es gilt

$$\mathbf{y}_i(t+T) = \sum_{i,k=1}^{n} c_{ik}\, \mathbf{y}_k(t) \quad . \tag{13.50}$$

Faßt man die Partikularlösungen $\mathbf{y}_i(t)$ zur Matrix der Fundamentallösungen $\mathbf{Y}(t)$ zusammen, d.h.

$$\mathbf{Y}(t) = [\mathbf{y}_1(t), \ldots, \mathbf{y}_n(t)] \quad ,$$

so gilt (13.46) analog für $\mathbf{Y}(t)$. Weiter ist

$$\dot{\mathbf{Y}}(t+T) = J(\hat{\mathbf{x}}, t+T)\, \mathbf{Y}(t+T) = J(\hat{\mathbf{x}}, t)\, \mathbf{Y}(t+T)$$

und $\mathbf{Y}(t + T)$ ist ebenfalls Fundamental-Matrix der Lösungen, da sie sich als Linearkombination der Spalten von $\mathbf{Y}(t)$ darstellen läßt:

$$\mathbf{Y}(t+T) = \mathbf{Y}(t)\, \mathbf{C} \quad . \tag{13.51}$$

$\mathbf{C} = ((c_{ik}))$ ist eine (konstante) (n, n)-Matrix, und (13.51) ist nichts anderes als eine alternative Form von (13.50).

Transformiert man nun die Anfangswert-Matrix $\mathbf{Y}(0)$ auf die Einheitsmatrix, also

$$\tilde{\mathbf{Y}}(0) = \mathbf{I} \quad ,$$

so erhält man wegen (13.51)

$$\tilde{\mathbf{Y}}(T) = \mathbf{C} \quad ,$$

die sogenannte *Monodromie-Matrix*. Für sie gilt (mit ganzzahligen k)

$$\tilde{\mathbf{Y}}(t+T) = \tilde{\mathbf{Y}}(t)\,\tilde{\mathbf{Y}}(T) \quad ,$$

$$\tilde{\mathbf{Y}}(k\,T) = \tilde{\mathbf{Y}}^k(T) \quad .$$

Die Eigenwerte m(t) der Monodromie-Matrix (deren Ermittlung im allgemeinen zeitabhängigen Fall nur numerisch möglich sein wird) nennt man *Floquet-Multiplikatoren*; für sie gilt (siehe Aufgabe 13.4).

$$m^k(T) = m(k\,T) \quad .$$

Mit der Definition

$$m(T) := e^{\lambda T} \quad ,$$

wobei $\lambda = \lambda_r + i\,\lambda_i$ der *Floquet-Exponent* ist, läßt sich das Eigenwertproblem für die Floquet-Multiplikatoren m(T) schreiben als

$$\tilde{\mathbf{Y}}(T)\,\mathbf{z} = e^{\lambda T}\,\mathbf{z} \quad .$$

z ist definiert durch

$$\mathbf{y}(t) = \tilde{\mathbf{Y}}(t)\,\mathbf{z} \quad .$$

Damit gilt, daß

$$\begin{aligned} \mathbf{y}(0) &= \mathbf{z} \qquad \text{und} \\ \mathbf{y}(t+T) &= \tilde{\mathbf{Y}}(t+T)\,\mathbf{z} = \tilde{\mathbf{Y}}(t)\,\tilde{\mathbf{Y}}(T)\,\mathbf{z} = e^{\lambda T}\,\tilde{\mathbf{Y}}(t)\,\mathbf{z} = e^{\lambda T}\,\mathbf{y}(t) \quad . \end{aligned} \tag{13.52}$$

Setzt man formal

$$\mathbf{p}(t) = e^{-\lambda T}\,\mathbf{y}(t) \quad ,$$

so ist **p**(t) wegen (13.52) T-periodisch, also

$$\mathbf{p}(t+T) = e^{-\lambda(t+T)}\,\mathbf{y}(t+T) = e^{-\lambda t}\,\mathbf{y}(t) = \mathbf{p}(t) \quad ,$$

und

$$\dot{\mathbf{p}} = -\lambda\,\mathbf{p} + \dot{\mathbf{y}}\,e^{-\lambda t} = -\lambda\,\mathbf{p} + J(\hat{\mathbf{x}}, t)\,\mathbf{p}$$

definiert ein Eigenwertproblem für die Floquet-Exponenten.

y(t) als kleine Störung des nichtlinearen Systems ist also nach k Perioden des periodischen Systems

$$\mathbf{y}(t+k\,T) = \tilde{\mathbf{Y}}(t)\,\tilde{\mathbf{Y}}(k\,T)\,\mathbf{p} = m^k\,\tilde{\mathbf{Y}}(t)\,\mathbf{p} \quad .$$

Für abklingende Störungen muß daher

$$|m| = e^{\lambda_r T} < 1$$

sein, d.h. es gilt der

Satz:
Für die asymptotische Stabilität des Systems (13.46) mit periodischer Fundamental-Matrix J ist es notwendig und hinreichend, daß die Moduln (Absolutbeträge) der Floquet-Multiplikatoren der zu (13.46) assoziierten Matrix-Differentialgleichung

$$\dot{\mathbf{Y}} = J(\hat{\mathbf{x}}, t)\,\mathbf{Y}$$

kleiner als Eins (und damit die Realteile der Floquet-Exponenten kleiner als Null) sind. ★

Bemerkung:
Ist λ ein zu m(T) gehörender Floquet-Exponent, so ist $\lambda + i\,2\pi\,k/T$ (k ganz) ebenfalls zu m(T) gehörender Floquet-Exponent (siehe Aufgabe 13.5).

Die Stabilitätsbereiche lassen sich für zweidimensionale Systeme am Einheitskreis darstellen (allgemein: an der n-dimensionalen Einheitskugel):

Stabilitäts- (Instabilitäts-) Bereich ist das Innere (Äußere) des Einheitskreises in der m-Ebene bzw. die negative (positive) λ_r-Halbebene in der λ-Ebene. Konjugiert komplexe Eigenwerte verlassen den Einheitskreis bzw. die linke λ-Halbebene beim Übergang Stabilität $\rightarrow$ Instabilität gleichzeitig (siehe Bild 13.26).

d) *Stabilität von diskreten Systemen*
Überträgt man die Überlegungen von Abschnitt b) auf diskrete Systeme, d.h. setzt man dort

$$\dot{\mathbf{x}} := \frac{1}{\Delta t}(\mathbf{x}_{n+1} - \mathbf{x}_n) = \mathbf{f}(\mathbf{x}_n) \quad , \tag{13.53}$$

und linearisiert, so folgt mit analogen Argumenten wie dort, daß in der Nähe eines Fixpunktes

$$\mathbf{y}_{n+1} = L\,\mathbf{y}_n \tag{13.54}$$

gilt, wobei L Funktional-Matrix des nach $\mathbf{x}_{n+1}$ aufgelösten Systems (13.53) an der Stelle des Fixpunktes ist. Ist die Determinante der Fundamental-Matrix ungleich Null ($\det L \neq 0$), so ist (13.54) lokal invertierbar und es liegt eine kontrahierende Abbildung vor, falls $|\det L| < 1$. Ist $|\det L| > 1$, so ist die Abbildung expandierend.

Analog zu dem oben Gesagten gilt nun, daß das System (13.53) asymptotisch stabil ist, falls die Moduln ρ_k der Eigenwerte $\lambda_k = \rho_k \exp(i\varphi_k)$ der Matrix L kleiner als Eins sind; für $\rho_k = 1$ liegt neutrale Stabilität, für $\rho_k > 1$ Instabilität vor (siehe [13.8] und [13.25] so wie Aufgabe 13.6).

e) *Lyapunov-Exponenten für kontinuierliche Systeme*
Für heteronome Systeme (der autonome Fall ist als Spezialfall in den folgenden Über-

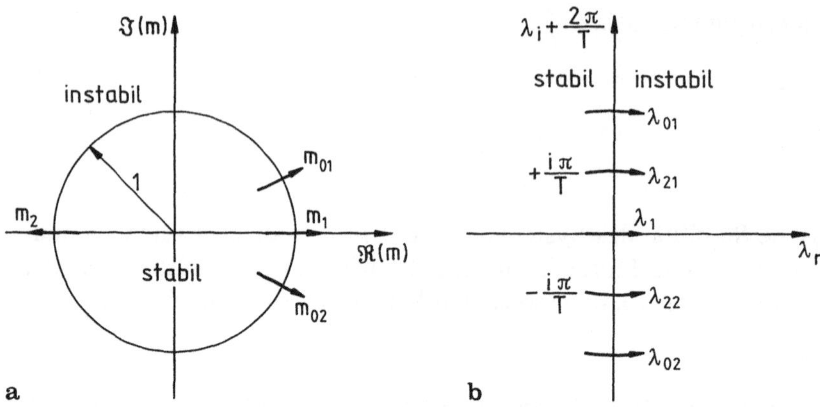

Bild 13.26 Verhalten beim Stabilitätsverlust von
a) Floquet-Multiplikatoren; b) Floquet-Exponenten.
Das Verlassen des (stabilen) Inneren des Einheitskreises für die Multiplikatoren entspricht dem Vorzeichenwechsel beim Realteil des Exponenten:
i) die konjugiert komplexen Multiplikatoren m_{01}, m_{02} korrespondieren mit den Exponenten $\lambda_{01}, \lambda_{02}$,
ii) dem Vorzeichenwechsel eines reellen Exponenten λ_1 entspricht ein Überschreiten des Einheitskreises bei +1 für dem Multiplikator m_1,
iii) dem Vorzeichenwechsel für den Realteil eines Exponenten λ_2 bei Werten von dessen Imaginärteil von ± ip/T entspricht ein Überschreiten des Einheitskreises bei +1 für den Multiplikator m_2

legungen enthalten) definiert man nun die *Lyapunov-Exponenten* $\underline{\lambda}_i$ in Eigenrichtung $\underline{\eta}_i(t)$ vermittels

$$\underline{\lambda}_i := \lim_{t\to\infty} \frac{1}{2t} \ln (m_i(t)\, m_i^*(t)) \quad , \tag{13.55}$$

falls dieser Grenzwert existiert. m_i^* ist zu m_i komplex konjugiert. Die $\underline{\lambda}_i$ charakterisieren die Stabilität des eingeschwungenen Zustands einschließlich der Fälle von Fastperiodizität und Chaos.

Wie bereits gesagt, wird die Ermittlung von L(t) und damit der Eigenwerte m_i und der Lyapunov-Exponenten $\underline{\lambda}_i$ für allgemeine zeitabhängige Systeme nur numerisch möglich sein. Ist die Funktional-Matrix jedoch zeitunabhängig, so läßt sich die analytische Integration einfach durchführen:

Beispiel: Stationäre Lösungen eines nichtlinearen (3-D) Systems. Hier ist

$$\dot{\mathbf{x}} = \mathbf{0}$$

und die Lösungen von $\mathbf{f}(\mathbf{x}) = \mathbf{0}$ sind zeitunabhängig. Damit ist die Funktional-Matrix, genommen für diese Lösungen, zusammen mit ihren Eigenwerten λ_i zeitunabhängig, die Matrix L(t) hat damit im Koordinatensystem ihrer Eigenvektoren ξ_i (Hauptachsentransformation) die Form

$$L(t) = \begin{bmatrix} e^{\lambda_1 t} & 0 & 0 \\ 0 & e^{\lambda_2 t} & 0 \\ 0 & 0 & e^{\lambda_3 t} \end{bmatrix} \quad ;$$

für ihre Eigenwerte m_i gilt die Beziehung $m_i = \exp(\lambda_i\, t)$. Der Lyapunov-Exponent für diesen Fall ist

$$\underline{\lambda}_i = \lim_{t\to\infty} \frac{1}{2t} \ln (e^{\lambda_i t} e^{\lambda_i^* t}) = \Re(\lambda_i) \quad ,$$

also der Realteil des zugehörigen Eigenwertes. ❑

Die Lyapunov-Exponenten sind also zuständig für Kontraktion ($\underline{\lambda} < 0$), neutrale Stabilität ($\underline{\lambda} = 0$) oder Expansion ($\underline{\lambda} > 0$) im Phasenraum. Betrachtet man die Grundtypen von Attraktoren unter diesem Gesichtspunkt, so folgt für dreidimensionale dynamische Systeme (die Erweiterung auf n Dimensionen ist trivial):

i) *Fixpunkt*: alle $\underline{\lambda}_i$ sind negativ (Kontraktion in allen Raumrichtungen);
ii) *Grenzzyklus*: ein $\underline{\lambda}_i$ ist Null, die anderen negativ (in einer Raumrichtung keine Kontraktion mehr);
iii) *Torus*: zwei $\underline{\lambda}_i$ sind Null, einer negativ (in zwei Raumrichtungen keine Kontraktion mehr);
iv) *seltsamer Attraktor*: ein $\underline{\lambda}_i$ positiv, ein $\underline{\lambda}_i$ Null, ein $\underline{\lambda}_i$ negativ.

Bemerkung:
Für die Lyapunov-Exponenten eines n-dimensionalen Grenzzyklus besteht der folgende einfache Zusammenhang mit den n - 1 charakteristischen Multiplikatoren:

$$\underline{\lambda}_i = \frac{1}{2T} \ln (m_i\, m_i^*) \quad , \quad (i = 1, ..., n - 1) \, .$$

Ein Lyapunov-Exponent ist stets Null (wie in ii) gesagt), korrespondierend zu dem Eigenwert Eins von L(t).

Das unter iv) Gesagte ist unmittelbar einleuchtend, denn wäre ein $\underline{\lambda}_i$ positiv, zwei negativ, so wäre der Attraktor eindimensional, was im Widerspruch zu seiner fraktalen Dimension steht; wäre ein (zwei, drei) $\underline{\lambda}_i$ positiv und zwei (eins, null) $\underline{\lambda}_i$ gleich Null, so würde die Trajektorie jeden Punkt des Phasenraumes anlaufen und eine wesentliche Eigenschaft des seltsamen Attraktors wäre verletzt (siehe [13.26]).

Aus iv) folgt, daß für seltsame, d.h. chaotische, Attraktoren Kontraktionen des Aufenthaltsbereiches der Trajektorien in einigen Koordinatenrichtungen des Phasenraumes und Ausdehnungen in anderen Richtungen typisch sind, wodurch die charakteristische "Blätterteig"-Struktur der Poincaré-Abbildung entsteht. Für die Ausdehnung eines Attraktors wird schließlich, nach einer endlichen Zeitspanne, der größte Eigenwert verantwortlich sein; deshalb findet man auch gelegentlich eine alternative Definition des Lyapunov-Exponenten eines chaotischen Systems (siehe z.B. [13.11]):

$$\lambda = \lim_{t\to\infty} \frac{1}{2t} \ln\left(\mathrm{Sp}[L(t)\, L^*(t)]\right), \qquad (13.55')$$

wobei Sp[A] definiert ist als die Spur der Matrix L(t), also die Summe ihrer Diagonalelemente. Diese Beziehung "filtert" bei hinreichend großen t den größten Eigenwert heraus, also den, der für die schließliche Struktur des Attraktors verantwortlich ist.

Für einen endlichen Attraktor, und endlich sind seltsame Attraktoren ja definitionsgemäß, muß die Kontraktion die Ausdehnung überwiegen, es muß also

$$\sum_{i=1}^{n} \lambda_i < 0 \qquad (13.56)$$

sein. Aus (13.56) sieht man sofort, daß ein kontinuierliches System mindestens die Dimension Drei haben muß, um deterministisch-chaotisches Verhalten entwickeln zu können: Da ein Lyapunov-Exponent Null ist, ein anderer größer als Null sein muß, so existiert kein beschränkter Attraktor eines zweidimensionalen Systems. Für dreidimensionale Systeme gibt es genau eine Möglichkeit, nämlich

$$\lambda_1 < 0, \quad \lambda_2 = 0, \quad \lambda_3 > 0$$

(o.B.d.A. in ansteigender Reihenfolge geordnet). Im Vierdimensionalen gibt es genau zwei Möglichkeiten:

a) $\lambda_1, \lambda_2 < 0, \quad \lambda_3 = 0, \quad \lambda_4 > 0.$

b) $\lambda_1 < 0, \quad \lambda_2 = 0, \quad \lambda_3, \lambda_4 > 0.$

Fall b) wird auch als *Hyperchaos* bezeichnet.

Allgemein kann man Attraktoren wie in Tabelle 13.1 klassifizieren:

Tabelle 13.1 Lyapunov-Exponenten unterschiedlicher Systeme (nach [13.23])

Eingeschwungener Zustand	*Attraktor,Fluß*	*Poincaré-Karte*	*Lyapunov-Exponent*	*Dimension*
Gleichgewichtspunkt	Punkt		$\lambda_1 \leq \ldots \leq \lambda_n < 0$	0
periodisch	geschloss.Kurve	Punkt	$\lambda_1 \leq \ldots \lambda_{n-1} < 0, \lambda_n = 0$	1
subharmonisch	geschloss.Kurve	geschloss.Orbit	$\lambda_1 \leq \ldots \lambda_{n-1} < 0, \lambda_n = 0$	1
bi-periodisch	Torus	geschloss.Kurve	$\lambda_1 \leq \ldots \lambda_{n-2} < 0, \lambda_{n-1} = \lambda_n = 0$	2
p-periodisch	p-Torus	(p-1)-Torus	$\lambda_1 \leq \ldots \lambda_{n-p} < 0, \lambda_{n-p-1} = \ldots = \lambda_n = 0$	p
deterministisch-chaotisch	Cantor-Verteilung	Cantor-Menge	$\Sigma \lambda_i < 0, \lambda_n > 0$	fraktal

Die Summe *aller positiven* Lyapunov-Exponenten wird als *Kolmogorov-Entropie* bezeichnet; diese ist ein Maß für den Grad des chaotischen Verhaltens.

Die Summe *aller* Lyapunov-Exponenten ist gleich der Flußgeschwindigkeit, d.h. gleich der *Lie-Ableitung* (siehe Aufgabe 13.7), mit deren Hilfe man das Volumen eines Attraktors mit fraktaler Dimension aus dem Transporttheorem bestimmen kann:

Betrachtung:
Die zeitliche Änderung einer beliebigen Funktion F in einem mit dem Geschwindigkeitsfeld **v** bewegten Volumen V(t) ist

$$\frac{d}{dt} V(t) = \frac{d}{dt} \int_{V(t)} \left(\frac{\partial F}{\partial t} + F \nabla \mathbf{v} \right) dV \quad .$$

Interessiert die zeitliche Änderung des Volumens selbst, so setzt man F konstant (und o.B.d.A. gleich Eins) und erhält

$$\frac{d}{dt} V(t) = \int_{V(t)} \nabla \mathbf{v} \, dV \quad .$$

Angewandt auf den Phasenfluß eines autonomen Systems der Form (13.37) ergibt dies

$$\frac{d}{dt} V(t) = \int_{V(t)} \sum_i \frac{\partial \dot{x}_i}{\partial x_i} dV,$$

es wird also über die Spur der Funktional-Matrix integriert (diese Spur bezeichnet man gelegentlich auch als *Lie-Ableitung* eines dynamischen Systems). Damit gilt also, daß

$$\sum_i \lambda_i = \sum_i \frac{\partial \dot{x}_i}{\partial x_i} \quad . \tag{13.57}$$

Damit folgt sofort, daß für n-dimensionale Systeme (bei Kenntnis der Lie-Ableitung) nur n-2 Lyapunov-Exponenten bestimmt zu werden brauchen. Bei den häufig untersuchten dreidimensionalen Systemen beschreibt also *ein* Lyapunov-Exponent (plus Lie-Ableitung) das System vollständig.

Beispiel: Der Lorenz-Attraktor
Aus den Lorenz-Gleichungen folgt sofort, daß

$$\frac{\partial \dot{X}}{\partial X} + \frac{\partial \dot{Y}}{\partial Y} + \frac{\partial \dot{Z}}{\partial Z} = -\,(\,Pr + b + 1\,)$$

ist und somit

$$\frac{d}{dt} V(t) = -\,(\,Pr + b + 1\,)\, V(t) \qquad \text{oder}$$

$$V(t) = V_0 \, e^{-(\,Pr + b + 1\,)\,t} \quad .$$

Der Attraktor kontrahiert, und das unabhängig vom "Chaos-Parameter" r. Der Lorenz-Attraktor hat also trotz seiner nichtganzzahligen Dimension, die größer ist als die einer Fläche, das Volumen Null.

Wie in Abschnitt 13.2.2 beschrieben, sind zwei der drei Eigenwerte λ_i der Funktional-Matrix, bestimmt durch (13.26), für den Fixpunkt $\mathbf{X_2}$

$$\mathbf{X}_2 = \begin{bmatrix} \sqrt{b(r-1)} \\ \sqrt{b(r-1)} \\ r-1 \end{bmatrix}$$

konjugiert komplex. Für $r < r_{Ch}$ (mit dem von Lorenz benutzten Parametern ist r_{Ch} = 24,7368...) ist deren Realteil negativ, für $r = r_{Ch}$ Null und für $r > r_{Ch}$ positiv. Somit sind bei $r = r_{Ch}$ die zwei Lyapunov-Exponenten $\lambda_{1,2}$ Null und für $r > r_{Ch}$ positiv, so daß nach der Hopf-Bifurkation bei $r = r_{Ch}$ chaotisches Verhalten einsetzt. ❑

Soweit die Betrachtung der Lyapunov-Exponenten für kontinuierliche Systeme. Bei diskreten Systemen (iterierten Abbildungen) geht man etwas anders vor:

f) *Lyapunov-Exponenten für diskrete Systeme*
Betrachtet man zwei benachbarte Punkte x_0 und $x_0 + \varepsilon$, die der Iteration

$$x_{n+1} = f(x_n)$$

unterworfen werden, so hat sich ihr ursprünglicher Abstand ε nach n Iterationsschritten geändert zu $l(x_0, \varepsilon)$, formal angesetzt als

$$l(x_0, \varepsilon) = = \varepsilon e^{n\lambda(x_0)} , \tag{13.58}$$

d.h. es ist

$$|f^n(x_0 + \varepsilon) - f^n(x_0))| = \varepsilon e^{n\lambda(x_0)} \tag{13.59}$$

(wie früher ist f^n keine Potenz, sondern die n-fache Anwendung der Abbildungsfunktion f). Im Grenzübergang $n \to \infty$, $\varepsilon \to 0$ erhält man

$$\lambda(x_0) = \lim_{n\to\infty} \lim_{\varepsilon\to 0} \frac{1}{n} \ln \left| \frac{f^n(x_0+\varepsilon) - f^n(x_0)}{\varepsilon} \right| = \lim_{n\to\infty} \frac{1}{n} \ln \left| \frac{df^n(x_0)}{dx_0} \right| . \tag{13.60}$$

Nun ist aber

$$\frac{df^n(x_0)}{dx_0} = \prod_{i=0}^{n-1} f'(x_i) , \tag{13.61}$$

wie man durch vollständige Induktion zeigen kann: da für n = 1 (13.61) sofort erfüllt ist, d.h.

$$\frac{df(x_0)}{dx_0} = f'(x_0) ,$$

erhält man als Induktionsannahme

$$\frac{df^{n-1}(x_0)}{dx_0} = \prod_{i=0}^{n-2} f'(x_i)$$

und schließlich für n die Beziehung

$$\frac{df^{n}(x_0)}{dx_0} = \frac{df(f^{n-1}(x_0))}{dx_0} = f'(f^{n-1}(x_0)) \frac{df^{n-1}(x_0)}{dx_0} \quad .$$

Wegen $x_{n+1} = f(x_n) = f^{n+1}(x_0)$ gilt schließlich $f'(f^{n-1}(x_0)) = f'(x_{n-1})$.Hiermit und mit der Induktionsannahme folgt dann (13.61), das eingesetzt in (13.60) den Separationsexponenten $\underline{\lambda}(x_0)$ liefert:

$$\underline{\lambda}(x_0) = \lim_{n\to\infty} \frac{1}{n} \ln \left| \prod_{i=0}^{n-1} f'(x_i) \right| = \lim_{n\to\infty} \frac{1}{n} \sum_{i=0}^{n-1} \ln |f'(x_i)| \quad . \qquad (13.62)$$

Die Diskussion dieses Lyapunov-Exponenten für iterierte Abbildungen verläuft ganz analog zu der für kontinuierliche Systeme: Kontraktion liegt vor für negative $\underline{\lambda}(x_0)$, Ausdehnung für positive $\underline{\lambda}(x_0)$.

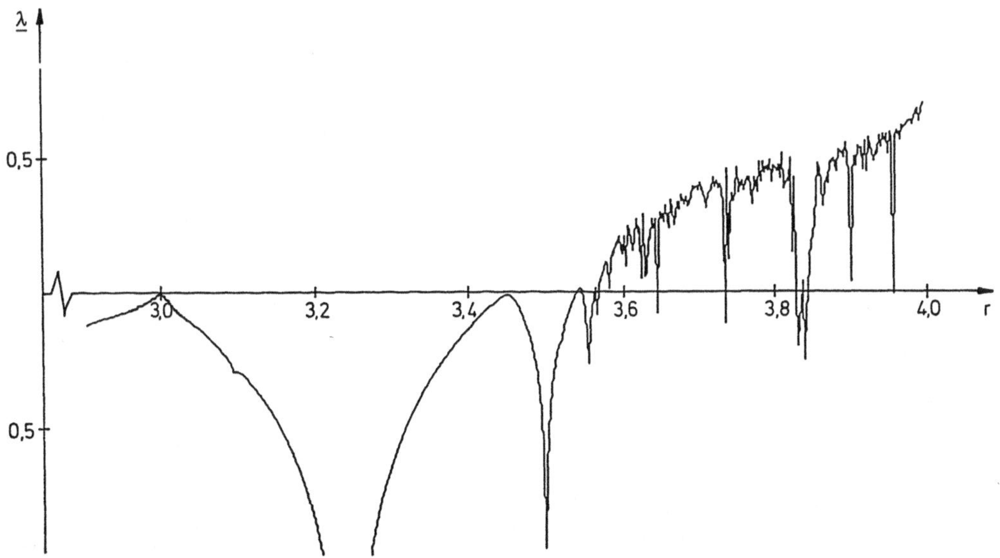

Bild 13.27 Lyapunov-Exponent $\underline{\lambda}$ in Abhängigkeit des Parameters r für die logistische Parabel (13.9)

Allerdings unterliegen diskrete Systeme nicht der Einschränkung, daß chaotisches Verhalten erst in Systemen mit mindestens drei Freiheitsgraden möglich ist (siehe Abschnitt 13.4.1). Wie in Abschnitt 13.2.1 ausgeführt, zeigt die eindimensionale iterierte logistische Parabel chaotisches Verhalten für gewisse Bereiche des Parameters r. Eine Darstellung des Lyapunov-Exponenten in Abhängigkeit von r für die logistische Parabel findet sich in Bild 13.27.

Erläutern läßt sich der Unterschied zwischen chaotischem und nicht-chaotischem Verhalten in Abhängigkeit vom Lyapunov-Exponenten auch an Hand des Kausalitätsbegriffes:

Bei den *klassischen* physikalischen Systemen sorgte der negative Lyapunov-Exponent für *klassisch*-kausales Verhalten:

a) *schwache* Kausalität liegt vor, wenn *gleiche* Ursachen *gleiche* Wirkungen haben (Bild 13.28a);
b) *starke* Kausalität liegt vor, wenn *ähnliche* Ursachen *ähnliche* Wirkungen zeitigen (Bild 13.28b).

Bei positiven Lyapunov-Exponenten läßt sich, wie gezeigt, solches nicht mehr behaupten, denn hier kann eine Ursache (fast) beliebig unterschiedliche Wirkung haben (Bild 13.28c).

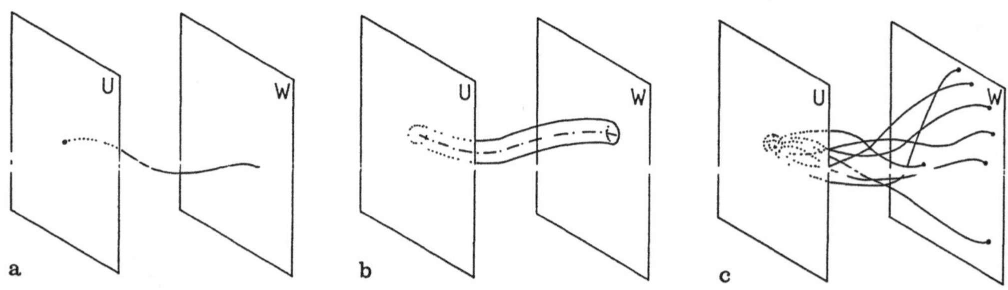

Bild 13.28 Kausalität: Ursache U (Anfangsbedingung) und Wirkung W (Lösung).
a) schwache Kausalität, b) starke Kausalität, c) "chaotische Kausalität"

13.4.6 Dimension

Neu für die physikalische Begriffswelt ist das Konzept der - bislang nur als mathematische Abstraktion aufgetretenen - fraktalen Dimension. Sie ist für die Beschreibung chaotischer Systeme, sowohl diskreter als auch kontinuierlicher, unerläßlich. Zur Zeit unterscheidet man vier Typen fraktaler Dimension, für die allerdings ein qualitativer Zusammenhang besteht, der am Ende dieses Abschnittes erläutert wird. Man vermutet, daß sie schließlich durch einen umfassenden Typ ersetzt werden können:

13.4.6.1 Hausdorff-Dimension

Er ist der einfachste (und vielleicht anschaulichste) der hier zu diskutierenden Dimensionsbegriffe. Die Hausdorff-Dimension ist definiert als Erweiterung der üblichen ganzzahligen Dimension auf nicht-ganzzahlige. und enthält (wie die anderen auch) die ganzzahligen als Untermenge:

Definition:
Wächst für eine im $\mathbf{R}^n$ (n ganz) eingebettete Punktmenge M^n die Mindestanzahl N(d) der n-dimensionalen Volumenelemente (Kugeln, Kuben etc.), die die Menge vollständig bedecken, mit dem Durchmesser d für $d \to 0$ an wie

$$N(d) \sim d^{-D_H} \quad ,$$

so heißt D_H *Hausdorff-* oder *fraktale Dimension* von M^n (unter der Voraussetzung der Existenz dieses Grenzwertes). Man erhält also D_H aus der Beziehung

$$D_H = \lim_{d\to 0} \frac{\ln N(d)}{\ln(d^{-1})} = - \lim_{d\to 0} \frac{\ln N(d)}{\ln d} \quad . \tag{13.63}$$

Sie enthält, wie man sofort sieht, den üblichen ganzzahligen Dimensionsbegriff als Spezialfall. ❤

Die abstrakte Idee einer fraktalen Dimension läßt sich erläutern an einem eindimensionalen

Beispiel: Die Cantor-Menge.
Man teilt eine Strecke (der Länge 1) in n Teile, jede zweite Teilstrecke, außer den Randpunkten, wird gestrichen und man verfährt mit den restlichen Teilstrecken entsprechend. Schließlich, nach unendlich vielen Schritten, besteht das Objekt aus auf der Ursprungsstrecke mit unterschiedlicher Häufigkeit verteilten Punkten, dem *Cantor-Staub*, der mit dem ganzzahligen Dimensionsbegriff nicht erfaßt werden kann.

Für n = 3 entsteht so schrittweise das Bild 13.29: dabei ist in diesem eindimensionalen Fall N(d) die Mindestanzahl der zur Überdeckung notwendigen Strecken, d ist die Länge der jeweiligen Strecken. Nach k Schritten ist $N(d) = 2^k$ und $d = 3^{-k}$, und man erhält

$$D_H = - \lim_{k\to\infty} \frac{\ln 2^k}{\ln 3^{-k}} = \frac{\ln 2}{\ln 3} \approx 0{,}6309 \quad .$$

Diese Dimension ist übrigens schon nach dem ersten Schritt erreicht; alle Teilschritte auf dem Weg zum Cantor-Staub haben dieselbe fraktale Dimension, die zwischen der eines Punktes und der einer Gerade liegt.

Entsprechend würde man bei einer Fünftelung

$$D_H = \frac{\ln 3}{\ln 5} \approx 0{,}6825$$

und für allgemeines (ungerades) n

$$D_H = \frac{\ln \frac{n+1}{2}}{\ln n}$$

bekommen. Der letzten Beziehung sieht man sofort an, daß für $n \to \infty$ die Hausdorff-Dimension $D_H \to 1$ geht. ❑

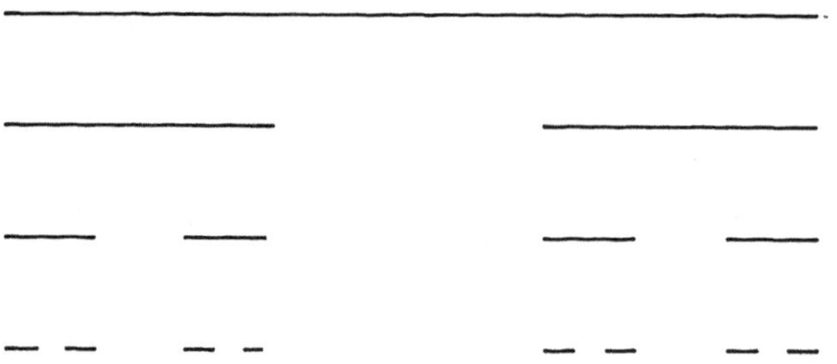

N(d)	d	k
1	1	0
2	$\frac{1}{3}$	1
4	$\frac{1}{9}$	2
8	$\frac{1}{27}$	3

Bild 13.29 Die Cantor-Menge

Eine rigorose mathematische Diskussion und eine Fülle von Beispielen von Fraktalen, also Gebilden mit fraktaler Dimension, aus allen Bereichen (Mathematik, Physik, Biologie, Ökonomie, Medizin, Natur etc.) findet man in der Monographie von Mandelbrot [13.15].
Die Größe D_H ist, wie gezeigt, rein geometrisch bestimmt und enthält keine Information über das Zeitverhalten eines dynamischen Systems. Solches beschreibt die Informationsdimension (Abschnitt 13.4.6.2).

13.4.6.2 Informations-Dimension

Sie ist definiert - analog zu D_H - als

$$D_I = \lim_{d \to 0} \frac{\ln S(d)}{\ln(d^{-1})} \qquad \text{mit} \qquad S(d) := -\sum_{i=1}^{N(d)} P_i \ln P_i \quad . \tag{13.64}$$

P_i ist die relative Frequenz, mit der eine typische Trajektorie im i-ten Volumenelement der Überdeckung angetroffen wird, beschreibt also eine Wahrscheinlichkeitsdichte (mit statistischer Thermodynamik oder Informationstheorie vertraute Leser werden S(d) als Entropie erkennen). S(d) ist also die Menge an Information, die benötigt wird, um den Systemzustand mit einer Genauigkeit d zu bestimmen, falls der Zustand sich auf dem Attraktor befindet.

Eine weitere probabilistische Dimension ist die Korrelations-Dimension.

13.4.6.3 Korrelations-Dimension

Sie ist definiert als

$$D_K = \lim_{d\to 0} \frac{\ln \sum_{i=1}^{N(d)} P_i^2}{\ln d} \quad . \tag{13.65}$$

Zur Interpretation des Zählers stellt man folgende Überlegung an: definiert man die *Korrelation* zwischen n irgendwie ermittelten Punkten x_i einer Trajektorie als

$$K(d) := \lim_{n\to\infty} \frac{1}{n^2} \{\text{Anzahl der Paare } (x_i, x_j) \text{ mit } \|x_i - x_j\| < d\} \quad ,$$

so ist

$$D_K = \lim_{d\to 0} \frac{\ln K(d)}{\ln d} \quad .$$

Begründung: n_i der n Punkte liegen im i-ten Volumenelement; die dortige Aufenthaltswahrscheinlichkeit P_i ist also $P_i = n_i/n$. Das Volumenelement hat den Durchmesser d, damit bildet jedes x_i dort genau n_i Paare, und alle x_i in diesem Volumenelement bilden somit n_i^2 Paare. Damit ist

$$K(d) = \lim_{n\to\infty} \frac{1}{n^2} \sum_{i=1}^{N(d)} n_i^2 = \sum_{i=1}^{N(d)} \lim_{n\to\infty} \left(\frac{n_i}{n}\right)^2 = \sum_{i=1}^{N(d)} P_i^2 \quad ,$$

wie behauptet worden war.

Die letzte zu diskutierende fraktale Dimension ist die Kaplan-Yorke-Dimension.

13.4.6.4 Kaplan-Yorke-Dimension (auch Lyapunov-Dimension)

Die Lyapunov-Exponenten eines Systems seien wieder in ansteigender Reihe geordnet: $\lambda_1 \le \lambda_2 \le ... \le \lambda_n$ und j sei der kleinste Index, für den

$$\sum_{k=j}^{n} \lambda_k \ge 0 \quad , \quad \text{d.h. } j = \min \{ \, i \text{ mit } \sum_{k=i}^{n} \lambda_k \ge 0 \, \} \quad .$$

Damit definieren Kaplan und Yorke [13.27, 13.28] die folgende Größe als Dimension:

$$D_{KY} = n - j + 1 + \frac{\sum_{k=j}^{n} \lambda_k}{|\lambda_{j-1}|} \quad . \tag{13.66}$$

(*Bemerkung*: Kaplan und Yorke hatten die Lyapunov-Exponenten absteigend geordnet, also $\lambda_1 \ge \lambda_2 \ge ... \ge \lambda_n$, und erhielten mit der Forderung

$$j = \max \{ \, i \text{ mit } \sum_{k=1}^{i} \lambda_k \ge 0 \, \}$$

die etwas einfachere Beziehung

$$D_{KY} = j + \frac{\sum_{k=1}^{j} \lambda_k}{|\lambda_{j+1}|} \quad . \qquad)$$

Kaplan und Yorke vermuteten nun, daß diese auf den ersten Blick etwas willkürlich wirkende Größe mit der Hausdorff-Dimension eines Attraktors identisch ist. Die Konstruktion von D_{KY} entstammt einer Plausibilitätsbetrachtung (siehe [13.27]), ein rigoroser Beweis fehlt bisher. Für eine ganze Reihe von Attraktoren hat man die beiden Dimensionen verglichen (siehe [13.12]); eine wirkliche Identität scheint nur für gleichmäßige Attraktoren vorzuliegen, also solche, bei denen alle Aufenthaltsbereiche der Attraktors gleich häufig angelaufen werden.

Beispiele:
i) *Dreidimensionale chaotische Attraktoren*
Für dreidimensionale Systeme galt ja laut Tabelle 13.1 $\lambda_1 < 0$, $\lambda_2 = 0$, und $\lambda_3 > 0$, also $n = 3$, $j = 2$ und außerdem $\Sigma \lambda_i < 0$, d.h. $\lambda_1 + \lambda_3 < 0$ oder $\lambda_3/|\lambda_1| < 1$. Damit ist

$$D_{KY} = 2 + \frac{\lambda_3}{|\lambda_1|}$$

und für die Kaplan-Yorke-Dimension gilt hier allgemein $2 < D_{KY} < 3$.

ii) *Stabiler, n-dimensionaler Grenzzyklus*
Hier ist $\lambda_1 \leq \lambda_2 \leq \ldots \leq \lambda_{n-1} < \lambda_n = 0$, also $j = n$ und damit $D_{KY} = 1$, wie für Grenzzyklen erwartet.

iii) *Bi-periodischer Torus*
Es gilt $\lambda_1 \leq \lambda_2 \leq \ldots \leq \lambda_{n-2} < \lambda_{n-1} = \lambda_n = 0$ und somit $j = n - 1$ und $D_{KY} = 2$. ❑

13.4.6.5 Vergleich der verschiedenen Dimensionsbegriffe

Wie hängen nun die vier Dimensionen miteinander zusammen ? Zuerst läßt sich feststellen, daß alle vier fraktal sind, so daß die alte formale Identität von fraktaler Dimension und Hausdorff-Dimension aufgehoben ist. Die Hausdorff-Dimension als rein statisch-geometrische Größe nimmt keine Rücksicht auf den Ursprung eines Attraktors aus einem dynamischen System, beispielsweise die Tatsache, daß der Attraktor durch einen dynamischen Fluß definiert ist, der verursacht, daß der Attraktor nicht unbedingt gleichmäßig angelaufen wird.

Die drei anderen Attraktoren sind probabilistischer Natur und scheinen somit für dynamische Systeme besser geeignet. Für D_I ist bestimmend die Aufenthaltswahrscheinlichkeit der Trajektorie in den betrachteten Volumenelementen. Bei ungleichmäßigen Attraktoren werden nun die seltener angelaufenen Elemente weniger zu D_I beizutragen; man vermutet also daß $D_I \leq D_H$ (was man auch beweisen kann), mit dem Gleichheitszeichen bei Gleichmäßigkeit des Attraktors.

Aus denselben Gründen ist D_K gegenüber D_H zu bevorzugen.Es gilt (siehe [13.29]) $D_K \leq D_I \leq D_H$.

Haben diese drei Größen von ihrer mathematischen Definition her noch eine gewisse formale (auch inhaltliche) Ähnlichkeit, so unterscheidet sich D_{KY} doch deutlich von ihnen. Es ist auch nicht eindeutig, daß D_{KY} überhaupt Dimensionscharakter hat und nicht vielmehr nur eine - irgendwie gewonnene - Zahl ist. Wegen der probabilistischen Natur von D_{KY} und der geometrischen von D_H hat man es mittlerweile aufgegeben, die beiden miteinander identifizieren zu wollen und vermutet nun, daß $D_{KY} = D_I$ ist; für diese Vermutung existieren zur Zeit auch keine numerischen Gegenbeispiele.

13.4.7 Zusammenhang verschiedener Größen am Beispiel der logistischen Parabel

Am Ende dieses Abschnittes sollen die Zusammenhänge zwischen Beschreibungsgrößen chaotischer Systeme wie fraktale Dimension, Verzweigungsverhalten und Lyapunov-Exponent für den einfachen Fall der iterierten logistischen Karte graphisch / synoptisch dargestellt werden:

Bild 13.30a zeigt die *Mandelbrot-Menge.* Dazu iteriert man die Abbildung

$$\hat{x}_{n+1} = \hat{x}_n^2 + C \ ,$$

entstanden aus (13.9) durch die Substitution

$$x_n = -\frac{1}{r}\hat{x}_n + \frac{1}{2} \quad , \quad C = \frac{r}{2}\left(1 - \frac{r}{2}\right) \ ,$$

in der gesamten komplexen C-Ebene und markiert diejenigen C-Werte, die zu endlichen Grenzwerten konvergieren, durch einen Punkt. Das Ergebnis ist eine fraktale, selbstähnliche Struktur: vergrößert man jede der *Knospen*, so entsteht wieder das Urbild der Mandelbrot-Menge, ein Prozeß, der sich *ad infinitum* wiederholen läßt (für eine weiterführende Beschreibung siehe [13.15] und [13.16]). Bild 13.30b und c zeigen das bereits aus Bild 13.8 und 13.27 bekannte Feigenbaum-Diagramm und den Lyapunov-Exponenten entlang der reellen Achse.

Deutlich finden sich Verzweigungspunkte als Einschnürungen in Bild 13.30a (Nullstellen in Bild 13.30c), periodische Gebiete als stabile Flächen (negative Werte), chaotische Bereiche als reelle Linien in der Mandelbrot-Menge (positive Werte im Lyapunov-Spektrum) wieder.

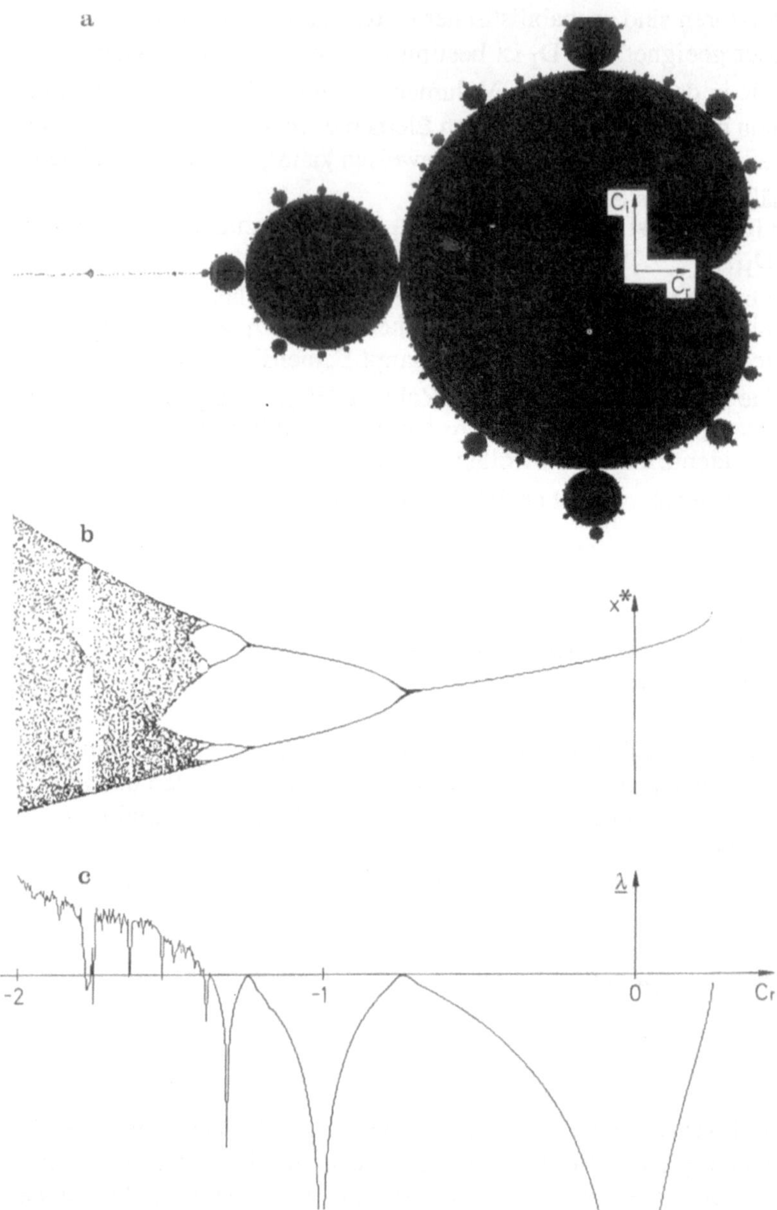

Bild 13.30 Zusammenhang von Mandelbrot-Menge, Feigenbaum-Diagramm und Lyapunov-Spektrum für die iterierte Parabel $x_{n+1} = x_n^2 + C$:

a) Attraktorgebiet in der komplexen C-Ebene,

b) Feigenbaum-Diagramm für $\Re(C)$,

c) Lyapunov-Koeffizient für $\Re(C)$

13.5 Wege in's Chaos

Die Systemverzweigung hin zu chaotischem Verhalten verläuft nach dem bisherigen Wissensstand über die Zwischenstationen der oben beschriebenen Verzweigungen. Wie nun geschieht der Übergang vom periodischen zum seltsamen Attraktor? Und wie läßt sich feststellen, daß ein irregulär schwingendes System deterministisch-chaotisches Verhalten zeigt und nicht (weißes oder anderes) Rauschen? Erstaunlicherweise - bei der Fülle der unterschiedlichen chaotischen Phänomene - gibt es nur (genau) drei verschiedene Wege zu chaotischem Systemverhalten, die zudem jeweils auf einem der Bifurkations-Grundtypen aus Abschnitt 13.3 aufbauen. Also: wird ein periodisches System chaotisch, so ist es durch eine der drei Verzweigungsrouten gegangen. Und: beobachtet man in einem dynamischen System Bifurkationen, die einer dieser Routen (auch Szenarien genannt) folgen, so folgt daraus das chaotische Verhalten diese Systems.

13.5.1 Hopf-Verzweigungs-Routen

Das historisch erste Szenarium, das zu seltsamen Attraktoren führt, ist der im Jahre 1971 erstmals beschriebene [13.30] und 1978 verbesserte [13.7] Ruelle-Takens-Newhouse-Weg.

13.5.1.1 Der Ruelle-Takens-Newhouse-Weg

Er basiert auf der Idee des Landau-Mechanismus der Entstehung der Turbulenz und weicht doch in entscheidenden Punkten radikal von ihr ab. Landau [13.6] erklärte die Entstehung der Turbulenz aus einer unendlichen Folge von Hopf-Bifurkationen, beginnend mit dem laminaren Zustand der Strömung.

Ruelle, Takens und Newhouse wiesen nun nach, daß zum Auftreten chaotischen Verhaltens bei inkommensurablen Frequenzen bereits drei Hopf-Bifurkationen genügen. Bei jeder dieser Verzweigungen erhöht sich die Anzahl der unabhängigen Frequenzen des Systems um Eins; nach dem Poincaré-Bendixson-Theorem [13.25], das besagt, daß in einem *beschränkten* zweidimensionalen System kein chaotisches Verhalten auftreten kann, muß also die Anzahl der unabhängigen Frequenzen gleich drei sein. Damit liegt ein dreidimensionaler Torus im vierdimensionalen Konfigurationsraum vor, der, wie in [13.7, 13.30] gezeigt, für gewisse (hinreichend große) Störungen instabil werden kann und in einen chaotischen (seltsamen) Attraktor transformiert wird. Somit reichen also genau drei Grundfrequenzen zum Entstehen eines solchen Attraktors aus und der RTN-Weg läßt sich graphisch wie in Bild 13.31 darstellen.

Wickelt man die n-dimensionalen Tori in die jeweilige n-dimensionale Ebene ab, so entsteht daraus die alternative Darstellung von Bild 13.32 [13.11]. Die Abwickelung der Tori in die entsprechenden Ebenen erklärt den grundsätzlichen Unterschied zwischen dem Verhalten im 2-Dimensionalen und dem im 3-Dimensionalen: Wegen der deterministischen Natur des untersuchten Systems ist es ausgeschlossen, daß die Tra-

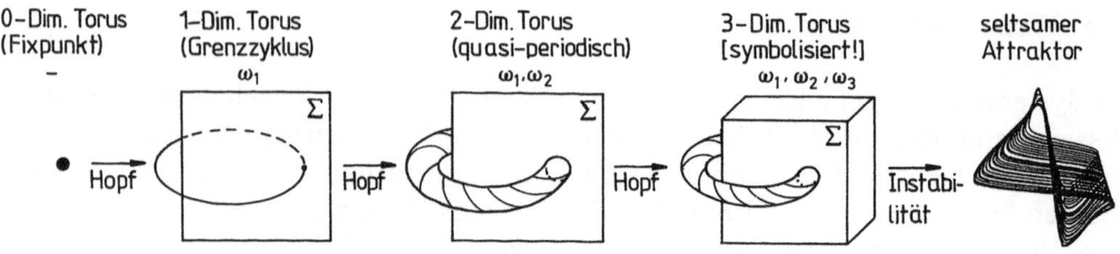

Bild 13.31 Hopf-Verzweigungen: Der Ruelle-Takens-Newhouse-Weg in's Chaos

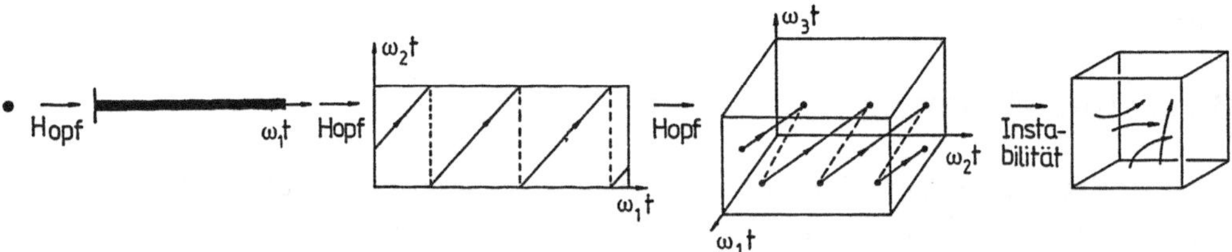

Bild 13.32 Der Ruelle-Takens-Newhouse-Weg in's Chaos: alternative Darstellung

jektorien Doppelpunkte haben, d.h. sich schneiden. Für bi-periodische Vorgänge bedeutet dies, daß die Trajektorien nach Abwickelung des 2-dimensionalen Torus in die Ebene als parallele Liniensegmente erscheinen (die für inkommensurables Verhältnis ω_1/ω_2 beliebig dicht beieinander liegen). Die einzig mögliche Instabilität eines bi-periodischen Systems mit beliebigen ω_1, ω_2 ist der Übergang zu rationalem ω_1/ω_2 (sog. Frequenzkoppelung oder Synchronisation, eine Erscheinung, die zuerst von Huygens bei zwei Uhren, die Rücken an Rücken hingen, beobachtet wurde).

Bei tri-periodischen Vorgängen ändert sich dies grundsätzlich: die abgewickelten Liniensegmente müssen, da sie sich nun in einem Quader befinden, nicht mehr parallel sein (schneiden dürfen sie sich natürlich noch immer nicht). Damit sind andere Instabilitäten als nur Synchronisation möglich, womit die Notwendigkeit von mindestens drei unabhängigen Frequenzen für das Auftreten von Chaos begründet ist.

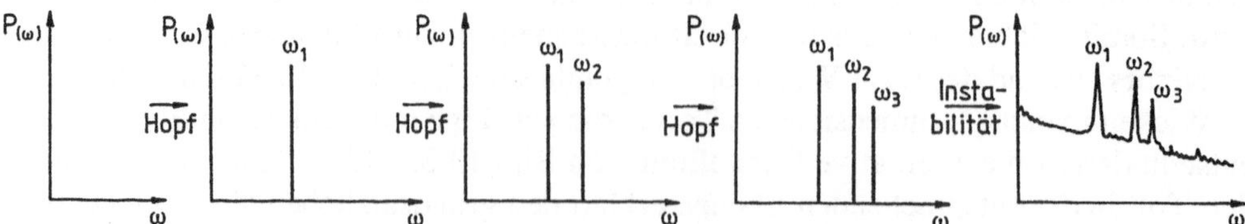

Bild 13.33 Der Ruelle-Takens-Newhouse-Weg in's Chaos: zugehörige Leistungsspektren

Die jeweiligen Leistungsspektren sehen folgendermaßen aus: Für den ein- bis dreidimensionalen Torus bestehen sie aus den erwarteten ein bis drei Frequenzen (Bild 13.33), wobei das diskrete Spektrum mit drei Frequenzen ω_1, ω_2, ω_3 durch die Instabilität in eine Überlagerung von breitbandigem Rauschen und drei diskreten Frequenzen übergeht (natürlich muß nicht notwendig, wie hier in Bild 13.33, $\omega_i > \omega_{i-1}$ sein).

Das entsprechende Leistungsspektrum für das Landau-Szenarium wäre hingegen immer noch diskret, wenn auch mit beliebig vielen Frequenzen, und entspricht nicht dem für turbulente Strömungen beobachteten Spektrum.

Eine Variante des Ruelle-Takens-Newhouse-Wegs in's Chaos ist der Curry-Yorke-Weg.

13.5.1.2 Der Curry-Yorke-Weg

Hier tritt ein Übergang direkt vom quasiperiodischen zwei-dimensionalen Torus zu chaotischem Verhalten auf; dies scheint im Widerspruch zu dem in Abschnitt 13.4.1.1 Gesagten zu stehen, läßt sich aber damit erklären, daß das System mit drei Freiheitsgraden, das dort als notwendig für zum Chaos führende Instabilitäten gezeigt wurde, hier auf einem anderen Weg erreicht wird: Curry und Yorke [13.31] konstatierten eine iterierte Abbildung, die - genau wie für die RTN-Route - zuerst durch eine Hopf-

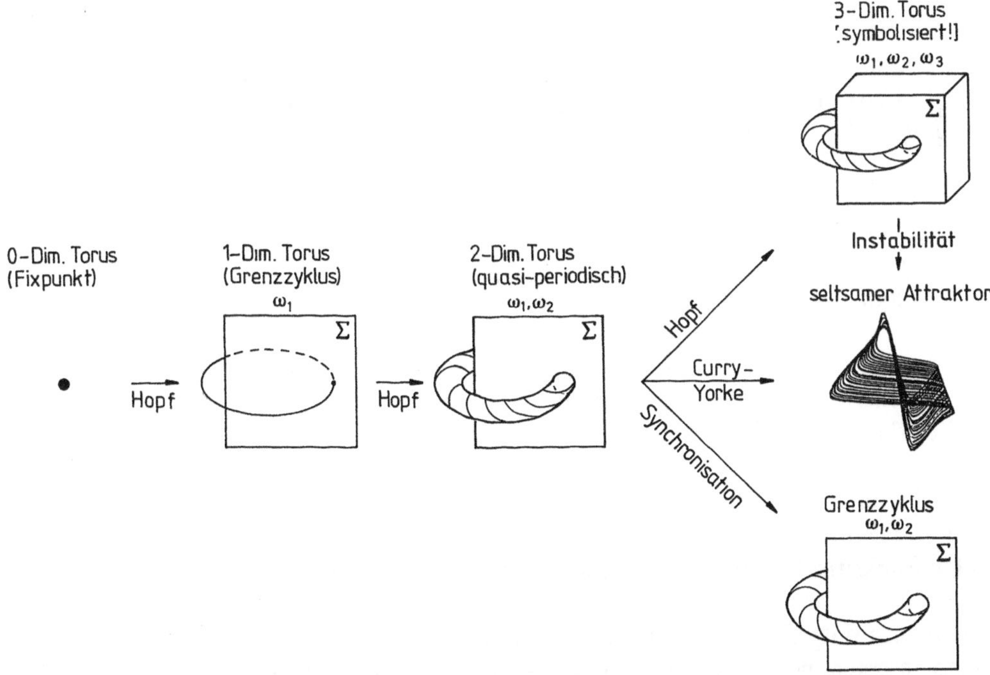

Bild 13.34 Hopf-Verzweigungs-Routen: Drei Möglichkeiten

Bifurkation vom Fixpunkt zum Grenzzyklus und durch eine weitere Hopf-Bifurkation in einen zwei-dimensionalen Torus übergeht. Dann aber - anstatt zu einem System mit drei inkommensurablen Frequenzen zu verzweigen - beginnen die Trajektorien allmählich von diesem zu divergieren, was schließlich zur Zerstörung des Torus führt.

Faßt man die Abschnitte 13.5.1.1 und 13.5.1.2 graphisch zusammen, so ergibt sich Bild 13.34 als Erweiterung von Bild 13.31.

13.5.2 Sattel-Knoten-Bifurkations-Route: der Pomeau-Manneville-Weg

Im Gegensatz zu der RTN-Route mit ihren Hopf-Bifurkationen handelt es sich beim Pomeau-Manneville-Weg (auch Intermittenz-Route genannt) um eine Folge von Sattel-Knoten- (Tangenten-) Bifurkationen. Intermittenz ist hier definiert als Verhalten einer Funktion oder eines Signals mit einem von Zufallsgesetzen gesteuerten Alternieren zwischen regulären (in der Fluidmechanik: laminaren) Langphasen und kurzen, irregulären *"bursts"*. Dabei hängt die Häufigkeit der *bursts* ab von einem Systemparameter, womit bei der Intermittenz ein stetiger Übergang vom regulären zum chaotischen Zustand gegeben ist.

Pomeau und Manneville beschrieben diesen Übergang zuerst 1979 [13.32]; in einem 1980 [13.33] erschienenen Aufsatz behandeln die Autoren das Problem der Intermittenz für dissipative dynamische Systeme. Dabei - und dies gilt auch für nicht-dissipative Systeme - ist Folgendes von Interesse: Grund für einen *burst* am Ende einer laminaren Phase ist das Instabilwerden des periodischen Verlaufs eines Systems; dies bedeutet mathematisch, daß der Betrag mindestens eines Floquet-Multiplikators (siehe [13.24] und Abschnitt 13.4.5) größer als Eins wird. Dies aber kann, wie in Abschnitt 13.4.5 beschrieben, auf genau drei Arten geschehen (siehe Bild 13.26):

I) der Floquet-Multiplikator überschreitet den Einheitskreis bei +1,
II) zwei konjugiert komplexe Multiplikatoren überschreiten den Einheitskreis gleichzeitig,
III) der Floquet-Multiplikator überschreitet den Einheitskreis bei -1.

Entsprechend unterscheidet man drei Arten der Intermittenz. Der Weg vom Grenzzyklus zu chaotischem Verhalten verläuft hier über eine einzige Bifurkation, und zwar sind dies für

Typ I: Sattel-Knoten-Verzweigung
Typ II: Subkritische Hopf-Verzweigung
Typ III: Subkritische Periodenverdoppelungs-Verzweigung.

Gemeinsam ist allen drei Typen, daß unmittelbar nach Überschreiten des Verzweigungsparameters noch lange Zeitintervalle mit laminarem Verhalten und nur kurzzeitige Perioden chaotischen Verhaltens beobachtet werden können. Mit zunehmendem

Abstand vom Verzweigungspunkt nehmen die laminaren Phasen ab zugunsten von chaotischen Perioden.

Eine qualitative Erklärung diese Phänomens gelingt mit Hilfe einer Überlegung für iterierte Karten (siehe Bild 13.35): befindet sich die Kurve der Abbildung $x_{n+1} = f(x_n)$ in der Nähe der Kurve der identischen Abbildung $x_{n+1} = x_n$ (nach Überschreiten des Verzweigungsparameters, d.h. die beiden Kurven haben keine gemeinsamen Punkte mehr), so verhält sich die Iteration in der Nähe der beiden Kurven *laminar*, d.h. kleine Änderungen von x_n erzeugen kleine Änderungen der Abbildung x_{n+1}. Nach Durchlaufen dieses Bereichs können dann wieder große Änderungen auftreten. Wächst der Abstand der Kurven (als Funktion des Verzeigungsparameters), so verschwindet dies Verhalten allmählich (eine ausführliche Diskussion der unterschiedlichen Typen der Intermittenz mit experimentellen Beispielen findet sich z.B. bei [13.11] oder [13.12]).

Ein weiterer Weg in's Chaos ist der Feigenbaum-Weg.

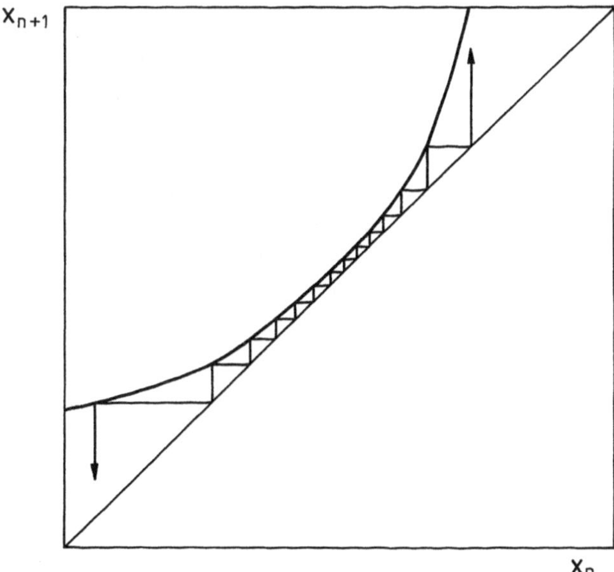

Bild 13.35 Intermittenz

13.5.3 Perioden-Verdoppelungs-Route: der Feigenbaum-Weg

Hier erhält man chaotisches Verhalten nach einer unendlichen Kaskade von Periodenverdoppelungen oder Pitchfork-Bifurkationen, wobei im Grenzfall die Anzahl der Perioden unendlich groß wird und die Bewegung ihre Periodizität verliert. Interessanterweise entspricht dieser Periodenverdoppelung bei wachsendem Verzweigungsparameter einer inverse Kaskade von Bandverschmelzungen. Hier wird aus der ursprünglich unendlich großen Anzahl von Bändern chaotischen Verhaltens durch Verschmelzung von jeweils zweien dieser Bänder schließlich ein einziges, entsprechend dem ursprünglichen Fixpunkt. Dabei werden die Übergänge zwischen den Bandbereichen gebildet von Fenstern der *Laminarität*, deren Anzahl jeweils doppelt so groß ist wie die der auf sie folgenden Bänder (siehe Bild 13.36).

Die Periodenverdoppelungen in's Chaos und die Bandverschmelzungen sind recht gut im Verzweigungsdiagramm der iterierten logistischen Parabel (siehe Bild 13.8) zu sehen.

Die Feigenbaum-Route ist noch aus einem anderen Grunde interessant: für iterierte Karten gelten, wie in Abschnitt 13.2.1 gezeigt wurde, zwei universelle Konstanten, die unabhängig von der Form der Beziehung ist, die diese Periodenverdoppelung erzeugt.

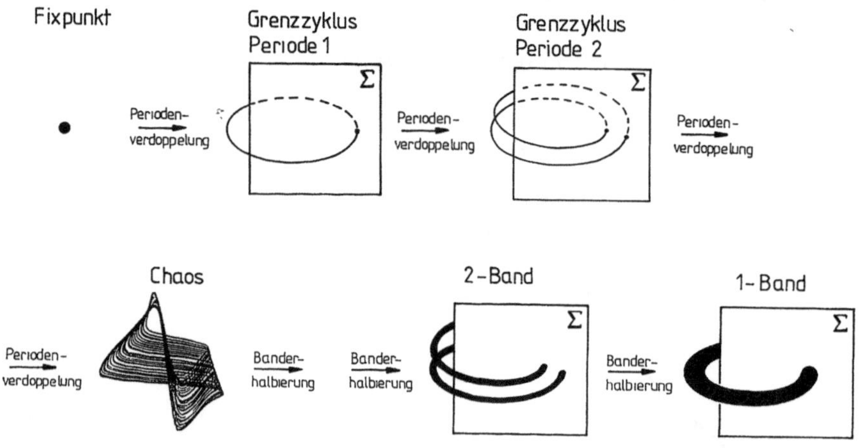

Bild 13.36 Periodenverdoppelung: Der Feigenbaum-Weg in's Chaos

13.6 Das Chaos als Zustand höchster Ordnung ?

Einen amüsanten - oder, wenn man will, philosophischen - Gesichtspunkt haben Lauterborn und Meyer-Ilse [13.34] in die Diskussion chaotischer Phänomene getragen:

Das *scheinbar* regellose Verhalten eines chaotischen Attraktors wird von deterministischen Gleichungen bestimmt, es kann also nicht *wirklich* regellos sein. Regellosigkeit beschreibt den Zustand der Unordnung, d.h. also, daß man eine neue Definition der Begriffe Ordnung und Unordnung brauchen wird. Nicolis und Prigogine [13.35] schreiben einem subharmonisch verzweigten System eine höhere Ordnung zu als dem Ausgangssystem. Das führt bei unendlich vielen Verzweigungen zu dem Schluß, daß dies *chaotische* System sich im Zustand höchster Ordnung befinden muß. Dieser Zustand mag nicht leicht zu durchschauen sein und deshalb mit Unordnung verwechselt werden. Lauterborn und Meyer-Ilse fragen dann, ob es wirkliche stochastische Prozesse gibt oder ob diese nicht vielmehr eine bequeme Annahme darstellen.

Eine Antwort darauf mag die Chaos - Forschung der nächsten Jahr^ geben.

Zum Schluß dieses Kapitels (und Buches) sei - als graphisches Beispiel einer zweidimensionalen iterierten Karte - noch die von Martin [13.36] gefundene *Kakadu-Abbildung*

$$x_{n+1} = y_n(1 + \sin(a\, x_n)) - b(|x_n|)^{1/2} \ ,$$

$$y_{n+1} = c - x_n \ ,$$

(a = 0,70, b = 1,20, c = 0,21) mit Startpunkt $x_0 = y_0 = 0$ gezeigt, die zwar keine physikalische Bedeutung hat, aber zeigt, welch erstaunliche Strukturen mit iterierten Abbildungen hergestellt werden können (siehe Bild 13.37).

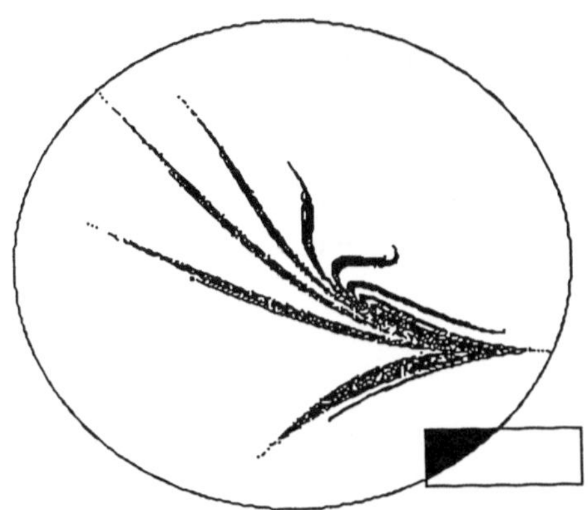

Bild 13.37 Die Kakadu-Abbildung

Aufgaben

13.1 Man zeige, daß für die logistische Parabel (13.9) mit $x \in [0, 1]$ gelten muß, daß $r \in [0, 4]$, damit auch $f(x) \in [0, 1]$ ist.

13.2 Man diskutiere die vollständigen, analytischen Lösungen der Modellgleichungen (13.28 bis 13.32) für superkritische und (13.34) für subkritische Verzweigungen und zeige deren asymptotische Übereinstimmung mit den graphischen Darstellungen in den Bildern 13.13 bis 13.16 und 13.18.

13.3 Man untersuche den Hénon-Attraktor (13.35) numerisch in der Umgebung der angegebenen Parameterwerte α, β. Insbesondere suche man nach *(multi-)periodischen* Lösungen.

13.4 Man zeige, daß für die Floquet-Multiplikatoren m(t) der Zusammenhang $m^n(T) = m(nT)$ gilt.

13.5 Man zeige, daß mit dem zum Floquet-Multiplikator m(T) gehörenden Floquet-Exponenten λ auch $\lambda + i\, 2\pi k/T$ (k ganz) zu m(T) gehörender Floquet-Exponent ist.

13.6 Man zeige, ausgehend von den Betrachtungen über n-dimensionale Systeme in den Abschnitten 13.4.5 a) - d), daß für eindimensionale Systeme die folgenden Stabilitätskriterien gelten:

$$\left|\frac{df}{dx}\right|_{x^*} < 0 \quad \text{für stationäre Lösungen } x^* \text{ kontinuierlicher Systeme } \dot{x} = f(x)\,;$$

$$\left|\frac{df}{dx_n}\right|_{x^*} < 1 \quad \text{für Fixpunkte } x^* \text{ diskreter Systeme } x_{n+1} = f(x_n)\;.$$

13.7 Man zeige, daß die Summe aller Lyapunov-Exponenten eines Systems ihrer Lie-Ableitung gleich ist.

13.8 Man untersuche numerisch das Feigenbaum-Diagramm und den Lyapunov-Exponenten für die Dreiecks-Abbildung $x_{n+1} = r\,(1 - |1 - 2\,x_n|)$, $x_n \in [0, 1]$, im Parameter-Intervall $r \in [0, 1]$.

Literatur

Kapitel 1

1.1 Schlichting, H.: Boundary layer theory. New York: McGraw-Hill 1979

1.2 Morse, P.M.; Feshbach, H.: Methods of theoretical physics. New York: McGraw-Hill 1953

1.3 Morse, P.M.; Ingard, K.U.: Theoretical acoustics. New York: McGraw- Hill 1968

Kapitel 2

2.1 Jeffreys, H.: On the relation to physics of the notion of convergence of series. Philos. Mag. **2** (1926) 241 - 244

2.2 Van der Corput, J.G.: Asymptotic expansions I. Fundamental theorems of asymptotics. Dept. of Math., Berkeley: University of California 1954

2.3 Erdélyi, A.: Asymptotic expansions. New York: Dover 1956

Kapitel 3

3.1 Bieberbach, L.: Theorie der gewöhnlichen Differentialgleichungen. (Grundlehren Bd. 66), Berlin: Springer 1953

3.2 Duschek, A.: Vorlesungen über höhere Mathematik. Wien: Springer 1961

3.3 Drazin, P.G.; Reid, W.H.: Hydrodynamic stability. Cambridge: Cambridge University Press 1981

3.4 Tollmien, W.: Über die Entstehung der Turbulenz. Göttingen : Nachrichten der Gesellschaft der Wissenschaften, Math.-Phys. Klasse (1929) 21-44

3.5 Bender, C.M,; Orszag, S.A.: Advanced mathematical methods for scientists and engineers. New York: McGraw-Hill 1978

3.6 Baker, G.A.; Graves-Morris, O.: Padé-Approximants, Teil I und II. Encyclopedia of mathematics and its applications, Reading Massachusetts: Addison Wesley 1981

3.7 Abramowitz, M.; Stegun, I.A.: Handbook of mathematical functions. New York : Dover 1964

3.8 Rayna, G.: REDUCE Software for algebraic computation. New York: Springer 1987

Kapitel 4

4.1 Grohne, D.: Über das Spektrum bei Eigenschwingungen ebener Laminarströmungen. ZAMM **34** (1954) 344-357

Nützliche Tabellenwerke bzw. Formelsammlungen sind neben [3.7]:

4.2 Gradstein, I.S.; Ryshik, I.M.: Summen-, Produkt- und Integraltafeln. Frankfurt a.M.: Harry Deutsch 1981

Weiterführende Literatur :

4.3 Doetsch, G.: Handbuch der Laplace-Transformation, Bd. I-III. Basel: Birkhäuser 1950
4.4 Rühs, F.: Funktionentheorie. Berlin : VEB Deutscher Verlag der Wissenschaften 1955

Kapitel 5

5.1 Heading, J.: An introduction to phase-integral methods. London : Methuen 1962
5.2 Whitham, G.B.: Linear and nonlinear waves. New York: Wiley 1974
5.3 Sirovich, L.: Techniques of asymptotic analysis. New York: Springer 1971

Die hier besprochenen Verfahren werden mit unterschiedlicher Gewichtung in vielen Lehrbüchern der angewandten Mathematik behandelt. Neben den Monographien [1.2],[3.5], [4.4], [4.5], [5.3] und [5.4] seien noch die folgenden Bücher angeführt :

5.4 Carrier, G.F. et al.: Functions of a complex variable. New York : McGraw-Hill 1966
5.5 Murray, J.D.: Asymptotic analysis. Oxford: Clarendon Press 1974

Kapitel 6

6.1 Wiener,N.; Hopf, E.: Über eine Klasse singulärer Integralgleichungen. S.B. Preuss. Akad. Wiss. (1931) 696 - 706
6.2 Noble, B.: Methods based on the Wiener-Hopf technique. London: Pergamon 1958

6.3 Crighton, D.G.: Introduction to Wiener-Hopf methods in acoustics and vibration. Bethesda, Md.: David W. Taylor Naval Ship Research and Development Center, TM - 07 - 1900 (1976)

6.4 Knopp, K.: Funktionentheorie I, II. Berlin: deGruyter (Slg. Göschen) 1976, 1981

6.5 Brod, K.: Reflexion von Schallwellen in Kanälen an einer Unstetigkeit der Wandimpedanz. Göttingen: Max Planck-Institut für Strömungsforschung, Bericht 5/1975

6.6 Brod, K.; Möhring, W.: Ausbreitung von Schallwellen in Kanälen mit unstetiger Änderung der Wandimpedanz. Fortschritte der Akustik DAGA '75, Weinheim: Physik-Verlag 1975

6.7 Michalke, A.: On spatially growing disturbances in an inviscid shear layer. J. Fluid Mech. **23** (1965) 371 - 383

6.8 Goldstein, M.; Rice, E.: Effect of shear on duct wall impedance. J. Sound Vibr. **30** (1973) 79 - 84

Kapitel 7

7.1 Cooper, P.W. et al.: Through the earth in forty minutes. Am. J. Phys. **34** (1966) 68 - 70, 701 - 704

7.2 Myskis, A.D.: Advanced mathematics for engineers. Moskau: Mir Publishers 1975

7.3 Funk, P.: Variationsrechnung und ihre Anwendung in Physik und Technik. Berlin - Göttingen - Heidelberg: Springer 1962

7.4 Campos, L.M.B.C.: On linear and nonlinear wave equations for the acoustics of high-speed potential flows. J. Sound Vibr. **110** (1986) 41 - 57

Kapitel 8

8.1 Schade, H.; Kunz, E.: Strömungslehre. Berlin: de Gruyter 1980

8.2 Oswatitsch, K.: Grundlagen der Gasdynamik. Wien: Springer 1976

8.3 Van Dyke, M.: Perturbation methods in fluid dynamics. Annotated Ed. Stanford: Parabolic Press 1975

8.4 Langlois, W. E.: Slow viscous flow. New York : Macmillan 1964

8.5 Fischer, T. M. et al.: Singular perturbations for the exterior three-dimensional slow viscous flow problem. J. Math. Anal. Appl. **110** (1985) 583-603

Kapitel 9

9.1 Lin, C.C.: The theory of hydrodynamic stability. Cambridge: Cambridge University Press 1955

9.2 Keller, J.B.: Geometrical theory of diffraction. J. Opt. Soc. Am. **12** (1962) 116-132
9.3 Olver, F.W.J.: Asymptotics and special functions. New York: Academic Press 1974
9.4 Wassow, W.: Linear turning point theory. New York: Springer 1985

Weitere Literatur zur WKB-Methode : neben [3.5], [5.1], [5.3] bis [5.7] :

9.5 Goering, H.: Asymptotische Methoden zur Lösung von Differentialgleichungen. Braunschweig: Vieweg 1977
9.6 Wassow, W.: The origins of turning point theory. Mem. Am. Math. Soc. **298** (1984) 61-73

Kapitel 10

Neben [3.5] und [5.6] sei auf folgende Literatur verwiesen :

10.1 Prandtl, L.: Über die Flüssigkeitsbewegung bei sehr kleiner Reibung. Gesammelte Abhandlungen, Band II, Berlin: Springer 1961
10.2 Bretherton, F. P.: Slow vioscous motion round a cylinder in a simple shear. J. Fluid Mech. **12** (1962) 591-613
10.3 Schneider, W.: Mathematische Verfahren der Strömungsmechanik. Braunschweig : Vieweg 1978
10.4 Kevorkian, J.; Cole, J.D.: Perturbation methods in applied mathematics. New York : Springer 1981
10.5 Carrier, G.F.: Singular perturbation theory and geophysics. S.I.A.M. J. Appl. Math. **12** (1970) 175-193
10.6 Eckhaus, W.: On the foundations of matched asymptotic expansions. J. de Méc. **8** (1969) 265-300
10.7 Fraenkel, L.E.: On the method of matched asymptotic expansions. Proc. Camb. Phil. Soc. **65** (1969) Pt. 1, 209-231
10.8 Lagerstrom, P.A.; Casten R.G.: Basic concepts underlying singular perturbation techniques. S.I.A.M. J. Appl. Math. **14** (1972) 63-120
10.9 Kaplun, S.: Fluid mechanics and singular perturbations. Lagerstrom, P.A. et al. (ed.s) New York : Academic Press, 1967
10.10 Nayfeh, A. H.: Perturbation methods. New York : Wiley 1973
10.11 Boyce, W.E.; DiPrima, R.C.: Elementary differential equations. New York: Wiley 1969
10.12 Grassman, J.; Matkowsky, B.J.: A variational approach to singularly perturbed boundary value problems for ordinary and partial differential equations. SIAM J. Appl. Math. **32** (1977) 588-597
10.13 Erdély, A.: Singular perturbation. Bull. Amer. Math Soc. **68** (1962)420-424
10.14 Shepherd, J.J.: Asymptotic solution of a nonlinear perturbation problem. S.I.A.M. J. Appl. Math. **35** (1978) 176-178

10.15 Chang, K.W.; Howes, F.A.: Nonlinear singular perturbation phenomena. New York: Springer 1984

10.16 William, M.: Another look at Ackerber-O'Malley resonance. S.I.A.M. J. Appl. Math. **41** (1981) 283-293

Kapitel 11

Neben [8.3], [9.3] und [10.3] und [10.4] soll hier auf die folgenden Bücher bzw. Veröffentlichungen hingewiesen werden :

11.1 Zauderer, E.: Partial differential equations of applied mathematics. New York,Wiley 1983

11.2 Roberts, P.H.: An introduction to magnetohydrodynamics. London: Longmans, Green and Co. 1967

11.3 Bouthier, M.: Comparison of the matched asymptotic expansion method and the two-variable-technique, Quarterly of Appl. Math. **41** (1984) 407-422

11.4 Cohen, D.S. et al.: Proof of some asymptotic results for a model equation for low Reynolds number flow. S.I.A.M. J. Appl. Math. **35** (1978) 187-207

11.5 Van Dyke, M.: Perturbation methods in fluid dynamics (Solutions manual). Stanford: Parabolic Press 1978

11.6 Milne-Thomson, L.M.: Theoretical hydrodynamics. New York: Macmillan 1960

11.7 Crighton, D.G.: Application of the matched expansion methods to problems in acoustics. David W. Taylor Naval Ship Research and Developement Center Rep. 77-010, 1977

11.8 Blasius, H.: Grenzschichten in Flüssigkeiten mit kleiner Reibung. Math. Phys. **56** (1908) 1-37

11.9 Messiter, A. F.: Boundary layer flow near the trailing edge of a flat plate. S.I.A.M. J. Appl. Math **18** (1970) 241-257

11.10 Stewartson, K.: Multistructured boundary layers on flat plates and related bodies. Adv. Appl. Mech. **14** (1974) 146-239

Weitere nicht zitierte Literatur

11.11 Friedlin, M.I.: On elliptic differential equations with a small parameter. C. R. Math. Acad. Sci. Soc. Roy. Canada **3** (1981) 209-214

11.12 Akhmetov, R.G.: Asymptotic properties of a solution of a second order elliptic equation with a small parameter multiplying the leading derivatives. Differ. Equations **18** (1982) 335-343

11.13 Scott, J.F.: An existence proof for a problem in singular parabolic partial differential equations. J. Inst. Math. Appl. **26** (1980) 221-234

11.14 Goering, H. et al.: Singularly perturbed differential equations. Berlin: Akademie-Verlag 1983

11.15 Carrier, C.F.; Pearson, C.E.: Partial differential equations, theory and technique. New York : Academic Press 1976
11.16 Eckhaus,W.; Jaeger, E.M. (ed.s): Theory and applications of singular perturbations. (Proc. Conf. Oberwolfach 1981) Berlin : Springer 1982
11.17 Spigler, R.: Double limits and matched expansions. Am. Math. Mon. **91** (1984) 501-505

Kapitel 12

Neben [3.5], [10.3], [10.4] und [10.10] sei auf folgende Bücher bzw. Artikel hingewiesen:

12.1 Nayfeh, A.H. und Mook, D.T.: Nonlinear oscillations. New York: Wiley 1979
12.2 Kuzmak, G.E.: Asymptotic solution of nonlinear second order differential equations with variable coefficients. J. Appl. Mech. Mat. **23** (1959) 730-744
12.3 Cochran, J.A.: Problems in singular perturbation theory, PH.D. thesis, Stanford University 1962
12.4 Cole, J.D.; Kevorkian, J.: Uniformly valid asymptotic approximations for certain nonlinear differential equations, Nonlinear differential equations and nonlinear mechanics. (Herausgeber: LaSalle, J.P.; Lefschetz,S.) New York: Academic Press 1963 S. 113-120
12.5 Bogoljubow, N.N.; Mitropolski, J.A.: Asymptotische Methoden in der Theorie der nichtlinearen Schwingungen. Berlin: Akademie-Verlag 1965
12.6 Lighthill, M.J.: A technique for rendering approximate solutions to physical problems uniformly valid, Phil. Mag. **40** (1949) 1179-1201
12.7 Lighthill, M.J.: A technique for rendering approximate solutions to physical problems uniformly valid. Z. Flugwiss. **9** (1961) 267-275
12.8 Kluwick, A.: Gleichmäßig gültige Störtheorie und kumulative Effekte bei Wellenausbreitungsvorgängen. J. de Méc. **13** (1974) 131-157
12.9 Nixon, D. et al.: Further observations on the strained coordinate method for transsonic flows. AIAA J. **18** (1980) 1540-1541
12.10 Nayfeh, A.H.: Introduction to perturbation techniques. New York: Wiley 1981
12.11 Bouthier, M.: Stabilité linéaire des écoulements presque parallèles. J. de Méc. **11** (1972) 599-621
12.12 Crighton, D.G.; Gaster, M.: Stability of slowly diverging jet flow. J. Fluid Mech. **77** (1976) 397- 413
12.13 Plaschko, P.: Helical instabilities of slowly divergent jets. J. Fluid. Mech. **92** (1979) 209-215
12.14 Garg, V.K.: Spatial stability of the non-parallel Bickley jet. J. Fluid Mech. **102** (1981) 127- 140
12.15 Tam, C.K.W.; Chen, K.C.: A stastistical model of turbulence in two-dimensional mixing layers. J. Fluid Mech. **92** (1979) 303-326

12.16 Plaschko, P.: Axial coherence functions of circular turbulent jets based on an inviscid calculation of damped modes. Phys. Fluids **26** (1983) 2368-2372

Weitere nicht zitierte Literatur:

12.17 Smith, D.R.: Singular perturbation theory. An introduction with applications. Cambridge: Cambridge University Press 1985
12.18 Skinner, L.A.: Asymptotic evaluation of integrals involving multiple scales. ZAMM **89** (1982) 203-211
12.19 Ladde, G.S.; Siljak, D.D.: Multiparameter singular perturbations of linear systems with multiple time scales. Automatica **19** (1983) 385-394
12.20 Xu, G. et al.: Multiple scales analysis of a nonlinear ordinary differential equation. J. Math. Phys. **28** (1985) 1566-1569
12.21 Dai, S.: Asymptotic analysis of strongly nonlinear oscillators. Appl. Math. Mech., Engl. Ed. **6** (1985) 409-415

Kapitel 13

13.1 Großmann, S.; Thomae, S.: Invariant distributions and stationary correlation functions of the one-dimensional discrete processes. Z. Naturforsch. **32a** (1977) 1353-1365
13.2 Feigenbaum, M.J.: Quantitative universality for a class of nonlinear transformations. J. Stat. Phys. **19** (1975) 25-52
13.3 McLaughlin, J.B.; Martin, P.C.: Transition to turbulence in a statically stressed fluid system. Phys. Rev. **A12** (1975) 186-203
13.4 Lorenz, E.N.: Deterministic nonperiodic flow. J. Atmos. Sci. **20** (1963) 130-141
13.5 Rayleigh, J.W.S., Lord: The theory of sound. New York: Dover 1945 §68b
13.6 Landau, L.D.: On the problem of turbulence. C.R.URSS **44** (1944) 311
In: ter Haar, D. (ed.): Collected papers of Landau. London: Pergamon 1965
13.7 Newhouse, S.E.; Ruelle, D.; Takens, F.: Occurence of strange axiom A attractors near quasi-periodic flow on T^m, m > 3. Commun. Math. Phys. **64** (1978) 35-40
13.8 Thompson, J.M.T; Stewart, H.B.: Nonlinear dynamics and chaos. Chichester: Wiley 1986
13.9 Moon, F.C.: Chaotic Vibrations. New York: Wiley 1987
13.10 Guckenheimer, J.; Holmes, P.: Nonlinear oscillations, dynamical systems, and bifurcations of vector fields. New York: Springer 1983
13.11 Bergé, P.; Pomeau, Y.; Vidal, Ch.: Order within chaos. New York: Wiley 1986
13.12 Schuster, H.G.: Deterministic chaos, 2nd edn. Weinheim: VCH 1988
13.13 Collet, P.; Eckmann, J.-P.: Iterated maps on the interval as dynamical systems. Boston: Birkhäuser 1981

13.14 Devaney, R.L.: An introduction to chaotic dynamical systems. Menlo Park: Benjamin/Cummings 1986
13.15 Mandelbrot, B.B.: Die fraktale Geometrie der Natur. Basel: Birkhäuser 1987
13.16 Peitgen, H.-O.; Richter, P.H.: The beauty of fractals. Berlin: Springer 1986
13.17 Hao, B.-L.: Chaos. Singapore: World Scientific 1984
13.18 Ueda, Y.: Steady motions exhibited by Duffing's equation: a picture book of regular and chaotic motions. *In:* Holmes, P.J. (ed.): New approaches to nonlinear problems in dynamics. SIAM: Philadelphia 1980 311-322
13.19 Franceschini, V.; Tebaldi, C.: Sequences of infinite bifurcations and turbulence in a five-mode truncation of the Navier-Stokes equations. J. Stat. Phys. **22** (1979) 707-726
13.20 Lichtenberg, A.J.; Lieberman, M.A.: Regular and stochastic motion. New York: Springer 1983
13.21 Kadanoff, L.P.: Roads to chaos. Physics today **36** No. 12 (1983) 46-53
13.22 Parker, T.S.; Chua, L.O.: Chaos: a tutorial for engineers. Proc. IEEE **75** (1987) 982-1008
13.23 Ruelle, D.: Strange attractors. Math. Intelligencer **2** (1980) 126-137
13.24 Ioss, G.; Joseph, D.D.: Elementary stability and bifurcation theory. New York: Springer 1980
13.25 Hirsch, M.W.; Smale, S.: Differential equations, dynamical systems, and linear algebra. New York: Academic Press 1974
13.26 Haken, H.: At least one Lyapunov exponent vanishes if the trajectory of an attractor does not contain a fixed point. Phys. Lett. **94A** (1983) 71-72
13.27 Kaplan, J.L.; Yorke, J.A.: Chaotic behavior of multidimensional difference equations. *In*: Peitgen, H.-O.; Walther, H.-O. (ed.s): Functional difference equations and approximation of fixed points. Lect. Notes in Math. **730** Berlin: Springer 1979
13.28 Frederickson, P.; Kaplan, J.L.; Yorke, E.D.; Yorke, J.A.: The Lyapunov dimension of strange attractors. J. Diff. Eq. **49** (1983) 185-207
13.29 Grassberger, P.; Procaccia, I.: Measuring the strangeness of strange attractors. Physica **9D** (1983) 189-208
13.30 Ruelle, D.; Takens, F.: On the nature of turbulence. Comm. Math. Phys. **20** (1971) 167 - 192, **23** (1971) 343-344
13.31 Curry, J.H.; Yorke, J.A.: A transition from Hopf bifurcation to chaos: computer experiments on maps in $\mathbf{R}^2$. *In*: Markley, N.G.; Martin, J.C.; Perrizo, W. (ed.s): Structure of attractors in dynamical systems. Lect. Notes in Math. **668** New York: Springer 1978
13.32 Pomeau, Y.; Manneville, P.: Intermittency: a generic phenomenon at the onset of turbulence. *In*: Laval, G.; Gresillon, D. (ed.s): Intrinsic stochasticity in plasmas. Orsay: Ed. de Physique 1978
13.33 Pomeau, Y.; Manneville, P.: Intermittent transition to turbulence in dissipative dynamical systems. Comm. Math. Phys. **74** (1980) 189-187
13.34 Lauterborn, W.; Meyer - Ilse, W.: Chaos. Physik in unserer Zeit **17** (1986) 177-187

13.35 Nicolis, G.; Prigogine, I.: Self-organization in nonequilibrium systems. New York: Wiley 1977
13.36 Martin, B.: The cockatoo. Math. Intelligencer **9** No. 1 (1987) 72

Sachverzeichnis

Springer

R. Zurmühl, S. Falk

Matrizen und ihre Anwendungen

für Angewandte Mathematiker, Physiker und Ingenieure

5., überarbeitete und erweiterte Auflage

Teil 1

Grundlagen

1984. 53 Abbildungen. XIV, 342 Seiten. Gebunden
DM 92,–. ISBN 3-540-12848-4

Inhaltsübersicht: Der Matrizenkalkül. – Lineare Gleichungen. – Quadratische Formen nebst Anwendungen. – Die Eigenwertaufgabe. – Struktur der Matrix. – Blockmatrizen. – Schlußbemerkung. – Weiterführende Literatur. – Namen- und Sachverzeichnis.

Teil 2

Numerische Methoden

1986. 103 Abbildungen. XV, 476 Seiten. Gebunden
DM 128,–. ISBN 3-540-15474-4

Inhaltsübersicht: Grundzüge der Matrizennumerik. – Theorie und Praxis der Transformationen. – Lineare Gleichungen und Kehrmatrix. – Die lineare Eigenwertaufgabe. – Die nichtlineare Eigenwertaufgabe. – Matrizen in der Angewandten Mathematik und Mechanik. – Literatur zu Teil 1 und Teil 2. – Namen- und Sachverzeichnis.

Dieses Standardwerk ist geschätzt wegen seiner praxisnahen, klaren Sprache bei gleichzeitig präziser Darstellung. Es wurde aktualisiert, ohne die bisher geschätzten Vorzüge aufzugeben; wegen der damit verbundenen inhaltlichen Erweiterung wurde eine Zweiteilung vorgenommen.

Springer-Verlag Berlin
Heidelberg New York London
Paris Tokyo Hong Kong